Fridtjof Nansen

Nebelheim

Entdeckung und Erforschung der nördlichen Länder und Meere

Band II

Elibron Classics
www.elibron.com

Elibron Classics series.

ISBN 1-4212-5575-8 (paperback)
ISBN 1-4212-5574-X (hardcover)

This Elibron Classics Replica Edition is an unabridged facsimile of the edition published in 1911 by F. A. Brockhaus, Leipzig.

Nebelheim.

Zweiter Band.

Nordlicht.

Aquarell des Verfassers.

Nebelheim.

Entdeckung und Erforschung der nördlichen Länder und Meere.

Von

Fridtjof Nansen.

Mit 185 Abbildungen und Karten.

Zweiter Band.

Leipzig:
F. A. Brockhaus.

1911.

Inhalt des zweiten Bandes.

Abbildungen.

X. Eskimo und Skräling.

Verbreitung. Von allen Völkern der Erde sind die Eskimos dasjenige Volk, das sich am weitesten nördlich niedergelassen hat. Die Region des Meereises und der Kälte, welche die Natur nicht für die Menschen bestimmt hatte, ist die Welt des Eskimos. In langwierigem, zähem Kampf gegen die Wintermächte hat er es besser als irgendein anderer gelernt, sie sich nutzbar zu machen, und in diesen Gebieten an der durch das Eis abgesperrten Küste hat er lange vor Anfang der Geschichte seine eigenartige Kultur mit ihren sinnreichen Geräten entwickelt. Als Männer der weißen Rasse nordwärts nach den „höchsten Breiten“ vordrangen, fanden sie Spuren dieses merkwürdigen Volkes, das schon in längst entschwundenen Zeiten dagewesen war, und erst in den allerletzten wenigen Jahrzehnten ist es gelungen, noch weiter nach Norden zu dringen als der Eskimo, teils durch Lernen von ihm, teils durch seine Hilfe. In diesen Regionen, welche die seinen sind, war seine Kultur derjenigen der weißen Rasse überlegen, und von keinem andern Volke hat der Polarfahrer soviel gelernt.

Amerikas Nordküste und die nördlich davon liegenden Inseln von der Beringstraße nach der Ostküste Grönlands sind das Gebiet des Eskimos. Die untenstehende Karte zeigt seine gegenwärtige Verbreitung und die Gegenden, wo man ältere Eskimospuren gefunden hat. Innerhalb dieser Grenzen müssen die Eskimos sich zu dem entwickelt haben, was sie jetzt sind. Durch ihre anthropologischen Rassenmerkmale, durch ihre Fängerkultur und durch ihre Sprache unterscheiden sie sich von allen

Verbreitung der Eskimos. [Nach W. Thalbitzer, 1904.]
Gegenwärtige Verbreitung. Frühere Verbreitung.

andern bekannten Völkern Asiens sowohl wie Amerikas so sehr, daß wir glauben müssen, daß sie lange Zeiträume hindurch, nachdem sie angefangen hatten, sich für ihr Leben längs der Eisküsten auszubilden, ganz für sich, von andern abgeschieden und vielleicht lange als ein kleiner Stamm gelebt haben. Sie gehören alle derselben Rasse an; der Schädelbau ist z. B. bei allen Eskimos von Alaska bis Grönland auffallend gleichartig, wenn auch die westlichsten sich mit Indianern und andern vermischt haben können, und sie in Grönland jetzt mit Europäern vermischt sind. Sie sind ausgeprägte Langschädel, haben aber ein kurzes, breites Gesicht, und an ihren Gesichtszügen und ihrem

Aussehen unterscheidet man sie sofort mit Leichtigkeit von andern ihnen benachbarten Völkern. Kleine, schrägliegende Augen; die Nase klein und platt, schmal zwischen den Augen und breit nach unten; die Wangen breit und rund mit vorstehenden Backenknochen; die Stirn nach oben hin relativ schmaler werdend; das Untergesicht breit und kräftig ausgebildet; das Haar schwarz und glatt. Die Hautfarbe ist hellbräunlich. Die Eskimos sind nicht, wie man gewöhnlich annimmt, im Durchschnitt sehr kleine Leute, sie sind eher von mittlerer Größe, oft kräftig gebaut und bisweilen ziemlich hochgewachsen, wenn sie auch kleiner sind und schwächlicher aussehen als die Durchschnittsskandinavier. An Aussehen und vielleicht auch in der Sprache stehen sie einigen der nordamerikanischen Indianerstämme am nächsten.

Ursprüngliche Heimat. Woher sie ursprünglich gekommen sind und wo sie sich zuerst zu Eskimos entwickelt haben, ist nicht festgestellt. Der Mittelpunkt der Eskimokultur ist der Fang, besonders der mit der Harpune, teils vom Kajak aus in offenem Wasser, teils vom Eise aus. Wir können nicht glauben, daß dieser Fang, besonders nicht der Kajakfang, sich von Anfang an in den mittleren Teilen der jetzt von ihnen bewohnten Gegenden entwickelt hat, denn dort wären die Lebensbedingungen zu hart gewesen und dort hätten sie sich erst dann ernähren können, wenn ihre Fängerkultur schon eine gewisse Ausbildung erreicht gehabt hätte. Wie wir in Europa die „finnische“ Seefangkultur an einer Küste gefunden haben, die mit milderen Küsten weiter südwärts in Verbindung stand, wo die seemännische Tüchtigkeit sich zuerst hat entwickeln können, so müssen wir auch erwarten, daß die Fängerkultur der Eskimos an Küsten mit ähnlichen Verhältnissen begonnen hat; diese müssen wir entweder auf Labrador oder an der Beringstraße suchen.

Da die Labradorküste und die Hudsonsbai einen größeren Teil des Jahres vereist sind, ist es nicht wahrscheinlich, daß Reisen und Verkehr dort schon in sehr alter Zeit auf dem Seeweg stattzufinden begannen; folglich sind die Bedingungen zu früher Entwicklung seemännischer Tüchtigkeit dort nicht besonders günstig gewesen. Dies ist auch nicht in höherem Grad an der nordamerikanischen Ostküste weiter nach Süden der Fall; diese Küste, die Lawrencebucht ausgenommen, ist wenig gegen das Meer geschützt und bietet dem Seeverkehre wenig Erleichterungen.* Sie hat denn auch kein anderes Seevolk oder irgendeine ähnliche Fängerkultur hervorgebracht. Falls die Kultur der Eskimos dort entstanden wäre, würde es auch unverständlich sein, wo sie gelernt haben, den Hund als Zugtier zu benutzen. Anders liegt die Sache an der nördlichen Westküste Nordamerikas, in welche viele Fjorde einschneiden und der draußen viele Inseln vorliegen, die aber auch geschützte Fahrstraßen an der inneren Seite der Inseln und Schären hat. Hier konnte sich das Seewesen naturgemäß entwickeln und die notwendige Grundlage einer so hohen Fängerkultur bilden, wie die der Eskimos ist. Dazu kamen die großen Mengen der Seetiere, welche vorzügliche Fangbedingungen gaben. Hier haben wir denn auch mehrere verschiedene seetüchtige Völker: auf der einen Seite die Eskimos nordwärts längs der Küste Alaskas; auf der andern Seite die Aleuten auf den Inseln meerwärts, und außerdem noch Indianerstämme an der Küste des südlichsten Alaska und in Britisch-Columbia. Solange die Forschung noch nicht Dinge ans Licht gebracht hat, die nachdrücklich für eine andere Auffassung sprechen können, muß es am natürlichsten erscheinen, daß man in diesen günstigen Regionen mit ihrem reichen Bestand an Seewild jeder Art die Wiege jener Kultur suchen muß, welche die Eskimos dazu befähigen sollte, sich nach und nach über die ganze amerikanische arktische Welt zu verbreiten. Hierzu kommt auch der Umstand, daß der seefahrende Eskimo in diesen Gegenden durch den Verkehr mit Völkern auf der asiatischen Seite der Beringstraße die Verwendung des Hundes

* An der Westküste Grönlands mit ihren vielen Schären und Inseln wäre es anders gewesen; da aber die Eskimos nicht dorthin gelangen konnten, ohne wenigstens teilweise schon ihre ganz besondere Seekultur entwickelt zu haben, ist es selbstverständlich ausgeschlossen, daß diese Küste die Wiege der Eskimokultur gewesen sein kann.

als Zugtier gelernt haben kann, die eine asiatische Erfindung, keine amerikanische ist und die für das ganze Leben des Eskimos und seine Verbreitung in den vereisten Regionen große Wichtigkeit besitzt. Hier können wir uns auf die Erörterung der noch unentschiedenen Frage der Herkunft der Eskimos und der Entwicklung ihrer Kultur leider nicht weiter einlassen.[302]

Frühere Verbreitung. Aus der Karte, welche zeigt, wo ältere Spuren der Eskimos gefunden worden sind, könnte man den Eindruck erhalten, daß sie ehemals zahlreicher gewesen seien und größere Ver-

Kajakfänger und Frauenboot (umiak). Von einem grönländischen Eingeborenen gezeichnet und in Holz geschnitten.

breitung gehabt hätten. Dies dürfte ein Irrtum sein. Sie sind Jäger und Fänger, die ganz und gar vom Wildbestand abhängig sind und daher weit umherstreifen und sich ihre Fanggebiete da suchen, wo sie gute Aussichten zu haben glauben. Bisweilen lassen sie sich in einem guten Striche auf längere Zeit nieder, dann ziehen sie wieder fort; aber manchmal, wenn zufällig harte Winter aufeinander folgen, können sie auch durch Hungersnot und Skorbut umkommen. Überall aber hinterlassen sie ihre eigentümlichen Häuser und Zeltplätze und andere Spuren, und man wird diese immer über weit größere Flächen hin verstreut finden, als man die Eskimos selbst findet. Hiergegen ließe sich einwenden, daß sie auf den amerikanischen arktischen Inseln jetzt nicht so weit nördlich wohnen, wie ältere Spuren von ihnen vorhanden sind; Sverdrup fand auch viele Eskimospuren in den neuen, von ihm entdeckten Ländern, besonders aufwärts an der Meerenge beim Axel-Heiberg-Land. Aber diese Völker können ja z. B. ostwärts nach Grönland gezogen sein. Denken wir uns umgekehrt, daß der jetzt als nördlichster bekannte Eskimostamm, der am Smithsund, westwärts nach Sverdrups neuen Inseln oder nach den Parryinseln gezogen wäre, so würden wir zahlreiche von ihm hinterlassene Überreste und Spuren in den Gegenden am Smithsund und am Kap York finden und daraus ebenso den Schluß ziehen können, daß die Eskimos früher eine größere Verbreitung nach Nordosten hin gehabt hätten.

Zeit der Einwanderung in Grönland. In wie früher Zeit das Volk der Eskimos entstanden und in die nördlichsten Regionen gekommen ist, entzieht sich noch unserer Beurteilung. Wir können darüber nur sagen, daß wir, weil sie an Körperbau, Sprache und Kultur sich in so ausgesprochener Weise von allen andern bekannten Volksstämmen, die Alëuten ausgenommen, unterscheiden, annehmen müssen, daß sie während sehr langer Zeiträume von andern abgeschieden in den nördlichen Gebieten gelebt haben. Es würde hier besonderes Interesse haben, wenn wir uns eine Ansicht darüber bilden könnten, wann sie in Grönland eingewandert sind. Es ist ein historischer Glaubenssatz geworden, daß dies erst lange nach der Ansiedlung der norwegischen Isländer im Lande geschehen sei und daß es hauptsächlich von Norden her kommende Eskimoscharen gewesen seien, die erst die Vesterbygd und nachher auch die Österbygd vernichtet hätten. Dies ist jedoch meiner Meinung nach in jeder Beziehung irrtümlich und widerspricht dem, was sich aus mehreren Nachrichten schließen läßt; überdies verbietet die ganze Lebensweise der Eskimos und ihre Abhängigkeit vom Fangertrag das Wandern in Scharen, sie müssen in kleinen, zerstreuten Gesellschaften reisen, damit sie das nötige Wild auftreiben, um sich und die Ihrigen zu ernähren, und sie müssen oft haltmachen, um auf den Fang auszugehen. Daher werden sie nie imstande sein, irgendwelche Ein- oder Auswanderung in großem Stil zu unternehmen.

Es kann keinem Zweifel unterliegen, daß die Eskimos lange vor den norwegischen Isländern nach Grönland gekommen sind. Die unter andern von Dr. H. Rink [1857, Bd. II] beschriebenen reichen Funde eskimoischer Fangwaffen und Geräte aus Stein, die man in Nordgrönland in großer Tiefe ausgegraben hat, zeigen, daß dort schon in grauer vorgeschichtlicher Zeit Eskimos geweilt haben.[303] Sie müssen ursprünglich nördlich um die Baffinsbai herum über den Smithsund gekommen sein und haben bei der Einwanderung im großen und ganzen wohl schon hinsichtlich der Fanggeräte ungefähr dieselbe Kultur wie jetzt gehabt, da sie sich sonst in diesen nördlichen Regionen nicht hätten ernähren können.[304] Ihre Beförderungsmittel sind in offenem Wasser Kajak und Frauenboot und auf dem Eise der Hundeschlitten gewesen. Ihren Fang treiben sie im Sommer vom Kajak aus, im Winter aber mit Hundeschlitten, wenn sie den Seehund bei seinen Luftlöchern im Eise, Walroß, Narwal und Weißwal in den offenen Rinnen aufsuchen und den Bären mit ihren Hunden verfolgen. Im Winter wohnen sie am liebsten in Häusern aus Steinen oder auch aus Schnee, im Sommer aber ziehen sie mit ihren Fellbooten und Zelten herum nach den zum Kajakfang geeignetsten Stellen. Auf diese Weise sind sie auch vom Smithsund her längs der grönländischen Westküste südwärts nach den Gegenden am Umanakfjord, der Diskobucht und dem jetzigen, noch südlicher liegenden Holstensborg (dem Küstengebiet zwischen 72° und 68° nördl. Br.) gekommen. Hier fanden sie vorzüglichen Robbenfang, Walroße, Walfischfang und ergiebige Fischerei, es ließ sich dort Kajakfang im Sommer und Fang auf dem Eise im Winter treiben; im ganzen außerordentlich günstige Verhältnisse für ihr gewohntes Leben, weshalb es auch natürlich ist, daß sie sich vorzugsweise dort niederließen.[305] Einige sind auch an der Küste entlang noch weiter nach Süden gezogen, fanden dort aber nicht mehr dieselben Lebensbedingungen vor; das Eis verschwand meistens, die Walrosse wurden spärlich, der Robbenfang war in der offenen, bewegten See viel schwieriger, und der Winterfang vom Kajak aus war recht unsicher. Das südliche Grönland hat daher nicht viel Verlockendes für sie gehabt, solange weiter nördlich noch reichlich Platz war. Als sie um das Kap Farvel herum nach der Ostküste gelangten, haben sie dort die Verhältnisse denen, an welche sie gewöhnt waren, ähnlicher gefunden, obgleich der Fang dort nicht so gut war wie an der nördlichen Westküste.

Einwanderungswege. Mehrere Forscher haben angenommen, daß die Eskimos auf zwei Wegen in Grönland eingewandert seien. Der eine Zweig sei, wie schon gesagt, vom Smithsund südwärts an der Westküste entlang gezogen, während ein anderer Zweig vom Smithsund und vom Kanebecken aus im Norden längs der Küsten gewandert sei, wo man bis zum 82. Grad nördl. Br. hinauf alte Eskimospuren gefunden hat. So seien sie allmählich ganz um den Norden Grönlands herumgekommen und dann wieder südwärts längs der Ostküste weitergezogen.

Die Eskimos, die in alten Zeiten an der nördlichen Ostküste lebten und die Clavering dort noch im Jahre 1823 angetroffen habe, seien auf dem letzteren Wege dorthin gelangt, möglicherweise auch der noch jetzt bei Angmagsalik lebende Stamm. Einige aber meinen, daß sie auch weiter nach Süden, ganz um Kap Farvel herum, gewandert seien und die Südwestküste nordwärts bis Neu-Herrenhut bei Godthåb bevölkert hätten. Der Däne Schultz-Lorentzen [1904, S. 289][306] glaubt eine Stütze dieser Theorie über die südliche Einwanderung von der Ostküste her in der scharfen Sprachgrenze zwischen dem Dialekt, den die Eskimos in Godthåb und nordwärts an der ganzen Westküste sprechen, und dem im Süden und an der Ostküste gesprochenen zu finden; es sind auch andere Verschiedenheiten vorhanden: im Bau und der Zusammensetzung des Kajaks, in der Benutzung von Scheidewänden zwischen den Abteilungen der einzelnen Familien auf den Lagern in den Häusern und den Zelten usw. Obwohl ich früher

[1891, S. 8 fg.] Gründe hervorgehoben habe, die gegen eine solche Einwanderung um Grönlands Nordküste herum sprechen, muß ich doch einräumen, daß gar vieles dafür spricht, daß die Eskimos, die früher an der nördlichen Ostküste lebten, auf jenem Wege dorthin gelangt sind; dagegen erscheint es mir ungereimt, daß dies bei den Eskimos der südlichen Ostküste und gar der Westküste auch der Fall gewesen sein sollte. Die obenerwähnte, bei Godthåb beginnende Verschiedenheit ließe sich auch sehr gut erklären durch eine spätere, von Norden her nach der nördlichen Westküste erfolgte Einwanderung, die nicht über Godthåb hinaus nach Süden vorgedrungen wäre. Daß gerade zwischen den Kolonien Neu-Herrenhut und Godthåb, die auf derselben Halbinsel ganz dicht nebeneinander liegen, die Grenze zwischen den beiden Eskimoarten so scharf gezogen ist, findet seine natürliche Erklärung in dem Umstand, daß die erstgenannte Kolonie immer der erst kürzlich aufgegebenen deutschen Herrenhutermission gehört hat, während die letztgenannte der Hauptsitz Egedes und der späteren dänischen Mission war. Gegen die Einwanderung der Eskimos um den Norden Grönlands herum nach der südlichen Ostküste läßt sich stets der wesentliche Einwand erheben, daß Eskimos, die hauptsächlich vom Ertrag des Seefanges leben, an der Nordküste Grönlands schlechte Lebensbedingungen gefunden haben würden, da dort kein nennenswerter Robbenfang ist und es dort auch wenig Eisbären gibt; Moschusochsen haben sie schwerlich in genügender Menge fangen können, um davon zu leben. Ihre Verbreitung nach der Ostküste hin hat nicht schnell vor sich gehen können. Sie können in jenen vereisten Gebieten den Gebrauch des Kajaks vergessen haben, wie die Eskimos am Smithsund es bis vor 30 Jahren tatsächlich getan hatten, zu welcher Zeit sie ihn durch eine zufällige Einwanderung von Westen her wieder kennen gelernt haben. Jedenfalls muß ihre Übung im Bauen und Benutzen des Kajaks stark abgenommen haben. Wenn aber die Eskimos an der Ostküste südwärts gezogen sind, haben sie wieder sowohl für das Kajak zum Fang wie für das Frauenboot zum Reisen

Verwendung gehabt. Es ist auch wenig wahrscheinlich, daß die Fahrzeuge, die sie nach einer solchen Unterbrechung der Entwicklung herstellten, den Frauenbooten und hübschen Kajaks der nördlichen Westküste viel unähnlicher ausgefallen wären, als wir sie jetzt finden, falls wir nicht annehmen wollen, daß sie sie bei der Berührung mit den Eskimos der nördlichen Westküste wieder verbessert haben; aber dann erscheint die ganze Theorie ein wenig gekünstelt.

Begegnung der Eskimos mit Europäern. Wir werden sehen, was die geschichtlichen Quellen über die Eskimos in Grönland aus der ersten Zeit, als die Nordmänner sich dort aufhielten, mitzuteilen haben. Ich habe früher (I, S. 425 fg.) betont, daß der altnordische Name Skräling für einen Eskimo ursprünglich zur Bezeichnung sagenhafter Geschöpfe oder Kobolde gedient haben muß. Überdies deutet manches darauf hin, daß die Isländer, als sie in Grönland zum erstenmal mit den Eskimos zusammentrafen, Kobolde in ihnen gesehen haben; sie nannten sie daher auch „Troll", was ein alter Sammelname verschiedener Arten übernatürlicher Wesen ist. Diese Auffassung hat sich nachher mehr oder weniger erhalten. Jeder Europäer, der plötzlich in den eiserfüllten Einöden Grönlands auf Eskimos gestoßen ist, ohne sie vorher gesehen zu haben, wird leicht verstehen, daß sie auf Leute, die eine wenn auch nur schwache Neigung zu Aberglauben hatten, einen solchen Eindruck machen mußten. Schon die gewaltige Natur mit den großen Gletschern, den schwimmenden Eisbergen und dem treibenden Eis, alles größer und mächtiger, als sie es früher gesehen hatten, konnten dem Aberglauben noch mehr Nahrung geben. Eine solche Auffassung muß von Anfang an Einfluß auf das Verhältnis zwischen den Norwegern und den Eingeborenen gehabt haben, und sie ist geeignet, vieles in den Eigentümlichkeiten beim Erwähnen ihrer oder richtiger, ihres Nichterwähntwerdens in den Sagas zu erklären da sie übernatürliche Wesen waren, von denen man am liebsten gar nicht reden soll.

Die Koboldnatur der Skrälinger. Anknüpfend an das bereits (I, 425 fg.) darüber Gesagte, daß man in den Skrälingern Kobolde sah, zu deren Bezeichnung jener Name ursprünglich gedient hat, läßt sich noch hervorheben, daß das Wort, wie Storm erwähnt hat, im Mittelalter stets mit dem lateinischen „Pygmaei" übersetzt worden ist (vgl. Anm. 276). Nun aber waren die Pygmäen gerade „kurze, kleingewachsene Leute von übernatürlichem Wesen", also Kobolden oder Wichteln ähnlich; den Glauben an sie hatte das Mittelalter als Erbe von Griechen und Römern übernommen, da man, wie Moltke Moe hervorgehoben hat, schon in der klassischen Zeit von nördlichen Pygmäen (Bóreioi Pygmaioi) sprach, die in den Gegenden um Thule herum wohnten. Doch einige Autoren, wie Apollodor und Strabo, bestritten, daß sie wirklich existierten, und zählten sie mit den Hundeköpfen, Einäugigen, Einfüßern, Mundlosen und ähnlichen Wesen zu der Reihe fabelhafter Völker, an denen die klassische Tradition so reich war. Durch den Kirchenvater Augustinus gelangte diese Aufzählung an Isidor, und durch diesen verbreitete sich die Kunde von den Pygmäen über das ganze mittelalterliche Europa, teils in derselben Bedeutung als mehr oder weniger der Fabelwelt angehörende Völker am Rande der Welt, teils in der Bedeutung eines Koboldvolkes (vgl. Dämonen in Pygmäengestalt in der Imram Brenaind, siehe I, 424). Da sie an dem allgemeinen Volksglauben in den Ländern ringsum eine Stütze fand, wurde diese letztere Bedeutung bald die allgemeine. Hierfür gibt mir Moltke Moe ein merkwürdiges Beispiel aus dem Walliser Gualterus Mapes (aus der letzten Hälfte des 12. Jahrh.), der in seiner merkwürdigen Sammlung („De nugis curialium" genannt), welche Anekdoten usw. enthält, eine Sage über einen vorgeschichtlichen König der Briten namens Herla [307] anführt.

Zu ihm kam ein Zwerg oder Elbenkönig, „rex pygmaeorum", mit großem Kopf, gewaltigem Haarwuchs und großen Augen; der Pygmäenkönig sagt dem König Herla allerlei voraus, was geschehen wird, und als dies eintrifft, verspricht ihm König Herla, daß er zum Dank seiner Hochzeit beiwohnen werde. In demselben Augenblick, wie der Pygmäenkönig sich umdreht, ist er auch verschwunden. Herla begibt sich zur Hochzeit des Koboldkönigs; durch eine gewaltige Höhle und einen finsteren Gang kommt er im Innern des Berges in den von vielen Lampen erhellten Festsaal, wo er aufs herrlichste bewirtet wird. Als er nach Hause zurückkehrt, nachdem er seiner Meinung nach drei Tage fortgewesen ist, entdeckt er, daß er mehrere Hundert Jahre im Berge zugebracht hat.

Dies ist eine typische Elbensage mit vielen dem Kobold- oder Elbenvolk eigentümlichen Zügen: der niedrige Wuchs, der große, starkbehaarte Kopf mit den großen Augen, die Gabe der Weissagung und die Fähigkeit, sich im Nu unsichtbar zu machen, das Wohnen in Höhlen und Bergen fern vom Licht des Tages, der durch Nebel und Finsternis dorthin führende Weg, das blitzschnelle Verrinnen der Zeit in der Welt der Kobolde usw. Aber die meisten dieser und noch anderer Koboldzüge finden wir gerade in den isländischen Schilderungen der Skrälinger in Vinland, Markland und Grönland, wie sich aus den Berichten darüber (I, 427 fg.) ergibt, und wenn darin den Skrälingern ausdrücklich z. B. häßliches oder wüstes Haar (ilt hár) und große Augen zugeschrieben werden, so paßt das weder auf Indianer noch auf Eskimos, wohl aber auf Kobolde. Es kann auch noch darauf hingewiesen werden, daß in Markland Könige regierten (vgl. I, 434), was auch weder auf Indianer noch auf Eskimos paßt, während die Elben und die Hulden Könige haben. Es ist bereits gesagt worden (I, 434), daß der Name Vœtilldi oder Vethilldi eigentlich Vœtthildr sein kann, also eine Zusammensetzung mit dem Wort vættr oder vettr (Wichtel, Kobold).

Alles dieses weist darauf hin, daß die Skrälinger in Vinland, Markland und Grönland als eine Art Koboldvolk aufgefaßt worden sind. Hierüber können wir uns auch nicht wundern, wenn wir daran denken, daß man selbst in den Finnlappen in Finmarken, die doch so nahe wohnten und den Norwegern so gut bekannt waren, ein halb übernatürliches Volk sah und ihnen allerlei zauberhafte Eigenschaften zuschrieb.

Die ältesten Quellen über die Skrälinger. Aus der früher angeführten Mitteilung Are Frodes in seinem Íslendingabók (ungefähr aus dem Jahre 1130) geht hervor, daß die Skrälinger, oder die Eskimos, vor Eirik dem Roten und seinen Begleitern nach Südgrönland gekommen waren und daß letztere Wohnungen und Spuren von ihnen fanden, aus denen sich ersehen ließ, daß dort die Art Leute gehaust hatten, die „Vinland hefer bygt og Grønlendingar calla Scrœlinga" („Vinland besiedelt haben und welche die Grönländer Skrälinger nennen"). Diese Worte Ares sind allgemein so verstanden worden, als ob ihm nichts von einem Zusammentreffen der Nordmänner und der Skrälinger in Grönland bekannt gewesen sei, sondern er nur von einem solchen in Vinland Kunde erhalten habe, so daß die Nordmänner demnach erst nach seiner Zeit in Grönland auf die Eskimos gestoßen wären. Ich kann diesen Sinn nicht aus Ares Worten herauslesen. Dort steht: calla im Präsens und das, was die Grönländer Skrälinger nennen, wird doch wohl ein Volk sein, das sie kennen, und nicht eines, dem ihre Vorfahren einmal, vor über hundert Jahren, begegnet sind. Dann wäre doch wohl angeführt worden, daß eben jene Vorfahren es mit diesem Scheltnamen benannten.[308] Ich habe schon (I, 430) auf die Möglichkeit eines Zusammenhangs zwischen dieser Mitteilung und der Auffassung der Skrälinger als Kobolde aufmerksam gemacht; aber ein merkwürdiges Seitenstück zu Ares ganzer Erwähnung der ersten Ankunft der Isländer in Grönland und der dortigen Eingeborenen haben wir in seiner Erwähnung der ersten Ansiedlung der Norweger auf Island (siehe I, 178, 273), worin er sagt, daß dort vor ihrer Ankunft christliche Männer lebten, „welche die Norweger Papar [Priester] nennen (calla)." Auch sie hinterließen Spuren, „woraus man erkennen konnte, daß sie irische Leute waren". Aus diesen Worten könnte man mit demselben Recht wie aus der Mitteilung über die

Skrälingerspuren schließen, daß die Ankommenden nicht mit der früheren Bevölkerung zusammengetroffen seien; dies ist aber in letzterem Falle undenkbar und widerspricht überdies Ares eigenen Worten, da er kurz vorher sagt, daß die Christen Island verlassen hätten, nachdem die heidnischen Nordmänner dorthingekommen seien. Drei Arten Hinterlassenschaften beider Völker werden angeführt: von den Papar irische Bücher, Glocken und Krummstäbe, von den Skrälingern aber Wohnstätten, Bootstrümmer und steinerne Geräte. Dies kann fast wie eine stilistische Wendung bei dem nüchternen Are Frode erscheinen, der mehr Wert darauf legte, diese Art sichtbarer Anzeichen hervorzuheben, als eine möglicherweise nicht ganz zuverlässige Mitteilung über die Völker zu bringen. Außerdem muß man immer daran denken, wie knapp und zusammengedrängt das Íslendingabók abgefaßt ist. Ich fasse daher Ares Worte so auf, als ob er ungefähr folgendes damit habe sagen wollen: „Auf Eiriks erster Reise nach Grönland fanden sie schon gleich in der Österbygd sowohl wie in der Vesterbygd Wohnstätten, Bootstrümmer und steinerne Geräte, woraus man ersehen konnte, daß in der ganzen Gegend die Art Leute gewohnt hatten, die auch in Vinland wohnen und die dieselben Leute sind, welche die Grönländer Skrälinger nennen." Es wird nichts von Grönlands Einöden gesagt, in denen die Skrälinger vor allem hausten, und es geschieht auch nur ganz im Vorbeigehen, daß Vinland an dieser einen Stelle namhaft gemacht wird. Ares Íslendingabók ist daher nicht als Beweis der Behauptung zu brauchen, daß die Norweger zu Ares Zeit noch nicht auf die Skrälinger Grönlands gestoßen seien. Da er ausdrücklich sagt, daß sie „manna vistir bæþe austr oc vestr á lande" (Menschenwohnstätten sowohl im Osten wie im Westen des Landes, d. h. sowohl in der Oster- wie in der Vesterbygd) fanden, so zeigt dies auch, daß der Aufenthalt der Eskimos in Südgrönland sich nicht nur auf einen flüchtigen, kurzen Sommerbesuch beschränkt haben kann, sondern daß viele von ihnen sich dort jahrelang aufgehalten haben müssen, denn sonst wären die von ihnen hinterlassenen Spuren wohl kaum auf so weiten Strecken in die Augen fallend gewesen, daß man sie auf diese Weise betont hätte.

Daß Eskimos an der südlichen Küste Grönlands gewohnt haben, als die Isländer dorthin kamen, läßt sich möglicherweise auch daraus schließen, daß in dem Verzeichnis der Fjorde der Österbygd in Björn Jónssons „vetus chorographia" ein Fjord Ütibliksfjord [Grønl. hist. Mind., III, S. 228; F. Jónsson, 1899, S. 319] heißt, was nicht norwegisch klingt und an das eskimoische Wort Itiblik, eine Landzunge, erinnert. Finnur Jónsson [1899, S. 276] macht darauf aufmerksam, daß der Fjord in Arngrim Jónssons Abschrift jenes Verzeichnisses Makleiksfjörðr heißt und daß beide Namen eine falsche Lesart eines auf -leikr endenden männlichen Namens, nach welchem der Fjord genannt worden war (wie Eiriksfjörðr usw.), gewesen sein können; doch da Ütiblik so sehr eskimoisch klingt, erscheint es mir wahrscheinlicher, daß „Makleik-" durch falsches Lesen dieses dem Arngrim Jónsson unverständlichen Namens, der auch undeutlich geschrieben gewesen sein mag, entstanden sein kann, als daß jene beiden Namen eine Verdrehung eines dritten Wortes sein sollten; wovon sollte es übrigens eine Verdrehung sein? In solchem Fall hätten wir hieran einen kräftigen Beweis, daß nicht allein Eskimos in der Österbygd waren, als die Isländer sich dort ansiedelten, sondern daß auch Isländer und Eskimos in Verkehr gestanden haben.

Die Historia Norwegiae (aus dem 13. Jahrh.) zeigt, daß hundert Jahre später die Skrälinger Grönlands in Norwegen bekannt waren, und der norwegische Schriftsteller erwähnt sie wohl deshalb, weil sie ihm bemerkenswert genug erschienen. Er sagt [Storm, 1880, S. 76, 205]:

„Auf der andern Seite der Grönländer gen Norden [d. h. an „Grönlands nördlicher Westküste] finden die Jäger gelegentlich kleine „Leute, die sie Skrälinger nennen; wenn diese lebend von Waffen ge„troffen werden, so werden ihre Wunden weiß, ohne zu bluten, aber „wenn sie tot sind, hört das Blut gar nicht auf zu fließen. Aber ihnen

„fehlt das Metall Eisen gänzlich, sie benutzen Seetierzähne [dentibus „cetimes, hier Walroß- und Narwalzähne] als Wurfwaffen und „scharfe Steine als Messer.“

Die merkwürdig richtige Angabe über die Waffen der Skrälinger muß aus gut unterrichteter Quelle stammen. Der Bericht stellt fest, daß die Norweger jedenfalls im 13. Jahrhundert in Grönland mit den Skrälingern zusammentrafen, während er zugleich andeuten kann, daß man den Skrälingern damals in den grönländischen Kolonien nicht überall begegnete. Die Erwähnung ihrer Wunden, wenn auch mit sagenhaften Zügen verknüpft, kann ferner darauf hinweisen, daß es zwischen ihnen und den Jägern, die wohl nach Wikingerart rücksichtslos aufgetreten sind, zum Kampf gekommen ist; aber er verrät auch zugleich, daß man die Skrälinger als koboldartige Geschöpfe ansah (siehe I, 431).

Geschnitztes Walroß; Eskimoarbeit aus d. 12. Jahrh., in Bergen im Boden zwischen den Resten alter Wohnstätten gefunden. [Nach Koren-Wiberg 1908.]

Ein wertvolles Zeugnis darüber, daß die Norweger schon früh mit den Skrälingern in Grönland verkehrt haben, ist ein kleines, aus Walroßzahn geschnitztes Walroß, das man beim Aufgraben des Bodens unter einem Hause zwischen den Resten alter Wohnstätten in Bergen gefunden hat und das Eskimoarbeit zu sein scheint.[309] Leider ist das Alter des Fundes nicht festgestellt worden, und es ist auch nicht angegeben, wie tief er gelegen hat; aber da er zu den in größter Tiefe gelegenen Sachen „ganz unten im Fundament selbst“ gehörte und, soweit sich aus der Beschreibung erkennen läßt, viel tiefer lag als „eine Brandlinie, die unter der Brandstelle von 1413 war“, so kann diese Walroßfigur aus dem 12. oder spätestens 13. Jahrhundert stammen. Sie könnte freilich von Grönländern zufällig in einem Skrälingergrabe oder einem verlassenen Skrälingerhause gefunden, darauf zufällig nach Bergen gekommen und schließlich ebenso zufällig dort in diesem Hausgrundstück gefunden worden sein; aber dies scheinen mir doch ein bißchen viel Zufälle, und das natürlichste wird wohl sein, daß die Grönländer sie von den Skrälingern selbst erhalten haben und daß sie also ein Beweis des damals zwischen beiden Völkern bestehenden Verkehrs ist.

Das Schweigen der isländischen Literatur über die Skrälinger. Es ist auffallend, daß von den Skrälingern in den Beschreibungen, welche die isländische Sagaliteratur von den Nordmännern in Grönland und ihrem Leben dort enthält, beinahe gar nicht die Rede ist und daß nur an zwei Stellen grönländische Skrälinger ganz flüchtig in isländischen Erzählungen erwähnt werden; dagegen finden wir dort ausführliche Schilderungen sowohl friedlicher Begegnungen wie kriegerischen Zusammentreffens mit Skrälingern in Vinland und auch in Markland (siehe I, 351 fg.). Dies ähnelt dem, was wir bei Are Frode fanden. Die Erklärung mag darin zu suchen sein, daß, während die Sagaerzähler die Skrälinger im fernen Vinland in großen Scharen und als gefährliche Gegner, die sogar für Häuptlinge erwähnenswert waren, anrücken lassen konnten, die unschädlichen, furchtsamen Skrälinger in Grönland viel zu gut bekannt waren, um als interessanter Stoff benutzt werden zu können; man traf sie dort in kleinen Gesellschaften an und konnte sie ohne Risiko mißhandeln. Sie gehörten zu den Alltagserscheinungen, und mit Alltäglichem darf sich ein Sagaschreiber durchaus nicht befassen; aus demselben Grund erfahren wir auch fast gar nichts über den Fang und die Fangreisen der Grönländer (unter anderem nach Nordrsetur) und anderer Nordmänner, und nur zufällig läßt einer einmal ein Wort über solche Dinge fallen, das uns doch ungleich viel mehr wert gewesen wäre als die vielen Berichte über Kämpfe und Mordtaten. Was aber die grönländischen Skrälinger betrifft, so kommt dazu, daß sie Heiden waren; das Kirchengesetz untersagte jeden Verkehr mit ihnen, und es war daher das beste, ganz darüber zu schweigen. Außerdem galten sie den Isländern beständig als Kobolde oder „Trolle", und ihr

Name wurde, wie schon gesagt, mit „Pygmæi" übersetzt, weshalb es ihnen in ähnlicher Weise erging wie dem Huldenvolk und den Wichteln, von denen in der Regel in den Sagas weder auf Island noch in Norwegen gesprochen wird, obwohl man selbstverständlich fest an sie glaubte und es nicht an „glaubwürdigen" Erzählungen über sie gefehlt haben kann. An mehreren Stellen werden in der isländischen Literatur die Skrälinger „Trolle" genannt; es war vielleicht ein gutes, verdienstliches Werk, sie totzuschlagen, aber es war kein Werk, dessen man sich rühmen durfte.

Erwähnung der Skrälinger in der isländischen Literatur. In der Floamannasaga wird erzählt, daß Thorgils Orrabeinsfostre auf seiner abenteuerlichen Reise längs der Ostküste Grönlands eines Morgens ein in einer Bucht angeschwemmtes großes Seetier erblickt und dabei zwei „trollkonur" (Koboldweiber) in Fellröcken gesehen habe, welche große Lasten davon zusammenbanden; er sei sofort dorthingefahren, und als die eine ihre Last aufgehoben habe, habe er ihr die Hand abgehauen, das Bündel sei auf die Erde gefallen, und sie selbst sei schnell fortgerannt. In diesen trollkonur muß man Eskimos sehen. Freilich ist diese Saga so voller Märchen und Erdichtungen (siehe I, 304), daß ihr kein besonderer historischer Wert beigelegt werden kann, aber sie zeigt uns dennoch die Anschauungsweise jener Zeit. An einer andern Stelle in dieser Beschreibung sah Thorgils zwei „konur", was dasselbe bedeuten muß. Es wird gesagt, daß „sie auf einmal verschwanden" (þær hurfu skjótt), gerade wie die Erdgeister. In der Reisebeschreibung des Jerusalemfahrers Björn Einarsson (wiedergegeben in Björn Jónssons „Grönlands Annaler") heißt es, daß jener Björn, als er (mit drei andern Schiffen) im Jahre 1385 auf der Reise nach Island nach Grönland verschlagen wurde, auf einer Klippe zwei Trolle errettete, ein junges Geschwisterpaar, das die ganze Zeit über bei ihm blieb (Grønl. hist. Mind., III, S. 438). Es gab also Skrälinger in der Österbygd; aber das Wort „Troll" wird hier als selbstverständliche

Bezeichnung gebraucht, obwohl sonst nichts Koboldartiges von den beiden berichtet wird.

Ferner läßt sich anführen, daß in märchenhaften Sagen und in mehreren der Märchensagas von Trollen (Kobolden) in Grönland erzählt wird, die sich wohl auf die Skrälinger zurückführen lassen werden, aber mehr von der Troll- oder Riesennatur der Märchenerzählungen haben. In der Sage von dem Schiffbruch des isländischen Anführers Björn Thorleifsson und seiner Gattin an der Küste von Grönland[310] wurden beide von einem Troll und seinem Weibe errettet, welche je einen der Schiffbrüchigen in einem Netzbeutel auf die Schultern nahmen und sie nach dem Zaune des Gehöftes in Gardar trugen. In den þáttr af Jǫkli Búasyni erleidet dieser Schiffbruch im Fjord Öllum Lengri an der grönländischen Ostküste, die mit Trollen und Riesen bevölkert war, und dort hilft ein ihm zugetanes Trollweib dem Jökul beim Erschlagen des Königs Skrámr, usw. (Grønl. hist. Mind., III, S. 521). Man sieht, daß hier nichts von der Skrälingnatur geblieben ist, sondern die allgemeinen altnordischen Vorstellungen von Trollen und Riesen alles beherrschen.

Als die wichtigsten Stellen, an denen außer den Angaben in den bereits erwähnten Schriften und dem Íslendingabók in älterer Zeit von Skrälingern in Grönland die Rede ist, lassen sich noch die „Isländischen Annalen" anführen, die ihrer in einem Jahre (1379) erwähnen, ferner die Beschreibung der Reise nordwärts von Nordrsetur im Jahre 1267 (vgl. I, 332), Ivar Bårdssons Beschreibung von Grönland [Grønl. hist. Mind., III, S. 259] und schließlich Gisle Oddssons Annalen, wo sie „Amerikas Volk" genannt werden [Grønl. hist. Mind., III, S. 459, und G. Storm, 1890 a, S. 355].

Da die Nordmänner, wenigstens in der ersten Zeit, in Grönland zum großen Teil darauf angewiesen waren, von Viehzucht zu leben, wie sie es in Island getan hatten, so müssen sie sich viel in der Nähe ihrer an den Binnenenden der Fjorde liegenden Gehöfte aufgehalten haben, während die Eskimos als Fänger am äußersten Rande der

Meeresküste blieben. Und selbst dann, wenn diese an dem südlichen Teil der Küste zerstreut wohnengeblieben sind, auch nachdem die Nordmänner ins Land gekommen waren, mag zwischen ihnen und den Nordmännern wenig Berührung stattgefunden haben.

Aus den bereits mitgeteilten (I, 330 fg.) Nachrichten über die Nordrsetufahrten können wir schließen, daß die Grönländer dort im Norden auf Skrälinger stießen. Allerdings ist der Ausdruck Skrælingja vistir gewöhnlich als verlassene Skrälinghäuser oder Wohnstätten verstanden worden; aber in dieser Erzählung wird ein Unterschied zwischen Skrælingja vistir und Skrælingja vistir fornligar gemacht. Letztere sind alte Wohnplätze, die verlassen sind, während erstere Wohnplätze sein müssen, die noch benutzt wurden. Über die Fahrt nach Norden, ungefähr im Jahre 1267, heißt es, daß man ganz droben im Norden einige alte Skrälingwohnstätten (vistir fornligar) gefunden habe, während die Reisenden weiter südwärts auf einigen Inseln auf einige Skrælingja vistir, also auf bewohnte, stießen. Von den Männern, die im Jahre 1266 aus dem Norden zurückkehrten, heißt es auch hiermit übereinstimmend: „sie gewahrten keine Skrælingja „vistir außerhalb der [d. h. weiter nördlich von den] Kroksfjardar„heidr, und darum meint man, daß sie [die Skrälinger] dorthin den „kürzesten Weg zu fahren haben müssen, woher sie auch dorthin kommen. „Hieraus kann man hören [fügt Björn Jónsson hinzu], wie genau die „Grönländer damals auf die Aufenthaltsorte der Skrälinger acht„gegeben haben.“

Hieraus geht klar hervor, daß von benutzten, nicht von alten verlassenen Wohnstätten die Rede ist, ja, es wird durch den Ausdruck, „daß sie den kürzesten Weg dorthin zu fahren haben müssen“, geradezu bewiesen; man sieht also, daß Skrälinger am und im Kroksfjord (Diskobucht und Waigat?)* gefunden wurden, hingegen nicht hoch oben im Norden,

* Es ist auffallend, wie genau dies mit dem Schlusse über den Aufenthaltsort der Eskimos in alter Zeit übereinstimmt, zu welchem wir auf ganz anderem Wege gelangt sind (siehe II, 7).

wo man nur alte verlassene Skrälingwohnstätten antraf*; man sieht, daß daraus der Schluß gezogen wurde, daß sie nicht von Norden her kommen konnten, sondern immer, wo sie auch ursprünglich daheim sein mochten, auf dem Weg über den Kroksfjord kamen. Da sie nicht gut aus dem Innern des Landes kommen konnten und auch nicht draußen von der See her, so könnten diese Angaben den Eindruck machen, daß etwas halb Koboldartiges dabei sei. Es ist bezeichnend, daß hier auch von den Skrälingern selbst gar nicht gesprochen wird; es mag dem Umstand zuzuschreiben sein, daß ein Zusammentreffen mit ihnen nichts Besonderes war; Interesse bot nur ihre Verbreitung in den unbekannten Regionen weiter nach Norden, und woher sie kämen.

Es ist bereits (I, 320) gesagt worden, daß der Runenstein, den man im Norden von Upernivik gefunden hat, zeigt, daß dort Nordländer im Monat April, vielleicht um 1300, gewesen sind; dies läßt möglicherweise auch auf Verkehr mit den Eskimos schließen. Ferner wurde schon (I, 331 fg.) erwähnt, daß der im Jahre 1266 „draußen im Meer" gemachte Fund einiger Treibholzstücke, die mit „kleinen Äxten" (Steinäxten?) und „Querbeilen" (d. h. die bei den Eskimos gebräuchliche Axtform) bearbeitet waren und in denen Knochenkeile saßen, darauf hindeuten, daß damals Eskimos an der Ostküste Grönlands gewesen sind. Es wird uns allerdings nicht gesagt, wo das Treibholz in der See gefunden wurde; aber da es dem Zusammenhang nach zwischen der grönländischen Westküste und Island geschehen sein muß, so war es jedenfalls innerhalb des Bereichs des ostgrönländischen Stromes; es ist nicht denkbar, daß diese Treibholzstücke anderswoher gekommen sein könnten als von der Ostküste Grönlands, falls sie nicht etwa von der Beringstraße oder von Alaska gar sein

* Daraus läßt sich selbstverständlich nicht schließen, daß sie damals nicht auch dort gewohnt hätten; es zeigt nur, daß die Reisenden in den nördlichsten Gegenden nicht mit ihnen zusammentrafen, obwohl sie dort Wohnstätten sahen. Da die Eskimos ihre Winterhäuser im Frühling verlassen und im Sommer ein Wanderleben in Zelten führen, kann man sich hierüber nicht wundern.

sollten. Die Art und Weise, in welcher von diesen Holzstücken gesprochen wird, zeigt, daß man in ihnen etwas Merkwürdiges, das nicht von Nordmännern herstammte, gesehen hat.

Erwähnung der Eskimos in der europäischen Literatur. Die Wortkargheit der isländischen Literatur über alles, was mit den Skrälingern zusammenhängt, wird auch dann auffallen, wenn wir sie mit den Angaben über die Eskimos vergleichen, die in Europa auf Karten und in der Literatur des 15. Jahrhunderts veröffentlicht

Eskimos spielen mit einem ausgestopften Seehunde Ball. Abbildung zu einem Märchen, von einem Eingeborenen gezeichnet und in Holz geschnitten.

wurden. Claudius Clavus spricht in seiner Beschreibung des Nordens (vor der Mitte des 15. Jahrh.) von den Pygmäen (Pigmei) in dem nordöstlich von Grönland liegenden Lande und erzählt, daß sie eine Elle hoch seien und sowohl kurze wie lange Fellboote (d. h. Kajake und Frauenboote) hätten, von denen einige in der Domkirche in Drontheim hingen (siehe hierüber in Kap. XIII in dem Abschnitt über Claudius Clavus). Außerdem spricht er von „den ungläubigen Kareliern", die „beständig in großen Kriegerscharen in Grönland einfallen".[311] Der Name muß, wie Björnbo und Petersen nachgewiesen haben, von den auf älteren Karten im Nordosten Norwegens angegebenen Kareliern stammen und ist von dort nach Westen verlegt worden, wo er dann mit dem Namen Skräling vermengt worden sein kann.

Michel Beheim, der 1450 Norwegen bereiste, hat in seinem Gedicht über die Reise [Vangensten, 1908, S. 18] eine sagenhafte Beschreibung der Skrälinger (Schrelinge), „die sein nit lenger wann, Gewachsen dreier spann", aber trotzdem zu Land wie zu Wasser gefährliche Gegner sind. Sie wohnen in Höhlen, die sie sich in die Berge graben, machen sich Schiffe aus Fellen, essen rohes Fleisch und rohe Fische und trinken Blut dazu. Dies läßt darauf schließen, daß er in Norwegen Vorstellungen gefunden hat, nach denen die Skrälinger übernatürliche Wesen ähnlicher Art, wie wir sie bereits geschildert haben, waren.

In einem Briefe an Papst Nikolaus V. (1447—1455) wird folgendes erzählt [vgl. G. Storm, 1899]: „Und wenn man west„wärts [von Norwegen] nach den Gebirgen dieses Landes [Grön„lands] zieht, so wohnen dort Pygmäen in Gestalt kleiner Leute, „nur eine Elle hoch. Wenn sie Menschen sehen, sammeln sie sich und „verstecken sich in den Höhlen des Landes wie ein Schwarm Ameisen. „Man kann sie nicht besiegen, denn sie warten nicht, bis man sie über„fällt. Sie leben von rohem Fleisch und von gekochten Fischen." Dies ähnelt dem, was Clavus von den Pygmäen berichtet, doch da hier noch andere Dinge von ihnen erzählt werden, ist es wahrscheinlich, daß sowohl Clavus wie der Verfasser dieses Briefes und vielleicht auch Beheim ihre Mitteilungen aus älteren Quellen geschöpft haben, möglicherweise aus Quellen des 14. Jahrhunderts, die entweder selbst norwegische Schriften gewesen sind oder ihre Nachrichten aus Norwegen erhalten haben. Die Beschreibungen der Pygmäen und des Umstandes, daß sie flüchten, wenn Fremdlinge kommen, deutet auf eine Kenntnis der Eskimos und ihrer Gewohnheiten hin. Die Vorstellung von den Höhlen hängt wohl eher mit Wichteln, Kobolden oder Erdgeistern und dem Huldenvolk zusammen, die in Hügeln und Höhlen wohnten (vgl. I, 430; II, 12); aber Gerüchte von den halbunterirdischen Eskimohäusern können auch ein wenig dabei beteiligt sein. Es ist möglich, daß die gemeinsame Quelle das verlorengegangene Werk des englischen Schriftstellers Nicholas of Lynn gewesen ist, der Norwegen im 14. Jahrhundert bereist hat (vgl. Kap. XIII, über Martin Behaims Globus).

Der Erzbischof Erik Walkendorf hat (in seiner Beschreibung Finmarkens von ungefähr 1520) eine ähnliche Schilderung der Eskimos, die wohl denselben Ursprung haben mag. Er verlegt sie von Finmarken aus nach Nordnordwesten, wie die Pygmäen auf der Karte des Claudius Clavus. Er sagt: „Finmarken hat gegen Nordnord„westen ein Volk von kurzem, kleinem Wuchs, nämlich anderthalb Ellen „hoch, das allgemein Skrälinger genannt wird; sie sind ein un„kriegerisches Volk, denn ihrer fünfzehn wagen es nicht, sich einem „Christen oder Ruthenen [d. h. Russen] zu nähern, weder zum Kampfe „noch zur Unterredung. Sie wohnen in unterirdischen Häusern, so daß „man sie nicht untersuchen oder fangen kann. Sie beten Götzen an.“ [Walkendorf, 1902, S. 12.][312]

Wir sehen also, daß, während die isländische Literatur nach Are Frode fast gar keine Angaben über die grönländischen Skrälinger selber enthält, ein norwegischer Schriftsteller, und zwar schon im 13. Jahrhundert, die ersten Nachrichten über sie und ihre Kultur gibt; und ein dänischer Schriftsteller des 14. Jahrhunderts, dessen Nachrichten ursprünglich aus Norwegen stammen können (gleich den Mitteilungen in dem Briefe an den Papst und bei Walkendorf), führt gar keine andern Bewohner Grönlands an als die Eskimos (Pygmäen und Karelier)[313]; aber noch immer wird von ihnen wie von halb sagenhaften Geschöpfen gesprochen.

Die Erklärung muß in der Grundverschiedenheit der Gesichtspunkte zu suchen sein. Den isländischen Schriftstellern, die zum Sagaschreiben herangebildet waren (und meistens dem geistlichen Stand angehörten), waren das Leben und die Kämpfe ihrer Stammesgenossen in Grönland das einzig Wichtige, während ethnographisches Interesse an der Urbevölkerung des Landes, den heidnischen, trollartigen Skrälingern, ihnen völlig fremd war. Dazu kamen die II, 17 erwähnten Gründe. Anders in Norwegen; dort war die Verwandtschaft mit den isländischen Nordmännern in Grönland schon entfernter, aber das Interesse an den fremdartigen, merkwürdigen Skrälingern um so größer. Hier bestanden auch andere ausländische Verbindungen, und der Verkehr mit verschiedenartigen Völkern sorgte dafür, daß der ethnographische Sinn im ganzen viel aufgeweckter war.

Das Schweigen des Königsspiegels über die Skrälinger. Eine merkwürdige Ausnahme ist der Königsspiegel (um das Jahr 1250 herum), der ebenfalls nichts von den Skrälingern sagt, obgleich Grönland und die Grönländer eingehend darin beschrieben werden. Dies wirft aber gerade ein Licht auf die auffallende Schweigsamkeit der isländischen Literatur hinsichtlich der Skrälinger. Aus der Historia Norwegiae, die ungefähr zu gleicher Zeit mit dem Königsspiegel oder bald nach ihm geschrieben worden ist (vielleicht zwischen 1260 und 1264), geht hervor, daß man damals die Skrälinger Grönlands in Norwegen kannte. Daher ist es undenkbar, daß der gut unterrichtete Verfasser des Königsspiegels, der so eingehende Kenntnis der grönländischen Verhältnisse zeigt, gar nichts von ihnen gehört haben sollte. Wenn er ihrer trotzdem nicht gedenkt, scheint dies einen ähnlichen Grund haben zu müssen wie das Schweigen über sie in der isländischen Literatur. Daß die Skrälinger in einem fehlenden Teile des Königsspiegels, den der Verfasser vielleicht nie vollendet hat, erwähnt worden sein sollten, ist wenig wahrscheinlich, weil die Beschreibung Grönlands und seiner Naturverhältnisse abgeschlossen zu sein scheint.[314]

Was den Königsspiegel im ganzen betrifft, so muß man mit Vorsicht verfahren, wenn man aus seinem Schweigen über verschiedene Dinge Schlüsse ziehen will; sonst müßte man auch daraus, daß er nur von den Walfischen im isländischen Meer und den Seehunden in Grönland spricht, schließen, daß es in Norwegen weder Walfische noch Robben gab, und ebenso würde es sich mit dem Nordlicht verhalten, das nur in Verbindung mit Grönland erwähnt wird.

Zusammenfassung der Quellen, in denen die Skrälinger in Grönland erwähnt werden. Wenn wir versuchen, das zusammenzufassen, was wir hinsichtlich der Eskimos oder Skrälinger in Grönland während der ersten Jahrhunderte des dortigen Aufenthalts der Nordmänner aus den geschichtlichen Quellen schließen können, so ist dies ungefähr folgendes: Als Eirik der Rote nach Grönland kam, fand er überall an der Westküste Eskimospuren, aber wie oft er mit den Skrälingern selber zusammengetroffen ist, erfahren wir nicht. Das wahrscheinlichste ist, daß die Urbevölkerung sich aus den Küstengebieten, der Österbygd und der Vesterbygd, wo die kampflustigen, gewalttätigen Nordmänner sich ansiedelten, zurückgezogen hat, während sie in den nördlich davon liegenden „Einöden" wohnen blieb. Die Historia Norwegiae (außer dem Berichte über die Reisen nördlich der Nordrsetur in den Jahren 1266 und 1267) zeigt, daß die Nordmänner dort mit ihnen zusammentrafen, spricht aber auch gleich von Kämpfen. Letzteres deutet auch die sagenhafte Erzählung über Thorgils Orrabeinsfostre (II, 18) und die Sage in der Saga Eiriks des Roten an, nach welcher die Grönländer in Markland Skrälingerkinder stahlen. Ferner die Erzählungen bei Claudius Clavus und Olaus Magnus von Fellbooten und Eskimos (Pygmäen), deren man sich auf dem Meere bemächtigt hatte. Dies läßt darauf schließen, daß die Nordmänner in jenen alten Zeiten in den Skrälingern eine ihnen zustehende Beute sahen und sie überwältigten, wo sie ihnen begegneten. Gelegentlich werden die Eskimos sich auch gewehrt oder Vergeltung geübt haben, worauf die Mitteilung der Isländischen Annalen von der „Verheerung" im Jahre 1379 deuten mag; meistens aber sind sie gewiß entflohen, was ihrem Naturell mehr entspricht. Ich habe es in den „Einöden" Grönlands selbst erlebt, wie die Eskimos Hals über Kopf von ihren Wohnstätten flüchten, wenn

Fremde sich unerwartet nähern, und andere Reisende älterer und neuerer Zeit haben auch allgemein diese Erfahrung gemacht. Es ist nicht wahrscheinlich, daß die alten Nordmänner, wenn sie an einen solchen plötzlich verlassenen Ort kamen, irgendwelches Bedenken getragen hätten, sich dort alles anzueignen, was sie gebrauchen konnten, wenn nicht etwa abergläubische Furcht vor diesen heidnischen „Trollen“ sie davon zurückgehalten hatte. Es ist daher natürlich, daß die Skrälinger den Teil Grönlands, wo die Nordmänner in großer Anzahl wohnten, gemieden haben. Doch da, wo sie einander begegneten, mag damals bisweilen ein freundschaftlicher Verkehr zwischen Eskimo und Europäer stattgefunden haben, wie es auch später geschehen ist. Solche Unmenschen, daß dies ganz unmöglich gewesen wäre, werden die Nordmänner jener Zeit nicht gewesen sein, und mit der Zeit hat sich, wie im nächsten Kapitel ausgeführt werden wird, das Verhältnis ganz verändert, besonders seitdem die Zufuhr von außen her aufhörte und die Nordmänner darauf angewiesen waren, von den Erzeugnissen des Landes zu leben; sie hatten dann von der ihnen in diesen Umgebungen überlegenen Eskimokultur sehr viel zu lernen.

Im Laufe der Zeit ist die Zahl der Eskimos in Nordgrönland größer geworden, teils durch Vermehrung — die dort, wo sicher den größten Teil des Jahres hindurch Fang getrieben werden konnte, ohne Hungersnot und ohne verheerende Seuchen, gleichmäßig vor sich gegangen sein kann —, teils vielleicht auch durch eine neue allmähliche Einwanderung von Norden her. Sie haben sich daher langsam weiter nach Süden verbreitet, und nach und nach hat auch die ganze südliche Westküste eine dichtere Eskimobevölkerung erhalten, besonders nachdem der Wohlstand und die Anzahl der Nordmänner in der Vester- und der Österbygd abgenommen hatte, so daß diese nicht mehr so furchterregend wirkten und sie sich sicherlich auch in demselben Maße friedfertiger und freundschaftlicher benahmen, als die Verbindung mit Europa mangelhafter wurde und ihre eingebildete Überlegenheit über die Skrälinger sich immer mehr als illusorisch herausstellte.

Die Skrälinger in Vinland. Nun sind noch die Skrälinger anzuführen, welche die Grönländer, den Sagas nach, in Vinland angetroffen haben sollen. G. Storm [1887] behauptet, daß sie Indianer gewesen seien, was natürlich erscheint, wenn man, wie er annimmt, daß die Grönländer das südliche Nova Scotia erreichten; aber in neuerer Zeit haben mehrere Autoren[315] nachzuweisen versucht, daß es doch Eskimos gewesen sind. Nach allem, was ich über die romanhafte Natur dieser Sagas angeführt habe, mag die Erörterung einer solchen Frage nutzlos erscheinen, weil wir uns dabei an nichts Sicheres halten können; besonders da, wie schon erwähnt, der Name Skräling anfänglich zur Bezeichnung der Wichteln oder Kobolde gedient haben kann, die, wie man glaubte, in dem irischen „Huldenland“ wohnten, dem Sidlande, das den Namen Vinland erhielt. Doch selbst dann, wenn dies der richtige Ursprung des Namens ist, würde es nicht ausschließen, daß spätere Begegnungen auch mit den Eingeborenen Amerikas (von denen Grönlands abgesehen) die Skrälinger in Vinland realistischer gemacht und ihnen Züge aus wirklich Erlebtem verliehen haben können.

Ihre Schilderung in diesen „Romansagas“ ließe sich daher insofern als wertvoll betrachten, als sie den allgemeinen Eindruck wiedergeben mag, den die Eingeborenen in den westlichen Ländern machten, mit denen die Grönländer mehr Verkehr gehabt haben können, als aus diesen Erzählungen hervorgeht. Aber wenn dem auch so war, so können wir jedenfalls daraus über die Verbreitung der Indianer oder der Eskimos an der amerikanischen Ostküste in jener Zeit keine Schlüsse ziehen. Falls es sich wirklich beweisen ließe — was nicht der Fall ist —, daß die Skrälinger der Saga in Vinland Eskimos waren, so würde dies nur zu dem Schlusse führen, daß die Grönländer demnach auf ihren Reisen nicht so weit nach Süden vorgedrungen sind, daß sie Nova Scotia besucht hätten, sondern daß sie wahrscheinlich höchstens nach dem nördlichen Newfoundland gelangt sind. Wenn die erwähnten Autoren geglaubt haben annehmen zu können, daß die Grönländer in

Nova Scotia Eskimos gefunden hätten, weil die Eingeborenen Vinlands Skrälinger genannt werden und man demnach voraussetzen müsse, daß es dasselbe Volk derselben Kultur wie auf Grönland gewesen sei, so hat man wohl nicht aufmerksam genug die Schwierigkeit beachtet, die darin liegt, daß Skrälinger in Nova Scotia mit seinen ganz andern natürlichen Verhältnissen unmöglich dieselbe arktische Fängerkultur gehabt haben können wie die Skrälinger in Grönland, selbst wenn sie derselben Rasse angehört hätten. Wir müßten dann glauben, daß sie mit ihrer arktischen Verhältnissen angepaßten Kultur von Norden her nach Nova Scotia gekommen seien. Sie müßten die vor ihrer Ankunft in diesen südlicheren Gegenden wohnenden Indianerstämme verdrängt haben, obwohl sie eine für die dortigen Verhältnisse ungenügende Kultur hatten und jenen auch wohl an kriegerischer Tüchtigkeit nachstanden. Dazu kommt, daß diese Eskimos mit Eskimokultur 500 Jahre später, als das Land wieder entdeckt wurde, schon wieder vollständig aus Nova Scotia verschwunden gewesen wären, da man dort als Bewohner nur Indianerstämme vorgefunden hat. Diese verschiedenen Unwahrscheinlichkeiten würden wir hauptsächlich deshalb annehmen, weil das Wort Skräling — das ursprünglich kein ethnographischer Name ist, sondern Wichtel oder Kobold bedeutet — sowohl von der Bevölkerung Vinlands wie von der Grönlands gebraucht wird, weil ferner das Wort keiplabrot (Bruchstücke von Booten) von Are Frode (siehe I, 281) benutzt ist und weil an zwei Stellen in der Saga Eiriks des Roten, die etwa 300 Jahre nach den „Begebenheiten" niedergeschrieben worden ist, von den Booten der Vinlandskrälinger das Wort huðkeipr gebraucht wird, während sie an vier Stellen skip (d. h. Fahrzeug) und an einer andern Stelle skeipana genannt werden. Es kommt mir vor, als ob man hierdurch den alten Isländern ein ethnographisches Interesse beilegen würde, das ihnen, wie die isländische Literatur zeigt, vollständig gefehlt hat (vgl. II, 17 fg.). Es ist in jedem Fall unberechtigt, diese spät niedergeschriebenen Überlieferungen als ethnographische Abhandlungen anzusehen, in denen jedes Wort wissenschaftliche Bedeutung hat; dazu enthalten sie viel zu viele auffallende sagenhafte Züge. Man sieht nicht, daß auch nur einer der erwähnten Autoren sich die Frage gestellt hat, aus was für einer Art von Fellen die Skrälinger im südlichen Nova Scotia oder noch weiter südwärts („wo kein Schnee fiel") sich eigentlich ihre Fellboote hätten herstellen sollen.

Die notwendigen Vorbedingungen irgendwelchen Fanges zur See, von dem man leben konnte, können an den südlichen Küsten kaum vorhanden gewesen sein. Die Robbenarten, die weiter nördlich die unumgänglichen Lebensbedingungen des Eskimos bilden, gibt es hier nicht mehr. Die einzige Robbenart, die an der Küste von Nova Scotia häufig vorkommt, ist, wie Professor Robert Collett mir mitgeteilt hat, der graue Seehund (Halichoerus grypus), der auch die Küste Norwegens besucht und unter anderem auf den Froinseln gefangen wird. Dieser Seehund kann aber im südlichen Nova Scotia oder noch südlicher nicht in so großen Mengen aufgetreten sein, daß er die Vorbedingungen zu der üblichen Fängerkultur des Eskimos geliefert hätte. Der Eskimo muß folglich zum Jägerleben übergegangen sein und sich wie die Indianer vom Ertrage der Jagd auf dem Lande ernährt haben. Wo bleibt dann aber die Ähnlichkeit in der Kultur der grönländischen und vinländischen Skrälinger, durch welche die Bewohner Vinlands sich ja gerade von den Indianern unterscheiden sollten? Sogar das Fundament der Theorie verschwindet also. Professor Y. Nielsen [1905, S. 32f.] behauptet, daß die Skrälinger in Nova Scotia nur „Transportboote" oder „Frauenboote" aus Fellen gehabt zu haben brauchen, und er sagt, daß „was dort von ihnen „erzählt wird, nicht einmal eine Andeutung enthält, daß sie Kajake „benutzt haben könnten". Dies macht die Theorie noch unwahrscheinlicher. Falls diesen Skrälingern das Kajak gefehlt hat, das die wichtigste Vorbedingung einer Eskimo-Fängerkultur an einer offenen Meeresküste ist und bleiben muß, so können sie auch keine Robbenfelle zu Frauenbooten, Anzügen und Zelten gehabt haben. Sie müßten dann diese Boote mit Fellen von Landtieren bezogen haben; aber welche Tiere hätten ihnen dazu die Felle geliefert? Es ist allerdings bekannt, daß einige Indianerstämme ihre Kanus mit doppelten Büffelhäuten überzogen, was die erwähnten Autoren nicht beachtet haben können, wenn sie Fellboote als entscheidenden Beweis der Eskimokultur ansehen; ferner beziehen die Iren Boote noch immer mit Ochsenhäuten. Aber in Nova Scotia gab es weder Büffel noch Rinder; sollten die Eingeborenen vielleicht gar Hirschhäute dazu benutzt haben? Die ganze Argumentation führt also von einer Unwahrscheinlichkeit zur andern, wie zu erwarten ist, wenn sie sich auf einer so unsicheren Grundlage aufbaut.

Die Grönländer können die Rindenkanus der Indianer sehr wohl keipr oder keipull (ein kleines Boot) genannt haben; noch wahrscheinlicher aber ist, daß, nachdem die Einzelheiten der Tradition sich im Laufe der Zeit verwischt hatten, das vinländische Skrälingerboot ebenfalls mit dem Namen bezeichnet wurde, den man den einzigen Booten gab, die in späterer Zeit als den Skrälingern eigen bekannt waren, also den Fellbooten in Grönland. Dazu kam noch, daß man Fellboote auch von Irland her kannte, während die Herstellung der Boote aus Birkenrinde den Isländern ganz fremd war. Übrigens, wenn man einem einzigen Wort, huðkeipr, das in der Erzählung gar keine Rolle spielt, eine so große Wichtigkeit beilegen will, was soll man dann erst aus den Wurfmaschinen (valslǫngur) der Skrälinger machen und aus ihren schwarzen Kugeln, die ein so unheimliches Getöse hervorbrachten, daß sie Karlsevne und seine Leute in die Flucht jagten; sie haben ja eine ganz andere Bedeutung in der Schilderung, von den Gesichtstäuschungen gar nicht zu reden. Wenn sie, wie viele andere Züge der Saga, aus ganz andern Gegenden der Erde hergeholt sind, so ist es wohl nicht ungereimt, wenn ein Wort wie huðkeipr aus Grönland geholt und irischen Sagen entnommen sein kann.

Den Namen, die, der Saga zufolge, die beiden in Markland geraubten Skrälingerkinder erwähnt haben sollten und die sich angeblich über 250 Jahre im Volksmund erhalten haben, kann ebenfalls kein Gewicht beigelegt werden. Alles andere, was diese Kinder erzählt haben sollen, ist erwiesenermaßen unrichtig; die Erzählung vom Hvítramannaland ist eine Sage aus Irland (vgl. I, 458 fg.); die ihnen zugeschriebene Angabe, daß die Bewohner ihres Landes in Höhlen wohnten, ist ungereimt und stammt entschieden anderswoher (vgl. I, S. 433)[316]; sollte es dann wahrscheinlich sein, daß die ihnen beigelegten Namen echter wären? W. Thalbitzer [1905, S. 190 fg.] erklärt diese Namen für mißverstandene Sätze auf eskimoisch, die bedeutet hätten: vætilldi — „aber so warte doch ein bißchen“, vægi — „wart' ein wenig“, avalldamon — „gegen den äußersten“, avaldidida — „die äußersten, meinst du?“ Da dort steht, daß die beiden Skrälingerknaben isländisch lernten, muß Thalbitzer die Leute diese Sätze während der Heimreise von Markland nach Grönland irrtümlicherweise als Namen auffassen lassen, und dann muß er die Skrälingerkinder bald darauf sterben lassen, ehe sich das Mißverständnis aufklären konnte. Dann sollten diese sinnlosen Namen in tatsächlich unveränderter Gestalt mehrere Hundert Jahre im Volksmund weitergelebt haben, ehe sie am Ende des 13. Jahrhunderts niedergeschrieben wurden. Da scheint mir doch die Erklärung der Worte, wie sie in I, 434 versucht worden ist, wahrscheinlicher zu klingen. Dazu kommt, wie an derselben Stelle erwähnt ist, daß der „bärtige“ Skräling und das „Versinken in der Erde“ ebenfalls sagenhafte Züge sind, die man mit diesen Skrälingern verband.

Während die angeführten Züge über die Eskimonatur der Skrälinger in Vinland nichts beweisen können, enthält die Schilderung der Saga von ihnen andere Züge, die zunächst an Indianer denken lassen. Der Umstand, daß sie so plötzlich in großen Scharen angreifen, ohne daß von irgendeiner Veranlassung dazu die Rede ist, klingt ganz uneskimoisch, könnte aber auf kriegerische Indianer besser passen. Es heißt, daß die Skrälinger unter lautem Geheul angriffen; dies ist ein gewöhnliches Kennzeichen indianischer Kriegsführung, aber den Eskimos sieht es weniger ähnlich. Während der Skrälingerschlacht wurde Thorbrand Snorrason mit einem hellustein im Kopfe tot gefunden. Mag hiermit ein flacher Stein oder eine Steinaxt (wie Storm [1887, 1899] es übersetzt hat) gemeint sein, so ist jedenfalls keines von beiden eine typische Eskimowaffe, während eine als Wurfwaffe benutzte Steinaxt immerhin indianisch sein könnte. Der ganze Bericht über die Vinlandfahrten ist aber, wie schon gesagt, viel zu sehr Roman und Sage, als daß man derartigen Einzelheiten irgendwelche Zuverlässigkeit beilegen dürfte. Ich habe bereits (I, 436) betont, daß der Zug der Saga, der die Grönländer in einem Kampf mit den Eingeborenen besiegt werden läßt, nicht aus Grönland stammen kann, wohl aber auf wirklich Erlebtes zurückgehen mag. In solchem Fall weist auch dieser Zug zunächst auf Indianer hin.[317]

William Thalbitzer [1904, S. 20 fg.] hat als möglichen Beweis einer früheren weiteren Verbreitung der Eskimos nach Süden hin hervorgehoben, daß Nipisiguit, der Name eines kleinen Flusses in Neu-Braunschweig (auf 46° 40′ nördl. Br.), große Ähnlichkeit mit dem eskimoischen Ortsnamen Nepisät in Grönland habe, und er nennt auch einen andern Ortsnamen, Tadoussak, der sehr eskimoisch aussieht. Um uns aber hierüber eine Ansicht bilden zu können, müßten wir die Sprache der jetzt ausgestorbenen Indianerstämme jener Gegenden und auch die ursprüngliche Form der angeführten Namen kennen. Man kennt sie jetzt nur von einigen alten Karten her, aber wir wissen nicht, auf welche Weise sie in diese Karten hineingekommen sind.[318]

Das künftige Schicksal der Eskimos. Die Eskimos sind eines der wenigen Jägervölker auf Erden, die sich mit ihrer eigentümlichen Kultur trotz der Berührung mit der europäischen noch einigermaßen haben halten können; der Grund dieser Tatsache ist teils darin zu suchen, daß sie so abseits wohnen, daß die Berührung nur mehr oder weniger vorübergehend stattgefunden hat, und teils auch, was Grönland betrifft, darin, daß sie mit mehr oder weniger Rücksicht behandelt worden sind und man versucht hat, sie vor den schädlichen europäischen Einflüssen zu schützen. Dennoch hat auch dies nicht verhindern können, daß sie zurückgegangen und immer mehr verarmt sind. Die Zunahme ihrer Bevölkerungsziffer könnte allerdings den entgegengesetzten Eindruck machen; aber dabei spielen andere Faktoren mit. Als die Eskimos das erstemal mit der europäischen Kultur in Berührung kamen, war es, wie ich im nächsten Kapitel zeigen werde, ihre eigene Kultur, die in diesen Umgebungen Siegerin blieb, sobald die Verbindung mit Europa abgeschnitten wurde. Dies würde wieder geschehen, wenn Europäer und Eskimos dort, ganz von der übrigen Welt abgeschnitten, sich selbst überlassen bleiben könnten. Da dies aber nicht geschehen kann, ist auch die Kultur der Eskimos dazu verurteilt, langsam vor der trivialen, alles andere vernichtenden europäischen Kultur unterzugehen.

XI. Verfall der skandinavischen Ansiedlungen in Grönland.

Der Niedergang der grönländischen Ansiedlungen. Die Österbygd und die Vesterbygd in Grönland scheinen gleich nach der Entdeckung des Landes und der ersten Ansiedlung dort ein schnelles Wachstum gehabt zu haben. Sie hatten im 11., 12. und zum Teil auch im 13. Jahrhundert ihre Blütezeit; aber im 14. scheint es mit ihnen schnell bergab gegangen zu sein. Die Nachrichten über sie werden immer spärlicher, bis sie nach 1410 ganz aufhören, und in den folgenden hundert Jahren scheinen die Nordmänner ganz verschwunden zu sein. Dieser Niedergang hat mehrere Gründe gehabt.[319] Man hat geglaubt, ihn hauptsächlich auf eine Masseneinwanderung neuer Eskimos zurückführen zu müssen, von denen die Nordmänner nach und nach überwältigt und ausgerottet worden waren; aber es ist, wie später gezeigt werden wird, kein Grund vorhanden, dies anzunehmen; wenn auch kleine feindliche Zusammenstöße zwischen ihnen vorgekommen sein mögen, so können sie schwerlich große Bedeutung gehabt haben.

Vor allem ist der Niedergang Veränderungen in dem Verhältnisse zu Norwegen zuzuschreiben. Wir sehen unter anderem aus dem

Königsspiegel (vgl. I, 300), daß die Grönländer sich teilweise ohne europäische Erzeugnisse, wie Mehl und Brot, behelfen mußten; sie lebten wesentlich vom Fang und von der Fischerei und auch von Viehzucht, die ihnen Milch und Käse lieferte. Doch allerlei notwendige Dinge, wie Eisen zu Werkzeugen und Waffen und teilweise auch Holz [320] zu größeren Booten und Schiffen, mußten sie aus Europa beziehen; außerdem gab ihnen die Verbindung mit der Außenwelt in vieler Beziehung Aufmunterung und Halt. Für Leute, die abgesondert, unter recht harten Lebensbedingungen, am Rande der Möglichkeiten einer europäischen Kultur lebten, war letzteres nicht das geringste; es gehörte wenig dazu, die Wagschale zum Sinken zu bringen. Daher ist es leicht begreiflich, daß, sobald die Verbindung mit dem Heimatlande aufhörte, die Lebensverhältnisse dort droben so wenig verlockend erschienen, daß alle, die dazu Gelegenheit hatten, anderswohin zogen, und zwar wohl vorzugsweise nach Norwegen.

Rückgang in der Fortpflanzung. Sicherlich spielt auch noch ein physiologisches Moment dabei mit. Zur gesunden Ernährung eines Europäers sind Mehlspeisen (Kohlehydrate) notwendig, und es unterliegt keinem Zweifel, daß eine lange Zeit durchgeführte einseitige Ernährung durch Fett und Fleisch die Lebenskraft der meisten Europäer und nicht zum wenigsten ihre Fortpflanzungsfähigkeit herabsetzen würde. Diese Ansicht deckt sich mit meinen eigenen Erfahrungen und Beobachtungen unter verschiedenartigen Verhältnissen, unter anderem während einer durch zehn Monate fortgesetzten ausschließlichen Fleisch- und Fetternährung; dies wird auch durch physiologische Experimente an allesfressenden Tieren bestätigt. Die Grönländer waren darauf angewiesen vom Ertrage des Fanges, der Fischerei und der Viehzucht zu leben; die Milch ist mit ihrem Milchzucker ihr Hauptersatz für die in Mehlspeisen enthaltenen Kohlehydrate gewesen; außerdem haben sie sich wohl Krähenbeeren, Angelica, und anderes frisches Grünzeug gesammelt; aber dies hat nicht einmal in dem kurzen Sommer in so reichlicher Menge geschehen können, daß dadurch der Mangel an Mehl aufgewogen worden wäre. Es ist daher wahrscheinlich, daß ihre Fortpflanzungsfähigkeit sehr zurückgegangen ist und sie ein wenig fruchtbares Volk geworden sind. Die Eskimos haben jahrtausendelang Zeit gehabt, sich durch die „natürliche Auswahl" (survival of the fittest) der einseitigen Fleischkost anzupassen, indem diejenigen von ihnen, denen sie am besten bekam, sich vor allen andern vermehrten. In dieser Beziehung ist sicherlich ein großer Unterschied zwischen den Menschen; einige von uns sind ihrer Natur nach mehr Pflanzenesser, während andere wieder mehr Fleischesser sind. Es ist daher wahrscheinlich, daß die jetzt lebenden Eskimos sich besser zu diesem Leben mit der einseitigen Kost eignen würden; nichtsdestoweniger ist es auffallend, daß auch unter ihnen die Fruchtbarkeit gering ist.

Als die Verbindung der Grönländer mit Norwegen immer mehr abnahm, hörte schließlich die Korn- und Mehlzufuhr ganz auf. Ihre Viehzucht mußte auch in Verfall geraten, denn sie hatten wenig Gelegenheit, ihren Viehstand zu ergänzen oder andersartige Lebensmittelvorräte von auswärts zu erhalten, wenn Mißjahre eintraten, so daß das meiste Vieh geschlachtet werden mußte oder verhungerte. Die Leute wurden infolgedessen noch abhängiger vom Fang; dabei mußte die Viehzucht vernachlässigt werden. Auf diese Weise wurde die Kost noch einseitiger, weil die Milch entbehrt werden mußte, und die Fortpflanzung wurde noch mehr gehemmt. Dazu kam, daß ihre durchschnittliche Fängertüchtigkeit sich jedenfalls im Anfang mit der der Eskimos nicht messen konnte, und daß es ihnen an Salz zum Konservieren der Fangbeute fehlte, die sie deshalb dörren oder gefrieren lassen mußten. Sie haben also keine großen Vorräte halten können und sind mehr oder weniger von dem abhängig gewesen, was sie jederzeit fischen und fangen konnten. Es ist also leicht verständlich, daß ihre Widerstandskraft nicht groß war, wenn schlechte Fangzeiten eintraten oder ansteckende Krankheiten das Land verheerten. Daher ist es denn auch kein Wunder, daß die Volksmenge abgenommen hat.

Das Aufhören der Verbindung mit Europa. Zum Aufhören der Verbindung mit Island und Norwegen kam es auf folgende Weise:

In den Jahren zwischen 1247 und 1261, während Håkon Håkonssons Regierung, unterwarf sich Grönland, das bisher gleich Island ein Freistaat gewesen war, freiwillig der norwegischen Krone. Im Jahre 1294 wurde der Handel nach den Norwegen tributpflichtigen Ländern, darunter auch nach Grönland, zu einer Art königlichen Monopols oder Privilegiums, das der König an norwegische Untertanen verpachten konnte. Dies brachte es mit sich, daß nur die Königsschiffe — und solche gab es in der Regel nur eines, „die Knarre" genannt — Erlaubnis hatten, dorthin zu segeln, um dort Handel zu treiben[321], und gerade dies war der Anfang vom Ende. Schon vor jener Zeit bestand nur ein spärlicher Verkehr mit Grönland. So heißt es im Königsspiegel ausdrücklich, daß selten Leute dorthin reisten. Nun aber, da die königliche „Knarre" allein die Verbindung aufrechterhalten durfte, sollte es damit noch viel schlimmer werden. Sie gebrauchte zu jeder Fahrt oft mehrere Jahre. Da also zwischen jeder Reise längere Zeit verging, wird man verstehen, daß auch im besten Falle nicht von einer lebhaften Verbindung die Rede sein konnte. Wenn aber noch hinzukam, daß die „Knarre" bisweilen Schiffbruch litt, wurde es noch ärger. Daß die Verbindung schon am Anfang des 14. Jahrhunderts schlecht gewesen sein muß, sieht man aus einem Brief des Bischofs Arne von Bergen an den Bischof Thord in Grönland, der vom 22. Juni 1308 datiert ist und unter der Voraussetzung geschrieben wurde, daß der vor neun Jahren, im Jahre 1299, erfolgte Tod des Königs Erik in Grönland noch nicht bekannt war. In der Mitte des 14. Jahrhunderts kam die „Knarre" z. B. im Jahre 1346 wohlbehalten und mit außerordentlich großer Ladung nach Bergen zurück; aber vielleicht ist sie erst im Jahre 1355 wieder nach Grönland gefahren, und wir hören nichts davon, daß sie vor 1363 (?) zurückgekehrt sei. Aus dem Jahre 1366 hören wir, daß die „Knarre" wieder ausgerüstet wird; aber das Jahr darauf scheitert sie nördlich von Bergen, wahrscheinlich auf der Hinreise nach Grönland. Im folgenden Jahre muß eine neue Knarre, die den neuen Bischof Alf mitbrachte, wirklich dorthin gelangt sein; zugleich aber wird mitgeteilt, daß Grönland damals seit neunzehn Jahren keinen Bischof gehabt hatte. Im Jahre 1369 scheint die Grönlandsknarre wieder an der norwegischen Küste untergegangen zu sein.[322]

Es hat den Anschein, als ob die Reisen dieser „Knarren" immer seltener geworden seien, bis sie am Anfang des 15. Jahrhunderts (1410) vermutlich ganz aufhörten; jedenfalls hören wir nichts mehr von ihnen. Selbst wenn die Fahrt nach Grönland sich bezahlt gemacht haben kann, so kostete es immerhin Geld, die „Knarre" auszurüsten, und wenn man vielleicht nach andern Seiten große Ausgaben hatte, war es nicht immer so leicht, das notwendige Bargeld herbeizuschaffen. Einer der Gründe des Verfalls war auch der wachsende Einfluß der Hanseaten und ihre Macht über den Handel und die Schiffahrt in Norwegen. Im Bunde mit den Vitalienbrüdern und den Anhängern des gefangenen Schwedenkönigs Albrecht eroberten und plünderten sie 1393 die Stadt Bergen. Im Jahre 1528 wurde die Stadt wieder von den Hanseaten eingenommen. Es ist begreiflich, daß derartige Ereignisse eine störende und vielleicht sogar vollständig lähmende Wirkung auf die Grönlandfahrt ausgeübt haben, deren Hauptsitz Bergen war. Dazu war Norwegen schon früher durch die Pest sehr geschwächt worden, die im Jahre 1349 ins Land kam. Besonders stark wütete der Schwarze Tod in Bergen; aber es wird nirgends mitgeteilt, daß die Krankheit auch nach Grönland gelangt sei; dieses Land ist vielleicht verschont geblieben, weil die „Knarre" erst im Jahre 1355 wieder dorthin ging und inzwischen wohl kein anderes Schiff dort gewesen ist. Im Jahre 1392 verheerte noch eine schlimme Seuche, an der viele Menschen starben, ganz Norwegen. In jenem Jahr gingen überdies auch sehr viele Schiffe unter. Diese Zeit brachte also so viele Unglücksfälle, daß man in Norwegen mit sich allein genug zu tun hatte. Auch war es der Verbindung mit Grönland nachteilig, daß Norwegen mit Dänemark, und für eine Weile auch mit Schweden, vereinigt war. Dadurch wurde der Hauptsitz der Regierung nach Kopenhagen verlegt, und das Interesse des gemeinsamen Oberhauptes an Norwegen und besonders an den sogenannten tributpflichtigen Besitzungen dieses Landes wurde dadurch, daß man an so vieles andere in Dänemark selbst und in Schweden zu denken hatte, noch nachhaltiger verringert.

Es ist anzunehmen, daß die Ansiedlungen in Grönland, die auf diese Weise beinahe ganz von der Verbindung mit Europa abgeschnitten wurden, in Verfall geraten mußten; es sind wohl nur verhältnismäßig wenige gewesen, die eine Schiffsgelegenheit haben finden können und nach und nach ausgewandert sind; aber die Anzahl der dort lebenden Leute hat abgenommen, sie selbst sind ganz zur eskimoischen Lebensweise übergegangen und haben sich mit den Eskimos vermischt, die sich vielleicht auch gleichzeitig in größerer Menge längs der grönländischen Westküste nach Süden verbreitet haben. Es wurde im vorigen Kapitel angedeutet, daß die Nordmänner, als sie ins Land kamen, augenscheinlich mit Verachtung auf die noch in der Steinzeit lebenden, koboldartigen Skrälinger herabsahen, auf die sie ungehindert Jagd machen und die sie in jeder Weise mißhandeln konnten; mit ihren eisernen Waffen, ihren kriegerischen Neigungen und ihren größeren Schiffen konnten sie jene eingebildete Überlegenheit in der ersten Zeit, als sie noch Zufuhr von auswärts erhielten, vielleicht einigermaßen aufrechterhalten. Es ist indessen klar, daß dieses Verhältnis sich gründlich ändern mußte, als jene Verbindung allmählich aufhörte und sie nun darauf angewiesen waren, sich ohne Unterstützung aus Europa allein im Lande durchzuschlagen; nun mußte die wirkliche Überlegenheit, die die Eskimos in dieser Umgebung besaßen, zu ihrem vollen Rechte kommen, und die Grönländer mußten sich bequemen, sie mit ganz andern Augen anzusehen. Daher ist es ganz natürlich, daß gerade vom 14. Jahrhundert an eine gründliche Veränderung in dem Verhältnis zwischen Nordmännern und Skrälingern eingetreten ist. Daß dies wirklich geschah, scheint verschiedentlich aus den spärlichen Nachrichten, die uns bekannt sind, hervorzugehen.

Gisle Oddssons Annalen über den Abfall der Grönländer. In den vor dem Jahre 1637 in Island in lateinischer Sprache geschriebenen Annalen des Bischofs Gisle Oddsson heißt es über das Jahr 1342 [G. Storm, 1890a, S. 355 fg.; Grønl. hist. Mind., III, S. 459]:

„Grönlands Bewohner fielen freiwillig vom wahren Glauben und „von der christlichen Religion ab, und nachdem sie sich aller guten „Sitten und wahren Tugenden entäußert hatten, wandten sie sich den „Völkern Amerikas zu (ad Americae populos se converterunt); „einige meinen, daß Grönland den westlichen Ländern der Welt sehr „nahe liege. Daher kam es, daß die Christen anfingen, das Grön„landfahren zu unterlassen."

Es ist unbekannt, woher Gisle Oddsson diese Mitteilung hat. Da der Ausdruck „Amerikas Völker" (Americae populi) auffallend ist, und da alle Nachrichten, die jener Mitteilung in den Annalen des Bischofs folgen, nichts anderes sind als Sagen und Erdichtungen, die er Lyschanders „Grønlandske Chronica" entnommen hat (die aber ursprünglich von Saxo und Adam von Bremen stammen), so ist Storm der Ansicht gewesen, daß der ganze Bericht unecht sei und sich nicht auf eine Quelle aus dem Mittelalter stütze. Indem er die Worte „ad Americae populos se converterunt" merkwürdigerweise so auffaßt, als ob die Grönländer nach Amerika ausgewandert seien, denkt sich Storm, daß dies eine Hypothese sein könne, „aufgestellt, um das Verschwinden der alten norwegisch-isländischen Kolonie aus Grönland zu erklären". Der Inhalt der Mitteilung ist aber schwerlich anders aufzufassen, als er oben übersetzt ist, daß nämlich die Grönländer vom Christentum abgefallen sind, sich aller guten Sitten und Tugenden entäußert und sich dem Glauben und den Sitten der amerikanischen Völker (d. h. der Skrälinger) zugewandt hatten. Die Bezeichnung „Amerikas Völker" mag ein gezierter

Ausdruck sein, dessen sich der Bischof bedient hat, um die heidnischen Skrälinger (die Grönland und die amerikanischen Länder bewohnten) den christlichen Europäern gegenüber zu stellen. Grönland wurde damals in Island häufig als ein Teil Amerikas angesehen (vgl. die Karte I, 421). Hans Egede meinte z. B., daß Grönlands Eingeborene „Amerikaner" seien. Also wird der Inhalt des Berichts mit andern Worten ausgedrückt einfach der sein, daß man im Jahre 1342 Nachricht erhalten hatte, daß die Grönländer mit den heidnischen Skrälingern in freundschaftlichem Verkehr standen (was das Kirchengesetz jener Zeit verbot) und angefangen hatten, auf Eskimoart zu leben; also etwas, das höchst wahrscheinlich ist.

Es fragt sich nun, woher Gisle Oddsson dies, was aus keiner andern Quelle bekannt ist, erfahren haben kann. Storm hielt es für ausgeschlossen, daß es dem Lyschander (aus welchem dieselben Annalen so vieles andere bringen) entnommen sein könne; aber dies ist doch nicht so ganz sicher. Nachdem Lyschander von vulkanischen Ausbrüchen und anderem Unglück auf Island im Jahre 1340 erzählt hat (was Gisle Oddsson ebenfalls wiedergibt), fährt er fort:

„Norwegen, Schweden und Grönland dabei,
„Sie konnten hiernach wohl verstehen alle drei:
„Dies geschah ihnen nicht zum Frommen.
„Die Reiche, sie kamen in Dänemarks Hand,
„Und Grönland verwilderte ganz an dem Strand,
„Nicht lange nach diesen Zeiten."

Was auch mit diesem gezierten, unklaren Ausdruck über Grönland (sollte Strand vielleicht ein Druckfehler für Stand, d. h. Zustand sein?) gemeint sein mag, läßt es sich doch wohl so auslegen, daß seine Bewohner sich zu heidnischem Glauben (Amerikas Völkern) bekehrt haben (verwilderten); aus der Angabe „nicht lange nach diesen Zeiten" (d. h. nach 1340) kann 1342 gemacht worden sein. Doch die Angabe dieser bestimmten Jahreszahl — die übrigens auch gut mit der Zeit übereinstimmt, in der die Grönländer, wenigstens in der Vesterbygd (vgl. Ivar Bårdssons Beschreibung II, 48 fg.), in größerem Umfang zu der

Lebensweise der Eskimos übergingen — deutet möglicherweise darauf hin, daß jener Mitteilung und vielleicht auch den oben angeführten Versen Lyschanders wirklich eine oder die andere alte Quelle zugrunde liegen mag. Finn Magnusen (Grønl. hist. Mind., III, S. 459) meint, daß Gisle Oddsson viele Nachrichten aus dem Archiv und der Büchersammlung der im Jahre 1630 abgebrannten Domkirche zu Skålholdt gezogen haben könnte.

Der Übergang der Grönländer zu den Eskimos. Ob echt oder unecht, vermag jener Bericht das Schicksal der grönländischen Ansiedlungen zu veranschaulichen. Vom Mutterland im Stich gelassen und auf sich selbst angewiesen, mußten die Grönländer notgedrungen die Lebensweise der Eskimos annehmen und werden sich auch mit ihnen vermischt haben. Dies war zuerst in der nördlicher liegenden, am dünnsten bevölkerten Vesterbygd der Fall und geschah nachher auch in der Österbygd. Die Eskimos waren mit ihren Kajaks und Fanggeräten den Grönländern im Fang überlegen (was sich aus dem Bericht über den Jerusalemfahrer Björn ergibt), und ihre Lebensweise war den grönländischen Verhältnissen besser angepaßt; daher ist es bei einem Zusammenstoß zwischen ihrer Kultur und der europäischen, unter sonst gleichen Verhältnissen, undenkbar, daß die ihrige nicht Siegerin geblieben wäre, selbst wenn sie auch Vereinzeltes, besonders die Benutzung des Eisens, von den Europäern lernen konnten.* Der Viehbestand der Grönländer an Rindern, Ziegen und Schafen ist überdies, wie bereits (II, 37) gesagt, durch das jahrelange abgesonderte Leben sehr zurückgegangen, und auch schon aus diesem Grund mußten sie sich mehr der Lebensweise der Eskimos anpassen. Nun aber waren ihre Wohnsitze, die im Innern der Fjorde, weit von den Fangstellen entfernt lagen, nicht länger vorteilhaft, und sie sind nach und nach zu dem weniger seßhaften und mehr umherziehenden Leben der Eskimos längs der äußeren Küste übergegangen. Dazu kommt, daß

* Solbergs Untersuchungen [1907] zeigen auch, daß sie dies getan haben.

die Eskimoweiber in jener Zeit wohl ebensoviel Anziehungskraft für die Nordmänner hatten wie heutzutage für die Dänen, und es entstand dort also nach und nach eine starke Rassenkreuzung. Die Kinder sprachen eskimoisch und nahmen von Jugend auf ganz die Lebensweise der Eskimos an, wie es die Kinder der Dänen und Eskimoweiber noch heute in Grönland tun. Da die Nordmänner auch damals den Eskimos an Anzahl bedeutend nachgestanden haben müssen, werden sie sich nach und nach gezwungen gesehen haben, sozusagen mit Haut und Haar Eskimos zu werden; und als das Land im 16. und 17. Jahrhundert

Kirchenruine bei Kakortok in der Österbygd. [Nach Th. Groth.]

wiedergefunden wurde, gab es dort nur Eskimos, während alle Spuren der norwegisch-grönländischen Kultur verschwunden zu sein schienen.

Denken wir uns einmal, daß wir das Experiment wiederholen und z. B. im Baffinsland eine Schar europäischer Fänger mit ihren Frauen mit einer größeren Anzahl Eskimofamilien zusammen aussetzen und sie dann von jeder Verbindung mit der zivilisierten Welt abschneiden könnten. Können wir über die Kultur, die wir dort finden würden, wenn wir nach 200 Jahren dorthin zurückkehrten, irgendwie in Zweifel sein? Alle wären Eskimos, und wir würden nur wenige Spuren der europäischen Kultur vorfinden.

Skandinavische Überreste bei den grönländischen Eskimos. Es könnte freilich möglich erscheinen, daß die mit den Eskimos vermischten Nachkommen der alten Nordmänner in Grönland, die man im 16. und 17. Jahrhundert dort antraf, äußere Zeichen dieser Abstammung getragen hätten; doch leider liegen aus jener Zeit keine Beschreibungen ihres Aussehens vor, aus denen sich in dieser Beziehung etwas schließen ließe. Hans Egede sagt allerdings [1741, S. 66] von

Lachsfang im Baztale am Ketilsfjord in der Österbygd (siehe Karte 1, 288), wo der „Birkenwald" bis zu 20 Fuß hoch ist. Nach einer Photographie des Arztes Th. N. Krabbe [A. S. Jensen, 1910].

den Eskimos in Grönland: „Sie haben breite Gesichter und dicke „Lippen, sind stumpfnasig und von bräunlicher Couleur, indessen sind „einige recht hübsch und weiß"; daraus läßt sich aber nichts Sicheres schließen, und seit Egedes Ankunft in Grönland haben sich die Eingeborenen der Westküste so sehr mit Europäern gekreuzt, daß es jetzt vergeblich ist, dort nach reinrassigen Eskimos zu suchen. Merkwürdig ist jedoch, daß Graah in den Jahren 1829—1831 an der grönländischen Ostküste Eskimos fand, von denen ihn mehrere im Aussehen an Skandinavier erinnerten; man hat es dadurch erklären wollen, daß schiffbrüchige europäische Seeleute früher dort gewesen seien.

Doch wenn die teilweise skandinavische Abstammung der Eingeborenen an der südlichen Westküste Grönlands sich auf diesem Weg auch jetzt schwer beweisen läßt, so müßte man doch erwarten, daß ihre Sagen und Märchen manche davon erzählende Überlieferungen enthielten. Dies ist auch der Fall. Ich glaube schon früher [1891, S. 207 fg.] zahlreiche Züge ihrer Märchen nachgewiesen zu haben, die der altnordischen Sagenwelt ähneln und aus ihr übernommen sein müssen; es ließen sich noch mehr davon anführen. Der Ähnlichkeiten sind in dieser Beziehung so viele vorhanden, daß auf eine ganz enge geistige Berührung zu schließen ist; es steht dies mit dem, was man erwarten mußte, in völliger Übereinstimmung. Indessen mag es merkwürdig erscheinen, daß ihre religiösen Vorstellungen sich nicht mehr durch die christlichen beeinflußt zeigen, um so mehr, als wir das Christentum in der Österbygd noch 1407 in solcher Kraft bestehen sehen, daß dort ein Mann, der durch Hexerei das Weib eines andern verführt haben soll, als Hexenmeister verbrannt wurde. Jedoch enthalten die Vorstellungen von einer andern Welt, die Egede berichtet, mehrere Züge, die christlichen Ursprungs erscheinen müssen; überdies dürfen wir glauben, daß die christliche Aufklärung zu Ende des 14. Jahrhunderts in Grönland auf einem sehr niedrigen Standpunkt war und bald ganz weggefallen ist.

Altnorwegische Worte in der Sprache der Eskimos. In der Sprache der grönländischen Eskimos der südlichen Westküste hat man nur einige wenige Worte nachgewiesen, die altnorwegischen Ursprungs sein können. Schon Hans Egede hat auf folgende aufmerksam gemacht: kona (= Gattin, altnorwegisch kona), sava oder savak (= Schaf, altnorwegisch sauðr, Genitiv sauða), nisa oder nisak (= Braunfisch, altnorwegisch hnísa) und kuanek (= Engelwurz, altnorwegisch hvǫnn, Plural hvannir). Diese Worte kommen zum Teil auch im Labrador-Eskimoischen vor, können aber durch die Herrenhuter Missionare dorthin gelangt sein. Erwähnt sei noch der Name karälek oder kalälek, mit welchem die Eskimos in Südgrönland sich selbst bezeichnen, und der aus dem Worte Skräling (das ins Eskimoische übertragen Sakalälek lauten würde) entstanden sein kann. Dies war, wie die Eskimos Egede erzählten, der Name, mit dem die alten Nordmänner sie genannt hatten; sonst nennen die Eskimos sich selbst inuit (Menschen). Der Name kalälek wird merkwürdigerweise von den Eskimos in Nordgrönland überhaupt nicht gebraucht; dagegen ist er den Labrador-Eskimos bekannt, kann aber wohl durch die Missionare dorthin gebracht worden sein, obgleich diese behaupteten, ihn bei ihrer Ankunft schon vorgefunden zu haben. Schlimmer ist es, daß nach H. Rink ein ähnliches Wort (kallaluik, katlallik oder kallaaluch mit der Bedeutung Häuptling oder Schamane) in Alaska in Eskimo-Dialekten vorkommen soll.

Klagen über den Abfall in den Berichten über Grönland. Aus allen Nachrichten über Grönland und die dortigen Verhältnisse ertönt, besonders aus geistlichen Quellen, ein Wehegeschrei über das Abtrünnigwerden vom Glauben, das die Vermischung der Nordmänner mit den Skrälingern verkündet. Wir sehen es in jener zweifelhaften Mitteilung aus dem Jahre 1342 über den Abfall zu „Amerikas Völkern" laut werden; ein wenig später hätten nach Ivar Bårdssons Bericht (siehe II, 48 fg.) die heidnischen Skrälinger in der Vesterbygd geherrscht; ferner wird im Jahre 1355 die Knarre ausgerüstet, um zu verhindern, daß das Christentum „zurückgehe" [Grønl. hist. Mind., S. 122]; Björn Einarssons Erzählung (siehe II, 54) endet damit, daß, als er (im Jahre 1386) dort gewesen sei, „der Bischof in Gardar kürzlich gestorben sei" und ein „alter Priester .... alle bischöflichen Weihen erteilt" habe (Grønl. hist. Mind., III, S. 438); nach jener Zeit ist kein Bischof mehr nach Grönland gekommen; und schließlich beschreibt das päpstliche Schreiben aus dem Winter 1492—93 die Grönländer als ein von Bischof und Geistlichkeit verlassenes Volk; die meisten seien zwar vom christlichen Glauben abgefallen, sollen aber nichtsdestoweniger noch Überbleibsel des christlichen Gottesdienstes erhalten haben (siehe unten).[323] Dies alles kann darauf hinweisen: daß die Nordmänner in Grönland immer mehr dahin gelangt sind, selbst Eskimos zu werden.

Unwahrscheinlichkeit eines Ausrottungskriegs. Selbstverständlich kann es bisweilen zwischen den Eskimos und den Nordmännern in Grönland zu feindlichen Zusammenstößen gekommen sein, um so mehr als die Nordmänner, wie ich schon im vorigen Kapitel betont habe, da, wo sie die Macht hatten, sicherlich oft sehr rücksichtslos vorgegangen sind. Daß aber die Eskimos einen förmlichen Ausrottungskrieg geführt haben sollten, der zuerst den vollständigen Untergang der Vesterbygd und später dann die Vernichtung der Österbygd zur Folge gehabt hätte, wie man bis in die neueste Zeit allgemein angenommen hat, ist dem, der die Eskimos kennt und ihre Lebensbedingungen in Erwägung zieht, einfach undenkbar. Wo sollten sie denn diese kriegerische Neigung, die ihnen später stets fremd gewesen ist, entwickelt haben und wo hätten sie sich in der Kriegsführung vorher haben üben können? Die Vorstellung, daß die Ansiedlungen durch Krieg untergegangen seien, ist wesentlich durch drei Mitteilungen aus Grönland entstanden, von denen die eine sehr unwahrscheinlich und in mehreren Punkten unmöglich ist, die zweite möglicherweise einen wirklichen Überfall behandelt und die dritte erwiesenermaßen falsch ist. Wir müssen uns diese Berichte hier ein wenig genauer betrachten.

Ivar Bårdsson über die Vesterbygd. Im Jahre 1341 sandte Bischof Håkon von Bergen einen Priester namens Ivar Bårdsson nach Grönland. Dieser war eine Reihe von Jahren Verwalter auf dem Bischofssitz Gardar und soll auch die Vesterbygd besucht haben. Wir wissen nicht genau, wie lange er in Grönland war, aber im Jahre 1364 tritt er wieder in Norwegen auf [vgl. G. Storm, 1887, S. 74]. Es gibt in dänischer Sprache eine Beschreibung des Landes, besonders der Fjorde der Österbygd, die ihren eigenen Worten zufolge zum

Aus einer isländischen Handschrift des 14. Jahrhunderts.

wesentlichen Teil von einem mündlichen Bericht eben dieses Ivars stammen muß (siehe unten). Sie mag ursprünglich von einem andern Norweger auf norwegisch niedergeschrieben sein und ist später ins Dänische übersetzt worden [vgl. F. Jónsson, 1899, S. 279]. Es liegt demnach doppelt die Möglichkeit vor, daß die uns bekannte Wiedergabe aus dritter Hand viele Mißverständnisse und Irrtümer enthalte, wovon sie auch deutliche Zeichen trägt. Nachdem die Fjorde der Österbygd geschildert sind, heißt es hinsichtlich der Vesterbygd und der Reise dorthin[324]:

„Item von Osterbygd und nach Vesterbygd sind es zwölf Segel„tage und alles Einöde, und da in Vesterbygd steht eine große Kirche, „die heißt Stensneßkirche, und die Kirche war eine Weile Domkirche „und Bischofssitz.* Nun haben Skrellinge ganz Vesterbygd aus- [oder „eingenommen], da sind dort noch Pferde, Ziegen, Rindvieh und „Schafe, aber alle wild, und keine Menschen, weder Christen noch „Heiden.

„Item, alles dieses, was früher gesagt ist, sagte uns der Grön„länder Iffuer Bort [oder „Bardsen"], der viele Jahre auf dem Bischofs„sitz in Gardum auf Grönland Vorsteher war, daß er alles dies gesehen „habe, und er war einer von denen, welche der Oberrichter dazu er„nannt hatte, nach der Vesterbygd gegen die Skrelinge zu fahren, um „die Skrelinge aus der Vesterbygd zu vertreiben, und als sie dorthin „kamen, da fanden sie keinen Menschen, weder Christen noch Heiden,

* Dies klingt außerordentlich zweifelhaft, da nicht bekannt ist, daß jemals ein Bischof in der Vesterbygd gewohnt hat.

„nur ein wenig wildes Vieh und Schafe, und sie nährten sich von „dem wilden Vieh und nahmen soviel davon mit, wie die Schiffe „tragen konnten, und segelten so damit heim [d. h. nach der Österbygd], „und der erwähnte Iffuer war dabei.

„Item dort im Norden weiter weg von der Vesterbygd liegt ein „großer Berg, der heißt Hemelrachs Berg [oder Himinradz fjall, „vgl. I, 326 und Anm. 182], und weiter hinauf als nach diesem Berg „darf kein Mensch, der sein Leben behalten will, segeln, wegen der „vielen Meeresschlünde, die dort um alles Meer liegen [d. h. die sich „dort um das ganze Meer herumziehen]."

Merkwürdigerweise hat noch kein Schriftsteller die Glaubwürdigkeit dieser Beschreibung in Zweifel gezogen, obgleich sie so, wie sie allgemein aufgefaßt wird, eine Unmöglichkeit enthält, die bei genauerem Nachdenken jedem auffallen muß. Gewöhnlich ist es so aufgefaßt worden, als ob Ivar Bårdsson die ganze Vesterbygd durch die Eskimos verwüstet vorgefunden hätte.* Doch wenn dem so war, wie konnte er dann dort wildes Vieh, Rinder und Schafe (auch Pferde und Ziegen) finden? Die ganze Vesterbygd müßte also gerade in dem Sommer, in welchem er dort war, verheert worden sein; denn das wilde Vieh hätte sich in Grönland unmöglicherweise einen Winter hindurch ernähren können; das hat der mit grönländischen Verhältnissen sichtlich unbekannte Verfasser nicht bedacht. Wird überdies jemand, der die Eskimos kennt, sich denken können, daß sie wohl die Menschen erschlagen, aber das Vieh nicht geschlachtet hätten? Es hätte ihnen Nahrung geliefert, und das wäre doch wohl das erste gewesen, worauf es ihnen ankam. Es wird nicht gesagt, welchen Fjord der Vesterbygd Ivar besucht haben soll; aber jedenfalls ist nicht anzunehmen, daß er in allen gewesen ist und daß alle also zu gleicher Zeit verwüstet

* Dies steht freilich nicht in dem Bericht; es wird nur gesagt, daß die Skrälinger die ganze Vesterbygd innehatten und daß Ivar und seine Begleiter dort keine Menschen, weder Christen noch Heiden, sondern nur wildes Vieh fanden; es läßt sich noch bezweifeln, ob damit gemeint gewesen ist, daß die ganze Bygd durch räuberische Überfälle verwüstet war.

gewesen wären. Die Schlußfolgerung, daß Ivar die ganze Vesterbygd als Einöde vorgefunden habe, ist daher jedenfalls unbegründet; höchstens kann die Beschreibung für das Land an einem Fjord oder vielleicht gar nur für ein einziges Gehöft (?) gelten. Falls der Beschreibung der Reise des Ivar Bårdsson wirklich etwas Geschichtliches zugrunde liegen sollte, so ist der Bericht vielleicht ganz anders aufzufassen. Die in der Vesterbygd lebenden Leute, die unter viel härteren Bedingungen Viehzucht trieben, als es weiter südlich in der Österbygd der Fall war, haben sich sicherlich viel früher als die Österbygder mit den Eskimos vermischt und deren Lebensweise angenommen. Hierauf kann auch in der vielleicht gleichzeitigen Mitteilung aus dem Jahre 1342, die bereits (II, 41) angeführt wurde, und worin es heißt, daß die Grönländer sich „den Völkern Amerikas zuwandten", angespielt worden sein. Es ist möglich, daß es gerade derselbe Umstand war, der die Sendung Ivars zur Vertreibung der Skrälinger aus der Vesterbygd veranlaßte. Als er im Sommer an den Fjord gelangte, den er möglicherweise besucht hat, können daher die dort wohnenden Leute auf Eskimoweise sich auf Fang nach der einen oder andern Stelle der äußeren Küste hinbegeben und dort in Zelten gelebt haben, während das Vieh bei den Gehöften auf der Sommerweide zurückgeblieben war.* Dies erklärt, daß man lebende Tiere antreffen konnte. Die Österbygder haben dann wissentlich oder unwissentlich das Eigentum der abwesenden halbeskimoischen Vesterbygder gestohlen und mitgenommen, und als diese dann später zurückkehrten, haben sie ihre Gehöfte und ihren Viehbestand geplündert vorgefunden, und zwar nicht von Eskimos, sondern von Grönländern geplündert. Aber es ist wohl noch sehr fraglich, ob der ganze Bericht über diese Reise sonderlich historisch ist. Die Mitteilung über die Meeresschlünde ist ja schon reine Sage und deutet darauf hin, daß die Reisenden meinten,

* Diese Erklärung bietet allerdings die Schwierigkeit, daß sie auf zu melkendes Vieh nicht passen würde; aber das Melken könnten sie bei dieser Lebensweise haben aufgeben müssen.

in die Nähe des Endes der Welt gelangt zu sein, und in der unmittelbar darauf folgenden Schilderung ist Glaubhaftes und Unglaubhaftes auf eine Weise durcheinandergerührt, die geeignet ist, Zweifel zu erregen. Es heißt dort:

„Item in Grönland sind noch Silberberge [die es dort nicht gibt], „weiße Bären, die rote Flecken am Kopf haben [sic!] ... Item in „Grönland kommen nie große Stürme. Item Schnee kommt viel in „Grönland, dort ist es nicht so kalt wie in Island oder Norwegen, „dort wachsen auf den hohen Bergen und tiefer unten die Aalldes [oder „Oldenn, d. h. Baumobst, Äpfel oder dergleichen; altnorwegisch: aldin], „Früchte so groß wie einige Äpfel und sind gut zu essen, dort wächst „der beste Weizen, den es geben kann.“*

Wie man sieht, eine Ungereimtheit über die andere. Es läßt sich allerdings einwenden, daß dieser letzte Teil, weil nicht gesagt ist, daß er vom Grönländer Ivar stamme, ja später hinzugefügt sein kann; aber es sind Mitteilungen hineingemengt, die aus Grönland sein müssen, z. B. die weißen Bären, Walzähne (von Walrossen und Narwalen), Walroßhäute, Marmorstein (d. h. Speckstein), woraus sie Töpfe, Kochtöpfe und große Gefäße machen, auch heißt es, daß „dort genug Renntiere“ seien, und es ist wohl das wahrscheinlichste, daß alles aus derselben unzuverlässigen Quelle stammt.

Gegen das hier Gesagte wird man einwenden, daß der sogenannte Bericht des Ivar Bårdsson selbst dann, wenn er deutliche Spuren einer ungenauen Beschreibung trage, jedenfalls zeige, daß in Norwegen, wo er niedergeschrieben worden ist, die Ansicht herrschte, die Vesterbygd sei durch Angriffe der Skrälinger verwüstet worden. Doch etwas Derartiges steht eigentlich nicht in dem Bericht (vgl. II, S. 50, Anmerkung); die möglicherweise gleichzeitige Mitteilung (aus dem Jahre 1342?) zeigt, daß man in Island, jedenfalls im 17. Jahrhundert, entgegengesetzter Ansicht war, falls man diese

* Diese letztere Vorstellung kann möglicherweise durch Vermengung mit Erzählungen von Vinland entstanden sein.

Mitteilung nicht als aus einem Mißverständnis Lyschanders entstanden erklären will.

Von dem Überfall der Eskimos im Jahre 1379. Über das Jahr 1379 hat die sogenannte Gottskalks Annáll (aus der letzten Hälfte des 16. Jahrhunderts) eine Nachricht, die nicht als sicher anzusehen ist, da sie in den andern isländischen Annalen nicht enthalten ist, die aber älteren Quellen entnommen sein kann. Sie lautet [G. Storms Ausgabe der Islandske Annaler, 1888, S. 364]:

„Skrælingar herivdv a Grænlendinga og drapv af þeim „XVIIJ menn og toku IJ sueina og þrælkudu". („Die Skrälinger bekriegten die Grönländer und erschlugen 18 Mann von ihnen „und nahmen 2 Burschen und machten sie zu Sklaven".)

Es ist möglich, daß diesem etwas Historisches zugrunde liegen kann; es handelt sich dann wohl um irgendeinen Zusammenstoß oder Überfall, vielleicht auf See, wo die Eskimos die Überlegenen gewesen sind und die Grönländer besiegten, was auch der Grund ist, daß wir überhaupt etwas davon erfahren; im entgegengesetzten Falle wäre es wohl gar nicht erzählt worden. Daß die Eskimos zwei Burschen nahmen, läßt sich denken, falls diese noch ziemlich jung waren, so daß sie zu Fängern ausgebildet werden konnten; denn in letzterem Falle bedeuteten sie eine Vermehrung des Kapitals der Eskimogemeinschaft. Es ist nicht unwahrscheinlich, daß Gerüchte von irgendeinem Zusammenstoß wie diesem dazu beigetragen haben können, daß man sich in Norwegen die Skrälinger als gefährliche Leute[325] vorstellte, während dort gleichzeitig die Vorstellung bestanden hat, daß sie vor Europäern die Flucht ergriffen, welch letztere Vorstellung sich in der Erwähnung der Pygmäen zeigt (vgl. den ungefähr 1450 geschriebenen Brief an den Papst und Walkendorf, s. II, 24). Ob der erwähnte Zusammenstoß in der Vesterbygd oder in der Österbygd (vielleicht in den Nordrsetur?) stattgefunden hat, wissen wir nicht. Wenn wir überhaupt etwas aus Ivar Bårdssons Beschreibung glauben sollen, müssen wir annehmen, daß die Vesterbygd und ihr Schicksal damals wenig bekannt waren.

Björn Jorsalafarers Bericht, 1385—87. Daß später auch in der Österbygd ein freundschaftliches Verhältnis zwischen Grönländern und Eskimos bestanden hat, scheint aus dem Bericht über den Aufenthalt des weitgereisten Isländers Björn Einarsson Jorsalafarer (d. h. Jerusalemfahrer) in Grönland während der Jahre 1385—1387 hervorzugehen. Er hatte im Jahre 1385, als er nach Island reiste, auf der See Unglück und wurde vom Sturm mit vier Schiffen nach der Österbygd verschlagen. Alle vier Schiffe kamen im Jahre 1387 wohlbehalten nach Island.[326] Es scheint, als ob es der großen Mannschaft schwierig geworden sei, Lebensmittel zu bekommen, aber es heißt, daß dem Björn der Eirikfjordbezirk übertragen wurde (?), während er dort war, und daß er als Abgabengeschenk 130 Paar Hammelvorderkeulen erhalten habe (?). Es wird auch die Fabel erzählt, daß er, als er dort ankam und nach dem Strande ging, um nach Fangbeute zu suchen, dort zufällig einen Zweikampf zwischen einem Eisbären und einem Walroß angesehen hat, „die immer miteinander kämpfen, wenn sie sich treffen"*, und daß er sie nachher beide erlegt.

„Danach erhielt Bonde Björn das zum Unterhalt für seine Leute, „daß einer der größten Röhrwale ans Land getrieben kam, mit Merkschuß [d. h. einer mit Merkzeichen versehenen Harpune] dem Isländer „Olaf Isafjording gehörend, und zuletzt war es auch von Bedeutung, „daß er zwei ‚Trollen' [d. h. Eskimos], jungen Geschwistern, von einer „Flutschäre [d. h. einer Schäre, die bei der Flut unter Wasser steht] „half. Sie schworen ihm den Treueid, und es fehlte ihm nach jener Zeit „nicht an Fang; denn sie taugten zu aller Art Fang, was er auch „immer haben wollte oder brauchte. Das Trollmädchen war meistens „überselig, wenn die Hausfrau Solveig ihr erlaubte, den Knaben, den „die Hausfrau damals vor kurzem geboren hatte, zu tragen und mit „ihm zu spielen. Sie wollte auch eine Haube haben wie die Hausfrau, machte sie sich aber aus Walfischdärmen. Sie brachten sich

* Nach meiner Erfahrung meidet der Bär das Walroß, und ich habe niemals Anzeichen gesehen, daß sie sich je auf dem Lande oder Eise gebissen hätten.

„selber um und sprangen von den Bergen den Schiffen nach in die „See, als sie nicht mit dem Bonden Björn, ihrem geliebten Herrn, „nach Island segeln durften.“

Björn Einarssons Reisebeschreibung ist voller Abenteuerlichkeiten und nichts weniger als zuverlässig; aber sein und der vier Schiffe Aufenthalt in Grönland ist historisch, und die Schilderung der beiden Eskimogeschwister hat mehrere Züge, die so typisch eskimoisch sind — die Liebe des Mädchens zu dem kleinen Kinde, die Herstellung der Haube aus Walfischdärmen, und auch die große Fangtüchtigkeit —, daß sie ganz bestimmt anzeigen, daß damals mit den Eskimos in der Österbygd Verkehr bestanden hat.

Aus einem erhalten gebliebenen königlichen Dokumente aus dem Jahre 1389 geht hervor, daß Björn und seine Begleiter, als sie 1388 von Island nach Bergen kamen, dort wegen unerlaubten Handels in Grönland, der königliches Monopol war, angeklagt wurden; sie wurden jedoch freigesprochen, weil sie in großer Not dorthin verschlagen worden waren und sich gezwungen gesehen hatten, Handel zu treiben, um Lebensmittel zu erhalten (Grønl. hist. Mind., III, S. 139 fg.).

Schreiben des Papstes aus dem Jahre 1448 über den Überfall der Eskimos. Ein Aktenstück, dem man viel Wert beigelegt hat, ist ein Schreiben des Papstes Nikolaus V. aus dem Jahre 1448 an die beiden Bischöfe von Island. Darin heißt es über Grönland unter anderem (Grønl. hist. Mind., III, S. 170):

„Von den angrenzenden Küsten der Heiden kamen vor dreißig „Jahren die Barbaren mit einer Flotte, griffen die dort [in Grönland] wohnenden Leute in grausamen Einfällen an und verheerten „so das Vaterland und die heiligen Gebäude mit Feuer und Schwert, „daß auf der Insel [Grönland] nur neun Kirchen blieben, die am „weitesten entfernt liegen sollen und nach denen sie wegen steiler Gebirge nicht hinkommen konnten. Die bedauernswerten Bewohner „beiderlei Geschlechts, besonders diejenigen, welche ihnen stark und zum „Übernehmen beständiger Sklavenlasten, was ihrer Tyrannei gut paßt,

„geeignet erschienen, führten sie als Gefangene nach ihrem eigenen Lande. „Weil aber, wie dieselbe Klage* hinzufügt, im Laufe der Zeit die „meisten aus der besagten Gefangenschaft wieder in ihr eigenes Heim „zurückgekehrt sind und hier und dort die Ruinen ihrer Wohnungen „ausgebessert haben, sehnen sie sich danach, den Gottesdienst wieder„herzustellen und zu erweitern, soweit es möglich ist ...." Darauf folgt eine längere Beschreibung ihrer religiösen Notlage und was man tun könne, um ihr abzuhelfen, ohne daß es dem Papst etwas kostete.

Da mit den Barbaren hier ohne Zweifel Eskimos gemeint sein müssen, hat man es als geschichtliche Tatsache angesehen, daß diese um das Jahr 1418 herum einen vernichtenden Angriff auf die Österbygd unternommen haben, und dieses Dokument ist infolgedessen eine wichtige Stütze der allgemeinen Auffassung geworden, daß die grönländischen Ansiedlungen durch einen Ausrottungskrieg der Eskimos untergegangen seien. Aber der Brief selbst zeigt eine so auffallende Unkenntnis grönländischer, und besonders eskimoischer Verhältnisse, daß es mit der Klageschrift, auf der er basiert, nicht in Ordnung sein kann. Es ist schon an und für sich ungereimt, daß die friedlichen, unkriegerischen Eskimos, die in der Kriegführung keine Übung gehabt haben können, da sie bisher außer Walrossen und Bären keinen gehabt hatten, mit dem sie hätten kämpfen können, auf einmal mit einer „Flotte" angekommen sein sollten, um einen organisierten Angriff in großen Massen zu unternehmen und Menschen, Häuser und Kirchen in der Österbygd zu vernichten. Selbst dann, wenn sie sich durch Mißhandlung von seiten der Grönländer zum Widerstand oder auch zur Rache hätten aufreizen lassen oder es sie nach den eisernen Geräten und Werkzeugen der andern gelüstet hätte, ist und bleibt es eine Unmöglichkeit, daß sie sich zum Feldzug organisiert haben. Dazu kommt noch, daß sie Bewohner beiderlei Geschlechts fortgeschleppt haben sollen, um sie als Sklaven zu verwenden; zu welcher Arbeit denn?

* Eine schon früher an den Papst gesandte Klageschrift, die aber, wie sich später zeigen wird, falsch war.

Im Fang waren sie selbst die Tüchtigern, in der Bereitung der Felle und der Speisen waren ihre Weiber die Tüchtigern, und andere Arbeit hatten sie nicht. Einem grönländischen Eskimo würde der Gedanke, überflüssige Sklaven zu füttern, geradezu absurd erscheinen, und der bloße Gedanke verrät schon durchaus europäischen Ursprung. Die Behauptung, daß nach dem Angriff nur noch neun Kirchen stehengeblieben seien, verrät auch Unwissenheit; wie Storm nachgewiesen hat, sind dort niemals, selbst in der Blütezeit der Ansiedlung nicht, mehr als zwölf gewesen und um 1418 hat es dort ganz gewiß nicht einmal im ganzen neun gegeben. Hierzu kommt, daß der Brief nicht an die beiden wirklich fungierenden Bischöfe Islands gerichtet ist, sondern an die beiden Betrüger, den Deutschen Marcellus und seinen Genossen Mathäus, die durch falsche Angaben Papst Nikolaus V. beschwatzt hatten, ihnen die Weihe als isländische Bischöfe zu erteilen [vgl. G. Storm, 1892, S. 399]. Das wahrscheinlichste ist, daß die beiden Schwindler selbst die grönländische Klageschrift verfaßt haben, die die Veranlassung zu dem päpstlichen Schreiben gab und die also erst dreißig Jahre nach dem angeblichen Überfall an den Papst gelangte; es war damit wohl die Erlangung größerer Vorteile beabsichtigt. Das päpstliche Schreiben aus dem Jahre 1448 muß daher, soweit seine Mitteilungen Grönland betreffen, als historisches Dokument gestrichen werden.

Die Sagen der Eskimos über Kämpfe mit den Nordmännern. Es ist daher nur der Bericht über den „Kriegszug" der Skrälinger im Jahre 1379, der möglicherweise geschichtlich ist, ein Zeichen, daß die Eskimos auch angriffsweise vorgegangen sind; aber aus ihm kann man höchstens schließen, daß es einmal zu einem Zusammenstoß zwischen Eskimos und Grönländern gekommen ist. Es ist auch angeführt worden, daß die Eskimos in Grönland ein paar Sagen über Kämpfe mit den alten Nordmännern und auch eine Sage haben, worin erzählt wird, wie der letzte der Nordmänner erschlagen worden ist. Es muß aber daran erinnert werden, daß diese Sagen erst im vorigen Jahrhundert aufgezeichnet sind, als die Eskimos bereits wieder mehrere Hundert Jahre mit Europäern in Verkehr gestanden hatten und Norweger und Dänen über hundert Jahre im Lande wohnten. Einige der Sagen handeln sicherlich von späteren Zusammenstößen mit Europäern, und es ist nicht leicht zu sagen, welchen Wert man den andern als Beweis einer Ausrottung der letzten Nordmänner beilegen kann. Auch ist zu beachten, daß in diesen Sagen von den Nordmännern oder den Langbärtigen nicht mit Haß, sondern eher mit Sympathie gesprochen wird, was schwer zu verstehen wäre, wenn dort ein solcher Haß geherrscht hätte, wie er zum Unternehmen eines Ausrottungskrieges notwendig gewesen wäre. Dazu kommt, daß gerade der Zusammenstoß, der dazu führte, daß der letzte Langbärtige verfolgt und erschlagen wurde, der Erzählung nach ganz zufällig entstand, was man sich nicht recht denken kann, wenn er der Schluß eines langen Ausrottungskrieges gewesen wäre, in welchem man ein Gehöft nach dem andern und so der Reihe nach alle Ortschaften überfallen und verwüstet hatte. Man kann daher nicht sagen, daß die Sagen der Eskimos für die Wahrscheinlichkeit eines solchen Krieges sprächen.

Das unkriegerische Wesen der Eskimos. Es ist behauptet worden, daß, wenn auch ein solches kriegerisches Vorgehen mit dem jetzigen Naturell, der Gemüts- und Denkart des grönländischen Eskimos vollständig unvereinbar wäre, sie doch in alten Zeiten ganz anders gewesen sein könnten. Aber lange Zeit kann zwischen dem schließlichen sogenannten Untergang der Österbygd, der vielleicht in die Zeit um 1500 herum fällt, und der Wiederentdeckung Grönlands im 16. Jahrhundert jedenfalls nicht vergangen sein. Es ist nicht wahrscheinlich, daß die Natur der Eskimos sich in den wenigen dazwischenliegenden Jahren so vollständig verändert haben sollte; diejenigen, welche die Entdecker damals antrafen, scheinen, den Berichten zufolge, allen denen, welchen wir später begegnen, auffallend geähnelt zu haben. Und liest man Hans Egedes Beschreibungen der Eskimos, unter denen er lebte und wirkte, so scheint es geradezu unmöglich zu sein, daß dasselbe Volk etwa zweihundert Jahre früher einen grausamen Ausrottungskrieg gegen die letzten Nordmänner geführt haben sollte.

Dr. Björnbo hat mich auf die allerdings vorhandene Möglichkeit aufmerksam gemacht, daß die Rassenkreuzung, die nach meiner Ansicht nach und nach zwischen Eskimos und Nordmännern vor sich gegangen ist, während einer Zeit einen Mischungstypus hervorgebracht hat, der kampflustigeren Sinnes gewesen ist als die reinen Eskimos und der die weniger friedlichen Gewohnheiten der Nordmänner geerbt haben kann; auf diese Weise ließe sich z. B. ein Überfall im Jahre 1379 erklären. Aber dies kann nur zur Zeit der beginnenden Rassenkreuzung geschehen sein, und es ist damit in dem Maße, wie das eskimoische Element in der Rasse und der Kultur vorherrschend wurde, wieder anders geworden.[327]

Eine Tradition über den Ausrottungskrieg kann nicht nachgewiesen werden. Der oben (II, 23) angeführte Bericht von den Pygmäen in Grönland in dem Briefe an Nikolaus V. schildert die Eskimos so, wie wir sie zu sehen gewohnt sind; und die Schilderung dieser kleinen, nur eine Elle hohen Leute, die alle miteinander flüchten, sobald sie fremde Menschen erblicken, gibt ein wahrheitsgetreueres Bild der Skrälinger als die Beschreibungen, die sie als kriegerische, gefährliche Barbaren darstellen. Die Mitteilungen über die Pygmäen bei Claudius Clavus lehrt uns auch verstehen, wie die Nordmänner die Eskimos manchmal behandelt haben, indem sie sie fingen „auf See in einem Fellboot, das jetzt zu Drontheim in der „Domkirche hängt; dort ist auch ein langes Boot aus Fellen [d. h. „ein Frauenboot], das auch einmal mit solchen Pygmäen darin ge„nommen worden ist".

Daß aber diese Pygmäen, die nur eine Elle hoch waren, als gefährliche Krieger angesehen wurden, die darauf ausgingen, die Nordmänner auszurotten, ist schwer zu glauben[328], selbst wenn Michel Beheim ihnen kriegerische Eigenschaften beilegt (vgl. II, 23). Walkendorf, der alle Traditionen über Grönland so sorgfältig gesammelt hatte, schildert (um 1520) die Skrälinger als ein „unkriegerisches", ungefährliches Volk (siehe II, 24). Dies läßt sich unmöglich mit der Überlieferung von einem Ausrottungskrieg vereinigen.

Es ist daher guter Grund zu der Annahme vorhanden, daß Arne Magnusson einigermaßen das Richtige getroffen hat, als er im Jahre 1691 sagte (Grønl. hist. Mind., III, S. 138):

„Es ist glaublich, daß es vermittels der täglichen Vermehrung „des Eises und seines Treibens vom Pole her auch so mit Grön„land gegangen ist und die christlichen Einwohner entweder vor „Hunger gestorben oder gezwungen gewesen sind, dasselbe Vitae „genus anzunehmen wie die Wilden und so in ihrer Natur degene„riert sind."

Die letzte bekannte Reise nach der Österbygd. Im Jahre 1406 wurden die Isländer Thorstein Helmingsson, Snorre Thorvason und Thorgrim Solvason mit einem Schiff nach Grönland verschlagen. „Sie segelten aus Norwegen ab und wollten nach Island. Sie blieben dort [in Grönland] vier Winter" [vgl. Isl. Annaler, herausgeg. von Storm, 1888, S. 288]. Während dieses Aufenthalts wurde im Jahre darauf (1407) „ein Mann auf Grönland, der „Kolgrim hieß, verbrannt wegen der Tat, daß er bei Thorgrim Solva„sons Frau lag, welche die Tochter eines sehr angesehenen Ober„richters auf Island war. Dieser Mann erlangte ihre Gunst durch „Schwarzkunst; er wurde darauf von Rechtswegen verbrannt; die „Frau war nachher auch niemals bei vollem Verstand und starb „bald darauf."

Im Jahre 1408 verheiratete sich der eine der Isländer in Grönland, was dadurch Interesse hat, daß mehrere Dokumente, die von der Ehe sprechen, erhalten geblieben sind. Im Jahre 1410 „segelten Thorstein Helmingsson, Thorgrim Solvason und Snorre „Thorvason und ihr übriges Schiffsvolk nach Norwegen". Ob in ihrem eigenen Schiff, wissen wir nicht; aber da sie nach Norwegen und nicht nach Island reisten, ist es wohl am wahrscheinlichsten, daß ihr Schiff vernichtet war und sie vier Jahre auf Schiffsgelegenheit nach Norwegen hatten warten müssen. Im Jahre 1411* scheiterte eine kleine Schute an der isländischen Küste; mit ihr kam Snorre Thorvason aus Norwegen zurück. Seine Gattin Gudrun hatte sich während seiner langen Abwesenheit im Jahre 1410 mit einem andern Mann verheiratet. Sie „ritt ihm nun entgegen. Er empfing sie „freundlich“. „Snorre nahm seine Frau wieder zu sich, aber sie „lebten nur noch eine kleine Weile zusammen, bis er starb, und sie „verheiratete sich dann wieder mit Gisle“ [dem zweiten Mann].

Dies ist die letzte zuverlässige Nachricht, die wir über eine Reise nach den alten Ansiedlungen Grönlands haben. Nach dieser Zeit bleibt jegliche Kunde aus. Wie Holberg (Danmarks Historie, I, 531) sagt, hatten nach dem Tod der Königin Margarethe alle folgenden Könige so viel zu tun, daß sie keine Zeit hatten, an das alte Grönland zu denken.[329]

Handel nach den Tributländern Norwegens. Im Jahre 1431 beklagte sich König Erik von Pommern bei dem englischen König Heinrich VI. über den unerlaubten Handel, den die Engländer in den letzten zwanzig Jahren (also seit 1411) nach „den Ländern und Inseln Norwegens“, Island, Grönland, den Färöern, Shetland, den Orkneys, Helgeland und Finmarken, hin betrieben und über die Gewalttätigkeiten und räuberischen Einfälle mit Plündern, Brennen und Sengen, die sie sich in dieser Zeit erlaubt hatten, wobei sie viele Schiffe mit Fischen und andern Waren gekapert hatten und viele Leute umgekommen waren.[330] Bereits 1413 hatte König Eriks Gesandter bei dem englischen König Heinrich V. kräftigen Einspruch erhoben gegen jeglichen fremden, unprivilegierten Handel nach diesen Ländern. Am Heiligabend des Jahres 1432 wurde zwischen den beiden Königen ein Vertrag abgeschlossen; Heinrich VI. verpflichtete sich darin, allen Schaden, den die Engländer den Untertanen Eriks

* Nach einer andern Quelle wäre dies erst 1413 geschehen. Jedenfalls hat es den Anschein, als ob man sich damals auf Reisen immer recht viel Zeit gelassen habe.

in den genannten Ländern zugefügt hatten, zu ersetzen, und alle die Menschen, die in den zwanzig Jahren gewaltsam fortgeschleppt worden waren, sollten, wo sie auch in seinen Landen weilen möchten, ihre Dienste bezahlt erhalten und frei in ihre Heimat zurückkehren dürfen. Ferner wurde das alte Verbot jeglichen Handels nach den norwegischen Tributländern erneuert. Dasselbe Verbot wurde auf englischer Seite im Jahre 1444 von Heinrich VI. erneut verschärft, und es wurde auch durch einen neuen, am 17. Juli 1449 zwischen ihm und Christiern I. in Kopenhagen abgeschlossenen Traktat bestätigt; aber nach diesem sollte es nur bis zum Michaelistag des Jahres 1451 Gültigkeit haben. Nach jener Zeit scheinen die englischen Kaufleute, die wohl zum Teil in Bristol ansässige Norweger waren, beinahe den ganzen isländischen Handel an sich gerissen zu haben, und sie sind dort oben oft recht gewalttätig vorgegangen. Doch im Jahre 1490 wurde dieser Handel unter gewissen Bedingungen ganz freigegeben.

Diese Unterhandlungen geben einen Einblick in die damals in den nordischen Gewässern bestehenden Verhältnisse. Zu gleicher Zeit erhoben sich Schwierigkeiten mit der Hansa, die allen Handel an sich zu reißen suchte.

Zu den sogenannten norwegischen Tributländern gehörte Grönland, das auch in der Beschwerde von 1431 angeführt wird; aber ob damit gesagt sein sollte, daß die englischen Handelsreisen, die oft in Raubzüge ausarteten, sich auch dorthin erstreckten, wissen wir nicht; jedenfalls ist es nicht ausgeschlossen, wenn auch selbstverständlich die Fahrten nach Island mit seinem Fischreichtum viel wichtiger waren. Wir wissen, daß die Islandfahrten besonders von Bristol ausgingen, wo viele Norweger ansässig waren.

Möglichkeit, daß Grönland im 15. Jahrhundert besucht wurde? Die Mitteilungen über Grönland, die das päpstliche Schreiben vom Jahre 1448 enthielt, waren, wie wir gesehen haben, falsch. Sehr viel mehr Gewicht kann man auch der Erzählung in Peyreres „Relation du Groenland" (Paris, 1647) wohl nicht beilegen, die uns sagt, daß Oluf Worm in Kopenhagen in einer alten dänischen Handschrift angegeben gefunden habe, daß um 1484 herum mehr als vierzig erfahrene Männer in Bergen lebten, die alljährlich nach Grönland zu fahren und köstliche Waren von dort heimzubringen pflegten; doch da sie die Waren an die Hanseaten hätten verkaufen wollen, hätten diese sich dadurch gerächt, daß sie sie zu einem abendlichen Gelage eingeladen und sie alle während der Nacht totgeschlagen hätten. Dies wäre also das Ende der Grönlandfahrten gewesen, die nun hätten aufhören müssen, weil niemand mehr den Weg nach jenem Lande gekannt habe [vgl. Grønl. hist. Mind. III, 471 fg.]. Die Geschichte ist so, wie sie hier lautet, in mehrfacher Hinsicht unwahrscheinlich; aber selbst wenn auch die mehr als vierzig Männer und die jährlichen Hinfahrten übertrieben sind, so lassen doch, wie später angeführt werden wird, andere Zeichen darauf schließen, daß um diese Zeit in irgendeiner Weise Verbindung mit Grönland oder den Ländern im Westen bestanden haben kann. Das königliche Monopol auf den Handel mit Island war nicht mehr rechtskräftig, und so kann es auch mit Grönland gewesen sein. Es ist also denkbar, daß Kaufleute dorthin gereist sind; falls diese dort gute Geschäfte gemacht haben, hatten sie allen Grund, die Sache möglichst geheim zu halten, damit ihnen dort nicht andere Konkurrenz machten. Daher ist es erklärlich, daß in den geschichtlichen Quellen von solchen möglichen Reisen nicht die Rede ist. Gerade damals waren auch bewegte Zeiten infolge eines Kaperkrieges zwischen England und Dänemark-Norwegen, der erst mit dem vorläufigen Vergleich im Jahre 1490 endete; es waren damals viele Seeräuber und Kaper in den nordischen Meeren, und sie können ihre Tätigkeit wohl auch gelegentlich auf das abseitsliegende, unbeschützte Grönland erstreckt haben, wo sie noch viel ungestrafter plündern konnten als auf Island, so daß sie vielleicht auch das Zurückgehen der dortigen Ansiedlungen beschleunigt haben.

Brief des Papstes über Grönland im Jahre 1492. Sehr interessant ist ein Brief des Papstes Alexander VI.[331] aus seinem ersten

Regierungsjahre, 1492—1493, der geschrieben worden ist, weil ein Benediktinermönch namens Mathias den Papst gebeten hatte, ihn zum Bischof in Grönland zu ernennen, und sich auch bereit erklärt hatte, persönlich als Missionar dorthin zu gehen und die vom Christentum Abgefallenen wieder zu bekehren. Darin heißt es, in Übersetzung:

„Wie wir erfahren haben, ist die Kirche in Gade [d. h. Gardar] „belegen am Ende der Welt in dem Lande Grönland, wo die Menschen „aus Mangel an Brot, Wein und Öl von getrockneten Fischen und „Milch leben; und daher, sowie wegen der äußerst seltenen Schiff„fahrt, die nach erwähntem Lande stattzufinden pflegte, wofür man „das heftige Gefrieren der Wasser zu Eis als Grund angibt, glaubt „man, daß seit achtzig Jahren kein Schiff dort gelandet ist; und „falls diese Art Seereisen stattfinden sollten, so meint man, daß sie „in jedem Falle allein im Augustmonat stattfinden können, wenn jene „Eise sich auflösen; und infolgedessen heißt es, daß bei dieser Kirche „so um die achtzig Jahre oder ungefähr kein Bischof oder Priester dort „gewohnt hat. Daher und weil es dort keine katholischen Priester „mehr gibt, geschieht es, daß die meisten Gemeindemitglieder, die „früher Katholiken waren, das von ihnen empfangene heilige Sakra„ment der Taufe verleugnet haben (o, welch ein Kummer!), und daß „die Bewohner dieses Landes keine andere Erinnerung an die christ„liche Religion haben als ein corporale [eine Altardecke, auf der der „Kelch steht], das einmal im Jahre vorgezeigt wird und auf dem Christi „Leib und Blut vor hundert Jahren von dem letzten Priester, der dort „war, geweiht worden ist.“ Aus diesem Grund, „um ihnen einen ge„eigneten Hirten zu verschaffen“, habe Alexanders Vorgänger, Papst Innozenz VIII. den Benediktinermönch Mathias zum Bischof in Gade [Gardar] ernannt, und dieser habe sich „mit großem gottesfürchtigem „Eifer bereit erklärt, die Gemüter der Gottesleugner und der Abtrünnigen „auf den Weg des ewigen Heiles zurückzuführen und jene Art Irrtümer „auszurotten usw.“ Darauf folgen Ermahnungen an die Kurie, die Kanzlisten und alle geistlichen Schreiber, daß sie bei Strafe des Bannes diesem Mathias, seiner Armut wegen, alle mit der Ernennung und dem Briefwechsel verbundenen Abgaben und Sporteln zu erlassen haben, usw.

Die Mitteilungen des Briefes stimmen merkwürdig gut mit dem überein, was andere geschichtliche Quellen andeuten. Im Jahre 1410, also 82 Jahre vor dem Briefe, kam das letzte Schiff aus Grönland, von welchem wir Kunde haben (siehe II, 60), nach Norwegen. Dies deckt sich mit der Aussage des Briefes, daß seit achtzig Jahren kein Schiff dorthingegangen sei. Im Jahre 1377 starb der letzte im Amt befindliche Bischof in Gardar, und diese Nachricht kam sechs Jahre darauf nach Norwegen, also 109 Jahre vor dem Briefe. Dies deckt sich mit der Behauptung, daß die Altardecke vor hundert Jahren von dem letzten Priester (ultimo sacerdote, hier vielleicht Bischof gemeint?) beim Austeilen des Abendmahls benutzt worden sei. Die Angabe, daß Grönland erst im August so frei vom Eise sei, daß Reisen dorthin unternommen werden könnten, zeigt auch eine gewisse Ortskenntnis; denn erst spät im Sommer, meistens im August, pflegte die Knarre von Bergen nach Grönland zu segeln.

Ob, als dies geschrieben wurde, kürzlich Nachrichten aus Grönland gekommen waren, geht aus den Worten des Briefes nicht hervor und kann auch, meiner Ansicht nach, nicht herausgelesen werden, obwohl Storm [1892, S. 401] es meinte. Das einzige, was darauf schließen lassen könnte, ist die Geschichte, daß die Altardecke jährlich einmal vorgezeigt wurde; aber dies kann ja eine Tradition sein, die von dem letzten, vor achtzig Jahren gekommenen Schiffe stammte.

Pinings mögliche Reisen nach Grönland. Indessen tauchen auf andern Seiten dunkle Mitteilungen über eine mögliche Verbindung mit Grönland in jener Zeit auf. Auf einer Karte über Island, die 1548 in Paris von Hieronymus Gourmont[332] gedruckt ist, liegt im Nordwesten Islands eine Felseninsel mit einer Kompaßrose und einer lateinischen Unterschrift. A. A. Björnbo hat auf diese Unterschrift, die für uns Interesse hat, aufmerksam gemacht[333]; sie heißt übersetzt:

„Der große Berg, Witsarc genannt, auf dessen Gipfel eine See-„marke errichtet ist, von den zwei Piraten (piratis) Pinnigt und „Pothorst, um die Seeleute vor Grönland zu warnen.“

Die Karte ist eine überarbeitete Kopie der bekannten großen Seekarte des Olaus Magnus aus dem Jahre 1539, auf der wir die Insel mit der Kompaßrose, aber nicht die Unterschrift finden.

Es ist möglicherweise eine reichlichere Ausschmückung und Umdichtung des Inhalts dieser Unterschrift oder der Quelle, der sie entnommen

Ein Teil der Karte Gourmonts aus dem Jahre 1548, mit der Nordwestküste von Island und der Felseninsel Hvitserk.

ist, die wir in dem Werke des Olaus Magnus über die nordischen Völker, aus dem Jahre 1555, wiederfinden, in welchem es, in Übersetzung, von „der hohen Klippe Huitsark, die mitten in dem Meere zwischen Island und Grönland liegt“, heißt:

„Auf ihr wohnten um das Jahr des Herrn 1494 zwei berüchtigte „Seeräuber (piratae) Pining und Pothorst mit ihren Mitschuldigen, „gleichwie zum Trotze und aus Verachtung aller Reiche und ihrer „Kriegsmacht, da sie durch den sehr strengen Befehl der nordischen „Könige, von aller menschlichen Gemeinschaft ausgeschlossen und wegen

„ihrer außerordentlich gewalttätigen Räubereien und ihrer vielen grau„samen Taten gegen alle Schiffe, die sie in Nah und Fern wegnehmen „konnten, für vogelfrei erklärt worden waren . . . . ." — „Auf dem „Gipfel jener sehr hohen Klippe haben die erwähnten Pining und „Pothorst aus einer bedeutenden Rundung mit Kreisen und Linien, „die aus Blei bestehen, einen Kompaß hergestellt; dadurch ist die Ge„legenheit für die, welche auf Raub ausgehen wollen, bequemer gemacht

De Pygmæis Gruntlandiæ, & rupe Huitsark.

Die Felseninsel Hvitserk und das südliche Grönland. Kampf mit einem grönländischen Pygmäen. [Olaus Magnus, 1557.]

„worden, da sie so Anweisung erhalten haben, nach welcher Richtung „hin sie in See gehen sollen, um große Beute zu suchen."

Der Ausdruck piratae, den man sowohl von einem gewöhnlichen Seeräuber wie von einem Kaper oder Freibeuter gebrauchen konnte, kann Olaus Magnus zu dieser Räubergeschichte verleitet haben. Schon der Umstand, daß er sowohl auf seiner Karte von 1539 wie in seinem Werke von 1555 den Hvitserk, der ja in Grönland war, zu einer Felseninsel draußen im Meere zwischen Grönland und Island macht, wo es keine Inseln gibt, ist geeignet, den Glauben an die

Zuverlässigkeit dieser seltsamen Erzählung zu erschüttern. Seine unverständliche Geschichte von dem dort hergestellten Kompaß macht die Sache auch nicht besser. G. Storm [1886, S. 395] meinte, sie könne so entstanden sein, daß Olaus Magnus, der weder ein großer Seemann noch ein großer Geograph war, auf einer Kompaßkarte eine Notiz über Pinings Grönlandsreise gelesen und dabei in der Nähe dieses Landes den Namen Hvitserk und eine Kompaßrose draußen im Meere gesehen habe; ohne die wirkliche Bedeutung zu verstehen, habe er nun eine Insel daraus gemacht und sie auf seine Weise erklärt. Björnbo und Petersen [1909, S. 250, 251] haben allerdings hervorgehoben, daß etwas Ähnliches über das Nordkap erzählt werde, und zwar von Sivert Grubbe, der Christian IV. auf seiner Finmarkenreise begleitete und der am 12. Mai 1599 (auf lateinisch) in sein Tagebuch schreibt: „Wir segelten am Nordkap vorbei. Auf dem „Gipfel dieses Berges ist ein Kompaß in das Gestein eingehauen." Da sie „vorübersegelten", kann Grubbe nicht droben gewesen sein und diesen Kompaß gesehen haben; es ist also denkbar, daß dieser unwahrscheinlichen Mitteilung ein ähnliches Mißverständnis zugrunde liege; irgendwelchen Wert für Seefahrer konnte ein solcher Kompaß schwerlich haben. Indessen können, ganz abgesehen von der phantastischen Geschichte des Olaus Magnus, Pining und Pothorst wirklich in Grönland gewesen sein. Der erstgenannte muß der norwegische Edelmann Didrik Pining gewesen sein, der sich zusammen mit Pothorst („Pytchehorsius") in den späteren Regierungsjahren Christierns I. „nicht weniger als erfahrener Seemann wie als unvergleichlicher Freibeuter" (pirata) ausgezeichnet haben soll. Christiern I. und König Hans verwendeten ihn vielfach gegen die Engländer und zum Teil auch gegen die Hansa, und in mehreren geschichtlichen Quellen [334] wird seiner erwähnt. Er scheint seine Tätigkeit gelegentlich auch auf Spanier, Portugiesen und Holländer erstreckt zu haben, denn um 1484 herum nahm er an der englischen Küste oder bei der Bretagne und in der spanischen See drei spanische oder portugiesische Schiffe und brachte sie dem König nach Kopenhagen. In einem Vergleich, der im Jahre 1490 zwischen König Hans und den Holländern geschlossen wurde, heißt es ausdrücklich, daß Didrik Pinning und ein Busch nicht in diesem Vergleich einbegriffen seien. Im Jahre 1478 ist von Didrik Pining als Häuptling über Island oder vielleicht nur über den östlichen und südlichen Teil der Insel die Rede; aber nach Christierns I. Tode wurde dort ein anderer als hirdstjore (oder Statthalter) eingesetzt, und es heißt in der von der Ratsversammlung in Bergen im Jahre 1481 ausgefertigten Ernennungsurkunde, daß Pining „aus Island weggefahren" sei; aber einige Jahre später wird seiner wieder als des dortigen hirdstjore erwähnt. Als König Hans sich 1487 in den Besitz Gotlands setzte, begleitete ihn Pining dorthin, gewiß als Chef des dänisch-norwegischen Geschwaders; er hieß „Skipper Pining", was unserem heutigen Kommandeur oder Admiral entspricht (vgl. Christierns II. „Skipper Clemens"). Im Juli 1489 war Didrik Pining unter den norwegischen Edelleuten, die in Kopenhagen dem Königssohne Christiern (später Christiern II.) als Erben des Reiches Norwegen huldigten; im August und September 1490 war er an der Entscheidung über eine große Erbschaftssache in Bergen beteiligt; aber in zwei isländischen Gesetzen oder Verordnungen aus dieser Zeit, 1489 und 1490, den sogenannten „Pininggesetzen", wird er als „hirdstjore über ganz Island" bezeichnet, und ein späterer Chronist, der ihn einen der berühmtesten Männer Island nennt, sagt: „er war in vieler Weise ein nützlicher „Mann und brachte vieles, was schlimm ging, wieder ins rechte Geleise". Derselbe Didrik Pining muß es sein, der 1490 zum Befehlshaber der Festung Vardöhus ernannt wird, und es ist wohl denkbar, daß er in den nördlichen Meeren das Oberkommando zu Wasser und zu Lande gehabt hat.

Von Pining und seinem Kameraden Pothorst erzählt ein alter (isländischer?) Bericht, der mit Ivar Bårdssons Grönlandbeschreibung zusammen in einem alten Rechnungsbuche auf den Färöern gefunden worden ist und in englischer Übersetzung in „Purchas his Pilgrimes“ (London, 1625, Band III) aufgenommen wurde, wo es heißt:

„Item Punnus [Verdrehung des Namens Pinning] und Pot-„horse haben mehrere Jahre auf Island gewohnt und haben Handel „(had their trade) nach Grönland getrieben. Punnus gab auch „den Isländern ihre Gesetze und ließ sie niederschreiben, welche Ge-„setze bis auf diesen Tag in Island fortbestehen und mit dem Namen „Punnusgesetze benannt werden.“

Ein neues Dokument über Pining. Da letzteres mit den beiden erwähnten „Pininggesetzen“ übereinstimmt, kann es auch mit den Reisen nach Grönland seine Richtigkeit haben. Eine unerwartete Bestätigung dieser Möglichkeit erhielten wir vor kurzem durch ein Dokument, das Louis Bobé [1909] in Kopenhagen gefunden hat; es ist ein vom 3. März 1551 datierter Brief des Kieler Bürgermeisters Carsten Grip an den König Christiern III. Grip ist, wie aus dem Briefe hervorgeht, der Kommissionär des Königs für den Einkauf neuer Bücher, Gemälde usw. Er teilt dem König mit, daß er keine wertvollen Bücher und passenden Gemälde habe auftreiben können, aber zwei Weltkarten sende, „aus denen Eure königliche „Majestät ersehen kann, daß Euer Majestät Land Grönland sich auf „beiden Karten nach der Neuen Welt hinzieht und auch nach den „Inseln, welche die Portugalenser und die Hyspanier gefunden haben, „so daß man von Grönland über Land dorthin kommen kann. Ebenso, „daß man von Lampeland [d. h. Lappland] vom Schlosse Vardöhus „über Land dorthin kommen kann usw.[335] Es ist in diesem Jahr „auch eine Karte in Paris in Frankreich herausgekommen über Euer „königlicher Majestät Land Island und über die vielen Wunder, die „man dort sehen und erfahren kann; dort wird bemerkt, daß Island „doppelt so groß sei wie Sizilien und daß die zwei Skipper [sceppere, „d. h. Kommandeure oder Admirale] Pyningk und Poidthorsth, „welche von Euer königlicher Majestät Herrn Großvater, dem König „Christiern dem Ersten, nach Aufforderung der Königlichen Majestät

„von Portugal usw. ausgesandt worden sind, um neue Länder und „Inseln im Norden aufzusuchen, auf der Klippe Wydthszerck [Hvit- „serk], vor Grönland und nach dem Sniefeldsiekel auf Island hin „meerwärts gelegen, eine große Seemarke errichtet hätten wegen der „grönländischen Seeräuber, die mit vielen kleinen Schiffen ohne Kiel „(szunder bodem) in großer Menge andere Schiffe anfallen“ usw.

Die hier erwähnte Karte aus Paris scheint, wie Dr. Björnbo bemerkt hat[336], die bereits angeführte Karte Gourmonts aus dem Jahre 1548 sein zu können. Aber Grips Brief gibt Mitteilungen über die Aussendung auf die Reise und über die Kajake der Eskimos, welche nicht der Unterschrift unter Hvitserk auf dieser Karte entnommen sein können. Die Mitteilung über die Eskimos (die grönländischen Seeräuber) erinnert an das, was Ziegler in seiner Schrift Scondia (1532) von den Einwohnern Grönlands erzählt, nämlich, daß sie „sonst leichte Fellboote benutzen, die beim Umhertummeln auf dem Meer und zwischen den Schären sicher sind; indem sie sich so vorwärts bewegen, fallen sie andere Schiffe an“ [Grønl. hist. Mind., III, S. 499]. Die Mitteilung hat auch Ähnlichkeit mit dem, was Olaus Magnus in seinem späteren Werke aus dem Jahre 1555 über die grönländischen „Seeräuber“ sagt, „die sich der Fellboote und einer „willkürlichen Seefahrtweise bedienen, indem sie nicht die obersten Teile „der Handelsschiffe anfallen, sondern diesen dadurch nachstellen wollen, „daß sie den Rumpf von unten durchbohren, unten am Kiele“ usw. Diese verschiedenen Mitteilungen können auf sagenhafte Nachrichten über die Eskimos in Grönland zurückgehen, die auf irgendeine uns unbekannte Weise in die Literatur hineingekommen sind. Etwas Derartiges kann auch auf einer jetzt unbekannten Karte gestanden haben, auf der Grip es gelesen haben mag; aber seine Erwähnung der Aussendung der beiden Schiffer durch Christiern I. zeigt jedenfalls, daß damals eine Tradition über Pinings und Pothorsts Reise bestanden hat. Wir müssen also annehmen, daß Christiern I. sie (in den Jahren vor 1481, in welchem Jahre er starb) auf eine Entdeckungsreise ausgeschickt hat, wahrscheinlich infolge einer Aufforderung des bekannten Königs Alfonso V. von Portugal (1438—1481). Da Hvitserk an der Küste Grönlands liegen muß, scheinen sie, in Übereinstimmung mit der andern, nüchtern gehaltenen Nachricht bei Purchas, wirklich Grönland erreicht, vielleicht mehrmals erreicht zu haben, und sie haben dann Tauschhandel mit den Eingeborenen getrieben, was, wie später so oft, infolge der Übergriffe der Europäer mit Scharmützeln geendet haben kann.

Letzteres würde Grips Ausspruch über den Überfall der grönländischen Seeräuber in den vielen kleinen, kiellosen Schiffen und ebenso die sagenhaften Mitteilungen Zieglers und des Olaus Magnus erklären. Daß Pining irgendeine Seemarke errichtet haben kann, ist nicht unmöglich. Alles dieses klingt wahrscheinlicher als die Räubergeschichte des Olaus Magnus. Aber trotzdem will es mir nicht scheinen, als ob die jetzt bekannten Quellen uns berechtigten, Olaus Magnus' Geschichte und die Jahreszahl 1494 ganz zu verwerfen. Da im Jahre 1491 ein neuer „Hirdstjore" auf Island namhaft gemacht wird, müssen wir glauben, daß Pining entweder gestorben ist oder die Insel verlassen hat. Vergleichen wir hiermit die Tatsache, daß Pining in den Vergleich, den König Hans im Jahre 1490 mit den Holländern schloß, nicht mit aufgenommen wurde und ihnen gegenüber also sozusagen vogelfrei war, und daß es in demselben Jahr auch zu einem Präliminarvertrag mit dem König von England kam, wodurch natürlich jegliche Freibeuterei gegen englische Untertanen von norwegisch-dänischer Seite strengstens verboten wurde, so kann man möglicherweise einen Zusammenhang erblicken. Pining und Pothorst haben ihre alten Gewohnheiten nicht lassen können und haben sich dadurch außer den Holländern sowohl den englischen König wie auch ihren eigenen zum Feind gemacht, so daß sie als Geächtete aus dem Land haben fliehen müssen. Dies würde auch mit den Worten des Olaus Magnus übereinstimmen, daß sie durch das strenge Gebot der nordischen Könige (aquilonarium regum severissimo edicto) geächtet worden seien. Es läßt sich denken, daß sie, gleich dem vogelfreien Eirik dem Roten 500 Jahre früher, in dem abseitsliegenden Grönland, das sie von früher her kannten, Zuflucht gesucht haben. Zuletzt aber können sie Unglück gehabt haben; denn unter den vielen „Seeräubern", die „eines kläglichen Todes starben, indem sie entweder von ihren „Freunden erschlagen oder an den Galgen gehängt wurden oder in den „Wellen des Meeres ertranken", führt Paulus Eliœ auch „Pyning" und „Pwthorß" an.[337]

Grönlandreise des Johannes Scolvus. Es sind noch einige dunkle Nachrichten über einen andern nordischen Seefahrer, den Johannes Scolvus (Jón Skolv?) aus dieser Zeit anzuführen.[338] Der spanische Schriftsteller Francesco Lopez de Gomara, der um 1550 herum als Priester in Sevilla lebte und seine Historia de las Indias (d. h. Amerika) im Jahre 1553 herausgab, sagt darin über la Tierra de Labrador:

„Hierher sind auch Leute aus Norwegen mit dem Lotsen (piloto, „d. h. Steuermann, Navigateur) Joan Scoluo und Engländer mit „Sebastian Gaboto gekommen."

Da Gamara, wie Storm [1886, S. 392] nachgewiesen hat, den Olaus Magnus „in Bologna und Venezia" traf (vielleicht um das Jahr 1548 herum) und er selber sagt, daß dieser ihm viel über die nördlichen Meere und den Seeweg von Norwegen aus erzählt habe, so kann die Nachricht über Scolvus auch von ihm stammen.

Ein englisches Staatsdokument — wahrscheinlich aus dem Jahre 1575 und auf Veranlassung der Vorbereitungen zu Frobishers erster Reise (1576) geschrieben — gibt eine kurze Übersicht früherer Versuche, die Nordwestpassage zu finden[339], und erwähnt auch Scolvus, was die Historiker, die über ihn schrieben, nicht beachtet haben. Nachdem erzählt worden ist, daß Sebastian [es wird John sein] Cabotte im Jahre 1496 [wird 1497 gewesen sein] von König Heinrich VII. von England ausgesandt worden ist, um die Passage vom Nordmeer [d. h. vom Atlantischen Ozean] nach dem Südmeer [d. h. dem Stillen Ozean] zu finden, und daß „ein Gaspar Cortesreales, ein Lotse (pilot) aus Portingale", im Jahre 1500 auf jenen Inseln an der Nordküste Nordamerikas gewesen sei, heißt es weiter:

„Um aber die Passage vom Nordmeer nach dem Südmeer zu „finden, müssen wir nach dem 60. Grad segeln, nämlich vom 66. bis „zum 68. Und diese Passage heißt die Enge See (the Narowe Sea) „oder die Dreibrüderstraße [d. h. die Straße der drei Brüder Corte-„Real], in welcher Passage man zu keiner Zeit des Jahres Eis zu „finden pflegt. Der Grund davon ist die reißende Strömung von „See zu See. Auf der Nordseite dieser Passage war John Scolus, „ein Lotse aus Dänemark, im Jahre 1476."

Darauf folgt eine Geschichte von einem Spanier, der im Jahre 1541 auf der Südseite dieser Passage mit einer Schar Soldaten gewesen sein sollte, und dort einige Schiffe angetroffen hätte, die mit Waren aus Cataya (China) dorthin gekommen seien. Vollständige Unmöglichkeiten, wie diese letzte Geschichte, sind also mit Nachrichten durcheinandergemengt, die eine zuverlässige geschichtliche Grundlage haben, wie die Reise des Gaspar Corte-Real. Da die Mitteilung über Scolus oder Scolvus Dinge enthält, die wir bei Gomara nicht finden, scheint sie aus einer andern Quelle zu stammen; besonders ist die Jahreszahl beachtenswert. Darauf, daß Scolus ein Lotse aus Dänemark war, während der Lotse Scolvus bei Gomara aus Norwegen kam, ist vielleicht weniger zu geben, weil ja Norwegen und Dänemark unter einem gemeinsamen König standen, der in Dänemark wohnte.

Auf einer englischen Karte aus dem Jahre 1582 (nach Frobishers Reisen), die dem Michael Lok zugeschrieben wird, liegt im Nordwesten Grönlands ein Land, worauf steht: „Jac. Scolvus Groetland". Da der Name hier Jac. Scolvus geschrieben ist, ist es nicht wahrscheinlich, daß er dem schon erwähnten Dokument aus dem Jahre 1575 entnommen sein kann. Auf dem entsprechenden Lande der Karte Mercators aus dem Jahre 1569 steht: „Groclant, insula cuius incole Suedi sunt origine" (Insel, deren Bewohner der Abstammung nach Schweden sind). Es kann den Anschein haben, als ob auch diese

Inschrift mit Scolvus in Verbindung stehe, und wir haben hier also das dritte nordische Land als seine Heimat; aber dieses Wort Suedi kann auch von Olaus Magnus stammen, der es gerade in der Bedeutung Skandinavier, d. h. Schweden und Norweger, oft gebrauchte.

Im Jahre 1597 erzählt der Niederländer Cornelius Wytfliet in seiner Beschreibung Amerikas (Continens Indica), daß der nördliche Teil dieses Landes zuerst von „frisländischen" Fischern [d. h. Fischern aus dem erdichteten Frisland der Zeno-Karte] gefunden und darauf ungefähr im Jahre 1390 während der Reise der Brüder Zeno [die erdichtet ist] genauer untersucht worden sei.

„Aber — fährt er fort — die Ehre seiner zweiten Entdeckung „hatte der Pole Johannes Scoluus (Johannes Scoluus Polonus), „der im Jahre 1476 — 86 Jahre nach der ersten Entdeckung — „über Norwegen, Grönland und Frisland hinaussegelte, in die nörd-„liche Straße auf dem Polarkreise selber eindrang und nach dem Lande „Labrador und Estotiland kam."

Estotiland ist ebenfalls ein erdichtetes Land der berüchtigten Zeno-Karte (die aus mehreren früheren Karten fabriziert ist). Von dieser Einmengung der Reise des Zeno abgesehen, enthält die Mitteilung nichts, was nicht bereits bei Gomara und in dem englischen Dokument von 1575 zu finden wäre, den Umstand ausgenommen, daß Scolvus hier Polonus (der Pole) genannt wird; dies muß man aber, wie G. Storm [1886, S. 399] sagt, auf falsches Lesen schieben, wobei piloto und Polonus verwechselt worden sind.[340] Da unter den Ländern, über welche die Reise hinausging, Norwegen als erstes genannt wird, kann sie bei Wytfliets Quelle von dort ausgegangen sein.[341]

Auf dem L'Ecuy-Globus aus dem 16. Jahrhundert steht, auf lateinisch, zwischen dem 70. und dem 80. Grade nördlicher Breite und auf dem 320. Längengrade[342]: „Dies sind die Völker, zu welchen der Däne Johannes Scovvus im Jahre 1476 gelangte." Der Umstand, daß Scolvus als Däne bezeichnet wird, kann auf dieselbe Quelle schließen lassen, wie die englische Mitteilung aus dem Jahre 1576.[343]

Schließlich sei noch erwähnt, daß Georg Horn in seinem Werke Ulysses peregrinans (Löwen, 1671), nachdem er Reisen von Isländern (Thylenses) unter den „auspiciis Margaretae Semiramis Dan. Sued. Norv." nach „Frisland oder Finmarken" (sic!), nach Island, Grönland, Schottland und Gotland und dann die Reisen der Zenier im Jahre 1390 beschrieben hat, sagt:

„Joh. Scolnus Polonus entdeckte unter den Auspizien „Christians I., des Königs der Dänen, die Anianstraße und das Land „Laboratoris im Jahre 1476."

Die Anianstraße war die sagenhafte Meerenge zwischen Asien und dem nordwestlichen Amerika, die oben erwähnt wurde und die auf den Karten über hundert Jahre früher erschien, ehe der Russe Deshenev die Beringstraße im Jahre 1648 entdeckte. Der Name kann sich jedoch manchmal auch auf die ganze Dreibrüderstraße genannte (II, 74) Straße erstreckt haben, von der man annahm, daß sie nordwärts um Amerika herum in den Stillen Ozean führe. Horns Mitteilung enthält das Neue, daß die Reise unter den Auspizien Christierns I. gemacht worden sein soll; es ist denkbar, daß er mit der Geschichte Dänemarks bekannt genug gewesen ist, um dies aus der Jahreszahl 1476 zu schließen.

Dies ist alles, was man aus alten Quellen über diesen Scolvus und seine Reise weiß. Man muß sich jedoch des Umstandes erinnern, daß der Name Labrador (in verschiedenen Schreibweisen) auf den Karten des 16. Jahrhunderts sowohl zur Bezeichnung Grönlands wie Labradors gebraucht wurde und ursprünglich ein Name des ersteren war. Es ist daher das wahrscheinlichste, daß die Mitteilungen von Scolvus sich ursprünglich auf Grönland bezogen haben, das dann nachher, im ersten Teile des 16. Jahrhunderts, Labrador genannt worden ist.

Pining, Pothorst und Scolvus auf derselben Reise. Faßt man das hier Mitgeteilte zusammen, so haben wir auf der einen Seite Nachrichten aus ganz verschiedenen Quellen über eine oder mehrere Reisen nach Grönland unter der Führung Pinings und Pothorsts zur Zeit Christierns I., d. h. vor 1481, andererseits Mitteilungen, die wahrscheinlich aus mehreren, aber wenigstens aus zwei voneinander unabhängigen Quellen stammen, über eine Reise, ebenfalls nach Grönland, mit dem Lotsen Johannes Scolvus aus Dänemark oder am wahrscheinlichsten aus Norwegen zur Zeit Christiern I. und sogar in einem bestimmten Jahre, 1476. Da liegt die Schlußfolgerung nahe, die schon G. Storm ausgesprochen hat, daß es sich hier um dieselbe Reise oder dieselben Reisen nach Grönland handle, die unter der Führung der beiden „Skipper" und Freibeuter Pining und Pothorst mit Johannes Scolvus (Jón Skolo oder Skolvsson?) als Lotsen oder Steuermann gemacht worden ist oder sind. In einigen Quellen nordischen Ursprungs ist die Reise an die Namen der wirklichen Führer geknüpft worden, während man sie in den südlichen Quellen an den Namen des Lotsen oder Steuermanns geknüpft hat, in ähnlicher Weise wie z. B. der Name des Willem Barents mit den Reisen, an denen er sich beteiligte, verknüpft worden ist, anstatt der Namen Hemkercks und der anderen Führer. Es scheinen demnach ziemlich gute geschichtliche Dokumente dafür zu sprechen, daß mindestens eine Expedition, die möglicherweise von Christiern I. im Jahre 1476 ausgesandt worden ist, Grönland im letzten Teile des 16. Jahrhunderts erreicht hat, und vielleicht sind es sogar mehrere gewesen. Es ist immerhin möglich, daß Gerüchte von dieser neuen Verbindung mit Grönland in dem Mönche Mathias die Lust erweckt haben, als Bischof dort hinzugehen.

Dann aber hören wir nichts mehr von diesem Lande. Einige Zeit lang wurden noch immer Bischöfe für Grönland ernannt, für ein Land, das niemand mehr kannte und seine Bischöfe selbst am allerwenigsten. So endet die Geschichte der alten grönländischen Ansiedlungen. Die Nachrichten werden immer spärlicher und erscheinen in immer längeren Zwischenräumen, bis sie nach dieser Zeit ganz verstummen und wir von dem Schicksal der alten Nordmänner dort nichts mehr wissen.

„Der Bautastein auf der Höhe hat keine Zeichen,
„und Saga hat vergessen, was sie gewußt."

XII. Die Fahrten der Norweger nach dem Weißen Meere, ihre Eismeerfahrten und ihr Fangbetrieb.

Fahrten nach dem Weißen Meere.

Fahrten nach dem Weißen Meere. Selbst dann, wenn Ottar vielleicht nicht der erste Norweger war, der nach dem Weißen Meere gelangte, ist seine Reise jedenfalls eine denkwürdige Forschungsreise, durch die sowohl das Nordkap wie auch das Weiße Meer in der europäischen Literatur bekannt geworden sind, und zwar beinahe siebenhundert Jahre, bevor Richard Chancellor mit dem Schiff „Edward Buonaventura" im Jahre 1553 bis an die Dwina gelangte, von welchem Zeitpunkt an man die Entdeckung dieses Meeres gewöhnlich gerechnet hat.

Zu Ottars Zeit oder bald darauf maßte der norwegische König sich die Herrschaft über alle „Finnen" bis ans Weiße Meer an, und in der Historia Norwegiae heißt es, daß Hålogaland bis Bjarmeland reiche. Als Grenze zwischen dem Reiche Norwegen und den Bjarmern wird in der Historia Norwegiae, in den Gesetzen und auch an andern Stellen die Landspitze Vegistafr genannt. Sie kann auf der Südseite der Halbinsel Kola an dem bereits genannten Warsugaflusse oder am Flusse Umba (siehe die Karte I, 186) gelegen haben.[344] In der Zeit nach Ottar haben die Norweger auch oft Expeditionen nach dem Weißen Meere und Bjarmeland unternommen, die wohl meistens kriegerische Zwecke gehabt haben. Über mehrere dieser Züge enthalten die Sagas Mitteilungen.

Harald Gräfelds Reise bis zur Dwina. Eirik Blodöks (Blutaxt) zog im Jahre 920 im nördlichen Finmarken umher und kam nach Bjarmeland, und er kämpfte dort in einer großen Schlacht und errang den Sieg. Sein Sohn Harald Gråfeld segelte um das Jahr 965 eines Sommers mit seinem Heere nordwärts nach dem Bjarmeland, plünderte dort und bestand einen heißen Kampf mit den Bjarmern auf den Vinu bakka (d. h. dem hohen Flußufer der Dwina = Vina), in welchem König Harald siegte; er erschlug nun viele Menschen, plünderte das Land weit und breit und erlangte außerordentlich viel Beute. Hierüber sagt Glumr Geirason:

„Im Osten der wortkühne Drott
„furchtlos sein Schwert färbet rot,
„im Norden der brennenden Stadt;
„Die Bjarmer dort sehe ich rennen.
„Dem Hirdherren gutes Speerwetter,
„Das gab es auf diesem Zuge,
„An Vinas Ufer; der Ruhm
„des jungen Edeling ging weit."

In dieser Zeit wären die Norweger also bis an die Dwina vorgedrungen und hätten die Ostseite des Weißen Meeres, die Ottar noch nicht kannte, entdeckt. Sie hatten damit festgestellt, daß es ein Meerbusen war. Die Bjarmer wohnten wahrscheinlich längs seiner ganzen Südseite bis an die Dwina, und der Name Bjarmeland erstreckte sich von nun an auch auf die Ostseite und diente infolgedessen zur Bezeichnung des Landes um das Weiße Meer herum. Die Norweger hielten die „Finnen“ (Lappen) als ein fremdartiges Volk, das sie wenig kannten, für zauberkundig; aber es war natürlich, daß die bei ihnen noch weniger bekannten und noch ferner wohnenden Bjarmer nach und nach noch mehr in den Ruf der Zauberei kamen und Märchen von Trollen (Kobolden) und Riesen in die Gegenden verlegt wurden. Das Eismeer hieß schon in alter Zeit Hafsbotn, später Trollebotn, und das Weiße Meer erhielt den Namen Gandvik, dem eine ähnliche Bedeutung beigelegt ist, weil er mit Gand (dem Zauber der „Finnen“ oder Lappen) zusammenhängt. Der Name ist aber offenbar entstanden aus einer volksetymologischen Verwechslung des karelischen Namens Kandanlakši, wie in Anmerkung 131 nachgewiesen ist.

Thore Hunds Reise nach Bjarmeland. Snorre Sturlason († 1241) hat in die Saga Olafs des Heiligen eine nordländische Sage über eine Bjarmelandfahrt aufgenommen, die Thore Hund gemeinsam mit Karle und seinem Bruder Gunnstein aus Hålogaland, den Mannen des Königs, im Jahre 1026 unternommen haben soll. Die Erzählung scheint darauf anzuspielen, daß damals ein friedlicherer Verkehr zwischen den Nordländern und den Bjarmern bestanden hat. Sie machten die Fahrt mit zwei Schiffen, Thore auf einer großen Langschiff-Busse mit achtzig Mann und die Brüder auf einem kleineren Langschiff mit etwa fünfundzwanzig Mann. Als sie aber ins Bjarmeland kamen, landeten sie an der Handelsstadt*; die Handelsmesse begann, und alle, welche etwas zum Kaufen hatten, erhielten überreichlich Waren. Thore erhielt sehr viel Grauware (Eichhornfelle) und Biber- und Zobelfelle. Karle hatte auch viele Waren mitgebracht, die er gegen Felle vertauschte. Als aber die Handelsmesse zu Ende war, steuerten sie den Vinafluß hinab; da wurde der Friede

* Es war ein Marktflecken am Dwinaufer; vermutlich derselbe, den die Russen später Cholmogori nannten und der ein wenig weiter flußaufwärts lag als das 1572 gegründete Archangel.

mit der Landbevölkerung aufgekündigt. Als sie aus dem Flusse herauskamen, hielten sie Rat auf den Schiffen, und Thore schlug vor, ein Heiligtum des Bjarmergottes Jomale* mit Grabhügeln zu plündern, das sich, wie er wisse, in einem Walde ein Stück von dem Ufer entfernt befinde.** Dies taten sie zur Nachtzeit und fanden dort viel Silber und Gold, und als die Bjarmer ihnen nachsetzten, entwischten sie ihnen durch Thores Zauberkünste, die sie unsichtbar machten. Beide Schiffe segelten über den Gandvik fort. Da es des Nachts noch hell war, segelten sie Tag und Nacht, bis sie eines Abends bei einigen Inseln anhielten, die Segel einzogen und Anker warfen, um auf das Wenden der Strömung zu warten, denn sie hatten dort eine starke Stromschnelle (einen Strudel) vor sich (rǫst mikil var fyrir þeir). Dies hat sich wahrscheinlich am Swiatoi Nos (der heiligen Landspitze) begeben, wo, wie russische Quellen sagen, starke Strömung und Malstrom ist. Hier kam es zum Wortwechsel zwischen den Brüdern und Thore, der zum Dank dafür, daß sie durch seine Zauberkünste ohne Verlust an Menschenleben entschlüpft waren, die ganze geraubte Beute verlangte. Weil nun aber die Strömung sich wandte, hißten die Brüder die Segel und fuhren davon, und Thore folgte ihnen. Als sie bei Geirsver (Gjesvär, Fischereistation auf der Nordwestseite der Insel Magerö) — wo, wie es heißt, „die erste Anlegebrücke" war, „wenn man von Norden kommt" (d. h. von Osten, vom Bjarmeland) — landeten, kam es wieder zu Zank, und Thore rannte seinen Speer „Sels-hevner" dem Karle mit solcher Gewalt durch den Leib, daß dieser auf der Stelle tot war; Gunnstein entkam

---

* Dies ist der karelische Name des Himmels oder des Himmelsgottes; die Kvänen (Finländer) nannten ihren Gott Jumala und die „Finnen" (Lappen) den ihrigen Jbmel, was dasselbe Wort ist [vgl. G. Storms Übersetzung der Heimskringla, 1899, S. 322].

** Nach der Erzählung hat es den Anschein, als ob Thore Hund dort schon von früher her gut Bescheid gewußt habe. Selbst wenn diese Erzählung im ganzen nicht geschichtlich ist, kann ein Zug wie dieser darauf schließen lassen, daß die Norweger häufig das Bjarmeland besuchten und es daher als natürlich ansahen, daß ein Mann wie Thore dort bekannt war.

mit knapper Not auf dem kleineren Schiff, wurde aber von Thore verfolgt und mußte schließlich in Lenvik bei Malangen mit allen seinen Leuten landeinwärts flüchten und Schiff und Ladung im Stiche lassen. Selbst dann, wenn diese Fahrt nicht geschichtlich ist, zeigen doch die Beschreibung der Reise und die Erwähnung der Ortsnamen längs des Weges, daß diese Gegenden den Gewährsmännern Snorres gut bekannt waren, und der Schiffsverkehr zwischen Norwegen und dem Bjarmeland kann weder zu Snorres Zeit noch vor ihm etwas Ungewöhnliches gewesen sein.

Bjarmelandfahrt im Jahre 1217. Mehrere Umstände zeigen, daß die Verbindungen mit Gandvik und dem Bjarmeland das ganze Mittelalter hindurch fortdauerten und bald friedlicher, bald kriegerischer Art gewesen sind; von letzteren aber sind eigentlich nur drei, in norwegischen Quellen angeführte bekannt: den einen Kriegszug unternahm der Königssohn Håkon Magnusson um das Jahr 1090; von dieser Fahrt ist wenig bekannt. Aus der Zeit Håkon Håkonssons haben wir einen Bericht[345] über eine zweite Bjarmelandfahrt im Jahre 1217, an der sich Ogmund von Spånheim aus Hardanger, Svein Sigurdsson aus Sogn, Andres von Sjomäling aus Nordmör, alle auf einem Schiff, und Helge Bograngsson aus Hålogaland mit seinen Mannen auf einem zweiten beteiligt haben. Svein und Andres fuhren mit ihrem Schiff in demselben Herbst wieder nach Hause; Ogmund aber zog südwärts durch Rußland nach dem suzdalschen Reiche in Ostrußland an einem Nebenflusse der Wolga. Helge Bograngsson und seine Nordländer blieben den Winter über im Bjarmeland, gerieten aber mit den Bjarmern in Streit und wurden erschlagen. Ogmund wagte es infolgedessen nicht, auf demselben Weg wieder nach Hause zurückzukehren, sondern zog südwärts durch Rußland nach dem Meere (d. h. dem Schwarzen Meere) und von dort nach dem Heiligen Lande. Nach mehreren Jahren traf er glücklich wieder in Norwegen ein.

Bjarmelandfahrt im Jahre 1222. Als das Gerücht davon, wie es Helge und seinen Mannen ergangen war, in ihre Heimat drang, wurde ein Rachezug beschlossen. Die königlichen „Syßelmänner“ in Nordland, Andres Skjaldarbrand und Ivar Utvik stellten sich an die Spitze des Unternehmens; mit vier Schiffen kamen sie im

Bjarmer und Skridfinnen im Kampf, diese auf Schneeschuhen, jene auf Renntieren. [Nach Olaus Magnus, 1553.]

Jahre 1222 ins Bjarmeland und führten dort ihren Vorsatz aus, „sie leisteten Großartiges im Rauben und Morden und machten große Beute an Grauwerk und geschmolzenem Silber“. Auf der Heimreise aber ging Ivars Schiff im Strudel (Malstrom) am Straumneskinn unter, und nur Ivar selbst und noch ein zweiter Mann konnten sich retten. Das Straumneskinn ist sicherlich Swiatoi Nos (siehe II, 81).

Kriegerische und friedliche Verbindung mit dem Weißen Meere, in und nach dem 12. Jahrhundert. Dies ist die letzte norwegische Bjarmelandfahrt, von der norwegische Erzählungen wissen; daß jedoch die Fahrten nach dem Weißen Meere beständig fortdauerten, wenn der Verkehr auch nie besonders lebhaft war, läßt sich aus andern Quellen schließen. Der Name Bjarmer selbst verschwindet nach der Mitte des 13. Jahrhunderts, um welche Zeit berichtet wird, daß einige Bjarmer vor den „Mongolen" geflüchtet seien und von König Håkon Erlaubnis erhielten, in Malangen ansässig zu werden. Nach jener Zeit ist aus den Gegenden an der Dwina nur von Kareliern und ihren Beherrschern, den Russen in Nowgorod, die Rede.

Daß zwischen dem nördlichen Norwegen und den Ländern im Osten mancherlei Seeverkehr bestanden hat, der wahrscheinlich mit räuberischen Überfällen verbunden gewesen ist, geht vielleicht auch aus einer Verordnung in dem älteren Gulatinggesetze hervor, wo es in einem Kodex aus den Jahren 1200—1250 in Kapitel 315 heißt:

„Die Hålogaländer haben 13 zwanzigsitzige und 1 dreißigsitziges „Schiff in der südlichen Hälfte [d. h. des Hålogalandes] auszu„rüsten, aber sechs in der nördlichen Hälfte; denn sie [d. h. die Be„wohner dieser Hälfte des Hålogalandes] haben den Wachtdienst nach „Osten hin."

Dieser Wachtdienst konnte freilich gegen Kvänen in Finmarken gedacht sein, aber hauptsächlich hat er wohl den von Osten her kommenden Schiffen gegolten. In der Verhandlung, die im Jahre 1251 zwischen dem Großfürsten von Nowgorod (Alexander Newsky) und Håkon Håkonsson geführt wurde, ist ausdrücklich von Überfällen von Osten her die Rede, und nach dieser Zeit hören wir öfter von kriegerischen Angriffen der Karelier und der Russen in Finmarken; sie können zu Land eingedrungen, aber bisweilen auch zur See ins Land gekommen sein.

Ein Traktat aus dem Jahre 1326 zwischen Norwegen und Nowgorod zeigt, daß norwegische Kaufleute mit den Nowgorodern am Weißen Meere Handel trieben. Die schon im Jahre 1307 geschehene Anlage der Festung Vardöhus zeigt ebenfalls, daß jenen Verbindungen mit dem Osten Bedeutung beigelegt wurde, und die Festung hat ihnen gewiß einen festen Stützpunkt gegeben. Um 1550 sehen wir, daß das „Vardöhus-Gewicht" (Mark und Pfund) in das nördliche Rußland eingedrungen ist und im nordrussischen Fisch- und Tranhandel allgemein benutzt wird. Die Norweger kauften im Bjarme-

Auf Trugern (einer Art von Schneeschuhen) durch das norwegische Grenzgebiet. [Nach Olaus Magnus, 1555.]

land hauptsächlich Pelzwerk; was sie aber dorthin brachten, wird in den norwegischen Aufzeichnungen nicht gesagt; es mögen wohl schon damals allerlei Fischarten gewesen sein, die in späteren Zeiten ja immer der wichtigste Ausfuhrartikel aus dem nördlichen Norwegen nach Nordrußland gewesen sind.

Wie G. Storm [1894, S. 100] hervorgehoben hat, wird in den russischen Chroniken von mehreren kriegerischen Seezügen erzählt, die im 15. Jahrhundert zwischen Norwegen und dem Weißen Meere stattgefunden haben. Im Jahre 1412 zogen die Bewohner der Landschaft „Sawolotschjie" (der Gegenden an der Dwina) auf einen Kriegszug gegen die Norweger aus. Eine norwegische Klageschrift aus dem Jahre 1420 zeigt, daß jener Angriff sich gegen das nördliche Hålogaland richtete, ohne jedoch Auskunft darüber zu geben, ob die Feinde von der Landseite oder von der See her eindrangen. Einige Jahre später, im Jahre 1419, unternahmen die Norweger einen Rachezug und zogen „mit einem Kriegsheer von 500 Mann auf ‚Bussen' und „‚Schnecken' aus und plünderten in dem karelischen Bezirk an der „Warsuga [auf der Halbinsel Kola an der Nordseite des Weißen „Meeres] und in mehreren Kirchspielen in Sawolotschjie [an der Dwina], „darunter Sankt Nikolai [an der Dwinamündung], die Inseln Kigö „und Kiarö [in der Onegabucht] und andere. Sie brannten drei „Kirchen nieder und erschlugen Christen und Mönche, aber die Sawolo„tscher zerstörten zwei norwegische Schnecken, und die übrigen flüch„teten übers Meer".[346] „Im Jahre 1444 zogen Karelier mit einem „Kriegsheer gegen die Norweger und kämpften mit ihnen, und 1445 „kamen die Norweger mit einem Heer an die Dwina, verwüsteten „mit Feuer und Schwert Nenoksa [in der Bucht vor der Dwinamün„dung], erschlugen einige und schleppten andere als Gefangene fort; „aber die Dwinabewohner eilten ihnen nach, erschlugen ihre ‚Woiwoden' „[Heerführer, Häuptlinge] Ivar und Peter und fingen 40 Mann, die als Gefangene nach Nowgorod gesandt wurden.[346]

Das Angeführte wird genügend zeigen, daß die Kenntnis der Fahrt nach dem Weißen Meere sich in Norwegen beständig erhalten hat. Diese Verbindung nahm ungefähr im Anfang des 16. Jahrhunderts wieder zu, und dieser Umstand erhielt entscheidenden Einfluß auf die sogenannte Wiederentdeckung des Weißen Meeres durch die Engländer.

Die frühe Kulturverbindung der Bjarmer mit dem Süden. Beim Lesen der Erzählung Ottars und der ältesten altnordischen Berichte über Bjarmelandfahrten muß es auffallen, daß die Bjarmer, von denen darin die Rede ist, eine überraschend hohe Kultur gehabt zu haben scheinen. Dies kann, wie mir auch Professor Olaf Broch gesagt hat, anzeigen, daß lange vor jener Zeit schon ein verhältnismäßig lebhafter Verkehr längs der Dwina und der Wolga zwischen den Völkern am Weißen Meere und denen am Kaspischen und (durch Übergang von der Wolga in den Don) mit dem Schwarzen Meere bestanden hat. Dieser Verkehr kann in jenen älteren Zeiten, noch bevor die Russen sich in dem Gebiet der oberen Wolga festgesetzt hatten, im Osten um die Slawen herumgegangen und durch finnischsprechende Völker auf dem ganzen Wege von der unteren Wolga und den finnischen Bulgaren (vgl. die heutigen Mordwinenstämme) vermittelt worden sein.

Mir scheint, als ob verschiedene Mitteilungen in der arabischen Literatur[347] auf eine derartige Verbindung hindeuten könnten. Die Araber erhielten Aufklärungen über nördliche Gegenden durch ihre Handelsverbindung mit dem mohammedanischen finnischen Bulgarenvolk, dessen Hauptstadt Bulgar an der Wolga* (in der Nähe der jetzigen Stadt Kasan) lag und der Sammelplatz der von Süden flußaufwärts und von Norden flußabwärts kommenden Kaufleute. Besonderes Interesse hat die Erwähnung des rätselhaften Volkes Wîsu weit droben im Norden. Es ist offenbar dasselbe Wort wie der Name Wes (die Wesser)[348], mit welchem die Russen das finnische Volk bezeichneten, das, nach Nestor (am Anfang des 12. Jahrh.)[349] im Jahre 859 nach Chr. am See Bêlo-ozero (dem weißen See) wohnte. Es wird mit Tschuden, Slawen, Meriern und Krivitschern zusammen genannt und war sicher das nördlichste dieser Völker; es hat sich möglicherweise nordwärts nach dem Weißen Meere verbreitet. Es ist wahrscheinlich dasselbe Volk, das Adam von Bremen [IV, Kap. 14, 19] die Wizzi (vgl. I, 414, 478) nennt und möglicherweise auch das Volk, welches Jordanes die Vasinabroncae[350] nennt, welche der Gotenkönig Hermanarich sich nebst den Merens (Meriern?) und den Mordens (Mordwinen?) unterwarf. Das arabische Wîsu scheint aber zum Teil ein gemeinsamer Name

* Die Wolga wurde oft Itil nach der Stadt gleichen Namens genannt und erhielt erst später ihren jetzigen Namen nach der Stadt Bulgar (Bolgar = Wolga).

aller finnischen (und sogar samojedischen) Stämme in Nordrußland und an der Eismeerküste gewesen zu sein.

Nach Jaqût[351] hat Ahmad Ibn Fadhlân (um 922 n. Chr.)[352] in seiner Schrift mitgeteilt, daß „der König der Bulgaren ihm er„zählt habe, daß hinter seinem Lande eine dreimonatige Reise ent„fernt ein Volk namens Wîsu wohne, bei welchem die Nächte [im „Sommer] nicht einmal eine Stunde lang seien". Einmal soll der König an dieses Volk geschrieben haben, und in der Antwort darauf soll ihm mitgeteilt worden sein, daß das Volk „Jâgûg und Mâgûg „[am Ob?] über eine dreimonatige Reise weit von ihnen [d. h. den „Wîsu] entfernt wohne und durch das Meer von ihnen getrennt sei" (?). Die Jâgûg und Mâgûg lebten von den großen Fischen, die an den Strand geworfen wurden. Dasselbe erzählt Dimaschqî († 1327) von den Jâgûg und Mâgûg, und Qazwînî (13. Jahrh.) von dem Volke Jura (den Jugrern) an der Petschora.

Jaqût († 1229) hat in seinem geographischen Lexikon[353] einen Artikel über „Wîsu, jenseits Bulgar liegend. Zwischen jenem und „Bulgar ist es ein Weg von drei Monaten. Dort ist die Nacht so „kurz, daß man keine Dunkelheit gewahr wird, und in einer andern „Jahreszeit wieder so lang, daß man kein Tageslicht sieht". In seinem Artikel über Itil sagt Jaqût: „Auf ihm [dem Flusse Itil oder „Wolga] reisen die Kaufleute geradeswegs nach Wîsu* und führen „[von dort] viel Pelzwerk, wie Biber, Zobel und Eichhörnchen, aus."

Al-Qazwînî († 1283) sagt[354]:

„Der Biber ist ein Land- und Seetier, das sich in den großen „Flüssen in dem Lande Isu [d. h. Wîsu, vgl. al-Bîrûnî] aufhält „und auf dem Uferabhange eines Flusses ein Haus baut." Ferner erzählt er: „Die Bewohner Wîsus betreten niemals das Land der „Bulgaren, weil, wenn sie dorthin kommen, die Luft sich verändert „und — wäre es mitten im Sommer — solche Kälte entsteht, daß

* Dies stimmt mit der Wirklichkeit überein. Längs der Wolga kann man nach dem Lande der Wessier am See Bjelo-Osero gelangen.

„alle ihre Pflanzen erfrieren. Die Bulgaren wissen dies und erlauben „ihnen daher nicht, in ihr Land zu kommen." — Qazwînî teilt auch mit, daß das Land der Wîsu eine dreimonatige Reise weit hinter Bulgar liege, und fährt fort: „Die Bulgaren bringen ihre Waren „zum Handeln dorthin. Jeder legt seine Waren, die er mit einem „Zeichen versieht, auf einer Stelle hin und läßt sie dort liegen. Wenn „er wiederkommt, findet er eine Ware, die er in seinem Lande brauchen „kann, daneben liegen. Ist er damit zufrieden, so nimmt er das ihm „zum Tausche Angebotene mit und läßt seine Ware zurück; ist er nicht „damit zufrieden, so nimmt er seine Ware wieder mit. Auf diese „Weise sehen der Käufer und der Verkäufer einander niemals. So „ist es auch, wie wir erzählt haben, in den südlichen Ländern, dem „Lande der Neger, zugegangen." Dieselbe Sage über den stummen Handelsverkehr mit einem Volke im Norden finden wir auch bei Abu'lfeda († 1321) und Ibn Batûta (vgl. auch Michel Beheim II, 220 fg.).

Ibn Batûta (1302—1377) gibt uns ebensowenig wie Abu'lfeda einen Namen dieses Volkes; aber er nennt das Land dort „Land der Finsternis" und hat eine interessante Beschreibung der Reise dorthin.[355]

Er würde, erzählt er, selbst von Bulgar aus dorthin gereist sein, habe es aber aufgegeben, weil sich wenig Nutzen davon habe erwarten lassen. „Jenes Land liegt 40 Tagereisen von Bulgar, und die Reise „dorthin macht man nur auf kleinen, von Hunden gezogenen Karren.* „Diese Wildnis hat nämlich gefrorenen Boden, auf dem weder Men„schen noch Pferde fußen können, wohl aber Hunde, welche Krallen „haben. Diese Reise unternehmen bloß reiche Kaufleute, die ungefähr „hundert Wagen [Schlitten?] mitnehmen und sich ausreichend mit „Speisen, Getränken und Brennholz versehen; denn dort findet man „weder Bäume, noch Steine, noch Erdscholle. Als Wegweiser durch

* Es ist wohl ein Ausdruck für Fuhrwerk und muß hier in der Wirklichkeit ein Schlitten sein.

„dieses Land dient ein Hund, der die Reise schon einige Male ge„macht hat, und er wird so hoch geschätzt, daß man für ihn bis zu „tausend Dinare [Goldstücke] bezahlt. Er wird nebst drei andern „Hunden zusammen mit dem Halse an einen Karren [Schlitten?] ge„spannt, so daß er den Vorläufer macht und die andern ihm folgen. „Wenn er haltmacht, tun sie es auch ..... Haben die Reisenden „vierzig Tage Wegs durch die Wüste hinter sich, so machen sie im „Finstern [im Lande der Finsternis] halt, lassen ihre Waren dort zurück „und ziehen sich in ihr Standlager zurück. Am nächsten Morgen gehen „sie wieder nach derselben Stelle ..."; nun folgt eine ähnliche Beschreibung des stummen Handels wie bei Qazwînî. Für ihre Waren erhalten sie Zobel-, Eichhörnchen- und Hermelinfelle. „Die, welche „dorthin reisen, wissen nicht, mit wem sie Handel treiben, ob es Geister oder Menschen sind; sie bekommen niemand zu Gesicht."[356]

Besonderes Interesse für unseren Gegenstand hat folgende Mitteilung des Abû Hâmid (1080—1169 oder 1170), welche darauf hindeuten kann, daß die an der Eismeerküste wohnenden Völker aus Persien Stahl zu ihren Harpunen oder Fangwaffen erhielten:

„Die Kaufleute reisen von Bulgâr nach einem Lande der Un„gläubigen, das Îsû [Wîsu] genannt wird, von wo der Biber kommt. „Sie bringen Schwerter dorthin, die sie in Âdherbeigân [Persien] er„stehen, die Klingen unpoliert. Man gießt über diese oft Wasser, „so daß, wenn man die Klinge an einen Faden hängt und dagegen „schlägt, sie summt wie eine Fliege. Und das ist es, was ihnen kon„veniert. Sie kaufen Biberfelle für diese Klingen. Die Bewohner „von Îsû gehen nun mit diesen Schwertern nach einem der Finsternis „nahen Lande am Dunkeln Meer [am nördlichen Atlantischen Ozean „oder am Eismeer] und verkaufen dort diese Schwerter um Zobelfelle. „Die [d. h. die Bewohner dieses Landes] nun nehmen von diesen „Klingen und werfen sie in das Dunkle Meer. Dann läßt Allâh „für sie einen Fisch, der so groß wie ein Berg ist, herauskommen usw. „Sie schneiden tage- und monatelang von seinem Fleische ab und füllen

„manchmal hunderttausend Häuser damit" usw. [vgl. Jacob, 1891, S. 76; 1891a, S. 29; Mehren, 1857, S. 169 fg.].

Es ist nicht denkbar, daß die so ertönenden Schwerter, wie Jacob meint, Harpunen gewesen seien. Wir müssen eher glauben, daß es rohe („unpolierte") Stahlklingen gewesen sind, die man zum Herstellen von Harpunen und Lanzen (zum Walroß- und Walfischfang) benutzt hat. Mit dem Übergießen der Klingen mit Wasser mag wohl das Härten des Stahles gemeint sein, wodurch er, wenn er nachher an einem Faden aufgehängt wurde, den richtigen Klang gab. Obgleich Abû Hâmid kein zuverlässiger Schriftsteller ist, hat es doch den Anschein, als ob dieser Mitteilung etwas Wirkliches zugrunde liegen müsse, und wir erhalten hier Auskunft über eine der Waren, welche die Kaufleute nach Wisu brachten und die aus der Handelsverbindung mit Arabern und Juden stammten. Die Völker, denen die Wisuleute oder die Wesser die Klingen zuführten, müssen Fängervölker an der Eismeerküste gewesen sein, die auf Walrosse und vielleicht gar auf Walfische Jagd machten; darauf bezieht sich der große Fisch, den Allâh aus der See kommen ließ. Es können Samojeden (an der Petschora), Karelier, Terfinnen und auch Norweger gewesen sein. Es ließe sich dagegen einwenden, daß Zobelfelle unmöglich von den letzteren gekommen sein können, aber dies ist wohl schwerlich ganz buchstäblich aufzufassen. Ibn Ruste (um 912 n. Chr.) erzählt ja auch, daß die Rûs (Bewohner des Nordens, hauptsächlich Schweden) keine andere Erwerbsquelle hätten als den Handel mit Zobel-, Eichhörnchen- und andern Fellen, die sie an jeden verkauften, der sie haben wolle [vgl. V. Thomsen, 1879, S. 34].

Aus dem, was an diesen Nachrichten zuverlässig sein kann, scheint hervorzugehen, daß von Bulgar aus ein ziemlich lebhafter Handelsverkehr mit den Wessern und mit den Völkern am Weißen Meere und vielleicht auch nach den Gegenden an der Eismeerküste hin bestanden hat. Eine einstündige kürzeste Nacht würde uns nach der Gegend ein wenig nördlich von der Dwinamündung versetzen. Im Lande der

Wesser am Bjelo-Osero konnte man leicht aus der Scheksna, einem Nebenfluß der Wolga, in den See Kubinkoje, der mit der Dwina in Verbindung steht, gelangen; ebenso kann man auch in den Onegafluß übergehen. Es bestand also längs der großen Flüsse bequeme Verbindung mit dem Weißen Meere; aber daneben scheinen die Kaufleute auch mit Hunden durch das Land gereist zu sein, besonders wohl dann, wenn sie nordwärts nach Jugrien und dem Petschoraland wollten, ebenso wie die Kaufleute unserer Zeit meistens mit Renntieren dorthin reisen. Der Pelzwerkhandel war damals, wie schon im Altertum, das kräftige Lockmittel; er war es auch, der die Norweger hauptsächlich nach Bjarmeland zog.

Es ist nicht wahrscheinlich, daß die Araber selbst nach Nordrußland gelangt sind, eher könnte man glauben, daß reisende Juden bei der Vermittlung des Handels in diesen Gegenden tätig gewesen sind. Darauf aber, daß der arabische Handel durch Zwischenhände bis an die Eismeerküste drang, kann man aus arabischen Münzen schließen, die an der Petschora gefunden worden sind.[357]

Die Nordpolfahrt der friesischen Edelleute und König Haralds Reise nach dem Meeresschlund.

Die Nordpolfahrt der friesischen Edelleute. Unter den Reisen nach Norden im Mittelalter sei hier noch Harald Hardrådes Fahrt[358] und die Reise der friesischen Edelleute, von der Adam von Bremen in der schon früher (I, 210 fg.) wiedergegebenen Schilderung erzählt, angeführt. Daß letztere Reise erdichtet sein muß und nicht viel geschichtlich Wertvolles enthalten kann, ist einleuchtend (vgl. I, 212). Die ganze Beschreibung des Meeresschlundes oder des Malstroms ist aus Paulus Warnefridi entnommen (was man beim Vergleich mit den Schilderungen in I, 168, 169 und 212 sehen wird), die Cyklopen von ungeheurer Größe und ebenso die Goldschätze, deren Hüter sie sind, stammen ursprünglich aus der klassischen Literatur, obschon Adam sie aus älteren Schriftstellern des Mittelalters entlehnt haben kann, und nordische Vorstellungen von den riesenhaften Jotnern im nordischen Jotunheim können auch dazu beigetragen haben, sie mit dem Schauplatz zu verknüpfen.[359] Die große Finsternis, das erstarrte Meer, das Chaos und der Schlund der Abgründe an der äußersten Grenze der Welt oder des Meeres sind lauter klassische Anschauungen, und die Beschreibung selbst der Gefahren der Seereise, der Dunkelheit, die man kaum mit den Blicken durchdringen kann usw., ist genau so, wie wir sie in der klassischen Literatur finden, und hat in vielen Punkten große Ähnlichkeit mit Dichtungen aus jener Zeit, z. B. mit denen des Albinovanus Pedo (siehe I, 88). Es ist ja möglich, daß der Erzählung insofern ein geschichtlicher Kern zugrunde liegen kann, als einige friesische Edelleute eine Reise nach den Orkneyinseln oder vielleicht sogar nach Island gemacht haben mögen, aber selbst dies ist zweifelhaft, und der Rest ist erwiesenermaßen hinzugedichtet. Nichtsdestoweniger behauptet Magister Adam, daß der Erzbischof Adalbert selbst ihm alles dies erzählt habe und daß es in den Tagen des Vorgängers Adalberts, des Erzbischofs Alebrand, geschehen sei, der die Geschichte aus dem eigenen Munde der Reisenden gehört habe; denn diese sollen nach Bremen zurückgekehrt sein und dort Christus und ihrem Schutzheiligen „Willehad" Dankopfer für ihre Rettung dargebracht haben. Man könnte sich denken, daß diese Edelleute die Geschichte selbst erfunden und sie dem Erzbischof erzählt haben[360]; aber es scheint nicht anzunehmen zu sein, daß sie Paulus Warnefridis Beschreibung des Malstroms gekannt haben, und die Cyklopen mit den Goldschätzen im Norden scheinen auch eine reichlich gelehrte Aufschneiderei zu sein; sie könnten mündliche Sagen darüber gehört haben, aber jedenfalls müssen wir wohl glauben, daß Adam die Geschichte sehr „verbessert" hat. Es gibt ein mittelalterliches Volkslied über die Gefahren Seereisender auf dem Meere, von dem man annehmen kann, daß es ebenfalls Beiträge zu der Schilderung geliefert habe.

Wie dem auch sei, diese Geschichte muß das Vertrauen auf Adams Glaubwürdigkeit, oder richtiger, auf seinen kritischen Sinn, erschüttern. Wenn sein Bericht über eine Reise, die von seinem eignen Wohnort Bremen nicht lange vor seiner Zeit ausging, nicht zuverlässiger ist, was sollen wir dann von seiner Mitteilung über die Fahrt des erfahrenen norwegischen Königs Harald zur Erforschung der Breite (oder Ausdehnung) des Meeres glauben? Allerdings könnte es scheinen, als ob er über diese Fahrt durch den Dänenkönig Svein unterrichtet worden sei, den er als Gewährsmann der unmittelbar vorhergehenden Mitteilungen anführt, und dieser hätte es freilich aus guter Quelle wissen können; aber auch dieser Bericht ist genau ebenso ausgeschmückt worden wie die Reise der friesischen Edelleute, mit dem Nebel oder der Finsternis, welche die äußerste Grenze der Welt abschließt, und dem ungeheuren Abgrundsschlund, dem sie mit knapper Not entgingen. Dies ist entschieden älteren Ursprungs, und Adam hat sich nicht einmal die Mühe gemacht, ein bißchen an den Gefahren in den beiden Erzählungen zu verändern. Seine Behauptung, daß der dänische König ihm gesagt habe, jenseits der Insel Winland sei das ganze Meer voll unerträglichen Eises und maßloser Dunkelheit, muß auch das Vertrauen zu seinen Mitteilungen abschwächen. Man kann sich allerdings denken, daß die klassischen Vorstellungen schon damals Aberglauben dieser Art im Norden erzeugt hatten, und König Svein könnte es also erzählt haben; aber es ist wohl eher anzunehmen, daß alle diese alten stubengelehrten Anschauungen nicht auf den unstudierten, weitgereisten König, sondern auf den gelehrten Magister zurückzuführen sind, der überdies in derselben Verbindung Marcians Worte über das geronnene Meer jenseits Thule zitiert.

Es würde vollständig in Adams Geiste sein, wenn eine zufällige Ähnlichkeit oder Anknüpfung ihm Gelegenheit gegeben hätte, auf diese Weise Vorstellungen anzubringen, die er aus seinem gelehrten Studium geschöpft hatte, wie ja der Name Kvänland ihn veranlaßt hat, die Sagen von den Amazonen, den Hundsköpfen usw. anzubringen (vgl. I, 414). Es ist schon (I, 212, 213) hervorgehoben worden, daß die Angaben über das Meer „jenseits dieser Insel" und über Haralds Fahrt möglicherweise ein späterer Zusatz sein könnten, den Adam selbst, aber an verkehrter Stelle eingefügt hat; „diese Insel" könnte dann Thyle (Island) bedeuten und nicht Winland. Falls man in letzterem ein neuentdecktes Land in Amerika sehen will, bleibt es schwer verständlich, warum gerade das jenseits dieser Insel liegende Meer mit den alten Vorstellungen von einem dunklen und einem geronnenen oder mit Eis erfüllten Meer in Verbindung gebracht werden mußte; nirgends in späteren Quellen kommen Eis und Dunkelheit auf solche Weise mit Vinland verbunden vor. Wenn Vinland ursprünglich eine Sageninsel wie die Insulae Fortunatae nahe dem dunklen Außenrande der Welt war, wäre dies verständlicher. In arabischen Sagen liegen Inseln im Westen in der Nähe des Meeres der Finsternis (vgl. Kap. XIII), und das Verheißene Land der irischen Sage ist gleich den norwegischen Huldenländern und den isländischen Elbenländern von Dunkelheit (Nebel) umgeben; aber wenn Adam seine Vorstellung auf einem dieser Wege erhalten hätte, würde es ja noch stärker zeigen, wie sagenhaft sein Bericht ist. Sollte Adam die Namen Vinland und Finland (d. h. Finmarken) verwechselt haben, so hätte er sich auch denken können, daß das, was dahinterlag, Eis und Dunkelheit sein müsse.

Der Meeresschlund. Man hat gemeint, daß der Meeresschlund, der den König Harald und die friesischen Edelleute beinahe verschlungen hätte, nordischen oder germanischen Ursprungs sei [vgl. S. Lönborg, 1897, S. 173 fg.]. Er scheint unzweifelhaft dem altnordischen Ginnungagap [vgl. G. Storm, 1890, S. 340 fg.] zu entsprechen; aber es fragt sich, wie früh dieses entstanden ist. Ich habe bereits (I, S. 13, 14, 19 fg.) den wahrscheinlichen Zusammenhang zwischen jenem Schlund und dem Tartaros (und Anostos) oder dem Chaos der Griechen hervorgehoben und habe (I, 168 fg.) darauf aufmerksam gemacht, daß Paulus Warnefridi seinen Meeresschlund, den er ebenfalls Chaos nennt, von den Griechen hat. Nun aber hat, wie schon erwähnt, Adam augenscheinlich seine Beschreibung des Meeresschlundes dem Paulus entnommen, und der Zusammenhang wird also klar. Auch ist noch der merkwürdige Umstand zu erwähnen, daß gerade von einem solchen Meeresschlund Lukian in der Vera Historia erzählt:

„Wir durchsegelten so lange ein kristallklares, durchsichtiges Wasser, bis wir gezwungen waren, vor einer großen Wasserkluft haltzumachen .... Es hätte wenig daran gefehlt, daß unser Schiff in diesen Abgrund hinabgezogen worden wäre, wenn wir alle Segel nicht rechtzeitig gerefft hätten. Als wir nun die Köpfe vorstreckten und hinunterguckten, erblickten wir eine Tiefe von mindestens tausend Stadien, vor welcher uns Sinn und Verstand stillstanden ...." Schließlich ruderten sie mit vieler Mühe auf einer Wasserbrücke, die über den Abgrund gespannt war, hinüber [Wieland, 1789, IV, S. 222].

Diesem läßt sich zur Seite stellen, daß in der irischen Sage (Imram Maelduin) Maelduin und seine Genossen an ein Meer gleich grünem Glase kommen; es war so klar, daß die Sonne und der grüne Sand des Meeresbodens durch das Wasser hindurch sichtbar waren. Von dort gelangten sie an ein anderes Meer, das dunkeln Nebeln (Wolken) glich, und es schien ihnen, als ob es weder sie noch das Schiff tragen könne; sie erblickten unter sich im Meere geschmückte Menschen und ein herrliches Land usw.; da sie aber dort unten auch ein großes Ungetüm sahen, das einen ganzen Ochsen auffraß, ergriff sie Furcht und Bangen, denn sie meinten, daß sie über dieses Meer nicht hinüberkommen würden, ohne durch das Wasser auf den Grund zu fallen, weil es so dünn wie Nebel war, aber sie kamen mit großer Gefahr dennoch hinüber [vgl. Zimmer, 1889, S. 164].

Obgleich man, wie schon erwähnt (I, 389), in Westeuropa Lukian nicht früher als im 14. Jahrhundert gelesen zu haben scheint, so kann ich mich doch des Eindrucks nicht erwehren, daß zwischen der irischen Erzählung (die lange vor dem Werke Adams von Bremen niedergeschrieben worden ist) und der obenangeführten Fabel (wie noch mehrerer anderer), die Lukian geschrieben hat, auf irgendeinem mündlichen Wege eine Verbindung bestehen muß, sei es, daß diese Verbindung auf Lukian selbst zurückführt oder auf die Schriftsteller, die er parodiert. Dann ist es aber auch kein zu kühner Schluß, daß auch ein Zusammenhang bestehen wird zwischen der Wasserkluft oder dem tiefen Abgrunde des Lukian und der griechischen Fabelliteratur, dem die Seefahrer nur mit knapper Not entgingen, und Adams Meeresschlund, dem König Harald gerade noch durch Umwenden entrann.

Der Malstrom bei den Irländern. Es läßt sich auch denken, daß die verschiedenen Strömungen in den nördlichen Gewässern diese häufig auftauchenden Vorstellungen von Strudeln oder Malströmen und Meeresschlünden genährt haben können. Solche Strudel kommen auch in den irischen Sagen vor. In der Imram Brenaind [vgl. Zimmer, 1889, S. 134] wird erzählt:

Eines Tages sahen die Seefahrer in der Tiefe des Ozeans tiefe, dunkle Meeresströmungen [Wirbel oder Meeresschlünde], und ihre Schiffe schienen mit Sturmesmacht in den Strudel hineingezogen zu werden. In dieser großen Gefahr hingen aller Augen an Brandan. Er redete zu dem Meere und sagte ihm, daß es ihn allein ertränken, sich aber damit begnügen und seine Gefährten verschonen solle. Da wurde das Meer ruhig, und die Sturzseen der Wasserwirbel legten sich sofort; von da an schadeten sie den andern nicht mehr.

Der Malstrom in Norwegen. Der Moskenstrom. Die Historia Norwegiae verlegt die „Charybdis, die Scylla und Strudel, denen man nicht entrinnen kann" nach dem Norden in den Hafsbotn (vgl. später). Dies muß in Norwegen die allgemeine Anschauung gewesen sein, denn etwa hundert Jahre später, im Jahre 1360, schrieb der Engländer Nicholas of Lynn, der in der Mitte des 14. Jahrhunderts Norwegen bereiste, sein verlorengegangenes Werk „Inventio

Fortunata“ über die nordischen Länder und ihre Meeresschlünde vom 53. Grade bis zum Nordpol; leider kennen wir aber den Inhalt des Werkes nicht.[361] Die Vorstellungen von diesen Meeresschlünden können wohl mit Gerüchten über gefährliche Strömungen im Norden in Verbindung stehen. Besonders kann der Moskenstrom bei den Lofoten schon in alter Zeit vielem Aberglauben Nahrung gegeben haben. Im Winter hat er bei westlichem Wind eine gegen sechs Seemeilen betragende Stromgeschwindigkeit und er kann bei steigender Flut oft ganz unbefahrbar sein. Er hat manchmal hohen Wellengang, und die Wellen brechen in der ganzen Strömung, so daß man es zwei Seemeilen weit hören kann.[362] Aus späteren Zeiten haben wir haarsträubende Beschreibungen von diesem gefährlichen Meeresstrom. So sagt Olaus Magnus (1555), daß es zwischen den Inseln Röst und Lofot „einen so großen Schlund oder vielmehr eine Charybdis gibt, „daß das Wasser plötzlich zurückströmt und in einem Nu die See„fahrer verschlingt, die ihm unachtsamerweise nahekommen“ (siehe das Bild I, 169) . . . „Nach Schiffbrüchen werden die Trümmer außer„ordentlich selten wieder ausgeworfen, und wenn sie ans Tageslicht „kommen, erweist sich das harte Material so abgefeilt und verdorben „durch das Abscheuern an den Klippen, daß es wie mit einem zottigen „Felle bedeckt aussieht.“ Die Naturgewalt, die sich hier offenbare, übertreffe alles, was von der sizilianischen Charybdis und andern Wundern erzählt wird.

Der Engländer Anthony Jenkinson, der 1557 nach dem Weißen Meere reiste, schreibt darüber[363]: „Seht zwischen den erwähnten „Inseln Röst und Lofoot ist ein Strudel namens Malestrand, der „von halber Ebbe bis zu halber Flut einen so fürchterlichen Lärm „macht, daß er die Ringe an den Türen der Eingeborenenhäuser auf „den erwähnten Inseln zehn Meilen weit zum Klappern bringt. Auch „wenn Walfische in diesen Strom hineingeraten, stoßen sie einen jämmer„lichen Schrei aus. Ferner, wenn große Bäume durch die Gewalt „der Strömung in ihn hineingeschwemmt werden und nachher bei der

„Ebbe wieder ausgeworfen werden, so sind ihre Enden und Zweige „so zerschlagen, daß sie wie zerquetschte Hanfstengel aussehen.“

Schönnerböl gibt 1591 eine ausführlichere Beschreibung des Stromes, worin dieselben Dinge erzählt werden: von dem eisernen Ringe „in der Haustür .... er wird von dem Rauschen des Stromes, „hin und her geschlenkert“; von dem Walfisch, der, wenn „er nicht aus „dieser reißenden Strömung herauskommen kann, ein schreckliches Ge„brüll von sich gibt, wie wenn es ein großer Ochse wäre, und dann „verschwindet ...“, und schließlich von großen Bäumen, großen Tannen oder Kiefern, die in diesem Strome verschwinden, und wenn sie schließlich wieder auftauchen, „dann sind alle die Zweige, alle die „Wurzeln und die ganze Rinde abgescheuert, und der Stamm ist so „rissig, wie wenn er mit einer scharfen Axt bearbeitet worden sei“. Er sagt auch: „viele Menschen sind dieser Meinung, daß in diesem „Strome oder unmittelbar davor ein Meeresschlund sei“, und „wenn „die Strömung am allerstärksten ist, dann kann man den Himmel „und die Sonne durch die Wellen und die Kämme hindurch sehen, „denn sie gehen so hoch wie andere hohe Berge“.[364]

Peder Claussön Friis gibt (um 1613) eine ähnliche übertriebene Beschreibung des Meeresstroms ungefähr in denselben Ausdrücken wie die genannten Schriftsteller. Die Ähnlichkeit dieser verschiedenen Schilderungen ist so groß, daß sie sich dadurch, daß sie alle drei dieselbe mündliche Überlieferung mitteilen, nicht leicht erklären läßt; eher wird wohl das, was in ihnen gemeinsam ist, aus einer älteren schriftlichen Quelle (Nicholas of Lynn?) stammen, die ihrerseits alte Sagenvorstellungen aufgenommen hat. Es ist merkwürdig, wie wenige neuere Anschauungen selbst bei Schönnerböl hinzugekommen sind, obwohl er mehr als zwanzig Jahre (von 1570 an) Vogt auf den Lofoten und Vesterålen war und sehr viel Gelegenheit gehabt haben mußte, an Ort und Stelle Erkundigungen einzuziehen; aber es ist die gewöhnliche Erfahrung, daß alles, was man alten Büchern entnehmen konnte, vorgezogen wurde. Daß die Sage vom

Moskenstrom zur Zeit Adams von Bremen bekannt gewesen sein kann, ist höchst wahrscheinlich, vielleicht ist sie schon Paulus Warnefridi zu Ohren gekommen (vgl. I, 169).

Die Möglichkeit einer Meeresfahrt König Haralds. Wird, wenn wir der Erzählung Adams alle entlehnten Züge genommen haben, wenigstens so viel übrigbleiben, um festzustellen, daß der norwegische König Harald Hardråde eine Fahrt ins Meer hinaus unternommen hat? Darüber läßt sich nichts Sicheres behaupten, aber das wahrscheinlichste dürfte sein, daß König Svein oder die Dänen etwas Derartiges erzählt haben, das der Magister Adam nachher ausgeschmückt hat. Da die Reise erst kürzlich vor sich gegangen sein sollte, muß derjenige Harald, der sie, wie man meinte, gemacht hatte, Harald Hardråde gewesen sein, sonst könnte man ja an die berühmte Reise des Harald Gråfeld nach Bjarmeland denken.[365] Welchen Zweck die Fahrt gehabt hat und in welcher Richtung sie gegangen ist, wissen wir nicht. Da Adam sagt, daß man „die Breite des nördlichen Ozeans" habe erforschen wollen (latitudinen septentrionalis oceani), muß man glauben, daß sie seiner Ansicht nach von Norwegen aus nordwärts oder nordwestwärts übers Meer nach dessen äußerster Grenze ging, da er sich, den Karten und Anschauungen seiner Zeit entsprechend, den Ozean als ein die Erdscheibe umgebendes Band dachte (siehe I, 21), und über dieses kann der König gesegelt sein, um seine Ausdehnung zu untersuchen.[366] Doch ist es immerhin möglich, daß Magister Adam, wie P. A. Munch [1852, II, S. 269 fg.] angedeutet hat, etwas von einer Reise gehört haben mag, die Harald nach Norden hin unternommen hat und auf der er im Salzstrom oder Moskenstrom[367] einer oder der andern Gefahr ausgesetzt gewesen ist; oder wenn die Reise, von welcher er gehört hat, eine Bjarmelandreise (die Harald Gråfelds?) gewesen ist, dann kann Adam auch die in den Sagas häufiger erwähnte Strömung bei Swiatoi Nos oder Straumneskinn zum Meeresschlunde gemacht haben.

Der Seefang und die Fangreisen der Norweger im Eismeer.

Der Walfischfang der Norweger. Die Fertigkeit der Norweger in der Fischerei und im Seetierfang war für ihre Entwicklung des Seewesens und der Fähigkeit, an unbekannten, unbewohnten Küsten entlang zu fahren und sich dort zu ernähren, selbstverständlich von wesentlicher Bedeutung. Die genaue Kenntnis der vielen Robben- und Walfischarten, die der Königsspiegel zeigt und zu welcher wir in der älteren Weltliteratur kein Gegenstück finden, beweist, wie wichtig der Fang dieser Tiere gewesen sein muß; denn sonst hätten die Leute sie nicht so genau angesehen.[368] Wenn bei der Erwähnung der größeren Walfische ein Unterschied gemacht wird zwischen denjenigen, die zahmer und leichter erreichbar sind, und denjenigen, die scheu sind und die Fänger nicht herankommen lassen, und wenn es heißt, daß der längste von ihnen allen (reyðr) besonders fromm und leicht zu fangen sei, so können wir hieraus nur zu der Auffassung gelangen, daß auch in offenem Wasser Walfischfang getrieben wurde; also nicht nur zufällig, wenn sie in die engen Fjorde hineinkamen, wo man sie absperren konnte, oder wenn sie in der Nähe des Landes auf Grund gerieten.

Abnehmen der Haut und des Specks von einem Walfisch (aus einer isländischen Handschrift des 14. Jahrh.).

Aus der Mitteilung, die Ottar dem König Alfred machte (vgl. I, 185), daß „in seinem eigenen Land [d. h. in Norwegen] der beste „Walfischfang', die Tiere achtundvierzig Ellen lang und die größten „fünfzig Ellen lang" seien, können wir] schließen, daß die Norweger und vielleicht auch die „Finnen" bereits im 9. Jahrhundert und wohl schon lange vorher auf die großen Walfische Jagd machten, während dem König vom Betreiben eines solchen Fanges in England nichts bekannt gewesen zu sein scheint.[369] Wir erfahren nicht, auf welche Weise man in jenen Zeiten den Walfisch fing, aber nach Mitteilungen von andern Seiten ist es wahrscheinlich, daß die Norweger mehrere Walfischfangmethoden hatten, wie wir sie noch heute in Norwegen finden; eine Methode war das Angreifen der Wale mit Harpune und Harpunenleine auf offener See, also ohne Absperrung des Walfisches mit Netzen. Der arabische Kosmograph Qazwînî (aus dem 13. Jahrh.) erzählt nach dem spanisch-arabischen Schriftsteller Omar al-ʿUdhri* (aus dem 11. Jahrh.) von den Normännern in Irlânda [Irland]: „sie „jagen junge Wale, und das sind sehr große Fische. Sie jagen deren „Junge und essen sie als Belag....“ Über die Fangmethode berichtet al-ʿUdhri, daß „die Jäger sich auf Schiffen sammeln. Sie haben einen „großen eisernen Haken [d. h. eine Harpune] mit scharfen Zähnen, und „an dem Haken ist ein großer, starker Ring, und an dem Ring ein starkes „Tau. Wenn sie nun ein Junges erreichen, dann klatschen sie in die „Hände und machen Lärm. Das Händeklatschen macht dem Jungen „Spaß, und es nähert sich den Schiffen, sich daran ergötzend. Darauf „kommt einer der Seeleute heran und kraut seine Stirn heftig, was dem „Jungen angenehm ist. Dann legt er ihm den Haken mitten auf den „Kopf, ergreift einen großen eisernen Hammer und schlägt damit drei„mal mit aller Macht auf den Haken. Den ersten Schlag merkt das „Junge nicht, aber beim zweiten und dritten gerät es in große Er„regung, und bisweilen trifft es mit dem Schwanz etwas von den „Schiffen und zerschellt es, und es bleibt so lange in heftiger Be„wegung, bis Ermattung es überfällt. Dann ziehen die Schiffsleute „es mit vereinten Kräften bis an den Strand. Bisweilen bemerkt „die Mutter des Jungen Erregung und verfolgt sie. Dann halten „sie eine große Menge pulverisierten Knoblauch bereit und mischen „damit das Wasser. Wenn sie den Geruch des Knoblauchs riecht, findet „sie ihn abscheulich, macht kehrt und tritt den Rückzug an. Nun „zerschneiden sie das Fleisch des Jungen und pökeln es ein.**

* Er gehörte zu jenem südarabischen Stamm der „Udhra, die da sterben, wenn sie lieben“.

** Genau so, wie es an der norwegischen Westküste noch heute gemacht wird.

„Und sein Fleisch ist weiß wie Schnee, und seine Haut schwarz wie Tinte.“ [370]

Dies ist augenscheinlich eine nicht sachverständige, naive Beschreibung des Walfischfangs mit Harpune und Harpunenleine in offenem Wasser, einer Fangmethode, welche die Nordmänner also schon damals nach Irland gebracht haben sollen. Es läßt sich folglich 'als gewiß feststellen, daß die Norweger den Harpunenfang kannten. Daß er sehr verbreitet war, ergibt sich auch aus dem Königsspiegel und den alten norwegischen Gesetzen, worin oft von Walfischfang und Walfischharpunen (skutill) die Rede ist.

Abnehmen der Haut und des Specks von einem Walfisch (aus einer isländischen Handschrift des 16. Jahrh.).

An der Westküste Norwegens bei Bergen hat man noch heutzutage eine andere Walfischfangmethode, die sehr alt sein muß. Wenn die großen Walfische in gewisse Fjorde mit enger Mündung hineinkommen, werden sie darin mit Netzen abgesperrt und mit vergifteten Pfeilen aus Bogen, die vollständig den Armbrusten des Mittelalters gleichen, erlegt. Die Pfeile sind alt und rostig und übertragen Bakterien von einem Walfisch auf den andern. Nachdem diese Pfeile den Walfisch getroffen haben, schwächt ihn die Blutvergiftung so schnell, daß er sich erst harpunieren und dann mit der Lanze erstechen läßt, worauf er geschlachtet, zerlegt und nach ungeschriebenen uralten Gesetzen unter die Fjordbewohner verteilt wird. Man ißt das Fleisch und den Speck des Walfisches trotz der Blutvergiftung, und beide gelten als sehr wertvolle Vorräte. Ich habe mich selbst oft an diesem Fang beteiligt. Es ist möglich, daß Peder Claussön Friis [vgl. Storm, 1881, S. 70] auf eine ähnliche Fangart anspielt, wenn er erzählt: „in alter Zeit hat man „in diesen Landen viele Weisen oder Methoden, Walfische zu fangen, ge„habt, die ...... durch die Untüchtigkeit der Menschen außer Brauch

„gekommen sind“. Sie hatten „einen Spieß mit scharfem Eisen, so daß er sich nicht wieder herausziehen ließ“. Er wurde in den Walfisch hineingeschleudert; davon wurde er nach kurzer Zeit tot oder so schwach, daß er ans Land gezogen werden konnte, und „solche Wal„fische wurden nachher zerlegt und an diejenigen verteilt, die den „Spieß geworfen hatten, und an den, dem das Land gehörte oder „an den, der den an Land getriebenen Walfisch zuerst gefunden hatte, „nach Anweisung des Gesetzes“.

Es läßt sich denken, daß dieses Eisen mit Bakterien früherer Walfische in ähnlicher Weise vergiftet gewesen ist, wie die obenerwähnten Pfeile und daß es die Wunde des Tieres infiziert hat. Indessen ist Peder Claussöns Beschreibung des Fanges offenbar zum großen Teil älterern literarischen Quellen entnommen, da wir derartige Schilderungen schon bei Albertus Magnus (De animalibus, I, XXIV, 651), der 1280 gestorben ist, und bei Vincenz von Beauvais (Speculum universalis, I, 1272) finden. Bei allen drei Autoren taucht der Walfisch unter, nachdem er getroffen worden ist, und wälzt sich auf dem Meeresgrund oder scheuert sich gegen den Boden und drückt sich dadurch den Speer noch tiefer ins Fleisch hinein, aber bei Peder Claussön tut er dies, damit „das Wurfgeschoß von ihm abfalle“, während es bei Albertus geschieht, weil Salzwasser in die Wunde dringe, und bei Vincentius dringt das Salzwasser hinein und tötet das verwundete Tier. Da es sich in den Beschreibungen des Albertus Magnus und des Vincentius offenbar um gewöhnlichen Harpunenfang der Walfische handelt, dürfte es zweifelhaft sein, ob Peder Claussöns Mitteilung wirklich auf eine andere Fangmethode als die gewöhnliche mit Harpune und Leine schließen läßt, obwohl es naheliegt, dies zu glauben. Er spricht auch an derselben Stelle von andern Walfischen, die man „mit Booten zu verfolgen, in Buchten und kleine Fjorde hineinzutreiben und dort mit ‚Wurfspeeren und Bogenschüssen zu erlegen“ pflege. Es kann hiermit ein Fang wie der obenerwähnte mit vergifteten Pfeilen gemeint sein; es kann aber auch ein Bericht über eine dritte Art, die kleinen Wale zu fangen, haben sein sollen, also über eine Methode, deren man sich in Norwegen sicherlich schon längst bedient hat und die darin bestand, daß Herden kleiner Walfische in Meerbusen und Buchten hineingejagt wurden, wo sie dann mit Netzen abgesperrt und in seichtes Wasser hineingetrieben wurden.

Die Fangmethode mit Benutzung vergifteter Pfeile oder Wurfspeere muß, wie gesagt, sehr alt sein. Ob die Norweger sie selbst erfunden haben oder ob sie ihnen nicht vielmehr von dem älteren Jägervolk Norwegens, den „Finnen“, überliefert worden ist, läßt sich schwer feststellen. Auch wissen wir nicht, wie alt der Walfischfang im Norden überhaupt ist; er muß aus alten Zeiten stammen, wenn auch Ottars Bericht darüber die erste in der Literatur vorkommende Erwähnung dieses Fanges ist.

Offenbar war eine hohe Entwicklung der Seetüchtigkeit, der Fanggeschicklichkeit und des Erfindungsgeistes erforderlich, um die Menschen so weit zu bringen, daß sie sich mit den großen Walfischen des Meeres auf offener See in einen Kampf einließen, wo der Walfisch nicht durch Aufrennen auf seichte Stellen oder durch Hineingeraten in enge Fjorde gefährdet war. Zu diesem Walfischfang in offenem Wasser bedurfte es der Erfindung eigener Geräte; besonders wichtig war die Harpune mit der Leine. Es kann möglich sein, wenn es auch nicht sicher ist, daß die Norweger die ersten Europäer waren, die mit dem Betreiben dieses Fanges begannen, und da wir aus vielen Dokumenten schließen können, daß die Normannen in der Normandie bereits im 10. und 11. Jahrhundert eifrige Walfischfänger waren, liegt es nahe, zu glauben, daß es Norweger gewesen sind, welche die Fangmethode mit der Harpune und der Leine zuerst dorthin und von dort zu den Basken gebracht haben.[371] Aber man muß wohl beachten, daß es auch andere Möglichkeiten gibt[372], denn die Völker Europas haben sehr wahrscheinlich schon in der Steinzeit die Harpune gekannt und zum Erlegen kleinerer Seetiere benutzt, und das Fangen größerer Fische vermittels der Harpune und der Leine war im Altertum in den Mittelmeerländern bekannt, was unter anderem aus der Beschreibung des Schwertfischfanges bei Skyllaion (in der Straße von Messina) bei Polybios hervorgeht, die Strabo [I, 24] wiedergibt:

„Ein gemeinsamer Ausguckmann steht an der Spitze derjenigen, „die sich in vielen zweiruderigen Booten versammeln, um aufzulauern „[dem Fisch]: in jedem Boot zwei. Der eine rudert, der andere steht „einen Speer führend am Vorderende, während der Mann am Ausguck das Erscheinen des Schwertfisches anzeigt; denn das Tier schwimmt „zum dritten Teile über Wasser. Sobald das Boot den Fisch erreicht „hat, durchsticht ihn jener [der Speermann] mit der Hand und zieht „ihm den Speer gleich wieder aus dem Leib, mit alleiniger Ausnahme „der eisernen Spitze; denn sie hat Widerhaken, ist absichtlich nur lose „in den Speerschaft eingefügt und ist an einer langen Leine befestigt. Diese läßt man dem verwundeten Fisch nach, bis er durch „Zappeln und übermäßige Fluchtversuche erschöpft ist; dann zieht man „ihn an Land oder nimmt ihn, falls er nicht groß ist, ins Boot „auf." Eine bessere Schilderung des Harpunenfanges ist aus dem Mittelalter nicht bekannt. Den Griechen war der Delphin das Tier des Poseidon, das sie nicht fingen; aber aus der Beschreibung des Oppian sehen wir, daß die barbarischen Fischer der Küste Thrakiens nicht derartige Skrupel hegten, sondern die Delphine mit Harpunen, an denen eine lange Leine befestigt war, erlegten [vgl. Noël, 1815, S. 42].

Falls die iberischen Völker des westlichen Mittelmeers sich dieser Fangart bedient haben, kann sie auch den Basken bekannt gewesen sein. Wenn sie aber die Harpune zum Erlegen der Schwertfische und kleiner Walfische benutzt haben, so ist es für diese kühnen Seeleute kein unüberwindlicher Schritt gewesen, auch den Biskayawal damit anzugreifen, und der Walfischfang kann sich also bei ihnen selbst entwickelt haben, ohne daß sie von den Norwegern zu lernen brauchten, wenn auch kein Beweis dafür vorliegt, daß sie diesen Fang ebenso früh kannten wie die Normannen.[373] Es ist auch denkbar, daß die Skandinavier anfänglich, in ferner Zeit im grauen Altertum, den Harpunenfang aus den Ländern des Südens überkommen haben, wie sie auch ihre Schiffe teilweise aus dem Mittelmeere erhalten haben können.

Selbst dann, wenn es also nicht als sicher erscheint, daß die Norweger die Kenntnis des Walfischfangs mit Harpune und Leine in der Normandie eingeführt haben, ist es jedenfalls wahrscheinlich, daß sie diesen Fang besonders eifrig betrieben und ausgebildet haben, und wir können den Schluß ziehen, daß ihnen der Walfischfang bekannt gewesen sein muß, ehe sie dorthin kamen, da wir sehen, daß die Walfischfänger in der Normandie den nordischen Namen „walmanni" tragen.[374] Hätten sie den Fang im fremden Land erlernt, so ist es selbstverständlich, daß sie auch einen von dorther stammenden Namen erhalten hätten, und es ist höchst unwahrscheinlich, daß sie ein Handwerk, das sie in ihrer Heimat gar nicht gekannt hatten, mit einem nordischen Namen bezeichnet haben würden. Die Normannen brachten die Kenntnis des Walfischfangs auch ins Mittelmeer mit. Guillelmus Appulus erzählt in seiner Beschreibung (um 1009—1111) der Eroberung Süditaliens durch die Normannen[375], daß, als Robert Guiscard nach der Stadt Regina in Kalabrien kommt, dort „das Gerücht geht, daß in den Wogen der Adria unweit der „Stadt ein Fisch sei, ein großer mit ungeheurem Leibe und von unglaublichem Aussehen, wie ihn die Völker Italiens noch nie erblickt „hätten. Der Frühlingswind hatte ihn gezwungen, wegen des frischen „Wassers dorthin zu eilen. Diesen Fisch fing die Klugheit des Häuptlings [d. h. Roberts] durch verschiedene Künste. Er glitt in die aus „feinem Tauwerk geflochtenen Netze hinein, und als er sich ganz in die „mit Eisen beschwerten Netze verwickelt hatte, tauchte er bis in die „Meerestiefe hinab, aber zuletzt wurde er von den Seeleuten an verschiedenen vorspringenden Stellen getroffen und mühsam ans Land geschleppt. Da sieht ihn das Volk mit Blicken an, als ob er ein „seltsames Ungetüm sei. Nun wird er auf Befehl des Häuptlings in „Stücke zerschnitten. Dadurch verschafft er sich selbst und seinen Leuten

Abnehmen der Haut und des Specks von einem Walfisch (aus einer isländischen Handschrift des 16. Jahrh.).

„viel Nahrung und den Leuten, die an den Küsten Kalabriens wohnten, „ebenfalls, und auch das apulische Volk erhält seinen Anteil.“

Es hat den Anschein, als ob der Verfasser den Vorgang so aufgefaßt habe, daß der Walfisch mit Netzen gefangen und mit Lanzenstichen getötet worden sei, was nicht unwahrscheinlich ist; aber es läßt sich auch denken, daß die poetische Beschreibung etwas irreführend ist und daß „die mit Eisen beschwerten Netze“ Harpunen mit Leine sein sollen.

Es dürfte als zweifelhaft erscheinen, ob der Fang großer Walfische auf offener See im Mittelalter in Norwegen, Island und Grönland so eifrig betrieben worden ist und sich zu der Vollkommenheit entwickelt hat, wie es augenscheinlich in der Normandie und ganz besonders bei den Basken der Fall gewesen ist, von denen später die Engländer und die Holländer den Fang erlernt haben. Da es in jenen Zeiten an der norwegischen Küste reichlich Walfische zu fangen gab (der Nordkaper trat dort zahlreich auf), hätte dieser Fang die Norweger nicht dazu verlockt, in den nordischen Gewässern bessere Fanggebiete an andern Küsten aufzusuchen. Dagegen ist es klar, daß die Übung im Walfischfang überall, wo sie sich in diesen Gegenden niederließen, von großer Bedeutung für sie gewesen sein muß.

Albertus Magnus über den Walroßfang. Albertus Magnus († 1280), der die Harpune und den Walfischfang ausführlich beschreibt (vgl. II, 104), gibt auch folgende Beschreibung des Walroßfangs:

„Die Walfische, die Borsten haben, und andere haben sehr lange „Zähne[376] und damit hängen sie sich an den Steinen der Klippen auf, „wenn sie schlafen. Da nähert sich der Fischer und reißt ihnen von „dem Speck am Schwanze so viel Haut ab, wie er kann, und in dem

„Stück, das er losgemacht hat, befestigt er ein starkes Tau, und „die Taue bindet er an Ringen fest, die im Gestein oder an sehr „starken Bäumen oder Pfählen befestigt sind. Dann wirft er mit „großen Steinen nach dem Fische und weckt ihn auf. Wenn nun der „Fisch aufgewacht ist und zurückgehen [ins Wasser] will, so zieht er „sich die Haut vom Schwanze an längs des Rückens und über den „Kopf ab und läßt sie hinter sich zurück. Und nachher fängt man „ihn, wenn er seine Kräfte verloren hat, nicht weit von jener Stelle, „indem er entweder blutlos auf dem Meere schwimmt oder halbtot „am Strande liegt."

Albertus Magnus erzählt auch, daß Walroßtaue* auf dem Markt zu Köln allgemein verkauft wurden, was darauf hinweist, daß der Walroßfang in jenen Zeiten große Bedeutung gehabt haben muß. Er kann allein von den Norwegern (und den Isländern?), den „Finnen", den Völkern der Nordküste Rußlands und den Grönländern betrieben worden sein. Die Riemen und Taue werden wohl schwerlich den ganzen Weg von Rußland her zu Lande nach Köln gebracht worden sein, eher sind sie wohl aus Norwegen gekommen. Einige Walroßtaue (svarðreip) erhielten die Norweger durch den Handel mit Grönland, vielleicht auch mit Nordrußland, aber die meisten müssen sie sich wahrscheinlich durch ihren eigenen Fang in den nördlichen Gewässern verschafft haben. Die Walrosse, die sie in Finmarken zu fangen Gelegenheit hatten, haben den Bedarf nicht befriedigen können, und sie haben, wie bereits (I, 191) hervorgehoben, sicherlich weitere Fanggebiete aufgesucht, vor allem im Eismeere nach Osten.

Die Fangreisen der Norweger im Eismeere nach Osten und Norden. Die norwegisch-isländische Literatur sagt nichts davon, daß die Norweger auf den Bjarmelandfahrten weiter ostwärts als bis Gandvik (das Weiße Meer) und an die Dwina gekommen seien. Doch ist zu beachten, daß die Sagas am liebsten nur von Häuptlingszügen mit

* Sie waren infolge ihrer großen Zähigkeit sehr wertvoll und wurden viel zu Schiffstauen, Vertäuungstrossen und anderem verwandt.

kriegerischen Heldentaten oder Kampf und Totschlag jeder Art erzählen, während friedliche Handelsreisen, deren sicherlich viele unternommen worden sind, nicht erwähnt werden und auch vom Walroßfang oder überhaupt von Fangreisen in ihnen gar keine Rede ist; denn diejenigen, welche diese Art Beruf ausübten, waren gewöhnlich keine Häuptlinge. Daher können wir auch nicht erwarten, in den Sagas etwas über Länder oder Gewässer zu finden, wo es keine Leute gab, sondern nur Fang betrieben wurde.

Durch Ottar, der kein Sagaerzähler war, wissen wir jedoch, daß im 9. Jahrhundert Walroßfang betrieben wurde, und zwar sicherlich sehr energisch (I, 189), und daß er selbst diesem Fange bis ins Weiße Meer nachging. Es ist höchst unwahrscheinlich, daß so kühne Fänger dort haltgemacht hätten und nicht immer weiter nach Osten gezogen sein sollten, wo so wertvolle Fangbeute zu machen war. Wir müssen annehmen, daß sie mindestens die Westküste von Nowaja Semlja erreicht haben, wo es Walrosse und Seehunde im Überfluß gab. Daß dies der Fall gewesen ist, ist ebenso wahrscheinlich, wie das Gegenteil unwahrscheinlich ist und wie es auch unwahrscheinlich ist, daß Fangreisen dieser Art in den Sagas erwähnt sein sollten. Daß die Norweger Nowaja Semlja kannten, läßt sich vielleicht aus der isländischen Erdbeschreibung aus dem Mittelalter (siehe I, 337, 415) schließen, nach welcher das Land sich von Bjarmeland nach Norden und nordwärts um den Hafsbotn (das Eismeer) herum bis nach Grönland erstreckte und dieses Land mit Europa verband (vgl. die Karte I, 416). Die Kenntnis der Ausdehnung der Westküste Nowaja Semljas nach Norden ins Unbekannte hinein kann eine solche Ansicht erzeugt haben. Sie war im späteren Teile des Mittelalters im Norden allgemein in Geltung, während Adam von Bremen Grönland ebenso als Insel bezeichnet wie Island und andere Inseln im nördlichen Ozean. Die Entdeckung von Svalbarð (Spitzbergen?) im Jahre 1194 kann, wie gleich erwähnt werden soll, diesen Glauben an eine Landverbindung noch gestützt haben.

Saxos Hinter-Bjarmeland. Saxo Grammaticus hat in seiner dänischen Geschichte aus dem Anfang des 13. Jahrhunderts auch sagenhafte Erzählungen über Fahrten nach dem Bjarmeland. Unter anderem kamen der Märchenkönig Gorm und Thorkel Adelfar auf einer sagenhaften Reise nach Norden und Osten zuerst nach Hålogaland, dann nach Vorder-Bjarmeland, das steile Küsten und viel Vieh hatte, und darauf in ein Land mit beständiger Kälte und hohem Schnee, ohne Sommerwärme, reich an unwegsamen Wäldern, ohne Feldfrüchte, voller anderwärts unbekannter Tiere und mit vielen, in Betten voller Steinblöcke schäumenden Flüssen. Dieses Land war Hinter-Bjarmeland.[377] Die Wälder ausgenommen paßt die Schilderung besser auf Nowaja Semlja als auf die Halbinsel Kola; aber es ist sehr unsicher, ob den sagenhaften Erzählungen des Saxo, der die Reisenden unter anderem an den Totenfluß und ins Totenland kommen läßt, irgendwelche wirkliche Kenntnis jener Gegenden zugrunde liegt. Indessen kann die Bezeichnung Hinter-Bjarmeland wohl darauf hindeuten, daß man hinter dem Bjarmeland, von welchem gewöhnlich die Rede war, noch ein Land gekannt hat.

In den alten Märchensagas wird öfter von dem „jenseitigen Bjarmeland" erzählt, das im Norden oder Nordosten des wirklichen Bjarmelandes lag und in welchem ein riesengroßes Volk mit unermeßlichen Reichtümern lebte. Dieses Fabelland kann allerdings rein sagenhaft sein und vielleicht ursprünglich von den altgriechischen Mythen stammen; aber die Kenntnis Nowaja Semljas kann auch auf die Sagenbildung um jenes Land herum Einfluß gehabt haben. Wie dem auch sei, wir können überzeugt sein, daß die Fahrten der norwegischen Fänger jener Zeiten im östlichen Eismeere weit über die Grenzen der Reise Ottars hinausgingen und sich viel weiter erstreckten, als die gelegentlichen Mitteilungen der Sagas über mehr oder weniger kriegerische, von Häuptlingen unternommene Seezüge nach dem Weißen Meere angeben.

Die Entdeckung von Svalbard. Eine Mitteilung über das Jahr 1194 zeigt besser als alles andere, daß die Norweger aller Wahrscheinlichkeit nach sehr weite Reisen in das Eismeer hinein unternommen haben; dieser Umstand wird nur ganz beiläufig erwähnt. In den „Isländischen Annalen" (in sechs verschiedenen Handschriften von ihnen) heißt es über das Jahr 1194 kurz und gut: „Svalbarðs fundr" oder „Svalbarði fundinn"; mehr erfahren wir darüber nicht, und kürzer ist wohl nie eine große geographische Entdeckung in der Literatur besprochen worden. Svalbarði bedeutet den kalten Rand

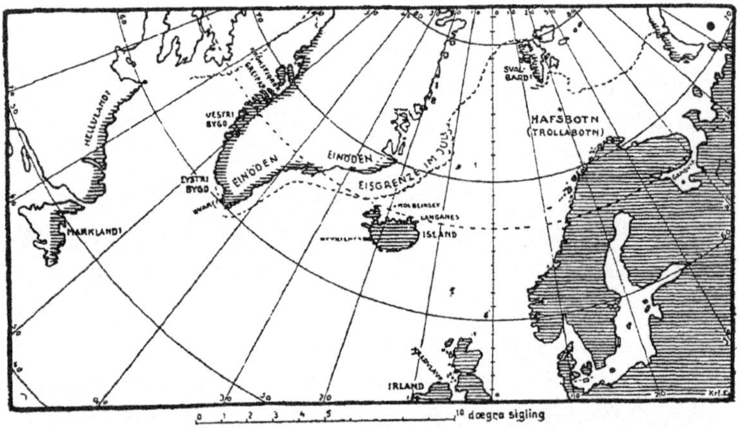

Von Norwegern und Isländern entdeckte Länder und Meeresgebiete.

Die schraffierten Küsten waren ihnen wahrscheinlich alle bekannt. Der Maßstab unter der Karte gibt die Dögr-Segelfahrt (zwölfstündige Segelfahrt) an, nach der Berechnung von 2 Breitengraden (oder 120 Seemeilen) auf jede Dögr-Segelfahrt.

oder die kalte Seite und muß hier die kalte Küste meinen. In der Einleitung des Landnámabók steht über dieses Land:

„Von Reykjanes an der Südseite Islands sind es 5 [in „Hauks Landnáma steht 3] Dögr [halbe Tage oder 12 Stunden] „See [d. h. Segelfahrt] nach Jolldulaup auf Irland im Süden, aber „von Langanes auf der Nordseite Islands ist es vier Dögr See „nach Svalbarð nordwärts im Hafsbotn[378], einen Dögr Segelfahrt „aber ist es von der Kolbeins-ey im Norden nach den Einöden „Grönlands."

Wie man sieht, wird Svalbard hier und in den Annalen wie ein bekanntes Land erwähnt. Auch in isländischen Märchensagas aus dem späteren Mittelalter ist von ihm die Rede.

Von einem Lande im Norden heißt es in der Historia Norwegiae[379]: „aber im Norden auf der andern Seite Norwegens nach „Osten hin erstrecken sich verschiedene Völker, die noch unter der „Sklaverei des Heidentums stehen (ach, wie traurig), nämlich die „Kiriali und Kwäni, gehörnte ‚Finnen'[380] und die beiden Bjar„mer. Welche Völker aber jenseits dieser wohnen, wissen wir nicht „sicher; doch als einige Seeleute von Island nach Norwegen hatten „zurücksegeln wollen und von den Wirbeln widriger Winde nach den „nördlichen Gegenden hin verschlagen worden waren, landeten sie „schließlich zwischen den Grönländern und den Bjarmern, wo sie ihrer „Behauptung nach merkwürdig große Menschen angetroffen und das „Land der Jungfrauen (virginum terram), die durch Wassertrinken „empfangen sollen, gefunden haben. Von diesen aber sind die Grön„länder durch eisbedeckte Schären (scopulis) geschieden."

Weiter heißt es an derselben Stelle: „Der vierte Teil [Nor„wegens] ist Halogia, dessen Bewohner viel mit ‚Finnen' [Lappen] „zusammen wohnen und mit ihnen Handel treiben; dieses Land be„grenzt Norwegen im Norden bis an den Ort Wegestaf, der an „Bjarmeland (Biarmonia) stößt; dort ist die sehr tiefe nördliche „Bucht, die in sich Charybdis, Scylla und unvermeidliche Strudel „hat; dort sind auch eisbedeckte Vorgebirge, von denen ungeheure Eis„stücke ins Meer hinunterstürzen, die durch wellenspeiende Überflutungen „vergrößert werden und in der Winterkälte zusammenfrieren; mit ihnen „stoßen die Kaufleute oft wider ihren Willen zusammen, wenn sie nach „Grönland wollen, und leiden so Schiffbruch und kommen in Gefahr."

Man könnte annehmen, daß diese Beschreibung eines Landes im Norden Svalbard gegolten habe; die naive Erwähnung des Gletschereises, das vom Lande abbrach, kann auch zunächst von Eismeerfahrern stammen; denn daß dies nur Mitteilungen aus Grönland sein sollten, die man dorthin verlegt habe, kommt mir weniger wahrscheinlich vor. Storm setzt freilich das Entstehen der Historia Norwegiae in die Jahre zwischen 1180 und 1190, also in die Zeit vor der Entdeckung Svalbards nach Angabe der Annalen; aber spätere Schriftsteller verlegen sie ins 13. Jahrhundert, sogar auf das Jahr 1260 (siehe Anm. 153). Die Vorstellungen von den großen Menschen und dem Lande der Jungfrauen sind entschieden Adam von Bremen entlehnt und können eine literarische Ausschmückung sein.

Svalbard wahrscheinlich Spitzbergen. Es sind verschiedene Ansichten geäußert worden, welches Land man mit Svalbard bezeichnet hat. Viele haben geglaubt, daß es die nördliche Ostküste Grönlands gewesen sei. Die Insel Jan Mayen ist auch genannt worden; während andere, wie vor hundert Jahren (1808) S. Thorlacius, annahmen, daß es „die im Osten Permiens (des Bjarmelandes) „liegenden sibirischen Eismeerküsten seien, die bei den alten Bewohnern „unter dem Gesamtnamen Svalbard, d. h. die kalte Küste, zusammen„gefaßt worden seien". Gustav Storm [1890, S. 344] hat behauptet, daß Svalbard am wahrscheinlichsten Spitzbergen[381] sei, und mehrere Gründe sprechen für die Richtigkeit dieser Annahme.

Aus der angeführten Stelle des Landnámabók läßt sich über Svalbard nichts Sicheres schließen. „Nordwärts im Hafsbotn" muß irgendeine nördliche Richtung bedeuten; denn es werden immer nur die Hauptrichtungen Norden, Süden und Westen, aber keine zwischen ihnen genannt; nur bei einem Kurse von Bergen nach Hvarf auf Grönland steht ausdrücklich „recht im Westen", was rechtweisend West sein muß.[382] Von Langanes heißt es, es liege an der Nordseite Islands anstatt auf der Nordostseite, von Reykjanes, man segle von dort südwärts nach Irland, anstatt südostwärts, usw. Man hat sichtlich die Himmelsrichtungen auf dieselbe Weise angewandt, wie es in Norwegen noch immer allgemein geschieht; man sagt dort nordwärts ins Tal hinein, wenn das Tal auch beinahe nach Westen gerichtet ist. Wenn es im Landnáma (im Sturlubuch) vom Snäfellsnes westwärts nach Grönland (d. h. nach dem Hvarf) vier Dögrfahrten sind, so entspricht dies ganz der gewöhnlichen Ausdrucksweise, die ich bei den heutigen Eismeerfahrern in der Dänemarkstraße angetroffen habe, wo nie von etwas anderem die Rede ist, als daß sie ostwärts oder westwärts am Eisrande entlang fahren wollen, obwohl die Richtung nordöstlich und südwestlich ist; wir sagen ja auch, daß wir von Färder, der Mündung des Kristianiafjords, nach Kristiansand westwärts segeln oder auch von Kristiania südwärts nach Kristiansand reisen. „Nordwärts im Hafsbotn" bedeutet folglich dasselbe, wie wenn wir sagen, nordwärts nach Finmarken (vgl. Ottars Richtungen) oder nordwärts ins Weiße Meer oder nordwärts nach Jan Mayen segeln. Da gerade Langanes, die Nordostspitze Islands, als Ausgangspunkt genannt wird, sollte man eigentlich glauben, daß man sich Svalbard in einer nordöstlichen Richtung liegend gedacht habe; die Richtung nach Irland wird allerdings von Reykjanes und nicht von der Südostspitze Islands aus gerechnet; aber dies kann deswegen geschehen sein, weil man meist aus dem Westlande dorthinfuhr.

Die Entfernungen, die in den angeführten Kursvorschriften des Landnáma angegeben werden, sind noch weniger genau als die Richtungen. Zwischen Stad in Norwegen und der Ostküste Islands sollten es 7 Dögrfahrten sein, zwischen Snäfellsnes und Hvarf dagegen 4 Dögrfahrten, zwischen Reykjanes und Irland 3 oder 5 Dögrfahrten, zwischen Langanes und Svalbard 4 Segeldögr und zwischen der Kolbeinsey und den Einöden Grönlands 1 Dögrfahrt. Diese Abstände sind jedoch ungefähr so: zwischen Norwegen und Island 548 Seemeilen, zwischen Snäfellsnes und Hvarf 692 Seemeilen, zwischen Reykjanes und Irland 712 Seemeilen, zwischen Langanes und Spitzbergen 840 Seemeilen (zwischen Langanes und Jan Mayen 288 Seemeilen), zwischen der Mevenklint und der Ostküste Grönlands 184 Seemeilen. Der Versuch, hierin ein System zu suchen, ist ganz aussichtslos; die Entfernungen zwischen Island und Grönland einerseits und zwischen Island und Irland andererseits werden viel kürzer (4/7 und 3/7 oder $^5/_7$) als die Entfernungen zwischen Norwegen und Island angegeben, während sie in Wirklichkeit bedeutend größer sind. Im vierten Teil des Rymbegla [1780, S. 482] wird eine Dögr-Segelfahrt auf zwei Breitengrade veranschlagt, also auf 120 Seemeilen (oder 24 Meilen jener Zeit), doch nach den angegebenen Maßen kommen 80 Seemeilen auf einen Segeltag zwischen Norwegen und Island, 172 auf einen zwischen Island und Grönland und 236 (oder 144) Seemeilen auf einen zwischen Island und Irland. Diese Maße sind folglich zu unzuverlässig, um beim Aufsuchen Svalbarðs benutzt zu werden. Nach den Maßen des Rymbegla würden es $2^1/_2$ Dögrfahrten nach Jan Mayen und 7 nach Spitzbergen von Langanes aus sein.[383]

Die Alten dachten sich den Hafsbotn (oder den Trollebotn)[384] als das Ende (den Botten) des Meeres im Norden Norwegens und Nordosten Grönlands so weit, wie man im Eismeer nordwärts segeln konnte. Nordwärts im Hafsbotn lag, dem Landnáma zufolge, Svalbarð; wollte man zur Sommerzeit versuchen, entweder von Langanes, der Nordostspitze Islands, oder von Norwegen aus nach Norden dorthin zu segeln und dabei nicht in das Eis hineinzugeraten, so wird man schwerlich wo anders hingekommen sein als gerade nach Spitzbergen. Falls man von Island aus im Juli längs des Eisrandes nordwärts fuhr, mußte der Kurs unfehlbar dorthin führen. Eine solche Fahrt würde dem Umstande entsprechen, daß sie von Snäfellsnes westwärts nach dem Eisrand unter Grönland steuerten und dann in südwestlicher Richtung daran entlang um das Hvarf herumsegelten. Dagegen würde man nach der nördlichen Ostküste Grönlands nicht gelangen können, ohne sich weit in das Treibeis hineinzuwagen. Es ist nicht wahrscheinlich, daß die alten Norweger dies getan hätten, außer dann, wenn sie ganz bestimmt wußten, daß auf der inneren Seite des Eisgürtels Land lag und man dort auf Fangbeute rechnen konnte (vgl. I, 310). Nach Jan Mayen konnte man freilich gelangen; aber es ist eigentlich nicht denkbar, daß man dieser kleinen Insel einen Namen, der allein auf die Küste eines größeren

Landes passen kann, beigelegt haben sollte. Daß Svalbard nicht die nördliche Ostküste Grönlands gewesen ist, kann man wohl auch daraus schließen, daß diese in Hauks Landnáma unmittelbar danach unter der Bezeichnung „Einöden Grönlands", nach denen man von der Kolbeins-ey vermittels einer Dögrfahrt (siehe I, 309; II, 112) gelangte, namhaft gemacht wird.

Wie schon erwähnt, dachten die Norweger (vgl. die Historia Norwegiae und den Königsspiegel) und die Isländer (vgl. die isländischen Erdbeschreibungen aus dem Mittelalter), daß es „von Bjarmeland zu Land nach den Einöden im Norden und bis dahin, wo Grönland anfängt", gehe, also an der Nordseite des ganzen Hafsbotn herum. Aus mehreren Märchensagas aus dem 14. und 15. Jahrhundert ersehen wir, daß Svalbard gerade zu diesen Einöden im Norden gerechnet wurde, nach denen man gelangte, wenn man an Hálogaland und Finmarken vorbei und nordwärts über das Dumbsmeer (Dumbs haf siehe die Karte I, 448) segelte.

In der Saga Samsons des Schönen (ungefähr aus dem Jahre 1350) steht im 13. Kapitel „Über die Lage der Nordländer":

„Risaland liegt im Osten und Norden der Ostsee und nordöstlich „davon liegt das Land, das Jotunheimar heißt, und dort leben „Trolle und Kobolde, aber von dort, nach den Einöden Grönlands „hin, erstreckt sich das Land, das Svalbard heißt; dort wohnen ver„schiedene Völker." [Grønl. hist. Mind., III, S. 524.]

Das Resultat des hier Angeführten ist kurz gefaßt folgendes: Nach der nüchternen Mitteilung in den Isländischen Annalen und im Landnáma kann es nicht in Zweifel gezogen werden, daß das Land Svalbard wirklich gefunden worden ist, wenn auch die Jahreszahl der Erfindung nicht genau zu stimmen braucht; ferner ist es als wahrscheinlich anzusehen, daß dieses Land Spitzbergen war.

Es läßt sich denken, daß es durch Zufall von einem Schiffe entdeckt worden ist, welches auf der Fahrt zwischen Island und Norwegen, wie die Historia Norwegiae andeutet, durch Stürme nordwärts in den Hafsbotn hinein verschlagen worden war. Die Erwähnung des Landes im Landnámabók läßt aber darauf schließen, daß öfter dorthin gefahren wurde, und die Kenntnis davon kann jedenfalls nicht mit einer solchen zufälligen Entdeckung aufgehört haben. Wahrscheinlicher ist, daß die Norweger und die Isländer längs des Eisrandes im Norden im Eismeere Robben- und Walroßfang getrieben haben; dann war es unvermeidlich, daß sie auf Svalbarð oder Spitzbergen stoßen mußten. War dieses Land einmal entdeckt, so mögen sich oft Fänger dorthin begeben haben; denn das wertvolle Walroß trat damals dort in großer Menge auf.

Der Eismeerfang der Russen als Fortsetzung des Fanges der Norweger. Da wir, Ottars Erzählung ausgenommen, die Fangreisen der Norweger nach dem Eismeere nirgends erwähnt finden, mag es mit dem Beweise, daß sie wirklich stattgefunden haben, seine Schwierigkeiten haben; aber der Eismeerfang der Russen, den wir schon vom 16. Jahrhundert her kennen, läßt sich meiner Ansicht nach schwerlich anders erklären als in der Hauptsache als eine Fortsetzung des Fanges der Norweger. Als die Engländer und später die Holländer nach der Murmanküste und den Küsten im Osten, sowie an die Petschora, an die Insel Waigatsch und nach Nowaja Semlja kamen, trafen sie dort ganze Flotten russischer Schmacken an, die auf Fischerei und Walroßfang ausgezogen waren; die meisten waren von der Murmanküste, einige aus dem Weißen Meere und andere von der Petschora gekommen. So traf Stephen Burrough im Juni 1556 im Kolafjord nicht weniger als 30 Schmacken, die auf dem Wege nach ihren Fischplätzen und Fangfeldern im Osten „den Fluß hinunter" fuhren. Diese Schmacken segelten vor raumem Winde vorzüglich, ließen sich überdies mit 20 Rudern rudern und hatten je 24 Mann Besatzung.

Pistorius[385] zitiert den Andrej Michow, der erzählt, daß die Iuctri (die Iugrer im Petschoragebiet) und die Coreli (Karelier) an den Küsten des Eismeeres Robben und Walfische fingen, aus deren Haut sie Taue, Beutel und . . ? (redas, bursas et coletas) herstellten, und daß sie den Speck gebrauchten (zur Beleuchtung?) und auch verkauften. Sie fingen auch Walrosse (die Michow mit dem norwegischen Namen rosmar nennt)[386], deren Zähne sie an die Russen verkauften. Diese behielten einen Teil zum eigenen Gebrauch und schickten den Rest nach der Tatarei und der Türkei. Man soll die Tiere auf eine seltsame Weise erbeutet haben, indem die sehr zahlreichen Walrosse auf die Bergrücken kletterten und dort in großer Menge umkamen.* Die Jugrer und Karelier hätten dann die Zähne am Ufer gesammelt. Sollte hier irgendeine Verwechslung mit Berichten über das Sammeln von Mammutzähnen vorliegen?

Das, was bereits (II, 90) aus arabischer Quelle über den Verkauf stählerner Klingen an die Völker der Eismeerküste in Nordrußland und angrenzenden Gebieten mitgeteilt worden ist, scheint darauf hinzuweisen, daß der Seetierfang in diesen Gegenden schon im 12. Jahrhundert sehr entwickelt war; denn sonst hätte Stahl zu den Fanggeräten kein gewöhnlicher Handelsartikel sein können.

Russen und Finnen lernten den Walroßfang von den Norwegern. Daß Norweger und Russen oft in den nördlichen Gewässern zusammentrafen, scheint man aus dem schon angeführten Ausspruche Erik Walkendorfs aus dem Jahre 1520 schließen zu müssen (vgl. II, 24), daß fünfzehn Skrälinger sich nicht einem Christen oder Ruthenen (d. h. Russen) zu nähern wagten. Wenn er das Land der Skrälinger in den Nordnordwesten Finmarkens verlegt, so scheint dieser Umstand auf Sagen zu beruhen, die mit dem Eismeer in Verbindung gebracht sind. Von den Walroßzähnen sagt er: „diese sind „kostbar und stehen bei den Russen hoch im Preise". Wenn dies nicht älteren literarischen Quellen (?) entnommen ist, so könnte man glauben, daß er selbst diese Mitteilungen in Finmarken erhalten habe; es würde

* Diese Vorstellung kann wohl dadurch entstanden sein, daß man Berichte mißverstanden hat, in denen erzählt wird, daß die Walrosse sich oft in großen Scharen dicht aneinandergedrängt oben auf Klippen und Holme legen und dort von den Fängern massenhaft erstochen werden.

dies darauf hinweisen, daß die Norweger Walroßzähne an die Russen verkauften.

Auf russische Verbindung mit den Norwegern im Eismeerfang scheint auch der Umstand hinzudeuten, daß, wie schon erwähnt, ein russischer Schriftsteller (Michow) sich im 16. Jahrhundert des norwegischen Namens rosmar bedient. Dazu kommt, daß morsch, der russische Name des Walrosses, offenbar dasselbe Wort ist wie das moršša der Lappen (auf kvänisch: mursu) und ursprünglich dasselbe Wort wie rosmar (rosmhvalr) sein kann. Es ist nämlich auffallend, daß in morsch oder moršša dieselben Buchstaben enthalten sind wie in rosm(hvalr) oder in rosmar; es ist nur eine Umstellung der Konsonanten, wie man sie bei entlehnten Wörtern in verschiedenen Sprachen oft antrifft.

Ich fragte Professor Konrad Nielsen, was er hierzu meine, ob er irgendeinen finnisch-ugrischen Ursprung des Wortes für denkbar halte oder ob irgendein ähnliches Wort aus einer andern Sprache, z. B. aus dem Samojedischen, bekannt sei. Er findet, daß meine Annahme „recht gute Gründe für sich haben könne".[387] Er hat in Helsingfors mit Professor Setälä darüber gesprochen, und dieser meint, daß, falls der Name als entlehntes Wort aus dem Kvänischen ins Russische übergegangen sei, einem Zusammenhang mit dem nordischen rosm(hvalr) nichts im Wege liege — letzteres müsse dann natürlich das primäre sein. Konrad Nielsen ist der Ansicht, daß „das lappische Wort ziemlich sicher aus dem Finnischen [Kvänischen] entlehnt „ist, so daß der Gedanke an nordischen Ursprung von dieser Seite „her nicht auf irgendwelche Schwierigkeit stößt". Hinsichtlich des möglichen russischen Ursprungs des Wortes hat er mit dem Slawisten Professor Mikkola gesprochen, der ihm mitteilte, daß man dieses russische Wort in der Volkssprache nur in den nördlichsten Dialekten finde und daß er, da in den slawischen Sprachen kein Anknüpfungspunkt vorhanden sei, es als wahrscheinlich ansehe, daß es kein ursprünglich slawisches Wort sei. Irgendwelche finnisch-ugrische

Etymologie des Wortes läßt sich, nach Konrad Nielsen, nicht aufstellen. „Aus dem Samojedischen," sagt er, „kennt man den Namen „des Walrosses nur von dem Jura-Samojedischen (der Sprache der „am westlichsten wohnenden Samojeden) her, wo er t'ewot'e tiut'ei „lautet. Dies habe ich mit lappischen Seehundsnamen daevok, davak, „daevkka verglichen. Hierin sehe ich einen Beweis, daß die Lappen „(entgegen der Ansicht Wiklunds) das Eismeer mit seiner Tierwelt „gekannt haben, ehe sie nach Skandinavien kamen." Er macht mich übrigens darauf aufmerksam, daß „das finnische [kvänische] norsu „(in der älteren Sprache auch nursa), ‚Elefant' mit mursu zusammen„zuhängen scheint, was sich aus der analogen Verwendung des Wal„roßzahns und des Elfenbeins erklären läßt".

Professor Olaf Broch findet ebenfalls meine Annahme wahrscheinlich und hat die Frage der Etymologie des russischen Wortes morsch Professor Berneker vorgelegt, der in Fragen dieser Art als erste Autorität anzusehen sein dürfte. Er antwortet, daß ein „wilder" Etymologe das Wort mit einer Wortreihe aus slawischen Sprachen, die verschiedene Bewegungen ausdrückt, in Verbindung setzen könnte, daß aber das so bestimmt lokalisierte russische Wort ganz entschieden aus dem nordfinnischen Sprachgebiete stammen müsse. Ob das kvänische mursu, das lappische moršša, morša, auf eine Metathese des altnordischen rosmhvalr, des dänischen rosmer usw. zurückgeführt werden können, vermag Berneker nicht zu beurteilen. „Bei „Entlehnungen kommen ja alle Arten Sonderbarkeiten vor, und es „geht dabei nicht nach der Regel."

Vergleicht man diese verschiedenen Aussprüche so hervorragender Autoritäten, dann scheinen mir überwiegende Gründe dafür zu sprechen, daß der russisch-finnische Name des Walrosses altnordischen Ursprungs ist. In diesem Fall ist es aber wahrscheinlich, daß die Norweger im Walroßfang längs der Küsten des Eismeeres die Bahnbrecher waren und sowohl die finnischen Völker wie die Russen darin ihre Schüler gewesen sind.

Es ist gewiß schwierig, den Umstand, daß die Völker der nördlichen Küsten Rußlands ihren Eismeerfang mit größeren Schiffen betreiben, auf natürliche Weise zu erklären, wenn man nicht annehmen will, daß sie ihn von den Norwegern erlernt haben und daß er also eine Fortsetzung des Fanges dieser ist. Man muß auch daran denken, daß die Halbinsel Kola bis ins Weiße Meer hinein zu den norwegischen Tributländern gerechnet wurde und daß der Name Murmanküste geradezu Norwegerküste bedeutet. Keines der Völker Rußlands kann von alters her ein Seefahrervolk gewesen sein, denn ihre Boote und Seegeräte deuten nicht darauf hin; es ist auch kaum glaublich, daß sich an einer Küste mit so ungünstigen Verhältnissen eine Schiffahrt selbständig entwickelt hätte; vielleicht wohl mit kleinen Kähnen, ursprünglich Flußbooten[388], aber nicht mit größeren Fahrzeugen; diese Art Schiffahrt müssen sie wohl von ihren nächsten Nachbarn, den Norwegern, gelernt haben, die ihnen zur See überlegen waren.

Erwähnung weißer Bären in Norwegen. Merkwürdig ist, daß schon Adam von Bremen weiße Bären als in Norwegen vorkommend erwähnt (vgl. I, 206). Es ist möglich, daß dies schon auf die Zeit der Verbindung mit Island und Grönland zurückzuführen ist, aber es ist wenig wahrscheinlich, da diese Länder von Adam besonders erwähnt werden. Eher könnte es wohl eine Verbindung der Norweger mit dem Eismeere und einen norwegischen Eismeerfangbetrieb andeuten.

Vielleicht beruht es auch auf der Verbindung der Norweger mit dem Eismeere, daß auf der Kompaßkarte des Italieners Dalorto aus dem Jahre 1325 (siehe Kapitel XIII) und auf mehreren späteren Karten mitgeteilt wird, daß im nördlichen Norwegen weiße Bären zu finden seien. Wahrscheinlich wurden von Norwegen aus Eisbärenfelle als Handelsware nach dem Süden gebracht, und die Norweger können die Felle teils durch ihren eigenen Eismeerfang, teils durch den Handel mit Grönland und wohl auch mit den Völkern der Nordküste Rußlands erhalten haben. Der Araber Ibn Sa'id (13. Jahrhundert) spricht von weißen Bären auf den Inseln des Nordens, darunter auf der Insel der weißen Falken (Island). „Die Felle dieser „Bären sind weich, und sie werden als Geschenke nach den ägyptischen Ländern gebracht." In der Geographia Universalis aus dem 13. Jahrhundert (siehe Kapitel XIII) werden die weißen Bären bei Island beschrieben. Im Mittelalter stellte man sich in Südeuropa allgemein vor, daß Grönland und zum Teil auch Island im Norden Norwegens lagen und mit diesem Lande oder wenigstens mit einem Teile dieses Landes zusammenhingen.

Der Venetianer Querini, der an der Insel Röst Schiffbruch litt und im Jahre 1432 durch Norwegen nach Süden reiste, erwähnt, daß er in Drontheim in der St. Olafskirche zu Füßen des Metropolitansitzes ein ganz weißes Bärenfell gesehen habe.[389] Da Grönland dem Erzbischof von Drontheim untertan war, kann dieses Fell ein Geschenk gottesfürchtiger Grönländer gewesen sein, wie es die Fellboote der Eskimos, von denen Claudius Clavus (vgl. II, 22) erzählt, vielleicht auch gewesen sind. In der altnordischen Literatur tritt der Eisbär stets in Verbindung mit Isländern oder Grönländern auf, die ihn bisweilen lebend Königen als Gabe darbringen.

Rückgang des Seefanges der Norweger. Nach dem Gesagten müssen wir schließen, daß der Walfisch-, Robben- und besonders der Walroßfang in alter Zeit für die Norweger außerordentlich wichtig gewesen ist, und des Walroßfanges wegen haben sie sicherlich sehr weite Reisen in das Eismeer hinein ausgeführt. Es ist nun schwer zu verstehen, wie es gekommen ist, daß dieser Seefang in neueren Zeiten derartig hat zurückgehen können, daß wir von einem Eismeerfangbetriebe der Norweger gar nichts mehr hören, während im 16. Jahrhundert von den Nordküsten Rußlands aus ganze Flotten auf Fisch- und Walroßfang ausziehen und Peder Claussön Friis (um 1613) über den Walfischfang in Norwegen sagen kann:

„In alter Zeit hat man viele Arten und Weisen in diesen Län-„dern [d. h. Norwegen] gehabt, um Walfische zu fangen . . . aber wegen der Untüchtigkeit der Menschen ist das außer Gebrauch ge„kommen, so daß sie sich nun keinen Rat wissen, den Walfisch zu er„legen, es sei denn, daß er zu ihnen ans Land treibe."

Dies scheint zu zeigen, daß der Walfischfang im offenen Wasser bei den Norwegern wirklich außer Brauch gekommen war, denn sonst hätte dieser Schriftsteller wohl etwas davon gewußt; dagegen hat der Walfischfang in Fjorden, die mit Netzen abgesperrt wurden, sich bis auf unsere Zeit erhalten. Walroßfang (wie auch Robbenfang) scheint man in Finmarken noch zu Peder Claussöns Zeit betrieben zu haben.

Er schildert das Tier und den Fang zum Teil mit ähnlichen Sagen wie Olaus Magnus und Albertus Magnus (siehe II, 108 fg.) und er spricht von der großen Festigkeit der Walroßtaue und ihrer Verwendung zu „Schwengeln in Glocken zu hängen, item zu Landungs„trossen und andern Trossen und zu den Schrauben auf der Landungs„brücke in Bergen, womit man den gedörrten Bergenfisch in Tonnen „einschraubt und zu solch anderer Verwendung, bei der keine Trossen „oder Kabeltaue so gut halten können". Dies beweist, daß diese Taue sehr viel benutzt worden sein müssen und daß der Walroßfang sehr bedeutend gewesen sein muß. Nach einer Verordnung, die Christian IV. am 6. Juli 1622 auf dem Schlosse Bergenhus erlassen hat, sollten alljährlich 15 Walroßhäute für den Dienst des Königs[390] angekauft werden, und nach K. Leems[390] Beschreibung hat es den Anschein, als ob noch zu seiner Zeit (1767) Walrosse in Finmarken gefangen worden seien. Er sagt auch [1767, S. 302]: „sogar die Seelappen „des Varangerfjords trieben ehemals Walfischfang und bedienten sich „dabei selbsterfundener und selbstangefertigter Fanggeräte". Hierzu heißt es in einer Anmerkung von Gunnerus: „Solches muß man „auch in unserer Zeit von den Finnen der Schjerfinsel und von einem „oder dem andern Bauern im Nordland, besonders in Ofoten, sagen."

Aber in keinem dieser Berichte finden wir irgendeine Andeutung, daß die Norweger jenseits der Landesgrenzen auf Walrosse oder andern Fang ausgezogen seien, wie Ottar es im 9. Jahrhundert tat.

Zu dem Rückgang dieses wertvollen Fanges können mehrere sich vereinigende Umstände beigetragen haben. Einige Bedeutung kann wohl das feindliche Verhältnis zu den Kareliern und Russen im Osten gehabt haben; als diese denselben Fang in ihren Schmacken in immerfort wachsender Anzahl aufnahmen, können den Norwegern, die ihnen wohl auf See überlegen, aber nicht entfernt so zahlreich waren, die Gewässer nach Osten hin zu unsicher geworden sein. Größere Bedeutung hat jedoch sicherlich der Umstand gehabt, daß die Fischereien an den heimatlichen Küsten Finmarkens nach dem 14. Jahrhundert einen außerodentlich großen Aufschwung nahmen und vielleicht alle zur Verfügung stehenden Hilfskräfte mit Beschlag belegten, so daß zu dem Fange in entfernteren Gewässern keine Leute übrigblieben. Außerdem wird auch der Einfluß der Hansa das seinige getan haben; damals sowohl wie in späteren Zeiten haben sie ein offeneres Auge für den Wert des Stockfisches gehabt als für den möglichen Nutzen, den es bringen konnte, wenn Schiffe zu dem unsicheren, gefährlichen Eismeerfange, auf den sie sich nicht verstanden, ausgerüstet wurden. Schließlich kam der Königsbrief vom April 1562, der das Monopol der Stadt Bergen auf den Handel in Finmarken verschärfte, wodurch auch dieser Landesteil, wie früher Grönland, das Besitztum der Toten Hand wurde. In jenen Zeiten muß eine entsprechende Verschiebung im Eismeerfange von Norwegen nach Nordrußland vor sich gegangen sein, wie im vorigen Jahrhundert eine Verschiebung in umgekehrter Richtung geschah, indem der Fang der Russen im Eismeer und bei Spitzbergen aufhörte und die Norweger wieder die einzigen Fänger in diesen Gewässern wurden.

Rückgang der norwegischen Schiffahrt. Das Zusammentreffen einer Reihe unglücklicher Zufälle war es, wodurch der gradweise Rückgang der Schiffahrt der Norweger hervorgerufen wurde, und nicht nur dieser, sondern auch der Verfall ihrer unumschränkten Herrschaft in allen nördlichen Gewässern, vom Weißen Meere an, wahrscheinlich auch in Nowaja Semlja und Spitzbergen, über alle nordischen

Inseln, Shetland, die Orkneyinseln (zum Teil auch die Hebriden, Man und Irland), die Färöer, Island und Grönland und eine Zeitlang wahrscheinlich auch über die nordöstliche Küste Amerikas. Ungünstige politische Verhältnisse hatten hierauf sehr großen Einfluß, nicht zum wenigsten die lange Vereinigung mit Dänemark mit der Verlegung des Regierungssitzes nach Kopenhagen, die für die Interessen des norwegischen Erwerbslebens ein großes Unglück war. Dazu kam die wachsende Macht der Hansa in Norwegen, die ebenso zerstörend auf allen Wohlstand des Landes einwirkte, wie sie unsere Schiffahrt lähmte. Das nicht am wenigsten Verderbliche aber waren die königlichen Monopole auf den Handel mit den sogenannten tributpflichtigen Ländern; wie alle Staatsmonopole waren sie die Tote Hand, die jegliche private Unternehmungslust erstickte. Auf diese Weise erhielt die norwegische Herrschaft über die nordischen Meere ihren Todesstoß; während die Handelsflotten anderer Nationen, besonders die der Engländer, sich dadurch emporarbeiteten, daß sie sich zum großen Teile norwegischer Seemannstüchtigkeit und Unternehmungslust bedienten. So scheint die englische Seestadt Bristol unter ihren Bürgern viele Norweger gehabt zu haben, die dort sicherlich unter besseren Bedingungen arbeiten konnten als in ihrer Heimat.

Die vielen Kenntnisse, die die Norweger über die vor ihrer Zeit gänzlich unbekannten nördlichen Regionen gesammelt hatten, gerieten größtenteils wieder in Vergessenheit. Am Ausgang des Mittelalters hielt sich, außer der bestehen gebliebenen Verbindung zwischen Norwegen und dem Weißen Meere, nur noch die Schiffahrt nach Island nebst der Kenntnis der diese Insel umgebenden Gewässer, während die Fahrt nach Grönland, von der nach Amerika ganz zu schweigen, vergessen war, wenigstens von der großen Masse des norwegischen Volkes.

Oft geht die Entwicklung der Menschheit mit merkwürdig verschwenderischem Kraftverlust vor sich. Wie viele nutzlose Pläne und mißglückte Reisen, wieviel Anstrengung und wie viele Menschenleben hätte die Kenntnis der weithin ausgedehnten Entdeckungen der Norweger den künftigen Zeiten ersparen können! Wie ganz anders hätte sich so manches entwickeln können, wenn nicht durch die Zufälligkeiten eines unglückseligen Geschicks der Verfall der Schiffahrt der Norweger gerade zu einer Zeit eingetreten wäre, in der die seemännische Unternehmungslust bei südlicheren Nationen, besonders bei den Portugiesen, dann den Spaniern, später den Franzosen, den Engländern und auch den Holländern, einen so starken Aufschwung nahm. Diese Völker leiteten durch ihre großen Entdeckungen eine neue Zeit in der Geschichte der Seeschiffahrt und auch in der Geschichte der Polarfahrten ein. Hätte aber die norwegische Schiffahrt damals noch auf ihrer Höhe gestanden, so würden die Norweger von Grönland aus sicherlich wieder westwärts und südwestwärts nach den früher entdeckten Ländern gefahren sein, und die grönländischen Ansiedlungen hätten dann einen wichtigen Ausgangspunkt neuer Unternehmungen bilden können, durch die eine neue Blütezeit der norwegischen Schiffahrt und der norwegischen Unternehmungsfähigkeit eingeleitet worden wäre. Es sollte nicht sein; den Norwegern blieb nur vorbehalten, das Volk zu sein, das den andern Nationen den Weg von den Küsten hinaus auf die großen Meere zeigte.

XIII. Der Norden auf den Karten und in der geographischen Literatur des Mittelalters.

Am Anfang des Mittelalters und bis zum 15. Jahrhundert war die Kunst der Griechen in der Kartographie, die in dem Kartenwerk des Ptolemaios ihren Höhepunkt erreicht hatte, in Europa völlig unbekannt; während die früheren griechischen Anschauungen (die der Jonischen Schule) über die Erdscheibe oder die Oikumene als Kreis (von den Römern orbis terrarum, Erdkreis, genannt) um das Mittelländische Meer herum — und an der Außenseite vom Weltmeere umflossen — sich durch die spätrömischen Autoren und wahrscheinlich auch durch römische Karten erhalten hatten. Zugleich hatte die Parmenidische Zonenlehre (vgl. I, 14, 128) sich dadurch erhalten, daß Macrobius sie verkündete, und Karten, die diese Lehre veranschaulichten, waren bis ins 16. Jahrhundert allgemein verbreitet. Diese zwei Vorstellungsarten sollten während des größten Teils des Mittelalters die Basis der gelehrten Auffassung und Darstellung der Welt und folglich auch des Nordens bleiben. Es war das Zeitalter der Spekulation, nicht das der Beobachtung. Erst die

Skandinavier brachen innerhalb der Geographie mit dieser Anschauung, indem sie, ohne sich durch Dogmen hindern zu lassen, auf die Natur, wie sie war, gerade losgingen. Die italienischen und die katalanischen Seeleute taten später dasselbe mit ihren Portulanen (Segelbüchern) und Kompaßkarten.

Die ältesten mittelalterlichen Karten. In der „Christlichen Topographie"* des Kosmas Indikopleustes finden wir vielleicht die älteste bekannte christliche Weltkarte (vgl. I, 132). Die römisch-klassische Auffassung der Welt als einer Ländergruppe um das Mittelmeer herum ist hier in gesuchter Weise mit der frommen Weltanschauung des Kosmas vereinigt worden, nach der die Welt nach demselben rechtwinkligen Plane wie das Tabernakel der Juden gestaltet war. Eine Weltkarte von etwas ähnlicher Form finden wir in einer Handschrift (von Orosius und Julius Honorius) aus dem 8. Jahrhundert, die in der Bibliothek zu Albi in Languedoc aufbewahrt wird (s. nächste Seite). Doch müssen diese Versuche als zufällig angesehen werden. Die typischen Karten jener Zeit waren die sogenannten Rad- oder T-Karten, die ihre Ausgestaltung hauptsächlich dem Isidor Hispalensis verdankten (vgl. I, 159 fg.). Bereits die kreisrunden römischen Weltkarten scheinen die Tendenz zu einer Dritteilung der Welt in Europa, Asien und Afrika gehabt zu haben. Sallust deutet (im Bellum Jugurtinum) etwas Ähnliches an, und die geographische Vorstellung des Orosius scheint als Grundlage eine Karte dieser Art zu haben. Bei dem heiligen Augustinus finden wir die Einteilung der T-Karte zum erstenmal klar ausgesprochen. Diese dogmatisch-schematische Form erhielt ihre Festlegung durch Isidor, nach welchem die runde, von dem äußeren Meer umflossene Erdscheibe mit einem Rad (oder einem O), welches ein T in drei Teile teilte, zu vergleichen war. Geistlose Kartenschemas nach diesem Rezept (vgl. I, 130, 160, 161) traten im ganzen ersten Teil des Mittelalters bis ins 14. Jahrhundert allgemein auf, ja,

---

* Die florentinische Handschrift dieser Topographie ist aus dem 9. Jahrhundert.

waren noch bis tief ins 16. Jahrhundert hinein verbreitet und von Einfluß; bisweilen aber erhielten die Karten in Übereinstimmung mit den vier Weltecken der Bibel eine viereckige Gestalt anstatt der runden. Obwohl die meisten Schriftsteller, wie Isidor selbst, ausdrücklich aussprechen, daß die Erde eine Kugelgestalt habe, scheint dies nicht mehr

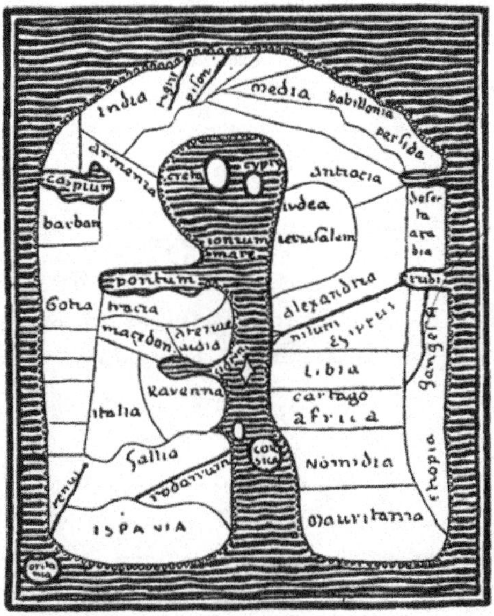

Die Weltkarte aus Albi in Languedoc, auch die Merowinger Karte genannt (aus dem 8. Jahrhundert). Osten ist oben, das Mittelmeer in der Mitte und das Weltmeer am Außenrande mit den drei Buchten: Kaspisches Meer, Persischer Meerbusen und Rotes Meer.

gewesen zu sein als eine rein theoretische Lehre, denn das ganze Mittelalter hindurch bis zum Schluß des 15. Jahrhunderts findet sich bei den Kartendarstellungen weder eine Andeutung einer Projektion noch auch eine Schwierigkeit in der Übertragung der Kugelfläche der Erde in die ebene Fläche, wovon die Griechen schon eine so klare Auffassung gehabt hatten.

Die Beatus-Karte. Anfänglich waren die Radkarten reine Schemas; aber nach und nach versuchte man wirkliche geographische Angaben in die Schemas zu bringen, obgleich Versuche einer Annäherung zur Darstellung der Wirklichkeit sich merkbar machen. Zu diesem Kartentypus gehört die sogenannte Beatus-Karte, die der spanische Mönch Beatus († 798) seiner Erklärung der Apokalypse beigefügt hat und die in

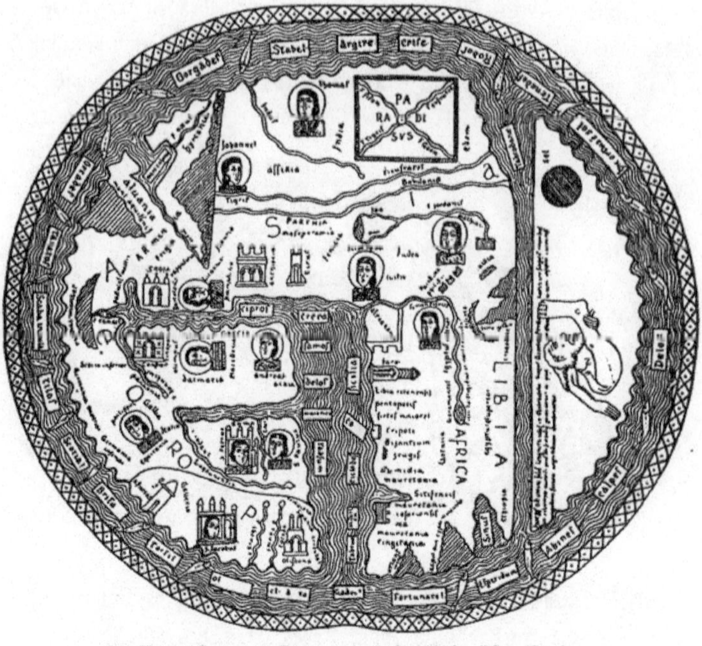

Die Beatus-Karte aus Osma, vom Jahre 1203. Osten ist oben.

sehr verschiedenen Gestalten wiedergegeben worden ist, von denen uns zehn erhalten geblieben sind. Die ursprüngliche Karte, die man nicht kennt, war aller Wahrscheinlichkeit nach rund, aber in den Wiedergaben ist der Erdkreis teils einigermaßen rund (wie die obige Abbildung), teils länglich (vgl. I, 215), teils viereckig mit abgerundeten Ecken [vgl. K. Miller, II, 1895]. Jerusalem wurde gewöhnlich in das

Zentrum der Radkarten verlegt, das Paradies (meistens mit Adam und Eva während des Sündenfalls oder mit den vier Strömen des Paradieses) in den äußersten Osten Asiens, das auf der Karte oben war, und das Mittelmeer (mare magnum), das den Stamm des T bildete, war dem unteren Rande der Karte zugewandt (vgl. I, 160). Den Querstrich des T bildeten die Flüsse Tanais (mit dem Schwarzen Meere) und der Nil. In dem die Erdscheibe umgebenden Meeresbande wurden die Inseln des Weltmeeres mehr oder weniger nach Geschmack verteilt, je nachdem Platz war. Auf der S. 131 abgebildeten Ausgabe der

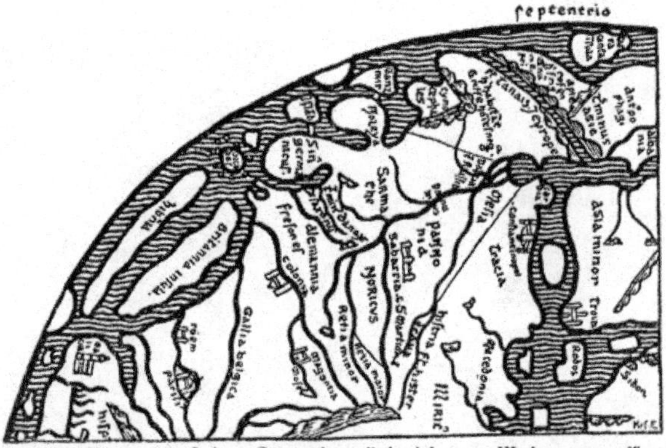

Das nördliche Europa auf der Karte des Heinrich von Mainz, aus Cambridge (1110 n. Chr.).

Beatus-Karte aus Osma in Spanien (aus dem Jahre 1203) kam Skandinavien als eine Insel (Skada insula) ebenso wie bei dem Ravenna-Geographen (vgl. die Karte I, 162) an den Nordpol; und die Orcades (die Orkneyinseln), sowie auch die Gorgades (die griechischen Fabelinseln im Westen Afrikas) kamen an die Nordostseite von Asien.

Die Sallust-Karten. Die sogenannten Sallust-Karten, die der Erdbeschreibung des Sallustus im Bellum Jugurtinum angepaßt waren [vgl. K. Miller, III, 1895, S. 110 fg.], waren ein anderer Typus sehr schematischer Radkarten, die noch im 14. Jahrhundert vorkamen.

Der Norden in bekannten mittelalterlichen Radkarten. Nach und nach wurde wiederholt mit dem strengen Schema gebrochen. Die äußere Küste des Kontinents wurde teils mit einschneidenden Buchten versehen, teils in Halbinseln ausgezackt, und die Inseln erhielten weniger schematische Formen. Derartige Versuche zeigen sich unter

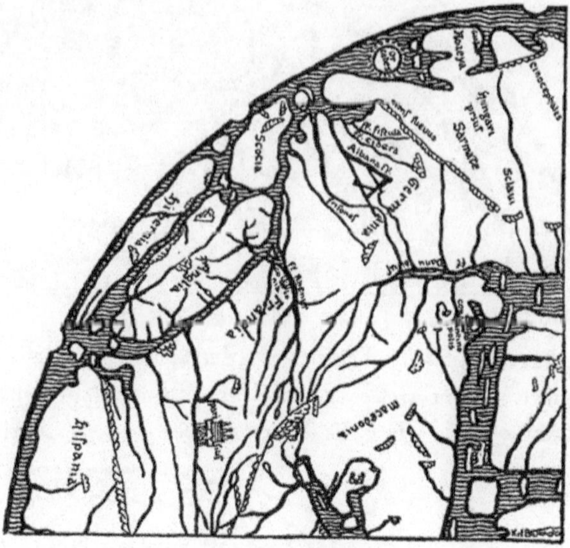

Das nördliche Europa auf der Hereford-Karte (um 1280).

anderem auf der Karte des Heinrich von Mainz, die im Jahre 1110 [vgl. K. Miller, III, 1895, S. 22] gezeichnet sein soll, und auf der ihr nahe verwandten Hereford-Karte von Richard de Holdingham in England [vgl. K. Miller, IV, 1896; Jomard, 1855], die wohl aus dem Jahre 1280 stammt. Ein wenig Ähnlichkeit mit diesen Karten haben die Londoner Psalter-Karte aus der letzten Hälfte des 13. Jahrhunderts und die damit verwandte Ebstorf-Karte aus dem Jahre 1284 [vgl. K. Miller, III, S. 37 fg.; IV, S. 3; V]; sie mögen wohl ursprünglich alle derselben Quelle entspringen; besonders große Ähnlichkeit zeigen sie in der Darstellung

Britanniens und Irlands. Auf den drei ersten dieser Karten bildet Skandinavien oder Norwegen (Noreya oder Norwegia) eine Halbinsel mit Meerbusen auf der Nord- und Südseite. Auf der Karte des

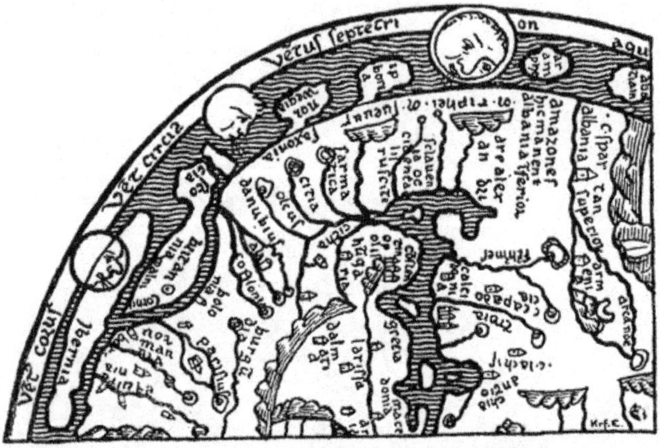

Nördlicher Teil der Psalter-Karte (13. Jahrh.).

Heinrichs von Mainz ist vor diesem Lande eine Insel oder Halbinsel namens Ganzmir, welcher Name auch auf der Hereford-Karte wiederkehrt (vgl. Abbildung I, 168); Miller erklärt dies als eine Verdrehung

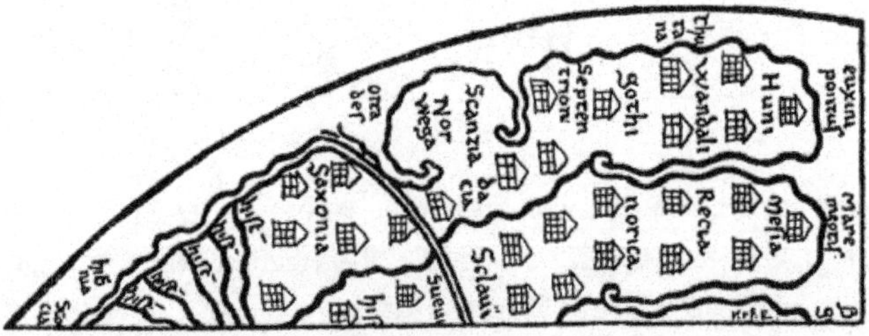

Nordeuropa auf der Lambert-Karte, aus Gent (vor 1125).

aus Canzia, Skanzia (Skandinavien). Auf der Lambert-Karte im Genter Kodex aus der Zeit vor 1125 [vgl. K. Miller, III, 1895, S. 45] ist Scanzia, auch mit dem Namen Norwega, als Halbinsel mit schmalen Meerbusen, die auf beiden Seiten in das Festland einschneiden, dargestellt. Island (oder Ysland) kommt auf der Karte

Heinrichs von Mainz und auf der Hereford-Karte als eine Insel dicht bei Norwegen vor. Auf der Ebstorf-Karte sind Skandinavia insula und Norwegia auch als Inseln dargestellt. Mehrere Fabelländer wie Iperboria (das Land der Hyperboreer), Arumphei (auf der Psalter-Karte, d. h. das Land der Aremphäer, vgl. I, 93) usw. kommen auf mehreren dieser Karten als Halbinseln oder Inseln in den nördlichen Regionen vor; dagegen ist weder Grönland noch Vinland auf einer von ihnen angegeben.

Higdens Werk und die Geographia Universalis. In der äußeren Küstenform und der Gestalt der Inseln mehr an das Schema der Radkarten gebunden, ist die Weltkarte des Ranulph Higden, die sein schon angeführtes Werk Polychronicon (aus der ersten Hälfte des 14. Jahrhunderts) begleitete. Er legte um das Jahr 1299 das Ordensgelübde ab, war Mönch in der Sankt Werburg-Abtei in Chester und starb hochbetagt im Jahre 1363. Verschiedene Wiedergaben seiner Karte sind bekannt; aber sie verraten wenig Sinn für wirklichkeitstreue Darstellung. Skandinavia ist nach Asien ans Schwarze Meer verlegt, liegt dort mit dem Lande der Amazonen und der Massageten zusammen und hat im Norden Gothia (Schweden?). Inseln im Meere vor der Küste Nordeuropas sind Norwegia, Islandia, Witland (oder Wineland, usw.) mit „gens ydolatra“ (götzendienerischem Volk), Tile (Thule) und Dacia (Dänemark) mit „gens bellicosa“ (kriegerischem Volk) ungefähr am Nordpol. Trotz dieser Darstellung auf der Karte enthält das Polychronicon (vgl. I, 445 fg.) verschiedene Angaben über den Norden, die wohl auf eine gewisse Verbindung hindeuten oder ein Widerhall nordischer Schriftsteller sein können. Higden hat in großem Umfang aus einem früheren Werke, der Geographia Universalis, abgeschrieben, einer Art geographischen Lexikons von einem unbekannten Verfasser des 13. Jahrhunderts[391], der sich hauptsächlich auf ältere Autoren, besonders auf Isidor, stützt. Beide Werke sind so gut wie unberührt von der Kenntnis des Nordens, die sich schon bei König Alfred und bei Adam von Bremen bemerkbar macht, und zeigen, wie unwissend man selbst in Gelehrtenkreisen in verschiedener Hinsicht noch immer über jene Regionen sein konnte. Die Geographia führt Gothia oder Nieder-Skythien als eine Provinz Europas an, verwechselt aber sichtlich

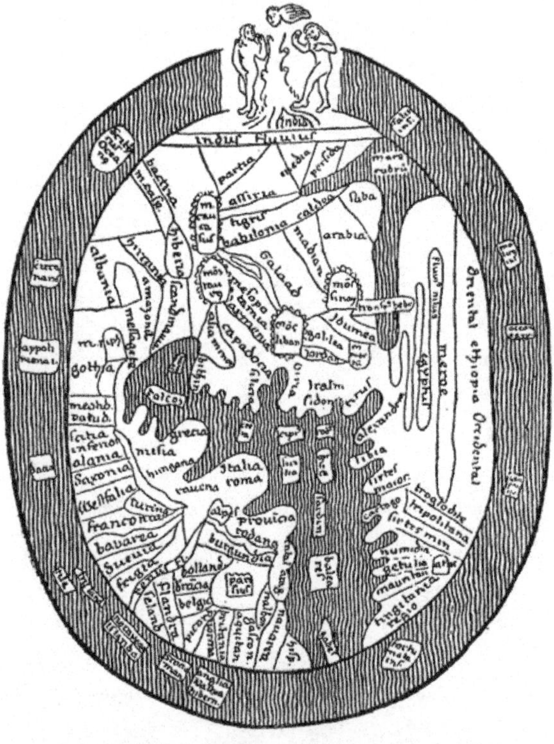

Ranulph Higdens Weltkarte, in London (14. Jahrh.).

Schweden (das Land der Göten) mit Ost-Germanien (dem Lande der Goten). Norwegen (Norwegia) war sehr groß, lag fern im Norden, war beinahe ganz vom Meere umflossen, grenzte an das Land der Goten (der Göten) und war von Gothia (Schweden) im Süden und Osten durch den Fluß Albia (Götaelf) getrennt. Die Einwohner leben mehr von Fischfang und Jagd als von Brot; Getreide ist dort der großen Kälte wegen selten. Es gibt dort viele wilde Tiere, wie weiße Bären usw. Dort sind Quellen, die Häute, Holz und ähnliche Dinge in Stein verwandeln, dort ist Mitternachtsonne und entsprechende Dunkelheit im Winter. Korn, Wein und Öl gibt es dort nicht, wenn sie nicht eingeführt werden. Die Bewohner des Landes sind große, kräftige, schöne Leute und große Seeräuber. Dacia* war in mehrere Inseln und Provinzen, die an Germania grenzten, eingeteilt. Seine Bewohner stammten von den Goten (den Götern? vgl. Jordanes I, 141) ab, waren zahlreich und von schönem Wuchs, wild und kriegerisch usw. Svecia (das Land der Sveer) wird auch erwähnt. Der Teil dieses Landes, der zwischen dem Königreich der Dänen und dem der Norweger lag, hieß Gothia. Svecia hatte das Baltische Meer im Osten und den Britannischen Ozean im Westen. Die Felsen und das Volk der Norweger im Norden, und die Dänen im Süden. Seine Bewohner haben reiche Weiden, Metalle und Silbergruben. Die Leute sind dort sehr stark und kriegerisch, sie beherrschten einstmals den größten Teil Asiens und Europas.

„Winlandia ist ein Land längs der Gebirge Norwegens nach „Osten, an der Küste des Ozeans ausgedehnt; es ist nicht sehr frucht„bar, außer an Gras und Wald; die Leute dort sind barbarisch, „wild und häßlich und geben sich mit Zauberkünsten ab, deshalb „bieten sie Wind feil und verkaufen ihn an diejenigen, die an ihren „Küsten entlangsegeln oder durch Windstille bei ihnen zurückgehalten „werden. Sie wickeln Garnknäuel auf und knüpfen verschiedene Knoten „hinein und sagen, daß sie drei oder mehr Knoten des Knäuels lösen „sollen, je nach der Windstärke, die man haben will. Indem sie „Künste mit diesen [den Knoten] durch ihr heidnisches Wesen machen, „bringen sie die Dämonen in Bewegung und erregen größeren oder

* Der Name Dacia für Dänemark, der in den Schriften und auf den Karten des Mittelalters sehr häufig auftrat, ist durch Verwechslung des Namens der römischen Provinz an der Donau mit Dania entstanden.

„geringeren Wind, je nachdem sie mehr oder weniger Knoten des „Garnes lösen, und manchmal bringen sie solchen Wind zustande, daß „die Unglücklichen, die auf so etwas vertrauen, durch ein gerechtes „Urteil untergehen.“

Es ist möglich, daß der Name Winlandia selbst eine Durcheinandermengung der Länder Finland (d. h. Land der Finnen, Finmarken) und Vinland (vgl. I, 446) ist, wenn auch die Beschreibung des Landes sich auf das erstere beziehen muß. Denkbar ist, daß ein Mißverstehen des Namens ursprünglich die Veranlassung dazu gegeben hat, daß die Sage vom Windverkaufen mit ihm verbunden worden ist. Diese Anschauung hat sich erhalten, und noch Knud Leem [1767, S. 3] erzählt uns dieselbe Sage nach einer anonymen Reisebeschreibung aus dem nördlichen Norwegen.

Über Island heißt es in der Geographia: „Yselandia ist die „äußerste Region in Europa jenseits Norwegens gen Norden . . . . . . „Seine entfernteren Teile sind beständig vereist an der Küste des Weltmeeres nach Norden, wo das Meer bei der entsetzlichen Kälte zu „Eis gefriert. Gen Osten hat es das obere Skythien, gen Süden „Norwegen, gen Westen den Hibernischen Ozean . . . . . Es heißt „Yselandia als Land des Eises, weil dort die Berge zu Eiseshärte „zusammengefroren sein sollen. Dort findet man Kristalle. In jenem „Striche gibt es auch sehr große und wilde weiße Bären, die das „Eis mit ihren Krallen zerbrechen und große Löcher machen, durch „die sie in das Wasser hinabtauchen und Fische unter dem Eise „nehmen. Sie ziehen sie durch die erwähnten Löcher hinauf und „tragen sie ans Ufer und leben davon. Die Erde ist unfruchtbar an „Saaten, wenige Stellen ausgenommen. Daher lebt das Volk größtenteils vom Ertrage des Fischfanges und der Jagd und von Fleisch. „Schafe können dort der Kälte wegen nicht leben; daher schützen die „Einwohner sich gegen die Kälte und bedecken ihre Glieder mit den „Fellen der wilden Tiere, die sie auf der Jagd erlegen . . . . . „Das Volk ist sehr korpulent, kräftig und sehr weiß (alba).“

In Higdens Polychronicon wird Gothia auch Nieder-Skythien genannt, aber unter den Provinzen Asiens aufgezählt, obschon gesagt wird, daß es in Europa liege; es hat im Norden Dacia und das Nordmeer. In diesem Werke ist aber die geographische Verwirrung noch größer geworden; wie bereits erwähnt (I, 446), werden die Länder der Norweger zusammen mit den Insulae Fortunatae, Wyntlandia usw. als Inseln im äußeren Weltmeer beschrieben. Die mangelnde Übereinstimmung zwischen dem Texte Higdens und seiner Karte gibt einen Einblick in die Tatsache, wie wenig Gewicht damals darauf gelegt wurde, daß die Karten der Wirklichkeit glichen; sie sind im wesentlichen nur graphische Schemas. Wahrscheinlich war Higdens Karte teilweise die Kopie einer älteren, und er hat gar nicht daran gedacht, daß es wünschenswert sei, sie in bessere Übereinstimmung mit seinem Texte zu bringen.

Die Cottoniana-Karte. Eine ganz besondere Stellung nimmt unter den Karten des frühen Mittelalters die sogenannte „angelsächsische Weltkarte" oder die Cottoniana (abgebildet I, 192, 193) ein, die sich im Britischen Museum befindet. Ihr Alter ist unbestimmt; sie kann frühestens aus den letzten Jahren des 10. Jahrhunderts, vielleicht aber auch erst aus dem 12. Jahrhundert sein [vgl. K. Miller, III, 1895, S. 31]. Sie zeigt keine Übereinstimmung mit dem Texte des Priscian (einer lateinischen Übersetzung des Dionysios Periegetes, vgl. I, 118), dem sie beigegeben ist. Viele der Namen könnten eher von Orosius stammen, auch ist eine große Ähnlichkeit mit Mela vorhanden (vgl. I, 90 fg.) und in gewisser Weise auch mit den bereits angeführten Karten aus dem Mittelalter, wenn auch die Darstellung des Nordens auf ihr anders ist als auf jenen. Aller Wahrscheinlichkeit nach liegt ihr eine ältere, vielleicht eine römische (?) Karte zugrunde. Namenformen wie Island, Norweci* (Norwegia), Sleswic und Sclavi können an Adam von Bremen erinnern,

---

* Nero, das vor diesem Worte auf der Karte (siehe I, 193) steht, ist durchgestrichen; es ist augenscheinlich ein Schreibfehler gewesen.

mögen aber auch älter sein. Diese Karte ist weniger schematisch als der ausgeprägte Radkartentypus, aber viel größere Ähnlichkeit mit der Wirklichkeit hat auch sie nicht, obwohl z. B. die Gestalt Britanniens ein Streben nach dieser Richtung hin zeigen dürfte. Die Halbinsel, die den Namen Norweci (Norwegen) erhalten hat, ähnelt besonders Jütland, und der Name scheint verkehrt angebracht zu sein. Er hätte wohl eher auf der nördlich davor liegenden langen Insel, welche die Namen Scridefinnas und Island erhalten hat, stehen müssen. Die Darstellung hat viel Ähnlichkeit mit der Karte des Edrisi (vgl. II, 151), auf welcher Dänemark eine ähnliche Halbinsel und Norwegen eine ähnliche lange Insel bilden und im Osten Dänemarks zwei kleinere Inseln liegen, was ja auch entspricht. Die „Orcades Insule" haben auf der Cottoniana großen Umfang erhalten, und Tylen (Thule) liegt im Nordwesten Britanniens, wie es nach Orosius sein sollte. Irgendeine besonders vermehrte Kenntnis des Nordens zeigt also auch diese Karte nicht und, mit dem Werke König Alfreds verglichen, steckt sie noch immer tief im finsteren Mittelalter.

Die Zonenkarten des Macrobius. Eine schematische Erddarstellung eigentümlicher Art, die das ganze Mittelalter hindurch allgemein verbreitet war, waren die schon erwähnten Zonenkarten, die von Macrobius (vgl. I, 128) stammen; sie sind mehr als mathematisch-geographische Karten aufzufassen. Die Erde wird rein schematisch in fünf Zonen eingeteilt: zwei bewohnbare, und zwar unsere gemäßigte Zone und die unbekannte antipodische gemäßigte Zone (auf der südlichen Halbkugel), und drei unbewohnbare, die heiße Zone mit dem Äquatormeere und die zwei gefrorenen Zonen, die nördliche und die südliche. Diese Vorstellungen drangen auch frühzeitig nach dem Norden und sind unter anderem im Königsspiegel zum Ausdruck gelangt, wenn dessen Verfasser auch der Ansicht war, daß das bewohnte Grönland wirklich in der gefrorenen Zone liege. Eine Zonenkarte ist auch aus Island aus dem 13. Jahrhundert bekannt. Eine andere Karte aus dem 14. Jahrhundert und eine Art Radkarte mit nur geographischen

Namen ohne Küstenlinien aus dem 12. Jahrhundert finden sich neben einer kleinen Rad- und T-Karte[392] auch in isländischen Handschriften. Sonst ist nichts davon bekannt, daß im Norden während des Mittelalters Karten gezeichnet worden sind. Eine rein schematische Rad- und T-Karte ist aus Lund aus der Zeit von 1159 bekannt [s. Björnbo, 1909, S. 189]. Aus dem 16. Jahrhundert stammt eine andere dänische Radkarte [s. Björnbo, 1909, S. 192], und aus Lübeck gibt Björnbo [1909, S. 193 fg.] zwei Professor Wieser gehörende Radkarten aus dem Jahre 1486 wieder, auf denen die Länder und Inseln des Nordens als runde Scheiben (mit Namen) in das äußere Weltmeer eingezeichnet sind.

Die arabischen Geographen im Mittelalter.

Die vielen Verbindungen der Araber. Wenn wir uns von der geistigen Finsternis des christlichen Westeuropas im frühen Mittelalter der gleichzeitigen arabischen Literatur zuwenden, dann ist es, als ob wir in eine andere Welt einträten; nicht zum wenigsten zeigt sich dies im geographischen Wissen, worin die Schriftsteller ganz andern Wegen folgen. Infolge ihrer Berührung mit der griechischen Geisteswelt im Orient hielten die Araber die griechische Tradition aufrecht; sie hatten Euklides, Archimedes, Aristoteles, das jetzt verlorene Werk des Marinos von Tyros usw. in ihre Sprache übersetzt, und besonders wichtig für ihre geographische Einsicht war die Kenntnis der Astronomie und Geographie des Ptolemaios, die in Europa der Vergessenheit anheimgefallen war und dort erst durch die Araber wieder bekannt werden sollte. Sie kannten auch die griechische Kunst der Kartographie. Zu dieser Erziehung in griechischen wissenschaftlichen Anschauungsweisen und Interessen kam bei ihnen noch der Umstand, daß sie bessere Gelegenheit zum Sammeln geographischer Kenntnisse hatten als irgendein anderes Volk; bei ihren ausgedehnten Eroberungen und durch ihren Handel drangen sie im Osten bis nach China vor, wo ihre Kaufleute längere Zeit feste Kolonien hatten, zuerst in Kanton (im 8. Jahrh.) und später, im 9. Jahrhundert, sogar in Chânfu (bei Schanghai)[393] im Westen bis an die Westküsten Europas und Afrikas, nach Norden bis ins nördliche Rußland hinein und im Süden nach dem Sudan und dem Somalland und sogar nach Madagaskar. Trotz des religiösen Fanatismus, der sie im 7. Jahrhundert zu dem Erobervolke gemacht hat, dem nichts widerstehen konnte, besaßen sie Kultur genug, um eingedenk zu sein, daß „die Tinte der Wissenschaft größeren Wert hat als das Blut der Märtyrer". Bei ihnen erblühte vom 9. Jahrhundert an und das ganze Mittelalter hindurch eine merkwürdig reichhaltige Literatur mit einer unüberschaulichen Mannigfaltigkeit an Werken.

Der geographische Sinn der Araber. Wenn auch die Araber es niemals zu der Befähigung der Griechen im wissenschaftlichen Denken brachten, so offenbart dennoch ihre Literatur eine geistige Bildung, die auf dem Hintergrunde der Finsternis des europäischen Mittelalters geradezu blendend wirkt. Die arabischen Geographen haben besonders Sinn für das Sammeln konkreter Aufklärungen über Länder und Verhältnisse und über die Sitten und Gebräuche der Völker, und sie können darin als Muster gelten; dagegen ist nüchterne Kritik nicht ihre starke Seite, und sie haben einen ausgeprägten Sinn für das Wunderbare. Hatten die klassischen Autoren und noch mehr die europäischen Gelehrten des Mittelalters zuverlässige Kunde und fabelhafte Sage mehr oder weniger kritiklos miteinander vermengt, so taten die Araber dies in noch höherem Grade, und wir finden bei ihnen oft eine wahrhaft morgenländische Pracht im Sagenhaften. Wir dürfen uns also nicht wundern, wenn wir zweihundert Klafter lange Walfische und Schlangen, die Elefanten verschlingen, bei demselben Verfasser (Ibn Chordâdhbeh) finden, der uns sagt, daß die Erde rund wie eine Kugel sei und daß alle Körper auf ihrer Oberfläche stabil seien, weil die Luft die leichteren Teile in ihnen anziehe (also der Auftrieb in die Luft), während die Erde die schweren Teile auf dieselbe Weise nach ihrem Mittelpunkte hinziehe, wie der Magnet auf Eisen wirke (also ein ziemlich klarer Ausdruck der Gravitation).

Hauptsächlich infolge der Sprache erhielt der Schatz an neuem geographischen Wissen, der mit vielem Sagenhaften zusammen in der reichen arabischen Literatur niedergelegt ist, keine besondere Bedeutung für das mittelalterliche Europa; dagegen gewannen die Araber mehr Einfluß durch die geographischen Sagen und Märchen, die sie auf mündlichem Wege aus dem Orient nach Europa brachten und wodurch sie, wie bereits hervorgehoben worden ist, unter anderem auf die irische Sagenwelt einwirkten.

Die Verbindung der Araber mit dem Norden. Die arabischen Darstellungen des Nordens sind bei den meisten ihrer Autoren sehr nebelhaft. Abgesehen von den teilweise sagenhaften Vorstellungen, die sie den Griechen (namentlich dem Ptolemaios) verdankten, erhielten sie die Mitteilungen darüber hauptsächlich auf zwei Wegen: 1) durch ihre Handelsverbindungen im Osten mit Rußland — im wesentlichen über das Kaspische Meer und die Städte Itil und Bulgar* an der Wolga — erhielten sie Kunde von den Gegenden in Nordrußland und auch von den Skandinaviern, die gewöhnlich Rûs und zum Teil auch Warank genannt werden. 2) Durch ihre Besitzungen am westlichen Mittelmeer, besonders in Spanien, kamen sie mit den Völkern des nördlichen Westeuropas in Verkehr, nicht zum wenigsten mit den skandinavischen Wikingern (Magûs), und erhielten auf diesem Wege Aufklärungen.

Magûs** heißen im Westen dieselben nördlichen Völker, die Skandinavier, welche die Araber im Osten Rûs oder Waranger nennen, welch letzteres Wort sie dem griechischen Warangoi (Βάραγγοι) und dem Warjag der Russen nachgebildet haben können.

---

* Bulgar war die Hauptstadt des Landes der mohammedanischen Bulgaren. Diese waren ein finnisches Volk. Von Bulgar oder Bolgar kommt der Name Wolga.

** Über den Ursprung des Namens siehe Anmerkung 299.

Alles, was die arabischen Schriftsteller der ältesten Zeit über den Norden sagen und was nicht den Griechen entlehnt ist, haben sie durch ihre Handelsverbindungen mit Rußland erfahren; aber etwas Erwähnenswertes kommt erst im und nach dem 9. Jahrhundert vor, und selbst im 10. und im 12. Jahrhundert herrschen darüber noch sehr sagenhafte Anschauungen. Professor Alexander Seippel hat in seiner Schrift „Rerum Normannicarum fontes Arabici" [1896], die in arabischer Sprache gedruckt ist, die wichtigsten Mitteilungen über den Norden in der arabischen Literatur des Mittelalters gesammelt; er hat die Güte gehabt, mir Teile daraus zu übersetzen, die ich im folgenden wiedergebe. Ich habe auch einiges aus andern Quellen hinzugefügt. Schon früher (II, 88 fg.) ist mitgeteilt worden, was mehrere arabische Autoren von der Verbindung mit dem nördlichen Rußland sagen.

Die Unvollkommenheit der arabischen Schrift und das bei ihr gewöhnliche Auslassen der Vokale erzeugen leicht allerlei Verdrehungen und Mißverständnisse; besonders ist dies bei der Wiedergabe fremder Worte und geographischer Namen verhängnisvoll, was die viele Unsicherheit erklärt, die in der Auffassung dieser herrscht.

Ibn Chordâdhbeh, 885 n. Chr. Bei den ältesten arabischen Schriftstellern, im 9. Jahrhundert und später, findet man nur eine geringe oder gar keine Kenntnis des Nordens. Wir hören nur von einigen, daß von dorther Pelzwerk komme und daß das Meer im Norden völlig unbekannt sei. Abu'l-Qâsim Ibn Chordâdhbeh († 912), ein geborener Perser und Postmeister des Kalifen in Medien, erzählt in dem „Buche über Routen und Provinzen" (abgeschlossen um 885)[394]:

„Was das Meer angeht, das hinter [d. h. im Norden] der „Slawen ist und an welchem die Stadt Tulia [d. h. Thule] liegt, so „fährt dort kein Schiff und kein Boot, und nichts kommt von dort. „Ebenso das Meer, worin die Glücklichen Inseln liegen; auf ihm fährt „keiner, und von dorther kommt nichts, und es ist auch im Westen."

„Die Russen*, die zur Rasse der Slawen [d. h. Slawen und Germanen] „gehören, reisen aus den fernsten Gegenden des Landes der Slawen „nach der Küste des Mittelmeeres und verkauften dort Biber- und „Fuchsfelle, sowie auch Schwerter.“ (?)

Die russischen Kaufleute zogen auch an der Wolga hinab nach dem Kaspischen Meere, und ihre Waren wurden bisweilen auf Kamelen nach Bagdad befördert.[395]

Ibn al-Faqîh, 900 n. Chr. Ibn al-Bahlûl, 910 n. Chr. Ibn Dja'far. Die Kenntnis des Nordens ändert sich in den folgenden Jahrhunderten nicht sehr. Ibn al-Faqîh, etwa 900 n. Chr., hat über den Norden nichts mitzuteilen. Er berichtet, daß im sechsten Klima Frauen, die „sich in jungen Jahren die eine Brust abschneiden und „sie ausbrennen, damit sie nicht groß werden“ (vgl. I, 92), und er sagt, daß Tulia [Thule] eine Insel im sechsten Meer zwischen Rumia [Rom] und Chârizm [Chowaresmien in Turkestan] sei, fügt aber hinzu: „und dort legt nie ein Schiff an“. Ibn al-Bahlûl, um 910 n. Chr., gibt Aufklärungen über die Breitengrade der nördlichen Gegenden nach Ptolemaios und erwähnt zwei Amazoneninseln, eine von Männern und eine von Weibern bewohnte, im äußersten Nordmeer [Seippel, 1896]. Qodâma Ibn Dja'far († 948 oder 949 n. Chr.) sagt über das alles umschließende Meer (den Okeanos der Griechen), worin die Britannischen Inseln liegen: „es ist unmög„lich, sehr weit in dieses Meer hineinzudringen, die Schiffe können dort „nicht weiterkommen; keiner kennt den wirklichen Zustand dieses Meeres“ [vgl. De Goeje in „Ibn Khordâdhbeh“, 1889, S. 174].

Ibn Ruste, 912 n. Chr. Abû 'Alî Ahmad Ibn Ruste, um 912 n. Chr., erzählt von den Russen (Rûs, also Skandinavier, vor allem Schweden), daß sie auf einer Insel wohnten, die von einem See umgeben, drei Tagereisen (etwa 120 Kilometer) lang, mit Wald und Mooren bedeckt, ungesund und so sumpfig sei, daß der Boden

* Rûs war der Name der Skandinavier (hauptsächlich der Schweden) in Rußland, welche das Russische Reich (Gardarike oder Sviþjod hit mikla) gründeten.

schwanke, wenn man den Fuß darauf setze. Sie kämen auf Schiffen nach dem Lande der Slawen und griffen sie an usw. Sie hätten weder feste Besitze noch Städte, noch Felder; ihr einziger Erwerb sei der Handel mit Zobel-, Eichhörnchen- und andern Fellen, die sie an jeden, der sie haben wolle, verkauften. Sie seien hochgewachsen, sähen gut aus und seien mutig usw.[396] Aller Wahrscheinlichkeit nach sind hier verschiedene Mitteilungen miteinander vermengt worden; die Vorstellungen von dem ungesunden Moorboden hängen wohl eher mit dem nördlichen Rußland zusammen, und der Handel mit Zobelfellen paßt wohl kaum auf die Schweden an der Ostsee.[397]

Al-Mas'ûdî, vor 950 n. Chr. Der bekannte Geschichtschreiber, Reisende und Geograph Abu'l-Hasan 'Alî Al-Mas'ûdî († 956) läßt in seinem Buche (allegorisch „Goldwäschereien und Diamantminen" genannt) einige arabische Astronomen sagen:

„Am Ende der bewohnten Welt ist im Norden ein großer See, „dessen einer Teil unter dem Nordpol liegt, und nahe dabei ist eine „Stadt [oder ein Land], hinter welchem es kein bewohntes Land mehr „gibt und das Tulia heißt." Er sagt auch, daß in Sibirien zwei Flüsse seien: „der schwarze und der weiße Irtysch; beide sind bedeu- „tend, und sie übertreffen an Länge den Tigris und den Euphrat; der „Abstand zwischen ihren beiden Mündungen ist ungefähr zehn Tage- „reisen groß. Auf jenen Breiten haben die türkischen Stämme Kaimâk „und Ghuzz im Winter und im Sommer ihre Lager."

Er spricht auch davon, daß Schwarzfuchsfelle, die wertvollsten aller Fellsorten, aus dem Lande der Burtâser (ein finnisches Volk in Rußland, Mordwinen?) kommen und nur in dieser und den angrenzenden Gegenden zu finden seien. Weißfuchs- und Rotfuchsfelle werden als aus demselben Lande kommend erwähnt, und er erzählt von dem umfangreichen Pelzhandel, durch den diese Felle auch nach dem Lande der Franken, nach Andalusien [d. h. Spanien] und sogar nach Nordafrika gebracht würden, „so daß viele glauben, daß sie aus „Andalusien und an den daran grenzenden Gebieten der Länder der

„Franken und der Slawen seien“.[398] Er teilt auch mit, daß vor dem Jahre 300 nach der Hedschra [d. h. im Jahre 912 n. Chr.] Schiffe mit Tausenden bemannt in Spanien gelandet seien und geplündert hätten.

„Die Einwohner behaupteten, daß diese Feinde Heiden seien, die „alle zweihundert Jahre ins Land einfielen und durch eine andere „Meeresstraße in das Mittelmeer eindrängen als die, an welcher der „kupferne Leuchtturm liegt [d. h. die Straße von Gibraltar]. Ich „aber glaube (doch Allah allein kennt die Wahrheit), daß sie durch „eine Straße [einen Kanal] kommen, die mit dem Maiotis [dem Asow-„schen Meere] und dem Pontos [dem Schwarzen Meere] zusammen-„hängt, und daß sie Russen [d. h. Skandinavier] sind, ...; denn „diese Völker sind die einzigen, die auf jenen Meeren segeln, die mit „dem Ozean zusammenhängen.“[399]

Dies ist entschieden der alte Glaube, daß das Schwarze Meer vermittels des Maiotis mit der Ostsee verbunden sei.

Al-Bîrûnî, 1030 n. Chr. Der berühmte Astronom und Mathematiker Abu-r-Raihân Muhammed al-Bîrûnî (973—1038, schrieb 1030)[400], ein geborener Perser, ist dadurch interessant, daß er der erste arabische Schriftsteller ist, der sich zur Bezeichnung eines Skandinaviers des Namens Warank[401] bedient und von dem Meere der Waranger oder der Ostsee spricht.

In seinem Lehrbuch der Elemente der Astronomie sagt er, daß „von dem umschließenden Meere“ (dem Okeanos der Griechen), auf welches man niemals hinaussegelt, sondern das man nur längs der Küste befährt, in Norden der Slawen eine große Bucht ausgeht und „sich bis in die Nähe des Landes der mohammedanischen Bulgaren „[an der Wolga] erstreckt. Sie ist unter dem Namen des Meeres „der Waranger (Bahr Warank) bekannt, und sie [die Waranger] „sind ein Volk[402] an der Küste dieses Meeres. Dann wendet es sich „hinter ihnen nach Osten, und zwischen seiner Küste und dem äußersten „Ende der Länder der Türken [d. h. in Ostasien] liegen unbekannte, „öde und unbetretene Länder und Gebirge.“

Al-Bîrûnî hat auch eine sehr primitive Karte, auf der die Welt eine runde Scheibe im Ozean bildet, in welche fünf Meerbusen, darunter das Warangermeer, einschneiden [vgl. Seippel, 1896, Taf. I]. Der Völker, die jenseits des siebenten Klimas, also in den nördlichsten Regionen, wohnen, sind wenige, sagt er, „wie die Îsû [d. h. Wîsû], die Warank, die Jura [Jugrer] und ähnliche".[403]

Al-Ġazâls Reise zu den Maǵûsern. Die westlichen Araber kamen durch die normannischen Wikinger, die sie Maǵûs (vgl. Anm. 299) nannten und die im 9. Jahrhundert und später mehrere Raubzüge nach der Pyrenäenhalbinsel unternahmen, mit dem Norden in Berührung. Ihr erster Angriff auf das maurische Reich in Spanien scheint im Jahre 844 stattgefunden zu haben, in welchem Jahre sie unter anderem Sevilla eroberten und plünderten. Nach diesem Zug entstand, wie ein arabischer Schriftsteller erzählt, ein freundschaftliches Verhältnis zwischen dem Sultan Spaniens ʿAbd ar-Raḥmân II. und dem „König der Maǵûser", und jener soll, nach einem Bericht des Abu'l-Chattâb ʿOmar Ibn Diḥja[404] (um das Jahr 1235), sogar einen Gesandten al-Ġazâl nach dem Lande des letzteren geschickt haben. Ibn Diḥja sagt, daß er den Bericht einem Schriftsteller Tammâm Ibn ʿAlqama († 896) entnommen habe, der ihn aus al-Ġazâls eigenem Mund haben solle. Es ist offenbar ein unzuverlässiger Bericht, aber er kann möglicherweise einen geschichtlichen Kern haben. Der König der Maǵûs hatte zuerst einen Gesandten an ʿAbd ar-Raḥmân geschickt, um Frieden zu erbitten (?); um die Antwort und ein Geschenk zu überbringen, begleitet dann al-Ġazâl diesen Gesandten auf der Heimreise in einem eigenen, gut ausgerüsteten Schiffe. Sie kamen zuerst an eine Insel an der Grenze des Landes des Volkes der Maǵûs.* Von dort reisten sie zum König, der auf einer großen Insel im Ozean wohnte, wo es fließende Wasser und Gärten gab. Sie lag drei Tagereisen oder 300 [arabische] Meilen vom Festlande entfernt.

---

* Diese Insel kann die Insel Noirmoutier der Loire-Normannen gewesen sein (nach A. Bugge).

„Dort gab es eine unzählige Menge Magûser, und in der Nach-„barschaft waren viele andere Inseln, große und kleine, alle von Ma-„gûsern bewohnt, und das, was vom Festland in ihrer Nähe liegt, „gehört ihnen auch, in einer Ausdehnung von vielen Tagereisen. Sie „waren einst Heiden (Magûs); jetzt sind sie Christen, denn sie haben „die Feueranbetung, ihre alte Religion, aufgegeben*, nur die Be-„wohner einiger Inseln halten noch daran fest. Dort verheiratet man „sich noch mit seiner Mutter oder seiner Schwester, und andere Ab-„scheulichkeiten werden dort auch begangen [vgl. Strabo über die Iren, „I, 86]. Mit ihnen liegen die andern im Kriege, und sie schleppen „sie in die Sklaverei fort."

Dieser Bericht über viele Inseln mit demselben Volke, das auch Besitzungen auf dem Festlande hat, kann auf das dänische Insel-reich passen; aber der Gedanke an Irland mit der Insel Man, die schottischen Inseln usw. liegt näher und deckt sich auch besser mit den 300 Meilen vom Festlande (d. h. von der Küste von Frankreich).

Darauf wird von dem Empfang am Königshofe, dem Auf-enthalte dort und besonders davon erzählt, wie der schmucke, ge-wandte maurische Gesandte der Königin**, die sehr entgegenkommend war, in Versen und Prosa den Hof macht. Als Ibn ʿAlqama den al-Gazâl fragte, ob sie denn wirklich so schön gewesen sei, wie er ihr gesagt hatte, antwortete dieser kluge Diplomat: „Ja freilich, „sie sah nicht so übel aus, aber um die Wahrheit zu sagen, ich „bedurfte ihrer . . . . ." Als er fürchtete, daß seine täglichen Be-suche bei der Königin Aufsehen erregen würden, sagte sie lachend: „Eifersucht gehört nicht zu unseren Sitten. Bei uns bleiben die „Frauen nicht länger bei ihren Ehemännern, als sie Lust dazu haben;

---

* Der Name Magûs, von dem griechischen Magos (Magier, Feueranbeter, vgl. Anm. 299), hat den Verfasser zu diesem Irrtum veranlaßt. Magûs wurde kollektiv zur Bezeichnung der Heiden im allgemeinen, besonders aber der nordischen Wikinger gebraucht [vgl. R. Dozy, 1881, II, S. 271].

** Ihr Name kann als Bud (Bodhild?) oder, wie Seippel mir gesagt hat, mit einer unbedeutenden Änderung als Aud gelesen werden.

„und wenn ihre Männer ihnen nicht mehr gefallen, so verlassen sie „sie.“ Hiermit läßt sich vergleichen, daß Qazwînî den aṭ-Ṭartûschî (im 10. Jahrhundert) als Gewährsmann der Behauptung anführt, daß die Frauen in Schleswig sich scheiden lassen, sobald sie Lust dazu haben [vgl. G. Jacob, 1876, S. 34].

Nach zwanzigmonatiger Abwesenheit kehrte al-Ġazâl nach der Hauptstadt ʿAbd ar-Raḥmâns zurück. Mit seiner vorzüglichen realistischen Schilderung und der eingeflochtenen direkten Rede der Personen hat dieser Bericht merkwürdige Ähnlichkeit mit der eigentümlichen Darstellungsweise der isländischen Sagas.

Al-Idrîsî, 1154 n. Chr. Der bekannteste der westarabischen Geographen ist Abû ʿAbd-allâh Muhammed al-Idrîsî (gewöhnlich Edrisi genannt), der weitaus die meisten Mitteilungen über den Norden bringt. Er soll ungefähr im Jahre 1099 n. Chr. in Sebta (Ceuta) geboren sein, in Kordova studiert und weite Reisen durch ganz Spanien, nach den Küsten Frankreichs und sogar nach England, nach Marokko und Kleinasien gemacht haben. Sicher ist, daß er im späteren Teile seines Lebens sich längere Zeit in Sizilien am Hofe des Normannenkönigs Roger II. aufhielt, der während der Kreuzzüge ein Sammelpunkt der Normannen, Griechen und Franken war. Nach dem, was Edrisi erzählt, ließ Roger durch Dolmetscher bei allen Reisenden Erkundigungen über geographische Verhältnisse einziehen, eine Karte zeichnen, auf der alle Ortschaften eingetragen wurden, und eine silberne Planisphäre herstellen, die 540 römische Pfund wog und auf der die 7 Klimata der Erde mit Ländern, Flüssen, Meerbusen usw. eingraviert wurden.[405] Für ihn schrieb Edrisi auf arabisch seine Erdbeschreibung, die er im Jahre 1154 beendete und mit 70 Karten und einer Weltkarte ausstattete. Nach griechischem Vorbild wurde der bewohnte Teil der Erde, der auf der nördlichen Halbkugel lag, in 7 Klimata eingeteilt, die sich nach Norden bis an den 64. Breitengrad erstreckten; noch weiter nördlich war infolge der Kälte und des Schnees alles öde. Edrisi beschreibt in seinem großen Werke die Länder der Erde in diesen Klimaten und teilte sie wieder in je 10 Abschnitte ein, so daß das ganze Buch 70 Abschnitte enthielt.[406]

Ganz draußen ist das Dunkle Meer [d. h. der Okeanos, das äußerste, alles umschließende Meer], das also die Grenze der Welt bildet, und niemand weiß, was jenseits dieses Meeres ist. Nachdem er Angiltâra (England) mit seinen Städten beschrieben hat, fährt Edrisi fort:

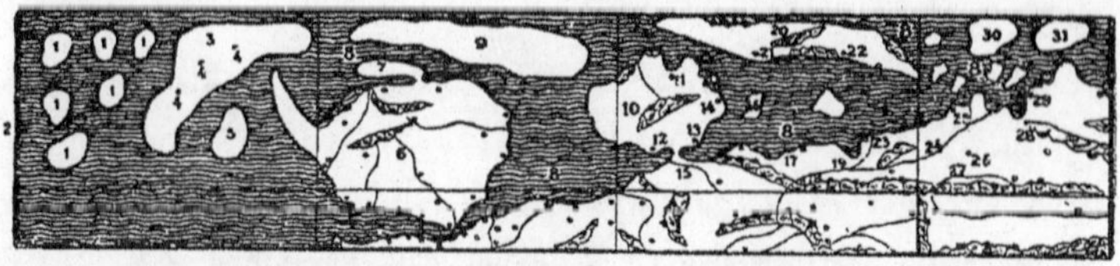

Edrisis Darstellung Nordeuropas, nach acht seiner Karten zusammengesetzt und stark verkleinert. (Wesentlich nach Seippels Wiedergabe [1896] und nach Lelewel [1851]). Die Stelle einiger der arabischen Namen auf den Karten ist mit Zahlen angegeben und nach Seippels Deutung wiedergegeben worden.

1) **châlia** (leer); 2) der erste Teil des 7. Klimas; 3) **ġazirat Birlânda** (die Insel Birlânda infolge eines häufigen Schreibfehlers anstatt Irlanda); 4) **charâb** (Einöde); 5) die Insel **Dans** oder **Vans** (Seippel liest Wales); 6) **ġazîrat Angiltâra** (die Insel England); 7) **ġazirat Sqôsia** (die Insel, oder die Halbinsel, Schottland); 8) **al-bahr-al-muslim asch-schamâli** (das dunkle nördliche Meer); 9) **ġazîrat Islânda** (die Insel Island); 10) **ġazirat Dânâmarkha** (die Insel, oder die Halbinsel, Dänemark); 11) **Hrsns** (Horsens); 12) **Alsia** (Als?); 13) **Sliaswiq**; 14) **Lundûnia** (Lund); 15) **sâhil ard Bulûnia** (die Küste des Landes Polen); 16) **Derlânem** (Bornholm); 17) **Landsud(d)den** (in Finland); 18) **Zwâda** (Schweden); 19) **nahr Qutalw** (Göta-elf); 20) **ġazirat Norwâġa** (die Insel Norwegen); 21) läßt sich **Trônâ** (Drontheim) lesen; 22) **Oslô** (Oslo); 23) **Siqtûn**; 24) **bilâd Finmark** (Finmarkens Gebiet); 25) **Qalmâr**; 26) **Abûda** (Åbo?); 27) **mabda'nahr D(a)n(a)st** (Anfang des Flusses Dnjestr?); 28) **ard Tabast** (das Land Tavast); 29) **Dagwâda** (Dagö?); 30) **ġazirat Amazânûs er-rigâl al-maġûs** (die Insel der männlichen heidnischen Amazonen); 31) **ġazirat Amazânus an -nisâ** (die Insel der weiblichen Amazonen).

„Zwischen dem Ende von Sqôsia [Schottland], einer öden Insel „[d. h. Halbinsel]*, und dem Ende der Insel Irlânda rechnet man „zwei Segeltage nach Westen. Irland ist eine sehr große Insel. „Zwischen ihrem oberen [d. h. südlichen, da sich auf den Karten der „Araber Süden oben befand] Ende und der Bretagne rechnet man „dreieinhalb Segeltage. Von dem Ende Englands nach der Insel Wa„les (?)[407] einen Tag. Vom Ende Sqôsias nach der Insel Islânda

* Bei den Arabern bezeichnet dasselbe Wort Insel und Halbinsel.

„eine Zweidritteltagereise in nördlicher Richtung. Vom Ende Islândas „nach der großen Insel Irlânda einen Tag. Vom Ende Islândas „nach Osten nach der Insel Norwâga [Norwegen] 12 Meilen [?].* „Island erstreckt sich 400 Meilen in die Länge und 150 Meilen in „die Breite."

Dânâmarkha wird als eine Insel von runder Gestalt und mit sandigem Boden beschrieben; auf der Karte ist sie durch eine schmale Landenge mit dem Festland verbunden. Dort sind „vier Hauptstädte, „viele Einwohner, Dörfer und sehr geschützte, gut bevölkerte Häfen, „von Mauern umgeben". Dort werden die Städte Alsia [Als?], Tordîra oder Tondîra [Tondern], Haun [Kopenhagen], Horsnes [Horsens], Lundûna [Lund] und Slisbûlî [Sliaswiq?] angeführt. Von Wendilskâda, geschrieben Wadî Lesqâda [Wendelskagen], kommt man in einem halben Segeltag nach der Insel Norwâga [Norwegen]. Eine Insel im Osten Dänemarks und in der Nähe der Stadt Lund heißt auf der Karte Derlâuem [Bornholm]?.

Auf dem Festland im Süden Dänemarks ist die Küste Polônias [Polens] und östlich davon, ebenfalls auf dem Festland, liegen Zwâda [Schweden] und eine Stadt Gûta [Götaland], ferner noch Landsu[d]den [in Finland]. Dort ist auch der Fluß Qutelw [Götaelf], an welchem die Stadt Siqtun liegt. Ferner ist Qîmia [Kemi?] namhaft gemacht. Weiter nach Osten hin ist das bilâd Finmark [Finmarkens Gebiet]**, und dort fließt wieder der Fluß Qutelw mit der Stadt Abûda [Âbo?] im Innern des Landes und Qalmâr an der Küste in der Nähe einer andern Mündung des Götaelf. Diese beiden Städte sind „groß, aber schlecht bevölkert, „und ihre Bewohner sind in Armut versunken; sie finden kaum „die nötigen Mittel, um leben zu können. Dort regnet es beinahe

* Edrisi rechnet den Grad am Äquator zu 100 arabischen Meilen, danach betrüge seine Meile wohl einen Kilometer. Nach andern arabischen Geographen hat man 66⅔ arabische Meilen auf den Äquatorgrad gerechnet; dann beträgt die Meile ungefähr 1,7 Kilometer.

** Dieser Name ist wohl eine Verwechslung Finmarkens mit Finland.

„beständig. ... Der König in Finmark hat Besitzungen auf der „Insel Norvâga."

Darauf folgt nach Osten das Land Tabast [Tavast] mit „Dagwâda [Dagö?], einer großen, volkreichen Stadt am Meere". Im Lande Tabast „gibt es viele Burgen und Dörfer, aber wenig „Städte. Die Kälte ist hier strenger als in Finmark, und Frost und „Regen verlassen das Land keinen Augenblick."

Noch weiter ostwärts werden auch Estland und das Land der Heiden erwähnt.

„Was die große Insel Norwâga [Norwegen] betrifft, so ist sie „größtenteils öde. Sie ist ein großes Land, das zwei Landspitzen „hat, deren linke sich der Insel Dânâmarkha nähert und oberhalb des „Hafens liegt, der Wendilskâda heißt, und zwischen ihnen ist eine „kurze [eigentlich kleine] Überfahrt, ungefähr einen halben Segeltag „weit, die andere nähert sich Finmarks großer Küste. Auf dieser Insel „[Norwâga] sind drei bevölkerte Städte[408], davon zwei in dem Teile, „der Finmark zugewandt ist, die dritte Stadt aber in dem Teile, „der sich Dânâmarkha nähert. Diese Städte sehen alle ganz gleich „aus; derer, welche sie besuchen, sind wenige, und es ist dort infolge „des häufigen Regens und der beständigen Nässe mit den Lebensmitteln „kärglich bestellt. Sie säen [Korn], ernten es aber grün, darauf „trocknen sie es in Häusern, in denen sie einheizen, weil die Sonne so „selten bei ihnen scheint. Auf dieser Insel gibt es so umfangreiche „Bäume, daß man anderwärts nicht viele solche findet. Man sagt, „daß es dort wilde Völker gebe, die in den Einöden wohnten, den „Kopf unmittelbar auf den Schultern trügen und gar keinen Hals „hätten. Sie sollen ihre Wohnungen in den Bäumen suchen und „sich in deren Innerem Häuser machen und darin wohnen. Sie nähren „sich von Eicheln und Kastanien. Ferner findet man dort in großer „Menge das Tier, welches man Biber nennt; aber es ist kleiner als „der Biber [der kommt] von der Mündung Rußlands" [d. h. der russischen Flüsse (?)].

„In dem Dunkeln Meere [d. h. dem äußersten, alles umschließen„den Meere] sind eine Menge wüster Inseln. Dort sind indessen auch „zwei, die den Namen ‚Insel der heidnischen Amazonen' tragen. „Die westliche ist nur mit Männern bevölkert; auf ihr gibt es kein „Weib. Die andere wird nur von Weibern bewohnt, und bei ihnen „gibt es keinen Mann. Jedes Jahr bei der Wiederkehr des Früh„lings reisen die Männer in Booten nach der andern Insel, leben „mit den Weibern zusammen, bringen dort ungefähr einen Monat „zu, kehren darauf wieder nach ihren Inseln zurück, wo sie bis zum „nächsten Jahre bleiben, da jeder wieder auszieht, um seine Frau „wiederzufinden, und so jedes Jahr. Dies ist ein bekannter, fester „Brauch. Der nächste Punkt diesen Inseln gegenüber ist die Stadt „Anhô [?]. Man kann auch von Qalmâr und von Dagwâda [Dagö?] „dorthin fahren, aber das Ankommen ist schwierig, und es ist selten, „daß man dort landet, was seinen Grund hat in dem häufigen Nebel „und der großen Dunkelheit, die auf diesem Meere herrscht."

Edrisi sagt, daß es in dem Dunkeln Meere viele bewohnte und auch unbewohnte Inseln im Westen Afrikas und Europa gebe, ja, daß nach Ptolemaios „dieses Meer 27000 Inseln enthalte". Er führt einige von ihnen mit Namen an. Es gibt eine Insel Sâra in der Nähe des Dunkeln Meeres.

„Man erzählt, daß Dhû'l-Qarnain [Alexander der Große?] dort „gelandet sei, ehe die tiefe Finsternis die Oberfläche des Meeres habe „bedecken können, und dort eine Nacht zugebracht habe und daß die „Bewohner der Insel ihn und seine Reisegefährten mit Steinwürfen „angegriffen und mehrere verwundet hätten [vgl. die Angriffe der „Skrälinger in der Saga Eiriks des Roten und die Insel der Schmiede „in der Navigatio Brandani, I, 353, 420 fg.,]. Eine andere „Insel in demselben Meere heißt Insel der Teufelinnen (gazîrat as„sa'âlî), ihre Bewohner gleichen mehr Frauen als Männern, die Eck„zähne stehen ihnen aus dem Munde heraus, die Augen funkeln wie „Blitze, ihre Kinnbacken ähneln gebranntem Holz; sie sprechen eine

„unverständliche Sprache und führen Krieg mit den Ungetümen des „Meeres. . . .“

Er nennt auch die Insel des Betruges (ğazîrat khusrân = Villuland, vgl. I, 407), die sehr ausgedehnt ist; dort leben Männer von brauner Farbe, kleinem Wuchs und mit langen, bis ans Knie hinabreichenden Bärten; sie haben große (breite)* Gesichter und lange Ohren [vgl. die Vorstellungen von Pygmäen, Zwergen, Erdgeistern und Heinzelmännchen], sie leben von Pflanzen, welche die Erde von selber hervorbringt. Ferner war dort eine große Insel al-Ġaur mit Überfluß an Gras und Pflanzen jeder Art, wo wilde Esel und Ochsen mit außergewöhnlich langen Hörnern im Buschwalde hausten. Dort lag auch die Insel der Klagenden (ğazîrat al-mustaschkîn), die angebaut war und Gebirge, Flüsse, viele Bäume, Früchte und bestellte Felder hatte, aber wo ein fürchterlicher Drache hauste, von welchem Alexander die Einwohner befreite. Auf der Insel Kulhân in demselben Meere haben die Bewohner Menschengestalt, aber Tierköpfe; eine andere Insel hieß die Insel der beiden heidnischen Brüder; sie hatten Seeräuberei getrieben und waren in zwei Felsen verwandelt worden. Er erwähnt auch eine Schafinsel und die Insel Râka, welche die Insel der Vögel ist (vgl. I, 464, 468).

„Zu den Inseln in diesem Meere gehört noch die Insel „Schâsland [vermutlich Shetland, vielleicht mit Island vermengt], „deren Länge 15 Tagereisen und deren Breite 10 Tagereisen beträgt. „Dort waren drei Städte, groß und volkreich; Schiffe landeten und „verweilten dort, um Ambra [Bernstein?] und verschiedenfarbige Steine „zu kaufen; aber durch Uneinigkeit und Bürgerkrieg, der in dem Lande „ausbrach, kamen die meisten Einwohner um. Viele von ihnen setzten „nach den Küsten des Festlandes von Europa über, wo dieses Volk „noch sehr zahlreich lebt. . . .“

* Dies kann dieselbe Vorstellung sein, die wir in der Beschreibung der Skrälinger in der Saga Eiriks des Roten wiederfinden, wo es heißt, sie seien „breiðir í kinnum“ gewesen.

Was hier von dieser Insel gesagt wird, ist ungefähr dasselbe, was Edrisi an einer andern Stelle nach dem „Buche über Wunder“, das dem Mas'ûdî zugeschrieben wird, über Schottland mitteilt.

Wie man sehen wird, hat er in diesem westlichen Meere ein außerordentlich verschiedenartiges Gemisch an Inseln. Einige davon, wie die Schafinsel und die Vogelinsel, sind, wie bereits (I, 468) erwähnt, aus Irland gekommen, und diese ganze Inselwelt ist augenscheinlich mit den vielen Inseln in den irischen Sagen verwandt und deutet auf einen alten Zusammenhang hin, der in einer Wechselwirkung bestanden haben kann; während viele dieser Vorstellungen durch die Araber aus dem Orient nach Westeuropa und Irland gelangt sind, können die Araber ihrerseits von den Iren und aus Westeuropa Vorstellungen erhalten und sie nach dem Orient gebracht haben. So erzählt Edrisi, daß, nach dem Verfasser [Mas'ûdî] des „Buches über Wunder“, der König von Frankreich ein Schiff (das nie wiederkehrte) ausgesandt habe, um die Insel Râkâ aufzufinden; wir müssen folglich annehmen, daß die Araber diese Sage aus Europa erhalten haben. Der Umstand, daß mehrere dieser Inseln mit Dämonen und kleinen Menschen, die den nordischen Kobolden und den Skrälingern ähneln, bevölkert sind, ist interessant und zeigt, daß, mögen diese Sagen von den Iren zu den Arabern gekommen sein oder umgekehrt, es in dieser Sagenwelt verschiedene solche Völker gab, die bei der Schaffung der epischen Vorstellungen von den Skrälingern in Vinland (vgl. I, 426; II, 11) mitbenutzt worden sein können.

Edrisis Weltkarte ist in großem Umfang eine Nachahmung der Karte des Ptolemaios, zeigt aber viel von dieser abweichendes, was z. B. mit Melas Vorstellungen Ähnlichkeit haben kann. Es könnte sehr gut möglich erscheinen, daß Edrisi irgendeine römische Karte gekannt hat; z. B. weist seine Darstellung der westlichen und nördlichen Küste Europas beachtenswerte Ähnlichkeiten mit der sogenannten angelsächsischen Weltkarte (vgl. I, 192, 193; II, 139) auf; man könnte hieraus schließen, daß beide auf irgendeine alte Quelle, vielleicht eine römische Karte (?) zurückgehen.[409]

Ibn Sa'îd, 13. Jahrhundert. Abu'l-Hasan 'Alî Ibn Sa'îd (1214 oder 1218—1274 oder 1286) erzählt (in seinem Buche „Die Ausdehnung der Erde in ihrer Länge und Breite")[410] von Dänemark (das bei ihm in Harmûsa verwandelt ist), daß man von dort edle Falken (Jagdfalken) erhalte; „um das Land herum sind kleine „Inseln, wo es die Falken gibt. Nach Westen hin liegt die Insel „der weißen Falken, ihre Länge beträgt von Westen nach Osten ungefähr 7 Tagereisen und ihre Breite etwa 4 Tagereisen, und von „ihr und den kleinen nördlichen Inseln erhält man die weißen Falken, die von hier dem Sultan in Ägypten gebracht werden, der dafür 1000 Dinare aus seiner Schatzkammer bezahlt, und kommt „man mit einem toten Falken, so bekommt man 500 Dinare bezahlt. „Und bei ihnen ist der weiße Bär, der ins Meer hinausgeht und „schwimmt und Fischen nachjagt, und diese Falken ergreifen, was hinter „ihm übrig bleibt oder was er hat liegen lassen. Und davon leben „sie, weil es dort wegen des starken Frostes keine [andern] fliegenden „Geschöpfe gibt. Das Fell dieser Bären ist weich, und es wird als „Geschenk nach den ägyptischen Ländern gebracht."

Er erzählt von der Fraueninsel und der Männerinsel, die ein 10 Meilen breiter Sund trennt, über welchen die Männer einmal im Jahre hinüberrudern, um sich einen Monat lang bei ihren Weibern aufzuhalten. Falls das Kind ein Knabe ist, erzieht es die Mutter, bis es das Reifealter erreicht hat, und schickt es dann nach der Männerinsel, die kleinen Mädchen bleiben auf der Fraueninsel.

„Im Osten dieser beiden Inseln ist die große Saqlabinsel „[d. h. die Insel der Slawen, Edrisis Norwâga], jenseits welcher „nichts im Ozean bewohnt ist, weder nach Osten noch nach Norden, „und ihre Länge beträgt etwa 700 Meilen und ihre Breite in der „Mitte ungefähr 330 Meilen." Dann berichtet er allerlei über die Einwohner, darunter, daß sie noch immer Heiden seien und daß sie das Feuer anbeten und daß ihnen infolge der großen Kälte kein Ding so nützlich erscheine wie dieses. Es ist offenbar wieder dasselbe

Mißverständnis wie bei Ibn Dihja und läßt sich auch hier auf das Wort Magûs (Magier) zur Bezeichnung der Heiden zurückführen (vgl. II, 148).

Qazwînî, 13. Jahrhundert. Zakarîjâ Ibn Muhammed al-Qazwînî († im Jahre 1283) hat in seiner Kosmographie[411] allerlei Nachrichten über den Norden, wovon einige bereits mitgeteilt worden sind (II, 88, 102 und Anm. 116). Von dem Winter im Norden macht er sich sehr übertriebene Vorstellungen. Schon vom Lande Rûm [dem römischen, besonders dem oströmischen Reiche, im weiteren Sinne den Ländern Mitteleuropas] erzählt er, daß der Winter dort sprichwörtlich geworden sei, so daß ein Dichter darüber sage:

„Der Winter in Rûm ist eine Heimsuchung, eine Strafe und „eine Plage; in ihm verdickt sich die Luft und versteinert sich das „Wasser, er macht die Gesichter welk, die Augen tränen, die Nasen „fließen und verändert die Farbe, er macht die Haut zerspringen „und tötet viele Tiere. Seine Erde wie blinkende Flaschen und seine „Luft wie stechende Wespen, und seine Nacht trennt den Hund von „seinem Gewinsel, den Löwen von seinem Gebrüll, den Vogel von „seinem Gezwitscher und das Wasser von seinem Gemurmel, und die „Leute sehnen sich vor schmerzhafter Kälte danach, in das Höllenfeuer „einzugehen."

Von den Völkern in Rûm [d. h. den Germanen Mitteleuropas] erzählt er: „Ihre Gesichtsfarbe ist meistens hell infolge der Kälte „und der nördlichen Lage, und ihr Haar ist rot; sie haben abge-„härtete Körper und sind meistens zu Heiterkeit und Scherz geneigt, „weshalb die Astronomen sie unter den Einfluß des Planeten Venus „stellen."

Über die Kälte in Ifranga (dem Land der Franken, Westeuropa) sagt er, daß sie „ganz fürchterlich ist, und die Luft ist dort dick, wegen „der übergroßen Kälte ganz dick".[412]

„Burgân [oder Bergân, da der erste Vokal sich nicht fest-„stellen läßt] ist ein Land, welches weit im Norden liegt. Der Tag

„verkürzt sich dort bis auf vier Stunden, und die Nacht verlängert „sich bis auf zwanzig, und umgekehrt [vgl. Ptolemaios über Thule, „I, 123]. Die Bewohner sind Heiden (Magûs) und Götzendiener. „Sie führen Krieg mit den Slawen. Sie gleichen in den meisten „Dingen den Franken [den Westeuropäern]. Sie verstehen sich gut „auf jeder Art Handwerk und auf Seeschiffe."

Professor Seippel hält es nicht für unmöglich, daß hier eine Verdrehung des arabischen Nurman (Normannen) in Burgân vorliege, und dem Laien erscheint dies wahrscheinlich. Burgân kann hier jedenfalls nicht wie sonst bei den Arabern Bulgar (Bulgaren) bedeuten; dagegen könnte es die norwegische Stadt Bergen sein. Jedenfalls scheint die Beschreibung am besten auf die Norweger zu passen, worauf auch der Umstand hindeutet, daß hier der Breitengrad von Thule bei Ptolemaios (die längste Nacht zu 20 Stunden) angegeben wird. Daß sie Heiden sein sollen, ist wieder dem Namen Magus zuzuschreiben [vgl. II, 148, 158].

Qazwînî erzählt auch[413]: „Warank ist eine Gegend am Rande „des nördlichen Meeres. Vom Ozean im Norden geht nämlich eine „Bucht in südlicher Richtung, und die Gegend, die am Rande dieser „Bucht liegt und nach der die Bucht ihren Namen erhalten hat, „heißt Warank. Sie ist nach Norden hin das äußerste Land. Die „Kälte ist dort ungeheuer groß, die Luft dick und der Schnee immer„während. [Diese Gegend] eignet sich weder für Pflanzen noch für „Tiere. Selten kommt jemand dorthin, wegen der starken Kälte, der „Dunkelheit und des Schnees. Doch Allâh weiß am besten [wie es „sich damit verhält]."

Wie II, 147 erwähnt, war das Meer der Waranger sonst bei den Arabern ohne Zweifel die Ostsee; aber hier könnte man, wie auch Professor Seippel sagt, sich versucht fühlen zu glauben, daß Varanger und der Varangerfjord in Finmarken gemeint seien.[414] Es sei auch daran erinnert, daß schon Edrisi den Namen Finmark kannte. Da aber Qazwînî sich von der Kälte in Rûm und Ifranga so übertriebene Vorstellungen macht, könnte man ihm auch eine solche Schilderung der Ostseeregionen zutrauen.[415] Dem Umstand, daß die Bucht vom nördlichen Ozean aus sich in südlicher Richtung erstrecken soll, ist keine Bedeutung beizulegen, da solche Vorstellungen allgemein waren.

Asch-Schîrâzî, ungefähr um 1300. Mahmud Ibn Mas'ûd asch-Schîrâzî († 1310) sagt folgendes über die nördlichen Regionen:[416]

„Was die Inseln anlangt, so wisse: daß in diesem Teil [des „Meeres], der in das nordwestliche Viertel [der Erde] hineingeht und „mit dem westlichen Ozean zusammenhängt, ihrer drei sind, wovon die „größte die Insel Anglîsî [oder Anglisei(ey), wahrscheinlich England] und die kleinste die Insel Irlânda ist. Den schönsten der „Jagdvögel — ihn, der unter dem Namen sunqur [Jagdfalk] bekannt ist — findet man nur auf ihr [auf dieser Insel]. Die mittelste von ihnen ist die Insel Orknia."

Wahrscheinlich sind hier wohl Irland und Island miteinander unter den Namen Irlânda gebracht worden, da die Falken sonst eigentlich nur der letzteren beigelegt werden. „Der längste Tag erreicht 20 Stunden, wo die Breite 63 Grade beträgt [vgl. Ptolemaios I, 123]. Dort ist eine Insel, die Tûlê heißt. Von ihren „Bewohnern erzählt man, daß sie in Badestuben [eigentlich: in warmen Bädern] wohnen, weil dort so starke Kälte herrscht. Sie gilt „allgemein als das Ende der bewohnten Welt in der Breite." Es scheint Norwegen zu sein, das hier Thule ist.

Schîrâzî sagt: „Das Meer, welches bei den Alten Maiotis genannt worden ist, das heißt nun Meer der Waranger, und diese „sind ein hochgewachsenes, kriegerisches Volk an seiner Küste. Und „nachdem der Ozean in östlicher Richtung an den Warangern vorbeigegangen ist, zieht er sich hinter den Ländern der Türken hin, an „Gebirgen vorbei, die niemand durchwandert, und an Ländern hin, „die niemand bewohnt, bis an die äußersten Regionen des Chinesen-

„landes, und weil diese auch unbewohnt sind und weil es unmöglich „ist, Schiffe auf ihm [dem Ozean] segeln zu lassen, wenn es weitergehen soll, so weiß man nichts von seiner Verbindung mit dem östlichen Ozean.“

Dimaschqî, ungefähr um 1300. Schams ad-Dîn Abû 'Abdallâh Muhammed ad-Dimaschqî (1256—1327) hat in seiner Kosmographie wenig Interessantes über den Norden, und seine Vorstellungen davon sind sehr dunkel.

„Der bewohnbare Teil der Erde erstreckt sich bis an 66⁵⁄₁₂ „Grad[417]; die Regionen jenseits dieses Grades bis zum 90. sind öde „und unbewohnt; bekannte Tiere findet man dort nicht wegen der „Menge Schnee und der dichten Finsternis und des allzu großen Abstandes von der Sonne..... Es ist das Klima der Dunkelheit.“ Es liegt mitten im siebenten Klima, das es wie ein kreisrunder Gürtel umgibt, und „rundherum dreht sich das Himmelsgewölbe wie der „Stein in einer Mühle“.

„In der See jenseits der Wüsten der Qipdjaken [Südrußland, „Turkestan und Westsibirien] auf dem 63. Breitengrade beträgt die „Länge acht Tagereisen bei einer wechselnden Breite bis zu drei Tagereisen. In diesem Meer ist eine große Insel [wahrscheinlich Skandinavien], die mit Menschen von hohem Wuchs, heller Hautfarbe, „blondem Haar und blauen Augen bevölkert ist, welche beinahe gar „keine menschliche Rede verstehen.* Man nennt es Eismeer, weil es „im Winter ganz zufriert und weil es von Eisbergen umgeben ist. „Diese bilden sich, wenn der Wind im Winter die Wellen gegen das „Ufer treibt; im Frieren werden sie gegen die vereisten Ränder getrieben, die nach und nach durch Schichten anwachsen, bis sie Anhöhen mit einzelnen Gipfeln und Mauern, die es umgeben, bilden.“[418]

Übrigens weiß er verschiedene merkwürdige Fabeln über die nörd-

---

* Ein Ausdruck aus dem Koran, der von barbarischen Völkern (Gog und Magog) gebraucht wird, die die Sprache zivilisierter Menschen nicht verstehen.

lichen Regionen und die Fabelwesen dort zu erzählen. Hinsichtlich des Meeres im Norden Britanniens sagt er von den Küsten:

„Sie machen einen Bogen in nordwestlicher Richtung, und dort „ist die größte Bucht, die das Meer der Waranger heißt, und die „Waranger sind ein undeutlich sprechendes Volk, das beinahe gar keine „menschliche Rede versteht, und sie sind die vorzüglichsten aller Slawen, „und dieser Meeresarm ist das Meer der Finsternis im Norden.“

Dann erstrecken sich die Küsten noch weiter nordwärts und westwärts und verlieren sich im Klima der Dunkelheit, und niemand weiß, was dort ist.

Von den Walfischen erzählt er, daß man im Schwarzen Meer oft eine Art Walfisch sehe, die, wie unwissende Leute behaupteten, von Engeln lebendig nach der Hölle gebracht worden sei, um dort zu verschiedenen Strafen benutzt zu werden, während andere meinten, daß sie sich am Meeresgrunde aufhalte und von Fischen lebe; „da sendet „Allâh ihm eine Wolke und Engel, welche, indem sie ihn aus dem „Meere herausheben, ihn zur Speise für Jâgûg und Mâgûg auf den „Strand werfen. Die Walfische sind sehr groß im Mittelmeer, im „Kaspischen Meer [!] und im Meer der Waranger [!], sowie auch draußen „an den Küsten Spaniens im Atlantischen Meer.“

Das „Buch der Wunder“ aus dem 10. Jahrhundert. Von einem unbekannten arabischen Schriftsteller ist ein „Auszug der Wunder“ (älteste Handschrift aus dem Jahre 1484) erhalten geblieben[419], der ein Bild der Sagenvorstellungen der Araber im 10. Jahrhundert gibt. Darin wird auch von Inseln im Westen erzählt, die durch ihre Ähnlichkeit mit vielen westeuropäischen Sagenvorstellungen im Mittelalter interessant sind.

„In dem großen Meer ist eine Insel, die zur See in einiger „Entfernung sichtbar ist, aber wenn man sich ihr nähern will, zurück-„weicht und verschwindet. Wenn man nach der Stelle, von welcher „man ausgegangen ist, zurückkehrt, sieht man sie wieder wie vorher. „Auf dieser Insel soll ein Baum sein, der bei Sonnenaufgang

„aufsprießt und so lange wächst, wie die Sonne steigt; nach Mittag nimmt „er ab und verschwindet mit Sonnenuntergang. Die Seeleute be„haupten, daß in diesem Meer ein kleiner Fisch namens schâkil sei, „und daß der, welcher ihn bei sich trage, die Insel entdecken und er„reichen könne, ohne daß sie sich verstecke. Dies ist wahrhaftig ein „merkwürdiges, seltsames Ding.“

Es ist dies entschieden dieselbe Sage wie die schon erwähnten Sagen über die „Verlorene Insel“ (Perdita, vgl. I, 405) und über die norwegischen Huldenländer usw. Sie ähnelt auch Sagen aus China und Japan. Der Baum ist der Sonnenbaum der indischen Märchen, der schon in die ältesten Gestaltungen des Alexanderromans (Pseudo-Kallisthenes, um 200 n. Chr.) aufgenommen ist und in den Märchen und Sagen vieler Völker wiederkehrt.[420] Möglicherweise ist dies auch derselbe Baum, der auf dem Berge Fusan in dem japanischen Glückslande Horaisan wächst und manchmal über dem Meeresrande zu sehen ist (vgl. I, 470).

„Die Insel as-Sajjâra. Es gibt Seeleute, welche behaupten, „sie oft erblickt zu haben, aber sie haben sich dort nicht aufgehalten. „Es ist eine bergige, angebaute Insel, die ostwärts treibt, wenn West„wind weht, und umgekehrt. Das Gestein, welches diese Insel bildet, „ist sehr leicht ..... Ein Mann kann dort ein großes Stück Ge„birge tragen.“ Diese schwimmende Insel gleicht denjenigen, die wir aus Erzählungen von den Färöern und anderswoher kennen (vgl. I, 404 fg.). Schon Plinius [Hist. Nat. II, Kap. 95] bringt Mitteilungen über schwimmende Inseln, und Las Casas, in den Jahren 1552—1561, sagt [Historias de las Indias, in den „Documentos ineditos“, LXII, S. 99], daß in der Geschichte des heiligen Brandanus von vielen solchen Inseln im Meer um die Kapverdischen Inseln und die Azoren herum zu lesen sei (?), und er behauptet auch, daß „dasselbe in dem Buch der Inventio fortunata erwähnt werde“, also von Nicholas of Lynn [vgl. De Costa, 1880, S. 185].

„Die Frauen-Insel. Dies ist eine Insel, die auf der Grenze „des Chinesischen Meeres liegt. Es wird erzählt, daß sie nur von „Frauen bewohnt sei, die vom Winde schwanger würden und nur „Mädchen zur Welt brächten; es heißt auch, daß sie durch einen „Baum, dessen Früchte sie verzehrten, schwanger würden.* Sie er- „nähren sich von Gold, das in Rohren wie Bambus wächst." Diese Sage hat, wie man sieht, Ähnlichkeit mit Adams von Bremen Berichten über das Weiberland, Kvänland (s. I, 200). Sagen von Frauen-Inseln sind übrigens sehr verbreitet; wir finden sie in verschiedener Gestalt bei klassischen Autoren, bei arabischen Schriftstellern (vgl. II, 145, 154, 157), bei den Iren (s. I, 383, 384), bei den Chinesen usw. Was zum Vorschein kommt, ist teilweise die Amazonenvorstellung, teils das Glücksland, nach welchem die Menschen trachten.

Die Araber und der Kompaß. Durch eine anscheinende Geringfügigkeit haben die Araber möglicherweise mehr als durch alles andere einen umgestaltenden Einfluß auf die Seefahrt, Geographie und Kartographie Europas ausgeübt; aller Wahrscheinlichkeit nach waren sie es nämlich, die Europa zuerst mit der Magnetnadel als Wegweiser bekannt machten. Wir wissen, daß die Chinesen die Magnetnadel jedenfalls schon im 2. Jahrhundert n. Chr. gekannt haben und sie zu einer Art Kompaß bei Landreisen benutzten. Ob sie sich ihrer auch auf der See bedienten, wissen wir nicht, aber es liegt nahe, es zu glauben. Daß die Araber durch ihre direkten Handelsverbindungen mit den Chinesen schon früh mit dieser Erfindung bekannt geworden sind, erscheint sehr wahrscheinlich; aber merkwürdigerweise hören wir in der arabischen Literatur nicht eher etwas davon, als im 13. Jahrhundert. Weil die Araber und die Türken sich in späterer Zeit zur Bezeichnung des Kompasses (der Bussole) des italienischen Wortes bossolo bedienten, hat man gemeint, daß sie ihn nicht von China, sondern von Italien kennen gelernt hätten; aber der Gedanke scheint

* Dieselben Vorstellungen kommen auch in europäischen Märchen und überhaupt in der mittelalterlichen Anschauungswelt vor.

mir richtiger zu sein, daß sie die Magnetnadel zuerst von China her kennen gelernt, später aber eine verbesserte Form des Kompasses aus Italien und mit ihr den italienischen Namen erhalten haben werden.

Die Kompaßkarten.

Die ältesten Quellen über den Kompaß in Europa. Wir wissen nicht, wie frühzeitig die Eigenschaft der Magnetnadel, sich nach Norden zu drehen, in Europa bekannt und dort benutzt worden ist, um den Weg auf der See zu finden. Die erste Erwähnung des Kompasses finden wir am Ende des 12. Jahrhunderts bei dem Engländer Alexander Neckam, der ungefähr in den Jahren 1180—1190 Professor in Paris war, und bei dem Troubadour Guyot de Provins aus Languedoc. Letzterer wünscht in einem satirischen Gedicht aus der Zeit um 1190, daß der Papst die unerschütterliche Zuverlässigkeit des Polarsternes nachahmen möchte, dadurch, daß er seine Beständigkeit als himmlischer Führer zeige; denn die Seeleute kämen und gingen nach diesem Sterne, den sie immer, sogar bei Nacht und Nebel, durch eine Nadel fänden, die mit dem häßlichen braunen Magnetsteine gerieben worden sei; in einen Strohhalm gesteckt und auf das Wasser gelegt, zeige die Nadel unfehlbar nach dem Sterne des Nordens. Noch im Jahre 1258 sah Dantes Lehrer Brunetto Latini bei Roger Bacon in Oxford als eine Merkwürdigkeit einen schwarzen, häßlichen Magnetstein, der der eisernen Nadel die geheimnisvolle Macht, nach dem Sterne zu zeigen, verleihen konnte; aber er meint, daß sie nichts nützen könne, weil die Schiffsführer nicht danach steuern würden und auch die Seeleute sich mit einem Instrument, das so sehr einer Erfindung des Teufels gleiche, nicht auf die See hinauswagen würden. Wie immer, wenn es sich um einen Fortschritt der Menschheit handelte, erhoben Orthodoxie und religiöse Vorurteile ihr Haupt. Sicher ist, daß die Anwendung der Kompaßnadel im Mittelalter zu Anfang des

13. Jahrhunderts bekannt gewesen sein muß und daß sie es wahrscheinlich schon im 12. Jahrhundert gewesen ist. Man hat behauptet, daß der Kompaß schon lange vor jener Zeit, bereits im 11. und im 10. Jahrhundert, bekannt gewesen sei; aber irgendein Beweis für diese Behauptung ist nicht erbracht worden, und sie dürfte auch wenig wahrscheinlich sein.[421] Wie früh der Kompaß oder der Leidarstein im Norden bekannt wurde, weiß man nicht. Wir wissen nur, daß er jedenfalls um die Zeit, als das Hauksbuch geschrieben wurde, also im Anfang des 14. Jahrhunderts, auf Island in Gebrauch war (vgl. I, 278); aber er mag dort auch schon vor jener Zeit bekannt gewesen sein. Es hat folglich den Anschein, als ob zwischen dem Bekanntwerden dieses Instrumentes in den Mittelmeerländern und seinem Vordringen zu den Skandinaviern keine lange Zeit vergangen sei.

Die ältesten Seekarten. Als der Kompaß im 13. Jahrhundert auf den italienischen Schiffen allgemein benutzt wurde, führte dies natürlich zur Entwicklung eines ganz neuen Kartentypus, der italienischen Seekarten oder Kompaßkarten, welche für die Kartographie aller künftigen Zeiten grundlegende Bedeutung erhalten sollten. Die bereits erwähnten Weltkarten aus dem Mittelalter waren gelehrte Darstellungen, aus denen der Seefahrer keinen praktischen Nutzen ziehen konnte. Die Griechen hatten Landkarten gezeichnet, die auf See nicht sonderlich brauchbar waren, und Seekarten haben sie unseres Wissens auch nicht gehabt. Dagegen hat man sich schon im grauen Altertum der Segelbücher (periploi) bedient, die Anweisungen über die Segelfahrt längs der Küste gaben. Während des Mittelalters waren Segelbücher, Portolani genannt, die über Häfen, Entfernungen usw. Aufschluß gaben, dem Seefahrer ein wichtiges Hilfsmittel, besonders im Mittelländischen Meer. Damals hatte die Schifffahrt sich vor allen andern bei den Italienern entwickelt. Als die Küstenfahrt teilweise, nachdem der Kompaß gebräuchlich geworden, durch Fahrt auf offener See ersetzt wurde, wurden Seekarten eine notwendige Ergänzung der Portolani, der geschriebenen Segelbücher. Wie früh sie zu entstehen begannen, ist unbekannt; wir wissen nur, daß in der zweiten Hälfte des 13. Jahrhunderts[422] Seekarten auf italienischen Schiffen üblich waren, und wir müssen annehmen, daß man sich ihrer schon lange vor dieser Zeit bedient hat. Ob, wie einige behauptet haben, eine Verbindung zwischen diesen Seekarten und den Karten der Griechen bestanden hat, ist zweifelhaft, obgleich sie mit diesen durch die Araber indirekt zusammengehangen haben können; Edrisi z. B. scheint Einfluß ausgeübt zu haben.

Jedenfalls aber ist es sicher, daß die Italiener im Mittelalter die griechische Kunst der Kartographie nicht kannten. Es ist dies in einer Weise als ein Vorteil anzusehen; denn dadurch waren sie gezwungen, ihre eigene Darstellungsweise zu finden. Dem griechischen Denken war es die Hauptsache gewesen, den besten Ausdruck des Weltsystems und der Oikumene ausfindig zu machen, Probleme, wie die Übertragung einer Kugelfläche in eine Ebene durch Projektionen, zu lösen usw., während der Sinn für genaue Detailkenntnis geringer gewesen war. Der italienische Seemann und Kartenzeichner ging, ohne durch Theorien gehindert zu sein, gerade auf die Natur los; ihm erschien es infolgedessen selbstverständlich, Küsten und Inseln so genau wie nur möglich nach den befahrenen Kursen und Entfernungen auf der Karte einzutragen, ohne daran zu denken, daß See und Land eine Kugelfläche bilden.

Die italienischen Seekarten scheinen sich besonders in den norditalienischen Republiken Genua und Pisa, teilweise auch in Venedig, entwickelt zu haben. Später lehrten auch die Katalanen auf den Balearischen Inseln und in Spanien (Barcelona und Valencia) die Kunst, die sie wahrscheinlich von Genua her hatten. Die Karten haben durch ihre Wirklichkeitstreue und ihre detaillierte Darstellung der den Italienern und den Seevölkern des Mittelmeeres bekannten Küsten mit Recht Bewunderung erregt; bis dahin hatte die Welt noch kein Seitenstück zu einer solchen Darstellung hervorgebracht. Es zeigt sich daran, daß die Seeleute jener Zeit Meister in der Benutzung des Kompasses* und im Ausarbeiten ihres Besteckes waren. Das merkwürdigste ist, daß schon die ersten bekannten Kompaßkarten aus dem Anfang des 14. Jahrhunderts eine so vollendete Form hatten, daß in den folgenden Zeiten wenig hinzuzufügen oder an ihnen zu verbessern war. Es hat den Anschein, als ob dieser Kartentypus mit einem Male, wie die aus dem Haupte des Zeus entsprungene Athene, ganz fertig dagestanden habe, ohne daß wir irgendwelche Vorläufer kennen; er hielt sich mit seiner Darstellung der Küsten des Schwarzen Meeres, des Mittelländischen Meeres und Westeuropas beinahe unverändert drei Jahrhunderte hindurch. Hierbei ist etwas rätselhaft. Wir müssen jedenfalls glauben, daß diese Karten sich während des ganzen 13. Jahrhunderts aus vielen kleineren Spezialkarten entwickelt haben, aber dies erscheint als ein kurzer Zeitraum zur Entwicklung einer so vollständigen Darstellung, die dann fast stereotyp wurde. Es sind hauptsächlich die Küsten, die dargestellt werden und viele Namen zeigen, während in dem Innern der Länder verhältnismäßig wenige sind, was bei Seekarten natürlich ist.

Die Ausdehnung der Kompaßkarten. Da der italienische Handel nicht weiter nordwärts ging als nach Flandern und England (woher Wollwaren kamen), ist es auch ein Kennzeichen der Kompaßkarten, daß ihre Detaildarstellung der Küste bis Südengland, Sluis in Flandern und an die Scheldemündung reicht. Weiter fuhren die italienischen Schiffe nicht; jenseits dieser Grenze begann die Handelsherrschaft der Hansa. Die Darstellung des größten Teiles Irlands, des nördlichen Englands, Schottlands, der Nordküste Deutschlands, Dänemarks, der

* Wie früh man die Mißweisung des Kompasses kannte, ist unsicher. Wenn sie bekannt war, so scheint sie jedenfalls in der ersten Zeit nicht berücksichtigt worden zu sein, und die Küstenlinien wurden also nach den magnetischen Kursen, nicht rechtweisend, in die Karten eingezeichnet. Später setzte man eine konstante Mißweisung voraus, und der Kompaß wurde damit übereinstimmend berichtigt, aber diese Berichtigung war in den verschiedenen Städten, wo Kompasse angefertigt wurden, ein wenig verschieden.

Ostsee und des skandinavischen Nordens auf den Kompaßkarten hat einen ganz andern Charakter als die der südlich davon liegenden Küsten. Die Küstenlinien sind dort offenbar schematisch und mehr oder weniger hypothetisch gezogen, der Namen (am meisten von einzelnen Häfen, Stiftsstädten und Inseln) sind auch auffallend wenige. Es zeigt sich deutlich, daß diese Küsten nicht nach zurückgelegten Kompaßkursen und nach Bestecken gezeichnet sein können; es sind Darstellungen, deren Basis Mitteilungen aus zweiter oder dritter Hand sind. Daher sind die nördlichen Landformen auch in den verschiedenen Typen der Kompaßkarten oft recht verschieden.

Über die Quellen, aus denen sie ihre Darstellung des Nordens geschöpft haben, wissen wir wenig; wahrscheinlich sind ihrer mehrere, und sie sind verschiedener Art. Ein Blick auf die wiedergegebenen Karten (II, 177 und Separattafel zu II, 182) wird überzeugen, daß das Bild des Nordens stark von dem abweicht, das wir auf den Radkarten finden, und auch von dem, welches die Karten des Altertums aller Wahrscheinlichkeit nach gaben. Es ist ein entschiedener Schritt zur Wirklichkeit, wenn auch die Darstellung noch immer unvollkommen ist. Auf einer ganzen Reihe dieser Karten zeigt das Bild des Nordens gewisse typische Züge. Die deutsche Küste und Jütland gehen von Flandern aus gerade nach Norden, dadurch nähern sie sich Britannien zu sehr, und die Nordsee wird zu einem schmalen Meerbusen. Jütland hat schon auf den ältesten Karten (Dalortos Karte, II, 177) eine ziemlich gute Form. Norwegen, dessen Küsten durch Bergketten bezeichnet werden, hat im Verhältnis zu Jütland eine leidlich richtige Lage, wird dadurch aber ebenfalls zu weit nach Westen und zu nahe an England heran verlegt. Überdies ist es zu breit geworden. Das Skagerrak kommt ziemlich richtig heraus, aber die dänischen Inseln mit Seeland, das meistens als ganz runde Insel erscheint, sind ins Kattegatt nordostwärts von Jütland verlegt. Dies verschiebt das Bild gar sehr. Schweden ist viel zu klein und hat zu wenig Ausdehnung nach Süden. Die Ostsee hat eine eigentümliche Gestalt; sie erstreckt sich weit nach Osten und ist dadurch, daß die deutsche Küste sich

Schweden in einem großen Bogen nach Norden nähert, in der Mitte auffallend eingeschnürt. In der großen Erweiterung ihres inneren Teiles liegt Gotland. Der Bottnische Meerbusen scheint unbekannt zu sein. Die Inseln im Norden Schottlands: Shetland (gewöhnlich scetiland, sialanda oder stillanda genannt), die Orkneyinseln und oft Katanes als eine Insel erhalten ihren Platz im Westen Norwegens, wo sie oft ziemlich willkürlich und in verkehrter Reihenfolge angebracht sind. Tille (Thule), die runde Insel an der Nordostküste Schottlands, ist ein eigentümlicher Zug vieler Kompaßkarten. Ihr Ursprung ist unsicher; aber vielleicht hängt sie damit zusammen, daß die Römer Thule im Norden der Orkneyinseln (?) gesehen zu haben glaubten (vgl. I, 111). Die Namen im Norden sind, im großen betrachtet, auf den meisten Kompaßkarten dieselben[423], und der eine Kartenzeichner hat den andern kopiert; dadurch haben sich auch viele paläographische Fehler eingeschlichen, die nachher immer wiederkehren. Ein Beispiel: die Ostsee hieß ursprünglich mar allemania, hieraus lesen katalanische Kartenzeichner mar de lamanya, auch de lamãya geschrieben, und dies wird dann wieder zu mar de la maya (II, 182, Textabbildung und Separattafel). Ein anderes Beispiel: Bergen hieß ursprünglich bergis (II, 172), dies verdreht ein Kartenzeichner in bregis, und seitdem behält die Stadt diesen Namen (II, 182, Separattafel). Woher diese Namen zuerst gekommen sind, wissen wir nicht; teils können sie von Seeleuten herrühren, teils auch auf literarischem Wege entstanden sein. Letzteres mag wohl bei den Namen aus dem Binnenlande der Fall gewesen sein. Auf diesen Karten sind auch verschiedene Legenden oder Inschriften, z. B. in Norwegen, in Schweden, in der Ostsee, auf den Inseln im Nordmeer und auf Island. Von mehreren dieser Legenden läßt es sich als sicher beweisen, daß sie literarischen Ursprungs sein müssen. Einige davon (z. B. die Legende über Norwegen) muß zum Teil aus der Geographia Universalis stammen. Andere stehen mit Autoren wie Giraldus Cambrensis, Higden u. a. in Verbindung. Man könnte auch auf gewisse Ähnlichkeiten mit arabischen Schriftstellern, besonders mit Edrisi, aufmerksam machen; aber ob dies nicht teilweise darauf zurückzuführen ist, daß beide aus denselben Quellen geschöpft haben, ist noch unsicher.

Carignanos Karte, bald nach 1300. Die erste bekannte Kompaßkarte, die sogenannte Carte Pisane, etwa aus dem Jahre 1300[424], erstreckt sich nicht weiter nordwärts als bis an die Küste von Flandern und Südengland. Doch schon die Kompaßkarte[425], die der genuesische Priester Giovanni da Carignano († 1344) offenbar bald nach 1300 gezeichnet hat, gibt eine Darstellung Britanniens, Irlands, der Orkneyinseln und des skandinavischen Nordens mit der Ostsee. Daß diese Regionen aber nur hypothetisch dargestellt sind und nicht zu der eigentlichen Kompaßkarte gehören, wird auch dadurch angedeutet, daß sie teilweise im Norden und außerhalb des Netzes der Kompaßstriche liegen. Es ist wesentlich eine Landkarte mit vielen Namen im Innern der Festländer, aber die Darstellung der bekannten Küsten (südwärts von Flandern) ist offenbar den Seekarten entnommen. Die Darstellung der britischen Inseln und des Nordens erinnert mehr an die Cottoniana-Karte (vgl. I, 193) und auch an Edrisis Darstellung (vgl. II, 151)[426]; zum Beispiel läßt es sich schwer denken, daß das nach Westen umgebogene Schottland auf jeder der drei Karten ganz unabhängig entstanden sein könnte. Mit Edrisi ist auch in andern Teilen der Karte manche Ähnlichkeit in den Namen vorhanden; aber bei Carignano ist weder Edrisis Island noch die Insel Tylen (Thule) der Cottoniana angedeutet. Ob sein Skandinavien eine Halbinsel ist, wie man allgemein behauptet hat, und nicht eher eine langgestreckte Insel, wie auf den beiden erwähnten Karten, läßt sich kaum feststellen, da die Darstellung in dem innersten Teile der Ostsee sehr gelitten hat und undeutlich geworden ist. Nach der Photographie der Karte [Ongania, Taf. III] zu urteilen, kommt es mir als das wahrscheinlichste vor, daß es eine Insel ist, die der Insel Norwâga (Norwegen) bei Edrisi ein wenig ähnelte. Die Namen, die man auf dieser Insel oder Halbinsel lesen kann, sind noruegia, finonia [Finmarken

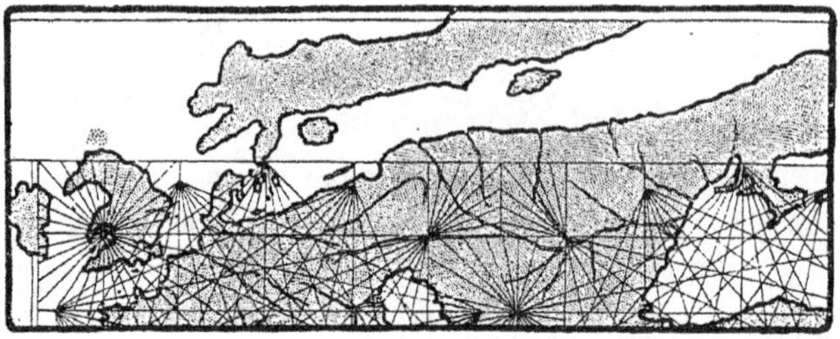

Nördlicher Teil der Karte Carignanos (aus den Jahren nach 1300).

oder Finland?], suetia; ferner bergis [Bergen], tromberg [Tönsberg], uamerlant [Wermland], scarsa [Skara am Wenersee], kundgelf [Kungelf], scancia [Schonen], lendes [Lund], stocol [Stockholm] usw. Auf den beiden Inseln in der Ostsee steht scamor [d. h. scanior? Skanör] und gothlanda [Gotland]. Viele dieser Namen kommen hier zum ersten Male in bekannten Quellen vor. Carignano kann sie älteren, unbekannten Karten entnommen, er kann aber auch auf irgendeinem Wege aus dem Norden Aufklärungen erhalten haben; möglicherweise hat er die Namen der Häfen usw. durch Seeleute erfahren. Eigentümlich ist seine Darstellung des westlichen Teiles Skandinaviens mit drei langen Halbinseln (vgl. Saxo), deren östlichste mit scania Südschweden mit Schonen sein könnte; die mittlere mit tromberg (Tönsberg) müßte aus Vestfold und Grenmar bestehen, und die westlichste mit Bergen müßte das westliche Norwegen sein. Die kleinere Halbinsel nach Norden könnte Tröndelagen sein (vgl. auch die Historia Norwegiae, siehe II, 184).

Sanudos Werk und Pietro Vescontes Karten, um 1320. In den Jahren 1318—1321 schrieb der Venetianer Marino Sanudo ein Werk „Liber secretorum fidelium crucis" (Buch der Geheimnisse für die Gläubigen des Kreuzes), um zu einem neuen Kreuzzuge anzufeuern, und er überreichte dem Papst in Avignon ein Widmungsexemplar des Buches, das wahrscheinlich eines der beiden jetzt im Vatikan aufbewahrten ist. Dem Werk sind mehrere Karten beigefügt, die der bekannte genuesische Kompaßkartenzeichner Pietro Vesconte im Jahre 1320 gezeichnet haben muß, da man im Vatikan einen Atlas mit ebensolchen Karten gefunden hat, der seinen Namen trägt.[427] Unter diesen Karten befindet sich eine Weltkarte nach dem Radtypus, worin aber die Küstenformen der Kompaßkarten eingezeichnet sind. Dort ist Skandinavien als Halbinsel mit einer Gebirgskette (den Kjölen?) längs der Mitte dargestellt (siehe die Abbildung auf dieser Seite), und dort liest man die Namen Gotilandia, Dacia, Suetia und Noruega. Auf dem Festland steht Guenden [Kvänland, oder auch Suenden = Schweden?] vel Gotia; auf der Küste im Norden der Halbinsel steht Liuonia und südlich davon Frixia [Friesland]. Wie Kretschmer nachgewiesen hat, ist Skandinavien ursprünglich (in beiden Atlassen) als Insel gezeichnet gewesen, aber später durch eine schmale Landenge mit dem Festland verbunden worden. Diese Darstellung Skandinaviens als einer Halbinsel hat Ähnlichkeit mit dem, was wir auf mehreren der bereits erwähnten Radkarten gefunden haben (siehe II, 132, 133, 134, 135). Sie hat auch große Ähnlichkeit mit der Darstellung des Saxo (im Anfang des 13. Jahrhunderts), welcher sagt[428]:

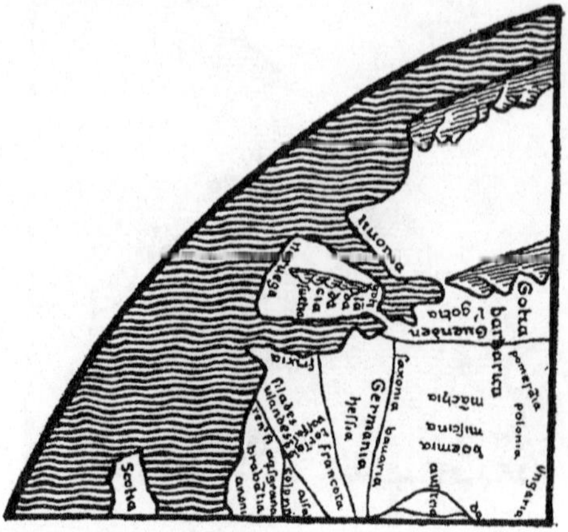

Nordeuropa auf der Weltkarte Vescontes (aus dem Jahre 1320) im Vatikan. [Kretschmer, 1891.]

„Überdies berührt der obere Arm des Ozeans [d. h. der südliche, „also die Ostsee, da sich Süden auf der Karte oben befindet], der „Dania teils durchschneidet, teils daran vorbeifließt, die Südküste „Gothias [Götalands, d. h. Schwedens] mit einer ziemlich großen

„Bucht; aber der untere [nördliche] Zweig, der an der Nordküste von „Gothia und Noruagia vorbeizieht, wendet sich mit einer beträcht„lichen Erweiterung gen Osten und wird von einer gebogenen Küste „begrenzt. Dieses Meeresende nannten unsere alten Ureinwohner „Sandvicus. Zwischen dieser Bucht und dem südlichen Meere liegt ein „kleines Stück Festland, welches Aussicht auf die von beiden Seiten „heranspülenden Meere hat. Wenn die Natur nicht diesen Raum „als Grenzscheide zwi„schen die sich beinahe ver„einigenden Fluten ge„setzt hätte, wären die „Meeresarme ineinander „übergegangen[429] und „hätten Suetia und Nor„uagia zu einer Insel ge„macht.“

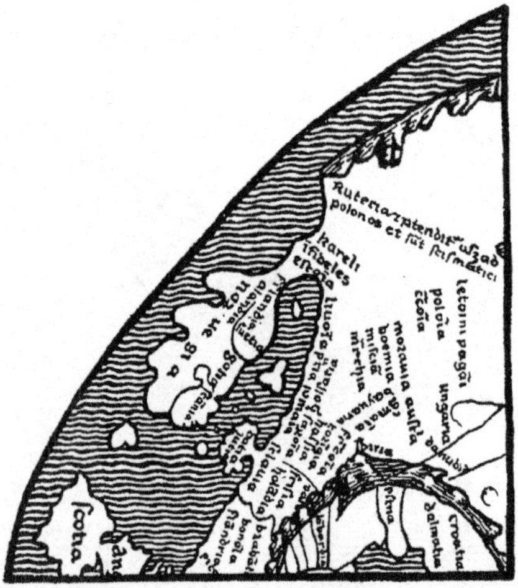

Nordeuropa auf der Weltkarte in der Handschrift des Werkes Marino Sanudos in Oxford. [Björnbo, 1910, S. 122.]

Es erscheint mir nicht unwahrscheinlich, daß die Darstellung auf Vescontes Karte mit dieser Beschreibung zusammenhängen kann; beide haben ja auch beinahe dieselben Namenformen. Die Regionen ganz droben im Norden und hinten im Osten sind auf seiner Karte reine Phantasiegebilde, und noch immer sieht man dort die rifei montes.

Von dem Werke Sanudos sind noch acht andere Handschriften (in verschiedenen Bibliotheken) mit Karten bekannt; sechs davon haben die runde Weltkarte, aber die Wiedergaben sind untereinander nicht wenig verschieden, besonders die Darstellung der Küste Nordeuropas.[430] Die Weltkarte in der Handschrift der Sammlung der Königin Christina im Vatikan (Codex Reginensis 548) und die ganz gleiche

Karte in der Handschrift zu Oxford haben eine auffallend gute Darstellung der Skandinavischen Halbinsel) siehe die nebenstehende Abbildung) mit den Namen Suetia [Svealand], Gotia [Götaland] und Scania im Osten, Noruegia im Westen, Finlandia und Alandia [Åland, oder vielleicht Hallandia?] ganz hinten im Nordosten. Drinnen auf dem Festland steht Kareli infideles [ungläubige Karelier], Estonia [Estland], Liuonia [Livland] usw. In der Ostsee sind zwei Inseln, Gotlandia gerade in der Mitte und Ossilia [Ösel] am Binnenende. Die Gestalt Jütlands [mit den Namen Dacia und Jutia oder Jütland], die Richtung der Küste Nordeuropas und die Ostsee, mit Skandinavien parallel, erinnern nicht wenig an Edrisis Karte, an die Cottoniana und an die Karte Carignanos.

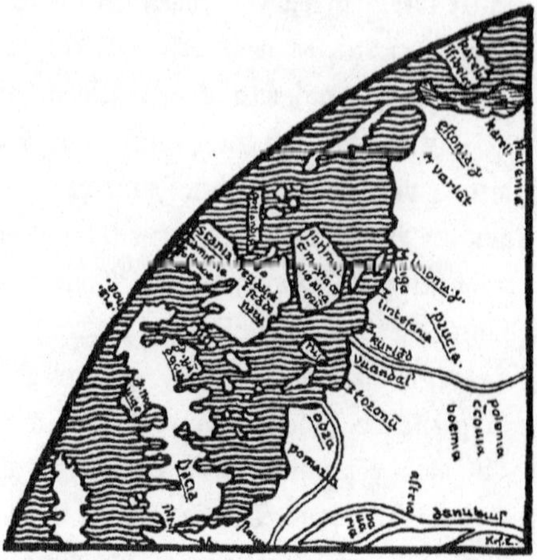

Nordeuropa auf der Weltkarte in der Pariser Handschrift des Werkes Marino Sanudos [Björnbo, 1910, S. 123].

Hier sind offenbar neue Aufklärungen hinzugekommen, die dem Vesconte noch fehlten, als er die vorher erwähnte Karte zeichnete; besonders ist das richtige Anbringen der Namen in Schweden und Norwegen auffallend. Diese Namen, wie auch Jutia, kommen bei Saxo in ungefähr denselben Formen vor (vgl. auch die Historia Norwegiae). Marino Sanudo war, wie er sagt, selbst mit einem Schiffe von Venedig nach Flandern gefahren und hatte auch Holstein und Slavien bereist. Er hat also geographische Erkundigungen einziehen können und mag, wie Björnbo [1909, S. 211 fg.] hervorgehoben hat, von norddeutschen Geistlichen, die sich ihr Bild des Nordens durch das Studium der Werke Adams von Bremen und Saxos gebildet hatten, allerlei Mitteilungen erhalten haben. Aber eine Notwendigkeit, dies anzunehmen, scheint mir nicht vorzuliegen; ebensogut kann er direkte Mitteilungen durch ortskundige Leute erhalten haben, während die Namen wohl meistens der Literatur entnommen sind. Falls wir annehmen, daß Pietro Vesconte alle Karten gezeichnet hat, so kann er seine Kenntnisse des Nordens von Sanudo erhalten haben; aber dann erscheint es sonderbar, daß er nicht schon bei seiner ersten Karte Gebrauch davon gemacht hat. Wir müssen also annehmen, daß es im wesentlichen wohl erst nach der Herstellung dieser Karte zwischen ihnen zur gemeinsamen Arbeit gekommen ist.

Hier zeigt sich aber noch eine Schwierigkeit; sie liegt in der dritten völlig abweichenden Form des Bildes des Nordens, welches wir auf der Weltkarte der Handschrift des Sanudo in Paris finden (s. die umstehende Abbildung). Dort ist die skandinavische Halbinsel unerklärlicherweise in mehrere Inseln geteilt, deren größte den Namen scania de regno dacie oder scādinaua trägt. Auf ihrer Nordseite ist eine langgestreckte Insel gotlandia, welcher Name von einigen als yrlandia oder yslandia gelesen worden ist, aus welcher man dann Island gemacht hat [wie Thoroddsen, I, 1897, S. 84]. Noruegia steht außerhalb des Kartenrandes im Norden Jütlands (dacia genannt), und der Name prouincia noruicie steht auf der Westküste Jütlands, das eine phantastisch große Ausdehnung nach Norden hin und viele Meerbusen erhalten hat. Auf einer Insel draußen im Meere im Norden Rußlands (rutenia) steht kareli infideles. Diese ganze Darstellung ist vollständig anders als die der andern Sanudo-Karten, und es ist schwer zu verstehen, daß auch sie von Vesconte gezeichnet sein sollte, wenngleich die Weltkarte im übrigen viel Ähnlichkeit mit den andern von seiner Hand haben mag. Es könnte naheliegen, zu glauben, daß ein anderer an diesem Teile der Karte herumgeflickt und ganz mißverstandene Ideen hineingebracht habe.

Eine Merkwürdigkeit daran ist, daß sie vielleicht die erste mit einer Legende über den Norden ist. Auf der großen Insel in der Ostsee (?) steht nämlich: „In hoc mari est maxima copia aletiorum“ [in diesem Meere gibt es die größte Menge Heringe (?)]. Dies kann, nach Björnbos Ansicht, eine Anspielung auf die Heringsfischerei im Öresund sein.[431]

Dalortos Karte, 1325. Von grundlegender Bedeutung für die Darstellung des Nordens auf den katalanischen Kompaßkarten wurde der Typus, der zuerst durch die Karte des Angellino de Dalorto aus dem Jahre 1325 (oder 1330?) und die Karte aus dem Jahre 1339

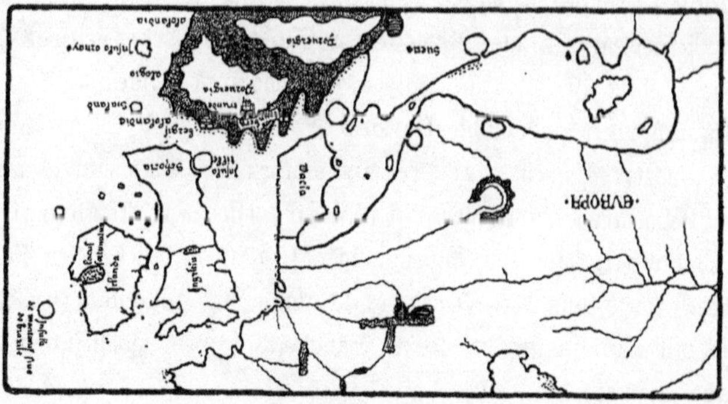

Der Norden auf Dalortos Karte aus dem Jahre 1325.
Das Netz der Kompaßstriche ist weggeblieben. Nur einige Namen sind aufgeführt worden.

mit der Unterschrift des Angellino Dulcert, welcher ohne Zweifel derselbe Mann ist, bekannt geworden ist. Man hat geglaubt, daß der Zeichner zu der bekannten genuesischen Familie Dalorto gehört habe und daß er die erste Karte in Italien gezeichnet habe, während die zweite sicherlich auf Majorka gezeichnet worden ist, und zwar entweder von einem Kopisten, der den Namen Dalorto in Dulcert verdreht hat, oder auch von ihm selbst, der in diesem Falle, wie man annehmen muß, seinem Namen beim Ansässigwerden auf Majorka einen katalanischeren Klang hat geben wollen. Jedenfalls haben diese Karten italienische Vorbilder gehabt, denn dies tritt in der Form der Namen deutlich hervor [vgl. Kretschmer, 1909, S. 118 fg.].

Die beiden Karten sind einander sehr ähnlich. Die älteste, aus dem Jahre 1325 (1130)[432], gibt eine ausführlichere Darstellung des Nordens und der Ostsee als irgendeine frühere bekannte Karte (siehe die umstehende Abbildung). In den Namen zeigt sie wohl mit Carignanos Karte wie mit Sanudo Zusammenhang, aber es sind neue Namen und Aufklärungen hinzugekommen, Britannien und Irland sind richtiger dargestellt, und ebenso zeigt sie eine annehmbarere Darstellung des skandinavischen Nordens und der Ausdehnung der Ostsee, als wir auf Carignanos Karte sehen. Unter neuen Namen im Norden sind zu nennen trunde (Drontheim, vgl. Throndemia in der Historia Norwegiae) und ferner alogia als Name einer Stadt auf der Westseite Norwegens; dies ist offenbar Halogia (Hålogaland), welcher Namensform sich unter andern die Historia Norwegiae und Saxo bedienen. Ein anderer Namen ganz oben im Norden und noch einmal an der südwestlichen Ecke Norwegens ist alolandia (siehe die Abbildung). Es wäre denkbar, daß seine Anbringung auf diesen beiden Stellen sich auf eine Verwechslung des Namens Hålogaland mit Hallandia (bei Saxo) und mit alandia auf der Karte Sanudo-Vescontes zurückführen ließe (siehe II, 175).

Wie man sehen wird, hat Norwegen, das als ausgeprägtes Gebirgsland* angegeben ist, auf dieser Karte eine so große Ausdehnung in der Breite erhalten, daß seine Westküste auf demselben Längengrade liegt wie die Westküste Britanniens. In den Inschriften in Norwegen steht, daß aus seinen Einöden „Vögel Gilfalcos [Jagdfalken] genannt" geholt werden, und ganz im Norden steht: „hier leben die Menschen „vom Erlegen der Tiere des Waldes und auch von Fischen, weil der „Preis des Kornes sehr hoch ist. Hier sind weiße Bären und viele „Tiere."

Der Inhalt dieser Inschrift muß in der Hauptsache aus der Geographia Universalis stammen (vgl. II, 135 fg.; siehe auch II, 123).

* Der dunkle Ton auf der umstehenden Abbildung längs der Küste und quer durchs Land bedeutet Bergketten.

Inseln in dem Meere im Westen Norwegens sind am weitesten nach Norden hin die Insula ornaya [die Orkneyinseln], weiter südlich ist sialand [Shetland, Insula scetiland auf der Karte aus dem Jahre 1339 und silland oder stillanda auf späteren Karten]. Die Ähnlichkeit mit dem Inselnamen schâsland bei Edrisi (vgl. II, 155] ist groß, aber es ist nicht anzunehmen, daß wir es hier mit einer Verdrehung des Namens Island zu tun haben. An der Nordostecke Schottlands ist die runde Insel Insula tille (vgl. II, 170).

Die Insel Brazil. In dem Meere im Westen Irlands stoßen wir auf dieser Karte zum erstenmal auf eine Insel namens Insula de montonis siue de brazile. Diese Insel kehrt auf den späteren Kompaßkarten sogar bis ins 16. Jahrhundert hinein unter dem Namen brazil wieder.[433] Es ist entschieden die irische Glücksinsel Hy Breasail, späterhin O'Brazil genannt, die ihren Weg in diese Karte, vielleicht auch schon in die unbekannten älteren Quellen dieser Karte hineingefunden hat. Die Insel hat auf dieser und den ältesten späteren Karten eine auffallend runde, oft durch einen Kanal in zwei Hälften geteilte Form.

Die irische Sage über Hy Breasail oder Bresail[434], die Insel draußen im Atlantischen Ozean (vgl. I, 384), ist augenscheinlich sehr alt; die Insel ist eines der vielen Glücksländer wie Tir Tairngiri (das Verheißene Land). Der Name kann, nach Moltke Moes und Alf Torps Ansicht, von dem irischen Worte bress (Glück, Erfolg) kommen und wäre demnach genau derselbe Name wie Insulae Fortunatae. Die Italiener können diese Sage durch die irischen Klöster in Norditalien leicht kennen gelernt haben, falls sie sie nicht von ihren Seeleuten gehört haben; auf diese Weise ist dann die Insel in die Karte hineingekommen. Die Form brazil kann dadurch entstanden sein, daß der Kartenzeichner den Namen mit dem wertvollen Farbholze brazil in Verbindung gebracht hat. Der Kanal, der auf den Karten die Insel Brazil teilt, kann der Fluß sein, der in der Brandanlegende mitten durch die Insel Terra Repromissionis hindurch ging und über welchen Brandan (in der Navigatio) nicht hinübergelangen konnte. Es ist wahrscheinlich der Totenfluß (der Styx), und möglicherweise derselbe, der in der isländischen Vinlandsaga (siehe I, 386) zum Flusse in Hop geworden ist. Wir finden also auch hier einen möglichen Zusammenhang; dies bestärkt die Wahrscheinlichkeit, daß Brazil das Verheißene Land der Iren ist, das andererseits dazu beitrug, Vinland zu bilden.

Auf späteren Kompaßkarten wurden es mehrere Brazilinseln. Schon auf der Medici-Karte (1351) tritt in dem Meere im Westen Spaniens eine Insula de brazi auf, und auf der Pizigano-Karte (1367) und der Soleri-Karte (1385) finden wir im Westen der Bretagne eine dritte brazir[435], später allgemein de manj oder maidas genannt usw. Der Name Insula de montonis ist schwer zu erklären. Falls wir glauben dürfen, daß er durch einen Schreibfehler aus moltonis (oder vielleicht moutonis, eine Latinisierung des französischen mouton ?) entstanden sei, könnte damit die Schafinsel aus der Navigatio Brandani gemeint sein, die ursprünglich Dicuils Färöer war (vgl. I, 390). Auch dieser Name führt uns dann nach Irland.[436]

Zu gleicher Zeit ist auch eine andere Sagenvorstellung in die Karte von 1325 hineingekommen und begleitet nun die Insel Brazil getreulich auf ihrer Wanderung durch alle Kompaßkarten späterer Zeiten; es ist der Glückliche See, der lacus fortunatus, mit seinen Inseln, den insulle sc̄i lacaris [Lough Keara oder Lough Korrib?], deren so viele waren, daß es später heißt, es gebe für jeden Tag des Jahres eine. Auf der Karte des Perrinus Vesconte aus dem Jahre 1327 finden wir denselben See mit den vielen Inseln, und soweit ich die stark verkleinerte Wiedergabe in Nordenskiölds Periplus (Taf. VII) deuten kann, steht dort: „gulfo de issolle CCCLVIII* beate et fortunate" (der Golf der 358 seligen und glücklichen Inseln), wie es auch auf einigen späteren Karten steht.[437] Ob dieser Glückssee und

* Die Zahl mit den vorhergehenden Worten steht offenbar auch in der Linie darunter.

die Insel Brazil auch auf der Karte der britischen Inseln in dem Atlas desselben Zeichners aus dem Jahre 1321 zu finden sind, habe ich nicht untersuchen können; der Golf mit den 358 Inseln soll übrigens auch auf den Vesconte-Sanudo-Karten angegeben sein (vgl. Harrisse, 1892, S. 57 fg.].

Dulcerts (Dalortos) Karte, 1339. Angellino Dulcerts [Dalortos] Karte aus dem Jahre 1339[438] unterscheidet sich in ihrer Darstellung des Nordens ein wenig von der Karte aus dem Jahre 1325 (1330?), und zwar dadurch, daß Norwegen eine schmalere, rechtwinkligere Gestalt mit nur denjenigen vier Vorsprüngen an der Südspitze erhalten hat, die auf der Karte von 1325 die größten waren, während das Land mit den kleineren Vorsprüngen im Westen jener weggeschnitten worden ist, wodurch dann die schmalere Form entstanden ist.[439]

Modena-Karte, um 1350. Mit den Karten Dalortos aus den Jahren 1325 und 1339 ist der Urtypus der Darstellung des Nordens auf den späteren Kompaßkarten gegeben; sie erhielt sich ohne wesentliche Veränderungen bis tief ins 15. Jahrhundert hinein. Doch während spätere italienische Karten (vgl. die Piziganos aus dem Jahre 1367) mit der italienischen Dalorto-Karte von 1325 am meisten Ähnlichkeit haben, repräsentiert die Majorka-Karte aus dem Jahre 1339 den Darstellungstypus der späteren katalanischen Karten. In derjenigen, welche in Modena aufbewahrt wird und die aus der Zeit um 1350 herum stammt[440], ist die katalanische Kompaßkarte mit der Weltdarstellung der Radkarten verbunden. Wir finden das Bild des Nordens in allen Hauptzügen gleich; aber hier kommt noch ein neuer Zug hinzu, nämlich Island, das im Nordwesten am Außenrande der Karte als eine aus acht Inseln bestehende Gruppe auftaucht mit den beigefügten Worten „questas illes son appellades islandes" (diese Inseln sind die Isländer genannt). Die südlichste Insel heißt islanda, die andern haben unverständliche Namen (donbert, tranes, tales, brons, bres mmau . . ., bilanj ?); aber Grönlands Namen finden wir nicht. Im Norden

Norwegens steht im Meere Mare putritum congelatum (das verfaulte, gefrorene Meer). Hier spuken augenscheinlich noch die Vorstellungen von dem stinkenden Lebermeere (wie in arabischen Sagen, vgl. I, 464) zugleich mit denen von einem gefrorenen Meere. Auf der ungefähr zu derselben Zeit hergestellten katalanischen Kompaßkarte (siehe die Wiedergabe auf der beiliegenden Separattafel), die in der

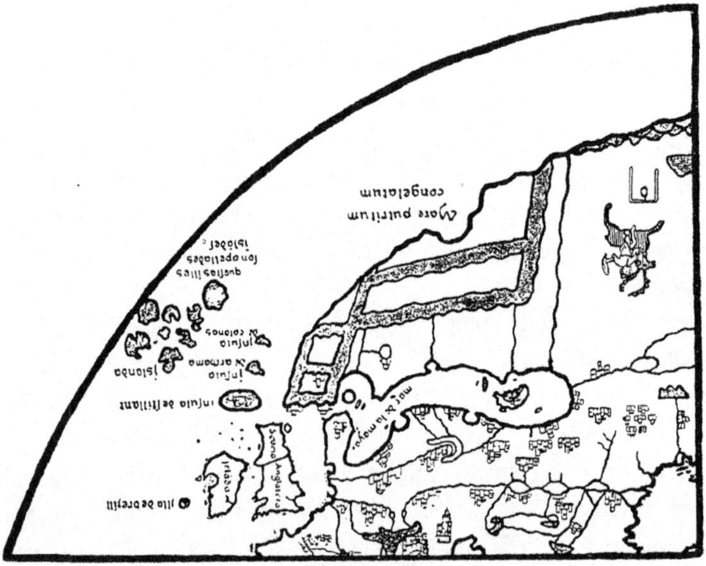

Das nordwestliche Europa auf der radförmigen Kompaßkarte zu Modena (um das Jahr 1350).

Das Netz der Kompaßlinien, die Namen und die Legenden sind weggeblieben. Die Gebirge sind mit dunkelm Ton angegeben.

Nationalbibliothek in Florenz aufbewahrt (Nr. 16 genannt) wird, findet sich dieselbe Inselgruppe mit der Bezeichnung „Island"; hier hat sie eine lange Inschrift erhalten [vgl. auch Björnbo und Petersen, 1908, S. 16], die teilweise unleserlich ist, aber worin es heißt, daß „die Inseln sehr groß" seien, daß „die Leute dort schmucke, große und blonde Menschen" seien, daß „das Land sehr kalt" sei usw. Der Name Grönland kommt auch auf dieser Karte nicht vor.[441]

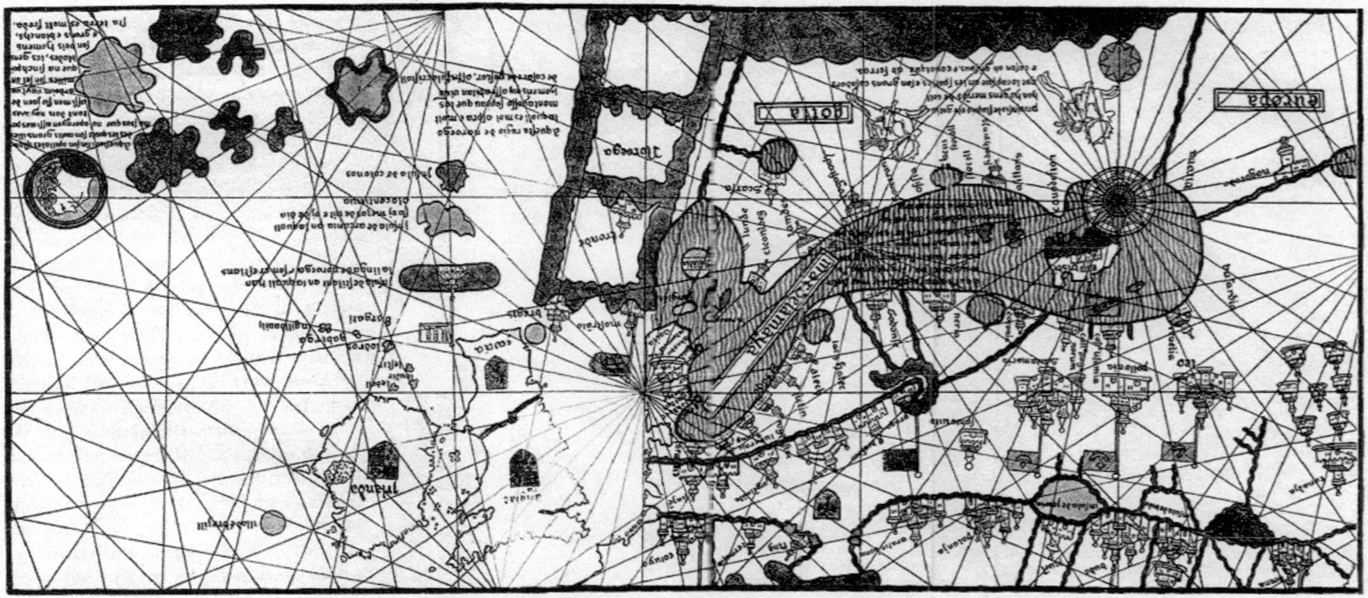

Nordwesteuropa auf der anonymen katalnischen Weltkarte aus der Mitte des 14. Jahrhunderts, in der Nationalbibliothek zu Florenz.

Sie ist in der Hauptsache nach einer von Dr. A. A. Björnbo vom Orinal genommenen Kopie wiedergegeben. Die Schrift der Namen und Legenden ist etwas vergrößert, damit sie in der Reprodu leserlich ist. In der Legende in de Ostsee steht irrtümlich gronlandia, während das Original gollandia hat. [Nach O. Vangensten.]

Katalanischer Atlas und Viladestes Karte. Zu demselben Typus katalanischer Karten gehört auch die bekannte Weltkarte Karls V. oder der Katalanische Atlas aus dem Jahre 1375, ferner die Karte des Mecia de Viladeste aus dem Jahre 1413[442] und viele andere.[443]

Der Medici-Atlas, 1331. Eine andersartige Darstellung des Nordens, besonders der Skandinavischen Halbinsel, finden wir in dem anonymen Atlas von 1351, der in Florenz aufbewahrt und gewöhnlich der Mediceische Seeatlas[444] genannt wird, und der italienische, wahrscheinlich genuesische Arbeit ist. Der Norden ist darin auf einer Weltkarte und auf einer Europakarte (wiedergegeben umstehend und II, 210) dargestellt und gleicht in der Hauptsache dem Dalorto-Typus. Die Teilung Westskandinaviens in drei große Vorsprünge erinnert allerdings insofern sehr an die Carignano-Karte, als man denken könnte, daß sie mit einer oder der andern Quelle dieser Karte zusammenhänge; aber in den Namen zeigt sich mehr Ähnlichkeit mit den Dalorto-Karten. Die Darstellung der Ostsee und der Schonen entsprechenden Halbinsel ist im wesentlichen dieselbe; sie gleicht besonders der auf der Modena-Karte und auf der anonymen Karte aus Florenz (vgl. vorige Seite und Separattafel). Jütland dagegen ist sehr verlängert und hat eine veränderte Form erhalten. Die drei großen Landzungen Norwegens nebst einer kleineren im Osten in der Nähe Dänemarks können den vier Vorsprüngen der norwegischen Südküste auf den Dalorto-Karten (vgl. besonders die aus dem Jahre 1339) entsprechen. Dadurch, daß diese bedeutend vergrößert und die Buchten zwischen ihnen erweitert worden sind, ist die Westküste Norwegens noch weiter nach Westen hin vorgeschoben worden als auf der Karte aus dem Jahre 1325 und liegt nun auf einem etwas westlicheren Längengrade als Irland. Auf der Karte von Europa (II, 210) ist C. trobs [capitolum tronberg?, d. h. Stift Tönsberg] an den Rand der ersten Bucht geschrieben [wie trunberg auf der Dalorto-Karte], c. bergis [capitulum bergis, d. h. Stift Bergen] und c. trons (?) [Stift Drontheim (?)] an je einer der beiden andern Buchten. Schließlich hat alogia, das auf der Dalorto-Karte als Stadt auf der nördlichen Westküste Norwegens im Norden der Stadt Nidroxia [Nidaros] steht, die Westküste begleitet und steht jetzt auf der westlichen Landzunge. Wie diese ganze Darstellung zustande gekommen ist, läßt sich schwer sagen. Man könnte sich versucht fühlen, zu glauben, daß der Grund ein Mißverstehen einer Beschreibung des Nordens sei, gleich der, die wir in der Historia Norwegiae finden, wo Norwegen als ein in vier Teile

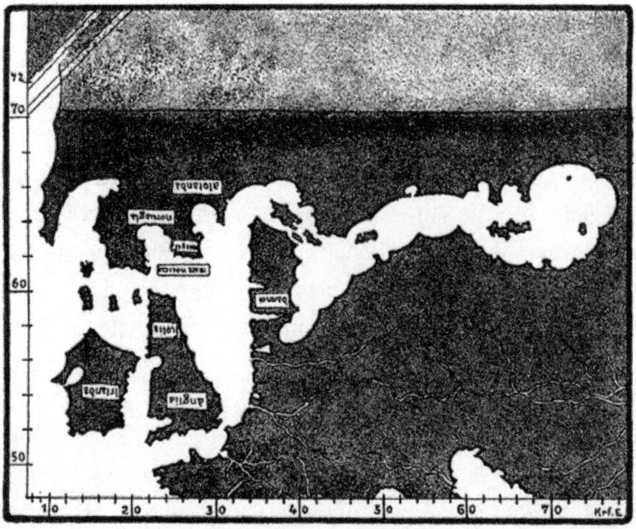

Nordwestlicher Teil der Weltkarte im Mediceischen Seeatlas (1351).
Die Gradeinteilung ist hier nach den Karten des Ptolemaios eingetragen worden.

geteiltes Land geschildert wird, deren erster das Land an der östlichen Bucht in der Nähe Dänemarks ist, während der zweite Gulacia [Gulating], der dritte Throndemia und der vierte Halogia heißen.[445] Die Weltkarte des Medici-Atlas ist auf ähnliche Weise gezeichnet wie die Kompaßkarten. Sie hat in Skandinavien keine Städtenamen, und die westliche Landzunge hat keine Namen (siehe die obige Abbildung). Dagegen kommt der Name alolanda im östlichen Norwegen im Binnenlande vor und ist dort wohl offenbar eine Verdrehung des Namens

Hallandia (vgl. II, 178). Diese Weltkarte hat dadurch Interesse, daß sie die Landmassen des Kontinents sich unbegrenzt nach Norden erstrecken läßt, während Afrika mit einer Halbinsel nach Süden hin abschließt.

Piziganos Karte aus dem Jahre 1367. Die Karte des Venezianers Francesco Pizigano aus dem Jahre 1367 ähnelt in ihrer Darstellung des Nordens der Dalorto-Karte aus dem Jahre 1325; die Südseite Norwegens hat beinahe dieselbe abgerundete Gestalt mit sieben Vorsprüngen, und Alogia ist eine Stadt an der Westküste.

Die Anschauungen über den Norden bei den Völkern des Nordens.

Grönland von den Bewohnern des Nordens als Festland betrachtet. Es ist schon früher hervorgehoben worden, daß während die älteste nordische Quelle, Adam von Bremen, die Länder des Nordens außerhalb Skandinaviens als Inseln in dem die Erdscheibe umgebenden Weltmeer (in Übereinstimmung mit der Auffassung der Gelehrten und den Weltkarten) auffaßte, die Skandinavier, die nicht durch gelehrte Anschauungen gefesselt waren, annahmen, daß Grönland mit dem Festland zusammenhänge, unter anderem aus dem Grunde, weil, wie der Verfasser des Königsspiegels sich ausdrückt, Festlandstiere, wie Hase, Wolf und Renntier, sonst nicht dorthin hätten kommen können. Aber diese Landverbindung konnte man sich, wie wir gesehen haben, einzig und allein jenseits des Gandvik und des bekannten Bjarmelandes bestehend denken, und sie mußte auf der Nordseite des im Norden Norwegens liegenden Meeres liegen. Infolgedessen erhielt dieses Meer den Namen Hafsbotn. Den klarsten Ausdruck dieser Auffassung finden wir in der früher erwähnten isländischen Erdbeschreibung, die zum Teil von dem Abte Nikulás Bergsson auf Thverá[446] (I, 337, 415; II, 117) herrühren kann und in der es heißt:

Aus der Bayeux-Tapete, 11. Jahrh.

„Dänemark zunächst liegt das kleinere Schweden [so genannt zum „Unterschiede von Svíþjóð it Mikla, Rußland], dort ist Öland, „darauf Gotland, dann Helsingeland, so Wermeland, so zwei Kvän- „land, und sie sind im Norden von Bjarmeland. Von Bjarmeland „geht ein unbewohntes Land nordwärts nach Grönland. Im Süden „Grönlands ist Helluland" usw. (vgl. die Fortsetzung I, 415). In einer Variante dieser Erdbeschreibung in einer älteren Handschrift heißt es: „Nördlich von Saxland ist Dänemark. Durch Dänemark geht die „See in die Austrveg [die Ostseeländer] hinein. Schweden liegt im „Osten Dänemarks, Norwegen aber im Norden. Im Norden Nor- „wegens ist Finmarken. Von dort aus wendet sich das Land nord- „ostwärts und dann ostwärts, ehe man nach Bjarmeland gelangt. Es „ist dem Gardakönige [in Gardarike, d. h. Rußland] tributpflichtig. „Von Bjarmeland geht das Land nach den Einöden gen Norden, bis „Grönland beginnt. Von Grönland südwärts liegt Helluland" usw.

Noch eine dritte, spätere und ausgebildetere Variante haben wir in der sogenannten Gripla, die I, 311 wiedergegeben ist.

Der Glaube an diese Landverbindung mit Grönland mag ursprünglich durch die Entdeckung anderer Länder, wie Nowaja Semljas, Svalbarðs (Spitzbergen?) und der nördlichen Einöden an der Ostküste Grönlands[447] (II, 109 fg.) hervorgerufen oder jedenfalls wesentlich verstärkt worden sein. Dazu kam noch, daß die Eismeerfahrer überall in der Richtung nach Norden hin auf das Treibeis stießen, welches das Meer zu einem Meerbusen, einem Hafsbotn, einschließt; es mußte daher natürlich sein, an eine zusammenhängende Küste zu glauben, welche die Länder hinter dem Eisgürtel miteinander verband und das Eis festhielt. Der Glaube an eine Landverbindung scheint so fest ein-

Aus der Bayeux-Tapete, 11. Jahrh.

gewurzelt gewesen zu sein, daß er schwerlich bloß auf theoretischen Spekulationen beruht haben kann, sondern sich wohl eher auf handgreifliche Beweise solcher Art gestützt haben wird.

Saxo über den fernsten Norden. Es war zu erwarten, daß im Volksglauben aus den Ländern im Norden des Meerbusens Märchenländer wurden, wie Jötunheim und Risaland, wo Jötune und Riesen hausten. Schon Saxo (zu Anfang des 13. Jahrhunderts) sagt, daß nördlich von Norwegen „ein Land liegt, un„bekannten Namens, unbekannter Lage, ohne menschliche Kultur, „aber reich an Völkern von ungeheuerlicher Seltsamkeit; von den „gegenüberliegenden Teilen Norwegens trennt es ein großes, da„zwischenflutendes Meer. Dieses bietet nur unsichere Seefahrt und „hat nur wenigen, die sich ihm anvertrauten, glückliche Rückkehr „geschenkt".

Da es schwerlich die christlichen Ansiedlungen in Grönland sein können, welche Saxo ein Land ohne menschliche Kultur nennt, so muß man wohl annehmen, daß sein Land im Norden eine Verschmelzung der östlichen Einöden Grönlands mit Jötunheim gewesen sei, wie sie auch in den isländischen Anschauungen besteht. Bereits Adam von Bremen hatte ja Riesen (Cyklopen) auf einer Insel in Norden, und wir haben gesehen, daß in der Historia Norwegiae ähnliche Vorstellungen auftreten (II, 113).

Das Märchen von Halli Geit. Ein isländisches Märchen aus dem Mittelalter (abgeschrieben in Björn Jónssons Grönländischen Annalen) erzählt von Halli Geit [d. h. Ziege]: „ihm allein glückte es, „auf dem Landwege zu Fuß über Gebirge und Gletscher und durch „alle Einöden und an allen Meerbusen vorbei nach Gandvik und

„dann nach Norwegen zu gelangen. Er führte eine Ziege am Bande „mit sich und lebte von ihrer Milch; er stieß meistens auf Täler „und schmale Sunde zwischen den Gletschern, so daß die Ziege sich „entweder von Gras oder im Walde ernähren konnte.“

Land am Nordpol. Vorstellungen dieser Art führten bei einigen zu der Auffassung, daß bis an den Nordpol Land sei; diese Auffassung wird in einer isländischen Schrift ausgesprochen, die in die Rymbegla [1780, S. 466] aufgenommen worden ist. Von einem schlechten lateinischen Verse des Johannes von Pavilla, der dort wiedergegeben ist, heißt es:

„Dies wollen einige so verstehen, als ob er [der Dichter] sage, „daß Land unter dem Leidarstern [dem Polarstern] liege und daß die „Ufer dort den Ring des Meeres verhinderten, sich zu schließen [d. h. „um die Erdscheibe herumzugehen]; hiermit stimmen gewisse alte Sagen „überein, welche nachweisen, daß man von Grönland zu Fuß nach „Norwegen ziehen kann oder schon gezogen ist.“

Das Außenmeer. Aber die gelehrte Anschauung des Mittelalters über das Außenmeer, welches die ganze Erdscheibe umschließt, macht sich auch im Norden geltend und tritt unter anderem in Snorres Heimskringla und im Königsspiegel auf. Dieses Meer ging an der Außenseite des mit Europa verbundenen Grönlands herum und machte es zu einer Halbinsel. In der bereits erwähnten Schrift Gripla (die nur aus einer neueren Handschrift bei Björn Jónsson aus Skardsá, in der ersten Hälfte des 17. Jahrhunderts, bekannt ist) heißt es als Fortsetzung des schon früher (I, 450) daraus Angeführten: „Zwischen Vinland und Grönland ist das Ginnungagap, „es geht von dem Meer aus, welches Mare oceanum genannt „wird, dieses umgibt die ganze Welt. Da, wie I, 415 erwähnt, einige, offenbar infolge eines Mißverständnisses, eine feste Landverbindung zwischen Vinland (d. h. den Insulae Fortunatae) und Afrika angenommen haben[448], ist es klar, daß man sich das Außenmeer ganz an der äußeren Seite Grönlands sowohl wie auch Vinlands herumgehend denken mußte (vgl. das Bild I, 416). Da war es denn auch ganz natürlich, daß man sich irgendwo zwischen diesen beiden Ländern eine Öffnung denken mußte, durch welche das Außenmeer mit dem inneren, bekannten Meer zwischen Norwegen, Grönland usw. zusammenhing.[449]

Ginnungagap. Wohl ebenso alt wie die Vorstellungen der Skandinavier und Isländer von Ländern jenseits des Nordmeeres war vermutlich die Vorstellung von dem großen Schlunde Ginnungagap, der dort die Grenze des Meeres und der Welt bildet und der von dem Tartaros und dem Chaos der Griechen stammen muß (II, 95). Da das Eismeer (der Hafsbotn) durch die Landverbindung zwischen Bjarmeland und Grönland abgeschlossen wurde, war es nur natürlich, daß diejenigen, die sich eine zusammenhängende Weltanschauung zu bilden suchten, in jener Richtung keinen Platz mehr für den Schlund fanden. G. Storm hat sicherlich recht, wenn er meint, daß aus diesem Grunde das Ginnungagap nach der Meeresöffnung zwischen Grönland und Vinland verlegt worden sei, da man wohl der Ansicht gewesen sei, daß dieses „gap" [d. h. Öffnung, Schlund] auf irgendeine Weise mit dem leeren Außenmeer in Verbindung stehe. Diese Auffassung finden wir erst in der sehr späten Abschrift (aus dem 17. Jahrh.) der Gripla und auf der ein wenig älteren Karte des Gudbrand Thorlaksson [Torlacius] aus dem Jahre 1606 [Torfaeus, 1706; Taf. I, S. 21], wo „Ginnunga Gap" als Name auf der Straße zwischen Grönland und Amerika steht. Was das Ginnungagap eigentlich war, scheint niemals ganz klar festgestanden zu haben; die Vorstellung, die man sich davon machte, hat vielmehr wohl mit den Menschen gewechselt. Wenn es aber, wie hier, als Name einer Straße, durch die das Außenmeer einströmt, angebracht worden ist, so kann es nicht mehr ein Abgrund sein; höchstens kann es dann wohl ein Malstrom oder ein „Meeresschlund" gewesen sein, was auch auf Jon Gudmundssons Karte (I, 448) durch einen Wasserwirbel angedeutet ist. Doch selbst diese Auffassung des Namens hat sich verwischt, und in einer andern Handschrift aus dem 17. Jahrhundert (I, 450) dient jenes Wort schlechtweg als Name des großen Meeres zwischen den Ländern, das im Westen Spaniens liegt (also des Atlantischen Ozeans).

Andererseits haben wir gesehen (II, 94 fg.), daß Vorstellungen von Meeresschlünden in den nördlichen Meeren im Mittelalter ganz allgemein verbreitet gewesen sind. Es ist, wie bereits (I, 326; II, 51 fg.) angedeutet, immerhin möglich, daß, wenn in Ivar Bårdssons Beschreibung der nördlichsten Westküste Grönlands von den „vielen Meeresschlünden, die dort überall im Meere liegen", die Rede ist, dabei auch daran gedacht gewesen sein kann, daß hier die Grenze des Meeres und der Welt lag, die von den vielen Meeresschlünden gebildet wurde. Diese sind jedenfalls nicht nur als Malströme aufzufassen wie der Moskenstrom, sondern mehr wie das wirkliche Ginnungagap. Dies ist indessen höchst unsicher; es kann auch zu der Art Ausschmückungen gehört haben, deren man sich bei der Schilderung der am fernsten liegenden Regionen gern bediente.

Aus einer isländischen Handschrift aus dem Jahre 1363.

Saxo. Saxo Grammaticus (im ersten Teil des 13. Jahrh.) gibt in der Vorrede zu seiner dänischen Geschichte Aufklärungen über den skandinavischen Norden und Island, welche bereits wiederholt angeführt worden sind. Grönland erwähnt er nicht. Er sagt selbst, daß er die isländische Literatur in großem Umfang benutzt habe; er hat aber auch verschiedenes Sagenhaftes von anderswoher hineingemengt.

Der Königsspiegel, um 1240? Der unvergleichlich bedeutendste geographische Schriftsteller im mittelalterlichen Norden, und auch einer der ersten im ganzen mittelalterlichen Europa, ist der unbekannte Mann, der den Königsspiegel* aller Wahrscheinlichkeit nach um die Mitte des 13. Jahrhunderts herum geschrieben hat.[450] Wenn man von der zeitgenössischen oder früheren geographischen Literatur in Europa mit all ihrem Aberglauben und ihrer Unklarheit zu diesem meisterhaften Werk übergeht, so ist der Unterschied auffallend. Schon beim ersten Auftreten Skandinaviens in der Literatur, mit der schlichten, natürlichen Beschreibung, die Ottar dem König Alfred von seiner Reise macht, treten die vielen zuverlässigen Angaben über die bisher unbekannten Gegenden scharf hervor und lassen auf eine nüchterne Beobachtungsgabe schließen, die sich sehr unterscheidet von dem, was man in der Literatur des Mittelalters gewöhnlich antrifft. Dies ist in noch höherem Grade im Königsspiegel der Fall, und der Unterschied zwischen dem, was dort über den Norden mitgeteilt wird, und allem, was wir weniger als 200 Jahre früher bei Adam von Bremen darüber finden, ist auffallend. Abgesehen davon, daß die ganze Darstellung durch einen überlegenen Verstand gestützt wird, zeigt sie eine Einsicht und eine Beobachtungsgabe, wie man sie selten, und nicht zum wenigsten zu jener Zeit, findet; in vielen Punkten war dieser merkwürdige Mann seiner Zeit offenbar um Jahrhunderte voraus. Obwohl mit vielem aus der früheren Literatur des Mittelalters wohl bekannt, hat er sich von ihren Fabelvorstellungen in beachtenswertem Grad freigemacht. Wir hören nichts von den vielen fabelhaften Völkern, die noch bei viel späteren Autoren allgemein auftreten, auch nichts von Meeresschlünden und ebensowenig von dem geronnenen, finsteren Meer; anstatt dessen erhalten wir neue, ausführliche Aufklärungen über die

* Der Name des Werkes (Konungs-Skuggsjá oder Speculum Regale) hat sein ursprüngliches Vorbild an den Namen der Bücher, die in Indien zur Erziehung der Fürsten geschrieben wurden und Fürstenspiegel hießen. Als Nachahmung dieser wurde „Spiegel" (speculum) im Mittelalter in Europa Werken verschiedener Art als Titel gegeben.

nördlichen Regionen, und dies geschieht mit einer Klarheit, wie sie schon bei Ottar überraschte. Wir erhalten auch eine merkwürdig gute Beschreibung des Meereises, seiner Drift usw. (vgl. I, 302 fg.); wir erhalten dazu noch eine Schilderung der Tierwelt der nordischen Meere, die in der früheren Weltliteratur kein Seitenstück hat (vgl. II, 101 fg.). Es werden nicht weniger als 21 verschiedene Walfischarten namhaft gemacht. Wenn man berücksichtigt, daß drei davon aller Wahrscheinlichkeit nach Haifische sind, und daß zwei vielleicht als Doppelname dieselbe Walart bezeichnen, so entspricht die Zahl genau der Anzahl der Arten, die man von den nordischen Gewässern her kennt. An See-

Randzeichnung im Flateyjarbuch (aus den Jahren 1387—1394).

hunden werden sechs beschrieben, was sich mit der Anzahl der Arten deckt, die an den Küsten Norwegens und Grönlands leben. Außerdem wird das Walroß (rostung) sehr gut geschildert. Aber ganz hat der Verfasser des Königsspiegels dem Zauberwesen des Meeres auch nicht entrinnen können. Er schildert aus dem Islandmeer das unermeßliche Ungeheuer „hafgufa", welches eher wie ein Land als wie ein Fisch aussieht, und er glaubt nicht, daß mehr als zwei dieser Art im Meere seien. Es ist dasselbe Ungeheuer, welches die norwegischen Fischer heutzutage den „Sjöhhorve" oder Kraken nennen, und sicherlich auch dasselbe, welches in alten orientalischen Sagen vorkommt und in der Brandanlegende als der große Walfisch, den die Reisenden für eine Insel halten und auf welchem sie an Land gehen (vgl. Anm. 441), wiederkehrt. Im Grönlandmeer hat der Königsspiegel zwei Arten Koboldwesen im Meere, den hafstrambr [eine Art Meermann], dessen Leib wie ein Gletscher anzuschauen war, und die mar-gygr [d. h. Meerfrau], welche beide ausführlich beschrieben werden. Im Grönlandmeer sollen auch die seltsamen, gefährlichen hafgerðingar [Meerzäune] sein, von denen auch die Sagas erzählen [und über welche es ein eigenes Lied, das hafgerðinga-drápa gibt]. Der Verfasser kann nicht recht klug daraus werden, was es eigentlich mit diesem Wunder auf sich hat, denn „es hat am ersten den Anschein, „als ob sich alle Meeresstürme und Wogen, die in jenem Meer sind, „an drei Stellen versammeln und zu drei Wellen werden. Es um„zäunt das ganze Meer, so daß man auf keinem Weg hinauszu„kommen weiß, und es ist höher als große Berge und steilen „Gebirgen ähnlich" usw. Aller Wahrscheinlichkeit nach wird der Glaube an diese Meerzäune von etwas wirklich Geschehenem herstammen, vielleicht vor allem von Erdbebenwellen oder einem Meerbeben, das in der Nähe der vulkanischen Insel Island manchmal vorgekommen sein kann. Merkwürdig aber ist es, daß diese Wellen im Königsspiegel mit Grönland in Verbindung gebracht werden. Es ließe sich auch denken, daß die Meerzäune irgendwie mit den Wellen zusammenhängen könnten, die gebildet werden, wenn Eisberge umschlagen.

Von Ländern werden hauptsächlich Irland, Island und Grönland beschrieben; aber es charakterisiert den Verfasser, daß seine Darstellung um so freier von allerlei fabelhaften Zusätzen wird, je weiter er nach Norden gelangt und je weiter er sich von den allgemein bekannten Gegenden entfernt. Auf Irland liegt er noch in den Banden des Aberglaubens jener Zeit und besonders in denen der Fabelgeschichten der Priester über sich selbst und von den heiligen Männern und der Berichte des englischen Schriftstellers Giraldus Cambrensis.[451] Auf Island bleibt er meistens frei von solchem lästigen Ballast, und er gibt uns wertvolle Aufklärungen über Islands Gletscher, über

„Gletscherlauf" (Jökellaup)*, über die kochenden, hochaufspringenden Quellen usw. Das kalte Klima Islands meint er auf die Nachbarschaft Grönlands zurückführen zu müssen, von welchem Lande große Kälte ausgehe, weil es vor allen andern Ländern mit Eis bedeckt sei; daher habe auch Island so viel Eis in seinen Gebirgen. Obgleich er mit der Möglichkeit rechnet, daß die Vulkane des Landes dem Höllenfeuer zuzuschreiben seien, daß also hier das wirkliche Fegefeuer der Toten sei, und die Hölle nicht, wie der heilige Papst Gregorius angenommen hat, auf Sizilien liege, so hat er trotzdem eine andere, vernünftigere Erklärung des Ursprungs der Erdbeben und der Vulkane. Sie können durch leere Gänge und Höhlen im Grundgestein des Landes entstehen, welche entweder durch die Gewalt des Windes oder durch die Macht der wütenden See derartig mit Luft angefüllt werden, so daß sie den Druck nicht aushalten; dadurch kann es zu starken Erdbeben kommen. Die heftige Spannung und das Zersprengen des Gesteins, welches die Luft im Grunde des Landes verursacht, kann das große Feuer entzünden, welches dann an verschiedenen Stellen des Landes hervorbricht. Man darf indessen nicht glauben, daß es sich ganz gewiß gerade so verhalte, aber man soll lieber solche Dinge sammeln, um die Erklärung zu erhalten, die am meisten denkbar erscheint, denn „das sehen wir, daß von Kraft (afli) alles Feuer kommt. Wenn „harter Stein und hartes Eisen aufeinanderschlagen, dann kommt „Feuer durch das Eisen und die Kraft, womit sie gegeneinander ge„schlagen werden. Holzstücke kannst du auch so lange aneinanderreiben, „daß von der Arbeit, welche sie haben, Feuer kommt. Es geschieht auch „häufig, daß sich zwei Winde erheben, jeder auf seiner Seite und der „eine gegen den andern, und wenn sie dann einander in der Luft begeg„nen, gibt es einen heftigen Zusammenstoß, und dieser Stoß gibt „großes Feuer von sich, das sich weit umher in der Luft verbreitet" usw.

* Während vulkanischer Ausbrüche schmelzen die Gletscher plötzlich und bilden gefährliche, mit Eisstücken beladene Flüsse, die alles überschwemmen. Diese Erscheinung wird Jökellaup genannt und ist hier mit „Gletscherlauf" bezeichnet.

Dies ist eine Vorstellung von Zusammenhang zwischen Arbeit (Reibung) und Kraft (Bewegung) und eine Erklärung des möglichen Ursprunges des Vulkanismus, die im 13. Jahrh. geradezu verblüfft und den Verfasser seiner Zeit um Jahrhunderte vorausgeeilt erscheinen läßt; es sind die ersten Keime der Auffassung der Erhaltung der Energie.

Grönlands Gletscher oder Inlandeis. Seine Mitteilungen über Grönland sind durch ihre nüchterne Zuverlässigkeit merkwürdig. Von dem Inlandeise dieses Landes gibt er die erste Beschreibung:

„Doch wenn du fragst, ob das Land aufgetaut ist oder nicht, „oder ob es mit Eis bedeckt ist wie das Meer, so sollst du als gewiß „wissen, daß es dort kleine Stücke Landes gibt, welche aufgetaut sind, „aber alles andere ist mit Eis bedeckt, „und die Leute wissen nicht, ob das „Land groß oder klein ist, weil alle Ge- „birgszüge und die Täler mit Eis be- „deckt sind, so daß niemand einen Weg „ins Innere hinein findet. Aber in „Wirklichkeit muß es nun so sein, daß „es dort doch Wege gibt, entweder in „den Tälern, die zwischen den Gebirgen „liegen, oder an den Ufern entlang, so „daß die Tiere sich dort durch finden „können, denn sonst können die Tiere „nicht aus andern Ländern dorthin „ziehen, wenn sie keinen Weg durch das Eis und nicht das Land „aufgetaut finden. Aber oft haben die Leute es versucht, an ver- „schiedenen Stellen landeinwärts auf die Berge, welche am höchsten „sind, hinaufzugehen, um sich umzusehen, und sie wollten wissen, ob „etwas auf dem Lande aufgetaut (d. h. eisfrei) und anbaufähig sei, „und man hat nichts Derartiges gefunden, außer da, wo jetzt Leute „wohnen, und das ist nur wenig ganz vorn am Ufer selbst."

Norwegische Handschrift des Gulating-Gesetzes (14. Jahrh.).

Grönlands Gletscher ein Kältepol. Dies ist, wie wir sehen, eine außerordentlich zutreffende Schilderung der mächtigen Eisdecke. Er beschreibt auch das Klima des Landes, sowohl das schöne Wetter, welches dort oft im Sommer ist, wie auch seine rauhe Natur, welche bewirkt, daß nur ein so kleiner Teil des Landes bewohnbar ist.

„Das Land ist kalt, und der Gletscher [d. h. das große Eis oder „das Inlandeis] hat die Natur, daß er kalte Winde von sich gibt, „welche die Schauer von seinem Gesichte forttreiben, und über seinem „Haupte ist es meistens wolkenlos. Aber oft müssen seine nächsten „Nachbarn darunter leiden, weil alle andern Länder, die in seiner „Nähe liegen, viel schlechtes Wetter von ihm erhalten und alles auf „sie herabfällt, was er mit seinem kalten Hauche von sich abwirft."

Wenn auch nur in einfachen, alltäglichen Worten, ist hier in Wirklichkeit der Gedanke ausgedrückt, daß Grönland und die angrenzenden Regionen unverhältnismäßig kalt sind und daß dies jedenfalls zum Teil von dem Grönlandgletscher herrührt, der abkühlend wirkt (wie ein antizyklonischer Kältepol). Dies ist bis zu einem gewissen Grade richtig. Beim Durchqueren Grönlands im Jahre 1888 fand ich, daß über dem Inlandeise ein Kältepol [Antizyklon] liegt, von welchem kalte Luft ausströmt. Wissenschaftliche Größe hängt nicht immer von Gelehrsamkeit oder scharfsinnigen gelehrten Kombinationen ab, ihr Träger ist ebensooft der gesunde Menschenverstand.

Grönlands Bewohner. Die Beschreibung der skandinavisch-isländischen Bewohner Grönlands und ihres Lebens im Königsspiegel ist schon früher teilweise wiedergegeben worden (I, 299 fg.); merkwürdigerweise ist von den Skrälingern gar keine Rede. Vom Nordlicht gibt der Verfasser eine malerische Schilderung, und er versucht auch, seine Ursache zu erklären. Es ist, wie bereits erwähnt (II, 26 und Anm. 368), auffällig, daß es als eine besondere Eigentümlichkeit Grönlands angeführt wird, während er es doch selbstverständlich recht gut aus Norwegen gekannt hat.

Weltanschauung. Die Weltanschauung des Königsspiegels stützt sich auf die älteren Schriftsteller des Mittelalters, besonders auf die des Isidor. Die Kugelform der Erde und der Lauf der Sonne werden beschrieben, ebenso auch die Zonenlehre des Macrobius. In den kalten Zonen hat die Kälte eine solche Macht an sich gezogen, daß die Gewässer ihre Natur verleugnen und sich in Eis verwandeln, und alle Länder und Meere sind dort mit Eis bedeckt. Sie sind fast unbewohnbar, aber dennoch meint der Verfasser, daß Grönland in der nördlichen kalten Zone liege. Seiner Meinung nach ist „es Festland und hängt mit andern „Festländern zusammen", wie schon gesagt, weil es dort eine Menge Landtiere gibt, die man kaum auf Inseln findet. Es „liegt auf „der äußersten Seite der Welt nach Norden zu, und er glaubt nicht, „daß jenseits Grönlands außerhalb Heimskringla [des Weltkreises, „orbis terrarum] noch Land sei, sondern nur das große Meer, welches „um die Welt herumfließt, und das sagen Leute, die weise sind, daß „bei Grönland der Sund einschneidet, den das leere Meer durchströmt „und wodurch es in die Kluft zwischen den Ländern (landa-klofi) „hineinkommt, und nachher bildet es abwechselnd Fjorde und Meerbusen „überall zwischen den Ländern, wo es in die Heimskringla hineinläuft."

Es ist, wie wir sehen, ganz derselbe Gedanke, den wir schon früher (II, 188) erwähnt haben, daß das Außenmeer in das innere Meer hineinströme durch eine Meeresstraße zwischen Grönland und einem andern, südlich davon liegenden Festlande, entschieden Vinland, das hier also auch als ein Teil Afrikas (vgl. I, 188) aufgefaßt wird.

Übrigens ist es auffallend, daß im Königsspiegel weder von Vinland, noch von Markland oder Helluland die Rede ist, und auch Svalbard, Bjarmeland usw. gar nicht genannt werden. Es wird also darin keine vollständige Schilderung der nordischen Länder gegeben, aber das, was wir von dem Werke kennen, ist ja auch nur ein Bruchstück und vielleicht ist es nie ganz vollendet worden.

Claudius Clavus.

Claudius Claussön Swart, geboren 1388. Das Verdienst, den Namen Grönlands nebst den geographischen Vorstellungen der alten Skandinavier vom äußersten Norden in die Kartographie eingeführt zu haben, gebührt, soviel man weiß, dem Dänen Claudius Claussön Swart, auf lateinisch allgemein Claudius Clavus (manchmal auch Nicolaus Niger) genannt. Er wurde im Jahre 1388 auf der Insel Fünen geboren, wanderte in Europa umher und ist, wie Storm [1891, S. 17 fg.] nachgewiesen hat, aller Wahrscheinlichkeit nach der Nicolaus Gothus, von welchem im Januar 1424 in Rom die Rede ist und der dort erzählt haben soll, daß er im Kloster zu Sorö bei Roskilde ein Exemplar des Livius gesehen habe (was von Claudius wahrscheinlich erlogen war). Von ihm heißt es, daß er ein Mann mit scharfem Verstand, aber wankelmütig und unstet gewesen sei. Sein späteres Schicksal ist unbekannt. Zu Vervollständigung der Geographie des Ptolemaios mit ihrem Kartenwerke, die gerade zu seiner Zeit (1409) durch eine lateinische Übersetzung in Westeuropa bekannt wurde, fertigte er wahrscheinlich in Italien zwei Karten des Nordens mit dazu gehörenden Beschreibungen an. Die Karten müssen entweder von ihm selbst oder jedenfalls mit seiner Hilfe gezeichnet worden sein. Sie sind die ersten in Westeuropa bekannten Karten, die nach dem Muster des Ptolemaios (oder des Marinos) mit Breiten- und Längengraden[452] versehen sind, und sie bezeichnen dadurch den Beginn einer wissenschaftlicheren Kartographie und Erdbeschreibung in Westeuropa.[453]

Die Karten des Clavus. Seine erste Karte (die Nancy-Karte) muß in den Jahren zwischen 1413 und 1427, wahrscheinlich zwischen 1424 und 1427, gezeichnet worden sein; sie kann indessen niemals sehr bekannt gewesen sein, da sie auf die Kartographie der folgenden Zeiten keinen merkbaren Einfluß ausgeübt hat. Der französische Kardinal Filastre († 1428), der sich im Jahre 1427 in Rom aufhielt, hat sie dort gesehen und eine verkleinerte Kopie von ihr gemacht, die er mit einer Abschrift des dazugehörenden Textes in seine eigene Abschrift der lateinischen Übersetzung der mit Karten versehenen Geographie des Ptolemaios einbinden ließ. Dieses Werk wurde erst 1835 in Nancy wiedergefunden und veröffentlicht; infolgedessen wird die Karte gewöhnlich die Nancy-Karte genannt. Die andere Karte des

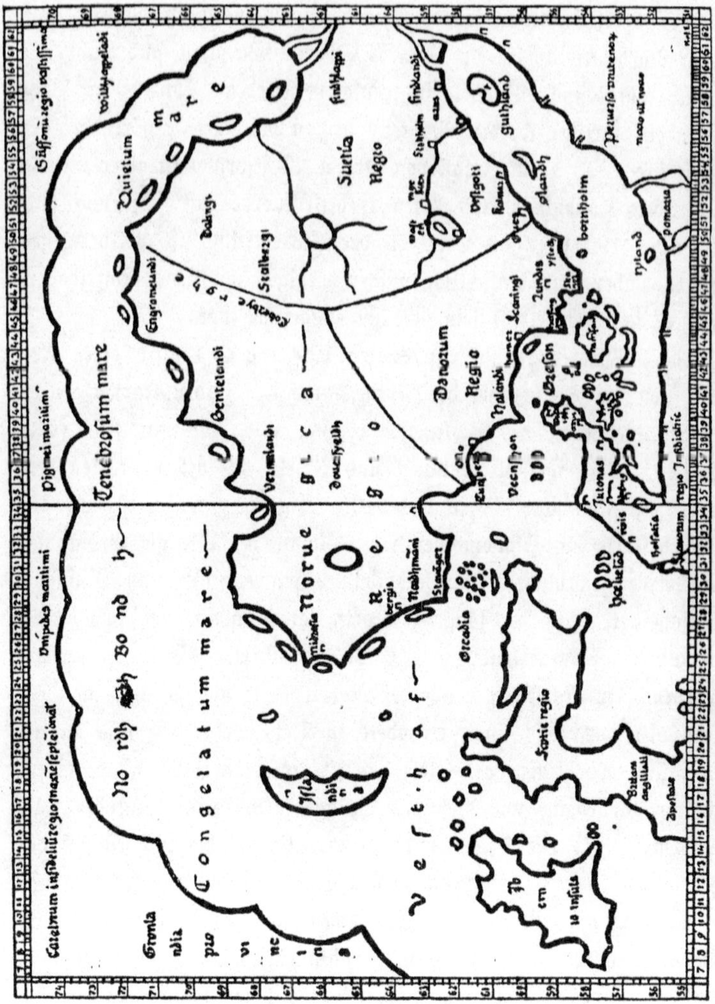

Nancy-Karte. Kopie aus dem Jahre 1427 von Claudius Clavus' erster Karte des Nordens.

Das Gradnetz ist der Deutlichkeit halber weggelassen.

Clavus, die später als die erwähnte gezeichnet worden zu sein scheint, hat zwei Jahrhunderte hindurch desto größeren Einfluß auf die kartographische Darstellung der nördlichen Regionen der Welt gehabt.

Eine Kopie dieser jüngeren Karte wurde zuerst im Jahre 1889 durch Nordenskiöld [1889, Tafel XXX] in Warschau ans Licht gezogen; später sind mehrere, ein wenig verschiedene Kopien der Vergessenheit entrissen worden, während der zu der Karte gehörende Text im Jahre 1900 durch Zufall von Dr. A. A. Björnbo in einer mittelalterlichen Handschrift aus Wien entdeckt worden ist [Björnbo und Petersen, 1904]. Das Original der Karte selbst ist verloren gegangen, aber nur hinsichtlich einiger weniger wichtiger Einzelheiten kann es jetzt zweifelhaft sein, wie sie ausgesehen hat.

Die Wiedergabe auf den Seiten 199 und 201 wird einen Begriff von der Darstellung des Nordens auf den beiden Karten geben. Soweit die Karte des Ptolemaios reichte, sind, wie man sieht (vgl. I, 120, 121), ihre Küstenlinien und Inseln auf beiden Karten beinahe mit sklavischer Treue beibehalten worden. Dazu ist auf der Nancy-Karte ein Skandinavien mit Island, der Ostküste Grönlands und einer nördlichen Landverbindung zwischen ihr und Rußland hinzugefügt. Auf der jüngeren Karte hat Skandinavien eine etwas veränderte Form erhalten und Grönland ist eine Westküste gegeben worden. An Namen sind auf der Nancy-Karte nur wenige, im Text sind viel mehr angeführt, besonders in Dänemark. Sie sind augenscheinlich, was Dänemark selbst betrifft, in großem Maßstabe einem älteren Reisebuche wie dem aus Brügge [Itinéraire Brugeois, vgl. Storm, 1891, S. 19] entlehnt worden. Einige der Namen auf der Karte, wie bergis, nidrosia und ähnliche, können älteren Kompaßkarten entnommen sein; beide Texte haben die nordische Form B e r g e n. Landspitzen, Buchten und Inseln (an den Küsten Norwegens, Islands und Grönlands), für welche er keine Namen hatte (und welche übrigens freie Erfindung des Zeichners sind), sind in dem Nancy-Texte mit lateinischen Zahlwörtern (Primum, Secundum usw.) bezeichnet worden

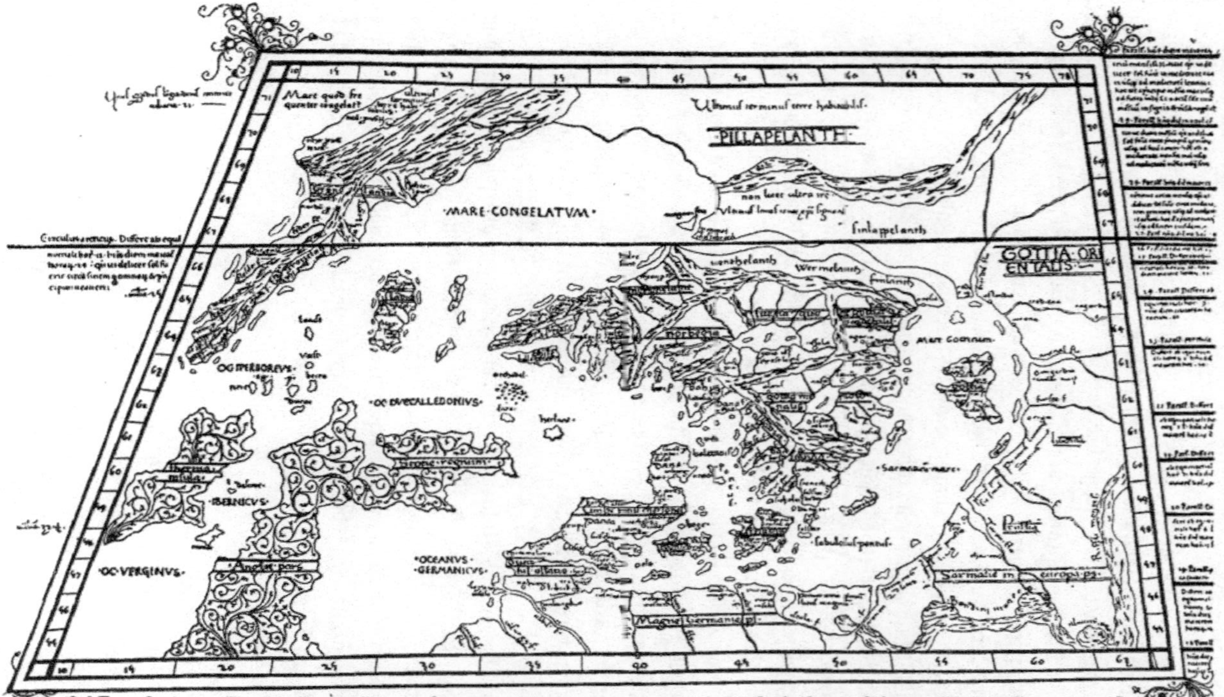

Kopie von Claudius Clavus' jüngerer Karte, ungefähr aus dem Jahre 1467. Die Kopie ist ausgeführt von Nicolaus Germanus.
Da die Karte in trapezförmiger Projektion mit konvergierenden Meridianen hergestellt ist, hat unter anderem Grönland eine sehr schiefe Lage erhalten.

oder auch bloß nacheinander genannt (auf Island), ein sicheres Kennzeichen, daß Clavus von diesen Küsten nichts gewußt oder auch nicht einmal etwas über sie gehört hat.

Die Mystifikation des Clavus in seinen geographischen Namen. Auf seiner jüngeren Karte hat Clavus dem Mangel an Namen auf eine geradezu verblüffende Art und Weise abgeholfen. Noch immer bedient er sich an einigen Küsten lateinischer Zahlwörter, um z. B. Buchten zu bezeichnen, aber daneben hat er an der Küste der Ostsee und in Schweden dänische Zahlwörter benutzt wie: „Første aa fluuii „ostia [Erster Fluß, Flußmündung] Annen aa . . . . ." usw. Die Bewohner des Südens, die kein Dänisch verstanden, mußten dies als Namen auffassen und haben diese Namen auf alle mögliche Weise verdreht. Schlimmer war es, daß er sich auf Gotland und in Norwegen als Namen der gezeichneten Landspitzen und Flüsse der Worte eines sinnlosen Gewäsches bediente: Enarene, apocane, uithu, wultu, segh, sarlecrogh usw. (augenscheinlich dem von Kindern beim Abzählen hergeleierten „Anniken, fanniken, fiken, foken" usw.[454] entsprechend). Auf Island benutzte er Namen der Runenbuchstaben, um Landspitzen und Flüsse zu benennen; aber am allersonderbarsten sind doch seine Namen in Grönland, die bei Landspitzen und Flußmündungen (!) abwechseln. Wenn man, wie Bjørnbo und Petersen nachgewiesen haben, diese Namen hintereinander von der nördlichsten Landspitze der Ostküste an südwärts um das ganze Land herum liest, so wird daraus folgende Strophe im Dialekte der Insel Fünen:

„Thær boer eeynh manh secundum [= ij?][455] eyn Gronelandsz aa,
„ooc Spieldebedh munde hanyd heyde;
„meer hawer han aff nidefildh,
„een hanh hawer flesk hinth feyde.
„Nordh um driuer sandhin naa new new."

(Es wohnt ein Mann secundum [= in?] einem Grönlandflusse, und Spieldebedh mochte er heißen;

mehr hat er an „nidefildh“ [= lausiger Pelzdecke?],
als er den fetten Speck hat.
Von Norden her treibt es nun auf den Sand [?].

Der Vers ist, wie Axel Olrik hervorgehoben hat, offenbar eine Nachahmung oder Travestie der Volkslieder und das Vorbild ist, wie durch Karl Aubert nachgewiesen worden ist[466], sicherlich der Anfangsvers des Volksliedes gewesen, das wir heutzutage unter dem Namen „Kung Speleman“ [„König Spielmann“] aus Schweden kennen:

„Dher bodde een kjempe vid Helsingborg,
„Kung Speleman månde han heta,
„Visst hade han mera boda sölf,
„Än andra flesket dhet feta.
„Uren drifver noran, och hafvet sunnan för noran.“
(Dort wohnte ein Riese bei Helsingborg,
König Spielmann mochte er heißen,
Gewiß hatte er mehr Silber in der Vorratskammer
Als andere an Speck dem fetten.
usw. usw.

Diese hier von Clavus benutzte Methode, geographische Namen herzustellen, erinnert an die Bezeichnung der Noten in der Tonskala des Mittelalters, wozu man sich der Worte einer lateinischen Hymne bediente; es erscheint natürlich, daß es gerade dieses Verfahren ist, das er nachgeahmt hat. Doch seine Mystifikation mit diesen vielen seltsamen Namen, die in Südeuropa niemand verstand und die sich im Laufe der Zeit viele Verdrehungen haben gefallen lassen müssen, hat viel Schererei verursacht; viele scharfsinnige Leute haben sich den Kopf darüber zerbrochen, um gelehrte etymologische Deutungen ihres Ursprunges zu finden, bis die glückliche Entdeckung des jüngeren Textes des Clavus durch Björnbo das Rätsel gelöst hat.

Verschiedene Auffassungen über die Karten des Clavus und deren Ursprung. Björnbo und Petersen haben sich durch ihr wertvolles Werk über Claudius Clavus mit der Wiedergabe seines Textes, das Verdienst erworben, Klarheit in das Verhältnis zwischen seiner jüngeren und seiner älteren Karte gebracht zu haben. Sie haben die Ansicht verfochten, daß Claudius Clavus seine erste Karte (die Nancy-Karte) mit dem dazu gehörenden lateinischen Text in Italien angefertigt haben müsse; merkwürdigerweise meinen sie aber, daß er die italienischen Kompaßkarten als unbrauchbar zur Darstellung des Nordens gänzlich verworfen und sein Bild des Nordens als Hinzufügung zu den Küstenlinien des Ptolemaios ganz unabhängig von den Kompaßkarten und nur nach Mitteilungen, die er aus nordischen Quellen erhalten, zusammengestellt habe. Darauf wäre er dann aus Interesse an der Sache, um seine geographischen Kenntnisse zu erweitern, nach dem Norden zurückgereist; indem die beiden Verfasser auf die Behauptung des Clavus (in seinem jüngeren Texte) bauen, daß er aus eigener Anschauung schreibe, meinen sie sogar, daß er eine geographische Forschungsreise, zuerst nach Norwegen (Drontheim) und dann nach Grönland unternommen habe. Und darauf hätte er im Norden seine jüngere Karte gezeichnet und den Text (auf lateinisch) dazu geschrieben.

Ich bin zu einer ganz andern Ansicht gelangt. Seine ältere Karte muß sich, meiner Meinung nach, nicht allein auf die Darstellung des Ptolemaios, sondern daneben auch in großem Umfang auf italienische Karten stützen. Seine jüngere Karte und der dazu gehörende Text beweisen, wie mir scheint, mit Sicherheit, daß er weder in Norwegen noch in Grönland gewesen sein kann, und ich habe nicht eine einzige Mitteilung im Wiener Texte und auch keine Küstenlinie auf seiner jüngeren Karte finden können, woraus sich schließen ließe, daß er innerhalb der zwischen den beiden Arbeiten liegenden Zeit außerhalb Italiens gewesen ist. Freilich sind in der jüngeren Arbeit mehr Einzelheiten in die Darstellung Dänemarks, besonders der Insel Seeland, eingefügt worden; aber sie verraten nicht mehr Ortskenntnis, als man dem in Fünen geborenen Clavus schon vor dem Zeichnen seiner ersten Karte müßte zutrauen können, selbst wenn er es damals noch nicht gewagt hat, an der von Ptolemaios gegebenen Form von Skandia, das ihm natürlich zu Seeland wurde, etwas zu verändern. Nach diesem ersten Versuch kann er indessen mehr Mut gewonnen haben, sich mit seinem Wissen weiter hinauszuwagen. Einige neue Nachrichten mag er z. B. auch im päpstlichen Archiv gefunden haben. Außerdem können ihm ja auch durch Leute aus den Ländern des Nordens mündliche Aufklärungen zugegangen sein. In Anbetracht der dichterischen Neigungen, die Clavus bei der Namengebung, und zum Teil auch bei den Küstenlinien auf seiner Karte gezeigt hat und die sich vielleicht auch bei seiner Behauptung, daß er eine vollständige Livius-Handschrift im Kloster zu Sorö* gesehen habe, geltend gemacht haben, tritt man seiner Ehre wohl kaum zu nahe, wenn man annimmt, daß seine (an zwei Stellen im Wiener Texte ausgesprochene) Behauptung, Pygmäen aus einem Lande im Norden und Karelier in Grönland selbst gesehen zu haben, eine rhetorische Wendung sei, die darauf berechnet ist, das Vertrauen des Lesers zu verstärken, und die höchstens besagt, daß er in älteren Quellen etwas über diese Völker gelesen hat.

Nach Anhörung meiner Gründe haben Björnbo und Petersen sich meinen Ansichten in allem Wesentlichen angeschlossen. Besonders stimmen sie darin mit mir überein, daß Clavus nicht in Grönland gewesen sein kann, daß aber die Darstellung dieses Landes auf seiner letzten Karte sich auf die Mediceische Weltkarte stützt, wie später noch angeführt werden soll. Es erscheint mir daher überflüssig, hier näher auf die Gründe einzugehen, die Björnbo und Petersen in ihrem Werke für ihre frühere Anschauung angeführt haben.

Claudius Clavus mag beauftragt gewesen sein, das neu aufgefundene Kartenwerk des Ptolemaios mit dem, was er selbst über den Norden wußte, zu erweitern; zu diesem Zwecke sind seine Karten ent-

---

* Es wurden später (1451 und 1461) mehrere vergebliche Nachforschungen nach dieser Handschrift des Livius im Soröer Kloster angestellt, und man kann infolgedessen mit gutem Grund an der Wahrheit dieser Behauptung zweifeln [vgl. Björnbo und Petersen, 1909, S. 197 fg.].

weder von ihm selbst oder auch nach seinen Mitteilungen und Anweisungen von einem berufsmäßigen Kartenzeichner in Italien gezeichnet worden. Der Text ist nach jeder Karte als ihre Beschreibung zusammengestellt worden; die Breiten und Längen hat er aus der Karte genommen [vgl. Björnbo und Petersen, 1904, S. 130]. Mit der gewöhnlichen abergläubischen Ehrfurcht seiner Zeit vor älteren gelehrten Quellen im allgemeinen und Ptolemaios im besonderen hat er es nicht gewagt, an den Küstenlinien oder Breitengraden des letzteren, soweit es anging, etwas zu ändern; selbst bei den dänischen Inseln hat er es nur zögernd getan, so hat Seeland auf seinem ersten Entwurfe (der Nancy-Karte) noch dieselbe Gestalt wie Skandia bei Ptolemaios usw. Zu dessen Küstenlinien hat er dann hinzugefügt, was er wußte oder von anderer Seite her in Erfahrung bringen konnte.

Die Quellen und die Entstehung der Nancy-Karte. Zu seiner ältesten Karte (der Nancy-Karte) kann man außer den Kartenblättern des Ptolemaios über Nordeuropa noch folgende Quellen voraussetzen: Die Weltkarte des Pietro Vesconte (aus der Zeit um 1320) zu dem Werke des Marino Sanudo[457], und die anonyme Weltkarte, die jetzt in dem sogenannten Mediceischen Seeatlas, aus dem Jahre 1351, in Florenz[458] erhalten ist; ferner entweder das Reisebuch aus Brügge [Itinéraire Brugeois, vgl. Storm, 1891, S. 19] selbst oder eine seiner älteren Quellen. Möglicherweise hat er auch, jedenfalls teilweise, eine Schrift (auf isländisch?) gehabt, die in den vierten Teil der Rymbegla [1780] aufgenommen ist; daß er auch, wie Björnbo und Petersen angenommen haben, die isländischen Kursvorschriften gekannt hat, erscheint mir weniger sicher, obwohl es nicht ausgeschlossen ist; vielleicht könnte es wahrscheinlicher sein, daß er die eine oder andere Mitteilung aus Ivar Bårdssons Grönlandbeschreibung gesehen hat, z. B. in einem Reisebuch. Ich habe nirgends ein sicheres Anzeichen finden können, daß er die II, 185 erwähnte isländische Erdbeschreibung gekannt hat; die Landverbindung zwischen Grönland und Rußland mag ihm vielleicht noch eher aus irgendeinem Märchen oder aus irgendeiner Märchensaga[459] bekannt sein; dorther (oder aus Ivar Bårdssons Beschreibung?) kann auch die Namenform Nordbotn (Nordhindh Bondh) stammen (vgl. Anm. 384, I, 284), die aus der isländischen Erdbeschreibung nicht bekannt ist, aber am ehesten eine Märchenform zu sein scheint. Einige Namen, wie die der Stiftstädte in Norwegen, der Bischofssitze in Island u. dgl. kann Clavus leicht aus dem päpstlichen Archiv in Rom erfahren haben.

Vor allen Dingen hat der Kartenzeichner die folgenden Länder genau nach Ptolemaios angebracht: Irland mit den umliegenden Inseln und sechs Hebriden im Nordosten, Schottland mit der Insel Dumna und der Inselgruppe „Orcadia" im Norden (die Insel Okitis ein wenig weiter ostwärts) und die Südküste Thules weiter nördlich; ferner Jütland mit seinen kleinen Inseln ringsherum und mit der großen Insel Skandia, aus der natürlich Seeland geworden ist (er hat Fünen und einige andere Inseln hinzugefügt); schließlich die Küste Germaniens und Sarmatiens nach Osten hin bis zum 63. Grad nördlicher Breite hinauf und mit derselben Anzahl der Flußmündungen wie bei Ptolemaios. Da diese Küste eine viel kürzere Strecke ostwärts verläuft, als die Ostsee sich auf den Kompaßkarten hinzieht, ist die Ostsee des Clavus kürzer ausgefallen als die jener Karten, und ihre Gestalt mußte nach der Küstenlinie des Ptolemaios verändert werden. An dem Nordende dieser Linie hat der Kartenzeichner möglicherweise die nach Westen gehende Skandinavische Halbinsel des Pietro Vesconte angebracht (vgl. die Karten II, 173, 174); da er aber auf den Kompaßkarten sah, daß Norwegen sich im Westen nordwärts bis über Schottland hinaus erstreckte, wo er auf der Karte des Ptolemaios Thule fand, mußte es naheliegen anzunehmen, daß dieses Land die Südspitze Norwegens sei, und er sah sich daher genötigt, Vescontes Halbinsel weiter nach Westen zu verlängern. Die Südküste dieser Halbinsel kann nach dem Vorbild der Medici-Karte oder einer ähnlichen gezeichnet worden sein. Da die Südküste der Ostsee nach Ptolemaios weit nach Süden verlegt war und Jütland eine andere, viel kleinere Gestalt erhielt als auf der Medici-Karte, dazu auch stark nach Osten hin umgebogen war; und da Schonen dicht bei Seeland (Skandia) liegen sollte, mußte der Kartenzeichner die Schonen entsprechende Halbinsel um etwa fünf Breitengrade nach Süden verlegen. Der Südküste Thules (mit ostsüdöstlicher Richtung) auf der Karte des Ptolemaios entsprach ungefähr die Südküste der auf der Medici-Karte nördlich von Schottland liegenden Halbinsel (siehe Abb. II, 184, 210); sie lag fast auf demselben Breitengrade, mußte aber wegen der rätselhaften Verlängerung Schottlands nach Osten hin auf der Karte des Ptolemaios um gute 15 Längengrade ostwärts verlegt werden. Thule wurde so mit Norwegen verbunden[460], und die Südküste erhielt genau dieselbe Form wie die Südküste der erwähnten Halbinsel, mit drei gebogenen Buchten (die breiteste am östlichsten) und einer nach Südosten gehenden Landspitze. Die Küste zwischen diesem Vorsprung und Schonen kann so mit derselben Anzahl von vier großen Buchten wie auf der Medici-Karte gezeichnet werden: einer tieferen am weitesten nach Westen, der eine breite Halbinsel folgt, zwei weiten, offenen Buchten, die eine schmale Halbinsel trennt, und schließlich einer kleineren Bucht der Insel Seeland gegenüber. Halandi auf der Nancy-Karte kommt dabei an eine Stelle, die derjenigen des Alolanda auf der Mediceischen Weltkarte (II, 184) entspricht.*

Soweit ist es allerdings ziemlich leicht gegangen, die Karten miteinander zu vereinigen; dann dürfte aber Norwegen nach den meisten Kompaßkarten keine sonderlich weitere Ausdehnung nach Westen hin haben, während dagegen die nordischen Anschauungen ganz im Westen ein Grönland und außerdem im Norden ein Land zwischen ihm und Rußland verlangten. Hierzu paßte die westlichste Landzunge Norwegens auf der Mediceischen Weltkarte[461] merkwürdig gut. Die Südspitze Grönlands hat bei Clavus denn auch dieselbe Länge im

* Es besteht selbstverständlich immerhin die Möglichkeit, daß Clavus Karten des Medici-Typus besessen haben kann, die noch mehr Ähnlichkeit mit der Nancy-Karte hatten als diejenigen, welche wir kennen.

Verhältnis zu Irlands Westküste und ungefähr dieselbe Breite wie auf dieser Karte. Dort war es auch im Norden eine ausgedehnte Ländermasse. Nach verschiedenen Darstellungen, wie auf Vescontes Weltkarte, der Beschreibung bei Saxo (vgl. II, 173 fg.) u. a., sollte auf der Nordseite der Skandinavischen Halbinsel ein Meerbusen in das Land hineinragen. Nach Darstellungen wie der auf der Genter Lambert-Karte (vgl. II, 134) hatte dieser Meeresarm dieselbe Form wie der Meeresarm auf der Südseite Skandinaviens, und zwischen diesen beiden Meeresarmen sollte nur eine schmale Landenge sein, welche die Halbinsel mit dem Festlande verband (vgl. Saxo). Auf der Nancy-Karte ist denn auch die Nordküste Skandinaviens beinahe ganz ebenso gezeichnet worden wie die Südküste und hat auch dieselbe Anzahl Vorsprünge und Buchten, die einander sogar in der Form beinahe ganz entsprechen. Auf diese Weise kann der Nordhindh Bondh [Nordenbotn] des Clavus, auch Tenebrosum mare [d. h. das dunkle Meer] oder Quietum mare [das unbewegliche Meer] genannt, entstanden sein. Dieser merkwürdige Meerbusen ist auf der Karte durch einen Kanal (der auch im Wiener Texte erwähnt wird) mit der Ostsee verbunden. Dadurch wird also Skandinavien in Wirklichkeit zur Insel. Dies kann Clavus nicht aus irgendeiner bekannten nordischen Quelle entnommen haben, wenn auch, wie schon (II, 174) angeführt, Saxo sagt, daß es beinahe eine Insel sei; aber derartige Anschauungen scheinen in Italien geherrscht zu haben (vgl. II, 173 über die Weltkarte des Pietro Vesconte).

Die Südküste Norwegens [mit Stavanger] und die Südspitze Grönlands behielten auf der Karte des Clavus denselben gegenseitigen Breitenunterschied um anderthalb Grad, wie die entsprechenden Stellen auf der Medici-Karte, und erhielten beinahe dieselben Breitengrade, die sie auf dieser Karte haben, wenn man dort eine Breiteneinteilung einträgt, die nach der Darstellung Spaniens (Straße von Gibraltar) und Frankreichs (Bretagne) berechnet ist, und sich der Breiten des Ptolemaios für diese Länder bedient. Dies ist auf der Abbildung der Mediceischen Weltkarte (II, 184) geschehen.[462] Die Längengradeinteilung ist in demselben Verhältnis wie bei Ptolemaios berechnet worden. In einer Schrift, wie der im vierten Teil der Rymbegla [1780, S. 474] enthaltenen, kann Clavus gefunden haben, daß Bergen auf 60° lag, und er hat dann die Stadt an der Westküste Norwegens nach seiner eigenen Breiteneinteilung (auf der rechten Seite der Nancy-Karte, siehe II, 199) auf diesem Breitengrade angebracht. Im Verhältnis zur Südküste Norwegens wurde Bergens Lage dadurch um 3/4 Grad südlicher, als c. bergis auf der Medici-Karte lag (s. die nachstehende Ab-

Der skandinavische Norden auf der Karte von Europa im Mediceischen Atlas (aus 1351).

Die Breiten- und Längeneinteilung ist hier nach den Karten des Ptolemaios hinzugefügt. Das Netz der Kompaßlinien ist weggelassen.

bildung). Nach der Breiteneinteilung des Ptolemaios (auf der linken Seite der Nancy-Karte) berechnet, kam Bergen im Texte des Clavus auf 64°, während Grönlands Südspitze auf 63° 15′ gelegt wird[463], was einen Unterschied von 45′ in der Breite gibt (im Wiener Text ist der Unterschied 35′), während er in Wirklichkeit 38′ beträgt, eine merkwürdige, zufällige Übereinstimmung. Nach der eigenen Breiteneinteilung des Clavus, auf der rechten Seite der Nancy-Karte, erhalten wir folgende Breiten: Bergen 60°, Grönlands Südspitze 59° 15′, Stavanger 58° 30′. In Wirklichkeit sind die Breiten dieser Stellen: 60° 24′, 59° 46′ und 58° 58′. Diese Übereinstimmung ist ganz merkwürdig, da eine Verschiebung der Breiteneinteilung auf der Nancy-Karte um einen halben Grad nach Norden hin beinahe ganz richtige Breiten geben würde.[464] Die gegenseitigen Verhältnisse zwischen den Breiten der drei Punkte lassen sich, wie wir gesehen haben, wohl aus der Medici-Karte erklären, aber schwerlich durch eine Kenntnis der isländischen Kursvorschriften; denn nach den letzteren würden Bergen und Grönlands Südspitze auf dieselbe Breite gelegt worden sein, weil es darin heißt, daß man von Bergen aus „gerade westwärts nach dem Hvarf in Grönland" zu segeln habe.[465] Die Medici-Karte kann auch eine natürliche Erklärung dafür geben, weshalb Punkte wie Bergen und die Südspitze Grönlands bei Clavus (bereits im Nancy-Werke) um so viele Breitengrade zu nördlich gelegt worden sind und warum die Südspitze Grönlands bloß einen halben Grad westlicher Länge mehr erhalten hat als die Westküste Irlands.[466]

Island liegt nach dem Brügger Reisebuche auf halbem Wege zwischen Norwegen und Grönland, gerade wie auf der Nancy-Karte. Zwischen Norwegen und Island kommen nach demselben Reisebuche Fareö (Färö) und die fabelhafte Insel Femöe, „wo nur Weiber „und niemals Männer geboren werden".

Nach Erwähnung der „dritten Landspitze" auf 71° an der Ostküste Grönlands heißt es im Nancy-Texte:

„Aber von dieser Landspitze an erstreckt sich ein ungeheuer großes „Land ostwärts bis nach Rußland. Doch in seinen [d. h. dieses „Landes] nördlichen Teilen wohnen die ungläubigen Karelier (Careli „infideles), deren Gebiet (regio) sich gerade unter dem Nordpole „(sub polo septentrionalis) nach den Serern (Seres)* im Osten „hinzieht, weshalb der Pol [polus = Polarkreis?], der für uns im „Norden liegt, für sie im Süden auf 66° ist."

Es ist, wie Björnbo und Petersen hervorgehoben haben, wahrscheinlich, daß diese Careli infideles dieselben sind, die wir an fast

* Serica liegt auf der Weltkarte des Ptolemaios im nördlichen Asien und soll wohl China sein.

der gleichen Stelle draußen im Meere in Norden Norwegens auf einer der Karten zu Marino Sanudos Werk (in der Pariser Handschrift, siehe II, 175) finden und die auf andern Karten zu diesem Werke auf dem im Nordosten Skandinaviens gelegenen Festlande angebracht werden. Wie Storm hervorgehoben hat, werden auch die Kareli zusammen mit Grönland und dem Mare Gronlandicum im Brügger Reisebuch genannt.

Björnbo und Petersen behaupten, daß Claudius Clavus hier mit vollem Bewußtsein eine neue, revolutionäre Anschauung gezeigt habe, die ein vollständiges Brechen mit der Weltanschauung des ganzen Mittelalters bedeute, indem diese die Erdscheibe ganz von Meer im Süden des Nordpols habe umgeben sein lassen, wie es auch auf den Radkarten dargestellt sei. Ich glaube, daß dies dem Clavus reichlich viel originales Denken zuschreiben heißt, von welchem sonst weder seine Karte noch sein Text Spuren zeigen. Es ist selbstverständlich richtig, daß die Vorstellung von einem Lande und sogar einem bewohnten Lande am Nordpol oder im Norden des Polarkreises nicht mit der allgemeinen gelehrten Anschauung im Mittelalter übereinstimmte; aber diese selbe Vorstellung war bereits in der norwegisch-isländischen Literatur klar genug ausgesprochen worden. Schon in der Historia Norwegiae ist von bewohntem Land jenseits des Meeres im Norden die Rede, und die isländischen Märchensagas und Saxo sprechen auch davon. Dazu kommt, daß es in der in die Rymbegla aufgenommenen Schrift ausdrücklich heißt (siehe II, 188), daß das Land nach Ansicht einiger unter dem Leidarsterne [Polarsterne] liege (vgl. den Ausdruck des Clavus: sub polo septentrionalis). Eine Bestätigung der Ansicht, daß das Land sich bis an den Pol erstrecke, mußte dem Claudius Clavus der Umstand sein, daß das Festland sich auf der Mediceischen Weltkarte ohne Grenze nach Norden hin ins Unbekannte hineinzog (während Afrika nach Süden hin mit einer Halbinsel endete). Dazu kam, was für ihn vielleicht am schwersten wog, daß eine solche Auffassung nicht mit dem Ptolemaios im Widerspruch stand, da dessen Festland nach Norden ebenfalls keine Grenze hatte.

Auf der Landverbindung im Norden steht auf der Nancy-Karte: Unipedes maritimi [See-Einfüßer], Pigmei maritimi [See-Pigmäen], Griffonii regio vastissima [die ungeheuere Region der Greife] und Wildhlappelandi. Da diese Namen im Texte des Clavus gar nicht vorkommen, ist es unsicher, ob die dort angegebenen Fabelwesen nicht zum Teil spätere Hinzufügungen sein können, für die er nicht verantwortlich zu machen ist.

Nachdem die Karte mit ihren Buchten und Landspitzen gezeichnet und die Küste Skandinaviens außerdem noch mit einer hinlänglichen Anzahl Inseln versehen war, hat Clavus sich angeschickt, die Beschreibung dazu zu geben; wo er keine Namen in älteren Quellen vorfand, gab er den Landspitzen, Buchten und Inseln Nummern (Primum, Secundum usw.).

Eine Eigentümlichkeit der Nancy-Karte ist, daß sie zwei Breitengradeinteilungen hat: eine nach Ptolemaios auf der linken Seite der Karte und eine zweite von Clavus selbst mit einer um vier Grad niedrigeren Angaben auf der rechten Seite. Nach der letzteren würde Roskilde einen längsten Tag von 17 Stunden haben (auf der Nancy-Karte steht durch Verwechslung 17 Stunden 30 Minuten), was, wie Björnbo [1910, S. 96] betont hat, genau mit dem übereinstimmt, was Clavus durch einen Roskildekalender („Liber daticus Roskildensis") aus dem Jahre 1274 erfahren haben kann. Es ist Björnbo auch aufgefallen, daß Bergen einen merkwürdig richtigen Breitengrad, 60°, erhält (der richtige ist 60° 24'), und es erscheint ihm möglich, daß Clavus ein Bergener Kalendarium benutzt habe. Doch eine näherliegende Quelle, welche Björnbo nicht beachtet hat, finden wir, wie bereits erwähnt (II, 210), in der in die Rymbegla aufgenommenen Schrift, worin der 60. Grad als der Breitengrad Bergens angegeben wird. Allerdings wird an derselben Stelle die Breite der Stadt Drontheim (Nidaros) auf 64° gelegt, was mit der Nancy-Karte nicht in Einklang steht, weil dort zwischen Bergis und Nidrosia nur 2° Unterschied ist. Selbst wenn die Wahrscheinlichkeit dafür spricht, daß Clavus eine solche Schrift gekannt habe, mit welcher seine Beschreibung des Landes unter dem Nordpole auch übereinstimmt, so kann diese Schrift teilweise anders gelautet haben als die, welche ihren Weg in die Rymbegla gefunden hat, und von der Breite Drontheims mag darin vielleicht überhaupt nicht die Rede gewesen sein. Dagegen kann er darin oder auch anderwärts eine Angabe über die Breite von Stavanger, 1½° südlicher als Bergen, gefunden haben.

Wenn wir voraussetzen, daß Clavus die Mediceische Weltkarte schon bei der Ausarbeitung seiner ersten Karte benutzt hat und daß sein Grönland die westlichste Halbinsel des Norwegens jener Karte ist, dann erscheint es seltsam, daß er nicht auch die Westküste dieser Halbinsel gezeichnet hat, aus welcher naturgemäß die grönländische Westküste werden mußte. Freilich ist die Nancy-Karte nur eine Kopie, aber da auch im Texte des Clavus die Westküste Grönlands gar nicht erwähnt wird, sehen wir uns zu der Annahme gezwungen, daß er sie überhaupt nicht in seine Karte aufgenommen hatte. Der abschließende Rahmen längs der Westseite der älteren Karte des Clavus ist offenbar durch den Rahmen der Karte der britischen Inseln von Ptolemaios bestimmt worden; er begleitet genau denselben Meridian. Für die Westküste der dem Grönland des Clavus entsprechenden Halbinsel auf der Medici-Karte ist also kein Platz mehr geblieben. Daß diese Karte zur grönländischen Ostküste, zur Südküste Norwegens usw. benutzt worden ist, läßt sich kaum wegerklären; dazu sind die Übereinstimmungen zu groß und sonst ganz unerklärlich (vgl. Anm. 466).

Die jüngere Karte des Clavus mit Text und ihre Entstehung. Nachdem die erste Karte gezeichnet war, kann Clavus weitere Kartenstudien in Italien gemacht und dabei auch andere Kompaßkarten näher kennen gelernt haben, besonders solche des Dalorto-Typus. Zugleich kann er eine neue, genauere Angabe der Breite Drontheims erhalten haben, wahrscheinlich nach der Dauer des längsten Tages berechnet. Da Drontheim der Sitz eines Erzbischofs war, liegt es nicht fern, zu glauben, daß er eine solche Angabe im päpstlichen Archiv in Rom gefunden haben kann. Er kann dann natürlich den Wunsch gehegt haben, seine Karte besser mit seinem neuen Wissen in Übereinstimmung zu bringen, und dieser Wunsch hat zu der jüngeren Karte geführt, die wir heute durch mehrere ein wenig voneinander abweichende Kopien kennen. Dazu hat er einen neuen Text geschrieben (den Wiener Text), der in allem Wesentlichen dem früheren gleicht, aber verschiedene Zusätze und Änderungen enthält. Die jüngere Karte hat auf keiner der uns bekannten Karten doppelte Gradeinteilung, sondern merkwürdigerweise immer nur die Gradeinteilung des Ptolemaios. Die Darstellung Jütlands und der dänischen Inseln, namentlich der Insel Seeland, ist ein wenig zu größerer Wirklichkeitstreue verbessert worden, während Bornholm und Gotland der Medici-Karte ähnlicher gezeichnet sind; die Südküste Skandinaviens ist mehr in Übereinstimmung mit den Kompaßkarten des katalanischen Typus verändert worden. Besonders erhält die Südküste Norwegens die charakteristischen vier Vorsprünge (wie auf der Dalorto-Karte aus dem Jahre 1339, auf der Modena-Karte usw.; vgl. die Abbildung II, 182 und die Separattafel), und Bergen (Bergis) ist am inneren Ende der westlichsten der drei durch die Vorsprünge gebildeten Buchten angebracht worden, was auch ein Kennzeichen der Karten dieses Typus ist (die katalanische Karte aus dem Jahre 1375 hat fünf Vorsprünge mit vier Buchten, vgl. Nordenskiöld, 1896, Taf. XI). Die beiden Stiftstädte Stavanger und Hamar sind am Binnenende der beiden andern Buchten nach Osten zu angebracht worden; dadurch hat Stavanger die merkwürdig richtige Lage im Verhältnis zu Bergen und der Südspitze Grönlands, die es auf der älteren Karte hatte, eingebüßt. Drontheim ist auf das äußerste Ende des westlichsten Vorsprungs gelegt worden, möglicherweise aus dem Grunde, weil eine richtigere Breitenbestimmung der Stadt gefunden worden war, die nun der Gradeinteilung des Ptolemaios angepaßt werden mußte; dadurch hat Norwegen eine noch schmalere, der Wirklichkeit noch ferner stehende Form erhalten.

Von dem lac scarsa der Kompaßkarten [dem Skarasee, d. h. dem Wenern] mit seinem Flusse stammt auch der große Binnensee Vona [Wenern] in der Mitte Skandinaviens auf allen Kopien der jüngeren Karte des Clavus, aus welchem See der Fluß Vona (auch im Wiener Texte erwähnt) heraustritt, um sich in die tiefe Bucht bei Aslo [Oslo] und der Insel Tunsberg zu ergießen. Ein Zusammenhang besonders mit der Karte des Dalorto aus dem Jahre 1339 scheint sich auch aus der Mitteilung des Clavus im Wiener Text zu ergeben, daß man auf der Landspitze Lister „weiße Falken fange" (Liste promontorium, ubi capiuntur falcones albi). Auf Dalortos Karte steht die Abbildung eines weißen Falken auf der Landspitze an der Westseite derjenigen, welche Clavus zu Lister gemacht hat, und darunter liest man „hic sunt girfalcos" (hier sind Jagdfalken). Der Umstand, daß Clavus die Falken eine Landspitze weiter nach Osten verlegt hat, ist unwichtig. Entweder kann er seine Falken der Karte Dalortos oder einer ähnlichen Karte entlehnt haben, oder sie stammen aus einer älteren gemeinsamen Quelle.

Infolge der Veränderung der Südküste Norwegens wurde es notwendig, sie von Thule zu trennen, das nun wieder zur Insel wurde, wie ursprünglich bei Ptolemaios; es hat aber überdies auf den Kopien der Karte den Namen Bellandiar, der eine Verdrehung des Namens Hetlandia (Shetland) sein kann. Die Nordwestküste Norwegens hat auch eine Gestalt erhalten, die besser mit den Kompaßkarten übereinstimmt, obwohl sie hier eine viel mehr ostnordöstlichee Richtung hat als selbst auf der Modena-Karte; dies war selbstverständlich notwendig, weil dort noch Raum für das Meer Nordhenbodnen [Nordenboten] übrigbleiben mußte. Daß die Kompaßkarten zu etwas Ähnlichem führen konnten, wie des Clavus letzte Gestaltung Skandinaviens und besonders der Südküste Norwegens, geht aus der Karte von Europa in dem Atlas des Andreas Bianco vom Jahre 1436 hervor, die ohne Kenntnis der Arbeit des Clavus gezeichnet sein muß. Wenn wir auf dieser Karte die Ostseeküste mehr nach Süden hin verlegten und ebenso auch Schonen, was eine bessere Kenntnis Dänemarks (und die Änderung der Karte nach Ptolemaios) notwendig machen würde, und wenn wir dann die Küstenlinie Norwegens von dem südwestlichsten Vorsprunge nach Ostnordosten (anstatt in nördlicher Richtung) zögen, dann würden wir ein Skandinavien erhalten, das dem Typus auf der jüngeren Karte des Clavus sehr ähnlich wäre.

Björnbo und Petersen haben in ihrer Monographie betont, daß Clavus vor dem Zeichnen dieser Karte in Norwegen gewesen sein müsse und daß unter anderem seine auffallend richtige Breite Drontheims auf

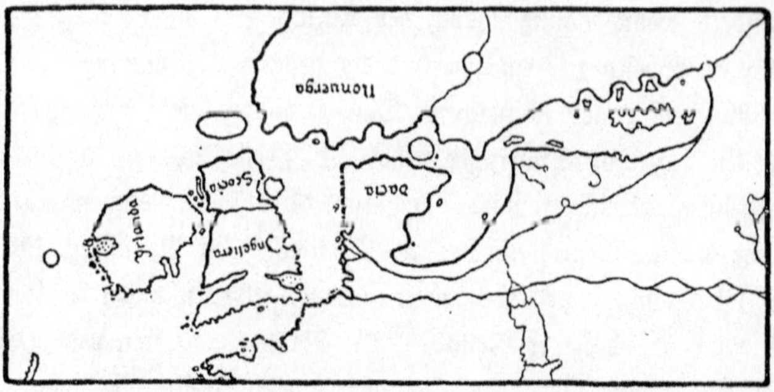

Der nordwestliche Teil der Karte von Europa in Andreas Biancos Atlas aus dem Jahre 1436.

Das Netz der Kompaßlinien ist weggelassen.

seine eigene Beobachtung der Länge des Tages zur Zeit der Sommersonnenwende zurückzuführen sei. Storm [1889, S. 140] scheint sich auch gedacht zu haben, daß Clavus wirklich in Norwegen gewesen sein kann. Mir scheint es, als ob Clavus' Karte und sein Text endgültige Beweise gegen die Annahme seien, daß er jemals dort gewesen ist; denn ein Mensch, der längs der Küste Norwegens auf einem Segelschiff nach Drontheim gefahren ist, kann unmöglich ein Kartenbild Norwegens geben, das so ganz der reine Gegensatz der Wirklichkeit ist, wie es Clavus getan hat, wie unwissend man ihn auch sonst hinstellen will. Allein schon das eine, daß Trunthheim [Drontheim] oder Nedrosia ganz draußen auf die Südseite des südwestlichsten

Vorsprunges des Landes gelegt wird, ist auffallend. Selbst dann, wenn Clavus im Schlafe dort angekommen wäre, hätte er keine solche Anschauung über die Lage der Stadt haben können, und bei einem Mann, der auf dem langen Wege durch den Drontheimfjord nach der Stadt gesegelt ist, ist es undenkbar. Ebenso undenkbar ist es, daß ein Mann, der längs der Küste von Stavanger oder Bergen nach Drontheim gefahren ist, dieser Stadt 10 Minuten südlichere Breite als Bergen geben und sie nur 10 Minuten nördlicher als Stavanger liegen lassen würde. Man ist nicht berechtigt, dem Clavus einen so vollständigen Mangel an Beobachtungsgabe zuzuschreiben, besonders wenn man gar noch der Ansicht ist, daß er in Drontheim imstande gewesen sei, eine merkwürdig genaue Bestimmung der Länge des längsten Tages zu machen. Daß Drontheim seinen Platz westlich von Bergen und Stavanger erhält, daß das Dovrefjeld als hohes Vorgebirge bezeichnet wird, während es auf der Nancy-Karte im Lande drinnen liegt, daß Hamar (Amerensis) an die Meeresküste gelegt wird usw., zeigt alles miteinander denselben Mangel an Kenntnis des Landes und seiner Gestalt. Die Namen mag ihm ein Reisebuch oder eine andere Quelle geliefert haben, und es ist, wie gesagt, nicht unwahrscheinlich, daß er durch das päpstliche Archiv eine ziemlich richtige Angabe der Breite (oder der Dauer des längsten Tages) der Stadt Drontheim, die Sitz eines Erzbischofs war, erhalten haben kann. Der Umstand, daß er gerade die Stiftstädte Oslo, Hamar, Stavanger, Bergen und Nidaros bringt, verrät vielleicht gerade Verbindung mit dem Vatikan. Ferner erzählt uns Clavus:

„Norwegen hat 18 Inseln, die im Winter immer mit dem „Festland zusammenhängen und selten von ihm getrennt sind, wenn „der Sommer nicht sehr heiß ist", und ferner „Tyle [Thule] ist ein „Teil Norwegens und wird nicht als Insel gerechnet, obwohl es durch „einen Kanal oder eine Meerenge vom Lande getrennt ist, denn das „Eis verbindet es acht bis neun Monate lang mit dem Lande und „daher rechnet man es zum Festland. Dasselbe gilt von dem Meer

„Nordhinbodnen [Nordbotn], welches durch eine lange Straße „das Wildlappenland von Vermenlandh[467] und Findland „trennt, da ja die Länder durch beinahe ewiges Eis verbunden sind.“

Dies verrät einen auffallenden Mangel an Kenntnis norwegischer Verhältnisse. Eine solche Verbindung der Inseln mit dem Festlande durch Eis kommt ja längs der ganzen äußeren Küste Norwegens, von Färder bis nach der Murmanküste hin, nie und nirgends vor. Dagegen sind der Bottnische Meerbusen und das Ålandmeer eine lange Zeit im Winter zugefroren, und es ließe sich denken, daß Clavus hierüber ein Gerücht zu Ohren gekommen sei. Aber irgendwelche Quellen, aus denen er diese Märchen geschöpft haben könnte, habe ich nicht gefunden. Eher sind es wohl Ausschmückungen derselben Art, wie die 18 Inseln in Norwegen eine willkürliche Ausschmückung der Küstenlinie der Karte sind, was ihn indessen nicht verhindert hat, sie wie wirkliche Inseln zu beschreiben. Clavus hat das Eis eine Brücke bilden lassen zwischen der Darstellung auf seiner älteren Karte, wo Thule ein Teil des Festlandes war, und der auf der jüngeren, wo es als Insel davon abgetrennt worden ist.

An der nördlichsten Grenze Norwegens, zwischen den beiden Orten Ynesegh und Mestebrodh, ließ Clavus den Nordbotn (Nordhinbodhn) sich durch einen schmalen Kanal mit dem Gotlandmeer [der Ostsee] verbinden, und ein wenig weiter im Norden, auf 67°, ist, wie er sagt, „die äußerste Grenze mit einem Kruzifix bezeichnet, damit „es die Christen nicht ohne Erlaubnis des Königs wagen, weiter vorzudringen, nicht einmal mit großem Gefolge“. „Und von dieser Stelle „gen Westen wohnen auf einem sehr weiten Landgebiete zuerst die Wildlappmanni [Wild-Lappen, d. h. Fjeld-Lappen, Gebirgslappen?; vgl. „I, 243], ganz wildlebende und behaarte Menschen, so wie sie abgebildet werden; und sie bezahlen dem König jedes Jahr Abgaben. „Und hinter ihnen, weiter westwärts, sind die kleinen Pygmäen, eine „Elle hoch, die ich gesehen habe, nachdem sie auf dem Meer in einem „kleinen Fellboot gefangen worden waren, das jetzt zu Nidaros in der

„Domkirche hängt; dort ist noch ein langes Fahrzeug aus Fellen, das „auch einmal mit solchen Pygmäen drin erbeutet worden ist.“

An dieser Behauptung, jene Pygmäen (in Norwegen, wie man zunächst wohl glauben müßte) selbst gesehen zu haben, sind zwei Dinge zu beachten: 1) Hatte Clavus wirklich einen gefangenen, nach Norwegen (von wem?) gebrachten Eskimo gesehen, so konnte er schwerlich in Unkenntnis darüber geblieben sein, daß dieser merkwürdige Eingeborene aus Grönland und nicht aus einem Fabelland im Norden war. 2) Wie konnte er in solchem Falle die Körperlänge zu bloß einer Elle angeben wie bei den Pygmäen der Sage? Es kommt mir vor, als ob man in seinem Eifer, den Clavus zu verteidigen, noch dahin gerate, ihm anstatt einer unschuldigen, mehr rhetorischen Wendung zwei bösartige Aufschneidereien aufzubürden.

Die Mitteilung des Clavus über das kleine Fellboot der Pygmäen und ein langes Fellboot, die in der Drontheimer Kirche hingen, ist übrigens insofern sehr interessant, als zum erstenmal in der Literatur von zwei Bootarten der Eskimos, dem Kajak und dem Frauenboot (umiak), die Rede ist. Vielleicht kann er dies aus derselben unbekannten Quelle (im Vatikan?) erfahren haben, wo er die Mitteilungen über die Breite von Drontheim gefunden hat. Darin, daß die Wildlappen zuerst und dann die Pygmäen namhaft gemacht werden, hat der Text des Clavus große Ähnlichkeit mit dem anonymen Briefe an den Papst Nikolaus V. (aus der Zeit um 1450). In den nördlichsten Regionen (im Nordwesten Norwegens) liegt, wie in diesem Briefe [vgl. Storm, 1899, S. 9] gesagt wird, „Gronolondes Wald, „wo Untiere von menschlichem Aussehen hausen, die behaarte Leiber „haben und welche man wilde Menschen nennt ......“ Und wenn „man westwärts nach den Gebirgen dieses Landes zieht, wohnen dort „Pygmäen“ usw. (vgl. II, 23).

Michel Beheim berichtet über Wild lapen, die in den Wäldern nördlich von Norwegen wohnen und einen ähnlichen stummen Pelzhandel mit den Kaufleuten treiben, wie er, nach Aussage der arabischen Schriftsteller, in den Ländern im Norden der Wisu (vgl. II, 89) stattfinden soll, und dann beschreibt er die Skrälinger, drei Spannen hoch usw. (vgl. II, 23). Beheims Mitteilung ist anders als der Text des Clavus, und dieser ist wieder von dem Briefe an Nikolaus V. verschieden, so daß hier der eine nicht dem andern als Quelle gedient haben kann. Infolgedessen ist es, wie bereits (II, 23 fg.) erwähnt, wahrscheinlich, daß sie alle aus irgendeiner älteren Quelle geschöpft haben, und es ist denkbar, daß diese Quelle Nicholas of Lynn gewesen sein kann. Wir haben gesehen, daß auch andere Dinge bei Clavus den Gedanken nach dieser Richtung lenken.

Bei Clavus heißt es weiter:

„Die Halbinsel der Insel Grönland zieht sich von einem Lande „herab, das gegen Norden wegen des Eises unzugänglich oder unbe„kannt ist. Trotzdem kommen, wie ich gesehen habe, die ungläubigen „Karelier täglich in großen Heeren (Kriegerscharen, cum copioso oxor „citu) nach Grönland, und zwar ohne Zweifel von der andern Seite „des Nordpols. Also bespült nicht der Ozean die Grenze des festen „Landes gerade unter dem Pole [dem Polarkreise?], wie alle alten „Autoren behaupten; und der edle Ritter, der Engländer Johannes „Mandevil, hat also nicht gelogen, als er sagte, daß er von den „indischen Serern [d. h. China?] nach einer Insel in Norwegen ge„fahren sei."

Vergleicht man dies mit der bereits erwähnten Stelle der Schrift in der Rymbegla [1780, S. 466], so sehen wir, daß es beinahe ganz dieselben Gedanken sind, welche dort ausgesprochen werden. Es heißt: „es ist die Aussage derselben Männer, daß das Meer voll „ewigen Eises sei, sowohl nördlich von uns wie unter dem Leidar„sterne [Polarsterne], wo die Arme des Außenmeeres zusammen„treffen . . ."

Wenn dort gesagt wird, daß „die Strande dort [unter dem Polar„sterne] den Ring des Meeres verhindern, sich zu schließen [d. h. rings „um die Erde herum]" . . . und daß „man zu Fuß . . . von Grönland

„nach Norwegen ziehen kann“ (vgl. II, 188), so ist dies offenbar dem ähnlich, was Clavus darüber sagt; aber seine Bemerkung, daß die Reise von den indischen Serern nach Norwegen, die er irrtümlicherweise Mandeville zuschreibt, dadurch wahrscheinlicher werde, weil am Nordpol Land sei, ist ziemlich unverständlich.

John Mandevilles Buch über eine Reise durch viele Länder nach dem fernen Osten und China ist aus der Zeit zwischen 1357 und 1371; es ist aus verschiedenen Reisebeschreibungen, denen er allerlei Fabeln hinzugefügt hat, zusammengestellt worden. Mandeville behauptet nicht, selbst eine derartige Reise von China nach Norwegen gemacht zu haben, dagegen redet er im 17. Kapitel vielfach über die Möglichkeit, rund um die Erde herumzufahren, was, wie er versichert, sehr wohl angeht, und er sagt, daß man, falls Schiffe ausgesandt würden, um die Welt zu untersuchen, in Schiffen rund um die Erde fahren könne, sowohl oben wie unten hin [d. h. auf der oberen Seite, wo wir sind, und der unteren, antipodischen Seite]. Er sagt, daß er, als er noch jung gewesen sei, von einem Mann habe erzählen hören, der aus England fortgezogen sei, um die Welt zu erforschen, und daß dieser Mann an Indien und den Inseln jenseits dieses Landes vorbeigekommen sei, wo es mehr als 5000 Inseln gebe, daß er dann lange zu Wasser und zu Lande weitergereist und schließlich an eine Insel gelangt sei, wo er Leute den Ochsen vor dem Pfluge in seiner eigenen Sprache habe zurufen hören, genau so, wie sie es in seinem eigenen Lande täten. Nachher habe sich herausgestellt, daß dies eine Insel in Norwegen gewesen sei.[468]

Die Behauptung des Clavus, daß er selbst die Karelier auf Grönland gesehen habe (ut uidi), ist unmöglich richtig. Da ausdrücklich gesagt wird, daß am Nordpol Land sei, und da keine Rede davon ist, daß diese Karelier Fellboote wie die Pygmäen hatten, muß also gemeint sein, daß ihre Heere zu Lande anmarschiert kamen, was selbstverständlich eine Unmöglichkeit ist. Dies würde ihn, falls er in Grönland gewesen wäre, zu einem bösartigeren Lügenfabrikanten machen, als er sein würde, falls wir uns denken, daß er mit seinem „ut uidi“ nur habe sagen wollen, etwas Derartiges in einem Berichte gelesen zu haben; aber selbst dies ist zweifelhaft. In dem Brügger Reisebuch [vgl. Storm, 1891, S. 20] oder einer entsprechenden älteren Quelle, woraus er, wie wir wissen, geschöpft haben muß, kann er die Karelier jenseits Grönlands als „in Wahrheit ein populus monstrosus“ angeführt gesehen haben. Es ist schon früher erwähnt worden, daß er die Kareli infideles auf den Karten zu Marino Sanudos Werke auf dem Festland im Nordosten Norwegens oder sogar auf einer Insel draußen im Nordmeer angebracht gesehen haben kann, und dann hat er natürlich die jenseits Grönlands lebenden Karelier des Reisebuchs mit diesen Kareliern nördlich von Norwegen verbunden. Wenn dem noch beigefügt wird, daß er auf der Mediceischen Weltkarte die Festlandsmasse sich von Skandinavien und der Grönland entsprechenden Halbinsel aus nordwärts ins Unbekannte hinein erstrecken sah und daß er in der in die Rymbegla aufgenommenen Schrift im Nordmeer Eis und am Nordpol Land angegeben gesehen hat: dann scheint seine ganze Mitteilung eine ziemlich natürliche Erklärung zu finden.

Sein Mangel an Kenntnis grönländischer Verhältnisse tritt auch darin hervor, daß er Pygmäen und Karelier als zwei verschiedene Völker schildert, von denen das eine wohl hauptsächlich auf der See lebt, das andere in Heeren zu Lande marschiert, und daß er der Fellboote als einer Eigentümlichkeit jenes ersten Volkes in dem Fabelland im Norden erwähnt, während gar nichts davon gesagt wird, daß die Karelier in Grönland Boote haben oder auf See fahren. Hätte er auch Leute gesprochen, die in Grönland gewesen waren, so hätte er wohl schwerlich umhin können, auch von den Skrälingern zu hören, die dort jedem Reisenden in ihren Fellbooten begegnen.

Die Grönländische Westküste des Clavus direkt der Medici-Karte entnommen. Ein wichtiger Unterschied zwischen der älteren Karte des Clavus und seiner jüngeren (und auch zwischen dem älteren und dem jüngeren Texte) ist der Umstand, daß Grönland auf der letzteren eine

Westküste erhalten hat. Ihre Form hat ganz auffallende Ähnlichkeit mit der Westküste der entsprechenden Halbinseln auf der Mediceischen Weltkarte, so daß es keinem Zweifel unterliegen kann, daß eben diese Küste hier nachgezeichnet ist.[469] Besonders dann, wenn wir uns an Björnbos und Petersens Rekonstruktion der Küste nach dem Texte halten, ergibt es sich ganz deutlich, daß sie dieselbe Anzahl Buchten wie auf der Medici-Karte hat; an der Südspitze des Landes liegen sie am dichtesten nebeneinander, dann kommen nach Norden zu zwei größere

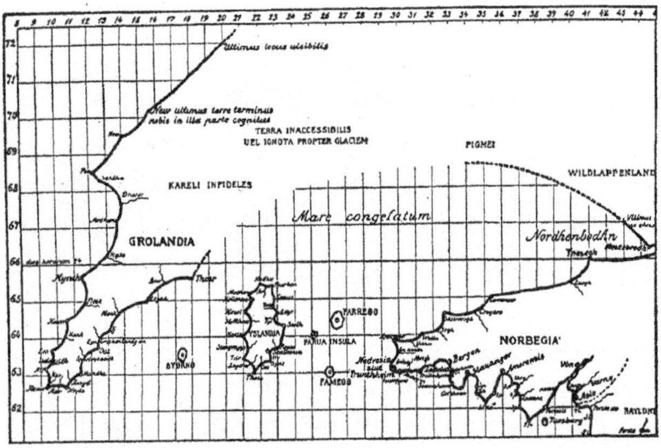

Nach der jüngeren Beschreibung des Clavus (dem Wiener Texte) von Dr. Björnbo konstruierte Karte. [Björnbo und Petersen, Tafel II.]

Buchten, darauf eine sehr weite Bucht, die länger ist als die beiden andern zusammen, und schließlich auf ihrer Nordseite eine geradere Küste (vgl. II, 184). Die Ostküste Grönlands ist teilweise mit entsprechenden Buchten versehen worden, obwohl diese Küste auf der Medici-Karte beinahe gerade ist; aber dies entspricht dem Umstande, daß auf der Nancy-Karte die Nordküste Skandinaviens fast ganz dieselben Einbuchtungen erhalten hat wie die Südküste. Dadurch, daß die Medici-Karte die Grundlage der Grönlandküste des Clavus bildet, finden wir auch eine natürliche Erklärung des Verhältnisses zwischen der Namenangabe auf der Ostküste und der auf der Westküste. In seinem jüngeren Texte fällt auf, daß seine Beschreibung der Ostküste Grönlands nicht weiter nach Norden reicht als bis an sein Thær promontorium auf 65° 35', während die Beschreibung der Westküste sich nordwärts bis 72° hinauf erstreckt. Es könnte also den Anschein haben, als ob dies mit einer wirklichen Ortskenntnis zusammenhänge, da die Breite 65° 35' auf der Ostküste auf ganz merkwürdige Weise übereinstimmt mit der Breite des Kap Dan, 65° 32', wo die Küste eine nördlichere Richtung annimmt. Im Norden dieses Vorgebirges ist die Küste meistens durch Eis abgesperrt, und diese Stelle hat infolgedessen vorzugsweise die Nordgrenze der bekannten Ostküste gebildet und wahrscheinlich war es auch in ihrer Nähe, daß die Isländer auf ihrer Fahrt westwärts nach den grönländischen Ansiedlungen gewöhnlich zuerst das Land erblickten. Dies ist jedoch eine jener zufälligen Übereinstimmungen, die bisweilen vorkommen und zur Vorsicht darin mahnen, aus derartigen Beweisen[479] nicht zu viel schließen zu wollen. Die Erklärung finden wir auf der Medici-Karte (siehe II, 184), wo die Ostküste der Grönland entsprechenden Halbinsel sich nicht weiter nach Norden erstreckt als bis zu ungefähr derselben Breite wie das Vorgebirge auf der Südseite der bereits erwähnten breiten Bucht auf der Westküste, welches Vorgebirge Clavus Hynth (Hyrch) nennt; es liegt auf 65° 40'. Da für die Küste des Clavus von diesem Punkte der Ostküste nach Norden hin keine Karte vorhanden war, auf die sie sich stützen konnte, hat er es diesmal nicht gewagt, in seiner Beschreibung noch weiter zu gehen, obwohl er sich im Nancy-Texte mit seiner nördlichsten Landspitze bis 71° vorwagt.

Die Mediceische Weltkarte gibt auch eine einfache Erklärung der bei Clavus vorkommenden Bezeichnungen der beiden nördlichsten Punkte der grönländischen Westküste. Halten wir uns an die Breiteneinteilung der Medici-Karte, die wir, wie bereits erwähnt (Anm. 462), vermittels der Anwendung der Breiten des Ptolemaios auf südlichere Orte der Karte (Gibraltar und die Bretagne) gefunden haben und die in der Abbildung (II, 184) links am Rande eingetragen ist, so finden wir folgendes: an der Stelle, welche Clavus mit „New, die äußerste Grenze „des Landes, das wir auf dieser Seite kennen, liegt auf 70° 10′"[471] (siehe Abbildung II, 224), bezeichnet, hört gerade die starke Färbung des Landes auf der Medici-Karte auf (nach der Photographie in Ongania, Tafel V zu urteilen, siehe die Abbildung II, 184). Die Küste der von dort an schwach gefärbten Landmasse zieht sich nach Norden weiter; aber gerade an der Stelle auf 72°, wo Clavus sein „ultimus locus uisibilis" [äußerster sichtbarer Punkt][472] hat, verschwindet diese Küstenlinie in dem schrägen Rahmen, der die linke oberste Ecke der Karte abschneidet. Die Übereinstimmung ist hier so groß, daß man schwerlich einen Ausweg finden dürfte, auf dem um sie herumzukommen wäre.

Islands Lage. Björnbo und Petersen haben behauptet, daß Island auf der jüngeren Karte und im Wiener Text eine Lage erhalten habe, die mehr mit den Kursvorschriften übereinstimme als seine Lage auf der Nancy-Karte. Ich kann die Notwendigkeit dieser Annahme nicht einsehen, da es in beiden Werken genau dieselbe Lage im Verhältnisse zur Südspitze Grönlands und zu Norwegen hat; der Hauptunterschied besteht nur darin, daß die Längeneinteilung in dem jüngeren Werke um drei Grade nach Osten hin verlegt worden ist (und die Südspitzen Islands und Grönlands eine etwas südlichere Breite erhalten haben) und daß die Ostküste Grönlands eine schräger liegende nordöstliche Richtung hat als die ihr entsprechende Ostküste auf der Medici-Karte, mit deren Richtung diejenige der Nancy-Karte besser übereinstimmt. Dadurch ist sie näher an Island herangerückt worden; aber daß dies einer Kenntnis der Kursvorschriften zu verdanken sein sollte, erscheint mir sehr unsicher; auch sonst läßt sich davon, soviel ich sehen kann, nichts in dem jüngeren Werke bemerken. Das einzige von mir Gefundene, das möglicherweise darauf hinweisen könnte, daß seit dem Nancy-Werke neue nordische Quellen hinzugekommen sind, ist die bereits angeführte genauere Breite der Stadt Drontheim und die Insel Byörnö zwischen Island und Grönland. Sie könnte die Gunnbjörnschären (oder Gunnbjarnar-eyar) sein, von denen unter anderem auch in der Grönlandbeschreibung des Ivar Bårdsson die Rede ist; merkwürdig aber ist die Verkürzung des Namens. Vielleicht ist die Kunde von der Insel irgendeiner mündlichen Mitteilung zu verdanken oder einer irrigen Erinnerung an etwas, das der Verfasser in seiner Jugend in Dänemark gelesen oder gehört hat.

Die Verdienste des Clavus. Im ganzen werden wir wohl nach allem genötigt sein, das Ansehen, dessen Claudius Clavus sich als nordischer Reisender und Kartograph erfreut, wesentlich zu verringern. Seine Reise ist nicht weiter nordwärts als bis zu den dänischen Inseln ausgedehnt worden, vielleicht noch nach Schonen. Dagegen ist er in

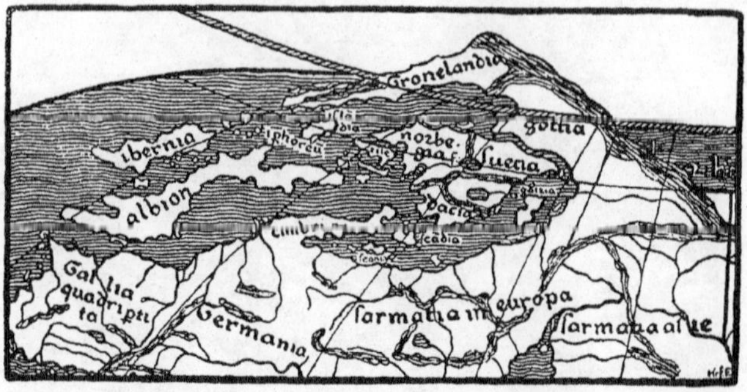

Nordwestlicher Teil der ersten Umzeichnung der Weltkarte des Ptolemaios (nach 1466) durch Nicolaus Germanus. [Jos. Fischer, 1902, Tafel.]

Italien gewesen, wo er seine Karten gezeichnet hat oder sie hat zeichnen lassen und wo er auch die wichtigsten Quellen für sie gefunden hat. Als Kartograph ist es sein Hauptverdienst, daß er von allen, die wir kennen, im Mittelalter der erste ist, der die Methoden des Ptolemaios aufgenommen hat, und daß er den Namen Grönland auf der östlichsten Landzuge des Norwegens der Mediceischen Weltkarte angebracht und diese Karte mit Hilfe anderer Kompaßkarten und der Weltkarte Vescontes verändert hat, um sie besser mit den Anschauungen über den Norden in Einklang zu bringen, die er zum Teil schon in seiner Kindheit durch Märchen und später durch Saxo und andere erhalten haben kann.

Der Einfluß des Clavus auf die spätere Kartographie. Nicolaus Germanus, ungefähr 1460—1470. Die jüngere Karte des Claudius Clavus über den Norden hatte lange Zeit entscheidenden Einfluß auf die Darstellung Skandinaviens und teilweise auch auf die Grönlands. Dies verdankt sie wesentlich den beiden bekannten Kartenzeichnern Nicolaus Germanus und Henricus Martellus.[473] Der erstere muß in der Zeit nach 1460 die Karte des Clavus kennen gelernt haben und hat Kopien davon in die Prachthandschriften der

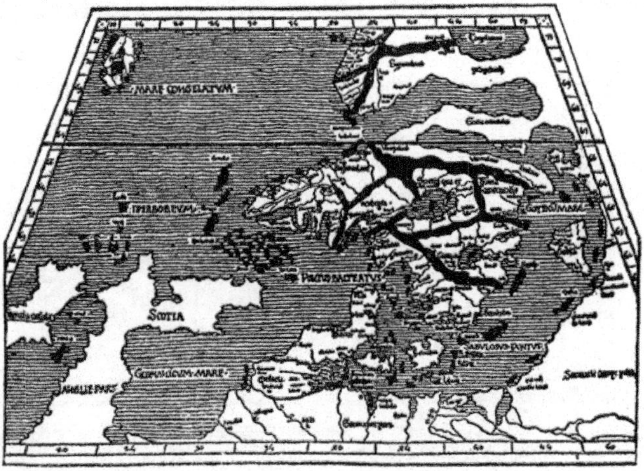

Karte des Nordens von Nicolaus Germanus (vor 1482) nach Claudius Clavus. Grönland ist nach der Nordseite Norwegens verlegt.

Geographie des Ptolemaios, die aus seiner Werkstatt in Florenz hervorgingen, aufgenommen. Auf diesen Kopien, von denen mehrere bekannt sind, hat er die Clavus-Karte in der von ihm selbst erfundenen trapezförmigen Projektion umgezeichnet (vgl. II, 201); dadurch hat sein Grönland eine schrägere Lage erhalten als das Grönland auf der Originalkarte und die entsprechende Halbinsel auf der Medici-Karte. Er trug auch dieses Grönland auf seiner Weltkarte ein [vgl. Jos. Fischer, 1902, Tafel I, III; Björnbo, 1910, S. 136]; doch um es besser der Auffassung der Gelehrten des Mittelalters von der meerumflossenen Erdscheibe anzupassen, umgab er es mit einem Meere im Norden, so daß es nun eine lange, schmale, vom nördlichen Rußland ausgehende Landzunge bildet, anstatt daß die Landmasse im Norden sich nach dem Texte des Clavus gerade bis an den Nordpol erstrecken sollte. Aber diese lange Halbinsel scheint die gelehrten Festlandsbegriffe dieses Geistlichen nicht ganz befriedigt zu haben, und auf späteren Karten (die nach seinem Tode in den Ulmer Ausgaben des Ptolemaios aus den Jahren 1482 und 1486 abgedruckt worden sind) hat er sie so sehr verkürzt, daß sie zu einer abgerundeten Halbinsel im Norden Norwegens mit dem Namen Engroneland[474] geworden ist, während er zugleich Island nach Nordwesten ins Meer hinaus verlegt hat. Diese anscheinend rein willkürliche Veränderung mag vielleicht auf den Wunsch zurückzuführen sein, die Karte nach Möglichkeit mit den gelehrten Festlanddogmen in Übereinstimmung zu bringen [vgl. Björnbo, 1910, S. 141 fg.]; aber daneben können auch ältere Vorstellungen von Grönland das ihrige dazu beigetragen haben [vgl. Jos. Fischer, 1902, S. 87 fg.]. Wir sahen bereits, daß Adam von Bremen Grönland als eine Insel „tiefer im Ozean, gegenüber Suedias Gebirgen", auffaßte (siehe I, 209), und in seinen Zusätzen zu der Abschrift des Ptolemaios gibt Kardinal Filastre (vor 1427) an, daß Grönland nördlich von Norwegen liege; dieselbe Auffassung finden wir auch in dem aus dem Jahre 1448 stammenden Briefe des Papstes Nikolaus V. (siehe II, 55).[475] Recht merkwürdig ist auch, daß auf der Genueser Weltkarte aus dem Jahre 1447 (oder 1457) eine Halbinsel im Norden der skandinavischen genau an derselben Stelle vorkommt, von wo das Grönland des Clavus ausgehen würde (siehe II, 239).[476] Auf der Weltkarte des Fra Mauro (1457—1459) sind im Norden Skandinaviens mehrere Halbinseln; sie gehen zum Teil von Rußland aus (siehe II, 238).

Henricus Martellus, ungefähr um 1490. Der Kartenzeichner Henricus Martellus, der Nachfolger des Nicolaus Germanus, nahm auf seinen in den Jahren um 1490 herum angefertigten Karten wieder ganz oder doch teilweise die Form an, welche Clavus Grönland gegeben hatte.

Auf diese Weise entstanden am Ende des Mittelalters zwei Kartentypen des Nordens: eine mit Grönland an seinem verhältnismäßig richtigen Platze im Westen Islands, wenn auch Europa viel zu nahe und mit ihm zusammenhängend, und ein zweiter Typus mit „Engronelant“ als Halbinsel im Norden Norwegens. Letzterer wurde lange Zeiten hindurch in allen Ptolemaios-Ausgaben, in andern kartographischen Arbeiten und auf mehreren Globussen allgemein dargestellt. Nachdem jedoch Grönland von neuem entdeckt worden war, haben wir bisweilen sogar zwei Darstellungen dieses Landes auf einer und derselben Karte, eine im Norden Norwegens und eine an ihrer richtigen Stelle im Westen.

Illa verde (die grüne Insel). Eine ganz andere Gestalt scheint Grönland auf einer aus dem Ende des 15. Jahrhunderts stammenden katalanischen Kompaßkarte (s. nebenstehende Abbildung) aus Majorka erhalten zu haben, auf welcher Karte draußen im Atlantischen Ozean im Westen Irlands und im Südwesten Islands (Fixlanda) eine Insel namens „Illa verde“ (die grüne Insel) liegt. Der Name scheint, wie Storm [1893, S. 81] angenommen hat, eine Übersetzung des Namens Grönland zu sein, das in der Historia Norwegiae „Viridis terra“ genannt wird. Die Darstellung Islands (Fixlanda) ist auf dieser Karte viel besser als die aller früheren Karten und läßt auf neue Mitteilungen von dorther schließen. Da die angegebenen Ortsnamen auf englische Quellen hinweisen, ist es möglich, daß der Kartenzeichner Mitteilungen aus Bristol, das auf Island Handel und Fischfang trieb, erhalten haben kann, und seine Insel Illa verde mag einem Widerhall der Sage von dem vergessenen Grönland im Westen zu verdanken sein. Es ist beachtenswert, daß die Insel mit der irischen Sageninsel Illa de brazil verbunden wird, die im Westen Irlands lag und auf dieser Karte in zwei Ausgaben mit ihrer typischen runden Form erscheint (vgl. oben II, 179).[477]

Erinnern wir uns daran, daß diese Glücksinsel in Wirklichkeit nichts anderes ist als die Insulae Fortunatae und daß es in der Historia Norwegiae (I, 416) heißt, daß Grönland (Viridis terra) beinahe die Afrikanischen Inseln [d. h. die Insulae Fortunatae] berühre, so erhalten wir möglicherweise eine Erklärung dieser Zusammenstellung. Da aber an derselben Stelle auch gesagt ist, daß Grönland das Ende Europas nach Westen hin bilde, können wir nicht glauben, daß der

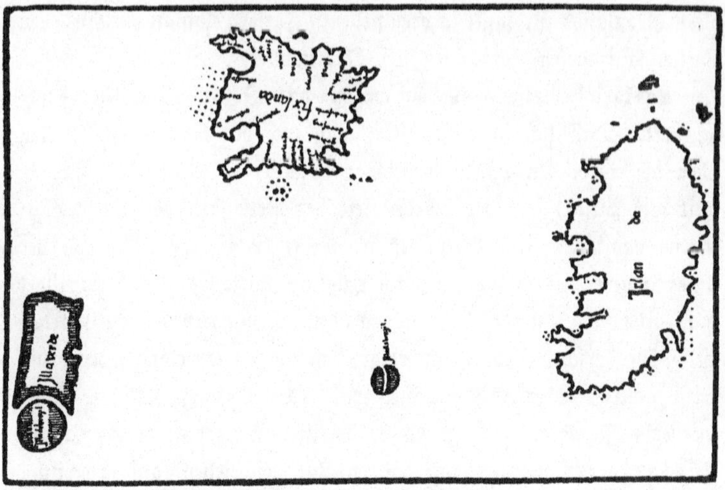

Teil einer katalanischen Kompaßkarte aus dem Ende des 15. Jahrhunderts, in Mailand [Nordenskiöld, 1892, Tafel 5].

Kartenzeichner selbst dieses Werk gekannt hat. Am wahrscheinlichsten ist es wohl, daß schließlich Grönland (Illa verde) mit Brazil oder den Insulae Fortunatae zu Sageninseln draußen im Meer geworden waren.

Auf einer andern Kompaßkarte, die in eine Pariser Ptolemaios-Handschrift aus dem letzten Teil des 15. Jahrhunderts eingebunden ist, sieht man eine ähnliche Insel (oder Halbinsel?) mit derselben runden Insel auf ihrer Südseite, sich vom Nordrande der Karte, ein wenig östlicher als die Insulae Fortunatae, in den Atlantischen Ozean hinein südwärts erstrecken. Auf der Insel steht: „Insula

„uiridis, de qua fit mentio in geographia“ [die grüne Insel, die in der Geographie erwähnt wird].[478] Welches geographische Werk hier gemeint sein kann, wissen wir nicht; Björnbo spricht die Vermutung aus, daß es das verlorengegangene Werk des Nicholas of Lynn sei, der wiederum die Historia Norwegiae benutzt haben könne. Es ist auffallend, daß die Insel außerdem, daß sie mit einer runden Insel wie Brazil, aber ohne Namen, verbunden ist, auf dieser Karte auch in die Nähe der Insulae Fortunatae gelegt wird.

Diese „grüne Insel“, die also wahrscheinlich ein Überbleibsel des alten Grönlands ist, spukt in verschiedenen Formen und an verschiedenen Stellen auf vielen Karten des 16. Jahrhunderts.

Laskaris' Reise nach Norwegen und Island im 15. Jahrhundert. Daß sich in dieser Zeit auch auf den Karten Nachrichten über die nordischen Lande bemerkbar machen, ist nicht überraschend, weil wir wissen, daß der Norden seit der Reise des bekannten Mathaeus von Paris nach Norwegen im Jahre 1284, jenes Mannes, der unter anderem eine für ihre Zeit vorzügliche Karte Englands gezeichnet hat, öfter von zum Teil hervorragenden Südländern besucht worden ist. Eher erscheint es merkwürdig, daß die direkt erlangte Kenntnis keine sicheren Spuren hinterlassen hat. Am Anfang des 15. Jahrhunderts (zwischen 1397 und 1448) bereiste ein Byzantiner Kananos Laskaris den Norden und hat darüber geschrieben (auf griechisch). Er erzählt unter anderem, daß in der Hauptstadt Norwegens, Bergen (Bergen Vagen), die Leute sich im Handel nicht des Geldes bedienten [dies lag wohl an Geldmangel], daß sie aber in Stockolmo, der Hauptstadt Schwedens, Geld aus Silbermischung hätten. Bergen habe einen ganzen Monat Tag, vom 24. Juni bis zum 25. Juli. Er sagt auch, daß er selbst nach dem Lande der Ichthyophagen (der Fischesser) Islanta [Island] von Inglenia [England] aus gereist und dort 24 Tage geblieben sei. Die Leute dort seien stark und kräftig, sie lebten ausschließlich von Fischen und hätten einen sechs Monate währenden Sommertag [vgl. Lampros, 1881].

Weltkarten aus dem 15. Jahrhundert. Es würde hier zu weit führen, wenn wir versuchen wollten, alle die Karten aus dem 15. Jahrhundert, auf denen der Norden verschieden dargestellt ist, zu beschreiben; aber einige der Weltkarten in Radform, die noch in dieser Zeit wiederkehrt, müssen wenigstens namhaft gemacht werden. Wir sahen, daß auf Vescontes Weltkarte zu dem Werke des Marino

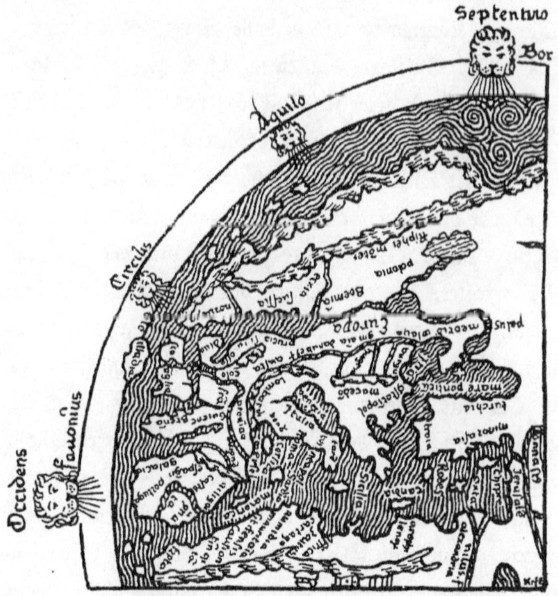

Europa auf der Weltkarte in der Sallust-Handschrift aus der Zeit um 1450, in Genf. (Süden sollte oben sein.)

Sanudo die Küstenlinien des Mittelmeeres usw. nach den Kompaßkarten bereits eingetragen waren. Auf der Modena-Karte (S. II, 182) ist dieses Verfahren auch im Norden durchgeführt. Im 15. Jahrhundert haben wir verschiedene Radkarten, von denen einige schon mehr veraltet zu sein scheinen. Andreas Biancos runde Weltkarte in seinem Atlas aus dem Jahre 1436 zeigt Zusammenhang mit den Kompaßkarten jener Zeit. Die runde Weltkarte des Johannes

Leardus in mehreren Ausgaben von 1448 und früher[479] zeigt ebenfalls große Verwandtschaft mit den Kompaßkarten, wenn auch die Darstellung des Nordens wenig ins einzelne geht. Dasselbe ist bei der anonymen runden Weltkarte in einem Kodex der Marcusbibliothek zu Venedig der Fall [vgl. Kretschmer, 1892, Atlas Tafel III, Nr. 13], aber diese Karte hat auch Ähnlichkeiten mit der Weltkarte des Vesconte zu Sanudos Werk; sie hat unter anderem dieselbe Bergkette längs der Nordküste des Kontinents und dieselbe Form der Ostsee.

Die runde Weltkarte, in einer Abschrift des Mela (in Reims aufbewahrt), die von Kardinal Filastre, im Jahre 1417 gezeichnet wurde[480], ist im ganzen ein sehr veralteter Typus, aber das Bild des Nordens mit der Ostsee erscheint moderner, und sie hat dieselbe Bergkette längs der Nordküste des Kontinents, die wir auf Vescontes Weltkarte sehen. Die Sallust-Karte in Genf aus der Zeit um 1450 ist ebenfalls veraltet, aber die Ostsee hat Ähnlichkeit mit den Kompaßkarten, und die beiden Gebirgsrücken, der eine längs der Nordküste des Kontinents, der andere parallel mit ihm weiter landeinwärts, erinnern sehr an Vescontes Weltkarte. Dagegen stammt die Wasserverbindung zwischen der Ostsee und dem Maiotis [dem Asowschen Meer] offenbar aus einer älteren Zeit [II, 147]. Draußen im Meer im Nordwesten und Westen Norwegens liegen vier Inseln. Björnbo macht auf die Möglichkeit aufmerksam [1910, S. 75], daß die beiden nördlichsten sich mit Adams von Bremen Grönland und Winland decken könnten, aber dies ist außerordentlich unsicher.[481]

Walspergers Karte aus dem Jahre 1448. Ein eigentümliches Bild des Nordens finden wir auf der runden Weltkarte, die der Benediktinermönch Andreas Walsperger aus Salzburg im Jahre 1448 in Konstanz gezeichnet hat [vgl. Kretschmer, 1891a]. Die Karte ist noch meist unvollkommen und veraltet, zeigt aber auch neuere, besonders deutsche Einflüsse.

Das Mittelländische Meer und die Ostsee sind unverhältnismäßig groß, und die Landmasse zwischen ihnen ist eingeschrumpft. Sie enthält viele mittelalterliche Fabelvorstellungen und möglicherweise auch den Einfluß des Adam von Bremen [vgl. Miller, III, 1895, S. 147]. So wohnen im nördlichen Asien Hundsköpfe (Cenocephali) und Menschenfresser (Andropofagi), bärtige Weiber, Gog, Magog usw. In Norwegen steht: „Hier zeigen Dämonen sich oft in menschlicher

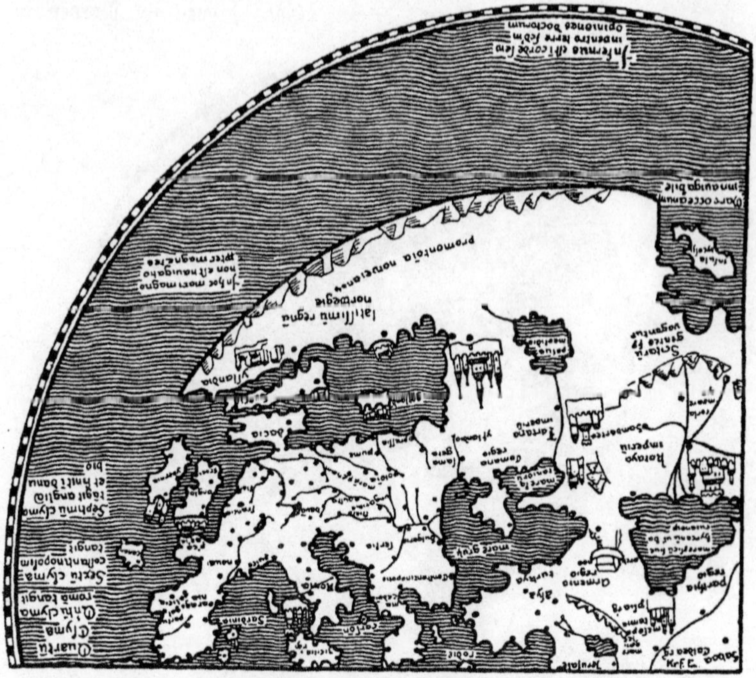

Nordwestlicher Teil der Weltkarte des Andreas Walsperger (aus dem Jahre 1448). Die meisten Namen sind ausgelassen worden.
(Süden sollte oben sein.)

„Gestalt und sind den Menschen gehorsam, und man nennt sie Trolle.“ Auch Claudius Clavus erwähnt der Trolle (Kobolde) in Norwegen. Im Nordmeer im Nordwesten Norwegens steht: „Auf diesem großen „Meer fährt man nicht, wegen der Magnete.“ Dies ist entschieden die im Mittelalter weitverbreitete Sage vom Magnetberg, der alle Schiffe mit Eisen an sich zog. In Deutschland kommt er in der Sage von

Herzog Ernsts Irrfahrten im Lebermeer vor; ursprünglich stammt er wohl aus den arabischen Märchen, die in die Sammlung „Tausendundeine Nacht" aufgenommen worden sind. Auf dem Festland im Nordosten Norwegens steht: „hier unter dem Nordpol ist das Land „unbewohnbar wegen der allzugroßen Kälte, die hier beständig ge„frorenen Zustand verursacht ....." Ganz droben im Norden in

Die sogenannte Borgia-Weltkarte aus der Zeit nach 1410. Süden sollte oben sein. [Nordenskiöld, 1897.]

dem Meer am Pol steht: „Die Hölle ist nach Ansicht der Doktoren „im Herzen oder Bauche der Erde."

Der Palus meotidis [das Asowsche Meer] liegt als Binnensee unmittelbar im Osten der Ostsee. Längs der Nordküste Europas (und Norwegens) ist ein Gebirgsrücken angedeutet, ähnlich wie auf den Weltkarten des Sanudo-Vesconte. Das Bild Dänemarks (dacia mit kopenhan und londoma, d. h. Lund, vgl. Edrisi, II, 152), die gerade südliche Küste der Ostsee und eine längliche Insel namens Suecia (mit Stocholm und ipsala), im Norden dieser Küste erinnern nicht wenig an Edrisis Karte (II, 151) und auch etwas an die Cottoniana (I, 193). Im Norden der Insel Suecia erstreckt sich „das sehr große Reich Norwegen“ [Norwegia] nach Westen wie eine lange, die Ostsee begrenzende Halbinsel, mit brondolch [Bornholm?] und nydrosia metropolis [der Hauptstadt Nidaros] als Städten an der Südküste und mit dem Lande Yslandia [Island] und der Stadt Pergen [Bergen] auf seinem äußersten Vorsprung.

Die Borgia-Karte, nach 1410. Ein eigentümlicher Typus der runden Weltkarte ist auch die sogenannte Borgia-Karte aus dem 15. Jahrhundert (nach 1410). Ihre Darstellung Europas mit dem Mittelländischen Meer auf der südlichen Seite der Erdscheibe bleibt der Wirklichkeit sehr fern. Dasselbe ist auch bei der Darstellung des Nordens der Fall; eigenartig ist ihr Skandinavien, welches von dem der Kompaßkarten ganz verschieden ist und wo Schonen eine östlich von Dänemark nach Süden gehende Halbinsel bildet und der Wirklichkeit ähnlicher ist als auf irgendeiner andern Karte aus jener Zeit. Auch diese Karte hat eine Bergkette längs der Nordküste des Kontinents, ähnlich wie die Vesconte-Karten (siehe Nordenskiöld, 1897, Taf. XXXIX).

Fra Mauros Karte, 1458. Die bekannteste Weltkarte aus dem 15. Jahrhundert ist die des Fra Mauro (1457—1459), die ebenfalls in Radform gezeichnet ist und in Venedig aufbewahrt wird. Die Küstenlinie ist in großer Ausdehnung den Kompaßkarten entnommen, aber daneben ist noch vieles Neue hinzugekommen. Was Norwegen betrifft, so enthält sie Aufklärungen aus Querinis Reise im Jahre 1432 und auch aus andern Quellen, die wir nicht kennen; darauf deutet unter anderem eine Inschrift in dem Meere auf der Nordseite Rußlands [Permia] hin, welche berichtet, daß vor kurzer Zeit zwei katalanische Schiffe dorthin gesegelt seien [vgl. Wangensten, 1910]. Die Skandinavische Halbinsel hat auf dieser Karte eine der Wirklichkeit angemessenere Ausdehnung nach Norden erhalten; aber die Westküste ist sehr phantastisch mit Halbinseln und Inseln ausgestattet worden, wie auch das Meer davor voller Phantasieinseln ist und viele Legenden hat.

Dänemark (Datia) ist zu einer Insel geworden (die auch Isola

Nordwestlicher Teil der Weltkarte des Fra Mauro (aus den Jahren 1457—59), in Venedig.

Die Legenden und die meisten Namen sind weggelassen. (Süden sollte oben sein.)

islandia genannt wird), die Ostsee (Sinus germanicus) ist in ein Binnenmeer mit Inseln erweitert. In ihrem nördlichen Teile steht, daß auf diesem Meere das Benutzen des Kompasses unbekannt sei [vgl. Vangensten, 1910]. Sollte eine solche Inschrift wohl auf ein

Mißverständnis einer früheren zurückzuführen sein können, wie die auf der Walsperger-Karte, wo es von dem Meere an der Nordwestseite Norwegens heißt, daß man es der Magnete wegen nicht befahre (vgl. II, 235)? Der Name Grönland ist auf dieser Karte nicht angegeben, dagegen kommt Island an drei oder vier verschiedenen Stellen vor: außerdem daß es als Name Dänemarks auftritt, gibt es im nördlichen Norwegen oder Finland eine Halbinsel Islant, „wo böse Leute wohnen, die keine Christen sind"; ferner eine große Insel Irilandia im Nordwesten Irlands und schließlich eine verwickelte

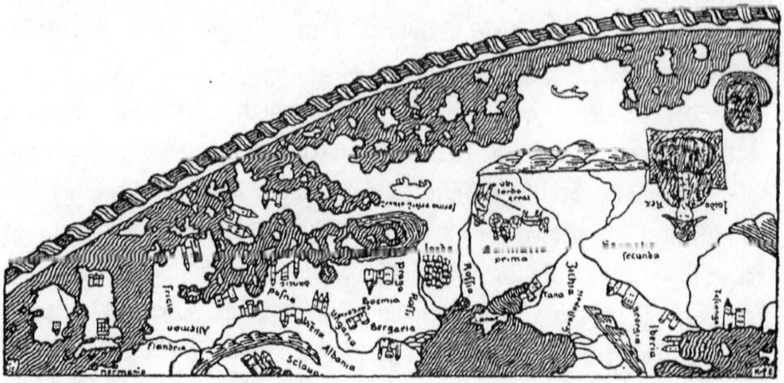

Nordeuropa auf der Genuesischen Weltkarte, aus dem Jahre 1447 oder 1457.

Halbinsel in der Mitte Norwegens, Isola di giaza [d. h. die Insel aus Eis] genannt. Im Norden Norwegens oder Finlands erstreckt sich eine Halbinsel namens Scandinabia in das Eismeer hinaus. Die Karte bringt nichts wesentlich Neues über den Norden, läßt aber auf einzelne neue Mitteilungen über Norwegen schließen, die auf den älteren Kompaßkarten noch nicht zu beobachten sind; so ist Bergen seinem richtigen Platze auf der Westküste näher gerückt worden und Marstrand liegt östlich vom Kristianafjord.

Die Genuesische Weltkarte, 1447. Einem ganz andersartigen Typus gehört das Bild des Nordens auf der elliptischen Genuesischen Weltkarte (aus dem Jahre 1447 oder 1457) an, das noch phantastischer ist als irgendeines der früher erwähnten. Die skandinavische Halbinsel hat hier eine sehr lange Ausdehnung nach Westen hin erhalten und endet mit einer nach Norden vorspringenden Landzunge. Im Norden dieses Skandinaviens befindet sich eine andere phantastische Halbinsel, auf der Lelewel den Namen Grinland gelesen zu haben meint. Es beruht dies indessen wahrscheinlich auf einem Mißverständnis, da man, wie Björnbo hervorgehoben hat [1910, S. 80], den Namen weder auf dem sehr abgegriffenen Original noch auf Onganias photographischer Wiedergabe [Fischer-Ongania, Taf. X] sehen kann. In dem Meere um diese Halbinsel herum liegen viele Phantasieinseln verstreut.

Die Globusse aus dem 15. Jahrhundert. Behaims Globus, 1492. Gegen Ende des 15. Jahrhunderts verfiel man auch darauf, die Oberfläche der Erde mit Ländern und Meeren auf Globussen darzustellen. Offenbar ist es der Einfluß Toscanellis gewesen, der dazu führte, daß diese Darstellungsweise, die schon früh bei den Griechen (vgl. I, 82) üblich war, aufgenommen wurde; im Jahre 1474 sprach er aus, daß seine Idee von dem westlichen Wege nach Indien sich am besten auf einer Kugel darstellen lasse. Kolumbus scheint, nach seinen eigenen Worten im Schiffsjournal zu urteilen, auf seiner Reise im Jahre 1492 einen Erdglobus mitgehabt zu haben. Der älteste bekannte Erdglobus, der uns erhalten geblieben ist, wurde im Jahre 1492 von dem Deutschen Martin Behaim (geboren 1459 in Nürnberg)[482] angefertigt. Er hielt sich viel in Portugal auf und lebte auch auf den Azoren, nachdem er eine vornehme Frau von den Azoren, eine Schwägerin der Schwester des Gaspar Corte-Real, geheiratet hatte. Seinen Globus hat er während eines Besuchs in seiner Vaterstadt (1490—1493) gezeichnet. Behaims Quellen zu seiner Darstellung des Nordens sind zum großen Teile die Weltkarten des Nicolaus Germanus in den Ulmer Ptolemaios-Ausgaben von 1482 und 1486 gewesen, auf denen Grönland nach der Nordseite Norwegens verlegt ist. Ferner Marco Polos Reisebeschreibung, welche Angaben über die nördlichen Gebiete Asiens enthält. Außerdem deutet unter anderem ein Name wie tlant Venmarck [das Land Finmarken] darauf hin, daß dieselbe ältere Quelle benutzt worden ist wie in dem anonymen Briefe an Papst Nikolaus V. aus der Zeit um 1450, worin, nach der erhalten gebliebenen französischen Übersetzung,

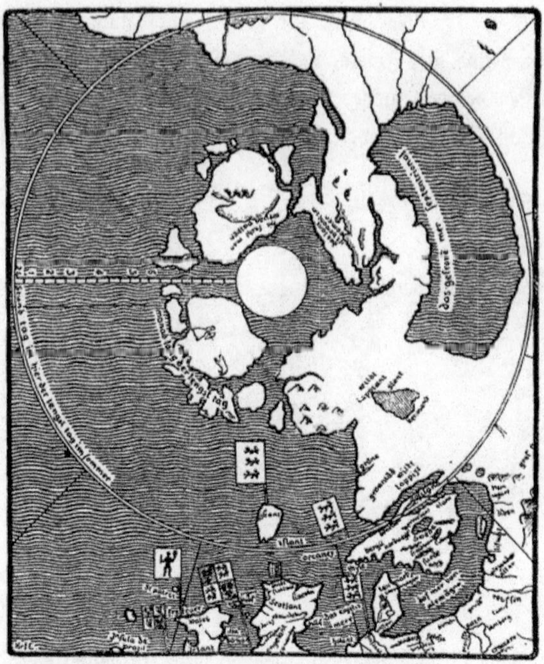

Das nördlichste Europa und die Gebiete um den Nordpol herum auf Behaims Globus, aus dem Jahre 1492.

von den lieux champestres de Venmarche [den Ebenen in Finmarken] die Rede ist.[483] Wir werden auch hier zu Nicholas [of Lynns verloren gegangenem Werke „Inventio fortunata“ (1360) als möglicher Quelle hingeführt. Daß dieses Werk wirklich benutzt worden ist, scheint sich auch aus den Ländern um den Nordpol schließen zu lassen, die auf Behaims Globus sehr viel Ähnlichkeit mit Ruysch s

Karte aus dem Jahre 1508 haben, auf welcher beim Nordpol hinzugefügt ist:

„In dem Buche ‚De inventione fortunati' steht zu lesen, daß „dort ein hoher Felsen aus Magnetstein, 33 deutsche Meilen im Umkreise, ist. Diesen umgibt das fließende mare sugenum, das dort „wie ein Gefäß Wasser durch Öffnungen nach unten hin ausgießt. „Ringsumher sind vier Inseln, von denen zwei bewohnt sind. Wüste, „ausgedehnte Gebirge umgeben diese Inseln 24 Tagereisen weit, wo „keine menschlichen Wohnungen sind."

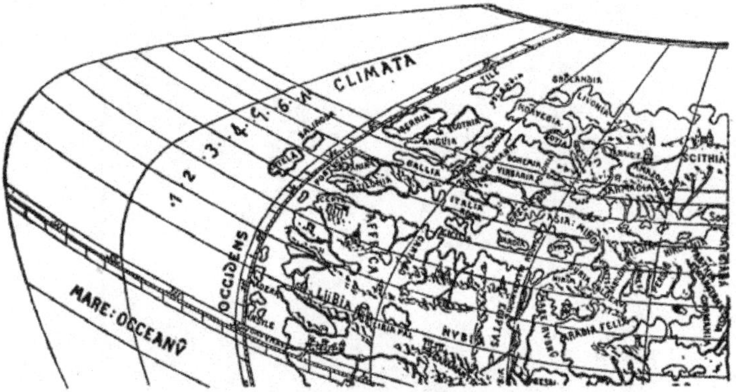

Ein Teil des sogenannten Laon-Globus, aus dem Jahre 1493. [Nach D'Avezac.]

Das Neue in Behaims Bild des Nordens ist hauptsächlich dieser Kranz aus Ländern und Inseln um den Nordpol herum, den er entschieden dem Nicholas of Lynn entlehnt haben muß und der auf keiner älteren bekannten Karte dargestellt ist. Er besteht aus einer zusammenhängenden Landmasse, die von seinem Grönland-Lappland im Norden Skandinaviens ausgeht und sich ostwärts beinahe bis an die entgegengesetzte Seite des Poles erstreckt, wodurch aus dem Eismeere (das gefroren mer septentrional) im Norden des Kontinents ein eingeschlossenes Meer wird. Eigentlich sollte wohl aber diese Landmasse in zwei große Inseln geteilt werden. Auf der andern Seite des Poles sind zwei große Inseln und eine Reihe kleinerer. Auf der einen der großen Inseln steht das Bild eines Bogenschützen in langem Gewande, der einen Eisbären angreift (und der wohl mit der Amazonensage in Verbindung stehen kann?), und auf der zweiten steht „Hie fecht man weise valken" (hier fängt man weiße Falken). Es ließe sich denken, daß dies mit Mitteilungen über Skandinavien oder Island (vgl. unter anderem die Legenden der Kompaßkarten) zusammenhinge; aber wie Ravenstein [1908, S. 92] und Björnbo [1910, S. 156] angenommen haben, mag es vielleicht eher aus der Reisebeschreibung Marco Polos stammen, in welcher die Eismeerküste Sibiriens beschrieben worden ist. Die vielen richtigen Namen Martin Behaims mit deutscher Schreibweise im skandinavischen Norden deuten vielleicht an, daß er auch mündliche Auskunft erhalten hat, obschon sie sehr gut von älteren deutschen Karten stammen können.

Der Laon-Globus. Ungefähr aus derselben Zeit wie Behaims Globus stammt der sogenannte Laon-Globus von 1493, der vor einigen Jahren ganz zufällig bei einem Antiquitätenhändler in Laon aufgefunden worden ist. Er gibt eine ganz andere Darstellung des Nordens, die mehr mit den gewöhnlichen Weltkarten des Typus des Nicolaus Germanus in Einklang steht, mit Meer am Pole im Norden des festen Landes, das ungefähr am Polarkreise endet. Die Skandinavische Halbinsel (Norvegia genannt) hat eine ähnliche Gestalt wie auf diesem Typus; aber nördlich davon sieht man Gronlandia als Insel mit einem nach Norden vorspringenden Lande Livonia im Osten und zwei Inseln, Yslandia und Tile, im Westen. Der Ursprung des Laon-Globusses und die Quellen, aus denen seine Vorstellungen vom Norden geschöpft wurden, sind unbekannt.

So waren die geographischen Anschauungen vom Norden am Ende des Mittelalters, als die Zeit der großen Entdeckungen begann; sie waren unbestimmt und unklar, und über große Strecken, die einst bekannt gewesen waren, hatten sich die Nebel wieder herabgesenkt; draußen in den Nebeln aber lagen im Norden und im Westen sagenhafte Inseln und Sagenländer.

XIV. John Cabot und die Entdeckung Nordamerikas durch die Engländer.

Eine neue Periode der geographischen Forschung. Über die Wolkenbrücke der Illusionen geht der Weg der Menschen vorwärts. In der Geschichte sind die größten Einsätze mehr mit Hilfe der Ideen als der Wahrheit gemacht worden. Die religiösen Illusionen haben rohe Massen veredelt und sie zu höheren Gesellschaftsformen emporgehoben, Luftspiegelungen und Hypothesen innerhalb der Wissenschaft trieben vorwärts zu neuen Siegen; so war es auch in der geographischen Forschung, auch in ihr spornten die Illusionen wie eine Fata Morgana zu den großen Entdeckungen an.

Allerdings gründete sich der Plan des Kolumbus auf die richtige Ansicht, daß die Erde rund ist; aber hätte er die wirkliche Entfernung nach Indien gekannt und wäre er nicht verstrickt gewesen in den alten Dogmen der Griechen über die große Ausdehnung des Festlandes nach Osten hin und in ihrer zu geringen Schätzung des Erdumfangs, wodurch Indien so verlockend naheliegen mußte — und hätte er nicht an die Sagen von den Ländern im Westen geglaubt —, so wäre er sicher nie der Entdecker einer neuen Welt geworden.

Das Mittelalter lebte, wie wir gesehen haben, in großem Umfang von den Überresten der geographischen Kenntnisse und Anschauungen der Griechen. Es war die Zeit des Aberglaubens und der Spekulation; mit Ausnahme der Skandinavier und Araber und in gewissem Grade auch der irischen Mönche gab es in der ersten Hälfte des Mittelalters keinen Unternehmungsgeist, der die Grenzen des Bekannten anders überschritten hätte als in der Sagenwelt der Phantasie. Erst durch die Kreuzzüge begann der Horizont sich zu erweitern. Der Handel der italienischen Republiken mit dem Orient und die Entwicklung tüchtiger italienischer Seeleute hatten große Bedeutung. Schon früh machten sie längs der Westküste Afrikas Entdeckungen. Noch wichtiger war es, daß die Portugiesen, die von ihnen und vielleicht auch wohl von den Arabern das Seewesen kennen lernten, in dem Meere längs der Küste Afrikas großen Unternehmungssinn entfalteten, im Westen liegende Inselgruppen fanden und schließlich im Jahre 1427 die Azoren erreichten, welche jedoch schon früher entdeckt worden sein müssen, da ähnliche Inseln bereits im 14. Jahrhundert auf italienischen und katalanischen Karten vorkommen (vgl. den katalanischen Atlas aus dem Jahre 1375).

Als die Werke des Ptolemaios, und dadurch die Geographie der Griechen, zu Anfang des 15. Jahrhunderts in Westeuropa bekannt wurden, erregten sie in der gelehrten Welt mehr Aufsehen als später selbst die Entdeckung Amerikas; der geographische Vorstellungskreis wurde dadurch sehr verändert, und man sah mit neuen Augen die Erde als Kugel an. Die Lehre der Möglichkeit des Umsegelns der Erde wurde besonders durch den berühmten Astronomen Toscanelli in Florenz entwickelt und wissenschaftlich begründet. Aber neu war diese Lehre nicht; schon die Griechen, wie Eratosthenes und Poseidonios (vgl. I, 80, 83), hatten sie klar genug ausgesprochen, und selbst im Mittelalter war sie nicht vergessen worden. Wir sahen, daß der Fabelerzähler Mandeville der Möglichkeit einer Erdumsegelung völliges Verständnis entgegenbringt und alte Märchen von einer solchen Reise erzählt (vgl. II, 222). Aber am Ende des 15. Jahrhunderts griffen zwei Männer der Tat, beide Genuesen, diesen Gedanken ernstlich auf. Der eine war Kolumbus, der andere war Cabot. Ob der letztere schon vor der ersten Reise des Kolumbus auf diese Idee verfallen war, wissen wir nicht gewiß, aber es ist nicht unwahrscheinlich; es war eben ein Gedanke, der in der Zeit lag und vielen nahegelegen haben muß. Eine Macht, die auch zur Fahrt gen Westen antrieb und wohl ebenso stark war wie jene wissenschaftlichen Spekulationen, war der Glaube an die sagenhafte Welt verlockender Inseln, die draußen im Meere im Westen der Küsten Afrikas und Europas lagen: die Seligen Inseln der Griechen und Platons Atlantis, ursprünglich den Ländern des Orientes entstammende Vorstellungen, die immer noch lebten, wenn auch in anderer Gestalt. Dort lagen Antillia, die Insel der Sieben Städte, arabische Sageninseln und die irische Märchenwelt, dort waren Brandans Inseln und viele andere; einige davon hatten zur Erzeugung der altnordischen Vorstellungen von Vinland und dem Hvitramannalande beigetragen; jetzt erhielten sie neues Leben und Macht über Westeuropas Phantasie. Möglicherweise in Verbindung mit einem Nachhall der Sagen über die Entdeckungen der Skandinavier — der aus Island nach Bristol gelangte und so nach Europa drang — trugen diese Sageninseln dazu bei, einen allgemein verbreiteten Glauben an Ländern im fernen Westen des Meeres zu erschaffen. Zum Wurzelschlagen dieses Glaubens half auch der Umstand, daß die Portugiesen, wie schon gesagt, im Jahre 1427 draußen im Atlantischen Ozean wirklich Inseln, die Azoren, fanden. Von ihnen zogen im Laufe des 15. Jahrhunderts viele Expeditionen aus, um weiter westwärts neue Länder zu suchen.[484]

Bristols Verbindung mit Island. Vom Anfang des 15. Jahrhunderts an stand die Stadt Bristol in regem Schiffsverkehr mit Island, sowohl des Fischfanges wie des Handels wegen. Wie bereits hervorgehoben wurde, lag dies sicherlich in nicht geringem Grade an den vielen Norwegern, die in jener Stadt wohnten. Die von den Reisen nach Island zurückkehrenden Seeleute haben gewiß von dort viele Wundergeschichten und Berichte über unbekannte Inseln und Länder draußen im Meer mitgebracht; Sagen und Märchen von den Reisen der Isländer nach Grönland können in Bristol mit zu der Unterhaltung an Winterabenden gehört haben.[486] Es ist infolgedessen sicherlich nicht nur Zufall, daß der Versuch, im Westen Land aufzufinden, gerade von dieser unternehmungslustigen Schiffahrtsstadt ausgehen sollte.

Die Insel Brazil. Draußen im Meer im Westen Irlands lag auf den Karten des 14. und 15. Jahrhunderts die Insel Brazil (II, 179). Sie war die irische Glücksinsel, Hy Breasail, von der es im Liede heißt:

„On the ocean that hollows the rocks where ye dwell,
„A shadowy land has appeared, as they tell;
„Men thought it a region of sunshine and rest,
„And they called it O'Brazil — the isle of the blest.

„From year unto year, on the ocean's blue rim,
„The beautiful spectre showed lovely and dim;
„The golden clouds curtained the deep, where it lay,
„And it looked like an Eden, away, far away.“

[Gerald Griffin.]

(Auf dem Ozean, der die Felsen aushöhlt, wo ihr steht
(Ein Schattenland erschien, wie die Sage geht;
(Man dacht' es sich als ruhigen Sonnenscheinstrand
(Und nannte es O'Brazil — der Seligen Eiland.
(Alljährlich zeigte sich an des Ozeans blauem Rand
(Lieblich und nebelhaft das schöne geisterhafte Land
(Die Tiefe, wo es lag, war mit Goldwölkchen überstreut
(Und es glich einem Eden, so weit, ach so weit.)

Wir haben gesehen, daß diese runde Märcheninsel auf einigen Karten in nahe Verbindung mit einer Insula verde, wahrscheinlich Grönland, gebracht war; die Vorstellung von dieser letzteren war vermutlich aus Island über England gekommen.

Die Expedition zur Auffindung der Insel Brazil, 1480. Die Sagen, welche damals mit Brazil verbunden waren, kennen wir nicht, aber der Glaube an diese Insel war so lebendig, daß von Bristol aus Schiffe abgesandt wurden, um sie zu suchen. Es ist noch ein Bericht über einen solchen Versuch im Jahre 1480 vorhanden, den ein Zeitgenosse[486] geschrieben hat:

„Den 15. Juli [am 24. Juli neuen Stils] Schiffe . . . . [ge„hörend?] . . . . und Jon Jay Junior, von 80 Tons Tragkraft, „begannen die Fahrt aus dem Bristoler Hafen [um hinzusegeln] ge„rade nach der Insel Brazil (insulam de Brasylle) auf der Westseite „Irlands, sie durchpflügten das Meer bei . . . . . . und . . . . . . „Thlyde [Thomas Lyde oder Lloyd?] ist der tüchtigste Seemann in „ganz England, und den 18. September [27. Sept. neuen Stils] kam „Nachricht nach Bristol, daß sie ungefähr 9 Monate lang in den „Meeren herumgesegelt seien, die Insel fanden sie nicht, aber wegen „Sturm auf See sind sie in den Hafen . . . . . . in Irland zurück„gekehrt, um Schiffe und Matrosen ausruhen zu lassen.“

Infolge der unleserlichen Stellen in der Handschrift geht daraus nicht hervor, ob John Jay junior einer der Führer jener Expedition oder (wie Harrisse meint) einer der Eigentümer der Schiffe war, aber jedenfalls müssen wir glauben, daß der erwähnte Th. Lyde der eigentliche Leiter oder Kapitän gewesen ist. Die „9 Monate“ (9 menses) mögen ein Schreibfehler sein und 2 Monate (oder 9 Wochen) heißen sollen, was sich mit den angegebenen Daten decken würde, während 9 Monate gar keinen Sinn haben. In jedem Fall muß es ein ernstgemeinter Versuch gewesen sein, der hier gemacht wurde, um 12 Jahre vor der Entdeckung Westindiens durch Kolumbus Land im Westen zu finden. Bristols Bestrebungen, dieses Glücksland zu finden, wurden damit nicht aufgegeben, denn im Jahre 1497 schreibt Ayala, der spanische Gesandte in London:

„In jedem der letzten sieben Jahre haben die Leute in Bristol „zwei, drei oder vier Karavellen ausgesandt, um nach der Insel Brazil

„und der Insel der Sieben Städte* nach den Phantasien dieses Genuesen „zu suchen."

Giovanni Caboto. Jener Genuese ist Giovanni Caboto oder, wie er in England genannt wurde, John Cabot. Über diesen Mann, der England das Entdeckerrecht auf einen neuen Kontinent geben sollte und der mit seinem engeren Landsmann Kolumbus den großen Wendepunkt in der Geschichte der Entdeckungen bildet, finden wir nur vereinzelte, gelegentliche Mitteilungen; über seinem Leben und seinem Wirken ruht größtenteils undurchdringliches Dunkel.[487] Da er mehrmals, unter anderem in Briefen der gleichzeitigen damaligen spanischen Gesandten in London „dieser Genuese" oder „auch ein Genuese wie Kolumbus" genannt wird, müssen wir glauben, daß er in Genua geboren ist; aber aus den noch erhaltenen venezianischen Staatsdokumenten ergibt sich, daß Joanni Caboto am 28. März 1476 das Bürgerrecht in Venedig erhielt, nachdem er sich dort die 15 Jahre ausgehalten hatte, die das Gesetz jedem Fremden als Aufenthaltsdauer vorschrieb, wenn er Bürger der Republik werden wollte.[488] Aus zeitgenössischen Angaben muß man schließen, daß John Cabot ein tüchtiger Seemann gewesen ist und sich gut auf Karten und Kartenzeichnen verstanden hat; er hat auch einen Globus angefertigt, um seine Reisen zu veranschaulichen. Dies ist nicht mehr, als man von einem Genuesen erwarten kann, der in der venezianischen Schule, die damals als die erste in der Seewissenschaft galt, ausgebildet war. Man muß es daher als wahrscheinlich ansehen, daß John Cabot mit den führenden Gedanken der geographischen Welt seiner Zeit vertraut war. Er kann infolgedessen, während er noch in Venedig wohnte, die schon 1474 von Toscanelli ausgesprochene Idee, durch Segeln nach Westen nach Ostasien zu gelangen, sehr wohl gekannt haben, und es ist also möglich, daß er, unabhängig von Kolumbus, auf den Gedanken verfallen ist, eine solche Segelreise nach den fabel-

* Die Insel der Sieben Städte war eine fabelhafte Insel draußen im Atlantischen Ozean, von welcher im späteren Teil des Mittelalters viel die Rede ist.

haften Reichtümern der Länder des Ostens auf kürzerem Wege zu machen als auf dem, den die Portugiesen südwärts um Afrika herum suchten. Als Stütze dieser Behauptung ließe sich anführen, daß er selbst im Jahre 1497 dem Gesandten Mailands in London, Raimondo di Soncino, folgendes erzählt hat:

„Er sei früher einmal in Mekka gewesen, wohin durch Karawanen „Gewürze aus fernen Ländern gebracht würden, und diejenigen, welche „sie gebracht, hätten auf die Frage, wo jene Gewürze wüchsen, geant„wortet, daß sie es nicht wüßten, aber daß nach ihrer Heimat andere „Karawanen aus noch ferneren Ländern mit diesen Waren kämen und „daß diese [die andern Karawanen] ebenfalls sagten, daß sie ihnen „aus andern, in weiter Ferne liegenden Gegenden gebracht würden." Soncino fügt hinzu, daß Cabot „derartig folgert — daß dann, „wenn die Völker des Ostens denen im Süden erzählen, daß diese „Dinge aus weit von ihnen entfernten Ländern kommen und also von „Hand zu Hand gehen, es unter Voraussetzung der Rundung der Erde „so sein muß, daß die letzten sie im Nordwesten erhalten; und er sagt „dies auf eine solche Art und Weise, daß, weil es mich nicht mehr „kostet als es kostet, auch ich es glaube ...."[489]

Es ist nicht unwahrscheinlich, daß Cabot gedacht haben kann, daß, da infolge der Kugelgestalt der Erde der Umfang des Breitenkreises nach Norden hin abnimmt, der kürzeste Weg über das Weltmeer nach der Ostküste Asiens auf den nördlichen Breiten liegen müsse [vgl. Poseidonios, I, 83]. Wir dürfen aber nicht außer acht lassen, daß Cabot dies erst lange nach der ersten Reise des Kolumbus ausgesprochen hat; es ist infolgedessen nicht mit Sicherheit festzustellen, ob ihm dieser Gedanke vor oder nach jener Zeit aufgestiegen ist. Wann jene Reise nach Mekka vor sich gegangen ist, wissen wir auch nicht.

Der damalige spanische Gesandte in London, Pedro de Ayala, sagt in einem Briefe aus dem Jahre 1498 an Ferdinand und Isabella von Spanien, daß Cabot „auch ein Genuese wie Kolumbus ist, welcher „in Sevilla und Lissabon gewesen ist und den Versuch gemacht hat,

„Unterstützung zu dieser Entdeckung [d. h. des Landes im Westen] „zu erhalten“. Es fragt sich nun, ob dieses „welcher“ sich auf Kolumbus oder auf Cabot bezieht. Letzteres muß wohl das wahrscheinlichere sein, weil es doch ganz überflüssig gewesen wäre, wenn der Gesandte Ferdinand und Isabella mitgeteilt hätte, daß Kolumbus in Sevilla gewesen sei. Aber auch dieser Brief gibt keine Auskunft darüber, wann Cabot diese Reise nach Spanien und Portugal gemacht hätte, ob vor oder nach der Reise des Kolumbus im Jahre 1492? Jedenfalls läßt dies darauf schließen, daß er sich längere Zeit mit Plänen dieser Art getragen hat.

John Cabots Reise nach England, ungefähr 1490? Wann John Cabot nach England kam, wissen wir auch nicht; vielleicht hat er sich um 1490 herum in Bristol niedergelassen. Falls er wirklich mit der Idee dorthin gekommen ist, Asien über das Meer gen Westen aufzusuchen, muß er sicherlich einen günstigen Boden für solche Pläne in dieser Stadt gefunden haben, die schon im Jahre 1480 Schiffe ausgesandt hatte, um nach der Insel Brazil zu suchen. Indessen ist es wohl auch möglich, daß diese Pläne erst dann in ihm erwacht sind, als er hiervon gehört und die Ansichten über Länder im Westen, die damals die Gemüter der Seevölker Westeuropas (der Engländer und der Portugiesen) beschäftigten, in der Nähe kennen gelernt hat. Auf Grund der vielen neuen Argumente, die er aus Italien und den Mittelmeerländern mitbrachte, kann es ihm nicht schwer geworden sein, die Bristoler Kaufleute zu neuen Versuchen, jene Länder im Westen oder Nordwesten aufzufinden, zu überreden, und wenn wir nach dem Briefe Ayalas aus dem Jahre 1497 über die in den letzten sieben Jahren alljährlich ausgesandten Expeditionen urteilen, so scheint er unermüdlich gewesen zu sein.

Ob Cabot sich an den Versuchen nach dem Jahre 1490 selbst beteiligt hat, wissen wir nicht. Vor 1497 scheint kein einziger jener Versuche Erfolg gehabt zu haben, denn sonst wäre wohl die Rede davon gewesen. Während man in Bristol mit derartigen Unternehmungen beschäftigt war, machte im Jahre 1492 Cabots großer Landsmann Kolumbus weiter südwärts seine denkwürdige Reise über das Meer und fand eine neue Welt, die er für Indien hielt. Damit kam der Durchbruch, den die Zeit in ihrem Schoße getragen hatte. Die Nachricht der vollbrachten großen Tat, die alle Abenteurer Europas entflammte, muß bald nach Bristol gelangt sein und hat den alten Plänen neues Leben und weitere Ziele gegeben.[490] Daß Cabot jetzt die Seele dieser Bestrebungen war, ist nach allem, was vorliegt, zur Genüge klar; aus öffentlichen Dokumenten ersehen wir, daß er am Anfang des Jahres 1496 ganz besondere Anstrengungen gemacht hat, um die Aussendung einer größeren Expedition durchzusetzen. Er wendet sich an den englischen König mit der Bitte um Protektion und um einen Patentbrief, um sich und seinen drei Söhnen, Lewis, Sebastian und Sancto, den Vorteil der Entdeckungen zu sichern, die er auf dieser Expedition, die aus fünf Schiffen bestehen sollte, zu machen erwartete.

Cabots Patentbrief, 1496. Der Patentbrief wurde am 5. (am 14. neuen Stils) März des Jahres 1496 ausgestellt* und berechtigt Cabot und seine Söhne zum Segeln unter englischer Flagge „in allen „Teilen, Gegenden und Buchten des Meeres im Osten, Westen und „Norden mit 5 Schiffen oder Schuten beliebiger Art und Trag„kraft und mit so vielen Leuten, wie sie mitnehmen wollen, auf ihre „eigenen Kosten und zum Suchen, Entdecken und Finden jeglicher Inseln, „Länder, Gebiete oder Provinzen, die Heiden oder Ungläubigen ge„hören, in jedem beliebigen Teile der Erde, welcher vor dieser Zeit „allen Christen unbekannt gewesen ist“. Sie erhielten auch die Berechtigung, alle Städte, Lagerplätze oder Inseln, die sie zu entdecken oder zu erobern und zu besetzen imstande sein würden, als Vasallen oder Statthalter des englischen Königs in Besitz zu nehmen. Sie sollten dem englischen König den fünften Teil aller Waren, Gewinne usw. dieser Reise oder jeder Reise geben, sobald sie in Bristol

* Er ist datiert: „5. März 11. Henry VII“. Heinrichs VII. elftes Regierungsjahr umfaßte die Zeit vom 22. August 1495 bis zum 21. August 1496.

anlangten, nach welchem Hafen zurückzukommen sie ausschließlich verpflichtet seien. Sie wurden von jeglicher Zollabgabe für die Waren, die sie aus den neuentdeckten Ländern mitbringen würden, befreit und erhielten Handels- und Verkehrsmonopole für jene Länder. Ferner wurde allen englischen Untertanen zu Lande und zu Wasser befohlen, dem obenerwähnten John, seinen Söhnen, seinen Erben und seinen Bevollmächtigten gute Hilfe zu leisten, und zwar „sowohl beim Ausrüsten ihrer Schiffe und Fahrzeuge, wie auch beim Liefern der Lebensmittel, die sie mit ihrem eigenen Gelde zu bezahlen haben".

Da der Süden nicht unter den Gegenden genannt ist, die aufgesucht werden durften, und da die neuen Länder Christen noch nicht bekannt sein sollten, ist es klar, daß Cabot hierdurch Befehl erhielt, nicht die Gewässer zu besuchen, in denen die Spanier und Portugiesen gerade ihre wichtigen Entdeckungen gemacht hatten, um nicht England mit der spanischen und portugiesischen Krone in Konflikt zu bringen.

Cabots Pläne und Vorbereitungen. Da der Patentbrief dasselbe Datum (5. März) trägt und zum Teil denselben Wortlaut hat wie Cabots Gesuch, muß er nach früheren Verhandlungen und Vereinbarungen zwischen Cabot und dem König ausgestellt worden sein und muß folglich Cabots Pläne der neuen Reise enthalten, welche Pläne also bereits im März 1496 fertig vorlagen. Er hatte damals wohl auch schon einige Vorbereitungen zu der Fahrt getroffen.

Daß bereits im Januar jenes Jahres am englischen Hofe von Cabots Plänen die Rede gewesen ist, ergibt sich auch aus einem noch vorhandenen Briefe des spanischen Königspaares Ferdinand und Isabella an Dr. Ruy Gonzales de Puebla, den spanischen Gesandten in England. Der Brief ist vom 28. März (6. April neuen Stils) 1496 datiert und ist die Antwort auf einen Brief, den der Gesandte am 21. (30.) Januar geschrieben hat und der jetzt verloren gegangen ist. Es heißt in der Antwort:

„Sie schreiben, daß ein Mann ähnlich Kolumbus gekommen sei, „um den König von England zu einem Unternehmen, gleich dem nach

„Indien, zu überreden ohne Schädigung Spaniens und Portugals.
„Er mag es gern tun. Aber wir glauben, daß dieses Unternehmen
„dem König von England durch den König von Frankreich in den
„Weg geworfen ist, um ihn, wie von vornherein beabsichtigt ist, von
„seinen andern Angelegenheiten abzulenken. Passen Sie auf, daß der
„König von England nicht in dieser oder irgendeiner andern Sache
„hinters Licht geführt wird. Die Franzosen werden es, so eifrig
„sie können, versuchen, ihn in solche Unternehmungen zu verwickeln;
„aber es sind sehr unsichere Unternehmungen, und augenblicklich dürfen
„sie nicht begonnen werden. Überdies können sie nicht ausgeführt wer-
„den, ohne uns und den König von Portugal zu schädigen".[491]

Hieraus läßt sich verstehen, daß Cabots Pläne in London Aufsehen erregt haben und daß man ihnen dort große Bedeutung beigelegt hat. Es muß folglich schon längere Zeit von ihnen geredet worden sein, ehe der Patentbrief ausgefertigt wurde. Aus diesem Grunde müssen wir auch annehmen, daß Cabot im März 1496 die Vorbereitungen zu seiner Reise getroffen hatte. Es scheint daher nicht wahrscheinlich zu sein, daß die Expedition, die erst ein ganzes Jahr später, als er sich um den Patentbrief beworben hatte, abging, diejenige gewesen ist, um welche es sich hier gehandelt hat, und zwar um so weniger, als im Jahre 1497 nur ein Schiff auf die Reise gegangen ist.[492] Können wir Ayalas Worte aus dem Jahre 1498, daß Bristol in jedem der letzten sieben Jahre Schiffe ausgesandt habe, um die Insel Brazil usw. zu suchen, buchstäblich auffassen, so müssen wir annehmen, daß Cabot 1496 wirklich mit der geplanten, aus fünf Schiffen bestehenden Expedition abgereist ist, aber aus irgendeinem Grunde unverrichteter Sache wieder hat umkehren müssen. Nachdem er mit einem so großen Unternehmen Unglück gehabt hatte, kann es Cabot weniger leicht geworden sein, die zu einem neuen Versuche im Jahre 1497 nötige Unterstützung zu finden, und er hat sich mit einem kleinen Schiffe und einer der Zahl nach geringen Besatzung (18 Mann) begnügen müssen.[493] Es ist auch denkbar, daß Cabot, weil die früheren Expeditionen mit mehreren Schiffen das gesuchte Land nicht gefunden hatten, als praktischer Seemann gewünscht hat, mit einem kleinen Schnellsegler und einer auserwählten Mannschaft erst eine Pionierexpedition auszuführen, ehe er wieder ein großes, kostspieliges Unternehmen in Gang brachte. Er war unabhängiger und konnte schneller und weiter westwärts fahren, als wenn er eine aus mehreren Schiffen bestehende Flotte leiten mußte.

Sebastian Cabots Teilnahme im Jahre 1497 zweifelhaft. Die Reise im Jahre 1496 können Cabots Söhne, die in dem Patentbriefe namhaft gemacht sind, mitgemacht haben; dagegen ist es weniger wahrscheinlich, daß unter den 18 Mann im Jahre 1497 einer von ihnen gewesen ist.* Allerdings hat der Sohn Sebastian Anspruch darauf erhoben, die Fahrt als einer der Führer mitgemacht zu haben, aber er hat auch behauptet, die Reise allein unternommen zu haben, so daß seinen Worten kein Gewicht beizulegen ist. Jedenfalls muß er damals noch sehr jung gewesen sein und kann schon deshalb keine Rolle dabei gespielt haben. Seiner wird auch in den aus jener Zeit stammenden Briefen der ausländischen Gesandten in London mit keinem Worte gedacht, und in dem Briefe des Pasqualigo vom 23. August 1497 heißt es von dem heimgekehrten John Cabot: „in der Zwischen„zeit [d. h. bis zur nächsten Reise] ist er mit seiner venezianischen Gattin „und seinen Söhnen in Bristol“. Dies läßt nicht darauf schließen, daß einer der Söhne ihn begleitet hat, und nach derselben Richtung deutet der Protest, den „The Wardens of the Drapers' Company“ in London gegen Sebastian als Seefahrer erhoben (siehe unten).

Nicht eine einzige Zeile haben wir über diese wichtige Reise im Jahre 1497 oder über irgendeine andere von Cabots eigener Hand. Wir hören, daß er Karten über seine Entdeckungen gezeichnet hat; aber auch sie sind verloren gegangen, wie die vielen andern Karten, die in dieser Zeit vor 1500 gezeichnet worden sein müssen.[494] Wir

* Die einzigen Gefährten, die von den Quellen (Soncinos Brief vom 18. Dezember 1497) genannt werden, sind Cabots italienischer Barbier (Feldscherer, Arzt?) aus Castione und ein Burgunder.

können infolge dessen unsere Schlüsse nur aus den Mitteilungen anderer, teils zeitgenössischen, teils späteren, ziehen.

Die wichtigsten Quellen über die Reise im Jahre 1497. Die wichtigsten zuverlässigen Dokumente, die Aufklärungen über John Cabots Reise im Jahre 1497 geben, sind folgende:

1. Die drei Briefe seiner beiden Landsleute in London: einer von dem Venezianer Lorenzo Pasqualigo an seine Brüder in Venedig, datiert vom 23. August (1. September neuen Stils) 1497, und zwei Briefe des Mailänder Gesandten Raimondo di Soncino an den Herzog von Mailand vom 24. August (2. September) und vom 18. (27.) Dezember 1497.

2. Ein Posten in der Abrechnung über die Zivilliste des englischen Königs, woraus wir ersehen, daß Cabot am 10. August (19. neuen Stils) 1497 nach London zurückgekehrt war.

3. Die im Jahre 1500 gezeichnete Weltkarte des bekannten spanischen Lotsen Juan de la Cosa.

4. Eine Bristoler Chronik, die im Jahre 1565 von Maurice Toby nach älteren Quellen geschrieben ist.

Es ist noch eine Inschrift auf der Weltkarte aus dem Jahre 1544 anzuführen, die, nach der darauf befindlichen Angabe, Sebastian Cabot zu verdanken sein soll. Aber selbst dann, wenn dies sich so verhält, hat jene Inschrift wenig Wert, weil er nicht als zuverlässiger Berichterstatter angesehen werden kann.[495]

Pasqualigos Brief vom 23. August 1497. Lorenzo Pasqualigo schreibt am 23. August (1. September neuen Stils) 1497 an seine beiden Brüder in Venedig unter anderem folgendes:

„Unser Venezianer, der mit einem kleinen Schiff aus Bristol ab-„reiste, um neue Inseln zu finden, ist zurückgekommen und sagt, daß „er in 700 lege (italienische Meilen) Entfernung das feste Land im „Reiche des Großchans (Gran Cam) [China] entdeckt habe, 300 „lege weit an der Küste dieses Landes entlang gesegelt und auch an „Land gegangen sei, aber keine Menschen gesehen habe; er hat jedoch

„dem König hier einige Schlingen, die zum Fangen des Wildes aus-„gelegt gewesen sind, und eine Nadel zum Netzestricken mitgebracht, „und er hat auch einige Bäume mit Einschnitten gefunden, woraus „er den Schluß gezogen hat, daß es dort Bewohner geben muß. „Aus Bedenken kam er nach dem Schiffe zurück[496], und er ist drei „Monate unterwegs gewesen, und dies ist sicher; und auf der Rück-„reise sah er zu seiner Rechten 2 Inseln, aber er hat dort nicht „landen wollen, um keine Zeit zu verlieren, weil es ihm an Lebens-„mitteln mangelte. Er sagt, daß Ebbe und Flut dort matt seien und „nicht so liefen wie hier [d. h. in England]. Der König hat ihm „zum nächsten Male 10 Schiffe versprochen, die so ausgerüstet werden „sollen, wie er es wünscht, und hat ihm alle Gefangenen, mit Aus-„nahme derjenigen, welche wegen Hochverrats gefesselt sind, gegeben, „damit sie mit ihm gehen, wie er verlangt hat; und er hat ihm Geld „gegeben, damit er bis dahin vergnüglich lebe, und nun ist er mit „seiner venezianischen Gattin und seinen Söhnen in Bristol. Sein „Name ist Zuam Talbot [sic, anstatt Cabot], und er heißt der Groß-„admiral und große Ehre wird ihm erwiesen, und er geht in Seide „gekleidet, und die Engländer laufen ihm wie Verrückte nach, doch er „will gar nichts mit ihnen zu schaffen haben, und ebenso [machen] „es viele unserer Taugenichtse. Der Entdecker dieser Dinge hat auf „dem gefundenen Boden das Banner Englands aufgepflanzt, aber „auch das des San Marco, weil er ein Venezianer ist; so daß „unsere Flagge nun in weiter Ferne gehißt worden ist“ [vgl. Harrisse, 1882, S. 322].

Soncinos Brief vom 24. August 1497. Der Gesandte Raimondo di Soncino schreibt am 24. August (2. September neuen Stils) 1497 an den Herzog von Mailand unter anderem:

„Vor einigen Monaten (sono mesi passate) hat Seine Majestät „der König [von England] einen Venezianer, der ein guter Seemann „ist und viel Geschick im Auffinden von Inseln hat, ausgesandt, und „er ist wohlbehalten wiedergekommen, hat zwei sehr große, fruchtbare

„Inseln entdeckt und, wie es scheint, die ‚Sieben Städte'* 400 lege „[Meilen] westwärts von der Insel England gefunden. Seine Majestät „der König hier will ihn bei der ersten Gelegenheit mit 15 oder „20 Schiffen ausschicken ....“ [vgl. Harrisse, 1882, S. 323].

Soncinos Brief vom 18. Dezember 1497. Am 18. (27.) Dezember 1497 schreibt Soncino wieder und ausführlicher an den Herzog über Cabots Reise und sagt unter anderem:

„Vielleicht wäre es Euer Excellenz unter den vielen Geschäften „nicht unwillkommen zu erfahren, wie diese Majestät einen Teil Asiens „erlangt hat, ohne ihr Schwert zu ziehen. In diesem Königreiche ist „ein Venezianer, Herr Zoanne Caboto geheißen, mit gebildetem „Benehmen und sehr schiffahrtskundig, welcher sich, als er sah, daß „die durchlauchtigsten Könige, zuerst der von Portugal und darauf der „von Spanien, unbekannte Inseln in Besitz genommen haben, vornahm, „eine ähnliche Landerwerbung für die genannte Majestät zu unternehmen. Nachdem er ein königliches Privilegium erhalten hatte, „welches ihm die Nutznießung der Reiche, welche er entdecken würde, „sicherte, während der Krone die Oberhoheit bleiben sollte, gab er sich „mit einem kleinen Schiffe und 18 Mann dem Schicksal preis und „segelte aus Bristol, einem Hafen an der Westseite dieses Königreichs, „ab; und nachdem er weiter westwärts Irland passiert hatte und darauf nordwärts gesteuert war, begann er nach den östlichen Regionen „[d. h. westwärts nach den Ländern des Orients, also nach der Ostküste Asiens] zu segeln, indem er (nach einigen Tagen) den Polarstern zur Rechten liegen ließ; und nachdem er recht viel umhergeirrt „war (havendo assai errato), kam er schließlich an festes Land „(terra ferma), wo er das königliche Banner aufpflanzte und das „Land für diese Hoheit in Besitz nahm, und nachdem er einige Zeichen „[seiner Entdeckung] mitgenommen hatte, kehrte er wieder zurück. Da „besagter Herr Zoanne [Johann] ein Ausländer und arm ist, hätte man

* Nämlich die sagenhafte „Insel der Sieben Städte“ draußen im Atlantischen Ozean.

„ihm nicht geglaubt, wenn nicht die Mannschaft, die beinahe aus „lauter Engländern besteht und in Bristol beheimatet ist, bestätigt „hätte, daß das, was er sage, wahr sei. Dieser Herr Zoanne hat „die Beschreibung der Welt auf einer Karte und auch auf einer festen „Kugel, die er angefertigt hat, und er zeigt auf ihr, wo er gewesen „ist, und beim Reisen nach der Levante ist er bis nach dem Lande „des Tanais [d. h. Asien] gelangt, und sie sagen, daß das Land dort „ausgezeichnet gut sei und mildes Klima habe, und auch zu erwarten „sei, daß dort Farbholz (il brasilio) und Seide* wachse, und sie ver„sichern, daß jenes Meer voller Fische sei, welche sich nicht allein mit „Netzen fangen lassen, sondern auch mit einem Korb [Reuse?], woran „ein Stein befestigt ist, um ihn ins Wasser hinabsinken zu machen, „und dies habe ich von besagtem Herrn Zoanne selber erzählen „hören. Und die erwähnten Engländer, seine Genossen, sagen, daß „sie dort so viele Fische gefangen hätten, daß dieses Reich künftighin „nicht mehr auf Island angewiesen sein werde, mit welchem Lande „sehr großer Handel mit den Fischen, welche sie Stockfisch nennen, „betrieben wird. Aber Herr Zoanne hat sein Trachten auf höhere „Ziele gerichtet, nämlich danach, von dem Lande, das er in Besitz „genommen, immerfort längs der Küste noch weiter nach der Levante „zu segeln, bis er einer Insel gegenüber angekommen sein wird, „welche Cipango [d. h. Japan] heißt und in der Äquinoktialregion „liegt, wo es, wie er glaubt, sowohl alle Gewürze wie auch alle „Edelsteine der Welt gibt.“ Hierauf folgt die Erzählung des Besuches in Mekka, die ich schon (II, 250) angeführt habe. Dann heißt es weiter: „Und was mehr ist, diese Majestät, welche klug und „nicht verschwenderisch ist, hat zu ihm wegen dessen, was er ausgeführt

* Es ist von Interesse, daß hier dem neugefundenen Lande die beiden Züge, Farbholz und Seide, beigelegt werden, welche die wertvollsten Kostbarkeiten und das charakteristische Merkmal des Landes, das man suchte, waren, also genau ebenso, wie die Nordmänner ihrem Vinland dem Guten die beiden Züge, den Wein und die Kornfelder (den Weizen), welche die Glücklichen Inseln charakterisierten, beigelegt haben. Die Geschichte wiederholt sich stets selbst.

„hat, solches Zutrauen, daß sie ihm einen sehr guten Unterhalt gewährt, wie Herr Zoanne mir selber erzählt. Und es heißt, daß Seine „Majestät ihm bald Schiffe ausrüsten werde und ihm alle Verbrecher „mit auf die Reise geben und so dort eine Kolonie gründen wolle, „wodurch sie hoffen, in London eine noch größere Spezereienniederlage „errichten zu können, als in Alexandria ist. Die Hauptpersonen des „Unternehmens sind in Bristol beheimatet; sie sind große Seeleute, „und nun, da sie wissen, wohin sie gehen sollen, sagen sie, daß die „Reise dorthin nicht länger dauern werde als 15 Tage, vorausgesetzt, „daß der Wind beim Verlassen Irlands günstig sei. Ich habe auch „mit einem Burgunder aus Herrn Zoannes Mannschaft gesprochen, „der alles dieses bestätigt und der auch dorthin zurückzukehren wünscht, „weil ihm der Admiral (denn so wird Herr Zoanne betitelt) eine „Insel geschenkt hat; und eine andere hat er seinem Barbier [Feldscherer?] aus Castione*, einem Genuesen, gegeben, und beide zählen „sich nun zu den Grafen und in Monsignore dem Admiral sehen sie „nichts Geringeres als einen Fürsten. Ich glaube auch, daß auf „dieser Reise einige arme italienische Mönche mitfahren werden, denen „je ein Bistum versprochen worden ist. Und wenn ich mich mit dem „Admiral angefreundet hätte, als er auf die Reise ging, würde ich „mindestens ein Erzbistum erhalten haben; aber ich habe geglaubt, „daß die Wohltaten, welche Euer Excellenz mir zugedacht haben, doch „sicherer sein würden ......" [vgl. Harrisse, 1882, S. 324 fg].

Als Bekräftigung und zum Teil Ergänzung des in diesen Briefen Gesagten dienen auch verschiedene Aussprüche in den Briefen der beiden spanischen Gesandten über die Reise im folgenden Jahre (siehe unten); hier ist besonders zu beachten, daß beide sagen, daß das neugefundene Land nicht weiter als 400 leguas (spanische Meilen) entfernt liege.

Tobys Chronik. In der Bristoler Chronik des Maurice Toby aus dem Jahre 1565 heißt es über das Jahr 1497:

---

* Wahrscheinlich Castiglione in der Nähe von Chiavari bei Genua.

„In diesem Jahr am Sankt-Johannistag wurde das Land Ame-
„rika von Bristoler Kaufleuten gefunden, mit einem Schiffe namens
„‚The Mathew' aus Bristol, welch besagtes Schiff den Bristoler Hafen
„am zweiten Maitage verließ und am nächstfolgenden 6. August wieder
„heimkehrte."[497]

Allerdings ist diese Mitteilung lange nach der Reise niedergeschrieben worden; aber sie kann sehr wahrscheinlich älteren Quellen entnommen sein, denn sie stimmt in jeder Beziehung (sowohl hinsichtlich der Dauer der Reise wie auch des Zeitpunktes der Heimkehr) vollständig mit den gleichzeitigen Mitteilungen der italienischen Gesandten überein, deren Briefe der Verfasser der Chronik unmöglicherweise gekannt haben kann. Ich vermag daher keinen Grund zu der Annahme sehen, daß diese Mitteilung nicht richtig sein sollte. Die wichtigsten Quellen bleiben aber die erwähnten Briefe.

Cabots Kurs nach Westen im Jahre 1497. Wenn wir alles miteinander vereinigen, so erhalten wir eine einigermaßen anschauliche Vorstellung von der Reise im Jahre 1497. Nachdem Cabot, nach unserem Kalender wahrscheinlich Mitte Mai, um die Südseite Irlands herumgefahren, hatte er zuerst einen etwas nördlichen Kurs gehalten. Falls dies so war, kann er mehrere Gründe dazu gehabt haben: ungünstigen Wind, der im Mai vorherrschend aus Südwesten weht, die Vorstellung, daß das Segeln auf dem Großkreise den kürzesten Weg gebe*, die Besorgnis, nach Süden in die Gewässer der Spanier und der Portugiesen hineinzugeraten, und schließlich vielleicht die Anschauung, daß der Weg nach Asien auf nördlichen Breiten kürzer sei (?). Welcher dieser Gründe ihn jedoch dazu bestimmt hat, können wir nicht wissen, auch nicht, ob er überhaupt nennenswert nordwärts gesteuert hat. Man muß bedenken, daß er gute Gründe gehabt haben kann,

* Es dürfte nicht unwahrscheinlich sein, daß Cabot, der ein kenntnisreicher Nautiker war, gewußt hat, daß der Großkreis den kürzesten Weg gab. Dies hätte er unter anderem leicht auf einem Globus sehen können; es wird ja mitgeteilt, daß er selbst einen Globus angefertigt habe, um seine Reise darzustellen (vgl. II, 259).

sich gegen einen ausländischen Gesandten den Anschein zu geben, daß sein Kurs ziemlich nördlich gewesen sei, damit nachher nicht gesagt werden konnte, daß er nach den von den Spaniern gefundenen Ländern gekommen sei. Jedenfalls hat es nicht lange gedauert, bis er so schnell wie möglich nach Westen auf sein Ziel lossteuerte. Wir können daher nicht glauben, daß er sonderlich weit nach Norden gelangt ist. Es steht ja ausdrücklich in Soncinos erstem Brief, daß die Länder im Westen von England lagen; und in dem Briefe der spanischen Gesandten im nächsten Jahre heißt es, daß sie, nachdem sie die Richtung gesehen, welche Cabot einschlug, meinten, das gefundene Land sei dasjenige, welches Spanien gehörte, oder es liege „am Ende dieses Landes". Dies läßt nicht auf einen nördlichen Kurs schließen.

Viele Autoren haben gemeint, aus den Mitteilungen Soncinos über die Kurse darauf schließen zu können, an welcher Stelle der Küste Amerikas Cabot Land erreichte; aber dies ist unmöglich. Erstens sind die Worte des Soncino nichts weniger als bestimmt; außerdem hat Cabot selbstverständlich nicht in gerader Linie über den Atlantischen Ozean segeln können, sondern hat unter den häufigen Gegenwinden im Mai und Juni viele Kurse halten und oft vorwärts kreuzen müssen; dies ist wohl in Soncinos Worten „havendo assai errato" ausgesprochen. Jeder, der im Navigieren eines Segelschiffes erfahren ist, weiß, wie schwierig es unter solchen Umständen ist, genau in der gewünschten Richtung weiterzukommen, selbst wenn man ein noch so gutes Besteck hält; Strömung und Abtrift bringen das Schiff weit aus den berechneten Kursen heraus, und auf einer so langen Reise wie die Fahrt quer über den Atlantischen Ozean kann die Abtrift auf diese Weise ganz bedeutend sein. Ob Cabot imstande war, sein Besteck vermittels astronomischer Beobachtungen (mit Jakobsstab oder Astrolabium) zu berichtigen, wissen wir nicht. Wir hören aber nichts von Breitengraden, und daher ist es wohl kaum wahrscheinlich (vgl. auch die groben Irrtümer des Kolumbus hinsichtlich der Breite). Besonders während des ersten Teiles der Reise können die Strömung und der vorherrschende Wind Cabot nach Nordosten gedrängt haben; aber er kann auch, nicht zum wenigsten während des letzten Teiles der Fahrt im Juli, starken nordwestlichen Stürmen ausgesetzt gewesen sein, die ihn noch weiter südwärts gedrängt haben, und er kann eine Abtrift in der Richtung nach Süden hin gehabt haben. Dazu kommt, was schon Dawson nachdrücklich hervorgehoben hat, daß die Mißweisung des Kompasses ihn südlicher fahren lassen mußte. Ob Cabot die Mißweisung gekannt und auf ihre Veränderung während der Fahrt nach Westen geachtet hat, wissen wir nicht; es ist immerhin möglich, da wir ja wissen, daß dem Kolumbus diese Veränderung während seiner ersten Reise aufgefallen ist. Jedenfalls wird Cabot sie beim Navigieren wohl ebensowenig berücksichtigt haben, wie Kolumbus es bei seiner getan hat. Leider kennen wir die damalige Größe der Mißweisung nicht, aber durch Untersuchung des Verhältnisses zwischen den wirklichen Richtungen der Küstenlinien und denjenigen, die wir auf den zuverlässigsten Kompaßkarten (besonders auf der Cantino-Karte) aus der Zeit bald nach 1500 (die ohne Berücksichtigung der Mißweisung gezeichnet sind) finden, habe ich versucht, die Verteilung der Mißweisung im Atlantischen Ozean für jene Zeit zu konstruieren (vgl. die obenstehende Karte), es ist dies aber selbstverständlich rein hypothetisch. Hiernach hätte sich die Mißweisung während der Fahrt Cabots nach Westen von etwa 6° östlich bei Bristol bis zu ungefähr 30° westlich unter der Küste Amerikas verändert. Denken wir uns, daß Cabot von der Südküste Irlands an die ganze Zeit über magnetisch westlichen Kurs hat einhalten können, so müßte er südlich von Kap Race auf Newfoundland angekommen sein. Freilich heißt

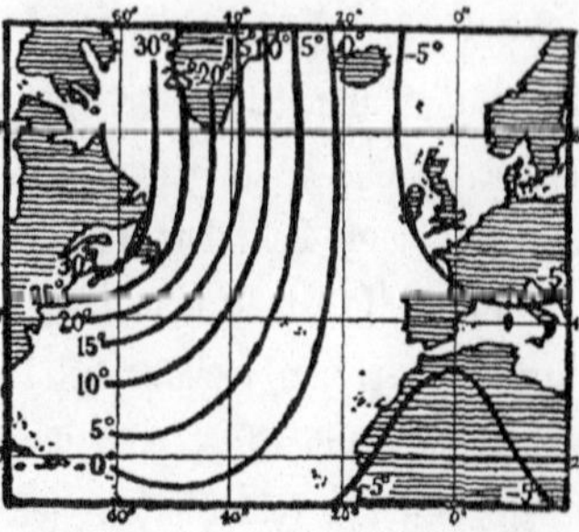

Hypothetische Darstellung der Verteilung der Mißweisung im Atlantischen Ozean um das Jahr 1500.

es, daß er zuerst nach Norden abgehalten habe, aber, wie oben gesagt, wir wissen nicht um wieviel, und andererseits kann die Abtrift ihn um ebensoviel nach Süden gedrängt haben. Die Behauptung, daß der von Soncino angeführte Kurs Cabot in Labrador oder Newfoundland habe landen lassen müssen, ist demnach unhaltbar. Sie deckt sich auch nicht mit Soncinos Angabe, daß das Land ausgezeichnet gut sei, ein mildes Klima habe und zu erwarten sei, daß dort Farbholz und Seide wachse. Will man diese Angabe dadurch wegerklären, daß darin die gewöhnliche Neigung der Entdecker jener Zeit zu sehen sei, die aufgefundenen Länder in günstigstem Lichte darzustellen, was sehr gut möglich ist, so ist um so schwieriger zu erklären, daß wir kein Wort davon hören, daß sie unterwegs auf Eis gestoßen sind. Wäre Cabot auf seiner Segelreise nach Westen einmal im Juni nach Labrador oder nach der Nordostküste Newfoundlands gekommen, so ist es unwahrscheinlich, daß er keine Eisberge gesehen hätte, und ebenso unwahrscheinlich ist es, daß die beiden italienischen Gesandten gerade dies, was ihnen doch etwas sehr Merkwürdiges sein mußte, nicht erzählt haben sollten, wenn sie davon gehört hätten. Wir sehen ja, wie später in Beschreibungen der angeblichen Reise des Sebastian Cabot das Eis dasjenige ist, wovon am meisten geredet wird. Selbst dann, wenn John Cabot absichtlich über das Eis geschwiegen hätte, um nicht dadurch die Hoffnungen, welche seine Mitteilungen erweckten, abzukühlen, so ist nicht anzunehmen, daß seine Leute, falls ihnen Eis begegnet wäre, es auch getan hätten. Doch obgleich andere Angaben der Mannschaft mitgeteilt werden, hören wir kein einziges Wort über Eis oder Eisberge. Diese sind in jener Jahreszeit auf der Newfoundlandbank recht häufig anzutreffen und müssen selbst Seeleuten aus Bristol ein ganz neues Erlebnis gewesen sein, wenn sie auch gewohnt waren, nach Island zu ahren. Wir müssen daher eher annehmen, daß Cabot bei seinem Westwärtskreuzen auf der Newfoundlandbank so weit nach Süden gedrängt worden ist, daß ihm keine Eisberge begegnet sind und daß er erst an einem weiter westlich liegenden Punkte unter Land gekommen ist.*

Cabot sah Amerika am 24. Juni 1497. Sowohl nach der schon erwähnten Bristoler Chronik (des Toby aus dem Jahre 1565), wie auch nach einer Inschrift auf der Karte von 1544, an deren Herstellung Sebastian Cabot mitgewirkt haben soll, war der Tag, an welchem das erste Land entdeckt wurde, der St. Johannistag (3. Juli neuen Stils). Trotz der Einwendung Harrisses[498] finde ich es nicht unwahrscheinlich, daß dieses Datum richtig sein kann. Falls er am 2. (11.) Mai abgefahren ist, hat er also 53 Tage zur Überfahrt gebraucht. Denken wir uns, daß er am Kap Breton landete, so beträgt der Abstand nach dem angedeuteten Kurse ungefähr 2200 Seemeilen. Er hat folglich im Durchschnitt 42 Seemeilen in 24 Stunden in der Richtung nach seinem Ziele hin zurückgelegt. Dies ist allerdings kein schnelles Segeln, stimmt aber so ziemlich mit dem überein, was wir erwarten können, da er viel hat lavieren müssen und „viel umhergeirrt ist", wie Soncinos Worte andeuten.

La Cosas Karte stellt die Entdeckungen des Cabot im Jahre 1497 dar. Zur Entscheidung der Frage, welchen Teil Nordamerikas Cabot entdeckt habe, scheint es mir kein anderes zuverlässiges Dokument zu geben als La Cosas Weltkarte aus dem Jahre 1500.[499] Der baskische Kartograph Juan de la Cosa, der im Jahre 1492 Besitzer und Kapitän des Schiffes des Kolumbus war und der später mit mehreren öffentlichen Aufträgen betraut wurde, war ein angesehener Kartenzeichner und Seemann in Spanien. Er wurde beauftragt, eine Weltkarte für die spanische Krone auszuarbeiten, und wir müssen annehmen, daß ihm zu dieser Arbeit alle Karten und geographischen Angaben, die man in Spanien besaß, zur Verfügung gestellt worden

* Man muß auch daran denken, daß auf der Newfoundlandbank und an der Küste von Newfoundland und Nova Scotia gerade in der Jahreszeit, um welche es sich hier handelt, außerordentlich viel Nebel herrscht (zum Teil über 50 Proz. der Tage), so daß es vom Zufall abgehangen haben kann, wo sie zuerst Land erblickten.

sind. Aus einem vom 25. Juli 1498 datierten — an Ferdinand und Isabella von Spanien gerichteten — Briefe des spanischen Gesandten Ayala in London wissen wir, daß dieser eine Kopie „der Karte oder Weltkarte" erhalten hat, welche John Cabot gezeichnet hatte, um seine 1497 gemachten Entdeckungen darzustellen; es kann keinem Zweifel unterliegen, daß eine Kopie jener Karte auch nach Spanien geschickt

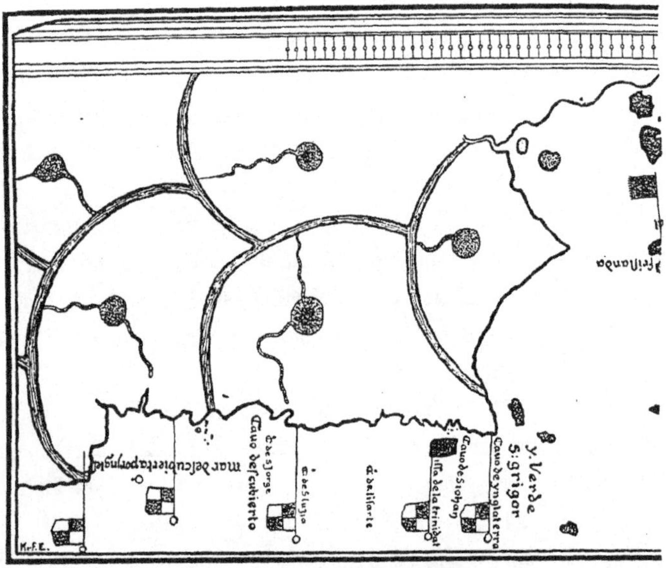

Nordwestlicher Teil der Karte des Juan
Nur einige der Namen sind hier wiedergegeben.

worden ist, denn Ayala glaubt, wie er sagt, daß Ihre Majestäten schon im Besitze der Karte seien. Es läßt sich infolgedessen als selbstverständlich ansehen, daß La Cosa diese Karte gehabt hat, als er nicht ganz zwei Jahre später seine eigene ausarbeiten sollte, und daß er aus ihr, und aus keiner andern, seine Angaben über die Entdeckungen der Engländer geschöpft hat. Wir wissen nichts davon, daß in jenen zwei Jahren irgendeine andere Karte aus England nach Spanien geschickt worden wäre, und es ist durchaus kein Grund zu der Annahme vorhanden, daß La Cosas Nachrichten etwa von der Reise Cabots im Jahre 1498, die jedenfalls erfolglos gewesen ist, herstammen könnten.

Zum Verständnis der Karte des La Cosa ist vor allem zu beachten, daß sie eine Kompaßkarte ist und die magnetische Mißweisung an der amerikanischen Küste nicht berücksichtigt. Dies erklärt z. B.

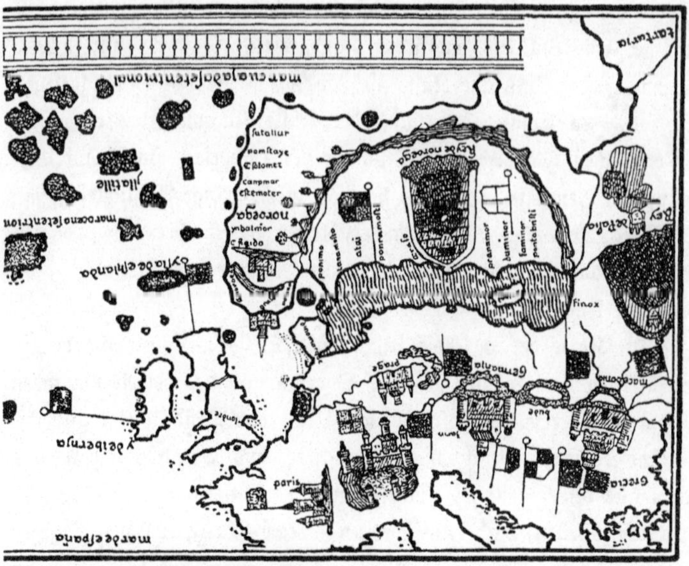

de la Cosa aus dem Jahre 1500.
Das Netz der Kompaßlinien ist weggelassen.

den Umstand, daß die Küstenlinie, die in Wirklichkeit in rechtweisend westsüdwestlicher Richtung verläuft, auf der Karte eine westöstliche Lage erhalten hat. Ferner wird die geographische Breite der Küste Nordamerikas dadurch zu nördlich, daß Landstriche, die z. B. mißweisend westlich von Irland liegen, auf der Karte rechtweisend westlich davon angegeben werden. Auf diese Weise kann Kap Breton (oder Kap Race auf Newfoundland?) ungefähr auf dieselbe Breite kommen wie das südliche Irland, während es in Wirklichkeit beinahe 5° weiter südlich liegt.

Die Küste, die mit fünf englischen Flaggen bezeichnet ist, soll selbstverständlich das von Cabot entdeckte Land sein. Daß La Cosa eine Karte dieses Landstriches gehabt hat, zeigt sich schon daran, daß diese Gegend sich durch ihre Einzelheiten von seiner Darstellung des übrigen Teiles der nordamerikanischen Küste unterscheidet, aber dem Teile Südamerikas ähnelt, der mit spanischen Flaggen bezeichnet ist und von welchem ihm Karten vorgelegen haben. Merkwürdigerweise hat nur ein Teil des englischen Landgebietes Namen; wir müssen annehmen, daß dies die Küste ist, an welcher Cabot entlanggesegelt sein soll. La Cosas Darstellung der Küste Nordamerikas außerhalb der englischen Flaggen gründet sich in der Hauptsache wohl auf Vermutungen, wenn sie auch Züge hat, die merkwürdige Ähnlichkeiten mit der Wirklichkeit zeigen; ganz ausgeschlossen ist es aber nicht, daß er sich dabei auf mündliche oder schriftliche Gerüchte über Reisen (?), die wir nicht kennen, gestützt haben kann.

Die Karte des La Cosa stimmt vollständig mit den Angaben in den Briefen des Pasqualigo, des Soncino und der beiden spanischen Gesandten überein. Soncino sagt, daß das Land 400 lege (italienische Meilen) westlich von England liege, und Puebla und Ayala sagen alle beide, daß, wie sie glaubten, die Entfernungen 400 leguas (spanische Meilen) nicht überschreiten. Nach Pasqualigo hingegen hat Cabot gesagt, daß er in 700 lege Entfernung das feste Land im Reiche des Großchans entdeckt habe und daß er 300 lege an der Küste entlang gesegelt sei. Man hat gemeint, daß sich zwischen den 400 Meilen der drei ersten Briefschreiber und den 700 Meilen Pasqualigos ein auffallender Mangel an Übereinstimmung zeige; wenn wir es aber, wie es am wahrscheinlichsten ist, so auffassen, daß der Abstand von 700 Meilen sich nicht auf das nächste Land, sondern auf den am weitesten entferntliegenden Punkt bezogen hat, an welchem Cabot endlich die Grenze des Reiches des Großchans (China) erreicht zu haben glaubte und wo er nicht weiter vorzudringen wagte, so stimmt beides völlig miteinander überein; die 300 Meilen, welche er zuerst an der Küste entlanggesegelt war, müssen von den 700 abgezogen werden, damit man die Entfernung von England nach dem nächsten Lande erhält. Die Länge einer venezianischen lega oder einer spanischen legua läßt sich nicht genau feststellen. Nehmen wir an, daß ihrer zwischen 20 und 17½ [vgl. Kretschmer, 1909, S. 63 fg.] auf den Breitengrad gingen, so würde also jede legua etwa 3—3,43 Seemeilen (Breitenminuten) oder ungefähr 5,6—6,3 Kilometern entsprechen. Nach dem ersten Maße (3 Seemeilen) betragen 400 leguas ungefähr 1200 Seemeilen, und 700 leguas etwa 2100 Seemeilen.* Der erste Abstand ist jedenfalls viel zu klein, der letztere aber ist zu groß. Dies läßt sich leicht dadurch erklären, daß Cabot oder seine Leute natürlich gewünscht haben werden, die Reise nach dem neuentdeckten Lande möglichst wenig abschreckend darzustellen, und daß sie infolgedessen die Entfernungen zu gering angegeben haben, während sie das Land selbst gern möglichst groß darstellen wollten und deshalb die Länge ihrer Segelfahrt längs der Küste in hohem Grade überschätzten. Daß die Reisenden wirklich die Entfernungen nach dem neuen Lande von Irland aus auf 400 leguas veranschlagt haben, deckt sich auch mit der Aussage Soncinos, daß nach Ansicht der Bristoler Seeleute die Reise dorthin nicht länger als 15 Tage dauern werde.

La Cosas Karte ist als äquidistante Kompaßkarte gezeichnet; wir können uns daher mit Benutzung der Abstände zwischen Äquator und Wendekreis ein Meilenmaß herstellen. Auf diese Weise finden wir, daß die östlichste Landspitze, „Cauo de Ynglaterra" [Kap England], an Cabots entdeckter Küste gegen 400 leguas von Irland entfernt liegt, während der Abstand zwischen dieser Landspitze und dem westlichsten namhaft gemachten Kap, dem „Cauo descubierto" [das entdeckte Kap], ungefähr 300 leguas beträgt.[500] Ferner liegt auf der

* Die Entfernung von Irland nach Newfoundland beträgt ungefähr 1600 Seemeilen und nach dem Kap Breton etwa 1900; von Bristol aus gerechnet, werden es ungefähr 280 Seemeilen mehr.

Karte diese Küste gerade im Westen Bristols und Südenglands, wie es nach Soncinos erstem Brief der Fall sein sollte.

Nach Cosas Karte entdeckte Cabot vermutlich Nova Scotia. Es besteht also völlige Übereinstimmung zwischen dieser Karte und allen gleichzeitigen Nachrichten, die wir über die Reise kennen, und es ist in keiner Weise zu bezweifeln, daß sie mit ihren Namen John Cabots Entdeckungen im Jahre 1497 darstellt, die sich demnach von Cauo de Ynglaterra im Osten (mit zwei Inseln, der Y. verde und S. Grigor, an seiner Ostseite) bis an das Cauo descubierto im Westen erstrecken. Dieser Landstrich muß indessen, wie mir scheint, entweder die Südküste von Newfoundland oder die Südostküste von Nova Scotia sein, und das Cauo de Ynglaterra muß entweder Kap Race oder Kap Breton sein; die größte Wahrscheinlichkeit spricht für das letztere[501]; diese Annahme stimmt auch am besten mit allen vorliegenden Dokumenten überein und führt die wenigsten Schwierigkeiten herbei. Es dürfte als wahrscheinlich angesehen werden, daß Cabot zuerst am Cauo de Ynglaterra oder Kap Breton[502] unter Land gekommen ist und daß er von dort aus (mißweisend) westwärts gefahren ist, um das neugefundene Land zu erforschen. Die Hauptrichtung der Küste Nova Scotias ist ungefähr Westsüdwesten, und wenn wir annehmen, daß die Mißweisung am Kap Breton damals ungefähr 28° West betrug, was ich auf anderem Wege[503] bestätigt gefunden habe (vgl. II, 263; jetzt ist sie 25° West), so will das heißen, daß die Küste sich nach dem Kompaß ein wenig nördlicher als West hinzog, was genau mit La Cosas Karte übereinstimmt. Infolge ungünstigen Windes und auch weil längs einer unbekannten Küste vorsichtig gesegelt werden mußte, kann die Fahrt langsam gegangen sein, und Cabot hat seine Entfernungen in hohem Grade überschätzt, was seit den Tagen des Pytheas kein ungewöhnlicher Zug ist, wenn Entdeckungsreisende unbekannte Gewässer befahren. Schließlich ist Cabot ungefähr 300 Seemeilen weiter nach der südwestlichen Spitze von Nova Scotia gelangt, welche er zuerst für das Ende des Landes halten mußte. Da ihm aber sicherlich viel daran gelegen war, dies ins Reine zu bringen, kann er weiter gefahren sein, über die Mündung der Fundybai hinaus, bis er wieder Land, nämlich die Küste des fruchtbaren Maine, sich so weit nach Westen erstrecken sah, als das Auge reichte; nun wird er überzeugt gewesen sein, ganz gewiß die Festlandsküste des mächtigen Reiches des Großchans erreicht zu haben. Vielleicht hat er auch gerade hier den von Pasqualigo und Soncino erwähnten Besuch am Lande gemacht[504], wo er Anzeichen sah, daß es dort Menschen gab, ohne jedoch auf einen zu stoßen. Er kann natürlich schon früher am Kap Breton und auf Nova Scotia an Land gegangen sein, ohne Menschenspuren zu entdecken, und hat dies nicht erzählt; denn das, was er suchte, war nicht unbewohntes Land, sondern das reiche Ostasien. Die Stelle, an der er die ersten Anzeichen von Bewohnern fand, kann sehr wohl der Punkt gewesen sein, dem er den Namen Cauo descubierto gegeben hat; es ist nämlich auffallend, daß auf der Karte des La Cosa jener Name nicht bei einer vorspringenden Landspitze der Küste steht, sondern mitten vor einer verhältnismäßig tiefen Einbuchtung, die die Mündung der Fundybai sein könnte. Ebenso ist auch in der See im Westen dieser Meeresbucht, über welche Cabot gesegelt haben kann, die Stelle, wo La Cosa sein „mar descubierto por jnglese“ [durch Engländer entdecktes Meer] angebracht hat. La Cosas mar wird sich dann mit der ganzen Bai zwischen Kap Sable und Kap Cod decken.*

Cabots Heimreise 1497. Cabot glaubte, nun das gefunden zu haben, was er so begierig gesucht hatte. Zu irgendwie längerem Aufenthalt war er nicht ausgerüstet, und überdies konnte er sich bei seiner geringen Mannschaft möglichen Angriffen von seiten der Bewohner des Landes nicht aussetzen. Er hatte folglich allen Grund zum Umkehren. Sich mit dem notwendigen Wasser, und vielleicht mit Brennholz, zur Heimreise zu versehen, hat nicht viel Zeit in

* Man muß stets daran denken, daß La Cosa nicht Cabots Originalkarte hatte, auf der die Küste und die Fundybai treuer haben dargestellt sein können.

Anspruch genommen. Schlimmer stand es mit den Lebensmitteln; es heißt ja auch, daß sie ihm so knapp gewesen seien, daß er auf dem Rückweg nicht an neuen Inseln habe anhalten wollen; allerdings wird von den vielen Fischen erzählt; aber sie haben wohl nicht ausgereicht. Er ist dann nach dem Cauo de Ynglaterra zurückgekehrt, und darauf so schnell wie nur möglich wieder nach Hause gesegelt.[505] Die Entfernung vom Kap Breton an der Südspitze von Nova Scotia vorbei nach der Küste von Maine beträgt 420 Seemeilen. Hin und zurück, mit einer Tour auf offener See gegen Kap Cod, könnten es 1200 Seemeilen werden. Denken wir uns, daß Cabot dazu, die aufs Landen verwendete Zeit mitgerechnet, 20 Tage gebraucht hat, so gibt dies 60 Seemeilen im Tage, was viel scheinen kann; aber wenn er auf dem Rückweg mit günstigem Wind einigermaßen geraden Kurs hat segeln können, wird es möglich, und er kann in solchem Falle etwa am 14. (23.) Juli wieder am Kap Breton oder Cauo de Ynglaterra gewesen sein und von hier aus mit mißweisend östlichem Kurs die Heimfahrt ins offene Meer hinaus angetreten haben. Dieser Kurs hat ihn dann bis unter Newfoundland hinaufgeführt, und er hat die Insel Grand Miquelon, mit Burin Peninsula im Osten (S. Grigor auf La Cosas Karte?) auf Steuerbord, was Pasqualigo zur Rechten nennt, 'gesichtet. Da er fürchtete, daß in jener Richtung noch mehr Land liegen werde, dem sich zu sehr zu nähern, besonders während des Segelns bei Nacht, Unannehmlichkeiten herbeiführen konnte, hat er nach Südosten abgehalten, wo offenes Fahrwasser war, wie er von der Ausreise wußte. Als er sich nach einer Weile sicher glaubte, hat er wieder mißweisend östlichen Kurs eingeschlagen, hat dann aber vor sich oder an Steuerbord neues Land, die Avalon Peninsula, erblickt und wieder abhalten müssen. Er hat dieses Land für eine neue große Insel (Y. verde) gehalten, aber dort nicht landen wollen, sowohl des knappen Proviantes wegen, wie auch aus dem Grunde, weil er möglichst schnell heim wollte, um von seiner Entdeckung erzählen zu können und eine größere Expedition zur Besitzergreifung des neuen Landes zustande zu bringen. [506]Um ganz sicher zu sein, daß er nicht noch öfter auf Land stoßen werde, kann Cabot stark südostwärts gesteuert haben und ist so auf den südlichen Teil der Newfoundlandbank geraten und den Eisbergen, welche weiter nördlich liegen, nicht in den Weg gekommen. Zu der Reise nach Osten hat er vorzüglichen Wind gehabt, weil im Juli und Anfang August in diesem Teil des Atlantischen Ozeans fast alle Winde aus der Richtung zwischen Süden und Westen oder Nordwesten wehen. Überdies ist er teilweise mit der Strömung gefahren. Er kann daher sehr leicht die Heimreise in 23 Tagen gemacht haben und um den 6. (15.) August 1497 herum wieder in den Hafen von Bristol eingesegelt sein. Daß Cabot zur Rückreise nicht viel über 20 Tage gebraucht haben kann, ergibt sich auch aus der erwähnten Äußerung der Bristoler Seeleute, daß sie die Reise in 15 Tagen machen könnten.[507]

Die Inschrift auf der Karte aus dem Jahre 1544. Die oben ausgesprochene Auffassung der Reise des John Cabot im Jahre 1497 stimmt auch mit der Weltkarte von 1544 überein, an deren Herstellung Sebastian Cabot mitgewirkt haben soll, die er aber jedenfalls nicht mehr gesehen oder berichtigt haben kann, nachdem sie gestochen worden ist, was wahrscheinlich in den Niederlanden und durch einen Kupferstecher geschehen ist, der des Spanischen, der Sprache der Karte, nicht kundig war [vgl. Harrisse, 1892, 1896; Dawson, 1894]. Ihre Darstellung der nördlichen Ostküste Nordamerikas ist wesentlich den französischen Karten entlehnt, welche Cartiers Entdeckungen in der Sankt-Lorenzbai darstellen (vgl. Desliens Karte aus dem Jahre 1541). Kap Breton ist „Prima tierra vista" [erstes gesehenes Land] genannt worden, und in der Inschrift, die zu dem nördlichen Teil der amerikanischen Küste[508] gehört und deren Inhalt also von Sebastian Cabot stammen zu müssen scheint, heißt es:

„Dieses Land wurde von Joan Caboto Veneciano und Sebastian „Caboto, seinem Sohne, im Jahre 1494 [sic!] nach der Geburt Jesu „Christi, unseres Heilands, am Morgen des 24. Juni entdeckt; welchem

„Lande sie den Namen ‚Prima Tierra Vista' gaben, und einer großen „Insel, die in der Nähe des genannten Landes liegt, gaben sie den „Namen Sankt Johan, weil sie an demselben Tage entdeckt wurde" [am Sankt-Johannistag].[509]

Was noch weiter in dieser Inschrift steht — daß die Eingeborenen sich in Felle kleiden, daß das Land unfruchtbar ist, daß es dort viele weiße Bären und Fische, die zum Teil bacallaos genannt werden, in Massen gibt usw. — kann sich nicht, wie Harrisse anzunehmen scheint, auf dieses Land (Kap Breton) beziehen, welches zuerst entdeckt wurde, wohl aber auf die nördlichen Gegenden des neuen Festlandes

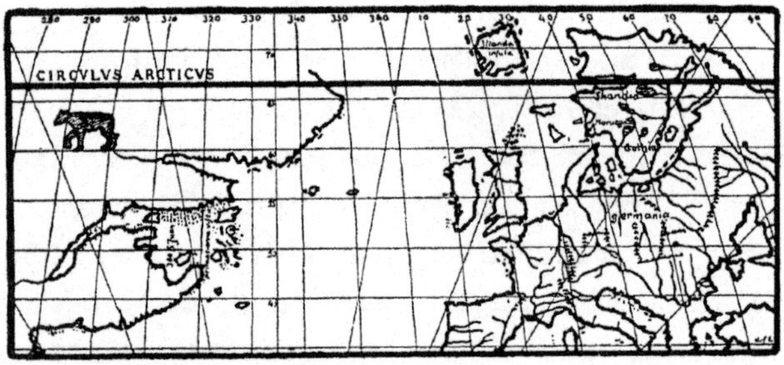

Nördlicher Teil der dem Sebastian Cabot zugeschriebenen Weltkarte aus dem Jahre 1544.

im ganzen betrachtet. Ein charakteristisches Kennzeichen dieser Karte, wie auch der früheren französischen, ist die Aufteilung Newfoundlands in eine Anzahl kleinerer Inseln. Falls die Ansicht richtig ist, daß die Inseln Y. verde und S. Grigor auf der Karte des La Cosa ebenfalls Teile Newfoundlands seien, erklärt dies, daß es dem Sebastian Cabot nicht schwer geworden ist, diese Karte oder die seines Vaters mit den französischen in Übereinstimmung zu bringen, da er der Ansicht sein mußte, daß noch eine ganze Menge neuer, später entdeckter „Inseln" hinzugekommen seien.

Die Insel St. Johan. Eine Insel St. Johan finden wir auf der Karte La Cosas nicht, wohl aber ein Cauo S. Johan unweit des

C. de Ynglaterra und dicht bei der Insel, die den Namen Illa de la trinidat erhalten hat. Der Umstand, daß der Name auf ein Vorgebirge anstatt auf eine Insel gekommen ist, kann an einer Verwechslung während der wiederholten Kopierungen liegen. Auf der portugiesischen Karte des **Pedro Reinel** aus dem Anfang des 16. Jahrhunderts (also bald nach 1497) ist Kap Breton ohne Namen angegeben, aber an seiner äußeren Seite liegt eine Insel Sam Johã [St. Johann]; auf der Karte des **Maggiolo** aus dem Jahre 1527 steht

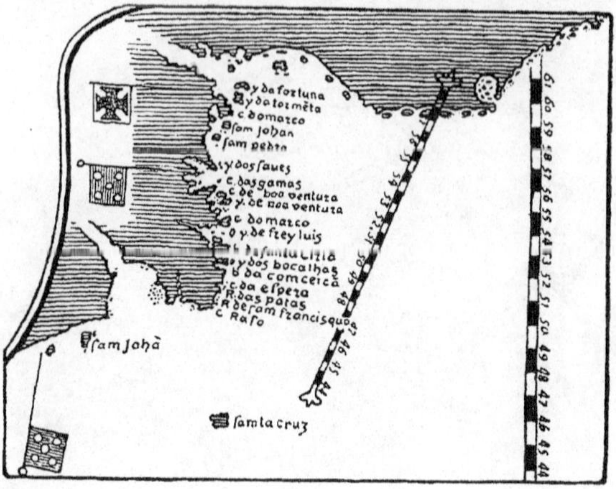

Teil der Karte des Pedro Reinel aus dem Anfang des 16. Jahrh.

C. de bertonz, mit der Insel Jª de S. Ioan, an derselben Stelle; auf **Michael Loks** Karte, in Hakluyts „Divers Voyages" vom Jahre 1582, steht C. Breton mit der Insel S. Johan an der äußeren Seite, und auf dem C. Breton-Lande (oder Nova Scotia), Norombega genannt, steht „J. Cabot 1497". Es scheint demnach eine sichere Überlieferung zu sein, daß dies der Punkt war, wo J. Cabot unter Land kam, und St. Johan kann dann die kleine Insel Scatari Island sein, die unmittelbar draußen vor der Kap Breton-Insel liegt [vgl. Dawson, 1897, S. 210 fg.], während der Umstand, daß die I. de S. Juan auf der Karte von 1544 an der inneren Seite der

„Prima tierra vista“ liegt und den Magdalen Islands entspricht, von untergeordneter Bedeutung ist; wir wissen nicht einmal, ob Sebastian Cabot dafür verantwortlich gemacht werden kann, weil vielleicht eine Verwechslung von seiten des Kartenzeichners daran schuld ist. Der Übereinstimmung zwischen den früheren Karten von 1500,

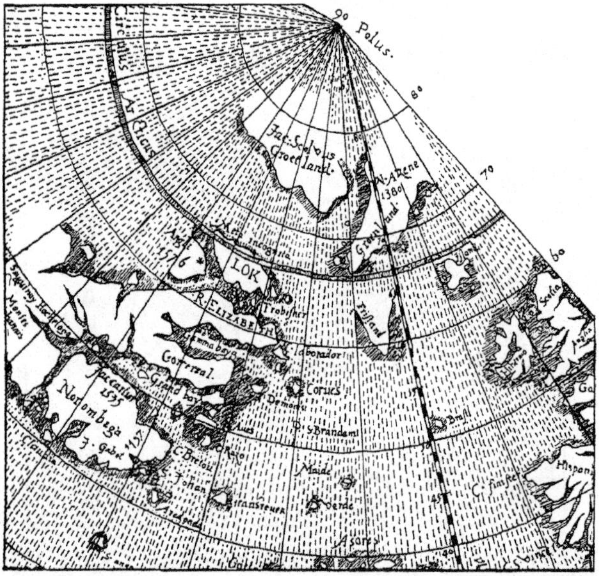

Teil der sogenannten Karte des Michael Lok; aus London, 1582.

1527 und der Karte Reinels (verglichen mit Loks Karte bei Hakluyt) muß in diesem Punkt mehr Gewicht beigelegt werden als der Karte von 1544.[510]

Cabots Heimkehr. John Cabot kam Anfang August nach Bristol zurück, wahrscheinlich um den 6. herum (15. neuen Stils). Er ist sofort nach London geeilt, um dem König über seine Entdeckung Bericht zu erstatten, und wir wissen, daß er am 10. (19.) August dort gewesen sein muß; denn in der uns erhalten gebliebenen Rechnungsablage über die Zivilliste des Königs steht:

„10. August 1497. To hym that found the new isle, £ 10.“ [Ihm, der die neue Insel fand, 10 Pfund Sterling.]

Man kann nicht sagen, daß dies ein übertrieben hoher königlicher Lohn für das Auffinden eines neuen Kontinents gewesen sei, wenn auch 10 Pfund nach damaligem Geld heute etwa 120 Pfund sein würden. Später, im selben Herbst, ist Cabot vom König eine 20 Pfund betragende Jahrespension versprochen worden.

Seine Entdeckung machte indessen, wie die bereits erwähnten Briefe zeigen, in England viel Aufsehen und erweckten dort große Hoffnungen.

Was Cabot mit seiner Reise im Jahre 1497 erreichte, war vor allem die Feststellung des Vorhandenseins eines großen Landes jenseits des Meeres im Westen Irlands; von diesem Lande nahm er selbst an, daß es zu Asien gehöre und ein Teil Chinas sei. Außerdem hatte er in der See vor der neugefundenen Küste große Fischmassen gefunden; eine Entdeckung, die bald einen großen Fischereibetrieb erzeugen sollte, dem mehrere Nationen bei Newfoundland nachgingen und der größer wurde als die Fischereien auf Island, die bisher die wichtigsten gewesen waren. Für die Bedeutung dieser letzteren wichtigen Entdeckung hat aber John Cabot entschieden wenig Verständnis gehabt. Er hatte, wie Soncino sagt, „sein Trachten auf höhere Ziele gerichtet“, denn er meinte, daß er durch Segeln längs der Festlandsküste von dem gefundenen Lande nach Westen das reiche Cipango [Japan] und die Gewürzinseln der Äquatorregionen erreichen würde.

Cabots Reise im Jahre 1498. Hiermit ist in wenig Worten der Plan seiner nächsten Reise gegeben. Cabot selbst trug sich mit großen Erwartungen und sah eine glänzende Zukunft vor sich, in der er selbst als Fürst über neueroberte Reiche herrschen würde, die er der britischen Krone unterwarf. Er war, wie wir gesehen haben, sehr freigebig im Verteilen von Inseln an seinen Barbier, an einen Burgunder usw.[1]

Zu Anfang des Jahres 1498 erhielt Cabot einen neuen königlichen Patentbrief, der vom 3. Februar des 13. Regierungsjahres

Heinrichs VII. datiert ist.* Dieser Brief lautet nur auf den Namen des John Cabot (seine Söhne werden diesmal nicht genannt).

Er berechtigt ihn dazu, überall, wo es auch sei, innerhalb der Grenzen des englischen Reichs sechs englische Schiffe zu 200 Tons oder darunter mit ihrer notwendigen Ausrüstung zu nehmen, „um sie „nach dem Lande und den Inseln, die vor kurzem von besagtem John „gefunden worden sind, in Unserm Namen und auf Unsern Befehl „hinzuführen, und er soll für sie und für jedes von ihnen gerade so„viel bezahlen, wie Wir es selber zu Unserm eigenen Gebrauch tun „würden, und nicht anders". Und der besagte John konnte ferner „in „besagten Schiffen und in jedem einzelnen alle solchen Kapitäne, Ma„trosen, Diener und Unsere Untertanen aufnehmen und anstellen, die „aus eigenem freien Willen in diesen Schiffen mit ihm nach besagtem „Lande oder jenen Inseln reisen wollen" usw.

Es hat demnach den Anschein, als ob der nicht sehr verschwenderische König bei näherem Nachdenken seinen ersten Plan, eine aus 10 bis 15 oder gar 20 Schiffen bestehende Flotte mit allen Sträflingen des Reichs auszusenden, bedeutend beschnitten habe.

Wichtigste Quellen für die 1498 unternommene Reise. Die wichtigsten Dokumente über diese Reise sind:

1. Zwei gleichzeitige Briefe, die der ältere spanische Gesandte in London Ruy Gonzalez de Puebla und der mit ihm zugleich in London anwesende jüngere spanische Gesandte Pedro de Ayala vor der Heimkehr der Expedition an Ferdinand und Isabella von Spanien geschrieben haben. Der letzte Brief ist vom 25. Juli (3. August neuen Stils) 1498 datiert; der erste trägt kein Datum, ist aber ungefähr um dieselbe Zeit geschrieben.

2. Ein Bericht in der sogenannten Cottonian Chronicle[511] (welche dasselbe enthält wie Robert Fabyans Chronicle) handelt unzweifelhaft

* Dies wäre nach der damaligen Zeitrechnung der 3. Februar 1497, weil das bürgerliche Jahr am 25. März begann; nach neuem Stil ist es also der 12. Februar 1498.

von dieser Reise im Jahre 1498 und nicht, wie vielfach angenommen worden ist, von der Reise im Jahre 1497. Es scheint eine Aufzeichnung aus dem Jahre 1498 zu sein, die vor der Rückkehr der Expedition niedergeschrieben worden ist.

Diese Dokumente enthalten alles, was wir mit Sicherheit über John Cabots Reise im Jahre 1498 wissen.

Pueblas Brief vom Juli 1498. Der spanische Gesandte Ruy Gonzalez de Puebla schreibt im Jahre 1498 an Ferdinand und Isabella von Spanien (wahrscheinlich im Juli):

„Der König von England schickte fünf bewaffnete Schiffe mit „einem andern Genuesen gleich Kolumbus aus, um die Insel Brasil „und andere in ihrer Nähe zu suchen[512], und sie waren auf ein Jahr „verproviantiert worden. Es heißt, daß sie im September zurückkehren werden. Wenn man den Weg ansieht, den sie [um dorthin „zu gelangen] suchen, so ist es das Land, welches Eure Hoheiten besitzen. Der König hat einige Male mit mir darüber gesprochen, daß „er hoffe, sehr große Vorteile daraus zu ziehen. Ich glaube, daß es von „hier aus nicht über 400 Leguas sind" [vgl. Harrisse, 1882, S. 328].

Ayalas Brief vom 25. Juli 1498. Pedro de Ayala schreibt am 25. Juli 1498:

„Ich glaube, Eure Hoheiten haben gehört, daß der König von „England eine Flotte ausgerüstet hat, um gewisse Inseln und Festland zu entdecken, die gewisse Personen, welche im vorigen Jahre „von Bristol ausgereist sind, ihrer Versicherung nach gefunden haben. „Ich habe die Karte gesehen, welche der Entdecker gezeichnet hat, der „auch ein Genuese wie Kolumbus ist und welcher in Sevilla und „in Lissabon gewesen ist, um zu versuchen, dort einen zu finden, der „ihn bei diesem Unternehmen unterstützen wollte. Die Leute in Bristol „haben sieben Jahre hindurch alljährlich eine aus zwei, drei oder gar „vier Karavellen bestehende Flotte ausgesandt, um die Insel Brasil „und die Sieben Städte nach der Phantasie jenes Genuesen zu suchen. „Der König bestimmte das Aussenden einer Expedition, weil er die

„Gewißheit hatte, daß sie im vorigen Jahre Land gefunden haben.
„Neulich kam das eine [Schiff], mit welchem ein gewisser Bruder Buil „abgesegelt ist, in einem irländischen Hafen unter großen Schwierigkeiten an, da das Schiff ruiniert war.

„Der Genuese setzte seine Reise fort. Nachdem ich den Kurs, „den er eingeschlagen hat, und die Länge des Wegs, den er sucht, gesehen habe, bin ich der Meinung, daß das Land, welches sie gefunden „haben oder suchen, dasjenige ist, welches Eure Hoheiten besitzen, da „es am Ende des Landes liegt, welches nach der Vereinbarung mit „Portugal Euren Hoheiten gehört. Man hofft, daß sie im September „zurückkehren werden. Ich werde Eure Hoheiten davon benachrichtigen. „Der König von England hat einige Male mit mir darüber gesprochen, er hofft* sehr große Vorteile daraus zu ziehen. Ich glaube, „daß die Entfernung nicht über 400 Leguas beträgt. Ich sagte ihm, „daß meiner Ansicht nach die gefundenen Länder Euren Hoheiten gehörten, und ich habe ihm einen Grund dafür angegeben; aber er hat „nicht darauf hören wollen. Da ich glaube, daß Eure Hoheit nun „von allem unterrichtet sind und auch die Karte oder Weltkarte hat, „die er [jener Genuese] gezeichnet hat, schicke ich sie noch nicht, obschon „ich sie hier habe, und es erscheint mir sehr falsch, auszugeben, daß „es nicht die besagten Inseln seien" [vgl. Harrisse, 1882, S. 329].

Cottonian Chronicle. Der Cottonian Chronicle zufolge ließ der König „auf die dringende Aufforderung und Bitte eines fremden „Venezianers hin [d. h. des John Cabot] . . . . . ein Schiff ausrüsten „. . . . . um eine Insel zu suchen, wo es, wie der erwähnte Fremde „vermutete, viele Waren geben sollte[513]; dieses . . . . . begleiteten drei „oder vier andere Schiffe aus Bristol, während der erwähnte Fremde „[d. h. Cabot] Führer der erwähnten Flotte war, worin diverse Kaufleute aus London sowohl wie aus Bristol Stückgüter und kleine „Kaufmannswaren wagen wollten. Sie segelten zu Anfang des Som-

* Spero ist gewiß ein Schreibfehler; es muß spera heißen.

„mers vom Westland [d. h. von der Westküste Englands] ab, aber „bis zu dem jetzigen Monat hat man keine Nachrichten über ihre „Taten erhalten".[514]

Hakluyt hat in seinem Werk „Diverse Voyages" (1582) [vgl. Hakluyt, 1850, S. 23] eine etwas ausführlichere Wiedergabe dieses Berichts, der von Robert Fabyan stammen soll. Es heißt darin, daß die Bristoler Schiffe „mit kleinen und großen Waren, „wie grobem Tuch, Mützen, Klöppelspitzen, Blonden und dergleichen „mehr beladen waren. Und sie verließen Bristol Anfang Mai; von „ihnen hat man in der Zeit dieses Mayors keine Nachricht wieder erhalten".[515]

„Dieser Mayor" sollte William Purchas sein, der bis zum 28. Oktober (6. November neuen Stils) 1498 Lord-Mayor von London war. Falls dies richtig ist, wäre die Expedition also im Spätherbst noch nicht zurückgekehrt gewesen.

John Cabot wahrscheinlich von der Reise im Jahre 1498 nicht wieder zurückgekehrt. Die in Ayalas Briefe enthaltene Mitteilung, daß eines der Schiffe Cabots nach Irland zurückgekehrt sei, ist die letzte zuverlässige Nachricht, die über diese Fahrt, die mit so großen Erwartungen angetreten worden war, bekannt ist. John Cabot verschwindet nun plötzlich auf ganz unerklärliche Weise aus der Geschichte, und seine Entdeckung, die im Jahre vorher so großes Aufsehen gemacht hatte, scheint in den folgenden Jahren mehr oder weniger in Vergessenheit geraten zu sein; ihrer wird in den späteren Briefen der Gesandten aus London mit keinem Worte mehr gedacht. Es läßt sich daher als sehr wahrscheinlich annehmen, daß die Expedition spurlos verschwunden ist. Die Wahrscheinlichkeit dieser Annahme wird dadurch verstärkt, daß Heinrich VII. bereits zweieinhalb Jahre später, im März 1501, einen neuen Patentbrief für Landentdeckung an drei Bristoler Kaufleute und drei Portugiesen ausstellt, ohne Cabots zu gedenken; es wird nur ausdrücklich gesagt, daß alle ähnlichen früheren Gerechtsame aufgehoben seien. Aber einigen alten Rechnungsbüchern aus

Bristol zufolge, die man in der Westminsterabtei gefunden hat, ist die königliche Jahrespension von £ 20 noch in dem Verwaltungsjahre, das am 29. September 1498 beginnt, an John Cabot ausbezahlt worden. Dies soll, nach Harrisse und andern, darauf schließen lassen, daß Cabot von der Reise zurückgekehrt und in jenem Jahre noch am Leben gewesen sei. Mir scheint dies ein zweifelhafter Beweis zu sein. Das Geld braucht ihm nicht persönlich ausbezahlt worden zu sein; seine Gattin oder seine Söhne oder andere Stellvertreter können es während seiner Abwesenheit auf der Reise in Empfang genommen haben, und wir können aus diesem Umstand keine sicheren Schlüsse ziehen. Da die Pension in den folgenden Jahren nicht aufgeführt ist, scheint dies eher darauf hinzudeuten, daß Cabot wirklich verschollen war und das Geld nur im ersten Jahre seines Ausbleibens ausbezahlt worden ist.

Einen zweiten Beweis der Rückkehr der an der Reise des Jahres 1498 Beteiligten hat man in folgendem zu finden gemeint: die Abrechnung über die Zivilliste Heinrichs VII. im Jahre 1498 zeigt, daß der König am 22. März und am 1. April an Launcelot Thirkill (der ein eigenes Schiff besessen zu haben scheint), Thomas Bradley und John Carter, die alle nach der neuen Insel („the new Isle") gehen sollten, Geld (Summen von £ 20, £ 30 und von 40 *sh.* 5 *d.*, zusammen ungefähr £ 650 nach heutigem Geld) geliehen hat. Es ist wahrscheinlich, daß diese Männer ihre eigenen Schiffe ausgerüstet haben, um sich an Cabots Reise zu beteiligen; aber wir wissen nicht, ob sie abgesegelt sind. Wahrscheinlich ist es derselbe Launcelot Thirkill, der nach einem alten Dokument am 6. Juni 1501 in London war, wo er mit drei andern namhaft gemachten Männern (vielleicht seinen Bürgen) verpflichtet wurde, dem König „bis zum nächsten Pfingsttage £ 20 zu bezahlen". Möglicherweise kann dies das geliehene Geld sein, das ihm der König zur Reise gegeben hatte und das er nun zurückzahlen mußte. Falls er wirklich abgefahren ist, läßt es sich denken, daß das einzige nach Irland zurückgekehrte Schiff seines gewesen ist; dieses Dokument ist also kein sicherer Beweis, daß je eines der vier andern Schiffe wieder zurückgekehrt ist. Sie können alle in demselben Sturme untergegangen sein. Im Jahre 1501 aber sollen die heimgekehrten Begleiter des Gaspar Corte-Real von der nordamerikanischen Ostküste ein zerbrochenes vergoldetes Schwert italienischer Arbeit nach Lissabon gebracht haben; es wird auch erzählt, daß an einem eingeborenen Knaben von dort zwei venezianische Silberringe gesehen wurden (vgl. II, 306). Man hat angenommen, daß diese Sachen irgendeinem der Teilnehmer an der Reise des John Cabot im Jahre 1498 gehört haben können, daß diese also nach Amerika gelangt, aber später dort umgekommen sein müßten.

Mehr können wir über diese Reise schwerlich sagen. Daß John Cabot, nachdem er Amerika erreicht und eine längere oder kürzere Strecke an der Küste entlang gesegelt war, zurückgekehrt sein sollte, ohne die ersehnten Reichtümer zu finden, kommt mir unwahrscheinlich vor. Eine solche Annahme würde das vollständige Stillschweigen über ihn nicht erklären. Da die ausländischen Gesandten dieser Fahrt mit soviel Aufmerksamkeit gefolgt waren, sollte man erwarten, daß sie in solchem Falle etwas darüber mitteilten, wenn die Reise die großen Erwartungen enttäuscht hätte; jedenfalls ist es dann wohl wenig wahrscheinlich, daß das Ganze mit völligem Stillschweigen begraben worden wäre, was dagegen leicht zu verstehen ist, wenn man von dieser Expedition nie wieder etwas gehört hat, da das Ganze dann über andere die Aufmerksamkeit fesselnde Dinge vergessen worden ist. So ist ja der Gang der Welt. Die Geschichte des Giovanni Caboto, des Entdeckers des nordamerikanischen Festlandes, endet also gerade so in Dunkelheit, wie sie begonnen hat. Er war mit seiner Entdeckung zu früh gekommen. England hatte sich in Schiffahrt und Handel noch nicht genug entwickelt, um sie weiter verfolgen und ausnützen zu können; das sollte erst ungefähr achtzig Jahre später geschehen.

Sebastian Cabots Reisen sind zweifelhaft. Ganz unbeachtet ist jedoch John Cabots Entdeckung in den folgenden Jahren nicht geblieben;

ihr Ansehen war immerhin noch so groß, daß sein Sohn Sebastian Cabot, indem er sich die Ehre davon zuschrieb, bei seinen Zeitgenossen viel Ruhm und Anerkennung als großer Entdecker und Geograph erlangte. Ob er je Entdeckungen an der nördlichen Ostküste Amerikas gemacht hat, ist aber sehr zweifelhaft, ja es ist nicht einmal sicher, daß er eine Reise nach diesen Gegenden hin unternommen hat. Es unterliegt freilich keinem Zweifel, daß er dies zu wiederholten Malen und zu verschiedenen Leuten behauptet hat, obgleich seine verschiedenen Aussagen, soweit wir sie kennen, schlecht miteinander übereinstimmen. Wir sehen auch, daß er bereits im Jahre 1512 in dem Rufe steht, die nordwestlichen Gewässer zu kennen, weil er damals im Dienste des Königs Ferdinand von Aragonien wegen der ausgezeichneten Kenntnis der „navigacion a los Bacallos“ [Newfoundlandfahrt], die er zu besitzen behauptete, angestellt worden ist [vgl. Harrisse, 1892, S. 20]. Aber Sebastian Cabot scheint zu den Leuten gehört zu haben, bei denen das Mundwerk das Tüchtigste ist. Es war in jener Zeit nicht Brauch, es mit der Wahrheit genau zu nehmen, wenn man vom Gegenteil Vorteil haben konnte, und Sebastian war augenscheinlich nicht besser als seine Zeit. Falls seine Äußerungen richtig wiedererzählt worden sind, hat er, als sein Vater längst tot und zum Teil vergessen war, den Ruhm der väterlichen Reisen für sich selbst in Anspruch genommen, was ihm auch so gut geglückt ist, daß er und nicht sein Vater mehrere Jahrhunderte hindurch als Entdecker des amerikanischen Festlandes gegolten hat. In der Inschrift auf der Weltkarte aus dem Jahre 1544 ist er allerdings so bescheiden gewesen, die Ehre mit seinem Vater zu teilen. Diese Inschrift ist auch der einzige Beweis, der darauf hindeuten könnte, daß Sebastian überhaupt bei jener Gelegenheit zugegen gewesen ist; aber wie wir schon gesehen haben, ist ihr keine große Bedeutung beizulegen und sie wird nicht durch Mitteilungen der Zeitgenossen über die Fahrt bestätigt. Die Behauptung, daß er in den nordwestlichen Meeren gewesen sei, steht in direktem Widerspruch mit den Angaben des Protestes vom 11. März 1521, den

„The Wardens of the Drapers' Company" im Namen der zwölf großen Londoner Gesellschaften erhoben haben gegen die Versuche Königs Heinrichs VIII., Unterstützung zu einer Expedition nach „the newe found Iland" [der Küste Nordamerikas] unter Sebastian Cabots Leitung im Jahre 1521 zu erhalten. Es heißt darin: . . . „und wir glauben, daß es ein zu großes Wagestück ist, 5 Schiffe „mit Männern und Waren nach der erwähnten Insel zu schicken und „sie nur einem Manne anzuvertrauen, der, wie wir verstehen, Sebastyan „heißt, welcher Sebastyan, wie wir hier sagen, nie selbst in dem Lande „gewesen ist, wenn er auch noch so viele Dinge erzählt, die er in „alten Zeiten von seinem Vater und andern Leuten gehört hat usw."

Diese Aussage ist klar genug, und da sie von Männern kam, die des Vaters Verdienste kannten, und da sie zugleich gegen den König gerichtet war, dem es leicht sein mußte, sie auf ihre Richtigkeit hin zu untersuchen, ist es schwierig, sie unberücksichtigt zu lassen. Sie wird auch durch einen merkwürdigen Ausspruch in dem Berichte des Pietro Martyr (im Jahre 1515) über eine angebliche Reise des Sebastian Cabot (siehe unten) bestätigt, worin es schließlich heißt:

„Einige der Spanier bestreiten, daß Cabot [d. h. Sebastian] der „erste Entdecker des Landes Bacallao sei und behaupten, daß er nicht „so weit nach Westen gesegelt sei."

Dies könnte darauf schließen lassen, daß er wirklich eine Reise gemacht habe, aber nach der Ansicht der Spanier nie bis an die Küste von Nordamerika gelangt sei.

Der Anfang der Newfoundlandfischerei. Die unmittelbare Folge der Entdeckung des nordamerikanischen Festlandes durch John Cabot war möglicherweise, daß die praktischen Kaufleute in Bristol, die den Fischfang auf Island gewerbemäßig betreiben ließen, sofort Kutter ausschickten, um die großen Fischmassen auszunutzen, die John Cabot schon 1497 antraf und die offenbar auf seine Leute so großen Eindruck gemacht hatten, daß sie allen davon erzählten. Über solche Fischereiunternehmungen hören wir aber merkwürdigerweise nichts;

jedenfalls sind die englischen Fischer bald von portugiesischen, baskischen, bretonischen und normannischen Fischern begleitet und überflügelt worden, und so entstand nach und nach die berühmte Newfoundlandfischerei. Der Grund, daß die Portugiesen und die Seeleute der andern Nationen den Engländern so schnell folgten, ist wohl darin zu suchen, daß der Portugiese Corte-Real schon auf seinen Reisen in den Jahren 1500 und 1501 Newfoundland fand (siehe Kapitel XV).

Von der Entwicklung dieser Fischerei hören wir wenig oder nichts in der Literatur. Genau so wie früher in der isländischen Literatur wurden diese Art Fang- und Fischereireisen gewöhnlicher Seeleute gar nicht besprochen; erstens waren sie keine „notabeln" Reisenden und zweitens haben solche Leute es jederzeit am liebsten ganz unterlassen, mit ihren Entdeckungen Reklame zu machen, weil sie Konkurrenten fürchteten.

Expeditionen aus Bristol 1501 und in den folgenden Jahren. Aus verschiedenen Dokumenten und Mitteilungen können wir schließen, daß im Jahre 1501 und in den darauffolgenden Jahren neue Expeditionen aus Bristol ausgesandt wurden; aber dies waren englisch-portugiesische Unternehmungen, und sie können, jedenfalls teilweise, durch die Entdeckungen der Portugiesen veranlaßt worden sein, wenn auch selbstverständlich die Kenntnis der Reise Cabots dabei nicht ohne Bedeutung gewesen ist.[516]

Am 19. (28.) März 1501 stellte Heinrich VII. den Bristoler Kaufleuten Richard Warde, Thomas Ashehurst und John Thomas nebst drei Portugiesen von den Azoren: John und Francis Fernandus [d. h. Joano und Francisco Fernandez] und John Gunsolus [Joano Gonzales?][517] einen Patentbrief aus. Sie erhielten auf zehn Jahre das Recht, „alle Inseln und Länder in den „östlichen, westlichen, südlichen und nördlichen Meeren, welche bisher „Christen unbekannt gewesen", zu entdecken und auszubeuten, und alle früheren Gerechtsame hierzu, die „einem Ausländer oder Ausländern" erteilt worden, wurden ausdrücklich aufgehoben. Das letztere muß sich auf die in den Jahren 1496 und 1498 Cabot erteilten Patentbriefe bezogen haben.

Expedition im Jahre 1502. Daß diese neue Reise von Bristol aus wirklich stattgefunden hat und daß die Expedition vor dem Januar des Jahres 1502 zurückgekehrt ist, scheinen die Abrechnungen über die Zivilliste Heinrichs VII. zu ergeben, da darin vom 7. Januar 1502 eine Belohnung von „£ 5 an Leute aus Bristol, welche die Insel fanden", angeführt ist.[518] Im Jahre 1502 ist möglicherweise eine neue Reise unternommen worden, da in denselben Abrechnungen unter dem (24.) September 1502 angeführt steht „an die Bristoler Kaufleute, die in dem neugefundenen Lande gewesen sind, £ 20".[518] Nach einem königlichen Schreiben vom 6. Dezember 1503 hat Heinrich VII. außerdem noch am 26. September 1502 den beiden Portugiesen ffranceys ffernandus (Francisco Fernandez) und John Guidisalvus (Gonzales?) je £ 10 jährliche Pension für die Leistungen bewilligt, welche sie „als Kapitäne nach dem neugefundenen Lande zur besonderen Zufriedenheit" des Königs ausgeführt hatten.

Hakluyt teilt (1582) in den „Divers Voyages" [1850, S. 23] mit, daß, nach Robert Fabyans Chronicle, im „17. Regierungsjahre" Heinrichs VII. [d. h. vom 22. August 1501 bis zum 21. August 1502][519] „dem Könige 3 Männer gebracht wurden von der neugefun-„denen Insel, von welcher ich [d. h. Fabyan] schon früher während „der Zeit des William Purchas, als er Mayor war[520], gesprochen habe. „Sie waren in Tierfelle gekleidet und aßen rohes Fleisch und redeten „eine solche Sprache, daß keiner sie verstehen konnte, und waren in „ihren Manieren wie wilde Tiere; eine Zeitlang behielt der König „sie, von denen ich [d. h. Fabyan] zwei Jahre nachher im Westminster „Palaste zwei nach Engländersitte gekleidete sah, die ich damals nicht „von Engländern unterscheiden konnte, bis ich erfuhr, wer sie waren. „Was aber die Sprache anbetrifft, so hörte ich keinen von ihnen auch „nur ein Wort sagen."[521]

Diese Eingeborenen müssen von der Reise im Jahre 1501 oder auch von der im Jahre 1502 unternommenen (falls diese letztere Expedition vor dem 21. August zurückgekehrt ist?) mitgebracht worden sein. Das wahrscheinlichste ist wohl, daß es Eskimos gewesen sind, da Indianer mit ihrer dunkleren Hautfarbe schwerlich wie Engländer ausgesehen haben könnten. Es wäre auch denkbar, daß sie aus Grönland mitgebracht worden und Nachkommen der dortigen Skandinavier gewesen sind, in welchem Falle die Ähnlichkeit mit den Engländern die natürlichste Erklärung findet.

Englische Reise im Jahre 1503. Am 9. (18.) Dezember 1502 stellte Heinrich VII. Thomas Ashehurst, Joam Gonzales, Francisco Fernandez und Hugh Elliott einen Patentbrief aus „zu einer Entdeckungsreise nach Ländern, welche noch nicht von eng„lischen Untertanen gefunden worden sind". Daß diese geplante Reise im Jahre 1503 stattgefunden hat, läßt sich möglicherweise daraus schließen, daß in den Rechnungsbüchern des Königs steht: „1503. „17. November. Einem, der Habichte von der Neugefundenen Insel gebracht hat £ 1." [vgl. Harrisse, 1882, S. 270].

Es scheint auch dieselbe Reise nach Nordwesten sein zu müssen, von welcher Robert Thorne aus Bristol in seinem Briefe aus dem Jahre 1527 an den Gesandten Heinrichs VIII. in Spanien spricht. Thorne hielt sich damals in Sevilla auf und war dort an indischen Unternehmungen beteiligt. Er sucht Heinrich VIII. zur Absendung einer Expedition über das Polarmeer nach Indien zu bewegen und fügt seiner Auseinandersetzung eine rohe Kopie hinzu, die er von einer spanischen Weltkarte hat machen lassen. Er hat, wie er sagt, die „Lust zu dieser Entdeckung" von seinem „Vater geerbt, der mit „einem andern Kaufmann aus Bristol namens Hugh Eliot Entdecker „der Neuen gefundenen Länder war, woran jetzt kein Zweifel ist „(wie sich nun deutlich zeigt). Wenn die Seeleute sich damals hätten „regieren lassen wollen und den Ansichten ihres Führers (pilot's) ge„folgt wären, so wären die Länder in Westindien (aus denen all das

„Gold gekommen ist) unser gewesen, denn alles ist eine Küste, wie „die Karte zeigt und wie bereits gesagt worden ist“.

Auf der Karte erstreckt sich die nördliche Ostküste Amerikas gerade nordwärts, und auf ihr steht: „das neue Land laboratorum genannt“; und längs der Küste steht geschrieben: „das Land, welches zuerst von „den Engländern gefunden worden ist“. Es könnte den Anschein haben, als ob es wirklich das jetzige Labrador sei, welches damals entdeckt worden ist. Doch ist dies schwerlich der Fall; das, was wir auf der Karte sehen, ist aller Wahrscheinlichkeit nach Grönland[522], das ebenso wie auf andern spanischen Karten jener Zeit nach Amerika verlegt

Nordwestlicher Teil der Karte des Robert Thorne aus dem Jahre 1527. [Kopie einer spanischen Weltkarte.]

worden ist und dessen Ostküste eine nördliche Richtung wie auf der Karte des Ruysch im Jahre 1508 erhalten hat.

Es ist möglich, daß auch im Jahre 1504 eine Expedition ausging; denn in den Rechnungsbüchern des Königs steht am 8. April 1504 eine Ausgabe von £ 2 „an einen Geistlichen (preste), der nach der neuen Insel reist“, angeführt. Wir sehen also die Wahrscheinlichkeit dafür sprechen, daß England in dieser Zeit mehrere Expeditionen nach Westen und Nordwesten ausgesandt hat und daß die Engländer schon damals nach Grönland, Newfoundland und wohl auch nach Labrador gelangt sind; dies kann den Umstand erklären, daß sie auf den spanischen Karten als Entdecker des nördlichen Teils der amerikanischen

Ostküste angegeben sind. Aber über diese Reisen fehlen uns alle näheren Nachrichten.

Wie wir gesehen haben, daß die Inschrift auf der Karte Robert Thornes aus dem Jahre 1527 (nach welcher die Engländer den nördlichen Teil der amerikanischen Ostküste entdeckt haben) sich aller Wahrscheinlichkeit nach auf Expeditionen im Jahre 1501 oder in einem der folgenden Jahre bezieht, so sind es wohl die Entdeckungen während dieser Reisen, an welche gedacht wird, wenn auf der Karte des Maggiolo aus dem Jahre 1511 (II, 319) eine Halbinsel im Norden Labradors als „Terra de los Ingres" [Land der Engländer] bezeichnet wird. Auf späteren Karten wie der des Verrazano aus dem Jahre 1529, der des Ribero aus dem Jahre 1529 (II, 316), der Wolfenbüttel-Karte aus dem Jahre 1530 u. a., wird Labrador als Entdeckung der Engländer bezeichnet, teilweise sogar mit dem Zusatz, daß die Engländer aus Bristol gewesen seien. Wie bereits erwähnt, finden wir in zuverlässigen Dokumenten keine Andeutung, daß Sebastian Cabot ein Teilnehmer dieser Expeditionen gewesen sei oder auf irgendeine Weise in Verbindung mit ihnen gestanden habe; daher ist auch kein Grund zu einer solchen Annahme vorhanden. Merkwürdigerweise ist nicht einmal der Name des Vaters in Verbindung mit ihnen genannt, obgleich so kurze Zeit verstrichen war, seitdem er aus derselben Stadt und zu demselben Zwecke ausgesegelt war.

Berichte über eine Reise des Sebastian Cabot in den Jahren 1508—1509. In verschiedenen Schriften aus dem 16. Jahrhundert finden wir Mitteilungen über Reisen nach den nördlichen oder nordwestlichen Gewässern, die Sebastian Cabot unternommen haben soll; sie müssen, mittelbar oder unmittelbar, aus seinem Munde stammen. Man hat früher diese Mitteilungen gern mit den Reisen John Cabots in den Jahren 1497 und 1498 in Verbindung bringen wollen [vgl. Harrisse], aber diese Annahme erscheint wenig gerechtfertigt. G. P. Winship [1899, S. 204 fg.] hat dagegen mit gutem Grund hervorgehoben, daß Sebastian Cabot, nach seinen eigenen Worten, diese

Reise in den Jahren 1508—1509 unternommen haben will; aber auch dies scheint mir unsicher, wenigstens daß er nach Amerika gelangt sein sollte.

Über eine Reise, die Sebastian Cabot nach Nordwesten hin unternommen haben soll, berichten Pietro Martyr (in seinen Decades von 1516), Contarini, der Gesandte Venedigs in Spanien, besonders in einem Schreiben aus dem Jahre 1536 an den venezianischen Senat, Ramusio (1550—1554 und 1556), Gomara (1553) und Antonio Galvano (1563).[523]

Der zuverlässigste dieser Berichterstatter muß, wie zu erwarten ist, Pietro Martyr sein, da er der älteste ist und den Sebastian Cabot persönlich gekannt hat; aber gewisse Hauptzüge der Reise sind bis zu einem bestimmten Grad allen diesen Berichten gemeinsam. Fassen wir diese Hauptpunkte zusammen, so wäre die Reise ungefähr folgendermaßen vor sich gegangen: Die aus zwei Schiffen mit 300 Mann* bestehende Expedition hatte Sebastian nach Pietro Martyrs Angabe auf seine eigenen Kosten ausgerüstet, nach Ramusio aber war sie vom König ausgesandt worden. Sie segelten so weit nordwärts (nach Gomara sogar in der Richtung auf Island), daß sie im Monat Juli ungeheure Eismassen in der See treiben sahen; es war beinahe beständig Tageslicht, und das Land war stellenweise eisfrei, da das Eis schon aufgetaut war. Nach den verschiedenen Berichten hätte Cabot den 55., 56., 58. oder 60. Grad erreicht.**

Nach Galvano hätten sie zuerst „auf 45° nördl. Br. Land erblickt" und wären „dann gerade nordwärts gesegelt, bis sie an den „60. Grad kamen, wo der Tag 18 Stunden lang [sic!] und die Nacht „sehr klar und hell ist. Dort fanden sie die Luft kalt und große „Inseln aus Eis [Eisberge?], aber beim Loten war in 70, 80 und 100

* Bei Pietro Martyr und Contarini sowohl wie bei Gomara und Galvano kommen diese beiden Schiffe und die 300 Mann vor, während Ramusio nur von den zwei Schiffen und gar nicht von der Mannschaft spricht.

** In dem Originalbericht Pietro Martyrs ist kein Breitengrad angegeben.

„Faden noch kein Grund*, wohl aber fanden sie viel Eis, das sie erschreckte.“

Nachdem ihre Hoffnungen auf ein Vordringen nach Westen, nach Pietro Martyr, in diesen nördlichen Breiten durch das Eis vernichtet worden waren, segelten sie wieder südwärts und südwestwärts an der nordamerikanischen Küste entlang bis zum Breitengrad der Straße von Gibraltar, also bis 36° (nach Pietro Martyr) oder 38° (nach Gomara und Galvano), während sie dem anonymen Gast bei Ramusio zufolge bis nach Florida gefahren sein sollen.** Von dort kehrte die Expedition nach England zurück.

Hinsichtlich des Zeitpunktes dieser Reise erhalten wir in der Fortsetzung der Decades (Dec. VII) des Pietro Martyr, die 1524 geschrieben (1530 herausgegeben) ist, den Bescheid, daß „Bacchalaos „[d. h. Newfoundland oder Amerikas nördliche Ostküste] vor 16 Jahren „von England aus durch Cabot entdeckt worden ist“. Demnach wäre die Reise im Jahre 1508 vor sich gegangen. In dem Schreiben Contarinis aus dem Jahre 1536 [vgl. Winship, 1900, S. 36] heißt es über die Reise des Sebastian Cabot, daß er bei seiner Rückkehr fand, „daß der König tot war und sein Sohn sich aus einer solchen „Unternehmung wenig machte“. Da Heinrich VII. am 21. April 1509 starb, wäre Cabot also im Herbst dieses Jahres zurückgekehrt; dann müßte er schon sehr früh im Frühling, noch vor dem April, abgefahren sein, was nicht wahrscheinlich ist, jedenfalls dann nicht, wenn es sich, wie erzählt wird, um eine Reise nach Norden oder Nordwesten in das Eis handelt. Daß er schon das Jahr vorher dorthin gereist und erst nach dem Tode des Königs zurückgekommen wäre, ist noch ungereimter.

---

* Hiermit mag gemeint sein, daß diese Eisinseln auf Grund lagen, daß trotzdem aber mit einer hundert Faden langen Lotleine noch kein Grund erreicht wurde. Das Eis mußte also über hundert Faden dick sein, was natürlich damals eine merkwürdige Entdeckung war.

** So nannte man damals (1550) den ganzen südöstlichen Teil der jetzigen Vereinigten Staaten.

Diese Berichte enthalten so viel Unwahrscheinlichkeiten und zum Teil sogar Unmöglichkeiten, daß es im ganzen höchst zweifelhaft wird, ob Sebastian Cabot überhaupt jemals eine solche Reise nach Nordwesten gemacht hat. Dagegen spricht der bereits erwähnte Protest von seiten der „Wardens of the Drapers' Company" gegen Sebastian an den König, ein Protest, der im Namen der verschiedenen Londoner Gesellschaften erhoben ist und sehr viel Gewicht hat, weil er so bald nach dem Stattfinden der Begebenheiten geschrieben worden ist, daß die meisten Leute sich mußten ihrer noch haben erinnern können; es wäre auch dem König ein leichtes gewesen, untersuchen zu lassen, ob der Protest berechtigt war (II, 284).

Die Karte aus dem Jahre 1544 (II, 274), an der Sebastian Cabot mitgearbeitet haben soll, läßt ebenfalls darauf schließen, daß er nie an dem nördlichen Teil der Küste Amerikas entlanggefahren ist, weil auf dieser Karte die Küste von Labrador dem Brauche jener Zeit entsprechend als nach Osten und nordostwärts gehend gezeichnet ist. Damit stimmt auch überein, daß bei Ramusio der anonyme Gast erzählt, daß Sebastian auf 56° nördl. Br. habe umkehren müssen, weil er dort gefunden habe, daß das Land sich nach Osten wende. (Dasselbe erzählt auch Galvano.) Hierzu ist er offenbar durch das Studium der Karten gekommen. Da eine derartige Darstellung der Küste auf den Karten in der Zeit Pietro Martyrs noch nicht allgemein war, ist es natürlich, daß wir bei ihm diesen Grund zur Umkehr auch nicht finden.

Zu allem diesem kommt, daß die genannten verschiedenen Berichte mehrere Mitteilungen enthalten, von denen wir glauben müssen, daß sie wirklich von Sebastian Cabot stammen, die aber augenscheinlich unwahr sind. So legt bei Ramusio der anonyme Gast dem Sebastian die Worte in den Mund, daß um die Zeit, als die Nachricht von der Entdeckung des Kolumbus nach England gekommen, sein Vater schon tot gewesen sei, und er, Sebastian, damals den Plan seiner Reise ausgearbeitet und dem König vorgelegt habe. Daß er, wie Pietro

Martyr mitteilt, auf eigene Kosten zwei Schiffe mit 300 Mann ausgerüstet hätte, ist auch höchst unwahrscheinlich. Dem Pietro Martyr soll er überdies erzählt haben, daß er „jene Länder Baccallaos ge-„nannt, weil er in den Meeren ringsumher von gewissen großen Fischen „— die sich [an Größe] mit Thunfischen messen konnten und von den „Bewohnern des Landes so genannt wurden — eine so große Menge „gefunden, daß sie bisweilen seinen Schiffen halt geboten hatten".

Lauter Unmöglichkeiten. Erstens hat er dem Lande nie den Namen Baccallaos gegeben, und zweitens können die Bewohner des Landes, wenn damit die eingeborenen Naturvölker gemeint sind, die Fische nicht so genannt haben. Diese beiden Mitteilungen gehören also zu derselben Art wie die, daß die Fischmenge die Schiffe aufgehalten haben. Bei Pietro Martyr heißt es ferner, daß er über jene Gegenden gesagt habe:

„Er fand auch in jenen Gegenden Leute, in Tierfelle gekleidet, „aber doch nicht ganz ohne Vernunft." Er sagt auch: „In diesen „Regionen gibt es eine große Menge Bären, die Fische zu fressen „pflegen; indem sie sich ins Wasser werfen, worin, wie [sie sehen, „Mengen solcher Fische schwimmen, klemmen sie ihnen ihre Krallen „in die Schuppen, ziehen sie so aufs Land und verzehren sie, so daß „(wie er sagt) die Bären Menschen nicht gefährlich sind, da sie sich „an Fischen sattgefressen haben. Er erklärt auch, daß er in jenen „Gegenden an vielen Stellen unter den Bewohnern des Landes große „Mengen Kupfer gesehen habe."

Die Bärengeschichte muß älteren literarischen Quellen entlehnt sein und hat Ähnlichkeit mit einer gleichartigen Mitteilung in der Geographia Universalis (vgl. II, 138). Daß die Bewohner des Landes Kupfer besitzen und sich in Felle kleiden, kann aus Nachrichten über verschiedene Reisen stammen.

Nach dem, was wir aus allem hinsichtlich des Charakters Sebastian Cabots schließen können, liegt der Gedanke nahe, daß er infolge seiner Stellung als Großlotse in Spanien die verschiedenen Karten und Berichte über Reisen in den westlichen und nordwestlichen Meeren gekannt und aus diesen Kenntnissen die ganze Geschichte seiner angeblichen Reise zusammengestellt hat. Er ist dabei so unvorsichtig gewesen, den Mund so voll zu nehmen, daß das Ganze unwahrscheinlich werden mußte; denn er erhebt ja auf nichts Geringeres Anspruch als auf die Ehre, das neue Land nach Norden hin zwischen 55° und 60°, also ungefähr bis an die Hudsonstraße, entdeckt zu haben, und dann will er längs der ganzen nordamerikanischen Küste bis ungefähr 36° nördl. Br., d. h. bis Kap Hatteras oder Florida, südwärts gefahren sein und sie entdeckt haben, mit andern Worten, eine Entdeckungsreise gemacht haben, die in der Weltgeschichte kein Seitenstück hat. Es wäre wirklich zu sonderbar, daß wir darüber keine zuverlässigen Nachrichten erhalten haben sollten, während wir doch so viele über andere Expeditionen besitzen, welche die verschiedenen Teile gerade dieses Küstenstrichs schrittweise entdeckt haben.

Noch eine zweifelhafte Reise des Sebastian Cabot im Jahre 1516 oder 1517? Sebastian Cabot hatte anscheinend auch Anspruch erhoben auf die Ehre, noch eine Reise in den nordwestlichen Meeren gemacht zu haben, wenn es nicht am Ende dieselbe ist, die er bloß auf andere Weise variiert hat. Im dritten Bande seines Werkes „Navigationi et viaggi etc.“, herausgegeben in Venedig im Jahre 1556 (im Juni 1553 in Venedig geschrieben), sagt Ramusio:

„Sebastian Gabotto, unser Venezianer, ein Mann mit großer „Erfahrung usw., hat vor vielen Jahren an mich geschrieben.“ Sebastian wäre nach jenem Schreiben „im Auftrage Heinrichs VII., „Königs von England, längs und jenseits des Landes Neu-Frankreich“ gesegelt. „Er hat mir erzählt, daß er, nachdem er eine lange Zeit „Westen bei Norden (ponente e quarta di Maestro) jenseits dieser „Inseln, die längs des genannten Landes zerstreut liegenden Inseln gesegelt sei, am 11. (20.) Juni auf 67½° unter unserem Pol [d. h. „dem Nordpol] gewesen sei, und da er dort offenes Wasser und kein „Hindernis irgendeiner Art gefunden, habe er fest geglaubt, daß er

„auf diesem Wege ohne Unterbrechung nach Cataio Orientale [China] „fahren könne, und er hätte es getan, wenn nicht die Widersetzlichkeit „(malignità) des Schiffsführers und der aufgewiegelten Matrosen ihn „zum Umkehren gezwungen hätte.“[524]

Wie man sieht, ist diese Mitteilung von den früher angeführten vollständig verschieden; aber die Behauptung, daß Cabot bereits am 11. Juli so weit oben im Nordwesten gewesen sei und auf $67^1/_2$° nördl. Br. das Meer eisfrei gefunden habe, ist nicht geeignet, Zutrauen zu erwecken. Es könnte den Anschein haben, als ob eine Mitteilung Richard Edens, die dieser von Sebastian Cabot selbst haben muß, sich auf diese Reise beziehe. In der Dedikation (im Juni 1553 geschrieben) in der von Eden angefertigten Übersetzung des fünften Teils der Cosmographia des Sebastian Münster heißt es:

„Heinrich VIII. rüstete um dasselbe Jahr [d. h. das achte Jahr] „seiner Regierung einige Schiffe aus und sandte sie aus unter der „Leitung des Sebastian Cabot, der noch am Leben ist, und eines „Sir Thomas Perte, dessen Feigherzigkeit der Grund war, daß die „Reise erfolglos blieb; wenn (sage ich) solch männlicher Mut, wie „wir gesagt haben, damals nicht gefehlt hätte, so könnte es sich so „glücklich getroffen haben, daß die reiche Schatzkammer, Perularia ge„nannt (die jetzt in Spanien in der Stadt Sevilla ist und diesen „Namen trägt, weil sie die unermeßlichen Reichtümer enthält, die aus „dem neuentdeckten Lande Peru dorthin gebracht worden sind), längst „in der Stadt London wäre.“[525]

Da hier Peru genannt wird, könnte es den Anschein haben, als ob von einer Reise nach Südamerika die Rede sei; aber wir sehen oft, daß von den Ländern jenseits des Meeres im Westen wie von einer zusammenhängenden Besitzung gesprochen wird (vgl. den Brief Robert Thornes, II, 288), und daher kann damit auch dieselbe angebliche Reise gemeint sein, über welche Ramusio berichtet; denn beide, Ramusio und Eden, haben ihre Nachrichten offenbar indirekt oder direkt von Sebastian Cabot erhalten, und dieser kann doch wohl nicht von zwei Expeditionen erzählt haben, die beide nur daran gescheitert sind, daß seine Gefährten ihn im Stich gelassen haben.

Ist dies richtig, so wäre die Reise also im achten Regierungsjahr Heinrichs VIII., d. h. vom 16. April 1516 bis zum 15. April 1517*, unternommen worden; aber es ist, wie Harrisse betont, sehr zweifelhaft, ob die Reise überhaupt stattgefunden hat. Ein Gedicht aus der Zeit Heinrichs VIII. erwähnt freilich auch eine englische Expedition, die in jener Zeit ausgeführt worden sein könnte und die infolge der Feigheit der Mannschaft erfolglos geblieben ist. Robert Thorne erzählt überdies, wie bereits (II, 288) angeführt, von einer Reise seines Vaters und des Hugh Eliot, auf der die Mannschaft dem Willen ihres Führers nicht gehorchen wollte. Es kann auf mehreren Reisen vorgekommen sein, daß die Mannschaft sich geweigert hat, weiter mitzugehen, und insofern brauchen diese Mitteilungen sich nicht auf ein und dasselbe zu beziehen. Aber undenkbar ist es wohl auch nicht, daß Sebastian Cabot von einer solchen Reise gehört und sich ihrer da, wo sie besser hinpaßte als die Erzählung vom Eise, bedient hat, um den Umstand zu erklären, daß er die nordwestliche Durchfahrt nach China nicht entdeckt hatte. Wir wissen, daß Sebastian Cabot im Jahre 1515 in spanischen Diensten stand (und zum Großlotsen ernannt war) und sich mit Plänen zu einer Reise nach Nordwesten für den spanischen König beschäftigte; denn Pietro Martyr schreibt in jenem Jahr von ihm, daß er ungeduldig auf den März des Jahres 1516 warte, da ihm zu jenem Termin eine Flotte versprochen worden sei, mit der er seine Entdeckungen vervollständigen könne [vgl. Winship, 1900, S. 71]. Da Ferdinand von Aragonien am 23. Januar 1516 starb, ist aus dieser Reise nichts geworden, und da wir vor dem 5. Februar 1518, an welchem Tage Karl V. den Sebastian Cabot zum Großlotsen ernannt hat, nichts wieder von ihm hören, ist es nicht ausgeschlossen, daß er in der Zwischenzeit in England gewesen

* Wir müssen dann annehmen, daß Ramusio aus Versehen Heinrich VII. anstatt Heinrich VIII. geschrieben hat.

und an einer englischen Expedition teilgenommen haben kann; aber man kennt keine Nachricht darüber, daß er nach England gekommen ist, und sie würde auch schlecht mit dem Protest, den The Drapers' Company einige Jahre später gegen ihn erhob, übereinstimmen.

Heinrichs VIII. Versuche, im Jahre 1521 eine Expedition zustande zu bringen. Es bleiben noch die Versuche anzuführen, die Heinrich VIII. im Jahre 1521 machte, um, hauptsächlich mit den Schiffen und den Geldmitteln der Londoner Kaufmannschaft, unter Führung des Sebastian Cabot eine Expedition nach den nordwestlichen Meeren zustande zu bringen, die aber einen so kräftigen Protest gegen Sebastian von seiten dieser Kaufleute (siehe II, 284) hervorgerufen haben. Nachdem der König einen Druck auf sie ausgeübt hatte, erklärten sie sich später freilich zur Unterstützung einer kleineren Expedition bereit, aber aus der Expedition wurde nichts. Sebastian Cabot stand damals, schon seit dem Jahre 1512, in spanischem Dienst und blieb es auch, bis er sich im Jahre 1547 wieder in England ansässig machte und in den Dienst des englischen Königs trat. Dem Gesandten Venedigs in Spanien, Contarini, erzählte Sebastian Cabot im Dezember 1522, daß er vor drei Jahren [also im Jahre 1519] in England gewesen sei, und daß der Kardinal dort [d. h. Wolsey, der es im Jahre 1521 für Heinrich VIII. versuchte, die Aussendung der Expedition durchzusetzen] versucht habe, ihn zur Übernahme der Leitung einer beinahe fertigen [sic!] Flotte, mit welcher Länder entdeckt werden sollten, zu überreden; er habe aber geantwortet, daß er, weil er in spanischen Diensten stehe, dazu erst die Erlaubnis des Kaisers haben müsse, und dann habe er diesen in einem Schreiben gebeten, eine solche Erlaubnis nicht zu erteilen, sondern ihn zurückzurufen. Dies wollte Sebastian, seiner Behauptung nach, getan haben, weil er seinem eigenen Lande, der Republik Venedig, zu dienen wünschte; mit Contarini betrieb er nämlich im Jahre 1522 und später verräterische Unterhandlungen, um in Venedigs Dienste zu treten, vermutlich in der Hoffnung auf neue Vorteile. Überall, wo die Aussagen Sebastian

Cabots kontrolliert werden können, erweisen sie sich als höchst unzuverlässig.

Cabots Entdeckung kam zu früh. Selbst dann, wenn es also in den Jahren nach 1500 nicht an Versuchen von England aus gefehlt hat, die großen wichtigen Entdeckungen John Cabots im Westen weiter zu verfolgen, muß man sich doch darüber wundern, wie geringe Ausdauer allem Anschein nach dabei gezeigt worden ist. Die Entdeckungs- und Abenteuerlust, die ein so hervortretender Zug der nordischen Wikingernatur gewesen, war im englischen Volke noch nicht ernstlich erwacht. Die englische Handelsflotte war damals noch verhältnismäßig unbedeutend; zu so großen Unternehmungen oder zur Kolonisation hatte sie kaum Macht genug. Die ersten Reisen waren wesentlich das Werk eines Fremden, eines Italieners, und die späteren waren teilweise von Portugiesen ausgeführt, sie waren nicht auf natürlichem Wege aus dem englischen Volke selber hervorgegangen. Cabots Pläne waren wie eine ausländische Blume, die auf nicht dazu vorbereitetem Boden blüht, und sie kamen über ein halbes Jahrhundert zu früh. Dazu kamen auch wohl die Enttäuschungen des Königs und der Kaufleute; sie hatten ihr Geld an die Ausrüstung der Schiffe gewagt in der Hoffnung auf sofortigen Gewinn. Das, was sie gesucht hatten, war der Seeweg nach dem reichen Ostindien, wo die Gewürze in Massen bereit lagen und wo Gold und Edelsteine in solchen Mengen vorhanden waren, daß man nur zuzugreifen brauchte. Das, was sie gefunden hatten, waren neue, unbekannte Länder im Meere, in denen umherstreifende Jägerstämme hausten, und deren Urbarmachung lange Zeit und viel Arbeit erforderte. Alle diese neuen Entdeckungen hatten vorläufig eigentlich nur geographisches Interesse, und daraus machten sie sich nicht viel.

XV. Die Entdeckungen der Portugiesen im Nordwesten. Die Reisen der Brüder Corte-Real.

Das alte Suchen der Portugiesen nach neuen Ländern. Die Portugiesen, die im 15. Jahrhundert das unternehmendste Seefahrervolk waren, wenn es Entdeckungen galt, hatten, wie bereits erwähnt, verschiedene Versuche gemacht, neue Länder draußen im Meere im Westen der Azoren zu finden, von welchen Inseln eine große Zahl der Versuche ausging. Es war daher zu erwarten, daß die wichtigen Entdeckungen des Kolumbus sie zu neuen Versuchen dieser Art anfeuern mußten; es war auch natürlich, daß solche Unternehmungen vor allem von den Azoren aus begonnen wurden. Nach dem, was oben (II, 72) mitgeteilt worden ist, hätte der König von Portugal (Alfonso V.) Christiern I. veranlaßt, Expeditionen (Pining und Pothorst) auszusenden, um neue Inseln und Länder im Norden zu suchen. Es kann wahrscheinlich sein, daß dem König von Portugal mitgeteilt worden ist, was diese Expeditionen ausgerichtet haben, und daß die Portugiesen dadurch das Vorhandensein Grönlands oder anderer Länder im Nordwesten erfahren haben. Auf dieselbe Weise läßt es sich auch, wie wir (Anmerkung 342) gesehen haben, erklären, daß die ersten Nachrichten in der Literatur über Scolvus aus Portugal gekommen zu sein scheinen.

Grenzlinie zwischen den Gebieten Portugals und Spaniens. Möglichen portugiesischen Unternehmungen in den westlichen Regionen standen die Ansprüche der spanischen Krone auf die Herrschaft über alle Länder im Westen einer bestimmten Grenze im Wege. Diese Grenze wurde bei der endgültigen Vereinbarung zwischen Spanien und Portugal in Tordecillas am 7. Juni 1494 vom Papste 370 leguas (ungefähr 1200 Seemeilen) im Westen der Kapverdischen Inseln gezogen; sie sollte dem Meridiane von Pol zu Pol folgen. Alles was im Westen dieses Meridians lag, sollte Spanien gehören, während Portugal die Berechtigung erhielt, alle Länder auf der Ostseite des Meridians auszunutzen. Hierdurch wurde den Portugiesen die Möglichkeit abgeschnitten, sich westwärts einen Seeweg nach China und Indien zu suchen. Infolgedessen hatten diese unternehmungslustigen Seefahrer allen Grund, zu untersuchen, ob es auf ihrer Seite der Grenzlinie noch Länder gab, und es läßt sich denken, daß die Aufmerksamkeit sich naturgemäß auf die Länder im Nordwesten (Grönland) richtete, von denen sie schon hatten erzählen hören. Derartige Reisen wurden denn auch von Portugal (und den Azoren?) aus in den Jahren um 1500 unternommen; aber die Berichte darüber sind spärlich und gelegentlich und sind auf sehr verschiedene Weise ausgelegt worden.

Um sich über diese Reisen eine möglichst freie Ansicht bilden zu können, wird es nötig sein, zuerst einen Überblick zu erhalten über die wichtigsten gleichzeitigen Dokumente, die wertvolle Aufklärungen geben können, und dann zusammenzufassen, was sich aus ihnen schließen läßt.

Patentbrief an João Fernandez im Jahre 1499. Am 28. Oktober 1499 gab König Manuel von Portugal (in Lissabon) dem João Fernandez einen Patentbrief (der in dem portugiesischen Staatsarchive Torre do Tombo aufbewahrt ist) auf Entdeckungen, augenscheinlich nach Nordwesten hin, worin es heißt:

„Wir [der König] tun allen denen, welche diesen unseren Brief „sehen mögen, kund und zu wissen, daß Joham Fernamdez [jetzt „João Fernandez geschrieben], wohnhaft auf Unserer Insel Terceira

„[Azoren], Uns gesagt hat, daß er in Gottes und Unserem Dienste auf „seine Kosten arbeiten, reisen und versuchen wolle, Inseln Unserer Er„oberung [als unsere Eroberung?] zu entdecken, und da Wir seine „guten Wünsche und Vorsätze sehen, versprechen Wir ihm und geben „ihm de facto hierdurch — außerdem, daß Wir ihn in Unserem „Dienste haben — Gnade [Gnadenbezeugung] und die Statthalter„gerechtsame über jegliche Insel oder Inseln, sie sei bevölkert oder „unbevölkert, welche er entdecken oder neu finden mag, und zwar mit „denselben Einkünften [Abgaben], Würden, Vorteilen und Interessen, „die Wir den Statthaltern auf den Inseln Madeira und den andern „gegeben haben, und zu seinem Besitzergreifen und Unserer Erinnerung „gebieten Wir, ihm diesen Brief zu geben, der von Uns unterschrieben „und mit Unserem daranhängenden Siegel versiegelt worden ist".[526]

Patentbrief für Gaspar Corte-Real im Jahre 1500. Am 12. Mai 1500 erteilte König Manuel dem G a s p a r C o r t e - R e a l einen Patentbrief, worin es heißt:

„Wir [d. h. der König] tun allen, welche diesen Gabenbrief sehen „mögen, kund und zu wissen, daß weil Caspar Cortereall, Edelmann „Unseres Hofstaates, in vergangenen Tagen auf seine eigenen Kosten „mit Schiffen und Mannschaft, mit Verbrauch seines eigenen Ver„mögens und mit persönlicher Gefahr große Anstrengungen gemacht „hat, um Inseln und Festland zu suchen, zu entdecken und finden, „und in Zukunft noch fortfahren will, dies ins Werk zu setzen, und „auf diese Weise alles tun will, was er kann, um die erwähnten „Länder und Inseln zu finden, und weil Wir bedenken, wie sehr er „Ehrung, Gnade und Auszeichnung dafür verdient hat, daß in Unserem „Dienste, zu Unserer Ehre und zur Erweiterung Unserer Reiche und „Herrschaften solche Inseln und Länder durch Unsere Eingeborenen „[d. h. die Portugiesen] entdeckt und gefunden werden und daß er, „besagter Gaspar Corte-Reall, sich also so viel Arbeit machen und sich „so vielen Gefahren aussetzen will, deshalb beliebt es Uns, ihm, falls „er irgendeine Insel oder irgendwelche Inseln entdeckt und findet, aus

„Unserem eigenen Antrieb und Unserer Königlichen absoluten Macht, „einen Gnadenbeweis zu geben und ihm die Statthalterbefugnis und „die daraus folgende Herrschergerechtsame u. s. w. . . . . . über alle „möglichen Inseln und Festländer, die er also neu finden und ent- „decken mag u. s. w. . . . . . zu verleihen, und Wir wollen, daß er und „seine Erben die Länder oder Inseln, welche so gefunden werden, in „Unserem und Unserer Nachfolger Namen frei und ohne Einschränkung so, „wie gesagt ist, verwalten und regieren sollen . . . . . Besagtem Caspar „Cortereall und seinen Erben soll der vierte Teil von allem zustehen, „was wir in besagten Inseln und Ländern zu jeder Zeit erhalten „können [d. h. was sie einbringen] . . . . ." [Harrisse, 1883, S. 196 fg.]

Quittung von Gaspar Corte-Real vom April 1501. Vom 15. April 1501 datiert ein erhalten gebliebener Befehl König Manuels an den Bäckermeister am Stadttore La Cruz in Lissabon über eine Schiffszwiebacklieferung an Gaspar Corte-Real; eine am 21. April 1501 ausgestellte Quittung über den Empfang des Schiffszwiebacks ist von Gaspar Corte-Real selbst unterzeichnet, was beweist, daß dieser sich am 21. April 1501 in Portugal befunden hat.[527]

Pasqualigos Brief an den Rat von Venedig im Oktober 1501. Pietro Pasqualigo, der Gesandte Venedigs in Lissabon, schrieb am 18. Oktober 1501 einen Brief an den Rat in Venedig, worin es heißt:

„Am 9. dieses Monats langte hier eine der beiden Karavellen „an, welche die erwähnte Königliche Majestät im vorigen Jahre aus- „sandte, um nach den nördlichen Regionen zu (verso le parte de „tramontana) Länder zu entdecken, und sie hat aus dem entdeckten „Lande, das von hier 1800 miglia nach Nordwesten und Westen ent- „fernt ist, 7 Männer, Weiber und Kinder mitgebracht. Diese Männer „gleichen an Aussehen, Körperbau und Größe Zigeunern. Sie haben „sich das Gesicht an verschiedenen Stellen gezeichnet [tätowiert], einige „mit vielen, andere mit wenigen Figuren. Bekleidet sind sie mit ver- „schiedenartigen Tierfellen, hauptsächlich aber mit Otterfellen [Seehund- „fellen?]; ihre Sprache ist von allen andern, die man je in diesem

„Königreiche gehört hat, völlig verschieden, und keiner versteht sie. „Ihre Glieder sind sehr wohlgebildet, und sie haben sehr sanfte Ge- „sichter, aber ihre Manieren und Gebärden sind tierisch und gleichen „denen wilder Menschen. Die Leute der Karavelle glauben, daß das „obenbeschriebene Land Festland sei und daß es an das andere Land „anschließe, welches im vorigen Jahre von den andern dieser Majestät „gehörenden Karavellen im Norden entdeckt worden ist, aber dieses „letztere Land haben sie nicht erreichen können, weil das Meer mit so „großen Schneemengen zugefroren war, daß es sich wie [festes] Land „hebt. Sie glaubten auch, daß es mit den Andilii [den Antillen, „d. h. den Westindischen Inseln], die Spaniens Herrscher entdeckt hat, „und mit dem Lande Papaga [Brasilien] zusammenhänge, das ein „diesem Könige gehörendes Schiff neulich auf dem Wege nach Kal- „kutta gefunden hat. Dieser Glaube ist begründet, erstens, weil sie, „nachdem sie eine Strecke von 600 und mehr milia an der Küste des „erwähnten Landes entlanggefahren sind, kein Ende des Landes ge- „funden haben, und dann, weil sie sagen, daß sie auf viele große „Flüsse gestoßen sind, die sich dort ins Meer ergießen. Die zweite „Karavelle, die des Führers [caravella capitania], wird täglich er- „wartet und von ihr wird man einen deutlichen Begriff der Beschaffen- „heit und der Lebensbedingungen des obenerwähnten Landes erhalten, „da sie noch weiter an der Küste entlanggegangen ist, so viel von ihr „wie möglich zu entdecken. Die Königliche Majestät hat sich sehr „über diese Nachrichten gefreut, weil der König meint, daß dieses „Land ihm in vielen Hinsichten in seinen Angelegenheiten sehr nützlich „sein werde, aber besonders, weil es diesem Königreiche so nahe liegt, „daß es leicht sein wird, in kurzer Zeit von dort eine sehr große „Menge großer Bäume zu Schiffsmasten und Rahen zu holen und „eine genügende Menge männlicher Sklaven zu jeder Art Arbeit zu „beziehen, denn sie sagen, daß dieses Land viele Einwohner habe und „voller Nadelholzbäume und anderer vorzüglicher Bäume sei. Die „erwähnten Nachrichten haben Seine Majestät so sehr erfreut, daß er

„Befehl erteilt hat, daß die Schiffe nach der besagten Stelle fahren „sollen und daß seine indische Flotte zu vergrößern ist, um das Land, „sobald es entdeckt wird, schneller erobern zu können; denn es scheint, „als ob Gott Seiner Majestät in ihren Unternehmungen beistehe und „alle ihre Pläne zur Ausführung bringe.“ [Vgl. Harrisse, 1883, S. 209 fg.]

Pasqualigos Brief an seine Brüder im Oktober 1501. Am 19. Oktober 1501 schreibt Pietro Pasqualigo an seine Brüder in Venedig unter anderem:

„Am 8. dieses Monats kam hier eine der beiden Karavellen an, „welche diese durchlauchtigste Majestät im vorigen Jahre ausgeschickt „hat, um unter Kapitän Gaspar Corterat [sic] Länder im Norden „zu entdecken; und sie haben, wie sie mitteilen, 2000 miglia von „hier zwischen Nordwesten und Westen Land gefunden, das bisher „noch keinem bekannt gewesen ist; längs seiner Küste sind sie viel„leicht 600—700 miglia gesegelt, ohne ein Ende zu finden; daher „glauben sie, daß es ein Festland sei, welches mit einem andern „Lande zusammenhänge, das im vorigen Jahre [von einigen andern „Karavellen] im Norden entdeckt worden ist, welche Karavellen nicht „bis ans Ende gelangen konnten, weil das Meer zugefroren und dort „eine unendliche Menge Schnee war. Dies glaubten sie auch wegen „der großen Menge der Flüsse, welche sie dort gefunden hatten und „deren es auf einer Insel sicherlich nicht so viele und große geben „wird. Sie sagen, daß dieses Land viele Bewohner habe und daß „die Häuser dieser Bewohner aus einigen großen Holzstangen bestehen, „die auf der Außenseite mit Fischhaut [d. h. Seehundsfellen?] über„zogen sind. Sie haben sieben Männer, Weiber und Kinder von dort „hierher gebracht, und weitere fünfzig sollen mit einer andern Kara„velle kommen, die jede Stunde erwartet wird. Sie sind an Haut„farbe, Körperbau und Aussehen den Zigeunern ähnlich, kleiden sich „in das Fell verschiedener Tiere, aber meistens in Otterfelle; im „Sommer tragen sie die Haut nach innen, im Winter machen sie es

„umgekehrt. Und diese Felle sind in keiner Weise zusammengenäht „und nicht gegerbt, sondern so, wie sie den Tieren abgezogen sind, „werden sie um Schulter und Arme geworfen. Die Lenden sind mit „Strängen aus sehr starken Fischsehnen umbunden. Wenn sie ihrem „Aussehen nach auch wilde Menschen sind, so sind sie doch züchtig „und sanft, aber ihre Arme, Beine und Schultern sind so wohlge- „staltet, daß es sich gar nicht beschreiben läßt; sie haben sich das Ge- „sicht nach der Weise der Indier gezeichnet [tätowiert], einige mit 6, „einige mit 8 und einige mit gar keinen Figuren [Linien]. Sie „sprechen, aber niemand versteht sie; ich glaube, daß sie schon in allen „möglichen Sprachen angeredet worden sind. In ihrem Lande haben „sie kein Eisen, sondern machen sich Messer aus Steinen, und ebenso „Pfeilspitzen. Sie haben von dort ein Stück eines abgebrochenen ver- „goldeten Schwertes mitgebracht, das sicherlich in Italien geschmiedet „worden ist. Ein Knabe unter ihnen hatte an den Ohrläppchen zwei „silberne Ringe, die ohne Zweifel in Venedig angefertigt zu sein scheinen. „Dies hat mich zu dem Glauben veranlaßt, daß dort Festland sei, „denn es ist keine Gegend, wohin je Schiffe gegangen sein können, „ohne daß man etwas davon gehört hätte.* Sie haben eine sehr „große Menge Lachse, Heringe, Dorsche und ähnliche Fische. Sie „haben auch großen Überfluß an Bäumen und vor allem an Nadel- „holzbäumen, aus welchen sich Schiffsmaste und Rahen herstellen „lassen. Dies ist der Grund, weshalb dieser durchlauchtigste König „meint, aus dem erwähnten Lande den größten Nutzen ziehen zu „können, und zwar sowohl wegen der Bäume zu Schiffen, für welche „man viel Verwendung hat, wie auch wegen der dortigen Männer, „die vorzüglich in der Arbeit und die besten Sklaven sind, die man „sich bisher hat verschaffen können; dies scheint mir ein Ding zu „sein, das berichtet zu werden verdient, und falls ich etwas anderes „höre, wenn die Karavelle des Führers (caravella capitania) anlangt,

* Es ist, wie II, 283 erwähnt, möglich, daß diese Dinge von John Cabots verunglückter Expedition im Jahre 1498 stammten.

„werde ich Euch ebenfalls davon benachrichtigen.“ [Vgl. Harrisse, 1883, S. 211 fg.]

Cantinos Brief vom Oktober 1501. Alberto Cantino, Gesandter des Herzogs Erculo d'Este von Ferrara in Lissabon, schrieb am 17. Oktober 1501 einen Brief an den Herzog, worin er ihm folgendes mitteilt:

„Es sind bereits neun Monate vergangen, seit der durchlauchtigste „König zwei gut ausgerüstete Schiffe mit der Absicht in die nördlichen „Gebiete (alle parte de tramontana) sandte, um zu untersuchen, „ob es möglich sei, daß man in jenen Gegenden Länder und Inseln „entdecken könne; und nun am 11. dieses Monats ist eines dieser „Schiffe in gutem Stande mit einer Ladung zurückgekehrt und hat „Leute und Nachrichten mitgebracht, von denen Euer Exzellenz zu „unterrichten ich nicht unterlassen zu dürfen geglaubt habe, und so „schreibe ich hier nun alles, was der Kapitän [der Führer des Schiffes] „in meiner Gegenwart dem König auseinandergesetzt hat, ausführlich „und deutlich nieder. Zuerst teilte er ihm mit, daß sie, nachdem „sie den Lissaboner Hafen verlassen hätten, vier Monate hintereinander immer mit demselben Winde und nach demselben Pole gesegelt seien und während all dieser Zeit nie etwas gesehen hätten. „Als sie in den fünften Monat hineingekommen waren und beständig „den Wunsch gehegt hatten, ihre Reise fortzusetzen, stießen sie, wie sie „sagen, auf ungeheure Massen zusammengefrorenen Schnees, die auf „dem Meere schwammen und sich unter dem Einflusse der Wogen bewegten. Auf dem Gipfel dieser [Eismassen] bildete sich durch die „Macht der Sonne klares frisches Wasser, das in kleinen Kanälen, „welche es sich selber aushöhlte, herablief und vom Fuße [des Eises], „wo es hinabfiel, zehrte. Da die Schiffe schon Wasser brauchten, „fuhren sie mit den Booten hinan und nahmen so viel, wie ihnen nötig „erschien; und aus Furcht, an dieser Stelle zu bleiben, wegen der damit verbundenen Gefahr, wollten sie umkehren, aber von Hoffnung „getrieben, überlegten sie, was sie am besten anfangen könnten, und

„beschlossen, noch einige Tage weiter zu gehen, und setzten also die „Reise fort. Am andern Tage fanden sie das Meer zugefroren, und „da sie gezwungen waren, ihr Unternehmen aufzugeben, begannen sie „sich nach Nordwesten und Westen zu wenden, und sie fuhren drei „Monate lang, immer bei gutem Wetter, in dieser Richtung weiter. „Und am ersten Tage des vierten Monats erblickten sie zwischen „diesen beiden Richtungen ein sehr großes Land, welchem sie sich mit „größter Freude näherten, und durch diese Gegend strömten viele große „Flüsse mit süßem Wasser ins Meer hinein, und auf einem dieser „Flüsse reisten sie eine legha (= ungefähr 3 Seemeilen) landeinwärts; „und als sie an Land gingen, fanden sie eine Menge köstlicher, ver„schiedenartiger Früchte und Bäume und Nadelholzbäume von merk„würdiger Höhe und Größe, die zu Masten des größten Schiffes, „welches auf dem Meere fährt, noch zu groß sein würden. Hier ist „kein Getreide irgendwelcher Art, aber die Menschen dieses Landes „leben, wie gesagt wird, von nichts anderem als Fischfang und von „Jagd auf Tiere, an denen das Land Überfluß besitzt. Dort gibt es „sehr große Hirsche [d. h. Caribou, das kanadische Renntier] mit langen „Haaren, dessen Fell sie zur Kleidung benutzen, sowie Häuser und „Boote daraus machen; dort sind auch Wölfe, Füchse, Tiger [Luchse?] „und Zobel. Sie versichern, was mir jedoch merkwürdig erscheint, „daß es dort so viel Wanderfalken gebe wie in unserem Lande Sper„linge; und ich habe sie gesehen, und sie sind sehr hübsch. An Män„nern und Weibern haben sie aus jener Gegend etwa fünfzig gewalt„sam weggeschleppt und sie dem König gebracht; ich habe sie gesehen, „sie mit der Hand berührt und sie genau betrachtet. Um mit der „Größe zu beginnen, sage ich, daß sie ein wenig größer sind als un„sere Landsleute und einen gut proportionierten, wohlgestalteten Körper „haben, während ihr Haar nach unserem Brauche lang ist und in wel„ligen Locken herabhängt und ihre Gesichter mit großen Figuren be„malt sind, die denen der Indier gleichen. Ihre Augen schillern grün„lich und verleihen, wenn sie einen ansehen, dem ganzen Gesichte große

„Wildheit. Ihre Sprache läßt sich nicht verstehen, aber sie hat nichts „Rohes, sondern ist eher menschlich. Ihr Betragen und ihre Manieren „sind sehr sanft, sie lachen recht viel und zeigen viel Frohsinn; und „dies ist von den Männern genug gesagt. Die Weiber haben kleine „Brüste, einen sehr schönen Körper und ein sehr ansprechendes Gesicht; „ihre Farbe kann man eher weiß als etwas anderes nennen, aber die „Männer sind sehr viel dunkler. Wenn die Männer nicht den wilden „Blick hätten, scheint es mir alles in allem, daß sie uns in allen an„dern Dingen völlig gleichen. Alle Körperteile sind nackt, mit Aus„nahme der Geschlechtsteile, welche mit dem Felle des bereits genannten „Hirsches bedeckt sind. Sie besitzen keine Waffen, auch kein Eisen, „sondern machen alles, was sie arbeiten, mit einem sehr harten, scharfen „Steine, und es gibt nichts, was so hart wäre, daß sie es damit nicht „schneiden könnten. Dieses Schiff ist von dort in einem Monate hier„hergekommen, und man sagt, daß die Entfernung 2800 milia [kleine „Seemeilen] betrage; sein anderer Gefährte hat beschlossen, noch so „weit an jener Küste entlangzufahren, bis er festgestellt hat, ob das „Land eine Insel oder ein Festland ist, und nun erwartet der König „jenen Führer und die andern mit großer Ungeduld, und wenn sie „angelangt sind und etwas Euer Exzellenz Würdiges mitteilen, werde „ich sofort darüber Bescheid geben . . . . . ." [Vgl. Harrisse, 1883, S. 204 fg.]

Die Cantino-Karte, 1502. Auf Wunsch des Herzogs von Ferrara ließ Cantino in Lissabon eine Karte ausarbeiten, auf welcher hauptsächlich die Entdeckungen der Portugiesen dargestellt werden sollten, und schickte sie im Jahre 1502 dem Herzog. In einem Briefe an diesen vom 19. November 1502 erwähnt er, daß er sie schon früher abgesandt habe. Auf dieser Karte, die allgemein die Cantino-Karte heißt und jetzt in Modena aufbewahrt ist, sehen wir Süd-Grönland, das die Bezeichnung „A ponta de [asia]" [d. h. eine Spitze Asiens] trägt, auffallend gut dargestellt. Auf seiner Ostküste sind zwei portugiesische Flaggen, um sie als portugiesische Entdeckungen zu bezeichnen, eine Flagge eine Strecke nördlich vom Polarkreise, die zweite ein wenig im Westen der Südspitze; diese Küste trägt folgende Inschrift:

„Dieses Land, welches auf Befehl des höchst ausgezeichneten Fürsten „Dom Manuel, Königs von Portugal, entdeckt wurde, ist eine Spitze „Asiens (esta a ponta d'asia). Diejenigen, welche die Entdeckung „machten, gingen nicht an Land, sahen aber das Land und konnten

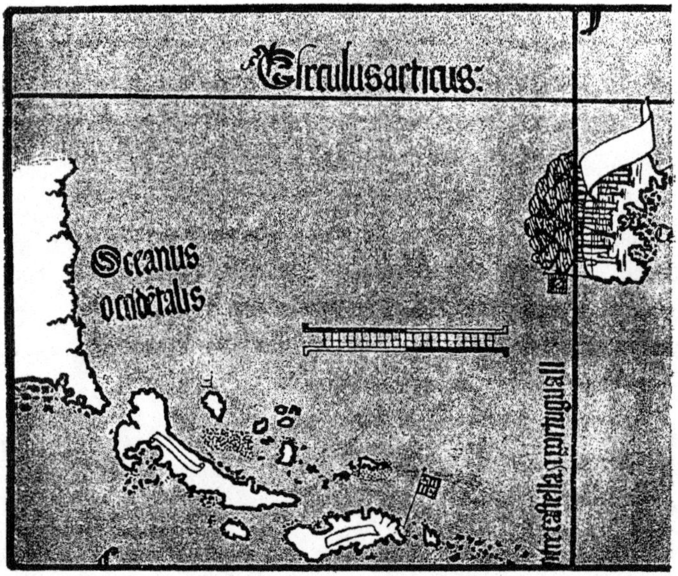

Ein Teil der sogenannten Cantino-Karte aus
Das Netz der Kompaß-

„nichts anderes erblicken als steile Berge. Daher nimmt man infolge „der Ansicht der Kosmographen an, daß es eine Spitze Asiens sei."

Im Westen Grönlands ist auf derselben Karte ein Land angegeben, welches den Namen „Terra del Rey de portuguall" [Land des Königs von Portugal] trägt; es entspricht Newfoundland, möglicherweise mit dem südlichen Teil von Labrador (?). Das Nordende und das Südende sind mit zwei portugiesischen Flaggen bezeichnet, und das Land trägt folgende Inschrift:

„Dieses Land wurde auf Befehl des höchsten, ausgezeichnetsten „königlichen Fürsten Dom Manuel, des Königs von Portugal, ent„deckt; Gaspar de Corte-Real, ein Edelmann aus dem Hofstaate des „besagten Königs, entdeckte es, und als er es entdeckt hatte, sandte er „ein Schiff mit Männern und Weibern, die im besagten Lande ge„fangen worden waren [nach Portugal], und er blieb mit dem einen

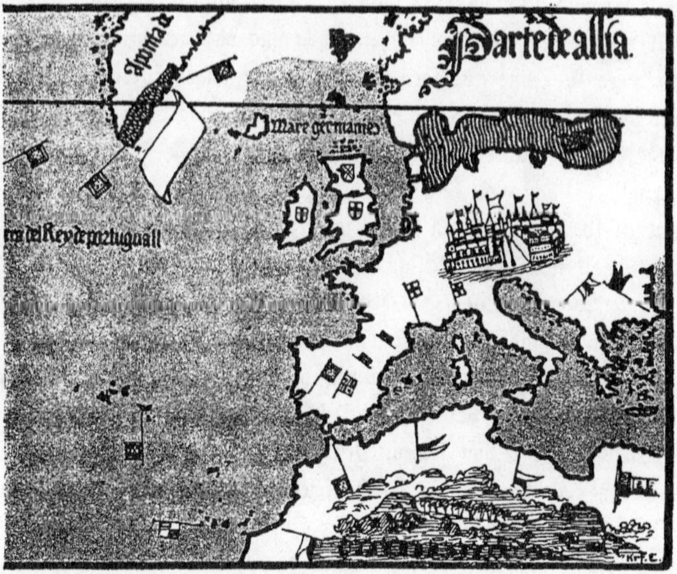

dem Jahre 1502, aufbewahrt in Modena.
linien ist weggelassen.

„Schiffe dort und ist nie wieder zurückgekehrt, und man glaubt, daß „er dort umgekommen sei, und dort sind viele Maste [d. h. Mast„bäume]."

Patentbrief an Miguel Corte-Real im Jahre 1502 oder 1503? Am 15. Januar 1502[528] verlieh König Manuel dem Bruder des Gaspar, Miguel Corte-Real, einen neuen Patentbrief, worin es heißt: „Wir tun allen denjenigen, welche diesen Brief sehen werden, „hierdurch kund und zu wissen, daß Miguell Cortereall, Edelmann

„Unseres Hofstaates und Unser oberster Türhüter Uns jetzt sagt, daß „er, weil er gesehen habe, daß Gaspar Cortereall, sein Bruder vor „Tagen [vor langer Zeit] aus dieser Stadt mit drei Schiffen ab„gefahren sei, um neues Land zu entdecken, wovon er schon einen Teil „gefunden gehabt habe, und daß im Laufe der Zeit auch zwei der er„wähnten Schiffe nach besagter Stadt [Lissabon] zurückgekommen seien „und daß fünf Monate[529] vergangen und er nicht heimgekehrt sei, nun „selber ausreisen und ihn suchen wolle und daß er, besagter miguel „corte-reall, große Auslagen und Kosten von seinem Vermögen sowohl „für die besagte Entdeckungsreise wie auch von besagten Schiffen gehabt „habe, welche sein besagter Bruder das erstemal [d. h. zu der ersten „Reise], als er das besagte Land gefunden, und ebenfalls zu der „andern [d. h. der zweiten Reise] ausgerüstet, weshalb besagter gaspar „cortereall ihm mit Rücksicht hierauf versprochen habe, mit ihm das „besagte Land zu teilen, welches er so entdeckte und ...... womit „Wir ihn belehnt hatten und das Wir ihm durch Unseren Schenkungs„brief gegeben hatten, um welchen besagter gaspar cortereall Uns „vor seiner Abreise bat" usw. Deshalb erhob Miguel Anspruch auf seinen Anteil der von seinem Bruder aufgefundenen Länder und erhielt ihn auch vom König durch diesen Patentbrief und zugleich damit das Recht auf alle die neuen Inseln und Länder, die er in jenem Jahre entdecken würde, außer denen, welche sein Bruder gefunden hatte.[530]

Portugiesische Seekarte aus der Zeit um 1520. Interessant sind auch zwei Inschriften auf der anonymen portugiesischen Seekarte aus der Zeit um das Jahr 1520.[531] Auf dem Lande Do Lavorador [d. h. Grönland] steht:

„Dieses Land sahen die Portugiesen, kamen aber nicht hinein."

Auf Newfoundland, genannt Bacalnao, steht:

„In dieses Land kam zuerst Gaspar Corte Regalis, ein Portu„giese, und er nahm von dort wilde Männer und weiße Bären mit. „Dort gibt es eine große Menge Tiere, Vögel und Fische. Das

„folgende Jahr litt er dort Schiffbruch und kam nicht wieder, und sein „Bruder Micaele hatte im folgenden Jahre dasselbe Schicksal.“

Als Ergänzung hierzu seien noch die verschiedenen Karten portugiesischen Ursprungs aus dem Jahre 1502 oder der unmittelbar darauffolgenden Zeit genannt, besonders die italienische Weltkarte, die sogenannte King-Karte, aus der Zeit um 1502 (siehe II, 334), welche die

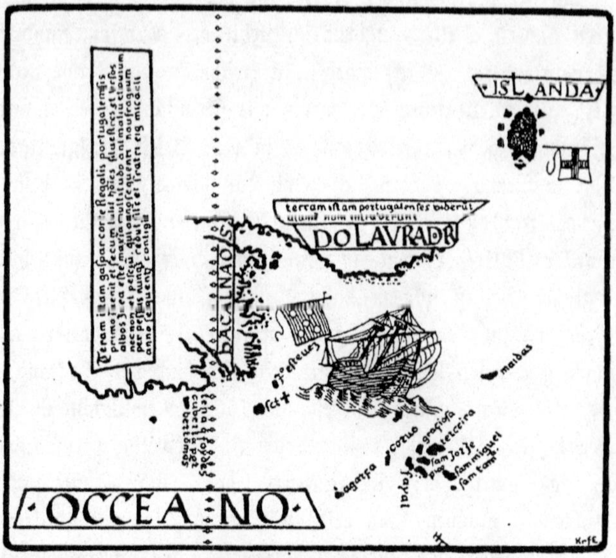

Teil einer anonymen portugiesischen Seekarte aus der Zeit um 1520, aufbewahrt in München.
Das Netz der Kompaßlinien ist weggelassen.

Kopie einer portugiesischen sein muß und auf welcher Newfoundland Terra Cortereal heißt.

Spätere Quellen. Außer diesen Dokumenten aus derselben Zeit wie die Reisen oder aus den darauffolgenden Jahren gibt es noch mehrere viel spätere Aufzeichnungen über sie in den Schriften des Gomara (1522), Ramusio (1556), Antonio Galvano (1563) und Damiam De Goes (1566), aber da diese erst so spät niedergeschrieben worden sind, wollen wir vorläufig von ihnen absehen.

Gaspar Corte-Real nicht der Entdecker Grönlands (Labradors). Wenn wir es versuchen sollen, uns auf Grund der ältesten Dokumente eine Ansicht über die portugiesischen Reisen in jenen Jahren zu bilden, so muß es zuerst auffallen, daß wir darin mehrere Reisen und die Entdeckung zweier ganz verschiedener Länder, die ohne Zweifel Grönland und Newfoundland sein müssen, finden. Da auf der Cantino-Karte, auf der portugiesischen Karte aus der Zeit um 1520 und an mehreren andern Stellen ausdrücklich steht, daß Newfoundland durch Gaspar Corte-Real entdeckt worden ist, während sein Name nicht an einer einzigen Stelle jener Dokumente mit Grönland (oder Labrador) in Verbindung gebracht wird und es in dem Briefe Pasqualigos an den Rat in Venedig ausdrücklich heißt, daß dieses Land in dem vorhergehenden Jahre (1500) durch „die andern dieser Majestät gehörenden „Karavellen (l'altre caravelle)" gesehen worden sei[532], so muß hieraus als logischer Schluß folgen, daß es nicht Gaspar Corte-Real war, der Grönland im Jahre 1500 zuerst erblickte, sondern daß es andere Portugiesen gewesen sind. Hiermit deckt sich auch der Umstand, daß auf der King-Karte (aus der Zeit um 1502) Newfoundland Terra Cortereal (II, 334) heißt, während die Insel, welche Grönland entspricht, den Namen Terra Laboratoris trägt. Man könnte sich versucht fühlen zu glauben, daß beide Länder nach ihren Entdeckern benannt worden seien, das eine nach Corte-Real, das andere nach einem Mann, der als „laborator" bezeichnet wird. Die allgemeine Ansicht, daß es Gaspar Corte-Real gewesen sei, der auf seiner Reise im Jahre 1500 Grönland zuerst erblickt habe, findet daher an den erwähnten Dokumenten keine Stütze.

Aus dem Patentbrief des Königs an Miguel Corte-Real scheint man andererseits schließen zu können, daß Gaspar zwei Reisen, eine im Jahre 1500 und eine zweite im Jahre 1501, gemacht hat, und daß er beide Male dasselbe Land [d. h. Newfoundland] besuchte. Dies bestätigt auch die Inschrift auf der portugiesischen Karte aus der Zeit um das Jahr 1520. Falls er es nicht war, der auf der ersten Reise im Jahre 1500 Grönland sah, ohne dorthin gelangen zu können, so müssen wir annehmen, daß im Jahre 1500 noch eine Expedition von Portugal ausgesandt worden ist, auf der Grönland gesichtet wurde.

Hat João Fernandez Grönland im Jahre 1500 gesehen? Es liegt nahe zu glauben, daß die Expedition von demselben João Fernandez geleitet worden sei, welchem der König schon im Oktober 1499 einen Patentbrief ausgestellt hat. Diese Annahme wird noch wahrscheinlicher, wenn wir sie mit dem vergleichen, was bereits früher (siehe Anm. 517) über den möglichen Ursprung des Namens Labrador gesagt worden ist. Wir müssen glauben, daß wir es hier mit demselben Manne von den Azoren zu tun haben, der unter dem Namen John Fernandus an dem Bristoler Unternehmen vom Jahre 1501 beteiligt war und der schon in Dokumenten aus dem Jahre 1492 zusammen mit einem andern Mann von den Azoren Pero do Barcellos genannt ist und dort als „llavorador" bezeichnet wird. Diese Männer wären also schon damals mit dem Plane umgegangen, Entdeckungen zur See zu machen.

Vergleichen wir die Inschrift auf dem Labrador (Grönland) der spanischen Karte des Diego Ribero aus dem Jahre 1529 mit der entsprechenden Inschrift auf der anonymen portugiesischen Seekarte aus der Zeit um 1520, so bekräftigt auch dies jene Annahme. Während es auf letzterer heißt, „die Portugiesen sahen das Land, kamen aber „nicht hinein", sagt die Karte Riberos: „Dieses Land entdeckten Engländer aus der Stadt Bristol, und es ist nichts darin, was zu „haben wert wäre." Da dieser Teil der Karte des Ribero offenbar eine Kopie der portugiesischen Karten ist, liegt die Schlußfolgerung nahe, daß mit Riberos Änderung der Inschrift gemeint sein muß, daß das Land allerdings zuerst von den Portugiesen gesehen wurde, daß es aber Engländer waren, denen es zuerst gelang, dort zu landen, und die also gewissermaßen seine wirklichen Entdecker waren. Wenn noch die Mitteilung auf der portugiesischen Seekarte aus dem 16. Jahrhundert, die in Wolfenbüttel aufbewahrt wird, hinzukommt, nach der das Land durch Engländer aus Bristol entdeckt wurde, und die beifügt, daß der, welcher zuerst Kunde davon gab, ein „labrador" von den Azoren gewesen sei, so scheint alles gut miteinander in Einklang zu stehen.

Man könnte sich den Zusammenhang ungefähr folgendermaßen denken: Nachdem João Fernandez im Oktober 1499 sein Patentbrief ausgestellt worden ist, hat er seine Expedition ausgerüstet, ist

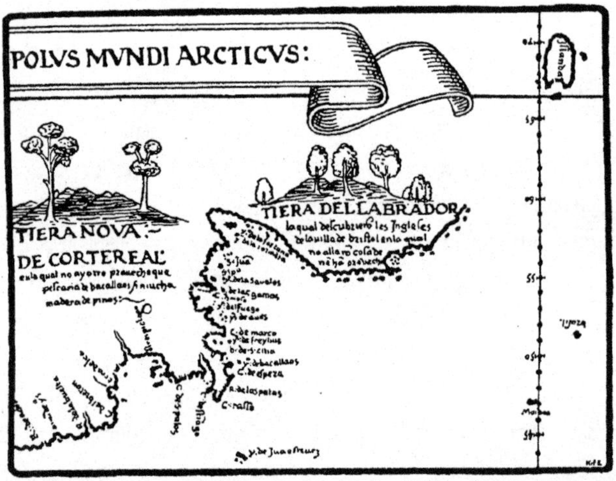

Teil der Karte des Diego Ribero aus dem Jahre 1529. [Nordenskiöld, 1897.]

dann im Frühling des Jahres 1500 abgereist und ist unter die Ostküste Grönlands gelangt, an der er entlang gesegelt ist, ohne dort landen zu können, weil das Eis ihn daran verhindert hat. Wo er sonst auf dieser Reise gewesen sein kann, darüber fehlt uns jegliche Nachricht. Da er aber, vielleicht nach einer verhältnismäßig unglücklichen Expedition, nach Portugal zurückgekehrt ist und überdies gefunden hat, daß der König dem Gaspar Corte-Real, der auf seiner Reise mehr vom Glück begünstigt war, einen Patentbrief ausgestellt hatte, kann Fernandez geargwöhnt haben, daß er zu neuen Unternehmungen in Portugal keine Unterstützung finden werde. Er wandte sich sofort nach Bristol, wo er an dem Zustandebringen eines englisch-portugiesischen Unternehmens mitgewirkt hat und jener „llavorador" gewesen ist, der zuerst Kunde von Grönland gebracht hat.

Es muß selbstverständlich zugegeben werden, daß die hier ausgesprochene Vermutung hinsichtlich der Reise und der Entdeckung des João Fernandez nichts weiter als Mutmaßung ist. Sie scheint aber

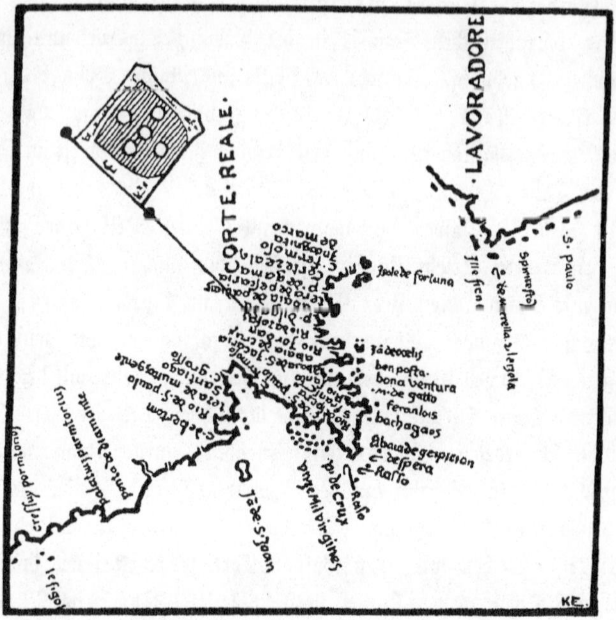

Teil der Karte Maggiolos aus dem Jahre 1527 [Harrisse, 1892].
Das Netz der Kompaßlinien ist weggelassen.

besseren Zusammenhang zu geben als irgendeine der früher vorgebrachten Erklärungen, und sie widerspricht, soweit ich sehen kann, in keinem Punkte dem, was die Dokumente aus jener Zeit zu erzählen haben. Es läßt sich denken, daß es hier gegangen ist, wie es so oft geschieht: der Name des Entdeckers João Fernandez ist mehr oder weniger in Vergessenheit geraten. Die Erinnerung an ihn hat sich vielleicht nur in dem Namen Labrador selbst erhalten, der urspünglich

Grönland bezeichnet, später aber nach dem amerikanischen Kontinent verlegt worden ist[533], während man alle portugiesischen Entdeckungen im Norden in der späteren Geschichte mit dem andern Seefahrer verbunden hat, nämlich mit Gaspar Corte-Real, der aus vornehmer Familie war, dem Hofstaat des Königs angehörte und von derselben Azoreninsel, Terceira, kam.

Gaspar Corte-Real. Gaspar Corte-Real stammte aus einer adligen portugiesischen Familie in der Provinz Algarve und ist ungefähr 1450 geboren. Er war der dritte und jüngste Sohn des João Vaz Corte-Real, der 22 Jahre lang, von 1474 an, als Statthalter eine „Kapitanerie" auf den Azoren hatte — zuerst in Angra auf der Insel Terceira, später auf St. Georg — und der im Jahre 1496 starb.[534] Gaspar hat wahrscheinlich einen Teil seiner Jugend auf den Azoren verlebt, die im großen und ganzen „ein Treibhaus „für alle Arten Ideen über Entdeckungen im Ozean" waren; er ist sicherlich als junger Mensch mit den Erzählungen von den vielen früheren Versuchen genau bekannt und vertraut gewesen mit den vielen Plänen zu neuen Ozeanfahrten, welche die kühnen Seeleute dieser Inselgruppe schmiedeten. Wie bereits erwähnt wurde, war auch der Deutsche Martin Behaim auf den Azoren ansässig (vgl. II, 240).

Corte-Reals Reise im Jahre 1500. Aus dem Patentbrief vom Mai 1500 ersehen wir, daß Gaspar Corte-Real es schon vor jener Zeit auf seine eigenen Kosten versucht hatte, Länder im Meere zu entdecken; da jedoch nichts weiter darüber gesagt wird, ist der Versuch wohl nicht von Erfolg gekrönt worden. Es ist bereits hervorgehoben worden, daß es nach dem Patentbrief des Königs an den Bruder Miguel den Anschein hat, als ob Gaspar zwei Reisen nach dem von ihm entdeckten Lande gemacht habe, was auch durch die erwähnte Inschrift auf der anonymen portugiesischen Seekarte aus der Zeit um 1520 bekräftigt wird. Dagegen wird dieser Reise in den Briefen der beiden italienischen Gesandten gar nicht gedacht, ebensowenig auf der Cantino-Karte. Es erscheint natürlich zu schließen, daß Gaspar, nachdem er im Mai 1500 seinen Patentbrief erhalten hat, auf eine Reise ausgezogen ist, deren Unkosten er und sein Bruder Miguel gemeinschaftlich getragen haben (vgl. den Patentbrief an den letzteren).

Auf dieser ersten Reise im Jahre 1500 hat Gaspar bereits „einen Teil" Newfoundlands entdeckt; was er aber auf dieser Fahrt sonst

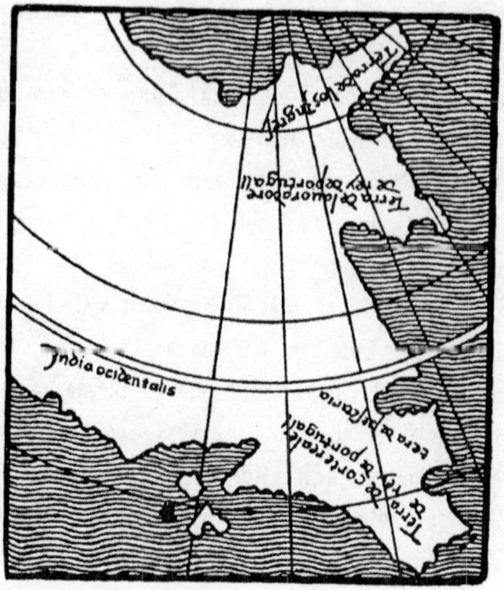

Die neugefundenen Länder im Nordwesten mit Asien verbunden. Auf Maggiolos Karte aus dem Jahre 1511. [Harrisse, 1900.]

noch ausgerichtet haben kann, darüber wissen wir nichts. Er muß schon im Herbst desselben Jahres wieder nach Lissabon zurückgekehrt sein.

Corte-Reals Reise im Jahre 1501. Durch seinen Erfolg ermutigt, ist er nach dem 21. April 1501, an welchem Tage er sich noch in Lissabon befunden hat, mit einer größeren Expedition wieder ausgezogen. Die Ausgaben bestritten auch diesmal er und sein Bruder Miguel gemeinschaftlich. Nach dem Patentbrief des Königs vom Januar 1502 hatte er auf dieser Reise drei Schiffe, von denen zwei zurückkamen. Dies deckt sich nicht mit den Briefen der beiden italienischen Gesandten, die ausdrücklich sagen, daß er mit zwei Schiffen ausgefahren sei. Allerdings stimmen auch diese untereinander in ihrem Bericht über das zurückgekehrte Schiff nicht überein. Pasqualigo sagt in seinem einen Briefe, daß das Schiff am 9. Oktober in Lissabon angelangt sei, in dem andern aber am 8. Oktober, und daß es sieben Eingeborene mitgebracht habe; Cantino dagegen sagt, daß das Schiff am 11. Oktober gekommen sei und daß dem König 50 Eingeborene gebracht worden seien. Da Pasqualigo angibt, das andere Schiff mit 50 Eingeborenen werde täglich erwartet, hat man gemeint (vgl. Harrisse), daß Cantino von diesem Schiff spreche; aber in solchem Falle wäre es rätselhaft, daß die beiden Gesandten in ein und derselben Stadt nur von je einem Schiff gehört haben sollten, und daß sie alle beide nichts davon gewußt hätten, daß mehr als ein Schiff angelangt war, obschon zwischen der Ankunft der beiden Schiffe nur zwei oder drei Tage lagen und sie alle beide eine Woche nach dieser Zeit schreiben. Beide erzählen auch, daß das zweite Schiff, und nur dieses eine, zurückerwartet werde, und Pasqualigo nennt es sogar die Karavelle des Führers (caravella capitania). Da liegt es nahe zu glauben, daß beide Gesandten über ein und dasselbe Schiff berichten (der Verschiedenheit der angegebenen Daten ist kein großes Gewicht beizulegen, wenn wir sehen, daß Pasqualigo das Datum der Ankunft seines Schiffes von einem Briefe zum andern ändert). Sie können beide von 50 Eingeborenen gehört und einige davon (z. B. sieben) gesehen haben; während aber Cantino die Sache so aufgefaßt hat, als ob alle 50 schon angelangt seien, kann Pasqualigo gemeint haben, daß nur die sieben, die er gesehen, angekommen seien, während die andern 50 mit dem nächsten Schiff erwartet würden. Einiges Gewicht ist auch darauf zu legen, daß die Inschrift auf der Cantino-Karte, die entschieden nach portugiesischen Dokumenten entworfen sein muß, ebenfalls nur von einem Schiff spricht, das nach Hause zurückgekehrt sei. Die Hauptschwierigkeit dabei liegt darin, daß dies mit dem späteren Patentbrief des Königs an Miguel in direktem Widerspruch steht. Wir müssen demnach glauben, daß die Erwähnung jener drei abgesegelten und der zwei wiedergekehrten Schiffe in diesem Patentbrief auf einem Schreibfehler oder auf einer Verwechslung in der Erinnerung beruht habe, was überraschend erscheinen kann. Aber diese Frage hat hier nur untergeordnete Bedeutung. Die Hauptsache ist, daß des Gaspar Corte-Real eigenes Schiff nie wieder zurückgekehrt ist.

Beim Abschätzen der Zuverlässigkeit oder Genauigkeit, die Pasqualigos und Cantinos Mitteilungen über die Reise zuzuschreiben ist, muß man daran denken, daß die beiden einzig und allein das wiedergeben, was sie in einer Sprache, die nicht ihre eigene war, haben erzählen hören, und daß sie, als sie ihre Briefe schrieben, aller Wahrscheinlichkeit nach noch keine Karte der Reise oder der neuen Entdeckungen gesehen hatten. Cantino sagt, daß er zugegen gewesen sei, als der heimgekehrte Schiffsführer dem König Bericht erstattet habe, und daß er alles so niederschreibe, wie es dabei erzählt worden sei; also hat er die Erzählung vielleicht nur ein einziges Mal gehört und ohne Karte, was seine offensichtlichen Irrtümer erklärt. Denn sehr leicht können sich in die Wiedergabe einer Reisebeschreibung, die man in seiner eigenen Sprache hat erzählen hören, Mißverständnisse einschleichen, wieviel leichter also, wenn es eine fremde Sprache gewesen ist. Auf welche Weise Pasqualigo von der Reise gehört hat, darüber gibt er keine Auskunft; es kann aber bei derselben Gelegenheit geschehen sein. Die Briefe der beiden Italiener mit den Wiedergaben des portugiesischen Berichts lassen sich daher nicht als genaue geschichtliche Dokumente behandeln, in denen jede Einzelheit richtig ist.

Cantino sagt in seinem Brief (vom Oktober 1501), daß Gaspar Corte-Real vor neun Monaten, also im Januar des Jahres 1501, abgereist sei. Pasqualigo sagt, daß er im vorigen Jahr abgefahren sei, was sich mit Cantinos Angabe deckt, weil das bürgerliche Jahr damals mit dem 25. März begann. Die noch erhaltene Quittung mit der Unterschrift des Gaspar Corte-Real vom 21. April 1501 beweist aber mit Sicherheit, daß die beiden Italiener sich in diesem Punkt geirrt haben. Es läßt sich zwar denken, daß sie die Expeditionen beider Jahre als eine zusammenhängende Reise (?) aufgefaßt haben können, aber auch dies würde mit den neun Monaten Cantinos nicht übereinstimmen. Nach dem Briefe Cantinos hatte Corte-Real von Portugal aus nördlichen Kurs (in dem Brief steht: „nach dem Pol") gehalten, und etwas Ähnliches sagt auch Pasqualigo. Aber dies alles ist wohl nicht buchstäblich zu verstehen, denn sonst müßten wir glauben, daß er von Portugal aus nordwärts nach Island gesegelt sei; und überdies sagt ja auch Pasqualigo in seinen beiden Briefen, daß das aufgefundene Land zwischen Nordwesten und Westen liege. Cantinos Mitteilung über das Eis könnte einen Anhalt bei der Feststellung der Route des Corte-Real geben, wenn hier nicht unglücklicherweise zwei Möglichkeiten vorlägen und Cantinos Worte mit keiner der beiden gut übereinstimmten. Die Beschreibung des Eises läßt zunächst darauf schließen, daß Corte-Real zuerst Eisberge angetroffen hat; auf diese kann er draußen in der See vor dem Südende Grönlands gestoßen sein, und da er beim Weiterfahren in derselben Richtung „das Meer gefroren" fand, kann er an den Rand des Treibeises gelangt sein. Da bei dieser Gelegenheit von Land gar nicht die Rede ist, müssen wir zunächst annehmen, daß er Grönland nicht erblickt hat. Schwieriger wird die Sache dadurch, daß er von dort aus durch Einhalten eines nordwestlichen und westlichen Kurses schließlich in dieser Richtung Land in Sicht bekam, das sowohl nach der Beschreibung wie auch nach der Cantino-Karte Newfoundland gewesen sein muß. Um vom Grönlandeise dorthin zu gelangen, hätte er ungefähr mißweisend Westsüdwest steuern müssen; ungefähr in dieser Richtung liegt auch Newfoundland (Terra del Rey de portuguall) auf der Cantino-Karte im Verhältnis zu der Südspitze Grönlands. Es mag auch sein, daß Cantinos Richtungsangabe auf ein Mißverständnis zurückzuführen ist[535]; er kann gehört haben, daß das gefundene Land, von Lissabon aus gerechnet, im Nordwesten und Westen liege, wie auch Pasqualigo sagt.

Eine andere Möglichkeit ist, daß Corte-Real auf der Newfoundlandbank Eisbergen begegnete; dann müßte er aber bereits von Lissabon an sehr westlichen, beinahe westnordwestlichen Kurs gehalten haben, und es hätte wenig Sinn, daß er, als er auf das Eis stieß, seinen Kurs in Nordwest und West verändert haben sollte, um dem Eise zu entgehen, selbst wenn in Berechnung gezogen wird, daß die Mißweisung dort 20° westlicher gewesen sein kann als in Lissabon. Eine andere Schwierigkeit liegt darin, daß er auf der Newfoundlandbank schwerlich „das Meer gefroren" gefunden haben kann, falls damit

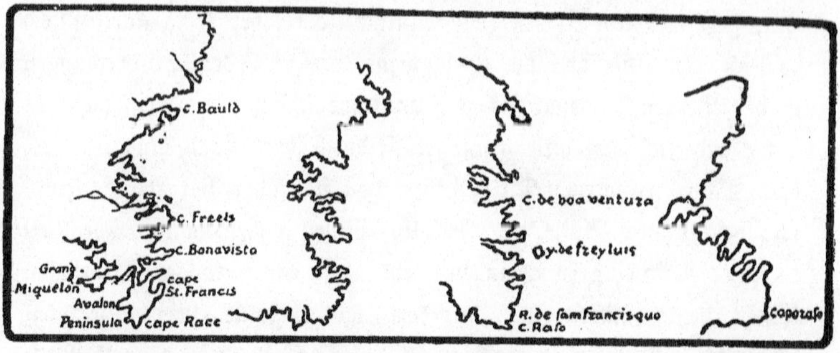

Moderne Karte. Die Cantino-Karte. Reinels Karte. Die King-Karte.

Die östliche Küstenlinie Newfoundlands und möglicherweise der südliche Teil Labradors.

das Treibeis gemeint ist; er müßte dann (im Juni?) schon weiter im Nordwesten im Labradorstrome gewesen sein. In jedem Fall würde er kaum weit vom Lande entfernt gewesen sein, so daß die angegebenen Zeiten, drei Monate mit gutem Winde vom Eise nach Land und vier Monate von Lissabon nach dem Eise, falsche Verhältnisse geben.[536]

Cantinos Worte lassen sich also nicht mit der Wirklichkeit in Übereinstimmung bringen; wohl aber kann vieles dafür sprechen, daß es das Grönlandeis gewesen ist, auf welches Corte-Real im Jahre 1501 zuerst stieß. Hiergegen ließe sich einwenden, daß er bereits im Jahre vorher einen Teil von Newfoundland gefunden haben soll und es daher wohl wahrscheinlich gewesen wäre, daß er sich wieder dorthin begeben hätte; aber aus dem Briefe Pasqualigos erhalten wir den Eindruck, daß Gaspar Corte-Real ein Interesse daran gehabt haben kann zu untersuchen, ob das von ihm gefundene Land Festland war, welches mit dem Lande (Grönland) zusammenhing, das die andern Karavellen (João Fernandez?) im Jahre vorher (1500) gesehen hatten; in solchem Fall kann es ganz natürlich sein, daß er zuerst in jener Richtung gesteuert ist, aber sich durch das Eis gezwungen gesehen hat, sich westwärts nach dem Lande zu wenden, das er selbst entdeckt hatte.

Daß das Land, das Corte-Real besuchte, in der Hauptsache Newfoundland und nicht die weiter nördlich liegende Küste von Labrador war, geht aus den Karten (der Cantino-Karte, der King-Karte usw.) deutlich genug hervor, und es läßt sich auch aus den Beschreibungen in den Briefen Pasqualigos und Cantinos schließen. Darin heißt es unter anderem, daß viele große Flüsse durch jenes Land hindurch nach dem Meere strömten. Die Ostküste von Labrador hat keine irgendwie bedeutenden Flüsse, den Hamilton River ausgenommen; aber um an seine Mündung zu gelangen, geht es in einen langen Meerbusen hinein, den Hamilton Inlet mit dem Lake Melville, in den sie wohl schwerlich hineingefahren sein werden. Dagegen gibt es auf Newfoundland verschiedene wasserreiche Flüsse, die sich an der Ostküste in die See ergießen und in deren Mündung Gaspar Corte-Real hineingesegelt sein konnte. Die Mitteilung, daß das Land fruchtbar sei, Nadelwälder und Bäume von merkwürdiger Höhe und Größe habe und Holz genug zu Masten usw. besitze, paßt ebenfalls am besten auf Newfoundland. Dazu kommt, daß die Küstenlinie des Landes sowohl auf der Cantino-Karte wie auf späteren portugiesischen Karten merkwürdig gut mit der Küstenlinie an der Ost- und Nordostseite Newfoundlands übereinstimmt.

Wenn es in dem Briefe Pasqualigos vom 18. Oktober heißt, daß sie „in einer Entfernung von 600 und mehr milia an der Küste des „erwähnten Landes entlang" gesegelt seien, was sich auch mit der Ausdehnung der Küste auf der Cantino-Karte deckt, so muß dies eine

Übertreibung sein. Es ist etwas ganz Gewöhnliches, daß beim Segeln entlang einer so fjordreichen Küste wie der Newfoundlands, wo Corte-Real wahrscheinlich in Buchten und Meerbusen hinein- und wieder hinausgefahren ist, die Entfernungen nachher übertrieben werden.

Spätere Quellen aus dem 16. Jahrhundert. Wie bereits erwähnt, sind Gaspar Corte-Reals Reisen in mehreren Werken des 16. Jahrhunderts beschrieben worden; da diese aber so lange nach den Begebenheiten geschrieben worden sind, kann man ihnen da, wo sie mit den genannten früheren Dokumenten im Widerspruch stehen, kein sonderliches Gewicht beilegen. Das, was der spanische Verfasser Gomara und der Italiener Ramusio über Gaspar Corte-Real sagen, scheint wesentlich aus dem Briefe zu stammen, den Pietro Pasqualigo am 19. Oktober 1501 an seine Brüder in Venedig geschrieben hat und der schon im Jahre 1507 zuerst veröffentlicht worden ist.

Galvano über Gaspar Corte-Real. Der Portugiese Antonio Galvano sagt in seinem „Tratado" (1563), daß Gaspar Corte-Real im Jahre 1500 abfuhr „mit zwei, auf eigene Kosten ausgerüsteten „Schiffen von der Insel Terceira und reiste nach dem Gebiet, das auf „dem fünfzigsten Breitengrade ist, einem Lande, das jetzt seinen Namen „trägt. Er kehrte wohlbehalten nach Lissabon zurück; aber als er „wieder auszog, ging sein Schiff verloren, und das andere Schiff „kehrte nach Portugal zurück."

Dies stimmt merkwürdig gut mit dem Resultat überein, zu welchem wir bereits gekommen sind; da Galvano aber sich den größten Teil seines Lebens in Ostindien aufgehalten hat und nur in die Heimat zurückgekehrt ist, um seine letzten Tage in einem Hospital in Lissabon zu verbringen, kann seinen Mitteilungen nicht viel Gewicht beigelegt werden [vgl. Harrisse, 1900, S. 35], abgesehen davon, daß sie eine portugiesische Tradition wiedergeben.

De Goes über Gaspar Corte-Real. Damiam de Goes hat in seiner Chronica do Felicissimo Rei dom Emanuel (Lissabon, 1566) eine ausführlichere Beschreibung der Reise des Gaspar Corte-Real im

Jahre 1500 und des von ihm besuchten Landes gegeben. Es heißt darin: „Er segelte zu Anfang des Sommers 1500 aus dem Hafen „von Lissabon ab. Auf dieser Reise entdeckte er in nördlicher Rich„tung ein Land, das sehr kalt war und große Wälder hatte wie alle „die [Länder], welche in jener Gegend liegen. Er gab ihm den Namen „Terra Verde [d. h. Grünes Land]. Die Menschen dort sind sehr „barbarisch und wild, beinahe ebenso wie die in Sancta Cruz [d. h. „Brasilien], mit der Ausnahme, daß sie anfänglich weiß sind, aber durch „die Kälte so wettergebräunt werden, daß sie mit den Jahren ihre „weiße Farbe verlieren und gewissermaßen schwarzbraun werden. Sie „sind mittlerer Größe, sehr leichtbeweglich und große Bogenschützen, „die sich im Feuer gehärteter Stöcke als Wurfspieße bedienen, mit „denen sie ebenso gute Würfe tun, als ob sie daran Spitzen aus „gutem Stahl hätten. Sie bekleiden sich mit den Fellen wilder Tiere, „an welchen das Land Überfluß hat. Sie leben in Berghöhlen und „in Hütten, und sie haben keine Gesetze. Sie glauben viel an Vor„zeichen; es gibt bei ihnen ein eheliches Leben, und sie sind sehr eifer„süchtig auf ihre Frauen, worin sie den Lappen gleichen, die ebenfalls „im Norden vom 70. bis zum 85. Breitengrade leben. . . . . Nach„dem er [Gaspar Corte-Real] dieses Land entdeckt hatte und an einem „großen Teile seiner Küste entlang gesegelt war, kehrte er nach diesem „Königreiche zurück. Da er sehr wünschte, noch mehr von dieser Pro„vinz zu entdecken und ihre Vorteile besser kennen zu lernen, fuhr er „am 15. Mai des Jahres 1501 gleich wieder aus Lissabon ab; aber „man weiß nicht, wie es ihm auf dieser Reise ergangen ist, denn man „hat nie wieder etwas von ihm gesehen, und ebensowenig ist je Nach„richt von ihm gekommen.“ [Vgl. Harrisse, 1883, S. 233.]

Die letzte Mitteilung, daß Corte-Real verschwunden sei, ohne daß man je wieder etwas von ihm gehört habe, zeigt, daß De Goes nicht gut unterrichtet gewesen ist, obwohl er Oberkustos (Guarda m'or) am Torre do Tombo in Lissabon (mit dem Reichsarchiv) war. Sein ganzer Bericht dürfte infolgedessen als historisches Dokument nur zweifelhaften Wert haben. Die Beschreibung des entdeckten Landes und der Eingeborenen kann aus andern Nachrichten oder aus literarischen Quellen stammen und ist ganz derselben Art, wie wir sie in Quellen jener Zeit so oft über Eingeborene finden. Das kalte Land, Terra Verde, mit großen Wäldern und wilden barbarischen Bewohnern scheint das Grönland (Gronolondes) sein zu müssen, von welchem in dem anonymen Briefe an Papst Nikolaus V. aus der Zeit um 1450 die Rede ist und dessen auch Claudius Clavus und Michael Beheim erwähnen (vgl. II, 220). Dieses Land hatte „Wald", und dort wird auch von „wilden Menschen" gesprochen. Die Mitteilungen des De Goes dürften daher aus derselben Quelle stammen. Auch der Umstand, daß die Bewohner in Berghöhlen wohnten*, hat ja Ähnlichkeit mit dem Briefe an Nikolaus V. Das meiste des über diese Eingeborenen Gesagten kann ebensogut auf Eskimos wie auf Indianer passen; weil wir aber nicht wissen, woher das Ganze stammt, ist es nicht so leicht, sich eine Ansicht darüber zu bilden, auf welches der beiden Völker die Beschreibung sich beziehen soll. Die sonderbare Mitteilung, daß die Eingeborenen anfänglich Weiße sind, aber infolge der Kälte braun werden, paßt nicht recht auf Indianer und ließe sich besser mit Eskimos vereinigen, die in ihren jungen Jahren eine sehr helle Hautfarbe haben und vielleicht ebenso hellfarbig sind wie Portugiesen.

Beschreibung der Eingeborenen bei Pasqualigo und Cantino. Die Beschreibung der Eingeborenen in den Briefen Pasqualigos und Cantinos scheint im ganzen besser auf Eskimos als auf Indianer zu passen; als typische eskimoische Züge ließe sich der Umstand anführen, daß sie mit Häuten überzogene Boote besaßen (allerdings spricht Cantino von Hirschhaut, d. h. Renntierfell, aber das wird wohl ein Mißverständnis sein)**; ferner die Häuser (d. h. Zelte) von langen

* Daß die Eskimos in Höhlen im Gebirge oder unter der Erde hausten, ist auch in späterer Zeit eine nicht ungewöhnliche Vorstellung gewesen; siehe z. B. Wilhelmi, Island, Hvitramannaland, Grönland und Finland, 1842, S. 172.

** Uns ist nicht bekannt, ob die Indianer auf Newfoundland Fellboote gehabt haben; ausgeschlossen ist es nicht.

Stangen mit Fischhaut (d. h. Seehundsfell) bedeckt, ihre Hautfarbe, die ziemlich weiß ist, ihr vieles Lachen und der Umstand, daß sie viel Frohsinn zeigen. Es mag ein wenig überraschend erscheinen, daß die Eskimos „ein wenig größer als unsere Eingeborenen“ [d. h. die Italiener] sein sollen; aber erstens können diejenigen, die gezeigt wurden, besonders gute Exemplare der Rasse gewesen sein, und dann ist ja das Eskimovolk nicht so sehr klein und dürfte reichlich so groß wie Italiener und Portugiesen sein. Daß sie, mit Ausnahme eines Fellschurzes um die Lenden, nackt gingen, entspricht den häuslichen Gewohnheiten der Eskimos. Pasqualigos Beschreibung, daß sie mit Fellen verschiedenartiger Tiere, hauptsächlich des Otters, bekleidet gewesen und daß die Felle ungegerbt und nicht zusammengenäht seien, sondern so um Schultern und Arme geworfen würden, wie sie den Tieren abgezogen worden seien, steht in Widerspruch mit Cantinos Worten und beruht wohl ebenfalls auf einem Mißverständnis; die Geschichte klingt nicht wahrscheinlich. Sollte sie richtig sein, so müssen Pasqualigo und Cantino verschiedene Eingeborene gesehen haben.

Es läßt sich annehmen, daß es damals im nordöstlichen Newfoundland Eskimos gab, und die Eingeborenen können von dort her oder aus dem südlichen Labrador mitgebracht worden sein.

Angabe der Cantino-Karte über portugiesische Entdeckungen. Von allen bekannten Karten gibt ohne Zweifel die Cantino-Karte die ausführlichste, zuverlässigste Darstellung der in den Jahren 1500 und 1501 im Nordwesten gemachten portugiesischen Entdeckungen; wir wissen auch, daß sie, sozusagen im Angesichte dieser Entdeckungen und unmittelbar nachdem die Teilnehmer der letzten Expedition zurückgekehrt waren, in Lissabon ausgearbeitet worden ist. Wir müssen daher glauben, daß der Kartenzeichner die damals vorliegenden Quellen benutzt hat. Ihm können entweder die Schiffsbücher mit ihren Kursen und Distanzen und die ursprünglichen Kartenskizzen der Reisen selber zugänglich gewesen sein, oder er mag Karten benutzt haben, die nach diesen Quellen gezeichnet worden waren. Außerdem hat er Karten und Quellen gelehrterer Art benutzt, was sich unter anderem in der Inschrift bei Grönland zeigt, worin von der Ansicht der Kosmographen die Rede ist und gesagt wird, daß dieses Land eine Spitze Asiens sei. Es ist, wie Björnbo [1910, S. 167] hervorgehoben hat, klar, daß es auf der Karte mit Skandinavien, das „Parte de asia“ genannt wird, zusammengehangen hat; aber die Karte ist am oberen Rande so abgeschnitten worden, daß diese Landverbindung verloren gegangen ist*, und mit ihr der letzte Teil (asia) der Inschrift Grönlands. Der Darstellung dieser Landverbindung kann eine Karte des jüngeren Clavus-Typus zugrunde gelegen haben, während die Darstellung des eigentlichen Grönlands entschieden neu ist. Zum ersten Male ist es nämlich hier in fast richtigem Abstand von Europa und mit Island an der verhältnismäßig richtigen Stelle angebracht worden; daneben hat es eine auffallend gute Form erhalten. Wenn wir nun voraussetzen, daß man die Mißweisung nicht kannte und daß die Küsten nach den zurückgelegten mißweisenden Segelkursen so angegeben sind, als ob diese Kurse rechtweisend gewesen seien, so ist die Südspitze Grönlands gerade an die Stelle gekommen, wo sie liegen muß, falls die Mißweisung während der Segelreise von Lissabon durchschnittlich 11° westlicher als in Lissabon war. Die portugiesischen Flaggen auf der Küste deuten an, daß die Portugiesen an der Ostküste Grönlands von der Nordseite des Polarkreises der Karte an bis am Kap Farvel vorüber entlang gefahren sind (wie die Inschrift besagt, ohne dort an Land gegangen zu sein); die Richtung dieser Küste auf der Karte läßt sich durch eine ungefähr 14° West betragende Mißweisung erklären. Die auffallend gute Darstellung Grönlands mit der charakteristischen Gestalt der Westküste kann unmöglich von den Clavus-Karten stammen, auf denen Grönland eine schmale Landzunge ist, deren Ost- und Westküste

* Diese Landverbindung findet sich auf der Canerio-Karte aus den Jahren 1502 bis 1507, die demselben Typus wie die Cantino-Karte angehört und eine italienische Kopie entweder dieser letzteren oder einer ähnlichen portugiesischen Karte aus dem Jahre 1501 oder 1502 ist [vgl. Björnbo, 1910, S. 167].

einander fast ganz parallel laufen. Die Westküste hat beinahe eine Form erhalten, als ob sie nach gesegelten Kursen mit einer Mißweisung, die nach Nordwesten von 20° bis gegen 30° zugenommen hat (vgl. II, 333), gezeichnet worden sei. Charakteristisch ist auch, daß, während die Ostküste keine Inseln hat, längs der Westküste nach Norden eine ganze Inselflur angedeutet worden ist. Es mag kühn erscheinen, dies nur als eine dem Kartenzeichner zuzuschreibende Willkür annehmen zu wollen und als reine Zufälligkeit anzusehen; allerdings läßt sich auch behaupten, daß der Zeichner der Westküste Norwegens eine ähnliche gekrümmte Gestalt mit Inseln davor (wie auf der Oliveriana-Karte, s. II, 336) gegeben habe. Hat der Kartenzeichner die Darstellung Grönlands auf den Clavus-Karten gekannt, so wird die Wahrscheinlichkeit noch größer, daß er zu seiner Westküste bestimmte Quellen benutzt hat, da seine Westküste ganz anders aussieht als die der Clavus-Karten. Die portugiesischen Flaggen auf der Karte und die Angabe der Inschrift, daß die Portugiesen nicht an der Küste gelandet seien, scheint freilich nicht darauf hinzudeuten, daß sie eine irgendwie längere Strecke nordwärts an der Westküste entlanggesegelt sein können, denn sonst würde dieser Umstand wohl angeführt worden sein; aber die Cantino-Karte kann unbekannte Quellen gehabt haben, die sich auf Reisen stützten, die wir nicht kennen und die der Kartenzeichner ebenfalls nicht gekannt hat.[537]

Wenn wir glauben dürfen, daß der hellere Farbenton draußen im Meer vor der Ostküste Grönlands und nach Norwegen hinüber (II, 310, 311) das Treibeis darstelle, dann läßt auch dies auf eine Bekanntschaft mit diesen nördlichen Gewässern schließen, von der wir nicht annehmen können, daß sie nur von der portugiesischen Reise herrührt, auf welcher Grönlands Ostküste in Sicht kam, die vielmehr andere unbekannte Quellen haben muß.

Die Konstruktion der Cantino-Karte. Es unterliegt keinem Zweifel, daß die Terra del Rey de portuguall der Cantino-Karte die Ostküste von Newfoundland ist, die, weil die Mißweisung nicht berücksichtigt worden ist, eine nördliche Richtung erhalten hat. Wenn wir die Ostküste von Newfoundland von Kap Race bis Kap Bauld in ungefähr demselben Maßstab, den sie auf der Cantino-Karte hat, zeichnen und den Meridian um soviel nach Westen schieben, wie die Mißweisung damals betragen haben kann (vielleicht ungefähr 20° am Kap Race und 4° oder 5° mehr bei der Belle-Isle-Straße), so erhalten wir eine Karte (II, 333), deren Küstenlinie mit derjenigen der Cantino-Karte eine große Ähnlichkeit haben, die beinahe zu groß ist, um zu glauben, daß sie nicht teilweise zufällig sein sollte (die Newfoundlandküste auf der Karte Reinels ist auch fast dieselbe wie auf der Cantino-Karte). Die Ähnlichkeit ist so, daß man glauben könnte, die verschiedenen Buchten und Landspitzen wiederzuerkennen; möglicherweise ist auch ein Teil der südlichen Labradorküste mit auf die Cantino-Karte gekommen. Nach dem der Karte beigegebenen Maßstabe, auf dem jeder Teilstrich 50 miglia bezeichnet, beträgt der Abstand zwischen der Südostspitze des Landes und der nördlichen portugiesischen Flagge 700 miglia, was der Entfernung von 600 bis 700 miglia entspricht, welche die Portugiesen, wie Pasqualigo sagt, der Küste entlanggesegelt sein sollen. Teilen wir die Karte nach dem Abstand zwischen dem Wendekreise und dem Polarkreise in Grade ein, so beträgt die Ausdehnung des Landes nahezu 11 Breitengrade. Auf Reinels Karte beträgt die Nordsüdlänge Newfoundlands zwischen 10 und 11 Breitengrade. Die Entfernung von Kap Race nach der Belle-Isle-Straße entspricht in Wirklichkeit etwa $5^1/_2$ Breitengraden, also ziemlich der Hälfte.

Beide Länder, Grönland sowohl wie Newfoundland, liegen auf der Cantino-Karte zu weit nordwärts. Grönlands Südspitze liegt auf ungefähr 62° 20′ nördl. Br. anstatt auf 59° 46′, während Kap Race, Newfoundlands Südostspitze, auf 50° nördl. Br. liegt anstatt auf 46° 40′. Daß Grönlands zu nördliche Breite auf die Clavus-Karte zurückzuführen sei, auf der seine Südspitze auf 62° 40′ nördl. Br. liegt, ist nicht nötig anzunehmen, da sowohl seine Lage wie auch die des Kap Race eine natürliche Erklärung durch die Art und Weise finden, in welcher die Cantino-Karte gezeichnet ist. Sie ist nämlich eine äquidistante Kompaßkarte, auf welcher nicht berücksichtigt worden ist, daß die Erdoberfläche eine Kugelfläche anstatt einer Ebene ist, und auf welcher die zurückgelegten Segelkurse nach Kompaßstrichen und wahrscheinlich ohne Kenntnis der Mißweisung angegeben sind. Wenn wir es versuchen, eine Karte derselben Küsten auf dieselbe Art und Weise mit Benutzung der richtigen Entfernungen zu zeichnen, wobei wir uns die Kurse von Lissabon ausgehend denken und annehmen, daß die Mißweisung ungefähr die früher (II, 263)* dargestellte Verteilung gehabt hat, dann werden wir in groben Zügen eine Karte erhalten, die ungefähr so aussieht, wie sie hier wiedergegeben ist. Die Südspitze Grönlands kommt dann auf etwa 62° 20′ nördl. Br. oder an dieselbe Stelle wie auf der Cantino-Karte, und Kap Race kommt noch weiter nach Norden, als es auf dieser Karte liegt. Die Entfernung von Lissabon nach Grönland ist auf beiden Karten beinahe genau dieselbe; dies scheint auf eine auffallende Befähigung zum Segeln nach Logg und Kompaß zu deuten, während astronomische Beobachtungen aller Wahrscheinlichkeit nach nicht zur Herstellung der Karte benutzt worden sind. Der Abstand zwischen Lissabon und Newfoundland (Terra del Rey de portuguall) ist auf der Cantino-Karte ein wenig weiter als in der Wirklichkeit**, überdies ist das Südende dieses Landes so weit nach Süden gekommen, daß eine durchschnittliche Mißweisung von etwa 4° West, anstatt 10°, auf der Reise von Lissabon dorthin damit übereinstimmen würde. Dadurch ist Newfoundland im Verhältnis zu Grönland weiter nach Westen gerückt, und sein Südende weiter südwärts gekommen, als es auf einer wie hier konstruierten Karte der Fall sein würde. Wir wissen jedoch nicht, ob der Segel-

---

* Weil die Mißweisung sich während der Segelreise ändert und nach Nordwesten hin zunimmt, werden die Kurse sich Teilen von Großkreisen nähern.

** Nach dem Maßstabe der Cantino-Karte beträgt dieser Abstand ungefähr 2250 miglia, während er nach den Briefen des Pasqualigo 1800 oder 2000 miglia und nach dem Briefe des Cantino 2800 miglia betragen sollte.

kurs, nach welchem Newfoundland angegeben ist, direkt von Lissabon ausgegangen ist; vielleicht mag er erst z. B. nach dem Eise unter Grönland gegangen sein, und dann sind größere Fehler natürlich. Zeichnen wir auf unserer Kartenskizze die Westindischen Inseln (und Florida) nach derselben Methode, so erhalten wir für sie eine ähnliche Lage, wie wir sie auf der Cantino-Karte haben, nur daß sie dort viel zu weit nach Norden gerückt sind und daß der Abstand von Lissabon viel zu groß ist; dies ist aber die Schuld der spanischen Karten,

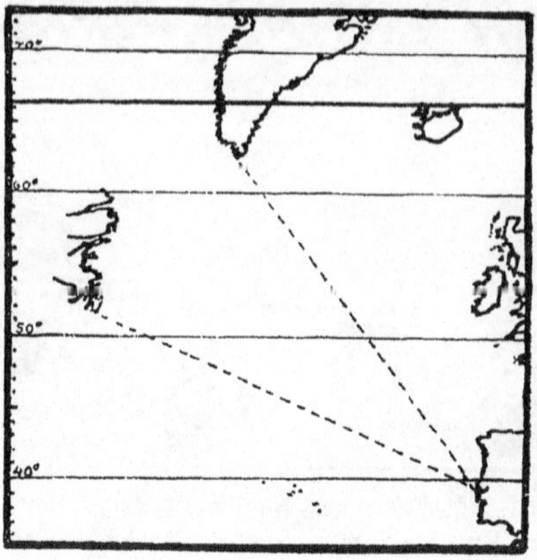

Rekonstruktion einer äquidistanten Karte, auf welcher die Küsten nach Kompaßkursen ohne Berücksichtigung der Mißweisung eingetragen worden sind.

die ihr als Quelle gedient haben; wir wissen ja, daß schon Kolumbus sich in seinen Breitenbestimmungen[538] grobe Fehler hat zuschulden kommen lassen, und auf der Karte des La Cosa liegen die Inseln meistens im Norden des Wendekreises.

Die portugiesische Darstellung Grönlands wechselt. Die Darstellungen der portugiesischen Entdeckungen im Nordwesten sind offenbar, selbst auf alten Karten, ziemlich verschieden ausgefallen und zum Teil sehr von der Darstellung der Cantino-Karte abgewichen; besonders Grönland hat verschiedene Gestalten erhalten, während Newfoundland sich auf den verschiedenen Kartentypen mehr gleich geblieben ist. Dies bestärkt die Annahme, daß diese Länder auf verschiedenen Reisen entdeckt worden sind und nicht ein und derselbe Mann ihr Entdecker war.

Die King-Karte, ungefähr 1502. Auf der sogenannten King-Karte — einer italienischen Weltkarte aus der Zeit um das Jahr 1502 herum, die wahrscheinlich portugiesische Quellen hat — liegt Newfoundland, Terra Cortereal genannt, ungefähr an derselben Stelle und hat auch eine etwas ähnliche Form wie auf der Cantino-Karte (seine Südspitze trägt den Namen capo raso), während Grönland,

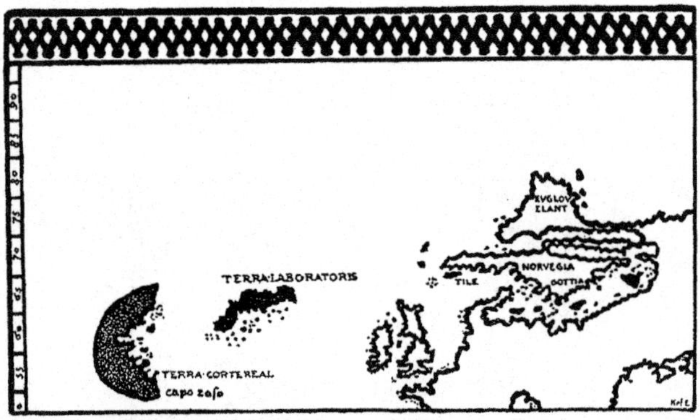

Nordwestlicher Teil der sogenannten King-Karte, einer anonymen italienischen Weltkarte aus der Zeit um 1502. Der skandinavische Norden mit Grönland (Evglovelant) auf seiner Nordseite entspricht dem Weltkartentypus des Nicolaus Germanus; Newfoundland und das durch die Portugiesen entdeckte Grönland (Terra Laboratoris), als Insel, ist einer portugiesischen Quelle entnommen.
Das Netz der Kompaßlinien ist weggelassen.

Terra Laboratoris genannt, weiter südlich als auf dieser Karte liegt und zu einer langgestreckten Insel geworden ist, deren Südostküste wohl der Ostküste Grönlands auf der Cantino-Karte entsprechen würde, aber eine sehr verschiedene Richtung und Gestalt hat und überdies nach Süden zu viele Inseln hat. Eine ähnliche, aber noch mehr veränderte Darstellung finden wir auf einer andern italienischen Weltkarte, der sogenannten „Kunstmann No. 2“. Wenn Grönland und Newfoundland beide durch Gaspar Corte-Real und auf derselben Reise entdeckt worden wären und diese Entdeckungen sowohl der Cantino-Karte wie auch dem Urtypus der King-Karte zugrunde lägen, dann wäre es unverständlich, weshalb die Darstellung des einen Landes so sehr variieren und die des andern dies nicht tun sollte.[539]

Die Oliveriana-Karte, kurz nach 1503. Mehr Ähnlichkeit mit der Darstellung Grönlands auf der Cantino-Karte hat die sogenannte Oliveriana-Karte, eine anonyme italienische Kompaßkarte aus der Zeit kurz nach 1503; auf ihr ist aber die Darstellung Newfoundlands sehr verschieden von dem, was wir auf den andern Karten finden, indem seine Ostküste auffallend kurz ist und die Südküste sich weit nach Westen hinzieht, und zwar in derselben Richtung wie die von den Engländern entdeckte Küste auf La Cosas Karte aus dem Jahre 1500[540]; die Namen haben aber keine Ähnlichkeit mit denen dieser Karte, es müßte denn sein, daß die Insel Groga Y. La Cosas S. Grigor (?) wäre, die indessen weiter östlich liegt, während die Groga entsprechende Insel beim La Cosa I. de la trinidat heißt. Cauo del marco könnte an den Venezianer Cabot erinnern. Dr. Björnbo ist, wie bereits (Anm. 537) erwähnt, der Ansicht, daß der Urtypus der Darstellung Grönlands auf der Oliveriana-Karte Gaspar Corte-Reals eigene Admiralkarte von seiner Reise im Jahre 1500 gewesen sei. Es erscheint mir möglich, daß Björnbo insofern recht hat, als die Darstellung von der portugiesischen Expedition, welche Grönland im Jahre 1500 erblickte, stammen kann; nach dem, was ich oben hervorgehoben habe, ist aber nicht Corte-Real, sondern eher João Fernandez der Leiter dieser Expedition gewesen. Da das Newfoundland der Karte so wenig Ähnlichkeit mit der Wirklichkeit und mit den gewöhnlichen portugiesischen Darstellungen hat [vgl. auch Björnbo, 1910, S. 315], ist es nicht wahrscheinlich, daß der Urtypus der Karte von Gaspar Corte-Real stamme. Außerdem kann man sich nicht denken, daß er fabelhafte Inseln wie die Insula de labrador, die Insula stille usw. in die Karte hineingezeichnet hätte; sie müßten in solchem Falle als spätere Zusätze von anderer Seite wegerklärt werden.

Aus den Briefen der beiden italienischen Gesandten erfahen wir, daß König Manuel mit Gaspar Corte-Reals Entdeckungen sehr zufrieden war und sich sowohl wegen der Mastbäume wie auch wegen der Sklaven große Vorteile davon versprach usw.; er sah daher der Heimkehr Corte-Reals mit Ungeduld entgegen. Doch man wartete vergeblich. Gaspar Corte-Real ist nie wiedergekehrt. Ob er an einer unbekannten Küste im Kampfe mit Eingeborenen gefallen ist oder ob er in die Nebel und das Eis des unbekannten Nordens hineingesteuert

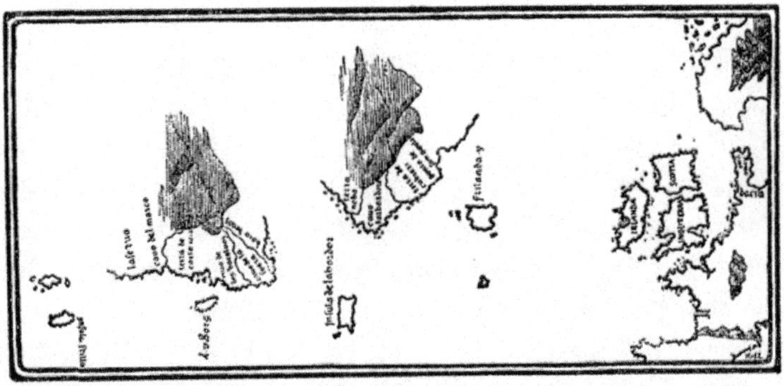

Nördlicher Teil einer anonymen italienischen Seekarte aus der Zeit kurz nach 1503. In der Bibliothek Oliveriana zu Pesaro.
Das Netz der Kompaßlinien ist weggelassen.

ist, um dort ein kaltes Grab zu finden, oder ob er in einem Sturme auf der Heimreise über den Atlantischen Ozean untergegangen ist, wird nie aufgeklärt werden.

Miguel Corte-Reals Reise im Jahre 1503 (?). Als Gaspar nicht zurückkam, rüstete sein Bruder Miguel Corte-Real eine neue Expedition aus, in der Hoffnung, einerseits seinem Bruder Hilfe bringen zu können und andererseits neue Entdeckungen zu machen. Am 15. Januar (?) 1502 (oder 1503?) erhielt er von König Manuel den bereits erwähnten Patentbrief (s. II, 311 fg.). Damiam de Goes zufolge segelte er am 10. Mai mit zwei Schiffen aus Lissabon ab, und man hörte nie wieder etwas von ihm. Antonio Galvano erzählt dagegen, daß er drei Schiffe gehabt habe und diese nach Newfoundland (Terra de Corte-Real) gelangt seien, wo sie sich jedoch trennten und in verschiedene Meerbusen hineingingen, „nachdem sie übereingekommen waren, sich alle „am 20. August wieder zu treffen. Die beiden andern Schiffe taten „dies, und als sie sahen, daß das Schiff mit Miguel Corte-Real „nicht zu der vereinbarten Zeit und auch nicht einige Zeit danach zu „ihnen stieß, kehrten sie nach Portugal zurück, und nie wieder hörte „man irgendwelche Nachricht mehr von ihm, wie auch keine andere „Erinnerung an ihn zurückblieb; aber das Land heißt bis auf diesen „Tag das Land der Corte-Reals.“[541]

Der König sendet Schiffe aus. „Den König grämte der Verlust „der beiden Brüder sehr, und durch sein königliches Mitleidsgefühl „bewegt, ließ er im Jahre 1503* zwei Schiffe ausrüsten, die aus-„fahren und nach ihnen suchen sollten. Aber man hat niemals darüber „ins reine kommen können, auf welche Art und Weise sowohl der eine „wie auch der andere [der Brüder] umgekommen war.“ Wenn diese Aussage des Galvano richtig ist, so ist auch die letzte Hilfsexpedition unverrichteter Sache zurückgekehrt. Über Entdeckungen, die sie gemacht haben könnte, erfahren wir gar nichts und sehen auch keine Spur davon auf den Karten, wenn nicht vielleicht die Andeutung einer Fortsetzung Newfoundlands nach Norden auf der sogenannten Pilestrina-Karte aus der Zeit um 1511 (II, 338) von dieser Reise, oder von dem Schiffe, welches von der Expedition des Miguel Corte-Real im Jahre 1502 (oder 1503?) zurückkehrte, stammen könnte. Auf Pedro Reinels Karte (II, 275) sind ein dem Kap Breton entsprechendes Land und eine Küste, die sich von dort nach Westen hinzieht, angegeben. Es ist denkbar, daß sich auch dies auf jene Expeditionen zurückführen ließe, und ebenso alle die portugiesischen Namen längs New-foundland, dessen Küstenlinie derselben Quelle entnommen sein muß

* Falls es das Jahr 1503 und nicht 1502 gewesen ist, in welchem Miguel Corte-Real auszog (Anm. 528), so kann der König diese neuen Schiffe erst im Jahre 1504 ausgesandt haben.

wie die Cantino-Karte. Wahrscheinlicher aber ist es wohl, daß die Namen von portugiesischen Fischern stammen; aber möglich ist es auch, daß die Zusätze, die Reinel gemacht hat, den englisch-portugiesischen Expeditionen zu verdanken sind, welche 1501 und während der darauffolgenden Jahre von Bristol ausgingen. Seine Insel Sam Johã deutet, wie gesagt (II, 275), auf eine mögliche Verbindung mit John Cabots Entdeckungen hin.

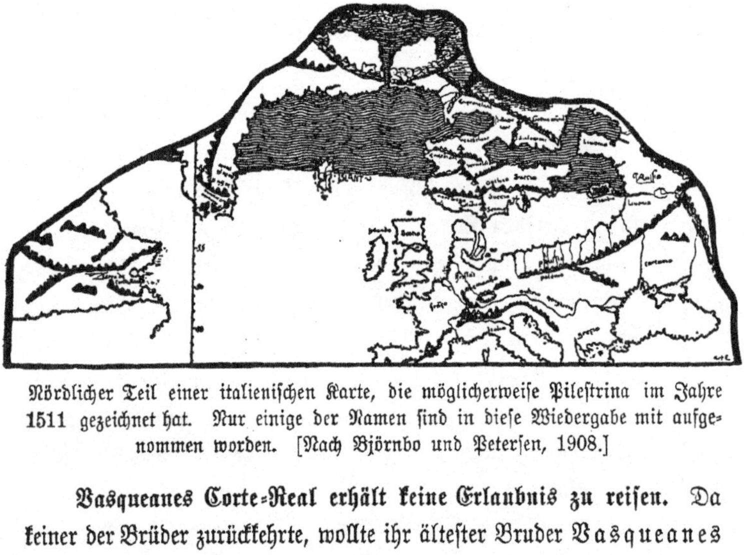

Nördlicher Teil einer italienischen Karte, die möglicherweise Pilestrina im Jahre 1511 gezeichnet hat. Nur einige der Namen sind in diese Wiedergabe mit aufgenommen worden. [Nach Björnbo und Petersen, 1908.]

Vasqueanes Corte-Real erhält keine Erlaubnis zu reisen. Da keiner der Brüder zurückkehrte, wollte ihr ältester Bruder Vasqueanes Corte-Real — der sehr hohe Ämter sowohl am Hofe des Königs wie auch als Statthalter auf den Azoreninseln St. Georg und Terceira bekleidete — „auf eigene Kosten Schiffe ausrüsten, um aus„zuziehen und nach ihnen zu suchen. Als er aber den König bat, ihm „Urlaub zu geben, konnte Seine Majestät nicht darein willigen, daß „er in dieser Sache weitergehe, und behauptete, daß es keinen Nutzen „habe und daß alles, was man habe tun können, getan worden sei" [nach De Goes]. So scheint der Mut der tüchtigen, unternehmungslustigen Portugiesen zu weiteren Entdeckungsreisen in jenen schwer zu durchfahrenden nördlichen Meeren abgekühlt worden zu sein, und wir hören nicht sonderlich mehr davon, daß Portugal offizielle Expeditionen ausgesandt habe, um noch weiteres neues Land in jener Richtung zu finden. Man blieb jedoch dabei, Newfoundland (Terra de Corte-Real) das ganze 16. Jahrhundert hindurch als Provinz der portugiesischen Krone anzusehen, und die Berechtigung, Statthalter dort zu sein, vererbte sich mit dazu gehörenden besonderen Privilegien in der Familie Corte-Real, bis Manuel Corte-Real II, der letzte des Mannesstammes, in der verhängnisvollen Schlacht bei Kasr-el-Kebir im Jahre 1578, an König Sebastians Seite kämpfend, fiel.*

Die Portugiesen scheinen die Verbindung mit Newfoundland lange aufrechterhalten zu haben, besonders wohl, um den großen Fischreichtum, den man dort entdeckt hatte, auszunutzen. Daß die Geschichte hierüber etwas zu berichten weiß, ist reiner Zufall. Es hat den Anschein, als ob diese Fischerei gleich nach der Entdeckung Corte-Reals eifrig betrieben worden sei, denn wir sehen, daß König Emanuel schon im Jahre 1506 die Verordnung erließ, daß die Fischer bei ihrer Rückkehr von Newfoundland nach Portugal ein Zehntel des Ertrags als Zollabgabe zu bezahlen hätten [vgl. Kunstmann, 1859, S. 69].

* Es wird erzählt, daß Vasqueanes Corte-Real IV, der Vater dieses Manuel, im Jahre 1574 eine Expedition nach Labrador unternommen habe, um die Nordwestpassage zu finden.

Schluß.

Wollte man erforschen, wie sich ein Fluß, von den Mooren hoch droben im Gebirge an bildet, so müßte man einer Mannigfaltigkeit an winzigen Quellbächen folgen, die eines nach dem andern hinzuströmen, immer neue, von allen Seiten her; sie fließen zu Bächen zusammen, die Bäche wachsen und wachsen und vereinigen sich zu kleinen Flüssen; dann hört das Waldesdickicht auf: auf einmal steht man vor dem großen Fluß im Tale.

Derartig gestaltet sich auch die Aufgabe desjenigen, der es versucht, die ersten hervorquellenden Anzeichen des menschlichen Wissens zu erforschen; allen den winzigen, unsicheren, oft beinahe unmerklichen Anfängen muß er nachspüren, ihrem Vorhandensein von Land zu Land in der Runde folgen, klarlegen, wie die Kenntnismasse wächst und wächst von einer Zeit zur andern, manchmal in langen, stillen Gewässern, halb von Torf und Moorbinsen überwachsen, ruhend, manchmal in Stromschnellen und schäumenden Wasserfällen vorwärts eilend. Dann findet auch er seinen Lohn: das Flußbett wird immer weiter, und schließlich steht er an dem schiffbaren Fluß.

Doch Bilder sind niemals ganz zutreffend. Was hier die Aufgabe sowohl umfangreicher wie auch so ungleich viel schwieriger macht, das ist der Umstand, daß die Bachläufe und Rinnsale, denen er zu folgen hat, noch viel verwickelter sind und beinahe niemals mit offener Strömung dahinfließen. Das wirkliche Wissen ist sehr selten unvermischt, meistens ist es mit Sagen und Glaubensvorstellungen verschmolzen, ja oft ist es dies in solchem Grade, daß es völlig darunter verschwindet, und es hat dann den Anschein, als ob etwas ganz Neues entstanden sei.

Einerseits ist die Befähigung der Menschen zur Auffassung der Wirklichkeit sehr verschieden; bei dem primitiven Menschen ist sie getrübt bis zu einem Grade, den zu verstehen uns modernen Menschen sehr schwer wird. Der primitive Mensch ist noch nicht dahin gelangt, zwischen Vorstellung und Wirklichkeit, zwischen Glauben und Wissen, zwischen dem, was er gesehen und erlebt hat, und der Erklärung, die er dem Erlebten gab, eine Grenzscheide zu errichten.

Aber auch bei denjenigen, die dem primitiven Standpunkt längst entwachsen sind, tritt überall, wo unsere Kenntnisse aufhören und unser Wissen uns im Stiche läßt, ausfüllend und erklärend die Phantasie hinzu; sie legt ihren bläulichen Dunst über die ersten ungewissen Erkenntnisumrisse, die fernen Konturen verschwinden manchmal gänzlich in dem Nebel der Sage.

Dies ist eine durchgängige Erfahrung in der Geschichte des geistigen Lebens. Auf dem Gebiete, welchem dieses Werk gewidmet ist, macht sie sich vielleicht mit mehr als gewöhnlicher Stärke geltend.

Die Untersuchung umspannt lange Zeiträume. Immer und überall sahen wir die bekannte Welt sich in den Dünsten des Nebelheims verlieren. Allerdings niemals in gleicher Weise, in beständigem Wechsel. Oft kleine Risse hier und dort, bisweilen sichtbar über größere Strecken; dann verschwimmen die treibenden Massen wieder ineinander. Daher ist alles, was Mannesmut und Wissensdurst während langer Zeiträume diesem Nebelheim abgerungen haben, unbestimmt, unsicher und rätselhaft. Aber gerade deshalb um so anziehender.

Für die älteste Kulturwelt der Geschichte und durch das ganze Altertum lag der Norden, wie wir gesehen haben, größtenteils in dem Dämmerlicht der Sage und des Märchens versteckt; dann und wann findet wohl wirkliche Kenntnis ihren Weg in die Literatur, sie wird aber wieder verwischt. Während des frühen Mittelalters nimmt der dunkle Nebel zu.

Es dämmert aufs neue, zuerst durch das Wogengemisch der Völkerwanderung, dann durch neue Handelsreisen und Verbindungen, bis der Durchbruch durch die Skandinavier herbeigeführt wird, die mit ihrer merkwürdigen Expansionskraft den Westen und Süden Europas überströmten und nordwärts in die großen unbekannten Regionen eindrangen, den

Weg nach dem Weißen Meer fanden, das ausgedehnte Eismeer mit seinen Ländern entdeckten, die schottischen Inseln, die Färöer, Island und Grönland besiedelten und die ersten Entdecker des Atlantischen Ozeans und Nordamerikas waren.

Schon durch König Alfreds und Adams von Bremen Schriften gelangt die grundlegende Kenntnis der Skandinavier von jener neuen Welt im Norden in die europäische Literatur hinein.

Der Nebel verdichtet sich freilich wieder, viele der gewonnenen Kenntnisse wurden sogar von den Skandinaviern selbst wieder vergessen, und in dem späteren Teil des Mittelalters sind es meistens sagenhafte Nachklänge jenes Wissens, die man in der Literatur Europas vernimmt und die in den Karten ihre Spuren gelassen haben. Nichtsdestoweniger bleiben die Entdeckungen der alten Skandinavier die große Grenzscheide. Zum ersten Male begaben sich Entdecker, die sich ihres Ziels bewußt waren, von der bekannten Welt auf die umliegenden Meere hinaus, durchfuhren sie und fanden jenseits Land. Durch ihre Ozeanschiffahrt lehrten sie die Seevölker Europas die Möglichkeit, das große Meer zu durchqueren. Wenn das erst geschehen ist, geht die weitere Entwicklung ganz von selbst.

In der Schule der Skandinavier erhielten Englands Seeleute ihre erste Ausbildung, nicht zum wenigsten durch die Islandfahrten; und selbst den fernen Portugiesen, dem großen Entdeckervolk der Übergangszeit, haben sie Anreiz gegeben.

Durch all das Unsichere und oft scheinbar Zufällige und Bunte hindurch gewahren wir eine Linie; es geht der neuen Zeit, der Zeit der großen Entdeckungen entgegen, wenn wir aus der Dämmerung des Mittelalters heraus und in helleres Tageslicht hineingleiten. Über die neuen Reisen finden wir meistens Berichte aus erster Hand, die immer weniger in Mittelalter und Nebeldunst gehüllt sind. Von da an beginnt die Geschichte der eigentlichen Polarforschung.

Da hat Cabot das Festland Nordamerikas wieder entdeckt, da hat Corte-Real Newfoundland gefunden, da dringen Portugiesen und Engländer nordwärts nach Grönland und in das Eis hinein. Damit tritt auch in den Anschauungen über den Norden eine neue große Epoche ein.

Noch ist man freilich nicht über die nördlichen Grenzen der Reisen unserer Vorfahren hinausgelangt; noch ist die Auffassung der Polargebiete unklar und unbestimmt; während einige sich am Pol ein Festland denken, behaupten andere, daß ihn ein Kranz von Inseln mit gefährlichen Meeresströmungen dazwischen umgeben müsse, und wieder andere rechnen mit einem offenen Polarmeer. Unklarheit genug.

Aber neue Aufgaben beginnen sich zu gestalten.

Als den Seeleuten Europas ein Licht darüber aufging, daß die neuen Länder im Westen nicht Asien, sondern Teile eines neuen Kontinents waren, lag es nahe, einen Weg nördlich — wie auch südlich — um dieses Festland herum zu suchen, um so nach den ersehnten Reichtumsquellen Indien und China gelangen zu können: das Problem der Nordwestpassage war aufgestellt — eine großartige Fortsetzung der Wege, welche die Skandinavier einst nach Westen hin erschlossen hatten.

Ebensonahe aber lag der Gedanke, daß es vielleicht einen andern, kürzeren Weg nördlich um die alte Welt herum gebe: das Problem der Nordostpassage tauchte auf. Das Arbeiten an diesem Problem war eine direkte Fortsetzung der Reisen der Norweger nordostwärts nach dem Weißen Meer.

So erwachten sie zum Leben, die beiden großen Illusionen, welche jahrhundertelang den Sinn der Entdecker im Zauberbanne hielten. Wert als Handelsstraßen konnten sie nie erhalten, diese schwierigen Durchfahrten durch das Eis. Mehr als Traumbilder wurden sie nicht, aber Traumbilder von größerem Wert als wirkliche Kenntnis; sie lockten die Entdecker immer weiter in die unbekannte Eiswelt hinein; Schritt für Schritt, fußbreit für fußbreit wurde sie erforscht; des Menschen Verständnis von der Erde erweiterte sich und veränderte sich, und Englands Seemacht und Weltherrschaft haben ihre Kraft aus diesen Träumen gesogen.

Welche gewaltige Arbeit liegt in der menschlichen Kenntnis der Erde niedergelegt, nicht zum wenigsten in jenen entschwundenen Zeiten, als die Hilfsmittel so viel armseliger waren, als die Entwicklung so ungleich langsamer ging! Auf den mannigfaltigsten und verschiedenartigsten Wegen gelangen Mannesmut und männliches Denken ans Ziel. Was zu den langen Reisen verlockte, das war freilich wohl oft genug die Hoffnung, Reichtum und das Glücksland zu finden, aber noch tiefer lag der Drang, unsere eigene Erde kennen zu lernen. Zu den Reichtümern fanden die Menschen sich selten hin, nach den Glücklichen Inseln niemals; aber Kenntnis gewannen wir stets.

Der große Alexander, der Erobererkönig, umspannte den größten Teil der Welt seiner Zeit, der junge glänzende Weltherrscher blieb tausend Jahre lang das Ideal, der Held aller Helden. Doch selbst seines Reiches Grenzen waren dem rastlosen, grenzenlosen menschlichen Gedanken noch zu eng. Er wuchs und wuchs zu übermenschlichen Dimensionen heran, er war der Göttersohn, das Glückskind, das dem Volksglauben nach alles, von den Säulen des Herkules, dem Westende der Erde, bis zu den Bäumen der Sonne und des Mondes am Ende der Welt im Osten, umfaßte — dem nichts unmöglich erschien — der in einer Glasglocke auf den Meeresgrund hinabstieg, um die Geheimnisse des Ozeans zu erforschen — der es versuchte, von gezähmten Adlern getragen den Himmel zu erreichen; ja, mohammedanische und christliche Vorstellungen ließen ihn den Versuch machen, selbst die Mauern des Paradieses zu übersteigen — erst dort wurde ihm Halt geboten: „Bis hierher und nicht weiter.“ Kein vom Weibe Geborener gelangt in das Land des Glückes hinein.

Die Sage von ihm ist ein Bild des Menschengeistes selbst, der, unablässig suchend, nie durch irgendeine Grenze zurückgehalten, in ewiger Hast Höhe um Höhe, Tiefe um Tiefe durcheilt — immer weiter, weiter, weiter ......

Die Welt des Geistes kennt nicht Raum und kennt nicht Zeit!

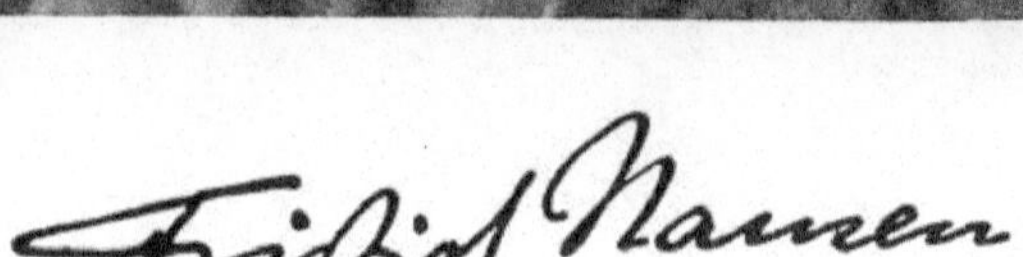

Anmerkungen zum ersten Band.

[1] (S. 12) Vgl. Kretschmer, 1892, S. 41—42.

[2] (S. 13) Berger, 1904, S. 13.

[3] (S. 14) Vgl. Kretschmer, 1892, S. 99; Berger II, 1889, S. 36.

[4] (S. 14) Vgl. Theopompos (etwa 340 v. Chr.) in Älian, Varia, III, Kap. 18.

[5] (S. 16) Die Kimmerier der Odyssee [XI, 14] sind ohne Zweifel dieselben wie die historischen Kimmerier der Gegenden im Norden des Schwarzen Meers, die im 8. Jahrhundert wiederholt in Kleinasien einfielen und deren Namen sich lange in dem Kimmerischen Bosporus erhalten hat. Vgl. Niese, 1882, S. 224 und K. Kretschmer, 1892, S. 7. — W. Christ [1866, S. 131—132] bringt den Namen mit den Kimbrern Jütlands in Verbindung, deren Name durch den Einfluß des phönikischen kamar (dunkel) etwas verändert worden sein sollte, was mir jedoch zweifelhaft erscheint; doch scheint schon Poseidonios Kimmerie und Kimbrer für denselben Namen gehalten zu haben (vgl. Strabo, VII, 293), und ganz unwahrscheinlich ist es auch nicht, daß die weit umherstreifenden Kimbrer bis an das Schwarze Meer gekommen und dasselbe Volk gewesen sein können wie die Kimmerier, die sich auch durch ihre Wanderungen auszeichneten. Die Goten treffen wir ja da, wo wir zuerst in der Literatur auf sie stoßen, ebenfalls an der Ostsee und am Schwarzen Meer.

[6] (S. 16) O. Helm in Danzig hat durch chemische Untersuchung nachgewiesen, daß der Bernstein der in Mykene gefundenen Perlen 8 % Bernsteinsäure enthält und daher dem an der Ostsee und der Nordsee ähnlich, aber allem aus südlicheren Gegenden, Sizilien, Oberitalien oder anderswo herstammenden Bernstein unähnlich ist. Vgl. Schuchhardt, 1890, S. 223 fg.; Kretschmer, 1892, S. 10.

[7] (S. 16) „The Times" vom 27. September 1909, S. 9—10. A. W. Brögger [1909, S. 239] erwähnt sechs in Korinth gefundene Bernsteinschmuckstücke aus der Steinzeit, die im Museum für Völkerkunde in Berlin aufbewahrt werden. Wenn sie aus nordischem Bernstein bestehen, so läßt dies auf eine noch ältere Verbindung schließen, was auch wahrscheinlich ist.

[8] (S. 17) Strabo VII, 295.

[9] (S. 20) Es war im Mittelalter übrigens ein gewöhnlicher Aberglaube, daß Leute, die mit der andern Welt in Verbindung standen (Zauberei trieben), durch Eisen nicht zu verwunden seien (vgl. Thore Hund in der Schlacht bei Stiklestad).

[10] (S. 20) Hyperboreer werden zuerst in Gedichten erwähnt, die man mit zweifelhafter Berechtigung dem Hesiod zuschreibt, die aber jedenfalls schwerlich jünger sein können als das 7. Jahrhundert v. Chr. Die vollständige Entwicklung des

Mythos finden wir erst bei **Pindar** (etwa 470 v. Chr.), aber seine Hyperboreer erscheinen nicht als ganz im Norden wohnendes Volk; ihre Heimat, „wohin man auf wunderbarem Pfad weder über Meer noch über Land gelangt", lag ganz jenseits des Meeres im fernen Westen, und dorthin kam der geflügelte Perseus auf dem Wege zur Medusa.

[11] (S. 21) Diese Vorstellung läßt sich auf Delphi zurückführen, wo der dem Gotte Verfallene von einem Felsen hinabgestürzt wurde. Etwas Ähnliches geschah bei den Jahresfesten zu Ehren des Apollo in Leukas, wo der, welcher zum Opfer bestimmt war, um das Böse abzuwenden, sich von dem Leukadischen Felsen ins Meer stürzte. Freilich pflegte man diesen Opfern allerlei Federn und Vogelbälge als Fallschirm anzubinden, und unten fischte man die Herabgestürzten in Booten auf und brachte sie, als Träger des Fluches, über die Landesgrenze. Einige behaupten, daß die Priester selbst diesen Sprung gemacht hätten.

Die Germanen hatten, wenn wir der **Gautrekssaga** [vgl. J. Grimm, 1854, S. 486; Ranisch, 1900, S. LXXVII fg.] glauben dürfen, den Brauch, daß die Alten des Stammes, wenn sie lebenssatt waren, sich von einem hohen Felsenvorsprung namens **Ætternis Stapi** (Stammesfels) hinabzustürzen pflegten, um ohne Krankheit zu sterben und zu Odin (Wodan) zu gehen. Als Lohn für treue Dienste nahm der Hausvater seinen Leibeigenen mit hinunter, damit auch er dahin komme. Nachdem Skapnartungr das Erbe verteilt hatte, wurden er und sein Weib von den Kindern an den Felsen geführt, und sie fuhren heiter und fröhlich zu Odin. Dies erinnert an die fröhlichen Hyperboreer. **Thietmar von Merseburg** (etwa 1000 n. Chr.) berichtet eine ähnliche Sage von den Stammesfelsen. Es ist wahrscheinlich, daß die Germanen einst, wie viele andere Völker, z. B. die Eskimos, den Brauch hatten, Alte und Kranke umzubringen oder daß diese sich selber das Leben nahmen, z. B. durch ins Wasser Gehen, wie es bei den Eskimos noch vorkommt. Dagegen erscheint es zweifelhafter, ob es wirklich solche Stammesfelsen gegeben hat; es läßt sich denken, daß diese Vorstellung ein Literaturprodukt ist und ursprünglich von dem Delphischen oder dem Leukadischen Felsen stammt, die durch die Hyperboreersage zu den römischen Schriftstellern Mela und Plinius und von ihnen zu den Schriftstellern des Mittelalters und dem Aufzeichner der Gautrekssaga gedrungen sind. In Südschweden hat man mehrere solche Stammesfelsen (ätte-stupar) nachweisen zu können geglaubt, aber sie scheinen alle jüngeren Datums zu sein, können auch erst infolge dieser Sage dazu geworden sein.

[12] (S. 21) Die Greifen können die architektonischen Figuren auf dem Dache des Tempels zu Delphi sein, die mit den Hyperboreern in den Norden versetzt worden sind. In Delphi dachte man sie sich wohl zunächst als Wächter der Tempelschätze.

[13] (S. 26) Strabo [III, 147] und Diodor [V, 38] führen diese drei Gegenden, nach Poseidonios, als Stellen an, wo Zinn gefunden wird.

[14] (S. 29) Vgl. S. Reinach, 1892, S. 277. Auf bretonisch heißt Zinn **sten**; der Name ist sicherlich nicht dem lateinischen **stannum** entlehnt, wie Reinach meint; nach dem I, 21 angeführten Ausspruche Professor Torps dürfen wir wohl glauben, daß die Entlehnung in umgekehrter Richtung stattgefunden habe.

[15] (S. 32) Plinius [XXXIV, 162] nennt das Verzinnen kupferner Gegenstände eine gallische Erfindung.

[16] (S. 32) Strabos wiederholte Behauptung [II, 120 u. 175], daß die Kassiteriden nördlich vom Lande der Artabrer (im nordwestlichen Spanien) liegen, deutet auch bestimmt auf die Bretagne. Die Vorstellung mag von Eratosthenes stammen, der sich fest auf Pytheas verläßt, und dieser verlegte, wie bekannt, das Vorgebirge der Bretagne, Kabaion, weiter westlich als Kap Finisterre. Diodor [V, 38] sagt, daß die Inseln Iberien gegenüber im Ozean zu finden seien. Daß sie stets mit den Artabrern oder Nordspanien in Verbindung gebracht werden, zeigt, daß man vom Artabrerlande aus dorthinsegelte.

[17] (S. 39) Georg Mair [1899, S. 20fg.] hat sich durch Sven Nilssons phantasiereiche Darstellungen [1862, 1865] verleiten lassen, es als eine historische Tatsache zu betrachten, daß die Phöniker feste Kolonien in Schonen gehabt und mit Skandinavien bis nach dem hohen Norden hinauf, wo der reiche Fischfang auf den Lofoten sie angelockt haben soll, beständig in Verkehr gestanden haben sollen.

[18] (S. 39) In einer Übersetzung der Keilinschriften auf dem Obelisken des assyrischen Königs Asurnasirabal (885—860 v. Chr.) hat der Assyriologe J. Oppert folgende merkwürdige Stelle entdeckt, die sich auf den großen Vorgänger des Königs, Tiglath Pileser I. (etwa 1100 v. Chr.) beziehen soll. „In den Meeren der „Passatwinde fischten seine Karawanen Perlen, in den Meeren, wo der Polar„stern [Leitstern] im Zenith steht, den Saffran, welcher Anziehungskraft besitzt." [Vgl. Schweiger-Lerchenfeld, 1898, S. 141.] Später hat Oppert den letzten Teil der Übersetzung in „fischten sie was wie Kupfer aussieht" geändert. Beides kann auf Bernstein passen, und wenn die Übersetzung sonst richtig wäre, würde diese Inschrift ein beachtenswertes Zeugnis sein, daß zwischen Assyrien und der Ostsee schon vor dem 9. Jahrhundert v. Chr. eine direkte Verbindung bestand, und wir könnten dann wohl zunächst annehmen, daß sie durch die Phöniker vermittelt wurde. Leider hat aber ein anderer angesehener Assyriologe, Professor Schrader, die Richtigkeit jener Übersetzung bestritten und ist der Ansicht, daß sie durch Anwendung einer falschen Leseart beim Entziffern der Keilschrift herausgekommen sei. Nach Schrader steht da gar nichts von Perlen, Bernstein, Karawanen und Leitsternen, noch vom Zenith; das Ganze handelt allein von den Jagden des alten Königs auf den Feldern Assyriens, die in „den Tagen des Aufleuchtens des wie Bronze strahlenden Sterns šukud" unternommen wurden. [Vgl. Verhandl. d. Berliner Gesellschaft f. Anthrop., Ethn. u. Urgesch. 1885, S. 65, 66, 306, 372; Mair, 1903, S. 47.] Die letztere Auslegung hört sich unbestreitbar wahrscheinlicher an als die erstere.

[19] (S. 39) Dafür, daß der Bernstein auf diesem Wege gekommen sein kann, sprechen unter anderem Bernsteinschmuckfunde in Gräbern der Bronzezeit (der Hallstattzeit) im Kaukasus, bei Koban und Samthavro.

[20] (S. 40) Franz Mathias [1902, S. 73] macht darauf aufmerksam, daß, nach von Alten [Die Bohlwege im Gebiete der Ems und Weser, S. 40 und Taf. V; diese Abhandlung ist mir nicht zugänglich gewesen], auf einer der ältesten, tief unter den anderen liegenden Moorbrücken auf der uralten Handelsstraße vom Weser- und Emsgebiete nach dem Rhein ein Bernsteinstück mit phönikischer Inschrift

gefunden worden sein soll. Da man erwarten sollte, daß der Bernstein im Handel von den Ländern im Nordosten nach dem Süden gewandert ist und nicht den umgekehrten Weg, so könnte dieser Fund, falls es mit ihm seine Richtigkeit hat, darauf hindeuten, daß Phöniker an den nördlich vom Fundorte liegenden Küsten gewesen sind. Aber das Stück kann, wenn es phönikisch ist, auch durch einen Zufall dorthingelangt sein.

[21] (S. 40) Siehe darüber besonders Müllenhoff, 1870, I, S. 73—203. Auch W. Christ, 1866; Marx, 1895; G. Mair, 1899, u. a.

[22] (S. 42) Trotz Müllenhoffs entgegengesetzter Ansicht [1870, S. 92] erscheint es mir nicht gänzlich ausgeschlossen, daß der Name infolge einer Verdrehung des Namens des Volkes entstanden sein kann, welches Pytheas die Ostimier oder Ostimnier nannte und das in den Schriften des Strabo [IV, 195] auch als Osismier [vgl. auch Mela III, 2, 7; Plinius IV, 32; Ptolemaios II, 8, 5; Orosius 6, 8] und als Ostidamnier [I, 64] angeführt wird und das in der Bretagne wohnte.

[23] (S. 43) Es hat sicherlich schon sehr früh eine direkte Handelsverbindung zur See zwischen der Bretagne und Irland bestanden (wie H. Zimmer [1909] in einer noch nicht abgeschlossenen Reihe Abhandlungen beweisen will). Dies erklärt, daß Irland hier vor England (Albion), mit dem kein so lebhafter Verkehr stattfand, genannt worden ist, und es zeigt, daß die Kunde, sei sie alt oder nicht, aus der Bretagne stammen muß.

[24] (S. 44) Als Beweis, daß die Phöniker die Sargassosee wirklich gekannt hätten, ist angeführt worden, daß Theophrast [Historia Plantarum IV, 6, 4] von Sargassotang spreche; aber ich habe bei diesem Schriftsteller davon nichts finden können; ebensowenig einen Ausspruch in den Mirac. Auscult. des Aristoteles, der sich so auslegen ließe.

[25] (S. 47) Über Pytheas lese man besonders folgende neuere Schriftsteller: Müllenhoff, 1870, S. 211 fg.; Berger, III, 1891, S. 1 fg.; Hergt, 1893; Markham, 1893; Ahlenius, 1894; Matthias, 1901; Kähler, 1903; Detlessen, 1904; Callegari, 1904; Mair, 1906.

[26] (S. 48) Die wichtigsten Quellen, die wir über Pytheas besitzen, sind: Strabo (1. Jahrh. n. Chr.), der die Originalwerke nicht kannte, sondern hauptsächlich nach den Werken des dem Pytheas sehr feindlich gesinnten Polybios (2. Jahrh. v. Chr.) und nach Eratosthenes, Hipparch und Timaios zitiert. Plinius hat dem Pytheas viel Wissen entnommen, kennt ihn aber nicht direkt, sondern hauptsächlich aus Timaios, Isidoros von Charax, der ihn seinerseits durch Eratosthenes kannte u. a. Geminos von Rhodos (1. Jahrh. v. Chr.) kennt ihn wesentlich durch Timaios. Diodorus Siculus (1. Jahrh. v. Chr.), der ein Zitat von ihm bringt, kannte vielleicht sein Originalwerk „Über den Okeanos“, mag aber auch nach Krates von Mallos zitiert haben. Solinus (3. Jahrh. n. Chr.), der mehrere Mitteilungen über Pytheas macht, kennt ihn hauptsächlich durch Plinius und Timaios. Ferner findet man indirekte Zitate und von Pytheas stammende Nachrichten bei Pomponius Mela (1. Jahrh. n. Chr.), Kleomedes (2. Jahrh. n. Chr.), Ptolemaios (3. Jahrh. n. Chr.), Agathemeros (3. Jahrh. n. Chr.), in den Scholien zum Apollonios von Rhodos, Ammianus Marcellinus (4. Jahrh. n. Chr.), Orosius (5. Jahrh. n. Chr.), Isidor Hispalensis (7. Jahrh. n. Chr.) u. a.

[27] (S. 50) Sowohl das Gnomon wie der Polos sind schon im Herodot erwähnt, und Athenaios [V, 42] beschreibt den Polos in der Bibliothek des Schiffes Hiero, das Archimedes baute.

[28] (S. 51) Wenn als Beweis dafür, daß Pytheas solche Winkelmessungen vorgenommen [vgl. Mair, 1906, S. 28], betont worden ist, daß Hipparch nach ihm die Höhe der Sonne (in Ellen) zur Zeit der Wintersonnenwende über dem Horizont von drei verschiedenen Stellen in Nordwesteuropa mitgeteilt haben soll [vgl. Strabo II, 75], so sei daran erinnert, daß Pytheas, wenn er diese Höhen selbst gemessen, um die Wintersonnenwende, also in drei verschiedenen Wintern, an diesen drei Stellen gewesen sein muß, wo er auf der einen die Sonne genau 6 Ellen, auf der zweiten gerade 4 Ellen und auf der dritten weniger als 3 Ellen über dem Horizont fand. Dies ist unwahrscheinlich, und man kann eher annehmen, daß diese Maße Berechnungen zu verdanken sind, die entweder Pytheas selbst oder, nach seinen Mitteilungen, Hipparch ausgearbeitet hat.

[29] (S. 56) Von Pytheas mag eine ähnliche Mitteilung bei Kleomedes [I, 7] nach Eratosthenes und Poseidonios [I, 10] stammen: „18 Stunden hat der längste Tag in Britannien".

[30] (S. 56) Gehen wir davon aus, daß die Länge des Tages durch theoretische Berechnung der Zeit vom Erscheinen des Sonnenmittelpunktes über dem Horizont bis zum Untergehen, ohne Berücksichtigung der Refraktion, gefunden worden ist, so entspricht ein längster Tag von 19 Stunden 60° 52′ nördlicher Breite; denken wir uns aber, daß die Länge des Tages durch direkte Beobachtung gefunden wurde und von dem ersten Schimmer des Sonnenrandes am Morgen bis zu dem letzten Strahle am Abend gerechnet worden ist, dann wird auch die Horizontalrefraktion von Bedeutung, außerdem kommt der halbe Sonnendurchmesser hinzu; ein 19stündiger längster Tag entsprach dann 59° 59′ nördlicher Breite. Nun liegen die Shetlandinseln zwischen 59° 51′ und 60° 51′ nördlicher Breite, während das Nordende der Orkneys auf 59° 23′ nördlicher Breite liegt und einen längsten Tag hatte, der theoretisch 18 Stunden 27 Minuten und in Wirklichkeit 18 Stunden 36 Minuten dauerte. Ein längster Tag von 18 Stunden entspricht theoretisch 57° 59′, in Wirklichkeit ungefähr 57° nördlicher Breite. Professor H. Geelmuyden ist so gütig gewesen, mir mehrere dieser Berechnungen auszuführen. Hipparch sagt, daß die Sonne sich bei der Wintersonnenwende in den Gegenden, wo der längste Tag 19 Stunden betrage, weniger als drei Ellen über dem Horizont erhebe. Setzen wir eine Elle zu 2 Grad an, so würden jene Gegenden also nördlich von 60° nördlicher Breite liegen.

[31] (S. 56) Daß, wie manche meinen, dies die Inseln gewesen seien, die er Orkan (oder Orkas) nannte, ist wohl möglich; aber die bekannten, zuverlässigeren Zitate aus seinem Werk scheinen eher darauf hinzudeuten, daß es wirklich Britanniens Nordspitze oder die benachbarten Orkneyinseln waren, die er so genannt hat und die diesen Namen auch fernerhin behalten haben, während spätere Autoren diesen Namen auch auf Shetland ausgedehnt haben. Falls die Annahme richtig ist, daß die Kunde von den bei Plinius [Hist. Nat. IV, 104] erwähnten Inseln im Norden Britanniens ursprünglich von Pytheas stamme — was zweifelhaft sein dürfte — und daß Berricen (oder Nerigon) Mainland auf Shetland sei, dann kann der

Name Orkan sich nicht auf die Shetlandinseln beziehen. Aber es ist, wie wir später sehen werden, sehr ungewiß, was die Inseln des Plinius ursprünglich gewesen sind.

[32] (S. 56) Vgl. Strabo [II, 114] und Kleomedes [I, 7]. Der Bärenkreis (der arktische Kreis) war, wie erwähnt, der Kreis um den Himmelspol, welcher die beständig sichtbaren (zirkumpolaren) Sterne begrenzt, und er hatte diesen Namen erhalten, weil er in Kleinasien (und Griechenland) durch den Großen Bären (Arktos) ging. Sein Abstand, in Graden, vom Nordpol des Himmels ist gleich der Breite des betreffenden Ortes und wird folglich größer, je weiter man nach Norden vordringt. Beim Polarkreis fällt er, wie schon gesagt, mit dem Wendekreise des Krebses und am Nordpol mit dem Äquator zusammen. Kleomedes macht auch die beachtenswerte Angabe, daß der Breitekreis für einen Sommertag, der einen Monat lang sei, durch Thule gehe.

[33] (S. 58) Nach Berechnung des Professors H. Geelmuyden.

[34] (S. 60) Nach uns erhaltenen Handschriften des Solinus [Kap. 22] wären es fünf Tagereisen nach Thule von den Orkaden aus, die dort Shetland sein müssen und die als zweite Station auf dem Wege nach Thule angeführt werden; die Ebuden (Hebriden) waren die erste Station. Mommsen [1895, S. 219] hält die Stelle für unecht und meint, daß sie zwischen dem 7. und 9. Jahrhundert eingefügt worden sei.

[35] (S. 61) Vgl. Brenner, 1877, S. 32, 98.

[36] (S. 61) Vgl. Keyser (1839), 1868, S. 92.

[37] (S. 62) Hätten wir den Ursprung des Namens Thule etymologisch nachweisen können, so würde uns dies vielleicht einige Anweisung gegeben haben, wo wir nach dem Lande suchen müßten. Die verschiedenen Versuche, die man gemacht hat, um dieses Rätsel zu lösen, sind jedoch resultatlos geblieben. Mehrere Schriftsteller haben behauptet, daß es von einem altgotischen Wort tiele oder tiule komme, das Grenze bedeute [vgl. Forbiger 1842, III, S. 312], oder von einem altsächsischen Wort thyle, thul, tell (oder tell, till, tiul), das dieselbe Bedeutung habe [vgl. Markham, 1893, S. 519 und Callegari, 1904, S. 47], aber Professor Alf Torp, an den ich mich gewandt habe, sagt, daß ein solches Wort in keiner dieser Sprachen zu finden sei. Das Wort ist auch fälschlich mit dem Namen Telemarken in Verbindung gebracht worden, der dann auch Grenzland bedeuten würde, den man aber wohl von dem norwegischen Wort tele, altnorwegisch þeli, gefrorene Erde, ableiten muß; unmöglich wäre es wohl nicht, daß Thule die griechische Verdrehung eines solchen Wortes sein könnte. E. Benedikson hat gemeint, daß Thule von einem gallischen Worte houl für Sonne [vgl. Callegari, 1904, S. 47] kommen könne, das mit einer Präposition de (oder einer andern Vorsilbe) auf griechisch leicht so verdreht worden sein könne; aber Professor Torp erklärt in einem Briefe, daß es ein solches gallisches Wort nicht gebe, wohl aber ein kymrisches haul, „welches im Gallischen damals ungefähr *hâvel gelautet haben muß", und es ist, wie er sagt, „ganz unmöglich, daß eine Präposition oder „ein Präfixum de so mit dem Anlaut ‚h' hätte verschmelzen können, daß daraus „etwas Ähnliches wie Thule geworden wäre". Das irische temel (kymrisch tywyll) für dunkel, mit dem man es auch versucht hat [Keyser, 1839, S. 397; 1868,

S. 166], oder tawel für stumm, still [Müllenhoff, 1870, I, S. 408], läßt sich nach Torp auch nicht dazu benutzen, da beides damals ein „m" hatte, das erst später in „w" übergegangen ist. Die einzige keltische Wurzel, an die man, Torps Ansicht nach, denken könnte, „wäre tel (heben, sich heben), dem das irische telach „und tulach (eine Höhe, hoch) entspricht; aber dies scheint kaum zu passen. Die „germanische Form dieser Wurzel ist thel (Ablaut: thul); aber im Germanischen „wird sie nicht von Boden oder Land, das sich hebt, gebraucht. Etwas anderes „kann ich weder im Keltischen, noch im Germanischen finden; es ist mir also un„möglich, festzustellen, welcher der Sprachen das Wort angehört, und ich kann nur „sagen, daß das griechische ϑ (th) mehr auf germanisch hindeutet. Kein keltisches „Wort beginnt nämlich mit einem gehauchten Anlaut, während das Germanische, „wie bekannt, Lautverschiebung hat (das indogermanische t in th [þ] usw.), und es „ist nicht unmöglich, daß dieser Lautübergang sogar bis in die Zeit des Pytheas „zurückgeht." Professor Torp hat mich ferner darauf aufmerksam gemacht, daß aus dem oben erwähnten thel, sich heben, das altnorwegische þollr, Baum (vergleiche þoll = Föhre) gebildet ist, das in älterer Zeit þull als Grundform hatte. Es könnte eine schwache Möglichkeit vorhanden sein, daß Thule mit diesem Wort zusammenhinge.

Sollte sich, was hier angedeutet ist, herausstellen, daß Thule germanischen Ursprungs ist, so wäre dadurch die Wahrscheinlichkeit, daß wir das Land außerhalb der britischen Inseln zu suchen haben, in hohem Grade verstärkt; denn Britannien und die schottischen Inseln waren damals wahrscheinlich noch nicht von Germanen bewohnt, und die eingeborenen Kelten können den germanischen Namen eines Landes doch nur von den eigenen germanischen Bewohnern dieses Landes erfahren haben. Dieses nördlicher liegende Land müßte dann Norwegen sein.

Es ist betont worden [vgl. Cuno, 1871, I, S. 102; Mair, 1899, S. 15], daß der Name Thule an Tyle erinnere, die Hauptstadt der keltischen Kolonie, die im 3. Jahrhundert v. Chr. in Thrakien gegründet wurde. Doch über den Ursprung dieses letzteren Namens wissen wir nichts, und hier erhebt sich wieder die Schwierigkeit, daß es mit „t" und nicht mit „th" beginnt.

Es sei noch erwähnt, daß C. Hofmann [1865, S. 17] die Vermutung ausgesprochen hat, daß Thule von einem ähnlichen Namen wie Thumla komme, der in der Upsala Edda [II, 492] der Name einer unbekannten Insel ist, aber auch der Name einer Insel an der Mündung des Götaelf (vgl. Thumlaheide auf der Insel Hising) war. Er meint, daß ein Grieche die Lautverbindung „ml" (μ λ) nicht habe aussprechen können, sondern statt dessen „l" (λ) gesagt haben werde. Das Wort sei daher zu Thula oder, nach der allgemeinen Deklinationsform, zu Thule geworden. Wir kennen aber keinen Namen, der Thumla ähnelte, für eine Gegend, in die Pytheas von Britannien aus gekommen sein könnte.

38 (S. 62) Daß Thule Norwegen oder Skandinavien sei, nahm schon Prokop an. Im vorigen Jahrhundert teilten diese Auffassung Geijer, 1825; Sven Nilsson, 1837; R. Keyser, 1839; Petersen; H. J. Thue, 1843 u. a. In neuerer Zeit hat sie besonders Hergt, 1893, geltend gemacht.

39 (S. 62) Müllenhoffs Gründe zu der Annahme, daß Thule nicht Norwegen gewesen sein könne, haben wenig Gewicht und verraten zum Teil mangelhafte Kenntnis

der Verhältnisse. Daß Pytheas, falls er nach Norwegen gelangt ist, auf neue Tierarten und Menschen, namentlich auf die Lappen mit ihren Renntieren habe stoßen müssen, was er, nach Müllenhoff, entschieden nicht getan, ist z. B. eine unhaltbare Behauptung; denn erstens ist es ungewiß, ob die Renntierlappen damals schon nach Norwegen gekommen waren. Und zweitens ist es, wenn sie auch wirklich bereits in Finmarken gelebt hätten, ungereimt, anzunehmen, daß ein Seefahrer, der bis an den Polarkreis an der Küste entlangfuhr, mit diesen Lappen zusammengetroffen sein müsse. Drittens und letztens können wir unmöglicherweise davon ausgehen, daß Pytheas alles das, was in den gelegentlichen Zitaten aus seinem Werk bei späteren Schriftstellern nicht enthalten ist, nicht erzählt habe.

40 (S. 66) Vgl. Markham, 1893. Wenn in den verschiedenen Quellen (Strabo, Geminos usw.) der längste Tag des Jahres an verschiedenen Orten nach den Mitteilungen des Pytheas zu 17, 18 und 19 Stunden usw. angegeben wird, so ist dies selbstverständlich nicht so aufzufassen, als wäre Pytheas an allen diesen Orten gerade am Sonnwendtage gewesen. Es war nur eine der Methoden der Griechen, die Breitengrade der Gegenden der Erde zu bezeichnen.

41 (S. 68) Hergt [1893, S. 71] betont, daß hier ultra steht, nicht trans, und meint, daß dies nicht eine unmittelbare Berührung mit Thule bezeichne, sondern daß man dabei eher an einen Zwischenraum denken müsse (?).

42 (S. 70) Oben (I, 45) wurde erwähnt, daß Avienus ähnliche Vorstellungen von den äußersten Meeresregionen schon dem Himilko zuschreibt, und daß Aristoteles meinte, das Meer jenseits der Säulen sei schlammig, seicht und wenig vom Winde bewegt.

43 (S. 71) Nach einer Mitteilung des Herrn Professor Moltke Moe.

44 (S. 72) Die gewöhnlichere Schreibart Mentonomon (nach einigen Handschriften) ist kaum richtig [vgl. Detlefsen, 1904, S. 9 fg.]. Der Name kann mit dem friesischen Meden (altfriesisch mede oder medu, englisch meadow), niedriges Grasland, zusammenhängen und würde dann gut auf die germanische Nordseeküste vom Rhein bis Südjütland passen.

45 (S. 74) Der Name kann einige Ähnlichkeit mit den Inselnamen Habel und Appelland unter den Halligen an der Westküste Schleswigs haben [vgl. Detlefsen, 1904, S. 60]. Er hat auch Ähnlichkeit mit Sabalingioi, das Ptolemaios als Name eines Volksstammes in Jütland anführt. Der Name Abalos hat sonst eine merkwürdige Ähnlichkeit mit Avallon (der Apfelinsel) in den wallisischen Sagen, und es ist kaum ausgeschlossen, daß dies ursprünglich derselbe Name sein kann.

46 (S. 78) Über die Kenntnis dieses wichtigen Geographen siehe besonders Berger [1880].

47 (S. 79) Vgl. Strabo I, 63; II, 114. Genauer berechnet würde sie 37400 Stadien betragen.

48 (S. 88) Vgl. M. Schanz, Geschichte der Römischen Literatur, II, S. 241, 1899, in: J. Müller, Handb. Klass. Altert.-Wiss., Band VIII. Siehe auch Müllenhoff, IV, 1900, S. 47.

49 (S. 88) Vgl. Detlefsen, 1897, S. 197; 1904, S. 45. Durch seine Reise im Jahre 12 v. Chr. mit seiner Flotte von der Rheinmündung und der Zuydersee nach der Emsmündung gewann Drusus den Ruhm, der erste Heerführer gewesen

zu sein, der das Nordmeer durchsegelt hat. Die Römer waren, wie bekannt, keine großen Seefahrer.

[50] (S. 88) In den Handschriften steht flamine (Lufthauch, Winde); man hat aber gemeint, daß flumine (strömende Wassermasse, Ströme) bessern Sinn gebe [vgl. Detlefsen, 1897, S. 198]. Indessen könnte auch flamine (Winde) auf die Vorstellungen von der Grenze der Welt passen [vgl. die Beschreibung der Reise des Himilko bei Avienus, s. I, S. 42 u. 45].

[51] (S. 88) Hier steht alium liberis (oder libris) intactum quaerimus orbem, also könnte es sein: „nach einer andern Welt, unberührt von Büchern", d. h. kein Buch hat davon erzählt. Da ein solcher Ausdruck ganz von dem sonst pomphaften Stil des Gedichtes abweicht, hat Detlefsen [1897, S. 200; 1904, S. 47] gemeint, daß libris hier libra, gleich libella, sei, nämlich die Richtwage, welche die Maurer benutzen, mit zwei Schenkeln und einem herabhängenden Lote in der Mitte, und es würde dann bedeuten, daß dieser Erdkreis nicht durch das herabhängende Lot der Richtwage getroffen, sondern daß das Lot schräg in den Abgrund an der Grenze der Welt hineingezogen werde. Diese Erklärung scheint Pedos Dichtung noch gekünstelter zu machen, als sie schon ist, und Detlefsen scheint in dem Glauben zu sein, daß die Richtwage der Maurer zum Finden der lotrechten Linie, anstatt der wagerechten, diene. Es ist jedoch wahrscheinlich, daß eine solche Vorstellung von einem Schlund oder Abgrund an der äußersten Weltgrenze damals ebensowohl, wie viel später, existierte (vgl. Adam von Bremen und das Ginnungagap der Skandinavier), auch wenn ihrer in dieser Dichtung nicht gedacht wird. Es läßt sich denken, daß libris hier in der Bedeutung „Lot" gebraucht war und es also heißen sollte: „unberührt vom Lote", mit andern Worten: „ein ungelotetes Meer"; doch diese Bedeutung des Wortes libris wäre ungewöhnlich, und überdies sollte man erwarten, daß dann dort ein Ausdruck für „Meer" stehen würde und nicht orbem.

[52] (S. 89) Ich kann in diesem Anspruch nicht, wie Detlefsen [1904, S. 48], etwas finden, was beweist, daß Augustus den Griechen den Ruhm läßt, schon früher um die Kimbrische Landspitze herumgefahren zu sein.

[53] (S. 89) Vgl. Müllenhoff, II, 1887, S. 285 und IV, 1900, S. 45; Holz, 1894, S. 23; Detlefsen, 1904, S. 47.

[54] (S. 91) K. Miller [VI, 1898, S. 105] macht den Vorschlag, anstatt des Botorum rex der Handschriften Gotorum rex (König der Goten) zu lesen. Der erstere Name ist gar nicht bekannt; er ist auch Boiorum gelesen worden. Plinius, der beinahe wortgetreu dieselbe Erzählung gibt [Hist. Nat. II, Kap. 67, 170], sagt, daß Celer die Inder von dem Könige der Sueven (Suevorum) erhalten habe.

[55] (S. 92) Dies war bei den Griechen die allgemeine Vorstellung von den Amazonen [vgl. unter anderm Hippokrates: Von der Luft usw., Kap. 17; Strabo, XI, 504; Diodor, II, 45]; man hat sogar den Namen daraus ableiten wollen, da mazos (μαζός) Brust bedeutet und a (ἀ) eine Verneinung ist, es hieße dann: „ohne Brüste". Doch gibt es auch andere Erklärungen des Ursprunges dieses Namens, z. B., daß sie nicht an der Brust gesäugt wurden. Es läßt sich denken, daß der Name etwas ganz anderes bedeutet hat, aber durch seine Ähnlichkeit mit dem griechischen Worte für Brust die Sage entstehen ließ, und nicht umgekehrt.

Auf lateinisch wurden die Amazonen manchmal Unimammia (Einbrüstige) genannt, aber in der griechischen Kunst wurden sie immer mit gut entwickelten Brüsten dargestellt. Hippokrates sagt, daß die rechten Brüste der skythischen Weiber von den Müttern mit einem besonderen Bronzeinstrument weggebrannt wurden, als die Mädchen ganz klein waren, weil „dadurch die Brüste zu wachsen „aufhörten, und alle Kraft und Fülle ging nach der rechten Schulter und Arm hinüber".

[56] (S. 92) Vgl. Herodot, IV, Kap. 116, 117.

[57] (S. 92) Vgl. Herodot, IV, Kap. 116, 117.

[58] (S. 93) Vgl. Herodot, IV, Kap. 22.

[59] (S. 95) Vectae, wie K. Miller [VI, 1898, S. 105] als Namen einer Insel (Vectis = Isle of Wight) aufzufassen, scheint mir an und für sich wenig zutreffend und ist außerdem schon durch Melas rhetorischen Stil ausgeschlossen, der an dieser Stelle einen beschreibenden Anhang zu den Hämoden als Gegenstück zu seinem Anhang zu den unmittelbar vorher erwähnten Orcaden verlangt.

[60] (S. 98) Sophus Bugge [1904, S. 156 fg.] ist der Ansicht, daß der Name Codanus von einem altnordischen Worte Köð herkommen könne, welches einst einen seichten Fjord oder eine flache Stelle im Wasser bedeutet habe (wie das altindische gādhá-m) und das in einigen norwegischen Ortsnamen einen verwandten Stamm Kað- haben würde. Codanus sinus (Kōða, Akkusativ: Kōðan) ist dann die seichte See oder das Kattegatt, namentlich in der Nähe der beiden Belte. Codanovia ist das Eiland am Kōðan. Müllenhoff [1887, II, S. 284] und Much [1893, S. 207] haben Codanus mit dem althochdeutschen quoden (= femina, interior pars coxae), gleichen Wortstammes wie das angelsächsische codd (= Schlange, Sack, Bauch), das mittelplattdeutsche koder (= Bauch, Unterleib) und das altnorwegische koðri (= scrotum), in Verbindung gebracht. Es würde dann einen Sackeinlauf oder eine Sackbucht bedeuten, gleich dem friesischen Jāde, oder auch einen engeren Einlauf einer erweiterten Seebucht (die Ostsee?). Die Erklärung erscheint mir nicht recht natürlich. R. Keyser [1868, S. 82] leitet den Namen von Godanus, d. h. gotisch, ab, obwohl die Goten damals bei den Römern gewöhnlich Gutones genannt wurden. Ahlenius' Vermutung [1900, S. 24], daß Codanus ein alter Schreibfehler für Toutonos (Teutonen) sein könne, weil man in einer Handschrift Thodanus] lese, klingt auch nicht wahrscheinlich. Detlessen [1904, S. 31] meint, daß der Name Codanus in dem Namen Katte(n)gatt erhalten sei, welch letzterer den Einlauf (das Gatt) zur Codanusbucht bedeute, die dann auch die Ostsee umfassen würde. Falls Bugges oben angeführte Erklärung richtig ist, könnte es jedoch das seichte Gatt oder den seichten Einlauf bedeuten.

[61] (S. 99) Professor Alf Torp macht mich darauf aufmerksam, daß R. Much 1895, S. 37] Kobandoi als ein germanisches *Kōwandōz, eine Ableitung des Wortes ku, erklärt. Es würde also Kōw-and- geteilt, wobei and ein Suffixum wäre, und es würde ein Kuhvolk bedeuten.

[62] (S. 99) Ich habe Professor Alf Torp diese Erklärung vorgelegt; er findet, daß sie „wohl möglich sein könne, aber nicht ganz wahrscheinlich sei".

[63] (S. 99) Man hat Daner von einem urgermanischen Wort, ähnlich dem angelsächsischen denu (gotisch *danei) und dene, Tal, ableiten wollen und hat

gemeint, daß es „Talbewohner oder Bewohner niedriger Landstriche“ bedeute. [Vgl. Much, 1895, S. 40; S. Bugge, 1890, S. 236.]

64 (S. 99) Daß sie im Meer oder in der Bucht wohnten, soll wohl bedeuten, daß sie auf Inseln lebten; der nördliche Teil Jütlands, im Norden des Limfjords, ist wohl als eine Insel angesehen worden; aber von der Kimbrischen Landspitze ist nichts gesagt, dies geschieht erst bei Plinius. Die germanische Form des Namens himbrōz lebt vielleicht noch in der dänischen Landschaft Himmerland, dem alten Himbersyssel, mit der Stadt Aalborg. [Vgl. Much, 1905, S. 100.]

65 (S. 100) Zwischen den Oeneae des Mela, den Oeonae des Plinius und den Aviones des Tacitus [Germania, Kap. 40], die auf den nordfriesischen Inseln und den angrenzenden Küstenstrichen wohnten, besteht eine Namensähnlichkeit, die mehr als zufällig sein dürfte. Aviones kommt deutlich von dem germanischen *awjonez, gotisch *aujans, althochdeutsch ouwon (vgl. altnorwegisch oy, althochdeutsch ouwa für Insel), das Inselbewohner bedeutet. In dem angelsächsischen Gedichte Widsid heißen sie eowe oder eowan [vgl. Grimm, 1880, S. 330 (472); Much, 1893, S. 195; 1905, S. 101]. Es läßt sich denken, daß die Griechen beim Hören der germanischen Bezeichnung den Namen mit dem griechischen Wort „Oeonen“ (Eieresser) in Verbindung brachten; dadurch kann auch die Geschichte von der Eieresserei entstanden sein, ohne daß den Griechen überhaupt etwas davon erzählt worden wäre.

66 (S. 102) Hiergegen ließe sich einwenden, daß Plinius dann auch viele Aufklärungen über das innere Skythien und Sarmatien erhalten haben müßte; aber erstens ist dies nicht ohne weiteres sicher, da das Hauptziel der Händler die Bernsteinländer waren und sie daher auf den bekannten Verkehrsstraßen blieben und die Länder schnell durchreisten, und zweitens spricht er auch wirklich von einer ganzen Menge im Innern wohnender Volksstämme. Er sagt freilich [IV, 26, 91] über Agrippas Schätzung der Größe Sarmatiens und Skythiens, daß ihm „die Maß„angaben in diesen Teilen der Erde allzu unzuverlässig erscheinen“, aber hieraus mit Detlefsen [1904, S. 34] zu schließen, daß die griechische Quelle des Plinius ihre Nachrichten über den Norden nicht auf dem Landweg erhalten haben könne, erscheint mir um so weniger richtig, als Plinius wahrscheinlich gar nicht gewußt hat, auf welche Weise seine Quellen ihre Nachrichten erhalten haben.

67 (S. 103) Dieser Fluß wird sonst nirgends erwähnt und muß erdichtet sein, da Hekataios von Abdera (ungefähr 300 v. Chr.) gemeint hat, daß er in dem gleichnamigen Gebirge in Asien entspringe und sich in das Nordmeer ergieße.

68 (S. 104) Dies ist ohne Zweifel unrichtig. Der Name Amalcium muß von dem griechischen Worte malkios (μάλκιος) kommen, das „erstarrend“ oder „frierend“ bedeutet; a hätte dann verstärkende Bedeutung.

69 (S. 104) Diesen Griechen führt Plinius an mehreren Stellen als Quelle an, er wird auch von Ptolemaios erwähnt, ist sonst aber nicht bekannt. Er kann ungefähr um das Jahr 100 v. Chr. gelebt haben [vgl. Detlefsen, 1904, S. 23—25].

70 (S. 104) Wegen der Silbe rus, die in phönikischen Namen vorkommt (z. B. Rusazus, Ruscino, Ruspino) und Haupt, Vorgebirge (Kap) bedeutet, hat man Rusbeas aus dem Semitischen ableiten wollen, aber Detlefsen [1904, S. 24] meint, daß er richtiger für einen germanischen gehalten werden könne. Nicht die geringste Spur

phönikischer Namen ist im Norden gefunden worden. R. Keyser [1868, S. 165] meint, daß der Name, den er Rubeas liest, „ohne Zweifel das wallisische rhybyz" (= Zeichen, Warnung) sei, aber dieses Wort kann zur Zeit des Plinius nicht so gelautet haben.

[71] (S. 104) Morimarusa kann entweder keltisch oder altgermanisch sein. Auf keltisch ist mori (irisch muir, kymrisch môr) = Meer; aber R. Much [1893, S. 220] meint, daß man das urgermanische mari und das gotische marei (deutsch Meer, lateinisch mare) früher auch mit o ausgesprochen haben könne. Marusa ist mit dem irischen marb, kymrisch marw für „Tod" verwandt, kann aber nach Much germanischen Ursprungs sein und hat die Form *marusaz (vgl. *marwaz) in der Bedeutung: unbeweglich, leblos. Morimarusa wäre also das unbewegliche Meer, was an die von Pytheas stammenden Vorstellungen von dem trägen oder geronnenen Meere (mare pigrum, prope immotum mare) erinnert. Falls der Name germanischen Ursprungs ist, ist es nicht ausgeschlossen, daß er von Pytheas stammen kann (und daß Philemon ihn von ihm hat); er kann ihn in Norwegen gehört haben. Sollte Rusbeas das südliche Norwegen sein, so würde dies ja in derselben Richtung deuten. Wahrscheinlicher aber wäre dann wohl die Annahme, daß der Name von den Kimbrern stamme, die ja in Verbindung damit genannt werden, während wir bei Plinius gar kein Volk in Norwegen erwähnt finden.

[72] (S. 104) Hergt [1893, S. 40] meint, daß Morimarusa die Ostsee (und das Kattegatt) sei, weil dort Ebbe und Flut fehle, und daß man das Meer tot genannt habe, weil es im Winter zufror. Rusbeas wäre dann Skagens Horn. Er erhält auf diese Weise zwei Namen für die Ostsee und zwei, wenn nicht drei für Skagen. Diese Deutung scheint noch schlechteren Zusammenhang zu geben als die oben angeführte. Plinius erwähnt anderswo (siehe S. 67 und 110), daß das Meer Cronium eine Tagereise hinter Thule sei, das im Norden Britanniens und unter dem Polarkreis liege. Dies erschwert schon den Beweis der Behauptung, daß Cronium sich von Lindesnes aus erstrecke; soll es aber bei Skagen beginnen und also das Skagerrak sein, so wird die Sache noch schwieriger.

[73] (S. 106) Der Ursprung des Namens Saevo läßt sich nicht mit Sicherheit feststellen. Forbiger [1848, III, S. 237] meint, daß es die Kjölen seien, und behauptet, daß es ein norwegischer Name und in der Form Seve Ryggen noch vorhanden sei; ein solcher Name ist aber in Norwegen nicht bekannt. Es scheint möglich, daß der Name mit dem gotischen saivs = See (vgl. altnorwegisch sær) zusammenhängen kann, aber es läßt sich auch denken, daß er durch eine Verdrehung des Wortes svevus entstanden sei. So wurde er jedenfalls im Mittelalter aufgefaßt. Solinus sagt [Kap. 20, 1] nach Plinius: „Mons Saevo . . . bildet Germaniens Anfang"; aber Isidorus Hispalensis sagt, daß der Suevus Mons Germaniens Nordostgrenze bilde, und auf der Hereford-Karte (um 1280) geht in Nordostgermanien eine Bergkette, Mons Suevus, nach einer Meeresbucht namens Sinus Germanicus, welche die Ostsee sein kann. Auf der Ebstorf-Karte (1284) ist der Mons Suevus den Sueben südwärts nach Schwaben gefolgt. Es ist auch möglich, daß die Bergkette Syēba [Σύηβα, VI, 14] des Ptolemaios im nördlichsten Asien (62° nördl. Breite) etwas mit dem Saevo des Plinius zu tun hat. Es ist viel hin und her geraten worden, wo der Saevo zu suchen sei; einige

[vgl. Detlefsen, 1904, S. 28] halten ihn für die Kjölen, obwohl es ganz unverständlich ist, wie dieser hoch im Norden liegende Gebirgsrücken mit dem Codanus in Verbindung gebracht werden könnte; andere [vgl. Lönborg, 1897, S. 20] suchen ihn in Mecklenburg oder Pommern und sogar in Jütland [Geijer, 1825, S. 77], wo es gar keine Gebirge gibt, und am allerwenigsten „unermeßliche" (immensus). Es läßt sich denken, daß, wie Müllenhoff [IV, 1900, S. 600] meint, die Leute auf der Flotte des Augustus, im Jahre 5 n. Chr., vom Kattegatt aus die „Seegebirge" der skandinavischen (hauptsächlich schwedischen) Küste, die *Saivabergo oder *Saivagabërgia, die aus der See aufstiegen und deren Name auf Latein Mons Saevo wurde, gesehen oder von ihnen gehört haben; aber ebenso wahrscheinlich ist es wohl, daß die Kunde von den Germanen aus Jütland stammt, die mit Norwegen in Verbindung gestanden und das hohe norwegische Gebirgsland gekannt haben, und daß also nicht die niedrige schwedische Westküste Veranlassung zur Entstehung des Namens gegeben hat.

74 (S. 107) Es könnte naheliegen, den Namen Skadinavia mit der altnordischen Göttin Skade oder Skaði in Verbindung zu bringen, die von „Finnen" abstammte, schwarzes Haar hatte, im Hochgebirge im Innern des Landes wohnte und unter anderm die Göttin des Skilaufs war. Der Name Skadinavia würde dann möglicherweise „finnischen" Ursprungs sein. Diese Ableitung ist auch behauptet worden [vgl. Müllenhoff, II, 1887, S. 55 fg., 357 fg.]. Die Endung avi, avia müßte dann dasselbe sein wie ovia (siehe I, 99). Diese Erklärung würde eine ursprünglich nicht germanische, sogenannte „finnische" Besiedlung Südschwedens voraussetzen (was nicht ausgeschlossen zu sein scheint, siehe später); dann aber läßt sich schwer erklären, weshalb der Name sich allein in diesem südlichsten Teil, in Schonen, erhalten haben sollte. Sophus Bugge [1896, S. 424] meinte, daß Scadinavia (später Scadanavia) mit dem gewöhnlichen norwegischen Ortsnamen Skǫðvin oder Sköien (vin = Weide) verwandt sei und von einem verloren gegangenen altnordischen Worte *skaða (altslawisch skotŭ) für „Vieh" herstammen könne. Skǫðvin würde dann Viehweide bedeuten. Von *skaða kann das Wort *skaðanaz, auf regelmäßige Weise, in der Bedeutung „Hirt" abgeleitet sein; und Skadan-avia oder Skadinavia wird dann Hirtenalm, da die Endung avia dasselbe bedeutet haben kann wie das deutsche Au oder Aue (gute Weide, Anger). Das altnordische Skáney (Skáni, jetzt Skåne) käme dann von Skaðney, worin das ð, wie in vielen ähnlichen Fällen, fortgefallen ist. Später hat Bugge [1904, S. 156 f.] diese Erklärung wieder verworfen und leitet Scadinavia von demselben Wort wie Codanus ab (siehe Anm. 60), wodurch es das Insel- oder Strandland am Kōdan bedeuten würde, welcher Name ein vorgeschobenes s erhalten hat, während das lange ō zu einem kurzen a geworden ist. Diese Erklärung dürfte recht zweifelhaft sein. Von mehreren Stellen in Norwegen her ist ein Name Skáney bekannt, der von skán (= Rinde, Kruste) herkommt, und es kann daher nicht ungereimt erscheinen, daß das schwedische Skáney oder Skåne derselbe Name ist.

75 (S. 108) Ahlenius [1900, S. 31] hat den Namen als einen Schreibfehler anstatt Aestingia erklären wollen, welcher Name mit den Aestii (Esten) des Tacitus zusammenhängen würde; aber das Volk müßte dann doch Aestingier (nicht

Aestier) geheißen haben. Man könnte eher an die Astingi oder Hazdingi des Jordanes denken, deren Name sich mit dem altnorwegischen Haddingjar (Hallinger) deckt.

[76] (S. 108) R. Keyser [1868, S. 89] sieht in dem Namen, ebenso wie in dem altnorwegischen Kylpingar, ein in Rußland wohnendes Volk, das den Finnen benachbart war. Er denkt sich, daß es für die Ostsee einen altnordischen Namen Kylpinga-botn gegeben habe; aber es ist nicht anzunehmen, daß es schon damals das Wort Kylpingar gegeben hat.

[77] (S. 108) Keyser [1868, S. 80] leitet das Wort von dem gotischen lagus (dem altnorwegischen lǫgr entsprechend) ab, das See oder Meer bedeutet.

[78] (S. 110) Dieselben Inseln, die hier als britannische angeführt werden, hat Plinius früher (siehe I, 106) Germanische genannt, d. h. eigentlich spricht er dort nur von einer Insel, die Glaesaria heißt. Dies zeigt wieder deutlich, wie er direkt aus verschiedenen Quellen schöpft, ohne auch nur die Nachrichten miteinander zu verarbeiten. Bei dieser Gelegenheit hat er diese Inseln wohl in Verbindung mit Mitteilungen über Britannien oder über eine Reise dorthin gefunden. Es ist denkbar, daß die ursprüngliche Quelle Pytheas ist.

[79] (S. 111) Tacitus, Agricola, Kap. 10 und auch Kap. 38. Vgl. auch Bunbury, 1883, II, 342.

[80] (S. 112) Tacitus, Agricola, Kap. 28.

[81] (S. 114) Much [1905, S. 133] verbindet den Namen mit ge-swio = verschwägert. Ebensoviel hat die Annahme für sich, daß der Name Brenner, Waldbrenner (norwegisch svier, vgl. kulsvier = Kohlenbrenner, Köhler) bedeute, weil sie die Wälder abbrannten, um das Land zu roden [vgl. Müllenhoff, IV, 1900, S. 499].

[82] (S. 114) Vgl. Müllenhoff, IV, 1900, S. 502.

[83] (S. 115) Dies könnte darauf hindeuten, daß Metallwaffen, besonders eiserne, in Skandinavien noch Seltenheiten waren, die sich nur reiche, mächtige Häuptlinge verschaffen konnten; es würde dies zu der Angabe passen, daß Reichtum bei diesem Volk in ganz besonderem Ansehen gestanden habe. Annehmbarer aber ist vielleicht die Erklärung, daß diese Ansicht dadurch entstanden sei, daß fremde Händler (Südgermanen oder Römer) die großen Jahrmärkte oder Tingversammlungen bei einem bekannten Göttersitze, z. B. Upsala, besuchten [vgl. Müllenhoff, 1900, S. 503], wo es um des Tingfriedens und des Heiligtums willen nicht gestattet war, Waffen zu tragen, die daher in einem eigenen Waffenhaus, wie es später bei den norwegischen Kirchen gab, abgelegt und dort von einem Leibeigenen bewacht wurden. Dies können die Fremden gesehen haben, ohne den Zusammenhang zu verstehen; Tacitus aber hat es auf seine eigene Weise erklärt.

[84] (S. 115) Der Name Sitoner erinnert sehr an die von Strabo und Ptolemaios angeführten Sidoner [vgl. Geijer, 1825, S. 82]; aber eine neue Schwierigkeit entsteht dadurch, daß Strabo diese zusammen mit den Peucinern zu den Bastarnern rechnet und sie im Norden und Osten der Karpathen, also weit südlich von der Ostsee wohnen läßt [vgl. Ahlenius, 1900, S. 36]. Die Sidoner des Ptolemaios wohnten auch in der Nähe der Karpathen, auf der Nordseite dieses Gebirges. Möglich bleibt es aber immerhin, daß Tacitus entweder ein ähnlich klingendes Wort gehört und es mit diesem Namen verwechselt hat, oder daß ihm

von einer regierenden Frau oder Königin bei Strabos Sidonern im Norden der Karpathen erzählt worden ist und er gemeint hat, etwas so Unerhörtes könne nur ganz hoch oben im Norden vorkommen. Auch ist zu beachten, daß Tacitus selber Peuciner oder Bastarner als Grenznachbarn der Fenni (Finnen), also als Bewohner der am weitesten nordöstlich liegenden und an das Unbekannte stoßenden Gegenden anführt, dagegen die Sidoner in dieser Verbindung nicht erwähnt, obgleich Strabo sie früher und Ptolemaios sie später mit den Bastarnern zusammen nennen. Kommt hierzu noch die Namensähnlichkeit zwischen Sidonern und Suionern, so ist es wohl möglich, daß er sich gedacht hat, sie müßten Nachbarn sein. Müllenhoff [II, 1887, S. 9] ist der Ansicht, daß das Wort Sitones ein Appellativ gewesen sein könne, den man irrtümlich für einen Volksnamen gehalten habe, und er setzt ihn in Verbindung mit dem gotischen *sitans, altnorwegisch *setar, das mit dem norwegischen sitja = sitzen die gleiche Wurzel hat. Wäre dies richtig, so könnten wir uns das Wort als in der Bedeutung Ansiedler (vgl. das norwegische opsitter = bewohnender Besitzer eines Bauernhofs) gebräuchlich denken. Much [1905, S. 31] macht den Vorschlag, es von dem altnorwegischen siða = zaubern (vgl. seid = Zauberei) abzuleiten, so daß es Zauberer bedeuten würde. Über Sidones vgl. Much, 1893, S. 135, 187, II, 188, sowie Müllenhoff II, 1887, S. 109, 325.

85 (S. 115) Wiklund [1895, S. 103—117] meint, daß die Kvänen in Nordschweden keine Finländer, sondern Ansiedler aus Svearike (Mittelschweden) gewesen seien.

86 (S. 116) Vgl. Zeuß, 1837, S. 157; Müllenhoff, II, 1887, S. 10.

87 (S. 116) Vgl. Lönborg, 1897, S. 136; Ahlenius, 1900, S. 37.

88 (S. 117) Vgl. Baumstark, 1880, S. 329; Müllenhoff, IV, 1900, S. 516.

89 (S. 124) Much [1895 a, S. 34] denkt sich, daß die Alokiai kleine Felseninseln waren, die jetzt verschwunden sind. Auf ihnen wären Kolonien von Alken gewesen, die ihnen den Namen gegeben hätten, da sie z. B. auf gotisch *alakô geheißen haben könnten. Die Annahme ist aber nicht wahrscheinlich; selbst dann, wenn die See derartige Felseninseln weggespült hätte, müßten sie Unterwasserklippen hinterlassen haben, und solche sind in der See an der Küste von Jütland nicht bekannt.

90 (S. 133) Ähnliche Vorstellungen finden sich bei Avienus [Ora maritima, Vers 644—663]; sie sind alten griechischen Geographen [Anaximenes, vgl. Müllenhoff, I, 1870, S. 77] entlehnt.

91 (S. 136) Diese Beschreibung möchte am besten auf die Ostsee (und die Belte) passen, welche die Ostseite Scandzas bespült; aber die Bezeichnung „Binnensee" (lacus) stimmt schlecht damit überein, daß Scandza eine Insel sein und gerade vor der Vistula (Weichsel) liegen sollte, die „sich mit ihren drei Mündungen in den Ozean ergießt"; und hinter dem Volk der Vidivarier an den Weichselmündungen „wohnten ebenfalls am Ozean die Aesten, das sehr friedliebende Volk" [V, 36, vgl. Tacitus]. Dazu kommt, daß das Germanische Meer des Jordanes die Ostsee sein kann, obgleich seine sehr unklare Beschreibung ebensogut auf die Nordsee oder auf beide zusammen paßt. Die Annahme, daß der große Binnensee und der Fluß Vagi der Ladoga und die Newa [vgl. Geijer 1825, S. 100] oder der Wenern und der

Götaelf seien, paßt nicht auf die Beschreibung des Jordanes, der ausdrücklich betont, daß der See auf der Ostseite Scandzas liege, im Gegensatz zu dem unermeßlichen Meer auf der Westseite und auf der Nordseite. Die Sache wird sich wohl so verhalten, daß Jordanes in diesem Punkt sehr unklare Begriffe hatte, was seine Beschreibung sehr verwirrt gemacht hat.

92 (S. 137) Dies erinnert an Melas Erzählung, daß die Leute auf den Oeneen von Sumpfvogeleiern lebten (siehe I, 98 und Anm. 65).

93 (S. 140) Über diese Volksnamen siehe hauptsächlich Läffler [1894, 1907] und Sophus Bugge [1907] nebst P. A. Munch [1852], Müllenhoff [1887] u. a.

94 (S. 142) Müllenhoff, Mommsen, Läffler u. a. meinen, daß das Wort mitiores (sanftere) in der Handschrift ein Schreibfehler sein könne und eigentlich minores (kleinere) heißen solle, was eher Sinn hat, schon im Gegensatz zu den unmittelbar darauf namhaft gemachten Suetidi, die größer als alle andern waren. Sophus Bugge sieht in mitissimi und mitiores Schreibfehler anstatt minutissime und minutiores, und es müßte also übersetzt werden: „die sehr kleinen Finnen, die kleiner sind als alle andern" usw. [vgl. auch A. Bugge, 1906, S. 18]; aber die Notwendigkeit einer so großen Veränderung ist zweifelhaft [vgl. Läffler, 1907, S. 109].

95 (S. 143) S. Bugge [1907, S. 101] hat gemeint, daß dies ein Volk aus Gond oder Gand, dem Hochland im Süden von Stavanger sein könne, hat aber später seine Ansicht hierüber geändert [vgl. 1910, S. 97].

96 (S. 144) Vgl. Mommsen, 1882, S. 154; A. Bugge, 1906, S. 21, 33 fg.

97 (S. 145) Es ist ein ganz merkwürdiges Zusammentreffen, daß, wie Bugge anführt, in dem angelsächsischen Heldengedicht Widsíd die Hadobarden (die mit den Langobarden identisch sein müssen) auf Seeland kämpfen, wo auch ein König Rodulf war. Sollte auch dies ein Widerhall derselben Langobardenschlacht gegen den Herulerkönig Rodulf sein?

98 (S. 146) Über den Grund des Krieges, die Schlacht und König Rodulfs Tod hat Paulus Warnefridi eine sagenhafte Erzählung [Bethmann und Waitz, 1878, S. 57 fg.]; der Kampf und König Rodolv werden auch in Origo Gentis Langobardorum (ungefähr aus dem Jahr 807) erwähnt. In beiden Schriften heißt es, daß die Langobarden (nicht die Heruler) in diesem Land (an der Donau?) drei Jahre lang in Frieden gelebt hatten.

99 (S. 164) Vgl. Wuttke, 1854.

100 (S. 166) Vgl. Origo Gentis Langobardorum (nach der Mitte des 8. Jahrhunderts), wonach die Winniler, die später den Namen Langobarden erhalten, ursprünglich auf einer Insel Scadanan wohnen, die in einer andern Handschrift Scadan heißt. Der letzte Name könnte durch Hinzufügung eines germanischen Wortes für Wiese oder Insel leicht zu Scadanau, Scadanauge oder Scadanovia werden. Vgl. auch Fredegar Scholasticus' verkürzte Geschichte nach Gregor von Tours, worin von der Herkunft der Langobarden aus Schatanavia, in einer andern Handschrift Schatanagia, erzählt wird.

101 (S. 167) Es ist schwer zu verstehen, auf welche Weise Paulus die Sage nach dem Norden versetzt hat. Es wäre denkbar, daß die schon bei Herodot hervortretende Vorstellung, daß die Völker des Nordens in den sechs Wintermonaten schlafen,

damit zusammenhinge. Plutarch [De defectu oraculorum, Kap. 18] erzählt, daß nach Aussage des Demetrios in dem Meere jenseits Britanniens eine Insel liege, „auf welcher Kronos gefesselt sei und, während er schlafe, von Briareos bewacht „werde. Denn man sei darauf verfallen, den Schlaf als Fessel zu benutzen, und „um ihn herum seien viele Dämonen als Begleiter und Diener". Nach einer andern Stelle Plutarchs [De facie in orbe Lunae, 941] lag diese Insel nordwestlich von der Insel Ogygia, die von Britannien aus fünf Tagereisen westwärts lag. Es läßt sich denken, daß diese Mythe von dem schlafenden Kronos auch mitgeholfen habe, die Siebenschläfersage an die Nordwestküste Europas zu knüpfen. Viktor Rydberg [1886, I, S. 529 fg.] meinte, daß die Siebenschläfersage und ihre Verknüpfung mit dem Norden mit Mimers sieben Söhnen zusammenhänge, die in der Beschreibung Ragnaroks in der Vǫluspǫ (Strophe 45) bei dem Ertönen des Gjallarhorns aufspringen sollen, nachdem sie lange Zeit hindurch im Schlafe gelegen haben. Doch diese Auslegung der Strophe „Leika Mims synir" ist unwahrscheinlich.

102 (S. 176) Vgl. A. Bugge, 1905, S. 55 fg. Von Interesse sind auch mehrere Fischbanknamen, die A. Bugge nach Dr. Jakobsen anführt. Vor Sandey heißt ein Fischgrund Knokkur (oder „á Knokki") und einer gleichen Namens liegt im Westen von Süd-Straumsey. Im Westen von Sudrey liegt ein Fischplatz Knokkarnir. Die Fischgründe werden nach den Landmarken genannt; cnoc ist auf keltisch Hügel, es muß also der Name der Höhen gewesen sein, welche die Peilungsmarken der erwählten Fischgründe bildeten; auf dem Land haben diese ursprünglichen Namen neueren norwegischen weichen müssen, aber draußen in der See haben sie sich noch erhalten. A. Bugge meint, daß die keltischen Ortsnamen von Norwegern herrühren könnten, die vor ihrer Ankunft auf den Färöern auf den schottischen Inseln oder in Irland mit irisch sprechenden Leuten zusammengewohnt hätten; aber es ist kaum wahrscheinlich, daß sie sich zur Benennung der verschiedenen Stellen ihrer neuen Heimat einer fremden Sprache bedient haben sollten. Es ist eine natürlichere Erklärung, daß sie die Namen von früheren keltischen Bewohnern übernahmen, mochten diese nur irische Mönche oder eine feste Bevölkerung sein. Inselnamen und Höhennamen gehören gewöhnlich zu den ältesten unter den Ortsnamen.

103 (S. 178) Vgl. Landnámabók, Prolog. Später werden im Landnámabók öfter Orte genannt, wo früher Papar gewohnt hatten und wo sich deshalb keine Heiden anzusiedeln wagten.

104 (S. 179) Es ist erklärlich, daß Örtlichkeiten und Gehöfte nach Personennamen irischer Landnåmmänner benannt worden sein können; schwerer ist es aber zu verstehen, daß die Nordmänner keltische, von Appellativen abgeleitete Berg-, Fjord- und Flußnamen — die überall zu den ältesten Ortsnamen gehören — haben erhalten können, falls nicht schon vor ihnen Kelten dort gewohnt haben. Als solche Ortsnamen, die keltischen Ursprungs sind oder keltische Ansiedlung anzeigen, sind zu nennen: Dimunarvág, Dimunar-klakkar (kleine Bucht und zwei Felsenholme im Breidifjord); Dimon, an mehreren Stellen als Name eines Landrückens, eines Berges und eines Holmes; Katanes; Katadalr; Kúdafljót, Name einer Vereinigung mehrerer Flüsse zu einer großen Wassermasse im Bezirke Vester-

Skaftarfell, von dem irischen cud (Kopf). I, 179 ist der Name Minþakseyrr genannt worden. Ferner viele Namen nach Iren: ein Fluß Írá, zwei Orte Irageröi, eine Wasserstraße in den Hvammsfjord: Írska leið, Írsku búðir, ein Hügel Írski höll, außerdem Vestmanna-eyjar usw.

[105] (S. 183) An einer andern Stelle, ein wenig später, sagt er, daß „nördlich von ihm keine Menschen [d. h. Norweger oder norwegische Häuptlinge] wohnten". Es kann ungefähr bei Malangen oder Senjen gewesen sein, welche Gegenden, den Altertumsfunden nach, damals ungefähr die Nordgrenze der festen Ansiedlung der Norweger bildeten. Norweger können auch weiter nördlich bis an das Loppenmeer zerstreut gewohnt haben [vgl. A. Bugge, 1908, S. 407 fg.], aber Ottar meint wohl nur, daß keine Häuptlinge oder vornehme Leute nördlicher wohnten als er.

[106] (S. 184) Dies wäre am Eingang des Weißen Meers, bei Swiatoi Nos oder ein wenig weiter südöstlich. Wenn Ottar zu der Segelreise von Malangen nach dem Nordkap 6 Tage brauchte, aber nur 4 Tage zu der beinahe doppelt so langen Strecke vom Nordkap nach der Mündung des Weißen Meers, so läßt sich dies vielleicht dadurch erklären, daß er auf der ersten Strecke auf der Binnenseite der Schären zwischen den Inseln hindurchsegelte, sich dadurch den Weg verlängerte und öfter anhielt, während er auf der letzten Strecke, wo keine Inseln sind, in offener See und bei gutem Wind viel schneller gesegelt sein kann und auch weniger in Versuchung geraten ist, irgendwo anzuhalten.

[107] (S. 185) Die annehmbarste Lesart der letzten, vielumstrittenen Aussage ist, daß „von ihnen" sich auf die Walrosse, die 7 Ellen lang sind, bezieht und daß die dazwischen liegende Stelle von den Walen in Norwegen, die größer sind, als eine eingeschobene Parenthese aufzufassen ist [vgl. Jap. Steenstrup, 1889]; denn es ist nicht möglich, daß sechs Mann 60 große Walfische in zwei Tagen erlegen konnten, und die nüchterne Darstellung des Ottar macht es höchst unwahrscheinlich, daß er mit solchen erlogenen Geschichten hat prahlen wollen. König Alfred hat den wesentlichen Unterschied zwischen Walroß und Walen augenscheinlich gar nicht begriffen. Eine andere Erklärung könnte sein, daß diese 60 eine zu einer kleineren Walart gehörende Schar gewesen und vermittelst Absperrung in einem Fjord erlegt worden wären, so daß König Alfred nur ihre Größe mit der jener großen Walfische, von denen er Ottar auch hatte erzählen hören, verwechselt hat. Man hat den Sinn auch durch die Annahme zu retten versucht, daß man nicht „zu Sechsen", sondern „mit sechs Harpunen" (syx asum) oder mit sechs Schiffen (syx ascum) zu lesen habe, womit also „Ottar 60 große Walfische getötet haben würde"; doch auch dann, wenn eine solche Berichtigung zulässig wäre, würde der Bericht nicht glaubwürdiger. Was sollte Ottar mit 60 großen Walen, selbst wenn er sie hätte fangen können? Das Fleisch und der Speck hatten Wert für ihn, aber so viel Fleisch und so vielen Speck konnten er und seine Leute in Wochen nicht einheimsen, geschweige denn in zwei Tagen. Sogar ein großer moderner Walfangbetrieb unserer Zeit mit Maschinen und großen Arbeiterscharen würde seine Not haben, 60 große (48—50 Ellen lange) Walfische auszubeuten, ehe sie verwesten, wenn sie alle in zwei Tagen gefangen worden wären.

[108] (S. 187) Vgl. G. Storm, 1894, S. 95. S. E. Lönborgs Gründe [1897, S. 37] zur Verwerfung der Annahme Storms und zu der Behauptung, daß jener

Fluß die Dwina sei, haben wenig Gewicht. Lönborg behandelt die Richtungsangaben Nord-Süd usw. gerade so, als ob König Alfred und Ottar während der Beschreibung eine Karte und eine moderne Kompaßrose vor sich gehabt hätten. Er hat nicht beachtet, daß Ottar sich nur an die Hauptrichtungen Nord, Ost und Süd gehalten und sie nicht einmal halbiert hat; wie sollten wir es uns sonst erklären, daß er z. B. von Senjen nach dem Nordkap „längs des Landes gerade nach Norden" segelte? Dieser Kurs ist nicht weniger ungenau als der, wie er z. B. von Swiatoi Nos nach der Warsuga direkt südwärts fährt. Einem längs der Küste Fahrenden ist, besonders wenn er sie nicht kennt, der Umstand, daß er dem Lande folgt, weit wichtiger, als die Kursveränderungen, die er infolge der Windungen der Küste macht. An der Mitteilung, daß sie auf der ganzen Reise das öde Land auf der Steuerbordseite hatten, kommt man daher nicht vorbei.

[109] (S. 191) Leopold von Buch sagt im Anfang des vorigen Jahrhunderts, daß seines Wissens das Walroß nirgends an den Küsten von Finmarken vorkomme [„Reise durch Norwegen und Lappland", II, S. 23]. Knud Leem aber [1767, S. 216] erwähnt das Walroß wie auch Robben als in Finmarken vorkommend.

[110] (S. 193) Skiringssal hatte ein Königsgehöft und einen bekannten Göttersaal; es kann östlich von Larvik am Viksfjord gelegen haben, wo der Name Kaupang (d. h. Kauf- oder Handelsplatz) noch daran erinnert [vgl. Munch, 1852, S. 377, 380]. Vielleicht hängt der Name mit dem germanischen Volksstamm der Skirer, die neben den Rugern (Rüger) an den Küsten der Ostsee erwähnt werden, zusammen. In Verbindung mit Skiringssal stand ein Reich in Südjütland mit dem Seehandelsplatz Sliesthorp (angeführt von Einhard im Jahre 804) und Sliaswic [Ansgarii Vita, Kap. 24] oder Slesvik, auch Heidaby genannt. Es ist denkbar, daß Skiringssal ursprünglich von Skiren gegründet sein kann, die aus Südjütland (?) eingewandert waren. Eine andere Hypothese hat S. A. Sörensen aufgestellt, welcher meint, daß Skiringssal eine Übersetzung des Wortes baptisterium ins Norwegische (skira = taufen) sein könne und daß der Ort bei Sandefjord gelegen habe. Wir müßten dann annehmen, daß dort eine Kirche und nicht ein Göttersitz gelegen habe und daß also vor Ottars Zeit dort Versuche zur Einführung des Christentums gemacht worden seien.

[111] (S. 193) Dr. Ingram im Jahre 1807 und Rask [1815, S. 48] machen den Vorschlag, Isaland (d. h. Island, das die Neordmänner gerade um diese Zeit entdeckt hatten) zu lesen, aber das gibt keinen rechten Sinn. Dazu kommt, daß die Form Isaland für Island unbekannt ist; sie würde das Land der Eise (Eisfelder) anstatt das Land des Eises bedeuten. Daß hier wirklich Irland gemeint sein sollte, würde allem Anschein nach größere geographische Unwissenheit verraten, als wir Ottar oder Alfred zutrauen können. Alfred spricht selber von Ibernia oder Igbernia [d. h. Irland] als auf der Westseite Britanniens liegend und sagt: „wir nennen es Schottland". Er bedient sich des Namens Irland sonst nicht; aber er zitiert hier Ottar, und in dessen Mund mag es möglicherweise Schottland (?) bedeutet haben [vgl. Langebek, Porthan und Forster], das von Iren bewohnt ist, obgleich dann die folgende Erwähnung einiger Inseln, die „zwischen Iraland und diesem Lande [Britannien]" liegen sollen, schwer verständlich wird. Man muß indessen daran denken, daß es in jener Zeit nichts Ungewöhnliches war, Ir-

land in das Meer im Norden Britanniens zu verlegen (vgl. später Adam von Bremen), und es kann hier durcheinandergebracht worden sein. Das Einfachste wäre, daß Iraland Shetland sein könnte; aber es ist schwer zu verstehen, woher dieses eine solche Bezeichnung erhalten haben sollte.

112 (S. 193) Soweit ich habe finden können, ist es das erste Mal, daß dieser Name für Norwegen in der Literatur auftritt. Es ist folglich unrichtig, wenn Lönborg [1897, S. 142] meint, daß der Name Norvegia erst im 11. Jahrhundert vorkomme.

113 (S. 196) Es kann in dieser Verbindung Interesse haben, daran zu erinnern, daß Plutarch [De facie in orbe Lunae, 941] von der Insel Ogygia erzählt, welche fünf Segeltage weit im Westen Britanniens lag, und hinzufügt, daß auf einer der drei Inseln im Nordwesten von Ogygia Kronos gefangen liege (vgl. Anm. 101), weshalb das Meer das Kronische heiße. Nach Aussage der Barbaren sollte „das große Festland [d. h. das, welches jenseits des Ozeans liegt, vgl. S. 14 u. 18], „welches einen Kreis um das große Meer herum bildet", diesen Inseln näher liegen, „aber von Ogygia aus sind es ungefähr fünftausend Stadien, wenn man mit „Ruderbooten reist; denn auf dem Meer fährt es sich schwer, und es ist schlammig „durch die vielen Ströme; aber die Ströme sendet das große Land aus, und durch „sie entstehen Anschwemmungen, und das Meer ist schwer und erdig, weshalb man „auch meint, daß es geronnen sei". Ähnliche Vorstellungen fanden wir schon in der Meteorologica des Aristoteles [s. I, 45]; Plutarch verlegt also dieses zähe Meer nach Nordwesten. Überdies hat es den Anschein, als ob man sich im Altertum das erstarrte Meer (gewöhnlich in Verbindung mit Finsternis) überall an den äußersten Grenzen der Welt dachte. In einer Rede läßt Curtius (zur Zeit des Augustus) die Soldaten Alexanders (als sie ihn zur Umkehr zwingen wollen) Ausdrücke gebrauchen wie die, daß dieser Weg nirgends hinführe, alles von Finsternis und einem unbeweglichen Meere bedeckt sei und die sterbende Natur hinschwinde. Ähnliche Vorstellungen von einem geronnenen und stinkenden Meer und von einem Ozean der Finsternis an den äußersten Grenzen der Welt finden wir auch in der arabischen Literatur [vgl. Edrisi, 1154 n. Chr.].

114 (S. 196) Auf Karten tritt der Name vielleicht schon früher auf. Auf der englischen Weltkarte (Cottoniana), die möglicherweise schon aus dem Ende des 10. Jahrhunderts (992—994) stammt, ist es ein Island (s. I, 193); aber es ist nicht ausgeschlossen, daß die uns erhaltene Abschrift dieser Karte jünger sein kann und einige Namen von Adam von Bremen erhalten hat [vgl. K. Miller, III, 1895, S. 37].

115 (S. 198) Es ist das erste Mal, daß dieser Name der Ostsee in der Literatur vorkommt (vgl. Balcia bei Plinius, I, 74 u. 105). Man hat ihn auch von dem altpreußischen (lettischen oder litauischen) baltas = weiß ableiten wollen; er würde dann das Weiße Meer bedeuten und von den Sandküsten im Südosten stammen [vgl. Schafarik, Slaw. Altert., I, S. 451 fg.].

116 (S. 200) Hiermit kann man die Erzählung des arabischen Schriftstellers Qazwînî [vgl. G. Jacob, 1896, S. 9, 37] aus dem 13. Jahrhundert vergleichen: „Die Stadt der Frauen ist eine große Stadt mit weitem Territorium auf einer „Insel im westlichen Meer. At-Tartûschî sagt: ihre Bewohner sind Frauen, über „welche die Männer keine Gewalt haben. Sie reiten die Rosse und nehmen den

„Krieg selbst in die Hand. Sie zeigen große Tapferkeit beim Zusammenstoß. Auch „haben sie Sklaven. Jeder Sklave begibt sich der Reihe nach in der Nacht zu „seiner Herrin, bleibt bei ihr die Länge seiner Nacht und erhebt sich mit dem „Morgengrauen und geht heimlich bei Tagesanbruch hinaus. Wenn dann eine „von ihnen einen Knaben gebiert, tötet sie ihn auf der Stelle; wenn sie aber ein „Mädchen gebiert, läßt sie es leben. At-Tartûschî sagt: die Stadt der Frauen „ist eine Tatsache, an der kein Zweifel ist." Dies muß eine Umformung der griechischen Amazonensage sein, ebenso der Erzählung von den Weibern der Skythen, die mit den Sklaven Kinder hatten [vgl. Herodot IV, 1]. Da dem Juden Ibrâhîm ibn Ja'qûb (aus dem 10. Jahrhundert) eine ähnliche Geschichte von der Weiberstadt „im Westen der Russen" zugeschrieben wird, die er, wie er sagt, von Kaiser Otto (dem Großen) erfahren hat, so stammt sie wahrscheinlich aus dem 10. Jahrhundert [vgl. Jacob, 1891, S. 79]. Jacob meint, daß die Sage hier durch den Namen Magdeburg, der auch mit civitas virginum [Jungfrauenstadt] übersetzt worden ist, hervorgerufen worden sei; da aber die Weiber auf einer Insel im Meere wohnten, ist es wahrscheinlicher, daß man ihn hauptsächlich von Kvänland ableiten muß. Ähnliche Sagen scheinen im Mittelalter sehr häufig gewesen zu sein und kommen bei mehreren Schriftstellern vor. [Vgl. Paulus Warnefridi I, 171.] Isidor soll die Amazonen aus Schweden haben stammen lassen.

[117] (S. 200) Vgl. Plutarch, Thes. 26; Strabo XI, 504 und andere.

[118] (S. 206) Es ließe sich denken, daß dieses uri eine Verdrehung des Wortes lutrae (Otter) sein kann; da aber uri an zwei Stellen steht, ohne mit seiner eigentlichen Bedeutung „Auerochse" in den Sinn hineinzupassen, ist es auch denkbar, daß es hier, wie Andr. M. Hansen meint, als Name für das Walroß gebraucht ist; dann bedeutet diese letzte Stelle ganz einfach, daß der Eisbär wie das Walroß unter dem Wasser lebt. Die Verwechslung mag dadurch entstanden sein, daß man die Hauer des Walrosses für Auerochsenhörner gehalten hat. Die Hörner auf der Zeichnung des Urus auf der Ebstorf-Karte aus dem Jahre 1284 (vgl. I, 206) sind Walroßzähnen sehr ähnlich. Auffallend ist es, daß nicht der gemeine Landbär, dagegen aber der Eisbär genannt wird. Da letzterer selten nach Finmarken kommt, deutet seine Erwähnung darauf hin, daß die Norweger auf dem Eismeer Fang getrieben haben, falls nicht die Verbindung Norwegens mit Island und Grönland dazu Veranlassung gegeben hat; da aber diese Länder besonders erwähnt sind, erscheint dies weniger wahrscheinlich.

[119] (S. 208) Vgl. Solinus [Kap. 22] und Beda [Kap. 29].

[120] (S. 208) Vgl. Beda nach Plinius.

[121] (S. 208) Einerseits mag diese Vorstellung sich möglicherweise auf den Nebel zurückführen lassen, von welchem man angenommen haben kann, daß er durch Wärme entstanden sei; denn in einer Scholie zu dieser Stelle (vielleicht von Adam selbst oder nicht viel später) heißt es: „Neben Island ist der mit Eis bedeckte und „siedende und dunkle [caligans = in Nebel gehüllte] Ozean." Andererseits mag sie von Mitteilungen über die Vulkane und die kochenden Quellen herrühren, die damit vermengt worden sind. Die schwarze Farbe und die Trockenheit des Eises läßt sich einer Verwechslung mit der Lava oder in der See schwimmendem Bims-

stein zuschreiben, und Mitteilungen über die isländischen Braunkohlen („surtarbrand“) können auch zu dieser Vorstellung Veranlassung gegeben haben [vgl. Baumgartner, 1902, S. 503]. Lönborgs Vermutung [1897, S. 165], daß sie auf das Treibholz zurückzuführen sein dürfte, ist nicht sehr annehmbar. Man vergleiche übrigens die Vorstellung von dem kristallharten Eis, das erhitzt wird, im Meregarto (siehe I, 195 fg.). In zwei Handschriften von Solinus, deren ältere aus dem 12. Jahrhundert stammt [vgl. Mommsens Solinus-Ausgabe, 1895, S. XXXIV, XXXVII, 236; Lappenberg, 1838, S. 887 fg.; Adam von Bremen von Laurent, 1893, S. 245], ist ein Zusatz über die Inseln des Nordens, worin es über Island heißt: „Yslande. Das Meereseis auf dieser Insel zündet „sich selbst an, sowie es zusammengestoßen ist, und wenn es angezündet ist, „brennt es wie Holz. Auch diese sind gute Christen, aber im Winter wagen sie es „wegen der heftigen Kälte nicht, ihre unterirdischen Höhlen zu verlassen. Denn „wenn sie hinausgehen, werden sie von so starker Kälte verbrannt, daß sie wie „Aussätzige die Farbe verlieren und aufschwellen. Falls sie sich zufällig die Nase „putzen, werfen sie die abgerissene Nase zusammen mit dem Ausgeschneuzten fort.“ Die Stelle kann dem Adam von Bremen nicht entnommen sein (und hat auch mit Meregarto keine Ähnlichkeit); sie läßt darauf schließen, daß damals ähnliche Vorstellungen von dem Eis in Island verbreitet gewesen sind. Saxos merkwürdiger Bericht über dieses Eis (in der Einleitung seines Werks) zeigt auch, daß sich viel Aberglaube daran knüpfte.

[122] (S. 209) Diese Mitteilung, daß der Sommertag und die Winternacht gleiche Länge haben, kann hier ebensowenig wie bei Jordanes und Prokop auf direkte Beobachtung irgendwelcher Nordbewohner zurückzuführen sein, sondern muß ein Widerhall klassischer astronomischer Spekulationen sein (vgl. I, 139, 152). Es ist übrigens eigentümlich, daß die Länge des Sommertags und der Winternacht, die bei Jordanes (und Prokop) vierzig Tage (bei den Adogit und den Thuliten) währte, vierzehn Tage in Hålogaland beträgt. Wahrscheinlich ist die Vierzehn durch eine Verwechslung mit Vierzig oder durch einen Schreibfehler entstanden.

[123] (S. 209) Wahrscheinlich hat Adam diese Darstellung aus Beda entnommen. [Vgl. Kohlmann, 1908, S. 45 fg.]

[124] (S. 210) Die Stelle von „Hinter dieser Insel“ an steht nicht in allen Handschriften, weshalb Lappenberg [1876, S. XVII] meint, daß es ein späterer Zusatz sei, aber von Adam selbst, da der Stil dem seinen gleiche. Gegen letzteres ließe sich einwenden, daß Adam da, wo er früher in seinem Werk von Harald Hardråde spricht, es gewöhnlich in sehr herabsetzenden Ausdrücken tut, was hier nicht der Fall ist. Da es bei der Erwähnung der Ostseefahrt (siehe I, 199) auch nicht der Fall ist, so hat dies kaum viel zu bedeuten.

[125] (S. 213) Während dieser Bogen gedruckt wird, sehe ich durch Zufall, daß Sven Lönborg [1897, S. 168] dieselbe Ansicht beinahe mit denselben Worten ausgesprochen hat.

[126] (S. 214) Adam war offenbar der Name „Finn“ unbekannt, er erwähnt nur „Finnédi“ und „Scritefini“. Es mag dann als natürlich erscheinen, daß er die Namen Vinland und Finland vermischen konnte und im Glauben, daß dieses Fin- oder Vin- mit Wein Verbindung hätte, kann er Isidors Beschreibung von den

Glücklichen Inseln in seinem Text angebracht haben. Dies würde Adam ganz ähnlich sein, wie er z. B. auch die griechische Sage von den Amazonen in Kvänland anbringt usw.

[127] (S. 223) S. Bugge hat später als wahrscheinlich behauptet, daß der Name Skadi germanischen Ursprungs sei.

[128] (S. 227) Wie Professor Alf Torp mir gesagt hat, müßte man infolge der germanischen Lautverschiebung erwarten, daß in jener fernen Zeit ein Wort Fin nicht so, sondern Pen oder ähnlich gelautet habe. Das keltische Pen bedeutet Kopf, und es ist nicht undenkbar, daß ein solches Wort zum Volksnamen geworden sein könnte.

[129] (S. 229) Vgl. O. Solberg, 1909. Alles, was hier über jenen merkwürdigen Fund mitgeteilt wird, ist hauptsächlich Solbergs interessanter Abhandlung entnommen, die er mich in der Korrektur hat sehen lassen. Ich habe durch seine Freundlichkeit auch Gelegenheit gehabt, die Sachen zu untersuchen.

[130] (S. 234) In einem Grab in Nordvaranger wurden einige Knochenstücke gefunden, die wahrscheinlich von einem Walroßzahn stammten [vgl. Solberg, 1909, S. 93].

[131] (S. 235) Professor G. Storm [1894, S. 97] u. a. haben gedacht, daß der karelisch-finnische Name „Kantalaksi" (Kandalaks) oder „Kantalahti" für die nordwestliche Bucht des Weißen Meers und der Stadt an ihrem inneren Ende eine schlechte Übersetzung des norwegischen Namens „Gandvik" für das Weiße Meer sei, da „kanta" („kanda") die finnisch-karelische Aussprache des norwegischen „gand" sein könnte; das finnisch-karelische „lahti" oder „laksi" hat dieselbe Bedeutung wie das norwegische „vik" (Bucht). Dr. Hansen, der diese Erklärung für wahrscheinlich hält, betrachtet sie als einen Beweis dafür, daß die Karelier in diese Gegend später als die Norweger gekommen sein müssen und später als die Beormas (Bjarmer) aus Ottars Zeit. Aber wenn die Karelier dort nach den Norwegern eingewandert wären und der Gegend diesen Namen gegeben hätten, würde es ebenso unverständlich sein, warum sie nicht die Ortsnamen von den dort angesiedelten Bjarmern übernommen haben sollten, anstatt von den nur gelegentlich zu Besuch kommenden Norwegern. Storms Erklärung des Namens „Kandalaks" ist jedoch meiner Meinung nach höchst unwahrscheinlich; die gelegentlich zu Besuch gekommenen Norweger können unmöglich den angesiedelten Bjarmern oder Kareliern den Namen für ihre eigene Heimat gegeben haben. Es ist m. E. viel wahrscheinlicher, daß das norwegische „Gandvik" eine Art volksetymologischer Übersetzung von „Kantalaksi" sei, das dann ein Name finnisch-karelischen Ursprungs sein müßte. Ich habe Herrn Professor Konrad Nielsen in Kristiania darüber befragt, und er hat die Frage auch mit Professor E. Setälä und Professor Wichmann in Helsingfors besprochen. Alle drei sind meiner Meinung. Die Bedeutung von „Kantalaksi" (oder Kannanlaksi, von einem älteren Wort „Kandanlaksi", von dem der erste Teil Genitivform ist) scheint Nielsen ganz klar zu sein: „kanta" (Genitiv „kannan") ist Ferse, Basis. Der Name würde nach Setälä zu übersetzen sein „die breite Bucht". Die Norweger müssen infolgedessen den ersten Teil des Namens volksetymologisch in „gand" (was Zauberei bedeutet) verwandelt haben, und den letzten Teil des Namens haben sie mit „vik" (Bucht) übersetzt. Der Name „Gandvik" wird schon im 10. Jahr-

hundert in Norwegen bekannt gewesen sein, da er von dem heidnischen Skalden Eilif Gudrunsson in Thorsdrapa erwähnt wird. Dies scheint zu beweisen, daß die Bjarmer des 10. Jahrhunderts (und dann augenscheinlich auch die aus Ottars Zeit) Karelier waren, die den karelischen Namen „Kantalaksi“ für das Weiße Meer gebrauchten. Dieser Name führt daher zu Schlüssen, die denen von Dr. Hansen zuwiderlaufen und gegen die Richtigkeit seiner Ansichten sprechen.

132 (S. 238) Die Schwierigkeit, daß die Bjarmer an der Dwina nach dem Namen des Gottes Jomale, in der Erzählung von Thore Hunds Bjarmelandfahrt, karelisch gesprochen hätten, will Dr. Hansen dadurch erklären, daß die Bjarmer an der Dwina und die in Kandalaks zwei ganz verschiedene Völker gewesen seien, nämlich Karelier und Skridfinnen, obgleich jene alten Erzählungen nichts enthalten, was einer solchen Behauptung als Stütze dienen könnte. Außerdem haben wir (vgl. Anm. 131) ja Beweis dafür gefunden, daß die Bjarmer bei Kandalaks schon im 10. Jahrhundert wahrscheinlich Karelisch sprachen, weil der Name Kantalaks selbst ein karelisches Wort ist.

133 (S. 243) Vgl. Björnbo und Petersen, 1904, S. 178. In Michel Beheims Reise nach Norwegen im Jahre 1450 ist auch von Wild lapen die Rede, vgl. Vangensten, 1908, S. 17, 30 fg.

134 (S. 243) Hakluyt, The principal navigations etc.

135 (S. 246) Gustav Storm [1881, S. 407] hat „einige“ („nogen“) in „niemand“ („ingen“) verbessert, wohl weil er gemeint hat, daß dies besseren Sinn in diese dunkle Stelle bringen werde; nach ihm haben Magnus Olsen, J. Qvigstad und Andr. M. Hansen die Stelle neuerdings so beschrieben, als ob dort stände: „die niemand verstehen kann“. Mir scheint, als ob „die einige verstehen können“ klareren Sinn gibt.

136 (S. 246) Diese Stelle scheint ziemlich unklar zu sein, und es ist schwer, logischen Zusammenhang hineinzubringen. Der erste Teil ist einfach: die meisten Seefinnen sprechen norwegisch, aber schlecht. Sie bedienen sich untereinander und mit den Gebirgsfinnen nicht dieser Sprache, sondern ihrer eigenen. Letztere müssen also dieselbe Sprache gehabt haben, wenn man nicht das Unwahrscheinliche annehmen will, daß die Seefinnen eine andere Sprache als die Gebirgsfinnen gehabt, welche diese erlernt hätten, obgleich sie noch heutigen Tages sehr wenig sprachlich begabt sind und schlecht norwegisch sprechen. Soweit kann es also nicht zweifelhaft sein; aber schlimmer wird es, wenn es dann heißt, daß sie mehr Sprachen als eine haben und „von ihrer Sprache haben sie indessen noch eine andere zum Gebrauch untereinander“. Es kommt mir vor, als ob die zuverlässigen Beispiele, die Qvigstad [1909] davon anführt, daß die Lappen im Anfang des 18. Jahrhunderts die Gewohnheit gehabt, sich ein Kauderwelsch zu bilden, eine natürliche Erklärung dieser Stelle gebe [vgl. auch Magnus Olsen, 1909]. Andr. M. Hansens Auslegung [1907 und 1909], daß hier die ursprüngliche Muttersprache der Seefinnen (die er „Skridfinnisch“ nennt) gemeint sei, welche von der Sprache, die sie mit den Gebirgslappen gesprochen, ganz verschieden gewesen, läßt sich nicht mit den Worten des Originals in Einklang bringen, denn dann müßten sie zwei Muttersprachen gehabt haben; es heißt ja ausdrücklich, daß die andere Sprache ihre eigene war, die sie untereinander sprachen; falls dies nur die Sprache der

Gebirgslappen war, so war es ja gar nicht ihre eigene, und sie hatten auch keinen Grund sie untereinander zu sprechen. Ich fasse die Stelle so auf: „von ihrer [eigenen] Sprache haben sie auch eine andere [d. h. eine andere Form, Variante oder ein Kauderwelsch] zum Gebrauch untereinander, die [nur] einige [von ihnen] verstehen können". Wie aber daraus hervorgehen sollte, daß „es gewiß ist, daß sie neun Sprachen haben", ist schwer zu erklären; denn selbst dann, wenn wir mit Hansen annehmen, daß 9 ein Schreibfehler sei und es 3 heißen müsse, wird die Sache nicht besser, denn sie haben sich „untereinander selbst" jedenfalls nicht aller drei Sprachen, auch des Norwegischen, bedient. Es ist wahrscheinlich genug, daß, wie auch sowohl Hansen wie Magnus Olsen angenommen haben, dabei an die Hexenkünste der Finnen gedacht sein mag; man muß dann voraussetzen, daß die neun Sprachen ein in jener Zeit allgemeinverständlicher Ausdruck war, der keiner näheren Erklärung bedurfte, den neun Zungen der giftigen Schlange vergleichbar [vgl. M. Olsen, 1909, S. 91]. Die Neunzahl war bei den Heiden eine heilige Zahl, wie sich auch aus Adams von Bremen Erzählung von den alle neun Jahre in Upsala stattfindenden Götterfesten ergibt, bei denen neun männliche Exemplare alles Lebenden vorgeführt wurden usw. Thietmar von Merseburg spricht von dem Opferfest, das jedes neunte Jahr um die Mittwinterzeit in Leire gefeiert wurde usw. Vgl. auch die Neunzahl bei den Griechen, z. B. Apollos Besuch bei den Hyperboreern jedes neunte Jahr, I, 18.

137 (S. 246) Man beachte die Ähnlichkeit zwischen dieser Stelle und der Besprechung der Finnen in der Historia Norwegiae (I, 220).

138 (S. 247) Ottars Angabe, daß er 600 Renntiere besitze, ist, wie O. Solberg [1909, S. 127] betont, ein Beweis gegen die Richtigkeit der Annahme Andr. M. Hansens, daß die von Ottar erwähnten Finnen die Renntierhaltung durch Nachahmung der Viehhaltung der Norweger erlernt hätten und daß sie die Renntiere im Sommer hätten im Gebirge weiden lassen, zum Winter aber die Tiere zusammengetrieben und sie zu Hause gefüttert hätten; es würde nicht angegangen sein, mit mehreren hundert Renntieren auf diese Weise fertig zu werden, sie hätten dann wenigstens in so viele kleine Herden geteilt sein müssen, daß ein einziger Besitzer undenkbar ist. Große Renntierherden aus vielen Tieren müssen halbwild gewesen sein, und man wird sie damals auf ähnliche Weise gehalten haben, wie es bei den Renntieren der Gebirgslappen heutzutage geschieht.

139 (S. 251) Gregor von Tours Gesta Francorum; die alten angelsächsischen Gedichte Beowulf, Widsid u. a.

140 (S. 251) Zeuß, 1837, S. 501; Müllenhoff, 1889, S. 18 fg., 95 fg.; A. Bugge, 1905, S. 10 fg.

141 (S. 251) Vgl. H. Zimmer [1891, 1893, S. 223] und A. Bugge [1905, S. 11 fg.]. In einer Lebensbeschreibung des heiligen Gilda auf einer Insel bei Wales [Vita Gildae, auctore Carodoco Lancarbanensi, S. 109] heißt es, er sei durch Seeräuber von den Orkadischen Inseln ausgeplündert worden, die, wie wir annehmen müssen, norwegische Wikinger gewesen sind. Dies wäre demnach im 6. Jahrhundert geschehen; aber die Handschrift ist aus dem 12. Jahrhundert. Die Insel Serk, im Osten von Guernsey, wurde, nach den Miracula Sancti Maglorii, Kap. 5, von den Normannen verwüstet [A. de la Borderie, Histoire de Bretagne, Critique des

Sources, III, 13, S. 236]. Dieser Teil der „Miracula" ist, nach Borderie, vor 851 verfaßt; doch schon zu Lebzeiten des Heiligen (im 6. Jahrh.) hat, wie die „Miracula" berichten, ein Angriff der Normannen stattgefunden (Kap. 2). Es ist behauptet worden [vgl. Vogel, Die Normannen und das Fränkische Reich, 1896, S. 353], daß es sich dabei um sächsische Seeräuber gehandelt habe; aber gewiß mit Unrecht.

142 (S. 251) Vgl. Zeuß, 1837, S. 477 fg.; Müllenhoff, 1889, S. 19.

143 (S. 252) Wie ungeheuer langsam eine solche Entwicklung geht, zeigt die Geschichte des Steuerruders. Die ältesten ägyptischen Boote wurden durch zwei große Ruder (zum Rudern) hinten gesteuert. Diese Ruder wurden später in zwei Steuerruder, eines auf jeder Seite, verwandelt. Viel später, in der Wikingerzeit, finden wir nur ein Steuerruder auf Steuerbord, aber beinahe auf dieselbe Weise wie die zwei Steuerruder auf den ägyptischen und griechischen Schiffen befestigt. Endlich gegen Schluß des Mittelalters wurde das Ruder ganz hinten auf dem Hintersteven befestigt. Aber der „Styrvold" auf dem Nordlandboot („Femböring" und „Otring") hat noch mit der Ruderpinne des Steuerruders auf den Wikingschiffen viel Ähnlichkeit.

144 (S. 255) An nordischen Schiffs- und Bootstypen könnte er am meisten an die Fjord- und Nordlandjachten im westlichen und nördlichen Norwegen erinnern, und auch an die Prahme, die man jetzt im südöstlichen Norwegen benutzt. Es ist ja denkbar, daß diese Zeichnungen einen sehr alten, der Nordlandjacht ähnlichen Bootstypus repräsentieren.

145 (S. 258) Professor Gustafson erzählte mir, daß er im Sommer 1909 in Irland eine Darstellung eines Schiffes in einem großen Steingrabe gesehen habe, die mit einer skandinavischen Felsenzeichnung Ähnlichkeit haben könnte; er hielt es aber nicht für erwiesen.

146 (S. 259) Professor G. Gustafson hat in den letzten Jahren viele norwegische Felsenzeichnungen für die Universität zu Kristiania untersucht und abgebildet. Das I, 254 wiedergegebene Bild ist nach einer Photographie, die er mir freundlicherweise überlassen hat.

147 (S. 263) Aber der Name Wiking ist auch so erklärt worden, daß er von einem keltischen Worte stamme und Krieger bedeute [vgl. A. Bugge].

148 (S. 265) Vgl. P. A. Munch, I, 1852; Müllenhoff, II, 1887, S. 66; IV, 1900, S. 121, 467, 493 fg.; Much, 1905, S. 124, 135; Magnus Olsen, 1905, S. 22; A. Bugge, 1906, S. 20.

149 (S. 265) H. Koht [1908] hat die Möglichkeit hervorgehoben, daß der Name Hålöiger (Háleygir), „Leute von Hålogaland", derselbe sein könne wie der des Vandalenstammes der Lugier, die ungefähr um das Jahr 100 herum zwischen dem Oberlauf der Elbe und dem der Oder wohnten. Durch die Hinzufügung der Vorsilbe Há- würden sie als die hochgewachsenen Lugier bezeichnet. Hallinger oder Haddingjar können, wie Moltke Moe meint, von einem andern Vandalenstamme, den Hasdingi (gotisch Hazdiggôs), abstammen, welche ihren Namen von dem gotischen *hazds, „langes Haar", hatten [vgl. Müllenhoff, IV, 1900 S. 487; Much, 1905, S. 127]. Es ist wohl auch möglich, daß der Name Skiringssal in Vestfold mit den Skiren in Ostgermanien in Verbindung gestanden hat [vgl. Munch, 1852].

150 (S. 267) O. Irgens [1904] meint, daß die Norweger schon sehr früh einen Kompaß (Leidarstein, d. h. eine durch einen Magnetstein magnetisierte Nadel, die mit Hilfe eines Strohhalms oder eines Spans auf Wasser in einer Schale schwammen) gehabt haben können, vielleicht bereits vom 11. Jahrhundert an; ja er hält es nicht für ausgeschlossen, daß der Leidarstein noch viel früher durch arabische Kaufleute nach dem Norden gelangt sein kann. Aber die sich oft wiederholenden Äußerungen der Sagas, daß sie bei Nebel und mißlichem Wetter (ohne die Himmelskörper zu sehen) auf dem Meere umhertrieben und nicht wußten, wo sie waren, scheint mir gegen jene Ansicht zu sprechen.

151 (S. 269) O. Irgens hat die Möglichkeit hervorgehoben, daß sie durch Merkzeichen auf der Ruderbank die Länge des Schattens des Bootrandes messen und mittels einer Schale Wasser bestimmen konnten, wann das Boot horizontal lag, und daß sie so auch auf See eine ziemlich zuverlässige Messung der Sonnenhöhe ausführen konnten. Ferner denkt er sich, daß die Norweger aus Südeuropa oder aus geplünderten Klöstern die Sanduhr kennen gelernt haben könnten und infolgedessen auch imstande gewesen seien, auf See die Länge des Tages annäherungsweise zu messen. Aber es sind keine Berichte darüber bekannt, die dies beweisen können.

152 (S. 273) G. Storm, Monumenta Historica Norvegiae, 1880, S. 8 fg.

153 (S. 274) R. Meißner [1902, S. 43 fg.] meint, daß sie zwischen 1260 und 1261 geschrieben seien.

154 (S. 279) Vgl. Vigfússon, 1856, I, S. 186; P. A. Munch, 1860; J. E. Sars, 1877, I, S. 213; A. Bugge, 1905, S. 377 fg. Gegen diese Auffassung ist Finnur Jónsson, 1894, II, S. 188.

155 (S. 283) Es ist denkbar, daß diese Mitteilung mit einer Insel in Verbindung steht, die im Jahre 1422 südwestlich von Reykjanes erschien und die später wieder verschwand [Th. Thoroddsen, 1897, S. 89 fg.].

156 (S. 284) Siehe Grønlands historiske Mindesmærker, Bd. III, S. 250; F. Jónsson, 1899, S. 322.

157 (S. 284) Anstatt der Worte „ein klein wenig nach Südwesten segeln" steht in einigen Handschriften: „man steuere dann nach Südwesten".

158 (S. 284) Vgl. Björnbo und Petersen, 1909, S. 186.

159 (S. 290) In der Österbygd gab es einen Ravnsfjord (Hrafnsfjördr); wahrscheinlich ist hier derselbe gemeint, da er mit dem Eirikfjord zusammen genannt wird.

160 (S. 291) Wir wissen wenig darüber, ob sich die alten Nordmänner auf ihren langen Reisen mit haltbaren Lebensmitteln haben ausrüsten können; sie nahmen gesalzenes Fleisch mit, und es ist wahrscheinlich, daß sie während der Überwinterung oft an Skorbut erkrankten und daran starben, was auch die Erzählungen andeuten. Fleisch und Fische konnten sie sich durch Jagd und Fischfang meistens frisch verschaffen; schlimmer stand es mit Mehlwaren; daran war auf Island wohl nie Überfluß, und es war sicherlich keine Veranlassung, große Vorräte dieser Art mitzunehmen; aber ganz ohne Kohlehydrate haben sie in der Regel nicht gut leben können, da diese als notwendig zur gesunden Ernährung eines Europäers angesehen werden. Die Milch kann ihnen genügend Ersatz dafür gegeben haben, und wir sehen denn auch, daß sie meistens Vieh mitnahmen. In dem Bericht

über Ravna-Flokis Islandfahrt heißt es ausdrücklich, daß das Vieh im Winter starb (s. S. 278), und dies war wohl der Grund, weshalb man annimmt, daß sie im nächsten Sommer hätten wieder heimziehen müssen; man sieht daraus, welch wichtiger Umstand dies war. Wahrscheinlich hat auch Erik auf seiner ersten Fahrt nach Grönland Vieh mitgenommen, und er hat dann vor allem einen festern Aufenthalt drinnen in den Fjorden nehmen müssen, wo das Vieh Weide fand; doch wird er wesentlich von Jagd und Fischfang gelebt haben. Er muß ein tüchtiger Fänger gewesen sein.

[161] (S. 297) Edda Snorra Sturlusonar Hafniæ, 1848, I, S. 686, 688.

[162] (S. 304) Falls die Gunnbjörnschären an der Ostküste lagen, war Gunnbjörn Ulfsson der Erste, der dorthin kam; doch, wie bereits erwähnt (S. 283), befanden sie sich wohl eher in der Nähe des Kap Farvel, falls die Reise überhaupt historisch ist.

[163] (S. 304) Dieser Zug hängt offenbar mit irischen Sagen zusammen, mit denen diese Saga auch in andern Punkten Ähnlichkeit zeigt. Es heißt in der Floamannasaga [vgl. Grønl. hist. Mind., II, S. 118]: „Sie waren sehr durch Durst „heruntergekommen; aber nirgends gab es Wasser in der Nähe. Da sagte Starkad: Dies habe ich gehört, daß Leute taten, wenn es das Leben galt, nämlich, daß „sie Wasser der See mit Urin gemischt haben. Sie nehmen nun den Schöpfeimer „..... bereiten diese Mischung und baten Thorgils um Erlaubnis, sie zu trinken. „Er sagte, es sei wohl verzeihlich, aber er wolle es weder verbieten, noch gestatten. Doch als sie trinken wollten, bat Thorgils sie, ihm den Eimer zu reichen, „er wolle ihren Trunk segnen [oder auch: über dem Gefäße reden], sagte er. Er „nahm ihn in Empfang und sprach dann: ‚Du, arges Scheusal, das unsere Reise „verzögert, sollst es nicht so weit bringen, daß ich oder andere unsere eigenen Ausleerungen trinken werden!‘ In demselben Augenblick flog ein Vogel, der einem „jungen Alk am ähnlichsten war, mit einem Schrei vom Boote weg. Thorgils „leerte nun den Schöpfeimer über Bord aus. Dann rudern sie weiter und erblicken „fließendes Wasser und nehmen sich soviel, wie sie brauchen, und das geschah spät „am Tage. Jener Vogel flog vom Boote nordwärts. Thorgils sagte: ‚Spät hat „dieser Vogel uns verlassen, möchte er doch nun alles Teufelzeug mit sich genommen „haben; wir aber müssen froh sein, daß er das nicht bewirkt hat, was er wollte.‘“

Auf Brandans erster Seereise in der irischen Erzählung Betha Brenainn usw. oder Imram Brenaind (ungefähr um das 12. Jahrhundert, vgl. Zimmer, 1889, S. 137, 319) litten die Seefahrer eines Tages so großen Durst, daß sie dem Tode nahe waren. Da sahen sie herrliche Wasserstrahlen von einem Felsen herabrieseln. Die Genossen fragten Brandan, ob sie von dem Wasser trinken dürften. Er riet ihnen vorher den Segen darüber zu sprechen; doch, als dies geschehen war, hörten die Strahlen auf zu fließen, und sie erblickten den Teufel, der das Wasser von sich gab und die Menschen tötete, die davon tranken. Die See wurde über dem Teufel geschlossen, damit er von nun an niemand mehr etwas Böses zufüge. Die Ähnlichkeit ist auffallend: beide verschmachteten vor Durst und hätten beinahe Urin getrunken, die Isländer ihren eigenen, und die Iren den des Teufels. Sie fragen ihre Führer — die Isländer den Thorgils, die Iren den Brandan —, ob sie trinken dürfen. Die Führer wollen in beiden Fällen, daß erst der Trank gesegnet werde. In beiden Fällen erblicken sie dann den Teufel, die Isländer in Gestalt eines Vogels, der aufschreit und sie endlich verläßt, um sie nicht länger zu quälen, und die Iren sehen den Teufel in seiner eigenen Gestalt, der Wasser abschlägt und dann in der See verschwindet, um keinem mehr etwas Böses zuzufügen. Die isländische Erzählung ist teilweise unzusammenhängend und unverständlich, wird aber durch Vergleichung mit der irischen erklärlich; man sieht auch, wenn beide nebeneinander gehalten werden, daß zwischen dem Vogel (dem Bösen) und dem Getränk ursprünglich ein gewisser Zusammenhang bestanden haben kann, der sonst unverständlich bleibt. Die isländische Erzählung kann, durch Verdrehung und Zurechtlegung bei mündlicher Verbreitung, aus der irischen Sage entstanden sein.

164 (S. 305) Vgl. Grønl. hist. Mind., Bd. II, S. 656.

165 (S. 306) Vgl. Grønl. hist. Mind., Bd. II, S. 662.

166 (S. 306) Vgl. Grønl. hist. Mind., Bd. II, S. 684 fg.

167 (S. 308) Vgl. Islandske Annaler, herausgegeben von G. Storm, 1888, S. 50, 70, 142, 196, 337, 383.

168 (S. 308) Vgl. G. Storms Nachweise hierüber, 1888 a, S. 263 fg.; 1887, S. 71 fg.

169 (S. 308) Im Kopierbuch des Bischofs Gissur Einarsson (der von 1541—1548 Bischof war) heißt es allerdings als Zusatz zu den alten Kursvorschriften nach Grönland: „Kundige Männer haben gesagt, daß man nach Nyaland von den „Krysuvikbergen aus südwestwärts segeln müsse" (diese Berge lagen auf der Halbinsel Reykjanes), (siehe Grønl. hist. Mind., Bd. III, S. 215 und G. Storm, Historisk Tidsskrift, 1888, S. 264); aber einer Richtungsangabe in einer 260 Jahre alten Tradition läßt sich kaum viel Gewicht beilegen, sie kann durch spätere Mißverständnisse leicht verändert oder „verbessert" worden sein.

170 (S. 311) Grønlands historiske Mindesmærker, Bd. III, S. 222—224.

171 (S. 315) Vgl. G. Storm, 1891, S. 7; Grønl. hist. Mind., I, S. 361.

172 (S. 318) Der Mathematiker und Kosmograph Jacob Ziegler († 1549) legt in seiner Schrift „Scondia" (gedruckt in Straßburg im Jahre 1532) das Vorgebirge Hvitserk (Hvetsarg promontorium) auf 67° nördl. Br. [vgl. Grønl. hist. Mind., III, S. 500, 503]. Dies kann die gewöhnliche Verwechslung mit Blåserk sein. Es paßt zufällig gar nicht übel auf den Ingolfsberg, der auf 66° 25′ nördl. Br. liegt.

173 (S. 319) In den Walkendorffschen Zusätzen zu Ivar Bårdssons Mitteilungen über Grönland heißt es Hvitserk, was eine Verwechslung mit Blåserk sein kann; es wird hinzugefügt: „und da wird als gewiß gesagt, daß es dort nicht 30 Uger „Söes [d. h. norwegische Seemeilen] nach dem Lande sind, welchen Weg man „auch ziehen wolle, sei es nach Grönland oder nach Island" [s. Grønl. hist. Mind., III, S. 491]. Dies gibt einen auffallend richtigen Abstand. In Björn Jónssons „Grønlands Annaler" (vor 1646 geschrieben) wird erzählt, daß Herr Einar Snorrason, Priester auf Stadarstad am Snäfellsnes (er wurde dort im Jahre 1502 Priester) einen großen Zwölfruderer besaß, der, mit getrocknetem Kabeljau beladen, von Öndverdarnes [der Westspitze von Snäfellsnes] losgerissen wurde „und ins Meer hinaustrieb, so daß sie die beiden Gletscher sahen, wie

„einst Gunnbjörn, den Snäfellsgletscher und auch den Bláserk in Grönland; sie „sind also dem Eiriksfurs (Eirikssteſnu) nahegekommen" [Grønl. hist. Mind., I, S. 123]. Also dieselbe Vorstellung, daß man beide Gletscher zugleich sehen könne, die man auch in Björns Werk bei der Schilderung der Reise des Gunnbjörn Ulfsson (s. S. 285) findet.

174 (S. 320) Vgl. Grønl. hist. Mind., III, S. 843. Kapitän Graah brachte den Stein im Jahre 1824 mit nach Dänemark.

175 (S. 320) Vortrag im Altertumsverein in Stockholm, 13. März 1905. Vgl. die Zeitung „Svenska Dagbladet" vom 14. März 1906. Diese Hinweisung verdanke ich Professor Magnus Olsen.

176 (S. 320) Vgl. A. Bugge, 1898, S. 506. Infolge eines Druckfehlers steht dort 17. Jahrhundert anstatt 14.

177 (S. 322) S. auch über die Reise nach Greipar und den Aufenthalt Geächteter dort den 5. und 6. Gesang derselben Dichtung in Grønl. hist. Mind., II, S. 522 fg.

178 (S. 323) Rittmeister Isachsen [1907] hat diesem Ausdruck (den er nach Grønl. hist. Mind. mit „langer und schwieriger Seeweg" wiedergibt, während dort „mikit og lángt sjóleiði" steht) viel Gewicht beigelegt, um zu beweisen, daß die Nordrsetur weit im Norden gelegen haben müssen. Aus dem Text selbst ersieht man aber, daß diese Vorstellung einer langen Seereise dem Skald-Helge-Liede (das sich ähnlicher Ausdrücke bedient) entnommen ist, welches Lied neuern Ursprungs und folglich nicht so zuverlässig ist, daß man derartige Schlußfolgerungen darauf basieren könnte. Ferner war, nach dem Liede selber, Skald-Helge in der Österbygd beheimatet, und von dort nach Holstensborg auf 67° nördl. Br. war es „ein großer, langer Seeweg".

179 (S. 323) Dies ist ganz entschieden ein Schreibfehler anstatt bygðar sporðr (das Ende von [Grönlands] Besiedlung), wie in den erhalten gebliebenen Skáld-Helga Rimur (s. I, 322) steht.

180 (S. 325) Vgl. Grønl. hist. Mind., III, S. 226; F. Jónsson, 1899, S. 319.

181 (S. 325) Diese Fjordnamen sind in der ursprünglichen Handschrift vielleicht so undeutlich gewesen, daß Björn Jónsson sie nicht hat lesen können und deshalb diese Worte eingeschoben hat [vgl. Grønl. hist. Mind., III, S. 233].

182 (S. 326) So heißt der Berg in einer isländischen Übersetzung, und das dürfte dem Namen des ursprünglichen norwegischen Textes am nächsten kommen. In den verschiedenen dänischen Handschriften heißt der Berg Hemeuell Radszfielt (älteste Handschrift), Hammelrads F., Himmelradsfjeld usw. In einer Handschrift, die sonst als die zuverlässigste gilt, heißt er Hemelrachs Fjeld, und man hat gewöhnlich angenommen, daß damit ein himmelhoher Berg gemeint sei [vgl. Grønl. hist. Mind., III, S. 259]. Wie später erwähnt werden wird, ist der wirkliche Name des Berges möglicherweise Himinroð (Himmelsrot, Sonnengold) gewesen oder vielleicht auch Himinrgð (Himmelwall).

183 (S. 328) Man müßte dann glauben, daß Hunenrioth mit dem norwegischen hun (Riese) zusammenhinge (das heutzutage zum Teil zur Bezeichnung des Teufels gebraucht wird). Der Name könnte sich dann auf das mythische Risa-

land oder Jotunheim, im Norden des Meeresbotns und im Nordosten Grönlands, beziehen. Der letzte Teil (-rioth) des Namens ist aber in dieser Verbindung schwer zu erklären.

[184] (S. 328) Professor Moltke Moe hat mich auf diese Erklärung des Namens gebracht. Man könnte auch denken, daß das Land des Abendrots im Westen, also Amerika, damit gemeint sei, aber es sähe den Nordländern nicht ähnlich, einem Land einen solchen Namen zu geben. Möglich ist es, daß der Name mit rǫð (Gen. raðar, Erdrücken, Rahe) zusammenhing und Himmelsrücken oder Himmelswall bedeutete. Weniger wahrscheinlich ist, daß -rioth oder -rað von zweisilbigen Wörtern, wie roða (Stange, später Kreuz, Angelsächsisch rod, Neuenglisch rood) oder dem dichterischen Ausdruck róði (Wind, Sturm) kommen sollten. In dem Werk O. Ryghs „Norske Gaardnavne" (Norwegische Gehöftsnamen), XVI, Nordlands Amt [herausgeg. von K Rygh, 1905, S. 334] findet man einen Hofnamen Himmelstein (in Buksnes), der im Jahre 1567 Himmelstand, Himmelstaa (von 1610 an: -sten) geschrieben wurde. K. Rygh schreibt darüber: „Himmel" kommt manchmal in Bergnamen vor; so hat man etwas weiter „nördlich auf der Grenze zwischen Buksnes und Borge die hohen ‚Himmeltinder'. „Es liegt nahe, diesen Namen ebenso wie den des dänischen Himmelberges „als Bezeichnung eines sehr hohen Berges aufzufassen . . . ." Professor Torp hat mich auf die Ähnlichkeit mit dem Ochsen Himinhrjotr bei dem Jotun Hymer in der Snorra-Edda aufmerksam gemacht; aber die Annahme, daß ein Berg nach dem Eigennamen eines Tieres genannt worden sein sollte, liegt doch etwas fern.

[185] (S. 329) Rafn läßt in den Grønl. hist. Mind., III, S. 881—85 irrtümlicherweise diese beiden Landesteile durch die ganze Baffinsbai getrennt sein, obwohl sie in den alten Berichten zusammen unter dem gemeinsamen Namen Nordrsetur angeführt werden. Das Land Greipar verlegt er ungefähr auf 67° nördl. Br., aber die Krókskjardarheidr macht er zum Land am Lancastersund auf 74° nördl. Br. und verlegt sie folglich nach der andern Seite der mit Eis angefüllten Baffinsbai.

[186] (S. 330) Vgl. Islandske Annaler herausgeg. von Storm, S. 120 u. a.; Grønl. hist. Mind., II, S. 754, 762. Wie Finnur Jónsson hervorgehoben hat [1893, S. 539], sind die meisten der in den grönländischen Gräbern gefundenen Särge mit Holznägeln zusammengefügt. Es wird auch erzählt, daß (um 1129) aus einem gestrandeten norwegischen Schiff alle eisernen Nägel und Bolzen sorgfältig herausgezogen worden seien.

[187] (S. 330) Nachdem vor einigen Jahren dieses Kapitel geschrieben war, erschien eine vortreffliche Abhandlung von O. Solberg über die Grönland-Eskimos in vorgeschichtlicher Zeit [1907]. Darin ist der Verfasser hinsichtlich der Ausdehnung der Nordrsetufahrten nach Norden zu sehr ähnlichen Schlußfolgerungen gelangt wie ich; aber er will den Kroksfjord im Süden der Diskobucht liegen lassen, weil er meint, daß die Grönländer mit den dort wohnenden Eskimos nicht zusammengetroffen seien. Diese Ansicht erscheint mir nicht berechtigt; ich finde es im Gegenteil wahrscheinlich (wie später erwähnt werden wird), daß die Grönländer mit den Eskimos in Verkehr gestanden haben.

[188] (S. 330) Auf zwei kleinen Inseln im Jonessund fand Otto Sverdrup verschiedene Steine, zu je dreien, die offenbar von Menschenhänden zum Schutz brütender Eidervögel aufgestellt und in ähnlicher Weise zusammengesetzt waren, wie er es aus dem nördlichen Norwegen her kannte. Rittmeister Isachsen [1907] meint, daß sie von den alten Norwegern in den grönländischen Ansiedlungen stammen können, und sieht in ihnen einen Beweis der Möglichkeit, daß der Jonessund der Kroksfjord gewesen sein könne. Hierauf dürfte aber kein besonderes Gewicht zu legen sein, denn man hat sonst kein Anzeichen gefunden, daß Europäer sich am Jonessund aufgehalten haben, wohl aber viele Spuren, daß dort Eskimos gewesen sind. Falls wir nicht glauben wollen, daß letztere aus irgendeinem Grunde die Steine aufgestellt haben, ist die Annahme, daß zufällig dorthin gekommene Fänger sie in neuerer Zeit aufgestellt haben können, ebenso wahrscheinlich, wie die Annahme, daß sie den alten skandinavischen Grönländern zuzuschreiben seien.

[189] (S. 332) Diese Stelle scheint mir unklar, und hier können Flüchtigkeitsfehler oder Mißverständnisse der verschiedenen Abschreiber vorliegen. So, wie es jetzt dasteht, dürfte man darunter verstehen, daß alles bekannte Land und die bekannten Gletscher unter den Horizont gesunken waren, während der Gletscher (d. h. das Firnfeld oder das Inlandeis), den sie vor sich sahen, sich so weit südwärts an der Küste entlangzog, wie sie sehen konnten. Der Ausdruck „südlich von ihnen" ist natürlich nicht als genau im Süden der Stelle, wo sie sich befanden, aufzufassen, sondern eher als südwärts an der Küste entlang, von dem Teil an, vor welchem sie lagen; dies bestätigt auch der Ausdruck „soweit sie sehen konnten", der sich nur auf eine Küste beziehen kann, an der sie nach Süden entlang schauten.

[190] (S. 334) Dort steht, daß diese Inseln im Süden des Snäfell lagen; aber wo dieser Berg lag, wissen wir nicht. In der Saga Eiriks des Roten heißt es, daß Eirik den dritten Sommer (siehe I, 290) „ganz weit nach Norden nach dem Snäfell und in den Ravnsfjord hinein" gefahren sei. Ob dies derselbe Berg Snäfell war, ist unsicher, aber sehr wohl möglich, während man in dem Ravnsfjord wohl zunächst denselben sehen muß, der in der Österbygd unweit des Hvarfs lag.

[191] (S. 335) Vgl. Grønl. hist. Mind., III, S. 885.

[192] (S. 338) Finnur Jónsson [1901, II, S. 648] meint, daß sie um 1200 herum geschrieben sei, was mir aber sehr unwahrscheinlich dünkt.

[193] (S. 338) Gudbrand Vigfusson [1878, I, S. LIX fg.] ist der Ansicht, daß die Saga Eiriks des Roten und die Grönlendings-þáttr des Flateyjarbuchs ganz unabhängig voneinander auf mündlichen Überlieferungen beruhen, die im Westland am Breidafjord, wo die erstere geschrieben wurde, und im Nordland, woher die letztere kommt, ganz verschieden gewesen sind.

[194] (S. 342) Thorbjörn Vivilsson kam, der Sage zufolge, im Jahre 999 aus Island nach Grönland, in demselben Sommer, als Leif nach Norwegen fuhr. Seine Tochter Gudrid wurde später Thorstein Eirikssons Gattin. Die ausführliche Mitteilung über das bei dieser Gelegenheit benutzte Schiff und die später auf Thorfinn Karlsevnes Reise benutzten Schiffe, zeigt, wie wenig Schiffe es damals in Grönland

(und Island) gab und daß die Männer, welche Schiffe besaßen, in hohem Ansehen standen. Nach der Saga Eiriks des Roten scheinen wir annehmen zu können, daß Leifs Schiff nach seiner letzten Reise nicht mehr seetüchtig gewesen ist, da wir nichts mehr davon hören. Dies mag auch der Grund gewesen sein, weshalb er keine weiteren Reisen gemacht hat; falls das Schweigen über diesen Punkt nicht an der zusammengeflickten Natur der Saga liegt. Im Flateyjarbuch dagegen wird erzählt, daß es nicht Thorbjörn Vivilssons, sondern Leifs Schiff gewesen sei, das zuerst Thorvald und nachher Thorstein benutzt habe.

195 (S. 346) Es kann nach den Worten annehmbar erscheinen, daß diese Inseln — oder diese Insel (?) — zur Vesterbygd gehörten. Hätten sie in der Nähe des Lysefjords gelegen, so hätte, wie Storm meint, Karlsevne sich wohl zuerst dorthin begeben, weil seine Gattin Gudrid dort ein Gehöft besaß, das ihr Thorstein vererbt hatte, und weil er viel von dort hätte mitnehmen können. Aber schon der Name Bjarneyjar deutet auf eine nördlichere Lage hin, da die südliche Vesterbygd (der Distrikt Godthåb) auch damals der bärenärmste Teil der Küste gewesen sein muß. In Björn Jónssons „Grǫnlandiæ vetus Chorographia" wird eine Biarney (oder -eyiar) erwähnt, wohin man vom Lysefjord aus nach zwölftägiger Ruderfahrt gelangte [vgl. I, 325], und da dies die einzigen Inseln (oder Insel?) dieses Namens sind, die an der Westküste Grönlands irgendwo erwähnt sind, so spricht viel dafür, daß beide Male dieselbe Stelle gemeint ist.

196 (S. 347) „Dœgr" war 12 Stunden (Tag oder Nacht, vgl. I, 309). Aber mag es sich um 12 Stunden, oder um Dœgn (= 24 Stunden) handeln, diese Entfernungsangabe ist ebenso, wie die späteren, unmöglich. Sie konnten von Grönland nach Labrador oder selbst nach dem Baffinslande nicht in zweimal 12 Stunden und nur sehr schwer in zweimal 24 Stunden segeln. Nach der Handschrift im Hauksbuch „segelten sie von dort [d. h. den Bjarneyjar] zwei Dœgr „nach Süden. Da erblickten sie Land." Es läßt sich denken, daß dies so zu verstehen wäre, daß er der Breitengradunterschied zwischen diesem Lande und dem Ausgangspunkt der zweimal zwölfstündigen Reise gewesen wäre. Allerdings heißt es in der Rymbegla [1780, S. 482], daß zwei Zwölfer Seemeilen oder zwei Breitengrade ein „Dœgur sigling" [d. h. eine zwölfstündige Segelfahrt] seien, zwei Dœgr wären also vier Grad. Aber wenn man nachher sieht, daß es von dem gefundenen Lande nach Markland (Newfoundland?) ebenfalls nur zwei Tagereisen waren, dann werden diese Abstände doch unmöglich. [Vgl. G. Storm, 1888, S. 32—34; Reeves, 1895, S. 173]. Reeves meint, daß tvau [zwei] ein Schreibfehler sein könne und es eigentlich sjau [sieben] haben heißen sollen (aber im Hauksbuch ist zwei mit einer römischen „II" geschrieben). Aller Wahrscheinlichkeit nach hat diese Wiederholung derselben Entfernung, also zwei Dœgr Segelreise, nach jedem der drei neuen Länder, mit der Wirklichkeit gar nichts zu tun; sie erinnert so sehr an Märchenstil und die stereotype Sagenrechnung, daß wir eher glauben müssen, daß sie daraus entlehnt worden ist. Storm meint, daß es, da man sich Island auf demselben Breitengrad wie die Vesterbygd und Vinland auf demselben Breitengrad wie Irland dachte, natürlich dieselbe Entfernung zwischen der Vesterbygd und Vinland hätte werden müssen wie zwischen Island und Irland, und letztere wurde auf 5 (oder 3?) Dœgr veranschlagt. Indessen sind es

nach der Saga Eiriks des Roten nicht 5, sondern 6 Dœgr zwischen den Bjarneyjar und den Furðustrandir [vgl. Storms Ausgabe 1891, S. 32]. In der Abschrift im Hauksbuch sind freilich 2 Dœgr zwischen den Björneyar und Helluland, 2 Dœgr zwischen diesem und Markland angegeben, und „von dort segelten sie eine ganze „Weile am Lande entlang nach Süden und kamen an eine Landspitze . . . . .“; aber auch dieser Umstand, daß beim dritten Male die Entfernungen nicht angegeben sind, lenkt den Gedanken wieder auf das Märchen hin; es wird auch hier nicht gesagt, daß der Abstand zwischen der Vesterbygd und Kjalarnes 5 Dœgr betragen habe.

[197] (S. 348) Der Name kommt von furða (Warnungszeichen, Wunder, Grauen); furðu (Gen. Sing.) vor ein Adjektiv und Adverb gesetzt bedeutet zunächst „außerordentlich“ (furðu góðr = außerordentlich gut). Wie der Furðustjarna (der Wunderstern) andere an Größe und Leuchtkraft übertraf, kann man bei der Benennung dieser Ufer daran gedacht haben, daß sie insofern außerordentlich seien, als sie andere Ufer an Länge übertrafen, also sozusagen endlose Strande waren; aber wahrscheinlicher ist es wohl, daß der Name ursprünglich Wunderstrande bedeutet hat, an denen es wunderbare Dinge gab, und die oben angeführte Auffassung hat sich erst später gebildet. In Örskog, Sunnmöre, gibt es einen Gehöftnamen Fúrstranda (mit langem, geschlossenem ú). K. Rygh [„Norske Gaardnavne“, XIII, 1908, S. 155] bemerkt darüber: „Das erste Glied ist wohl der Baumname fura [Föhre], ob „gleich die Aussprache mit dem geschlossenen langen ú auffallend ist . . . . . .“

[198] (S. 348) Auf den Färöern (Kodlafjord auf Straumsey) ist ein Kjal(ar)nes, dessen Ursprung der Name eines Mannes „Kjölur à Nesi“ sein soll [J. Jakobsen, 1898, S. 147]; aber wahrscheinlich ist wohl der Name der Landspitze das Ursprüngliche und die Sage von einem Kjölur erst später entstanden. Von Ortsnamen, deren zweites Glied -nes ist, sagt O. Rygh [Norske Gaardnavne, Vorwort und Einleitung, 1898, S. 68]: „Häufig ist das erste Glied ein Wort, das Naturverhält„nisse auf oder bei dem ‚Nes‘ [Landspitze] bezeichnet . . . . . . Recht oft bezieht sich das „Vorderglied auf die Form des ‚Neses‘, seine Umrisse, seine größere oder geringere „Höhe, seine Länge usw. . . . . Personennamen sind in diesen Zusammensetzungen „nicht gewöhnlich . . . . . .“ In Norwegen sind Namen mit Kjöl- (-nes, -berg, -stad, -set usw.) sehr häufig; sie können entweder auf den männlichen Namen Þjóðolfr (der jetzt oft „Kjölv“, „Kjöl“ oder „Kjöle“ lautet) zurückzuführen sein oder auf das „kjóll“ masc. = „Schiff“ der altnordischen Dichtersprache oder auf „kjǫlr“ (Gen. kjalar) = Kiel in Schiffen und, übertragen, „Bergrücken“ [vgl. O. Rygh, Norske Gaardnavne, I, 1897, S. 269; IV, 2, herausgeg. von A. Kjär, 1902, S. 57; VI, herausgeg. von A. Kjär, S. 237; XIII, herausgeg. von K. Ryhg, 1908, S. 344]. Unser obengenanntes Kjalarnes muß ohne Zweifel von dem letzten herstammen. In Tanen, östlich von Berlevåg, ist ein Kjölnes; auf Island, gleich nördlich von Reykjavik an der Mündung des Faxafjords, ist ein Kjalarnes.

[199] (S. 356) Dergleichen wird in den Grönlendinga-þattr nicht erzählt, dagegen heißt es dort über den ersten Winter auf Karlsevnes Reise, daß das Vieh droben auf dem Lande weidete, „aber bald geschah es, daß die Männchen (graðfe) schwer zu regieren und sehr aufdringlich wurden“.

[200] (S. 358) Herausgegeben von P. A. Munch und C. R. Unger, Kristiania, 1853, S. 57.

²⁰¹ (S. 359) E. H. Lind: Norsk-Isländska dopnamn, S. 283. Moltke Moe hat mich auf diesen Zug der vielen heidnischen Namen aufmerksam gemacht.

²⁰² (S. 360) Seine Gattin heißt Sigríðr, bildet also eine Ausnahme, aber in den Grönlendinga-þáttr heißt sie Grimhildr; der Name schwankt also. Überdies wird ein Höriger Garði erwähnt, aber als Höriger konnte er nicht nach einem Gotte genannt sein.

²⁰³ (S. 360) Recht eigentümlich ist es, daß sie in der Kapitelüberschrift im Hauksbók þuríðr, im Text aber Guðríðr genannt wird (vgl. Storm, 1891, S. 23; Grønl. hist. Mind, I, S. 392].

²⁰⁴ (S. 361) Es ist vielleicht mehr als eine zufällige Ähnlichkeit, daß in den klassischen Sagen drei Inselgruppen, die Gorgaden, die Hesperiden und die Insulae Fortunatae, im Westen Afrikas lagen. Marcianus Capella sagt, daß man in zwei Tagen nach den Gorgaden segle, dann kamen die Hesperiden und außerdem die Insulae Fortunatae. Plinius hat auch zwei Tage nach den Gorgaden; jenseits dieser Inseln lagen, nach ihm, zwei Hesperiden, und er sagt auch, daß zu den Hesperischen Äthiopiern zwei Segeltage seien usw. In der Schilderung der Reise Bjarne Herjolfssons, die wir im Flateyjarbók finden und die noch mehr reines Märchen ist, segelt dieser zwei Tage von dem ersten Land, das er fand (= Vinland), nach dem zweiten (= Markland), dann drei Tage nach dem dritten (= Helluland) und schließlich in vier Tagen nach Grönland.

²⁰⁵ (S. 362) Gehen wir davon aus, daß eine Dögr-Fahrt gleich 2 Breitengraden oder 30 norwegischen Seemeilen (24 alte Seemeilen) ist, so sind es, wie die Karte (I, 361) zeigt, ungefähr vier Dögrfahrten von Grönland nach dem nächsten Punkte Labradors (und nicht zwei). Von den Bjarneyjar nach Markland wären es, der Saga zufolge, vier Dögrfahrten; aber die Karte zeigt, daß es von der Vesterbygd an Labrador entlang nach Newfoundland zwischen acht und zehn Dögrfahrten sind. Auf die Entfernung zwischen Newfoundland und Kap Breton dagegen könnten zwei Dögrfahrten besser passen.

²⁰⁶ (S. 365) Man muß natürlich vorsichtig damit sein, in allen solchen Trilogien Märchen zu sehen. Als warnende Beispiele lassen sich die Tatsachen anführen, daß die Norweger sich auf Hjaltland, den Orkneys und den Süderinseln niederließen und erst die Färöer, darauf Island und dann Grönland auf ähnliche Weise gefunden haben, wie sie von dem letzterwähnten Land aus Helluland, Markland und Vinland entdeckt haben sollen. Auf der Ostküste Grönlands gab es drei Gletscher usw. Doch in der Saga Eiriks des Roten sind der Dreizahl-Zufälle so viele, sie sind zum Teil so eigentümlich und die Sage erweist sich in so hohem Grad als eine Zusammensetzung aus Anleihen, daß es naheliegt, die Dreizahl als aus der Märchendichtung stammend aufzufassen.

²⁰⁷ (S. 366) Vgl. Ungers Ausgabe, Kristiania, 1862, S. 292.

²⁰⁸ (S. 367) Vgl. Andreas Austlid, Sinklar-soga, S. 21 (Oslo, 1899). H. P. S. Krag, Sagn samlede i Gudbrandsdalen om slaget ved Kringlen den 26 de august 1612, S. 19 (Kristiania, 1838).

²⁰⁹ (S. 367) Ivar Kleiven, I gamle Daagaa, Forteljingo og Bygda-Minne fraa Vaagaa, S. 63 (Kristiania, 1907).

[210] (S. 368) Es heißt, daß er Þyrsku gesprochen habe. Die Lautähnlichkeit kann hier zu der Frage Veranlassung geben, ob man sich ihn nicht ursprünglich als Türken gedacht habe (vgl. Wildtürken, I, 367), was sich schon aus dem Namen schließen lassen würde.

[211] (S. 368) Auffallenderweise heißt es von diesem Tyrker, daß er „brattleitr" sei (d. h. ein flaches, steiles Gesicht habe); dies ist in der altnorwegischen Literatur die einzige Stelle, an der dieses seltene Wort vorkommt. Die einzige Verbindung, in der Moltke Moe es in unserer Zeit im Gebrauch gefunden hat, war mit Askeladden im Saetersdal verknüpft [vgl. auch H. Roß], wo es heißt: „Oskefis va au brasslaitte" (Roß meint, daß es hier bedeute: „steif in der Haltung, voller Selbstgefühl, selbstgerecht"). Sollte es nur ein Zufall sein, daß dieses seltene Wort gerade von dem Märchenhelden, der ein Glückspilz ist, und von dem glücklichen Finder der Trauben, an denen er sich trunken ißt, in der Sage gebraucht wird.

[212] (S. 370) Moltke Moe hat mich auf Ähnlichkeiten in dem wallisischen Märchen von Kulwch und Olwen mit diesen Läufern aufmerksam gemacht. Darin wird von zwei schnellfüßigen Rittern und den beiden Dienern (Yskyrdav und Ysendydd) der Königin Gwenhwyvar, „die ebenso schnellfüßig waren wie der Gedanke" und, drittens, Arthurs merkwürdigem Spürhunde Kavall (in älteren Handschriften Cabal geschrieben) erzählt. [Vgl. H. Heyman, Mabinogion, 1906, S. 80, 82, 101, 103; J. Loth, Les Mabinogion, I u. II.] Von Tjalve sagt die Snorra-Edda, daß er fóthvatastr (der Schnellfüßigste) sei und in Utgard mit dem Gedanken (Hugi) um die Wette gelaufen sei. Dieser Zug ist irisch, wie von Sydow [1910] nachweist. Er ähnelt den beiden Dienern („schnellfüßig wie der Gedanke") des wallisischen Märchens. Die Läufer in der Saga Eiriks des Roten sind auch Kelten, und das deutet schon auf einen Zusammenhang hin.

[213] (S. 375) W. Brede Kristensen, Een of twee boomen in het Paradijsverhaal. Theologisch Tijdschrift, 1908, S. 218.

[214] (S. 376) Es hat in dieser Verbindung weniger Interesse, inwiefern diese Inselnamen der Odyssee ursprünglich mit Inseln im Mittelmeer zusammengehangen haben [vgl. V. Bérard, 1902, I] oder nicht; in der Schilderung des Gedichtes sind sie jedenfalls ganz mythisch geworden.

[215] (S. 378) C. Sallusti Crispi Historiarum Reliquiae. Ed. Bertoldus Maurenbrecher, Lipsiae, 1891, S. 43 fg.

[216] (S. 378) L. Annaeus Florus, Epitome rerum Romanum, ex editione J. Fr. Fischeri, Londini, 1822, Band I, S. 278 fg.

[217] (S. 379) Lytton, The Odes and Epodes of Horace. London, 1869.

[218] (S. 381) Vgl. Johannes Peschel, 1878. Moltke Moe hat mich auf diese Abhandlung aufmerksam gemacht; Peschel irrt sicherlich, wenn er davon ausgeht, daß alte Vorstellungen, wie die vom Schlaraffenland, das Ursprüngliche sind, woraus sich die Vorstellungen von den glücklichen Gefilden der Verstorbenen, den Inseln der Seligen (den Elysischen Gefilden) erst später entwickelt haben. Es verhält sich damit ganz entschieden umgekehrt.

[219] (S. 381) J. N. Wiese, Beskrivelse over Spydeberg Præstegjæld. Christiania, 1779—1780. Im Anhang „Norsk Ordbog", S. XIII: Fyldeholmen

= Schlaraffenland. J. Aasen [1873] hat „Fylleholm" in der Redensart „fara til Fylleholmen" (zu einem Trinkgelage gehen), aus Sogn und andern Gegenden. Sie muß mit jenem Märchenland zusammenhängen. H. Roß (1895) gibt aus Smålenene „Fylleholm" an. Danach scheint die Vorstellung in Norwegen verbreitet gewesen zu sein.

[220] (S. 382) In Hauks Landnámabók kommt der Name Vin(d)land an noch einer Stelle [Kap. 175] vor, und zwar in Verbindung mit Karlsevne, der es gefunden haben soll; aber dies wird im Sturlubók nicht gesagt und dürfte ein späterer Zusatz sein (vgl. I, 358).

[221] (S. 383) Vgl. Zimmer, 1889, S. 257, 261; Kuno Meyer, 1895, I.

[222] (S. 383) In der irischen christlichen Legende Imram Maelduin gelangen die Seefahrer an zwei Inseln, die Insel der Jammernden mit Klagetönen und die Insel der Lachenden. Beider Inseln wird auch in der Imram Curaig Ua Corra erwähnt [vgl. Zimmer, 1889, S. 160, 171, 188, 189]. Sie hängen entschieden mit griechischen Vorstellungen zusammen, wie wir sie bei Theopomp von den Flüssen Hedone und Lype in dem fernen Lande Meropis finden (siehe I, 18; vgl. auch die Quellen der Wollust und des Lachens auf Lukians Seliger Insel in der Vera Historia). Es mag auch noch mit der Insel der Jammernden zusammenhängen, daß Saxo Grammaticus in der Einleitung seiner dänischen Geschichte sagt, daß man vermeine, in dem Tosen des Treibeises gegen die isländische Küste die klagenden Stimmen der verdammten Seelen zu hören, die in dieser grimmigen Kälte ihre Sünden abbüßen müssen.

[223] (S. 384) Diese irischen Vorstellungen eines glücklichen Frauenlandes decken sich übrigens in mancher Hinsicht mit unserem Huldenglauben und den deutschen Venusbergsagen, da die Huldin, wie Frau Venus oder ursprünglich Frau Holle oder Holda [vgl. J. Grimm, 1876, II, S. 780], Männer in ihren Berg lockt, sie verführt und sie lange bei sich behält; indessen ist das sinnliche Element in den germanischen Sagen viel gedämpfter und weniger hervortretend. Es kann als wahrscheinlich erscheinen, daß das irische Weiberland auch irgendwie mit der fern im Meere liegenden Grotteninsel Ogygia der leidenschaftlichen, schönhaarigen Nymphe Kalypso in der Odyssee [V, 135 fg.; VII, 254 fg.] zusammenhängt. Ebenso wie die Männer in den irischen Sagen weder altern noch sterben, wenn sie ins Frauenland gelangt sind und wie die Königin dort die Männer nicht wieder ziehen lassen will (vgl. Maelduin), so wollte auch Kalypso ihren Odysseus behalten und ihn „zu einem unsterblichen Manne und künftig ewig jungem" machen. In gleicher Weise altern auch die Männer nicht, die zur Huldin in den Berg kommen, und es scheint ihnen noch schwerer zu werden, wieder hinauszukommen, als Weibern, die in den Berg hineingelockt worden sind. (Es ist dies ein allgemein vorkommender Zug, daß sie nicht altern oder daß lange Zeit vergeht, ohne daß sie es in ihrem Freudentaumel merken. Auch Lukian erzählt, daß diejenigen, die nach seiner Insel der Seligkeit kommen, dort nicht älter werden, als sie bei ihrer Ankunft waren.) Odysseus sehnt sich heim, gleich einem der Leute Brans (und gleich Maelduins Begleitern, den in den Berg gelockten Männern der germanischen Huldensagen usw.), und erhält auch schließlich ebenso, wie Brans Begleiter, die Erlaubnis fortzuziehen. Kalypso bedeutet „die verborgene" (von kalypto = durch Verhüllen

verbergen, einhüllen) und entspricht also unseren Hulden (= die Verborgenen, vgl. hulda, etwas, das deckt, verbirgt, verhüllt), und der deutschen Frau Holle oder Holda (= Huldin). Es sind genau dieselben Wesen wie das irische Sidvolk, das auch aus Unsichtbaren besteht, und die Frauen in Tír na-m-Ban, der Insel in oder unter dem Meere, die ganz unserem Huldenland (siehe später) gleicht.

Es läßt sich ferner denken, daß zwischen den Vorstellungen, die in einzelnen irischen Sagen vom Jungfrauenland — wo es keine Männer gibt, und wo die Jungfrauen nach dem benachbarten Männerlande (Tír na-Fer) gehen müssen, um einen Gatten zu erhalten [vgl. Zimmer, 1889, S. 269] — und den Vorstellungen von der keltischen Priesterinnen- oder Fraueninsel Sena an der Küste der Bretagne — wo, nach Dionysios Periegetes, Bacchantinnen nächtliche Orgien feierten, deren Boden aber kein Mann betreten durfte, so daß die Frauen (wie die Amazonen) zu den Männern auf der gegenüberliegenden Küste fahren mußten und wieder zurückkehrten, nachdem sie mit jenen verkehrt hatten — auch irgendein Zusammenhang besteht. Ähnliche Vorstellungen von Inseln, auf denen Frauen und Männer getrennt sind, kommen schon in alten indischen Sagen vor.

224 (S. 384) Vgl. Zimmer, 1889, S. 287; Whitley Stokes, Revue Celtique, XV, Paris, 1894, S. 437 fg.; F. Lot, Romania, XXVII, 1898, S. 559.

225 (S. 385) Vgl. Lageniensis, 1870, S. 116; Zimmer, 1889, S. 263, 279.

226 (S. 385) In einer irischen Sage wird erzählt, daß der Held Ciaban landflüchtig nach Trág in-Chairn (dem Strande der Steinmale) zieht [vgl. Zimmer, 1889, S. 271]. Dies könnte an Helluland erinnern (?).

227 (S. 385) In dem Bericht über die Reise Maelduins, der älter ist als die Navigatio (s. I, 362 fg.) kommt ein ähnlicher gewaltiger Vogel vor, der auch einen Ast mit Weintrauben ähnlichen Schalenfrüchten trägt, die seltsame Eigenschaften haben; aber dort gibt es keine Weintraubeninsel [vgl. Zimmer, 1889, S. 169].

228 (S. 385) In der damals gebräuchlichen lateinischen Bibelübersetzung, der Vulgata (Nr. XIII, 24 fg.), heißt es: „Und sie zogen direkt nach dem Tale der Trauben, schnitten einen Weinzweig mit seiner Traube ab, und zwei Mann trugen sie auf einer Stange. Auch Granatäpfel und Feigen nahmen sie von diesem Orte mit, der da heißet Nehel-escol, das heißt Tal der Traube, weil die Kinder Israels die Traube von dort wegtrugen."

229 (S. 387) Aus Frankreich kennt man ein Gedicht über Brandan, nach der Navigatio, schon aus dem Jahre 1125, das der Königin Aëlis von Loewen gewidmet ist [vgl. Gaston Paris, La Littérature Française en Moyen-Age, Paris, 1888, S. 214].

230 (S. 387) Die Iren machten in ihren Seereisenerzählungen einen Unterschied zwischen Imram, einer freiwilligen Reise, und Longes, einer unfreiwilligen, gewöhnlich wegen Verbannung. In der isländischen Literatur gibt es diesen Unterschied zwar nicht, aber die Reisen sind dort oft auf Ächtung wegen Totschlags oder anderer Verbrechen zurückzuführen, vgl. Ganger-Rolfs Reise, Ingolfs und Hjorleifs Reise nach Irland, Snäbjörn Galtis und Rolf von Raudesands Reise nach den Gunnbjörnschären, Eiriks des Roten Reise mit seinem Vater von Norwegen und nachher von Island und noch andere. Björn Breidvikinge-Riese war ebenfalls gezwungen,

Island wegen seiner unerlaubten Liebe zu der Schwester des Goden Snorre zu verlassen. Die Übereinstimmung kann selbstverständlich auf Zufall beruhen, aber in Verbindung mit den vielen andern Ähnlichkeiten zwischen irischer und isländischer Literatur ist sie dennoch erwähnenswert.

231 (S. 387) Vgl. Zimmer, 1889, S. 168; Joyce, 1879, S. 156.

232 (S. 387) Diesen Weinfrüchten in der Imram Maelduin entsprechen möglicherweise die weißen und purpurroten scaltae, die in der Navigatio Sancti Brandani die niedrige baumlose Insel, „Insel der starken Männer" genannt, bedecken [Schröder, 1871, S. 24]. Brandan drückte eine der roten, ballgroßen Früchte zusammen und erhielt dadurch 1 Pfund Saft, wovon er und die Brüder sich zwölf Tage ernährten. Es ließe sich denken, daß diese weißen und roten scaltae auf der flachen Meeresinsel mit Lukians (siehe oben) Wasserfischen (die wohl weiß waren) und Weinfischen (welche die Purpurfarbe des Weines hatten) zusammenhängen könnten. Die Bedeutung des Wortes scaltae (scaltis) ist noch nicht festgestellt. Schröder sagt „Meerschnecken"; Professor Alf Torp meint, daß es ein keltisches Wort sein müsse, und nennt als eine Möglichkeit das Wort scalt (gespalten). In diesem Falle könnte die Frucht eine in zwei Schalen „gespaltene" Muschel gewesen sein.

233 (S. 390) D'Avezacs Ansicht [1845, S. 9], daß dies ein Nachhall des Umstandes sei, daß Teneriffa [vgl. auch De Goeje, 1891, S. 61] auf den Karten des Mittelalters Isola dell' Inferno geheißen, ist unhaltbar, weil die Kenntnis, die die Phöniker von den Kanarischen Inseln gehabt hatten, in jenen Zeiten längst vergessen war und erst nach ihrer Wiederentdeckung durch die Italiener, ungefähr um das Jahr 1300, die Insel Teneriffa auf der Mediceerkarte von 1351 den Namen Isola dell' Inferno erhielt. In der klassischen Literatur findet man auch nicht die geringste Andeutung, daß eine der Kanarien als vulkanisch gegolten hat, dagegen scheint die Nivaria (d. h. die Schneeinsel) des Plinius Teneriffa mit ihrem schneebedeckten Pik gewesen zu sein.

234 (S. 392) Jens Lauritzön Wolfs Norrigia Illustrata, 1651.

235 (S. 393) Vgl. John M. Kemble, The Dialogue of Salomon and Saturnus, London, 1448, H. 198. Moltke Moe hat meine Aufmerksamkeit auf diese merkwürdige Stelle gelenkt.

236 (S. 394) W. Mannhardt, Germanische Mythen, Berlin, 1858, S. 460fg. Vgl. Vita Merlini, besonders die Verse über die „Insula pomorum, qvae Fortunata vocatur" (die Apfelinsel, die man Fortunata nennt) [San-Marte, 1853, S. 299, 329]. Avallon klingt merkwürdig ähnlich wie die Bernsteininsel Abalos (s. I, 72 und Anm. 45) des Pytheas.

237 (S. 395) Nachdem das oben Mitgeteilte in der norwegischen Angabe schon gedruckt war, hat Professor Moltke Moe meine Aufmerksamkeit darauf hingelenkt, daß nach isländischen Quellen der isländische Häuptling Gellir Thorkelsson, Großvater des Are Frode in Roskilde, in Dänemark, 1073 n. Chr., nach einem langen Krankenlager starb. Er befand sich auf der Heimkehr von einer Pilgerfahrt nach Rom. Adams Buch wurde in den Jahren zwischen 1072 und 1075 geschrieben, und er erhielt Mitteilungen vom „Winland" von vornehmen Dänen. Das Zusammentreffen ist hier so merkwürdig, daß aller Wahrscheinlichkeit nach eine Ver-

bindung gewesen ist. Es ist Gellir Thorkelssons Sohn, Thorkel Gellesson, der als Quelle der ersten Erwähnung Vinlands in der isländischen Literatur (in Landnámabók und wahrscheinlich auch in Íslendingabók) angegeben wird, und nach dem Landnámabók scheint er seine Mitteilungen von Irland durch andere Isländer erhalten zu haben.

[238] (S. 395) Ganz sicher ist es übrigens nicht, daß Vínland (mit langem i) die ursprüngliche Form des Namens gewesen ist, obgleich es wahrscheinlich ist, weil er in den erhalten gebliebenen Handschriften der beiden ältesten Quellen: Adam von Bremen (Winland) und Are Frodes Íslendingabók (Vínland) nur in dieser Form vorkommt. Aber man darf vielleicht nicht übersehen, daß in den ältesten isländischen Handschriften — und den ältesten Quellen nach Are und Adam — folgende Bezeichnungen gebraucht werden: in Hauks Landnámabók heißt es Vindland hit goða (und zwar an den beiden Stellen, wo seiner erwähnt wird), im Sturlubók Irland et goda, in der Kristnisaga (vor 1245) wahrscheinlich Vindland hit goða [vgl. F. Jónsson, Hauksbók, 1892, S. 141], und in der Grettissaga (um 1290, handschriftlich aber aus dem 15. Jahrhundert) wird Thorhall Gamlason, der mit Karlsevne fuhr, an einer Stelle Vindlendingr und an einer anderen Viðlendingr genannt. Es ist auffallend, daß der Name so oft verkehrt geschrieben wurde; man muß unsicher gewesen sein, wie man ihn aufzufassen hatte. Dazu kommt, daß in keiner dieser ältesten Quellen von Wein die Rede ist, ausgenommen bei Adam von Bremen, der Isidor wiederholt; nach ihm stoßen wir erst in der Saga Eiriks des Roten auf ein Vínland mit dem Wein. Daher könnte man denken, daß es ursprünglich ein anderer Name gewesen sei. Die Grönländer könnten z. B. im Westen ein Land mit Bäumen gefunden haben, das sie Viðland (Baumland) genannt hätten. Durch Einwirkung der Saga von dem „Großen Lande" (Tír Mór) der Iren konnte dies leicht in Víðland (= das große Land, I, 384) übergehen; letzteres aber konnte wieder durch die Vorstellungen von dem Weine (von den Glücklichen Inseln her), wie bei Adam von Bremen, zu Vínland werden. Eine Parallele zu solcher Lautveränderung haben wir in der Veränderung des Wortes viðbein (Schlüsselbein) in vinbein. Eine Form wie Vindland kann durch Vermengung der beiden erwähnten Formen oder auch durch Verwechslung mit dem Namen des Wendenlandes entstanden sein. Ein Name von dem alten Worte vin (Weide) ist kaum denkbar, da das Wort schon vor dem 11. Jahrhundert nicht mehr gebräuchlich war; überdies müßte man dann die Form Vinjarland erwarten. In der Schrift des Are Frode, die wir nur durch spätere Abschriften (aus dem 17. Jahrhundert) kennen, könnte der ursprüngliche Name leicht in Übereinstimmung mit der späteren Auffassung verändert worden sein. Aber es ist wohl am wahrscheinlichsten, daß Vínland die ursprüngliche Form gewesen ist und daß die Varianten der Unsicherheit in der Auffassung zuzuschreiben sind. Man kann sich überdies recht gut denken, daß es zwei Formen des Namens gegeben hat, auf ähnliche Weise wie z. B. Draumkväde auch Drangkväde genannt wird; oder mehrere Namen können zusammengekommen sein, um ihn zu bilden, wobei dann die Lautähnlichkeit und die Ähnlichkeit in den Eigenschaften entscheidend gewesen wären.

[239] (S. 397) Vgl. Peder Claussön Friis, Storms Ausg., 1881, S. 298; A. Helland, Nordlands Amt, 1907, S. 59, II, S. 467 fg. Yngvar Nielsen (1905)

hat auf die Ähnlichkeit zwischen dem Zusatze hit Góða zu Vinland und dem Namen Landegode in Norwegen geachtet; doch weil er von Peder Claussön ausgeht, faßt er auch das erstere als Tabu-Namen auf. K. Rygh (Norske Gaardnavne, XVI, Nordl. Amt, 1905, S. 201) meint, daß P. Claussöns Erklärung des Namens Jomfruland in allen drei Fällen richtig sei, daß „norwegische Seeleute, „wenn sie unter Segel waren, es aus Superstition und des Omens wegen nicht „eher mit dem schon damals üblichen Namen Jomfruland benannten, als bis sie „daran vorbeiwaren." „Es ist wohl oder war jedenfalls ein ganz verbreiteter Aber„glaube unter den Seeleuten und den Fischern, daß sie, wenn sie sich auf See befanden, „verschiedene Dinge nicht mit ihren gewöhnlichen Namen nennen dürften, vermut„lich ein Überbleibsel des heidnischen Glaubens an böse Geister, deren Macht man „entrinnen zu können hoffte, wenn man sie nicht dadurch auf sich aufmerksam machte, „daß man ihren eigenen Namen oder Gegenstände nannte, an welche ihre bösen „Absichten sich knüpften, während man sie dadurch besänftigen zu können hoffte, „daß man sich statt der eigentlichen Namen schmeichlerischer bediente. Die drei „Inseln liegen alle so in der Fahrstraße, daß sie den Küstenfahrern älterer Zeiten „mehr als gewöhnlich gefährlich gewesen sein müssen." Hans Ström meinte indessen in seiner „Beskrivelse over Søndmør" [Sorö, 1766, II, S. 441], daß Landegod auf Sunnmör so genannt worden sei, weil es das erste Land sei, an welchem man hinter Stad vorbeifahre, und daß man es Svinö genannt habe, weil Schweine dort, besonders in alten Zeiten, zum Weiden ausgesetzt worden seien (vgl. I, 408); übrigens gibt er als Namen der Insel auch Storskjär an.

240 (S. 399) V. Bérards Erklärung [1902, I, S. 579], daß Phäaken (Φαιακες) Leukadier, die weißen Leute, bedeute und von dem semitischen Beakim (von b. e. q. „weiß sein") komme, erscheint mir nicht überzeugend.

241 (S. 400) Vgl. J. Grimm, D. M. II, 1876, S. 692 fg., III, 1878, S. 248 fg.

242 (S. 401) Vgl. J. A. Friis, Ordbog for det lappiske sprog. Christiania, 1887, S. 254; J. Qvigstad, 1893, S. 182; Moltke Moes Mitteilungen in A. Helland, Finmarkens Amt, 1905, II, S. 261.

243 (S. 401) Vgl. Moltke Moes Mitteilungen in A. Helland, Nordlands Amt, 1907, II, S. 430.

244 (S. 401) Vgl. W. Grimm, Kleinere Schriften, I, S. 468.

245 (S. 402) Rietz, Svensk Dialekt-Lexikon, 1867.

246 (S. 402) Es dürfte auch erwähnenswert sein, daß ebenso wie bei Landegode draußen vor Bodö eine Björnö (Björnö-Leuchtturm) liegt, auch von einer Bjarn-ey bei Markland auf dem Wege nach Vinland hit góða erzählt wird. Es kann natürlich reiner Zufall sein, aber es mag auch ein Zusammenhang vorliegen.

247 (S. 402) Vgl. P. A. Säve Hafvels och Fiskarens Sagor, spridda drag ur Gotlands Odlingssaga och Strandallmogens Lif. Wisby, 1880.

248 (S. 403) Norske Gaardnavne, Vorwort und Einleitung, 1898, S. 39.

249 (S. 403) O. Nicolaysen, Fra Nordlands Fortid, Kristiania, 1889, S. 30 fg.

250 (S. 405) Diese überraschende etymologische Erklärung der alten phönikischen Sageninseln der Hesperiden ist offenbar einer Verschmelzung der Schafinsel Brandans mit den Mitteilungen des Plinius [Hist. Nat., VI, 36] über die Purpurinseln

bei Afrika (in der Nähe der Hesperiden) zuzuschreiben, die König Juba entdeckt und wo er das Färben mit gätulischem Purpur gelernt haben soll. Die Vorstellung von dem versunkenen Lande Atlantis an der Stelle, wo jetzt das Mare Concretum ist, kann mit der griechischen Mythe zusammenhängen, die bei Plutarch (siehe Anm. 101, 113) angeführt wird und nach welcher Kronos gefesselt in tiefem Schlafe liegt auf einer Insel im Nordwesten im Kronischen Meer (gleich dem Mare Concretum), wo auch das große Festland war und wo das Meer dick und schlammig ist.

[251] (S. 406) Vgl. A. Guichot y Sierra, 1884, I, S. 296; Dumont d'Urville, Voyage autor du monde, I, S. 27. Dieselbe Vorstellung, daß die Insel sich entfernt, wenn man sich ihr zu nähern versucht, tritt auch in Lukians Beschreibung der Insel der Träume auf [in der Vera Historia].

[252] (S. 406) Vgl. P. Sébillot, 1886, S. 348.

[253] (S. 406) Vgl. Harriet Maxwell Converse, Iroquois Myths and Legends. Education Departement Bulletin. Nr. 437, Albany, N. Y., Dezember, 1908, S. 31 fg.

[254] (S. 407) Daß ich auf diese Mitteilungen aufmerksam geworden bin, verdanke ich dem Redaktionssekretär Gunnar Olsen. Ähnliche Sagen gibt es auch in Japan vgl. D. Brauns, Japanische Märchen und Sagen, 1885, S. 146 fg.

[255] (S. 408) Grønlands hist. Mind., I, S. 144 fg., 157 fg.

[256] (S. 408) Es gehört zu demselben Vorstellungskreise wie dem, daß die Toten bei Nacht aus ihren Gräbern steigen oder aus der Unterwelt heraufkommen, aber wieder hinab müssen, wenn der Tag graut, oder daß die Erdgeister (Troll) vor dem ersten Strahle der Morgensonne ihr Versteck aufgesucht haben müssen. So kommt auch der gefallene Helge Hundingsbane zu Sigrun und schläft mit ihr im Hügel; aber sobald sich der Morgenhimmel rötet, muß er heimreiten, denn er „muß sein im Westen der Windhjelmsbrücke, eh' Salgofnir (der Hahn in Walhalla) das Siegervolk weckt". Es ist bereits hervorgehoben worden (I, 399), daß schon die Phäaken der Odyssee bei Nacht segeln.

[257] (S. 409) Nach der Guta-saga aus dem 13. Jahrhundert.

[258] (S. 409) Vgl. Moltke Moes Mitteilungen in A. Helland, Nordlands Amt, 1907, II, S. 512 fg. In Brincks Descriptio Loufodiae [1676, S. 11] heißt es von dem Sagenlande Utröst in Nordland, daß es Huldeland genannt werde.

[259] (S. 410) Vgl. F. Lot, Romania, 1898, S. 530. Moltke Moe hat mir auch diese eigentümliche Erzählung mitgeteilt.

[260] (S. 410) Vgl. P. Crofton Crooker, 1828, II, S. 259 fg.

[261] (S. 411) Vgl. „Lageniensis", 1870, S. 114 fg., 294; Joyce, 1879, S. 408. V. Bérard [1902, I, S. 286] erklärt den Namen Ispania (Spanien) der Römer als Ableitung aus einer semitischen (phönikischen) Wurzel sapan (verbergen, bedecken); jener Name würde „die Insel der Verborgenen" bedeuten, womit man, seiner Meinung nach, ursprünglich die Insel der Kalypso, die er an der afrikanischen Küste bei Gibraltar lokalisieren will, gemeint haben soll. Die Erklärung erscheint mir sehr anfechtbar; wenn aber wirklich etwas daran sein sollte, so ist es merkwürdig, daß das reiche Silber- und Goldland Spanien einen Namen haben sollte, der an die Huldenländer (die Länder der Verborgenen) erinnert.

[262] (S. 411) Vgl. E. B. Tylor, Primitive Culture, 1891, II, S. 63 fg.

[263] (S. 412) Asbjörnsen, Huldre-Eventyr og Folke-Sagn, 3. Ausg., S. 343 fg.: „Tuftefolket på Sandflæsen". Vgl. auch Moltke Moes Referat in A. Helland, Nordlands Amt, I, S. 519 fg.

[264] (S. 412) Der Name „Lycko-Pär", Glückspeter, in Schweden zur Bezeichnung eines Menschen, der „Glück hat" [Th. Hielmqvist, Fornamn och Familjenamn med secundär användning i Nysvenskan, Lund, 1903, S. 267], ist von dem dänischen „Lykke-Per", Glückspeter, gekommen und gehört nicht hierher, da er ein rein literarisches Erzeugnis ist.

[265] (S. 412) Der Nisse, das Wichtelmännchen, bringt in Norwegen Glück. Der „Lycko-nisse" in Småland in Schweden ist ein „glückbringendes Heinzelmännchen. Wird auch manchmal von artigen kleinen Kindern gesagt" [Th. Hielmqvist, 1903, S. 224].

[266] (S. 412) Vgl. Moltke Moes Mitteilungen in A. Helland, Nordlands Amt, 1907, II, S. 596 fg.

[267] (S. 415) Vgl. Grønl. hist. Mind., III, S. 216, 220; G. Storm, 1887, S. 12. Der letzte Teil (in Parenthese) steht nicht in der ältesten Handschrift.

[268] (S. 418) Storm ist der Ansicht, daß Sir William Alexanders „red wine beries" von der Südostküste Nova Scotias (aus dem Jahr 1624) Weintrauben gewesen seien; aber dies ist sehr unsicher.

[269] (S. 419) Vinber (Trauben) erwähnen in der ganzen isländischen Literatur nur die Bibelübersetzung Stjórn, die Grönlendiga-þáttr und ein Brief (Dipl. Norv.), worin von ihnen als Rosinen oder getrockneten Trauben die Rede ist. Außerdem wird vínberjakǫngull (Traubenbüschel) in der Saga Eiriks des Roten erwähnt.

[270] (S. 419) Schübeler, Christiania Videnskabs-Selskabs Forhandlinger, 1858, S. 21 fg.; Viridarium Norvegicum, I, S. 253 fg.

[271] (S. 420) Es sei erwähnt, daß der amerikanische Botaniker M. L. Fernald kürzlich [1910] einen Versuch gemacht hat, das Vinland das Gute der Isländer im südlichen Labrador zu lokalisieren, indem er die vínber als Preiselbeeren, den ungesäten Weizen als den Strandhafer (Elymus arenarius) und másurr als „Valbirke" erklären will. Durch die Annahme, daß die vínber Preiselbeeren gewesen seien, meint er auch erklären zu können, wie es anging, daß Leif in den Grönlendinga-þáttr im Frühling sein Schiffsboot mit vínber füllen konnte (sind denn die Weinbäume, die er zur Schiffsbefrachtung fällen ließ, am Ende gar Preiselbeerkraut gewesen?). Abgesehen von dem Überraschenden, was darin liegt, daß die Isländer ein Land Vinland das Gute genannt hätten, weil dort Preiselbeeren wuchsen, ist die Erkärung auch deshalb unannehmbar, weil die Preiselbeeren weder auf altnorwegisch noch auf isländisch jemals vínber geheißen haben. Die Johannisbeeren heißen neuerdings in Norwegen und auf Island vínber, sind dort aber nicht vor dem Ende des Mittelalters bekannt geworden. Die altnordischen Völker wußten in alten Zeiten nicht, daß man auch aus andern Beeren als den schwarzen Moosbeeren, den Krähenbeeren, Wein bereiten konnte; aber solche wuchsen in Grönland genug, und es war nicht notwendig, erst nach Labrador zu fahren, um sie zu sammeln. Fernald scheint nicht beachtet zu haben, daß die

Sagas meistens den Ausdruck vínviðr (Weinbaum) oder auch vínviðr und vínber zusammen gebrauchen, was nur Weinranken und Weintrauben heißen kann. Die Erklärung der sich selber säenden Weizenfelder scheint mir auch nicht glücklicher zu sein. Es ist ungereimt, daß die Isländer diese als etwas Vinland so sehr Charakterisierendes angeführt hätten, wenn der Weizen nur der Strandhafer gewesen wäre, den sie von Island her so gut kannten. Daß mit dem másurr der Sagas nur „Valbirke" (Birken-Maserholz) gemeint ist, dürfte dagegen möglich sein. Doch hiervon abgesehen, wie läßt sich die Sagabeschreibung des Vinlandes — wo kein Schnee fiel, beinahe gar kein Frost war, das Gras kaum welk wurde und das Vieh den ganzen Winter hindurch sich selber im Freien ernähren konnte — mit Labrador vereinigen? Oder, wo soll man dann Markland und Helluland, Furðustrandir und Kjalarnes suchen? Zusammenhängender wird die Reisebeschreibung dadurch auch nicht. Man wird daher sehen, daß selbst dann, wenn Professor Fernald mit seiner Erklärung der drei obenerwähnten Worte recht hat, nicht viel damit gewonnen ist; und wenn wir finden, daß gerade diese Züge, der Wein und der Weizen, aus den klassischen Sagen stammen, so haben solche Erklärungsversuche weniger Interesse.

272 (S. 422) Professor Alexander Bugge hat mich darauf aufmerksam gemacht, daß Schoolcraft [1851, I, S. 85, Taf. 15] von einer Tradition der Algonkin-Indianer erzählt, nach der sie in alter Zeit einen großen, runden Stein, der in ein ungegerbtes Stück Leder genäht und am Ende eines langen Holzschaftes befestigt wurde, als Kriegswaffe gebraucht haben. Die Ähnlichkeit zwischen einem solchen Wurfgeschoß mit Schaft und den schwarzen Kugeln der Skrälinger läßt zu wünschen übrig; aber es ist nicht unmöglich, daß alte Erzählungen über etwas derartiges den Kern gebildet haben können, um welchen herum die „modernisierte" Schilderung sich auskristallisiert hat, obgleich das Ganze unsicher ist. Diese Algonkin-Tradition hat eine gewisse Ähnlichkeit mit einigen grönländischen Eskimomärchen [vgl. Rink, 1866, S. 139].

273 (S. 422) Da die Hakenbüchse damals schwerlich schon erfunden war, kann dieser sonderbare Name, wie Moltke Moe meint, von fusillus oder fugillus (ein Werkzeug zum Feuerschlagen) herkommen und „einen Menschen, der Feuer schlägt" oder „den Feuerschläger" bedeuten.

274 (S. 423) Eine eigentümliche Ähnlichkeit mit der oben mitgeteilten Schilderung des herbrestr hat Moltke Moe in dem wallisischen Märchen Kulhwch und Olwen [Heyman, Mabinogion, S. 78] gefunden, worin ein so starkes Kriegsgeschrei beschrieben wird, daß „alle Frauen, die ein Kind erwarten, in die Wochen kommen, „und die anderen so erkranken, daß die Milch in ihren Brüsten vertrocknet". Mit diesem herbrestr läßt sich auch das vábrestr vergleichen, dessen die Fostbrödrasaga erwähnt [Grønlands hist. Mind., II, S. 334, 412] und das M. Haegstad und A. Torp [Gamalnorsk Ordbok] mit „Knall, der Unglück oder große Ereignisse vorherverkündet" übersetzen (vgl. J. Aasen: „vederbrest"). Fritzner übersetzt es mit „plötzlich ertönender Knall, der Überraschung und Schrecken erregt". K. Maurer mit „Schadenknall". Es ist also zunächst etwas Übernatürliches, das Furcht erregt [vgl. Grønl. hist. Mind., II, S. 198]. Grønlands historiske Mindesmærker erwähnen in derselben Verbindung die isbrestr und jökulbrestr

in Island. Ich habe selbst auf Kaiser Franz-Josefsland gute Gelegenheit gehabt, diese Art Knalle der Gletscher zu studieren, und bin der Ansicht, daß sie durch Risse im Gletschereis entstehen, indem es sich bei Temperaturveränderungen zusammenzieht; ähnliche Knalle, aber weniger stark, hört man in dem Eise auf den Seen oder in den Fjorden, besonders bei starker Kälte. Bürgermeister H. Berner hat mir erzählt, daß in Krödsherred Knaben sogenanntes kolabrest machen, indem sie Holzkohlen auf einer Steinplatte in Glut bringen, Wasser darauf gießen und zugleich mit einem Axtrücken auf die Kohlen schlagen, wodurch ein starker Knall entsteht.

[275] (S. 424) Die hölzernen Stangen, die einmal in der Richtung der Sonnenbahn und ein andermal entgegengesetzt geschwungen werden, erscheinen unverständlich; es muß bei der Übertragung aus der Erzählung, der dieser Zug entlehnt ist, etwas ausgelassen worden sein. Das Schwingen mag auf die Kajakruder der grönländischen Eskimos zurückzuführen sein, die von fern aussehen wie Stangen, die mit der Sonnenbahn oder in entgegengesetzter Richtung geschwungen werden, je nachdem man sie von der einen oder von der andern Seite sieht. Erwähnt sei noch, daß in der ältesten Handschrift der Saga Eiriks des Roten im Hauksbók nicht trjánum, wie in der jüngeren Handschrift, sondern triom und trionum steht. Nun könnte triónum oder trjónum sowohl Stangen wie Rüssel bedeuten, und man könnte dann an die Tiermasken der Indianer oder auch an die langen Rüssel der Erdgeister oder ihre tierischen Nasen denken, die in den Märchen noch in fossilen Formen spuken, ja, im Gudbrandsdal sogar noch unter dem Namen trono (regelrechte gudbrandstalische Lautentwicklung aus dem altnorwegischen trjóna) in einem Spiel erhalten sind, bei welchem man sich ein Tierfell über den Kopf zieht und vor dem Gesicht eine lange Koboldschnauze mit zwei hölzernen Kinnbacken befestigt. Aber daß mit Rüsseln eine Kreisbewegung mit der Sonnenbahn oder gegen die Sonnenbahn ausgeführt worden sei, gibt auch keinen besseren Sinn; hier dürfte etwas verwechselt worden sein.

[276] (S. 425) Es ist beachtenswert, daß Gustav Storm, obwohl er nicht daran zweifelte, daß Vinlands Skrälinger wirklich die Eingeborenen seien, dennoch auf den hier ausgesprochenen Gedanken gekommen zu sein scheint, da er in seinem wertvollen Werke über die Vinlandfahrten [1887, S. 57, Note 1] sagt: „Es „ist indessen zu beachten, daß diese Untersuchung [die der Nationalität der „amerikanischen Skrälinger] sehr dadurch erschwert wird, daß die Skrälinger in „den alten Erzählungen überall von einem halb oder ganz märchenhaften Lichte „umgeben sind; so sind sie schon hier [in der Saga Eiriks des Roten] auf dem Weg, „Kobolde zu werden, was sie in den späteren Sagas wirklich sind. Hier ist „gewiß die Gelehrtensage über die Außengrenzen der Menschenwelt mit im Spiele „gewesen.“ In einer späteren Arbeit [1890a, S. 357] sagt er, es sei „gewiß so, „daß man im Mittelalter im Norden keine andern Menschen in Grönland und „dem südlich davon liegenden amerikanischen Lande kannte als Skrälinger, die „man aber nicht zu den richtigen Menschen rechnete und die im Lateinischen stets „mit dem Worte Pygmaei bezeichnet werden.“ War Storm auf den Zusammenhang zwischen den klassischen und irischen Sagen und den Vinlandsvorstellungen aufmerksam geworden, so mußte der weitere Schritt, die Skrälinger als ursprüngliche Sagenwesen zu betrachten, eigentlich natürlich sein.

[277] (S. 427) Es ist dies dasselbe Wort wie das altnorwegische skratti oder skrati zur Bezeichnung eines Kobolds (in der Dichtung) oder eines Hexenmeisters. Dasselbe Wort wie Skräling ist in dem heutigen Norwegisch augenscheinlich skræa „eine krankhaft zusammengeschrumpfte, knochige Person“, aus dem nordwestlichen Telemarken [H. Roß]; vgl. auch skræaleg und skræleg; weiter Skreda (Skreeaa), „eine angegriffene, kränkliche Person, ein Jammerlappen“, aus dem äußeren Nordmör [H. Roß].

[278] (S. 428) Grønl. hist. Mind., I, S. 242; G. Storm, 1891, S. 68.

[279] (S. 434) W. Thalbitzers Versuch [1905, S. 190 fg.], die Worte nicht als ursprüngliche Namen, sondern als zufällige, mißverstandene Eskimoausdrücke zu erklären, die sich über 250 Jahre hindurch fast unverändert im Volksmund erhalten haben sollten, erscheint mir sehr unwahrscheinlich.

[280] (S. 434) Moltke Moe hat mich auf die Möglichkeit eines Zusammenhangs zwischen Avalldamon und der wallisischen Sage von der Insel Avallon (der Äpfelinsel, vgl. I, 393, 410, Anm. 236), wohin die Fee Morgana den König Arthur führt, aufmerksam gemacht. Es ist auch denkbar, daß der Name mit Dämon und „Vald“ (= Gewalt, Macht) zusammenhängen kann. Die I, 434 angegebene Möglichkeit scheint indessen näher zu liegen.

Der Umstand, daß die Skrälinger in Markland Könige hatten, paßt selbstverständlich weder auf Indianer noch auf Eskimos, die ebensowenig unter Königen standen wie die Grönländer und die Isländer selber. Dagegen paßt er gerade auf die Elben und die Erdgeister. Der Ekebergkönig und andere Bergkönige sind in Norwegen bekannte Erscheinungen. Die Elben auf Island hatten einen König, der unter dem Oberkönig der Elben in Norwegen stand. Das Sidvolk in Irland, Pygmäen und Kobolde in andern Ländern (wie Wales) haben auch Könige. Daher läßt dieser Zug ebensosehr auf die Koboldnatur der Skrälinger schließen wie der Name Vætthildr.

[281] (S. 436) Es ließe sich einwenden, daß, wenn es so bestimmt heißt: „Es war „mehr Tag- und Nachtgleiche [d. h. die Halbteile der 24 Stunden, Tag und Nacht, „waren einander mehr gleich an Länge] als auf Grönland oder Island, die Sonne „hatte dort am kürzesten Tage Eyktstellung (eyktarstad) und Dagmålsstellung“ [vgl. Grønl. hist. Mind. I, S. 218; G. Storm, 1891, S. 58; 1887, S. 1 fg.], dies darauf hindeute, daß die Grönländer dort wirklich gewesen sind und dort diese Beobachtung gemacht haben. Als Stütze dieser Anschauung ließe sich auch anführen, daß nicht so sehr lange vor dem Niederschreiben des Flateyjarbuchs das Schiff aus Markland (siehe später) im Jahr 1347 nach Island kam (ungefähr 40 Jahre vorher), und von der Mannschaft dieses Schiffes konnten die Isländer eine solche Auskunft über die Länge der Tage erhalten haben. Dies kann schwerlich ganz geleugnet werden; aber dann würden sie wohl mehr Aufklärungen über Markland als über Vinland erhalten haben, und Markland wird in den Grönlendingaþáttr nur nebenbei erwähnt. Überdies war es in alter Zeit allgemein üblich, die Breitengrade durch die Länge des längsten oder des kürzesten Tages zu bezeichnen (vgl. I, 56, 66, Anm. 30 und 40), und letzteres ist den Bewohnern des Nordens wohl besonders natürlich gewesen (vgl. I, 140). Das oben Zitierte drückt demnach im allgemeinen aus, daß Vinland auf einem um so viel südlicheren Breitengrade im

Verhältnis zu Grönland lag, wie der kürzeste Tag dort länger war als hier; sie kannten keine andere Art und Weise, dies in einer Saga auszudrücken, und auch keine andere, als die hier benutzte, um die Länge des Tages zu beschreiben. Aus der Saga Eiriks des Roten geht hervor, daß man sich die Lage des Kjalarneses in gleicher Breite mit der Irlands dachte (siehe I, 351); infolgedessen müßten wir erwarten, daß Vinland auf einer südlicheren Breite läge als Südirland, dessen Breite (d. h. Länge des kürzesten Tages) sicherlich in Island wohl bekannt war. Wenn daher in einer Erzählung aus dem 14. Jahrhundert Vinlands Lage beschrieben werden soll, ist es natürlich, daß sein kürzester Tag eine Länge erhält, die nach Professor H. Geelmuyden [siehe G. Storm, 1886, S. 128; 1887, S. 6] 49° 55′ nördl. Br. oder einem noch südlicheren entsprechen würde, mit anderen Worten, dem Breitengrade Frankreichs, gerade des Landes, das die Isländer als die Heimat des Weines kannten und das sie daher naturgemäß zur Bezeichnung eines andern Vinlandes hätten benutzen müssen.

[282] (S. 439) Vgl. Grønl. hist. Mind. III., S. 220; Storm, 1887, S. 12. „Húsasnotra" wird als eine Wetterfahne oder ähnliche Verzierung auf einem Hausgiebel oder einem Schiffssteven erklärt [vgl. V. Guðmundsson, 1889, S. 158 fg.]. Die oben wiedergegebene Mitteilung zeigt, daß einer Húsasnotra viel Bedeutung beigelegt wurde, denn sonst hätte sie nicht als etwas so Merkwürdiges hervorgehoben werden können. In den Grönlendinga-þáttr [Grønl. hist. Mind., I, S. 254] steht, daß Karlsevne, als er in Norwegen war, seine Húsasnotra (von „mausurr" aus Vinland) dem Deutschen aus Bremen erst dann verkaufen wollte, als dieser ihm eine halbe Mark Gold dafür bot. Man könnte glauben, daß diese Zierde (Windfahnenstange) am Schiffsvordersteven oder auf dem Hausgiebel mit gewissen religiösen oder abergläubischen Vorstellungen verbunden gewesen sei, etwa so, wie die Hochsitzpfosten drinnen im Hause oder die Totempfähle vor den Hütten der nördlichen Indianer.

[283] (S. 443) Vgl. Storms Ausgabe, 1888, S. 19, 59, 112, 252, 320, 473.

[284] (S. 444) Vgl. G. Storm, 1887, S. 26; Reeves, 1895, S. 82.

[285] (S. 445) Vgl. Ordericus Vitalis, Hist. Eccles., III, l. X, c. 5; Grønl. hist. Mind., III, S. 428; Rafn, 1837, S. 337, 460 fg.; A. A. Björnbo, 1909, S. 206.

[286] (S. 446) Vgl. Polychronicon Ranulphi Higden etc. Rerum Britanicarum Medii Aevi Scriptores, London, 1865, S. 322; Eulogium Historiarum etc. Rer. Brit. Script., 1860, II, S. 78 fg.; W. Wackernagel, 1844, S. 494 fg.

[287] (S. 447) Vgl. Nordenskiöld, 1889, S. 3; A. A. Björnbo, 1909, S. 197, 205, 240.

[288] (S. 447) Vgl. Hammershaimb, 1855, S. 105 fg.; Rafn, Antiqv. Americ., S. 330 fg.

[289] (S. 449) Vgl. Grønl. hist. Mind., III, S. 516 fg.; Storm 1887, S. 37 fg.

[290] (S. 450) G. Storm [1890, S. 347] meint, daß in der Gripla etwas ausgelassen sei und dort stehen müsse: „suðr frá er Helluland, þá er Markland, þat er kallat Skraelingaland". Aber dies scheint mir zweifelhaft, auch würde es nicht den Umstand erklären, daß die Furðustrandir auf die Nordseite des Hellulands verlegt

werden. Wenn Storm als Grund anführt, daß Helluland nie als Sitz menschlicher Ansiedlung, sondern nur als Aufenthalt der Trolle oder Kobolde (in den späteren Märchensagas) genannt wird, so vergißt er, daß die Skrälinger Trolle (Kobolde) waren oder, wie er selbst an einer andern Stelle [1890, S. 357] hervorgehoben hat, daß die Skrälinger nicht „zu den richtigen Menschen" gerechnet wurden.

[291] (S. 454) The Menomini Indians, Fourteenth Ann. Rep. of the Bureau of Ethnology 1892—1893. Washington, 1896, Bd. I, S. 127 fg.; vgl. auch American Anthropologist, Washington 1890, Bd. III, S. 134.

[292] (S. 455) Journal de la Société des Américanistes de Paris, 1905, Nr. 2, S. 319.

[293] (S. 458) Storms Erklärung [1887, S. 68 fg.], daß Dicuils Bericht über die Entdeckung Islands durch die irischen Mönche [siehe I, 177] die Grundlage der Sage vom Hvitramannalande gebildet habe, mag sehr ansprechend und einfach erscheinen; aber Storm scheint den Zusammenhang nicht beachtet zu haben, der zwischen den irischen Sageninseln westwärts im Meere und denen der klassischen Literatur besteht. Wenn er die Übereinstimmung der sechs Tagereisen von Irland nach Westen mit Dicuils sechs Tagereisen nach Island (Thule) von Britannien nach Norden betont, so sei daran erinnert, daß gerade dies bei Dicuil nur ein Zitat aus Plinius ist, und außerdem haben diese Tagereisen Britannien als Ausgangspunkt, nicht Irland. In der Saga Eiriks des Roten liegt Vinland sechs Segeltage von Grönland. Vgl. daß bei Plutarch (De facie in orbe Lunae, 941) Ogygia fünf Tagereisen westlich von Britannien liegt und im Nordwesten drei andere Inseln hat, so daß auch sechs Tagereisen herauskommen könnten. Nehmen wir nur als Denkexperiment an, daß Ogygia mit den Weinranken, die fruchtbare Insel der „Huldin" Kalypso, Vinland sei, so könnten die drei andern Inseln Hvitramannaland, Markland und Helluland im Nordwesten sein, was passen würde Das nördlichste Land müßte dann wohl zu der Insel werden, auf der der gefangene Kronos schläft, „mit vielen Dämonen als Begleiter und Diener um sich" (vgl. Anm. 101 u. 113). Dr. Scisco [1908, S. 379 fg., S. 515 fg.) und Professor H. Koht (1909, S. 133 fg.] sind der Ansicht, daß Are Mârsson in Irland getauft sein kann und Häuptling eines christlichen Stammes an der Westküste dieses Landes wurde, wo Hvitramannaland ein von blonden Norwegern bewohnter Landesteil gewesen sein kann.

[294] (S 459) Nachdem das Obenstehende in der norwegischen Ausgabe dieses Buches gedruckt war, hat Professor Moltke Moe ein Land: Tír na-Fer Finn d. h. das Land der weißen Männer, in den irischen Sagas aus dem 13. und 14. Jahrhundert erwähnt gefunden. Die weißen Männer (fer finn) sind deutlich dieselben wie die Albati (die weißgekleideten Getauften). Tír na Fer-Finn und Hvitramanna-Land sind folglich direkte Wiedergaben in irisch und isländisch von Terra Albatorum (d. h. das Land der weißgekleideten Getauften), das in der frühern irisch-christlichen Literatur erwähnt ist. Der Ursprung der isländischen Vorstellung von Hvitramanna-Land scheint folglich ganz klar zu sein.

[295] (S. 463) Auf dieser Insel treten vor dem Kloster dem Brandan und seinen Begleitern die Klosterbrüder „mit Kreuz, Kutten [weißen Gewändern?] und Hymnen"

entgegen; vgl. die Männer in weißen Kleidern, die in der Saga Eiriks des Roten laut riefen und Stangen trugen. Auf der „Insel der starken Männer" wurden auch Psalmen gesungen, und auch dort ging die eine Generation in weißen Gewändern.

[296] (S. 464) Vgl. Dozy und De Goeje, 1886, S. 223 fg.; De Goeje, 1891, S. 56 und 59; Moltke Moe hat mich auf diese Ähnlichkeit aufmerksam gemacht.

[297] (S. 464) Der Gestank kann wohl zusammenhängen mit Vorstellungen wie im Meregarto, daß man in der geronnenen See stecken bleibe und dort verwese (siehe I, 195). Über das dunkle, zähe Meer vgl. Adam von Bremen, I, 413.

[298] (S. 467) Sie trieben anfänglich nordwestwärts ins äußere Meer hinaus, und nach drei Tagen litten sie unerträglichen Durst; aber Christus erbarmte sich ihrer und führte sie an einen Strom, der wie lauwarme Milch schmeckte. Zimmers Erklärung [1889, S. 216] dieses Stromes als des Golfstromes im Westen der Hebriden ist den Karten unserer Zeit zuzuschreiben und bildet ein Beispiel, wie schematische Darstellungen selbst die scharfsinnigsten stubengelehrten Forscher irreführen können. Es ist nicht wahrscheinlich, daß die Iren damals so umfassende ozeanographische Kenntnisse besessen haben, daß sie in dieser Meeresströmung einen eigens abgegrenzten Strom gesehen hätten, und noch weniger wahrscheinlich ist es, daß sie ihn als so viel wärmer als das Wasser an ihrer Küste erkannt hätten, daß sein Wasser als lauwarme Milch hätte bezeichnet werden können. An der Oberfläche ist im Sommer (August) beinahe gar kein Unterschied, und im Frühling und Herbst beträgt er vielleicht ein paar Grade, und Thermometer hatten die Iren ja nicht. Ich habe dieses Meeresgebiet gerade diesen Sommer untersucht, ohne indessen irgendeinen auffallenden Unterschied zu finden. Der Zug könnte aus Lukians Vera Historia stammen, in denen die Reisenden in ein Milchmeer gelangen [Wieland, 1789, IV, S. 188].

[299] (S. 468) Dieser Verbindung ist es wohl zu verdanken, daß ein unbekannter arabischer Schriftsteller (aus dem 12. Jahrh.) erzählt, daß im Norden der Stadt Cadiz „die Glücklichen Inseln" seien und daß von dort die nordischen Wikinger (Magûs), die Christen seien, zu kommen pflegten. „Die erste dieser Inseln ist Britannien, „das mitten im Weltmeer liegt, in großer Entfernung von Spanien nach Norden „hin. Dort gibt es weder Berge noch Flüsse; seine Bewohner sind sowohl beim „Trinken wie beim Bewässern des Bodens auf Regenwasser angewiesen" [Fabricius, 1897, S. 157]. Es ist klar, daß hier Gerüchte über Inseln im Norden — von denen Britannien die bekannteste war und von denen die Wikinger kommen sollten — mit den Glücklichen Inseln des Plinius: Planaria (ohne Berge) und Pluvialia (deren Bewohner nur Regenwasser hatten), vermengt worden sind. Daß man gerade an die Orkneyinseln gedacht haben sollte, wie R. Dozy [Recherches sur l'Espagne, II, S. 317 fg.] und Paul Riant [Expéditions et Pélerinages des Scandinaves en Terre Sainte, Paris, 1865, S. 236] behauptet haben, ist kaum wahrscheinlich. Da könnte der Gedanke an Irland, das vom 9. Jahrhundert bis ans Ende des 14. Jahrhunderts durch skandinavische Seefahrer (Ostmen) und Handelsleute mit den Spaniern in Verkehr stand, wohl ebenso nahe liegen [vgl. A. Bugge, 1900, S. 1 fg.]. Der arabische Name Magûs zur Bezeichnung der normannischen Wikinger kommt von dem griechischen magos (Magier, Feueranbeter) und bezeichnete ursprünglich Heiden im allgemeinen.

300 (S. 470) Siehe D. Brauns, Japanische Märchen und Sagen. Leipzig, 1885, S. 146 fg.

301 (S. 471) Vgl. die Ähnlichkeit mit Sindbads zweiter Reise, mit Erzählungen bei Abû Hâmid, Qazwînî, wie auch mit dem Alexanderroman des Pseudo-Kallisthenes, indischen Märchen u. dgl. [vgl. E. Rohde, 1900, S. 192].

Anmerkungen zum zweiten Band.

302 (S. 5) Vgl. darüber H. Rink [1871, 1887, 1891]; F. Boas [1891]; vgl. auch H. P. Steensby [1905]; Axel Hamberg [1907] u. a. Diese Autoren sind verschiedener Ansicht über die Herkunft der Eskimos, aber alle anderer als der hier ausgesprochenen. Während Rink meint, daß die Eskimos aus Alaska stammen und auf den dortigen Flüssen ihren Seefang ausgebildet haben, meint Boas, daß sie von der Westküste der Hudsonbai stammen, und Steensby, daß sie sich von den mittleren Nordküsten Kanadas aus entwickelt haben. Nachdem das Obenstehende geschrieben war, hat auch W. Thalbitzer die Frage behandelt [1908—10].

303 (S. 7) Dies steht jetzt fest und ist durch die in Anm. 187 erwähnte Untersuchung des Dr. O. Solberg [1907] endgültig erwiesen. Es geht daraus hervor, daß die ältesten Steingeräte der Eskimos aus den Gegenden an der Diskobucht ein sehr hohes Alter haben müssen und sogar viel älter sind, als ich früher [1891, S. 6fg.] anzunehmen geneigt war. Solbergs Untersuchungen ergeben auch, daß, während die Eskimos sich lange vorgeschichtliche Perioden hindurch in den Gebieten vom Umanakfjord südwärts bis in die Gegend zwischen Egedesminde und Holstensborg (vom 71. bis zum 68. Grad nördl. Br.) aufgehalten haben, sie sich erst viel später in dem südlicheren Teile Grönlands niedergelassen zu haben scheinen. Wie später (II, 20fg.) betont wird, hätten sich, den geschichtlichen Quellen zufolge, die Skrälinger hauptsächlich in den Gegenden am Kroksfjarðarheiðr aufgehalten. Da wir, wie ich I, 324 nachgewiesen habe, annehmen müssen, daß dies die Diskobucht war, stimmt also der aus den historischen Quellen gezogene Schluß auffallend gut mit den archäologischen Funden überein.

304 (S. 7) Solberg hat indessen, durch seine bereits erwähnten Untersuchungen, eine gewisse Entwicklung bei den Fanggeräten der Eskimos im Laufe der Zeiten seit ihrem ersten Erscheinen in Grönland nachweisen können, die vielleicht besonders darauf zurückzuführen ist, daß sie, nachdem sie dort mit den Norwegern zusammengetroffen waren, von diesen die Anwendung des Eisens kennen gelernt haben.

305 (S. 7) Dies stimmt, wie man sieht (vgl. Anm. 303), überraschend gut mit dem überein, was Dr. Solberg auf einem andern Wege in der erwähnten Arbeit gefunden hat; diese Arbeit ist erschienen, nachdem dies geschrieben war.

306 (S. 8) Vgl. auch William Thalbitzers wertvolle Arbeit über die Eskimosprache [1904].

307 (S. 11) Vgl. Gualteri Mapes. De nugis curialium. Ed. by Thomas Wright, 1850, S. 14 fg.

308 (S. 13) Falls es die Tradition vom Zusammentreffen Karlsevnes mit den Skrälingern war, an die man dabei dachte, so waren ja er und der größte Teil seiner Begleiter gar keine Grönländer, sondern Isländer, und es hätte dann in dem Buch ebensogut stehen können, daß die Isländer sie Skrälinger nannten.

309 (S. 16) Vgl. Christian Koren-Wiberg, Bidrag til Bergens Kulturhistorie, Bergen, 1908, S. 151 fg. Professor A. Bugge hat mich auf diesen interessanten Fund aufmerksam gemacht.

310 (S. 19) Jón Egilssons Fortsetzung der Húngurvaka Grønl. hist. Mind., III, S. 469.

311 (S. 22) Vgl. Björnbo und Petersen, 1904, S. 179, 236.

312 (S. 24) Jacob Ziegler (um 1532), der wahrscheinlich Nachrichten aus Walkendorf benutzt hat, macht aus den Nordmännern und den Eskimos in Grönland ein Volk, das Viehzucht treibt, zwei bischöfliche Kirchen hat, usw.; aber „infolge der Entfernungen und der schwierigen Schiffahrt ist das Volk beinahe wieder „ins Heidentum zurückgefallen und ist ..... gleich den Lappen den Künsten der „Zauberei besonders ergeben" ... Sie benutzten leichte Fellboote, mit denen sie andere Schiffe anfallen [vgl. Grønl. hist. Mind. III, S. 499].

313 (S. 24) In dem sogenannten Berichte des Ivar Bårdsson, der zuerst in Norwegen niedergeschrieben wurde, wird den Skrälingern auch Beachtung geschenkt.

314 (S. 25) Der Eskimokenner William Thalbitzer hat vor kurzem [1909, S. 14] das Schweigen des Königsspiegels und der Isländischen Annalen über die Skrälinger als Beweis angeführt, daß die Norweger auf den Reisen nach Nordrsetur nicht mit ihnen zusammengetroffen sein können; aber das oben Angeführte zeigt, daß sich aus dem Schweigen des Königsspiegels über diesen Punkt (da er ja überhaupt nichts von den Nordrsetufahrten sagt) nicht auf derartiges schließen läßt; und warum gerade die Isländischen Annalen von den Skrälingern in Grönland sprechen müßten, ist eigentlich schwer zu verstehen. Ein Beweis ist dies nicht, besonders schon deshalb nicht, weil der Skrälinger um dieselbe Zeit in andern Quellen, wie in der Historia Norwegiae, der Reisebeschreibung Ivar Bårdssons, den Berichten über die Reisen in den Jahren 1266 und 1267 und noch andern gedacht wird. In der letztgenannten Quelle wird überdies ausdrücklich gesagt, daß in den Nordrsetur (Krokfjardarheidr, vgl. II, 20, 21) Skrälinger seien.

315 (S. 28) E. Beauvois, 1904, 1905; Y. Nielsen, 1904, 1905; W. Thalbitzer, 1904, 1905.

316 (S. 32) Wenn einzelnen Worten so viel Gewicht beigelegt wird, um die Kulturgleichheit zwischen den Skrälingern Vinlands, Marklands und Grönlands zu beweisen, so ist es sonderbar, daß man nicht auch die Unähnlichkeiten beachtet hat, wie die, daß die Skrälinger in Markland in Höhlen leben sollten, während die Grönländer doch, allein schon aus den aufgefundenen Wohnstätten, wissen mußten, daß die grönländischen Skrälinger in Häusern und Zelten lebten.

317 (S. 33) Falls es denkbar wäre (was aber eher unwahrscheinlich ist), daß die in Anm. 272 erwähnte Wurfwaffe aus der Sage bei den Algonkin-Indianern irgendwie zusammenhinge mit den schwarzen Kugeln der Skrälinger, wodurch

Karlsefnes Leute erschreckt wurden, so wäre dies ebenfalls ein Zug, der auf Bekanntschaft mit Indianern hindeutete. Hertzbergs Beweisführung, daß das Lacrossespiel der Indianer wahrscheinlich das isländische Knattleikr (I, 453 fg.) ist, könnte ebenfalls darauf hindeuten; denn daß in diesem Falle die Übertragung durch Eskimos vermittelt worden sein sollte, kommt mir zu wenig wahrscheinlich vor.

318 (S. 33) Nachdem dies in der norwegischen Ausgabe schon gedruckt war, ist mir mitgeteilt worden, daß Thalbitzer zu dem Schluß gekommen ist, daß Nipisiguit doch ein indianisches Wort ist.

319 (S. 35) Daß der Verfall der Kolonien die Folge klimatischer Veränderungen gewesen wäre, wie einige gemeint haben, ist nicht richtig. Die alten Beschreibungen der Fahrt dorthin und des Treibeises (vgl. unter anderm den Königsspiegel, I, 302) zeigen, daß damals genau dieselben Verhältnisse herrschten wie heute.

320 (S. 36) Das Treibholz, das längs der Küsten angeschwemmt wurde, konnte unmöglich den Bedarf des Schiffsbaues decken; aber Holz holten sie wohl auch aus Markland (vgl. I, 439, 452).

321 (S. 38) Noch erhaltene königliche Schreiben zeigen, daß das Verbot, nach diesen tributpflichtigen Ländern Handel zu treiben, von den Königen Magnus Smek im Jahre 1348 und Erik von Pommern im Jahre 1425 von neuem eingeschärft wurde.

322 (S. 39) Vgl. Islandske Annaler, herausgegeben von Storm, 1888, S. 228.

323 (S. 48) Wie Anm. 312 erwähnt worden ist, sagt auch Jacob Ziegler (um 1532), daß die Leute in Grönland „beinahe wieder ins Heidentum zurückgefallen seien" usw. Obgleich sagenhaft, verrät sich darin eine ähnliche Tradition.

324 (S. 49) Vgl. Grønl. hist. Mind., III, S. 258; F. Jónsson, 1899, S. 328.

325 (S. 53) Vorstellungen von den Skrälingern als gefährlichen Gegnern oder Angreifern finden wir bei Michel Beheim aus dem Jahre 1450 [Vangensten, 1908, S. 18], Paulus Jovius aus dem Jahre 1534, Jacob Ziegler aus dem Jahre 1532, Olaus Magnus aus dem Jahre 1555 und andern. Offenbar sind aber diese Vorstellungen zum wesentlichen Teil aus Sagen und Aberglauben entstanden.

326 (S. 54) Vgl. Islandske Annaler, herausgegeben von Storm [1888], S. 365 fg., 414 fg.; Grønl. hist. Mind., III, S. 135 fg., 436 fg.

327 (S. 59) Es sind noch zwei Momente zu erwähnen, auf die Dr. Björnbo mich aufmerksam gemacht hat. Es ist möglich, daß, während die meisten Nordmänner notgedrungen immer mehr zu der Lebensweise der Eskimos übergegangen sind, einige Charakterfestere unter ihnen und einige eifrige Priester sich dem entschieden entgegengesetzt haben mögen; dies kann zu den Kämpfen, von denen die Sagen erzählen, geführt haben. Es muß auch bedacht werden, daß die Rücksichtslosigkeit der Eskimos gegen Individuen, die der Gemeinschaft nur eine Last sind, ohne ihr irgendwie zu nützen, zuzunehmen pflegt, und in einer solchen Lage können sich einzelne Nordmänner nach dem Ausbleiben der Zufuhr von außen her befunden haben, da sie den Eskimos an Fängertüchtigkeit nachstanden.

328 (S. 59) Freilich spricht Clavus von den ungläubigen Kriegsscharen der Karelier in Grönland, aber dies ist augenscheinlich Sage oder Dichtung (vgl. Kapitel XIII).

329 (S. 61) Als Beweis, wie die Verhältnisse waren, sei erwähnt, daß es in den Islandske Annaler [Storm, 1888, S. 290] von dem Jahre 1412 heißt: „keine Nachrichten kamen aus Norwegen nach Island. Die Königin, Frau Mar„garethe, starb . . . . .“ Wenn sogar die Verbindung mit Island so zurückgegangen war, daß auch dorthin keine Nachrichten in einem Jahre kamen, ist es begreiflich, daß sie mit Grönland ganz aufhörte.

330 (S. 61) Grønl. hist. Mind., III, S. 160 fg.

331 (S. 63) Siehe G. Storm, 1892, S. 399—401. Ein Geistlicher aus Dalmatien, Dr. Jelić, hat den Brief vor einigen Jahren im päpstlichen Archiv gefunden. Vgl. auch Jos. Fischer, 1902, S. 49.

332 (S. 65) Veröffentlicht von J. Metelka [1895].

333 (S. 65) A. A. Björnbo, Berlingske Tidende, 17. Juli 1909; Björnbo und Petersen, 1909, S. 249.

334 (S. 68) Vgl. L. Daae, 1882. Außer den von Daae genannten Quellen siehe auch Scriptores rerum Danicarum, II, 563, in denen von „Puthorse“ als „pirata Danicus“ zusammen mit „Pynning“ die Rede ist. Vgl. auch Grønl. hist. Mind., III, S. 473 fg.

335 (S. 70) Diese Anschauung herrschte in jener Zeit allgemein; vgl. Zieglers Karte aus dem Jahre 1532.

336 (S. 71) A. A. Björnbo, Berlingske Tidende, Kopenhagen, 17. Juli 1909; Björnbo und Petersen, 1909, S. 249.

337 (S. 73) Monumenta Historiae Danicae, herausgegeben von Holger Rördam, Kopenhagen 1873, I, S. 28; L. Daae, 1882.

338 (S. 73) Vgl. G. Storm [1886]. B. T. de Costa [1880, S. 170] macht darauf aufmerksam, daß, wie Hakluyt sagt, die Reise dieses Seefahrers von Gemma Frisius und Girava erwähnt worden sei. Gemma Frisius veröffentlichte unter anderm eine umgearbeitete Ausgabe des „Cosmographicus Liber“ von Petrus Apianus im Jahr 1529. Girava gab 1553 „Dos Libros de Cosmographia“ [Mailand 1556] heraus. Ich habe keine Gelegenheit zur Untersuchung dieser Quellen gehabt; die erstere kann also, wenn die Sache ihre Richtigkeit hat, früher über Scolvus berichtet haben als Gomara. De Costa sagt auch, daß aus dem in Paris befindlichen Rouen-Globus (d. h. dem L'Ecuy-Globus, siehe II, 75) aus dem Jahr 1540 oder um jene Zeit herum in der Nähe der Nordwestküste Grönlands eine Inschrift mit der Mitteilung stehe, daß Skolnus (Scolvus) diesen Punkt im Jahre 1476 erreicht habe.

339 (S. 73) Vgl. R. Collinson, 1867, S. 3 fg.

340 (S. 75) Lelewels Annahme [1852, IV, S. 106, Anmerkung 50, 52], daß Scolvus eigentlich Scolnus geheißen und aus einer kleinen polnischen Stadt im Binnenland an der ostpreußischen Grenze gewesen sei, ist, wie Storm [1886, S. 400] nachgewiesen hat, unzutreffend.

341 (S. 75) Storm [1886, S. 399] meinte, daß Wytfliet eine Anleihe bei Gomara gemacht haben könne und dazu die Jahreszahl 1476 erdichtet habe, um das Ansehen der Spanier und der Portugiesen als Entdecker zu verringern; aber Storm wußte nicht, daß gerade diese Jahreszahl, wie wir gesehen haben, in einer früheren englischen Quelle angeführt ist.

342 (S. 75) Vgl. Harrisse, S. 286 fg., 658. Die Inschrift lautet: „Quii populi ad quos Johannes Scovvus danus pervenit. Ann. 1476."

343 (S. 75) Gerade als das Obenstehende gedruckt werden soll, erhalte ich einen Bogen des neuen Werkes des Herrn Dr. Björnbo [1910, S. 256 fg.], aus dem hervorgeht, daß die oben mitgeteilte Inschrift sich schon auf dem Globus des Gemma Frisius, den Gerard Mercator wahrscheinlich in den Jahren 1537—37 graviert hat (gefunden in Zerbst und zum erstenmal in Björnbos Werk wiedergegeben), befindet. Die Inschrift steht auf dem Polarkontinente im Nordwesten Grönlands und lautet: „Quij populi ad quos Jōēs Scoluss danus peruenit circa annum 1476." Björnbo übersetzt sie: „Die Quijvölker, zu denen der Däne Johannes Scolvuß (Scolwssen?) ungefähr um das Jahr 1476 gelangte." (Die Auslegung des Wortes „Quij" als Volksname dürfte wahrscheinlich richtig sein, besonders, da Björnbo hervorhebt, daß dasselbe Wort auf Vopells Weltkarte aus dem Jahre 1455 als Volksname vorkommt). Dies ist demnach der älteste der bisher bekannten Berichte über die Reise des Scolvus, und es mag immerhin sein, daß dieser vielleicht ein Land im Westen Grönlands erreicht hat, wenn es auch wenig wahrscheinlich ist. Der L'Ecuy- oder Rouen-Globus (aus Kupfer) ist augenscheinlich eine Kopie des Frisius-Mercator-Globus und hat dieselben Inschriften. Hakluyt kann sich auf dieselbe Quelle (oder eine gleichzeitige Schrift des Gemma Frisius) bezogen haben (vgl. die Anmerkung 338), und daher scheinen auch mehrere Mitteilungen in jenem englischen Dokumente aus dem Jahre 1575 (II, 74 fg.) zu stammen. Da Gomara den Joan Scolvo „piloto" nennt, was nicht auf dem Globus (dagegen aber in dem englischen Dokument!) steht, und er auch die Jahreszahl nicht angibt, so kann er vielleicht irgendeine andere Quelle benutzt haben. Interessant ist, wie Björnbo nachweist, daß der Frisius-Mercator-Globus auf portugiesische Verbindungen hinzuweisen scheint und seine Nachrichten über Scolvus auch aus Portugal gekommen sein können.

344 (S. 79) G. Storm [Mon. hist. Norw., 1880, S. 78] meinte, daß Vegistafr wohl Swiatoi Nos an der Mündung des Gandvik (Weißes Meer) gewesen sein könne.

345 (S. 82) Håkon Håkonssons Saga in den Fornmanna-sögur IX, S. 319.

346 (S. 86) Die russischen Chroniken in Übersetzung, Suomi, Jahrgang 1848.

347 (S. 87) Professor Alexander Seippel hat mir durch Übersetzen der arabischen Schriftsteller wertvolle Hilfe geleistet.

348 (S. 87) Vgl. Frähn, 1823, S. 218.

349 (S. 87) Chronica Nestoris, ed. Fr. Miklosich, Vindobona, 1860, S. 9 f.; Nestors russiske Krønike, overs. og forkl. af C. W. Smith, Kopenhagen, 1869, S. 29.

350 (S. 87) Vgl. T. Mommsen, 1882, S. 88, 166.

351 (S. 88) Jacut, 1866, I, S. 113; vgl. auch Mehren, 1857, S. 171.

352 (S. 88) Ibn Fadhlâns Mission nach Bulgar, als Gesandter des Kalifen al-Muktadir billâh in Bagdad ist nach seinen eigenen, von Jaqût († 1229) wiedergegebenen Mitteilungen in die Jahre 921 und 922 n. Chr. gefallen. Ibn Fadhlân war, wie Jaqût, von Geburt Grieche.

353 (S. 88) Jacut, 1866, IV, S. 944, I, S. 113.

354 (S. 88) Al-Qazwini, 1848, II, S. 416.

355 (S. 89), Ibn Batûta, Voyages, etc., par Defrémery et Sanguinetti II, S. 399 fg.

356 (S. 90) Vgl. Frähn, 1823, S. 230 fg.

357 (S. 92) Vgl. Peschel, 2. Auflage, 1877, S. 107. Man hat auch im Land der Ostjaken bei Samarowo, wo sich Irtysch und Ob vereinigen, einen Metallspiegel mit arabischer Inschrift aus dem 10. oder 11. Jahrhundert gefunden.

358 (S. 92) Vgl. darüber G. Storm, 1890, S. 340 fg.; A. A. Björnbo, 1909, S. 234 fg.

359 (S. 93) Saxo hat auch die Vorstellung von halbwachen oder halbtoten (semineces) Riesen in der Unterwelt im Norden als Hüter großer Schätze (vgl. Gorms' und Thorkels Reise). Moltke Moe meint, daß sie auf alte Vorstellungen von den Riesen als den bösen Toten, welche Schätze bewachen, zurückzuführen seien.

360 (S. 93) Kohl [1869, S. 11 fg.] spricht die Vermutung aus, daß sie Seeraub getrieben haben können und durch eine solche Geschichte dem Bischof haben erklären wollen, wie sie zu der mitgebrachten Beute gekommen seien und ihre Kameraden verloren hätten, die vielleicht im Kampf erschlagen worden waren.

361 (S. 98) Giraldus Cambrensis erzählt auch von dem gefährlichen Strudel im Norden der Hebriden.

362 (S. 98) Vgl. Amund Helland, Lofoten og Vesteraalen. Norges geologiske Undersøgelse. Nr. 23. Kristiania, 1897, S. 106.

363 (S. 98) Hakluyt, Principal Navigations, Glasgow 1903, II, S. 415.

364 (S. 99) Vgl. Storm, 1895, S. 190 fg.

365 (S. 100) Ausgeschlossen ist es nicht, daß es die Reise dieses norwegischen Königs Harald gewesen ist, von der Adam durch die Dänen gehört hat; in solchem Fall wäre es leicht denkbar, daß er die Personen verwechselt und sie mit dem damals lebenden König Harald, dem er auch eine Ostseefahrt zuschreibt, in Verbindung gebracht hätte; es kommt ja häufig vor, daß viele solche Züge von verschiedenen Personen sich auf eine einzige konzentrieren. Der Umstand, daß Harald hier ohne irgendein Schimpfwort genannt wird, das ihm Adam sonst allemal, wenn er von ihm redet, mit auf den Weg zu geben pflegt, hat vielleicht, wie bereits (Anm. 124) erwähnt ist, weniger zu bedeuten. Harald Gråfeld kam oft nach Dänemark, und das Gerücht von seinem Bjarmelandzug kann sich sowohl da, wie auch auf Island erhalten haben. Falls er es ist, auf den sich Adams Worte beziehen, würde dies auch das auffallende Schweigen der isländischen Quellen über Harald Hardrådes vermutete Eismeerfahrt erklären.

366 (S. 100) Professor Yngvar Nielsen [1905] meint, daß Adams Beschreibung sich nicht anders erklären lasse als durch einen Eroberungszug zur See nach Westen und zwar am besten durch eine Vinlandsfahrt. So hat sie auch vor 200 Jahren der isländische Geschichtschreiber Tormodus Torfaeus aufgefaßt. Y. Nielsen glaubt sogar in der Newfoundlandbank mit ihren „durch die Strömung entstehenden Brandungen" (?) die wahrscheinliche Stelle sehen zu können, an der König Harald umkehrte, um dem Abgrundsschlunde zu entrinnen. Ich werde hier nicht näher auf die Unwahrscheinlichkeit eingehen, daß ein so kühner Mann wie Harald, der auf der Suche nach Vinland schon über den ganzen Atlantischen Ozean gesegelt

wäre, sich vom Stromgang (den er von daheim gut genug kannte) auf der Newfoundlandbank so erschrecken läßt, daß er glaubt, dem Meeresschlund (Ginnungagap) nahe zu sein, und daher unverrichteter Sache die lange Heimreise wieder antritt, ohne an Land zu gehen und ohne sich mit neuen Vorräten, darunter mit frischem Wasser zu versehen (??). Ich sehe hierin nichts anderes als reine Vermutung ohne haltbare Grundlage und weit jenseits der Grenzen vernünftiger Möglichkeit. Diese ganze Auffassung der Sache läßt sich aber, wie Dr. A. A. Björnbo [1909, S. 121, 234] klar bewiesen hat, unmöglich aufrechthalten, wenn man unter anderm die damals allgemeine kartographische Darstellung berücksichtigt und an die ganze damalige Weltanschauung denkt, in deren Banden sicherlich auch Adam von Bremen gelegen hat; besonders ist es ganz ausgeschlossen, daß sich aus seinen Worten entnehmen ließe, daß Haralds Fahrt gerade nach Westen gegangen sei.

367 (S. 100) Schon Suhm (Geschichte Dänemarks, 1790) meinte, daß der Abgrundsschlund der Malstrom bei Mosken sei.

368 (S. 101) Eine Eigentümlichkeit der Darstellung des Königsspiegels ist der Umstand, daß Walfische, Seehunde und Walrosse nur im Meere von Island und Grönland angeführt werden, und nicht bei Norwegen, obwohl der norwegische Verfasser ohne Zweifel von den meisten von ihnen in seinem Heimatlande gehört haben muß. Auf ähnliche Weise ist von dem Nordlicht nur als einer Eigentümlichkeit Grönlands die Rede. Von den sechs Robbenarten, die angeführt werden, muß die eine (örknselr) der graue Seehund oder Erkn (Halichoerus grypus) sein, der an der Küste des nördlichen Norwegens allgemein auftritt, in Grönland aber nicht vorkommt.

369 (S. 101) Einen andern Eindruck könnte man von Bedas Mitteilung erhalten, daß in Britannien „sehr häufig Seehunde und Delphine und auch Walfische (balenae) gefangen werden (capiuntur)" (Eccles. hist. gent. Angl. I, Kap. 1). Aber es ist unsicher, ob sich dies auf den regelmäßigen Fang der großen Wale mit der Harpune auf offener See bezieht oder ob hiermit nicht eher gestrandete Walfische gemeint sind, die damals, nach den normannischen und später auch nach englische Verordnungen darüber zu urteilen, offenbar häufig anzutreffen waren.

370 (S. 103) Vgl. G. Jacob, 1896, S. 23 fg.

371 (S. 105) Ludwig der Fromme bestätigt eine Teilung der Güter des Klosters des heiligen Dionysius, welche der Abt Hilduien im Jahr 832 vorgenommen hatte [vgl. Bouquet, Historiens de France, VI, S. 580]. In diesem Dokument werden ihnen folgende Besitztümer zugesprochen: „Jenseits der Sequana die „St. Audoenuskapelle zum Ausbessern und Entwirren der Fischnetze; in Campi„niago zwei Häuser mit Fischereigerechtigkeit; die Seen und die Fischerei in Tollis „und Gabaregium in Bagasinum mit allen Herrschaftsrechten und Zubehör, wo„von etwas im Kirchspiel Constantinus [Coutances] liegt, zum Fangen großer „Fische (crassus piscis)". Aller Wahrscheinlichkeit nach ist mit crassus piscis der Biskayawal (Balaena Biscayensis oder glacialis) gemeint, der damals an diesen Küsten ganz gewöhnlich war. In solchem Fall hätten also die Leute in Côtantin (Neustrien) schon im Anfang des 9. Jahrhunderts große Wale gefangen; aber über die Fangart können wir nichts erfahren.

[372] (S. 105) Möglicherweise haben die Küstenvölker am Indischen Ozean (und am Roten Meer) schon im grauen Altertum Walfische gefangen und Walfischfleisch gegessen [vgl. Noël, 1815, S. 23]. Strabo [XV, 725 fg.; XVI, 767, 773] erzählt von den großen Mengen 23 Klafter langer Walfische, die Nearchos in diesem Meer gesehen haben soll, und sagt, daß die Ichthyophagen (die Fischesser) sich beim Erbauen ihrer Hütten der Walfischknochen als Balken und Sparren bedienten. Strabo meint [I, 24], daß die Erwähnung des Ungeheuers Skylla (das Delphine, Robben usw. fängt) in der Odyssee [XII, 95 fg.] auf altbekannten Fang großer Seetiere hinweise; aber dies alles dürfte sehr zweifelhaft sein.

[373] (S. 106) Vgl. M. P. Fischer, 1872, S. 3 fg. Im Jahr 1202 verpflichteten sich die Bayonner Kaufleute, dem König Johann ohne Land 10 Pfund Sterling jährlich zu bezahlen, um zwischen Mont Saint-Michel (in der Normandie) und einem Ort namens Dortemue Walfische fangen zu dürfen [vgl. Delisle, 1894, S. 131]. Dies läßt auf Walfischfangverbindungen zwischen Südfrankreich und der Normandie schließen.

[374] (S. 107) Vgl. Johannes Steenstrup, 1876, Bd. I, S. 188. Professor Steenstrup spricht die Ansicht aus, daß die Dänen diesen Walfischfang in der Normandie ausgebildet hätten. Dies ist nicht gut möglich. Es unterliegt kaum einem Zweifel, daß der Gegenstand des eifrigen Fangbetriebs an der Küste der Normandie vorzugsweise der wertvolle Biskayawal, der sogenannte Nordkaper, war, der hauptsächlich „crassus piscis" genannt wurde; gerade diese Walart trat damals zu bestimmten Zeiten des Jahres längs der ganzen französischen Küste in großen Mengen auf und wurde auch an den Küsten des Meerbusens von Biskaya ebenso eifrig von den Basken verfolgt, wie in der Bretagne und der Normandie auf sie Jagd gemacht wurde. Der Name crassus piscis (d. h. der dicke oder fette Fisch) ist auch gerade für diese Walart bezeichnend, die sich vor allen andern längs der Küsten Frankreichs vorkommenden Walfischen durch auffallend große Dicke und Fettigkeit im Verhältnis zu ihrer ungefähr 50 Fuß betragenden Länge auszeichnet. Dieser Walfisch war wertvoller als die andern großen Walfische, die an diesen Küsten vorkamen, und obendrein viel leichter zu fangen. Doch in den wenig tiefen dänischen Gewässern ist diese Walfischart sicherlich nie aufgetreten, ebensowenig, wie sich dort die andern großen Walfische, die Gegenstand des Fangs sein konnten, gewöhnlich gezeigt haben werden. Es ist daher kaum irgendwelche Möglichkeit vorhanden, daß dänische Wikinger Erfahrung im Fangen großer Walfische aus ihrer Heimat mitgebracht haben können. Falls wir davon ausgehen können, daß die Normannen schon, bevor sie nach der Normandie kamen, Kenntnisse im Fange großer Walfische erlangt gehabt haben, so müssen also diejenigen von ihnen, welche dieses Fanges kundig waren, Norweger gewesen sein, was auch mit der Mitteilung bei Qazwînî (II, 102) übereinstimmt.

[375] (S. 107) Muratori, Script. rer. Ital., V, S. 265. Vgl. auch Johannes Steenstrup, 1876, I, S. 188.

[376] (S. 108) Im Original steht culmi [eigentlich: Stroh, Strohhalm], was keinen Sinn hat. Es wird wohl in der Handschrift des Albertus, die in der gedruckten Ausgabe seiner Werke veröffentlicht ist, etwas ausgelassen worden sein; oder er hat auch die Schilderung einer älteren Quelle entlehnt, in der sie richtig

war und welcher spätere Autoren diesen Ausdruck entnommen haben, denn onst ist es schwer zu begreifen, daß er bei ihnen Sinn hat. Erik Walkendorf (um 1520) sagt von den Walrossen in Finmarken u. a.: „Sie haben einen steifen, „borstigen Bart von der Länge einer Handfläche und dick wie Strohhalme (crassi-„tudine magni culmi), sie haben unregelmäßige, borstige (hirsuta) Haut, wohl „zwei Finger dick, die unglaublich stark und fest ist"; aber über den Fang sagt er nichts [Walkendorf, 1902, S. 12]. Olaus Magnus [l. XXI, c. 25] sagt, daß es an der nördlichsten norwegischen Küste Walrosse (morsi oder rosmari) gebe. „Sie haben einen Kopf wie ein Ochse, ungleichmäßige (borstige, hirsutam) „Haut und Haare so dick wie Grashalme (culmos) oder Getreidestengel (calamos „frumenti), die nach allen Seiten hin stehen. Mit den Zähnen heben sie sich bis „an den Gipfel der Felsen in die Höhe wie auf Treppen, um das mit frischem „Wasser betaute Gras zu verspeisen, und lassen sich dann wieder ins Wasser „hinabrollen, wenn nicht inzwischen tiefer Schlaf sie überwältigt hat und sie so „hängen bleiben." Darauf folgt derselbe Bericht über den Fang wie bei Albertus Magnus. Man betreibt ihn, wie er sagt, besonders der Zähne wegen, „die bei „Skythen, Ruthenen und Tartaren hoch im Preise standen" usw. „Dies bezeugt „auch Miechouita". Diese Beschreibung des Olaus ist offenbar aus älteren Mitteilungen zusammengestellt, die wir bei Albertus Magnus, bei Walkendorf und in russischen Quellen finden, von welch letzteren er ja Michow (der auch bei Pistorius genannt wird, siehe Anm. 385) selbst zitiert.

377 (S. 111) Saxo, VIII, 287 fg.; herausgegeben von H. Jantzen, 1900, S. 447 fg.; von P. Herrmann, 1901, S. 385 fg.

378 (S. 112) In der dem Ivar Bårdsson zugeschriebenen Grönlandsbeschreibung steht: „Item von Langenes, das oberst (oder am nördlichsten) auf Island „an der genannten Spitze liegt, sind zwei Tage und zwei Nächte Segelreise nach „Sualberde im Haffsbaane (oder Haffsbotn)" [F. Jónsson, 1899, S. 323].

379 (S. 113) Monumenta hist. Norv., herausgegeben von G. Storm, 1880, S. 74 fg., 79.

380 (S. 113) In der Rymbegla [1780, S. 350] wird neben andern Fabelwesen in diesem Teile der Welt das „Volk" angeführt, „das Hornfinnen heißt, „sie haben abwärtsgekrümmte Hörner auf der Stirn, und sie sind Menschenfresser".

381 (S. 114) Vgl. auch A. Bugge, 1898, S. 499; G. Isachsen, 1907.

382 (S. 114) Rechtweisend Nord von Langanes liegt kein Land; am nächsten liegen Jan Mayen im Nord-Nordosten und Grönland im West-Nordwesten. Da der Leidarstein (Kompaß) in Island bekannt war, als Hauks Landnámabók geschrieben wurde (vgl. I, 278), könnten hier magnetische Richtungen gemeint sein, und die Mißweisung kann damals so bedeutend gewesen sein, daß die Magnetnadel von Langanes nordwärts auf Grönland zeigte. Freilich ist es in solchem Falle sonderbar, daß Langanes als Ausgangspunkt genannt wird und nicht eine näherliegende Stelle; aber es ließe sich denken, daß dies aus dem Grunde geschah, weil man erst weit nach Osten segeln mußte, um dem Eise aus dem Wege zu gehen, wenn man nach der nördlichen Ostküste Grönlands fahren wollte. Bei großer östlicher Mißweisung würde es auch zutreffen, daß Jolldulaup in Irland südwärts von Reykjanes liegt, daß Grönlands Einöden im Norden der Insel

Kolbeinsey (Mevenklint, siehe I, 309) lagen und daß es, wie es im Sturlubuch heißt, von Snaefellsnes an „4 Dögr See westwärts nach Grönland" (d. h. nach Hvarf) waren. Hiermit stimmt aber nicht überein, daß es von Bergen (oder Hennö) „recht im Westen" nach Hvarf auf Grönland gehen sollte; noch unverständlicher ist es, daß es nach dem Sturlubuche „7 Segeldögr westwärts von Stad in Norwegen nach Horn in Ostisland" waren. Sind dies magnetische Kurse, so müßte man also eine große östliche Mißweisung zwischen Norwegen und Island annehmen, was nicht ausgeschlossen ist, sich aber mit einer großen westlichen Mißweisung zwischen der Landspitze Reykjanes und Irland nicht vereinigen läßt. Es ist daher am wahrscheinlichsten, daß hier nicht an magnetische Kurse gedacht ist.

383 (S. 116) Wie schon erwähnt, war ein Dögr die Hälfte von 24 Stunden, und eine Dögrfahrt ist also ein durchsegelter Tag oder auch eine durchsegelte Nacht. Man könnte sich zu dem Glauben versucht fühlen, daß hier, wo es sich um Fahrten über offenes Meer handelt und wo man also nicht, wie an der Küste, nachts vor Anker gehen konnte, mit einer Dögrfahrt eine vierundzwanzigstündige Fahrt gemeint sein könnte [vgl. Isachsen, 1907]; aber unter anderem ergibt sich aus der Saga Olafs des Heiligen (in der Heimskringla), daß dies nicht die gewöhnliche Berechnungsart war; es heißt dort nämlich [Kap. 125], daß Thorarinn Nevjolfsson in acht Dögr von Möre in Norwegen nach Eyrar im südwestlichen Island gefahren sei. Thorarinn begab sich direkt nach dem Althing und sagte dort, daß er „sich vor vier Nächten von König Olaf getrennt habe . . . . .". Unter den acht Dögr sind also vier Tage und vier Nächte Segelreise zu verstehen. Aus der bereits (Anm. 378) mitgeteilten Wiedergabe der Kursvorschriften in Ivar Bårdssons Bericht, worin vier Dögr See zwei Tage und zwei Nächte Segelfahrt bedeuten usw., ergibt sich genau dasselbe.

384 (S. 116) Das Eismeer wurde auch Nordbotn (vgl. I, 284, 327, 328) genannt, meistens in Märchen. Diese Form des Namens ist noch in einem Märchen aus Fyrestal und Eidsborg über „Riketor Krämar" erhalten [herausgegeben von H. Roß in Dölen, 1869, VII, Nr. 23].

385 (S. 118) **Pistorius**, Polonicae historiae corpus, 1582, I, 150. Dieses Werk ist mir nicht zugänglich gewesen. Wir haben bereits gesehen (siehe Anmerkung 376), daß auch **Olaus Magnus** den Michow zitiert.

386 (S. 119) Vgl. Noël, 1815, S. 215.

387 (S. 120) Er macht mich auf zwei Abhandlungen des Professors Sophus Bugge [in der Romania, II, 1874, S. 157 und IV, 1875, S. 363] aufmerksam, worin die Etymologie des französischen Wortes morse besprochen wird. Bugge will das Wort anfangs (ganz wie oben) als eine Metathese des Wortes rosme, von dem dänischen rosmer — altnorwegisch rosmál, rosmhvalr, erklären. In der zweiten Abhandlung nimmt er diese Erklärung zurück und sagt, daß V. Thomsen ihn auf die Identität des Wortes morse mit dem russischen morsch, dem polnischen mors, dem tschechischen mrž, dem finnischen (kvänischen) mursu und dem lappischen morš aufmerksam gemacht habe. Es wäre „nach Thomsen eher slawischen (vgl. more, Meer?) als finnischen Ursprungs". Dies dürfte nach dem oben von mir Angeführten ziemlich unwahrscheinlich sein. Professor K. Nielsen verweist auch auf Matzenauer, Cizi slova, S. 257, der mir nicht zugänglich gewesen ist.

388 (S. 122) Professor Olaf Broch hat mir das eigentümliche Flußboot beschrieben, dessen man sich im nördlichen Rußland weit und breit bedient und das offenbar ein sehr alter Boottypus ist. Broch hat es auf der Suchona, einem Nebenflusse der Dwina, gesehen. Der Boden des Bootes ist ein ausgehöhlter Baumstamm von beträchtlicher Größe, wie man ihn nur tiefer drinnen im Lande findet. Durch Erwärmung gibt man den Wänden die gewünschte Form, und an diesem ausgehöhlten Boden befestigt man dann an jeder Seite einen Bord (einen ringsumlaufenden Rand), von welchem Broch sich nicht mehr erinnern kann, ob er angenäht oder festgenagelt wurde. Das Boot ist demnach eine Übergangsform zwischen einem ausgehöhlten Kanu und einem klinkergebauten Boote. Diese Bootform kann auch nach der Eismeerküste gelangt sein; aber es wird dort kein Holz gegeben haben, woraus man es hätte herstellen können.

389 (S. 123) Vgl. A. Helland, Nordlands Amt, 1908, II, S. 888.

390 (S. 124) Vgl. K. Leem, 1767, S. 216.

391 (S. 135) Das Werk wird im Britischen Museum in einer Handschrift aus dem 14. Jahrhundert aufbewahrt, die leider noch nicht veröffentlicht ist. Die geographischen Beschreibungen im Eulogium Historiarum aus der Zeit um 1360 [Bd. II, Rerum Britann. Medii Aevi Script., London, 1860, vgl. die Einleitung von F. S. Haydon] müssen diesem Werke entnommen sein. Es ist offenbar eine Handschrift eben dieser Geographia, die W. Wackernagel in der Bibliothek der Stadt Bern gefunden und aus der er [1844] die Abschnitte über den Norden veröffentlicht hat. Es ist wahrscheinlich dieselbe Geographia Universalis, die Bartholomaeus Anglicus in seinem Werk „De proprietatibus rerum" herausgegeben hat und die auch in den Rudimenta Novitiorum um 1475 in Lübeck erschienen ist.

392 (S. 141) Vgl. Rafn, Antiquités Russes, II, S. 390 fg., Taf. IV; K. Miller, III, 1895, S. 125.

393 (S. 142) Vgl. M. de Goeje im „Livre des Merveilles de l'Inde" bei v. d. Lith und Devic. Leyden, 1883—86, S. 295.

394 (S. 144) Vgl. Ibn Chordâdhbeh, 1889, S. XX, 67, 115, 88; 1865, S. 214, 264, 235.

395 (S. 145) Unter den vier Weltwundern nennt Ibn Chordâdhbeh einen „Bronzereiter in Spanien [vgl. die Säulen des Herkules], der mit seinem ausgestreckten Arme zu sagen scheint: Hinter mir ist kein gebahnter Weg mehr; „wer sich weiter wagt, den verschlingen Ameisen." So übersetzt es De Goeje. Dies könnte mit den Ameisenscharen zusammenhängen, die auf der ersten größeren Insel, an welche Maelduin in der irischen Sage gelangte, ans Ufer kamen und die die Leute und das Schiff verschlingen wollten; aber Professor Seippel hält es für möglich, daß dort ursprünglich gestanden haben kann: „ihn verschlingt der Sand" (also nicht die Ameisen).

396 (S. 146) Vgl. V. Thomsen, 1882, S. 34.

397 (S. 146) Über den Pelzwerkhandel usw. vgl. II, 88 fg.

398 (S. 147) Seippel, 1896; vgl. Maçoudi, 1861, S. 275; 1896, S. 92 fg.; 1861, S. 213.

399 (S. 147) Maçoudi, 1861, S. 364 fg.

[400] (S. 147) Seippel, 1896, S. 42, 43.

[401] (S. 147) In den russischen Chroniken heißt das Wort Warjag (Plural Warjazi) und die Ostsee Warjaž'skoje More (das Warägische Meer). Dies ist dasselbe Wort wie Waräger, Waranger oder Wäringer (auf griechisch Varangoi), der Name der ursprünglich skandinavischen Leibgarde in Konstantinopel. Die durch ihre Gelehrsamkeit berühmte griechische Prinzessin Anna Komnena (um 1100) spricht von den „Warangern aus Thule" als den „Äxte tragenden Barbaren". In einer griechischen Schrift aus dem 11. Jahrhundert, deren Verfasser unbekannt ist, heißt es von Harald Hardråde, daß er „der Sohn des Königs von Warangia (Βάραγγια)" sei. Das Wort hat seine Wurzel offenbar im Skandinavischen, aber seine Etymologie kann kaum als festgestellt angesehen werden. Ursprünglich haben sich wahrscheinlich die Russen in Gardarike seiner zur Bezeichnung der stammverwandten Skandinavier, besonders der Schweden an der Ostsee, bedient [vgl. Wilhelm Thomsen, 1882, S. 93 fg.].

[402] (S. 147) Die persische Ausgabe und as-Schîrâzî fügen hinzu: „Hochgewachsen und kriegerisch".

[403] (S. 148) Die Kosmographie des christlichen Juden Assaf Hebraeus aus dem 11. Jahrhundert ist wahrscheinlich in arabischer Sprache geschrieben, aber nur durch lateinische und hebräische Übersetzung bekannt [vgl. Ad. Neubauer, in „Orient und Occident", herausgegeben v n Th. Benfey, II, Göttingen, 1864, S. 657 fg.]. Er führt jenseits von Scochia [Schottlands] das Land Norbe [Norwegen] mit einem Erzbistum und zehn Bistümern an. In diesen nördlichen Ländern und besonders in Irland gibt es keine Schlangen. Viele andere Länder und Inseln liegen jenseits Britanniens und des Landes Norve [Norwegen], aber das allerletzte ist die Insel Tille [Thule], fern in der nördlichen Tiefe, und sie hat den längsten Tag usw. Dort liegt das erstarrte, klebrige Meer. Nachher ist auch von den Hebriden [Budis] die Rede, deren Bewohner kein Korn haben, sondern von Fischen und Milch leben (vgl. I, 172), ferner von den Orcades, wo nackte Leute wohnen (gens nuda anstatt vacant homine, siehe I, 172).

[404] (S. 148) Vgl. R. Dozy, 1881, S. 267 fg.

[405] (S. 150) Wahrscheinlich wurde diese nach einem Entwurfe Edrisis angefertigt und hat der Weltkarte seines Werkes entsprochen. Chalîl as-Ṣafadî (geboren um 1296) erzählt auch, daß Roger und Edrisi zuverlässige Leute mit Zeichnern nach Osten, Westen, Norden und Süden sandten, um die Natur abzuzeichnen und alles Merkwürdige aufzuschreiben; ihre Mitteilungen seien in Edrisis Werk aufgenommen worden. Falls dies richtig ist (was mir zweifelhaft erscheint), wären also richtige geographische Expeditionen ausgesandt worden.

[406] (S. 151) Vgl. Jauberts Übersetzung [Edrisi, 1836], deren geographische Namen jedoch mit Vorsicht benutzt werden müssen. Siehe auch Dozy und De Goeje [Edrisi, 1866].

[407] (S. 151) Professor Seippel hält diese Deutung des Namens für wahrscheinlich und nicht Jauberts „Insel der Dänen".

[408] (S. 153) Aus den Namen dieser Städte auf der Karte kann man nach Seippels Deutung sicher Oslô und wahrscheinlich auch Trônâ (Drontheim) herauslesen. Der dritte Name ist schwer zu bestimmen.

409 (S. 156) Da unter anderem auf der Cottoniana-Karte der Name Norveci irrtümlich auf Jütland angebracht ist, könnte man fast zu glauben versucht sein, daß der Kartenzeichner Edrisis Karte benutzt habe, ohne die arabischen Namen zu verstehen; dies würde aber eine so späte Entstehung der Cottoniana voraussetzen, daß es wohl kaum wahrscheinlich ist.

410 (S. 157) Vgl. Seippel, 1896, S. 138 fg.

411 (S. 158) Al-Qazwînî, 1848, II, S. 356, 334, 412.

412 (S. 158) Jacob, 1896, S. 11 fg.

413 (S. 159) Seippel, 1896, S. 44.

414 (S. 159) Man könnte glauben, daß der Name Varanger mit Warank zusammenhänge, aber dies kann schwerlich der Fall sein. Staatsrat J. Qvigstad teilt mir mit, daß seiner Ansicht nach der Fjordname norwegisch sein müsse „und „ursprünglich *Verjangr (von *Varianger) geheißen hat; daraus ist *Verangr „und durch progressive Assimilation Varangr enstanden, man vergleiche die Fjord„namen Salangen (von Selangr, Gratangen (von Grytangr), Lavangen (von „Lovangr) im Amt Tromsö. In alten dänischen Steuerlisten aus der Zeit vor „dem Kalmarkrieg finden wir Waranger.“ Das erste Glied müßte also das altnorwegische ver (Gen. Pl. verja), jetzt vær oder fiskevær, Fischplatz, sein, und der Name würde Vaerenes Fjord (d. h. die Fjorde der Fischplätze; angr = Fjord) bedeuten. Auf lappländisch heißt der Varangerfjord Varjag-vuödna (vuödna = Fjord), was „eine norwegische Form *Varjang (*Verjang) voraussetzt“. Die lappischen Formen Varje- und Varja- sind Verkürzungen des Wortes Varjag. Der Distrikt Varanger heißt auf lappländisch Varja (Gen. Varjag, Stamm Varjag). Norwegische Fjordnamen auf -angr werden ins Lappländische mit der Endung -ag übertragen, nur in neueren entlehnten Worten finden wir die Endung -aŋgga oder -aŋggo wie in Pors-aŋgga. O. Rygh meinte, daß das erste Glied in Varanger dasselbe sein müsse wie in Vardö, altnorwegisch Vargey; aber dies dürfte zweifelhafter sein.

415 (S. 160) Vgl. auch die Beschreibung der starken Kälte in den Ostseeregionen bei Jordanes (I, 137).

416 (S. 160) Seippel, 1896, S. 142, 45.

417 (S. 161) An einer andern Stelle [Kap I, 3] sagt er: „Der bewohnbare „Teil erstreckt sich ..... nordwärts bis 63° oder 66$^1/_6$°, wo die Länge des Tages „bei der Sommersonnenwende auf 20 Stunden steigt“ [vgl. Ptolemaios I, 123]. Aber ebenso fest glaubt er (wie die Griechen), daß es am Nordpol sechs Monate Tag und ebensolange Nacht sei.

418 (S. 161) Vgl. A. F. Mehren, 1874, S. 19, 158 fg., 21, 193.

419 (S. 162) C. de Vaux, 1898, S. 69 g.

420 (S. 163) Vgl. Moltke Moe, Maal og Minne, Kristiania, 1909, S. 9 fg.

421 (S. 166) Vgl. K. Kretschmer, 1909, S. 67 fg.; Beazley, III, 1906, S. 511. Man hat behauptet, daß der Kompaß in Amalfi erfunden worden sei. Dies ist wohl nicht wahrscheinlich, aber eine wichtige Verbesserung des Kompasses kann dort um das Jahr 1300 gemacht worden sein.

422 (S. 167) Vgl. D'Avezac, Coup d'œil historique sur la projection des cartes géographiques. Paris, 1836, S. 37; Th. Fischer, 1886, S. 78 fg.

423 (S. 170) Björnbo und Petersen [1908, Tafel 1, S. 14 fg.] haben eine Zusammenstellung dieser Namen aus den wichtigsten Kompaßkarten gegeben.

424 (S. 171) Wiedergegeben von Jomard, 1879; Nordenskiöld, 1897, S. 25.

425 (S. 171) Wiedergegeben von Th. Fischer-Ongania, 1887, Taf. III [vgl. S. 117 fg.]; Nordenskiöld, 1897, Taf. V; vgl. Björnbo, 1909, S. 212 fg.; Hamy, 1889, S. 350 fg.

426 (S. 171) Daß sie, wie Hamy [1889, S. 350] behauptet hat, mit der Darstellung des Ptolemaios direkten Zusammenhang hätte, ist schwer einzusehen [vgl. Björnbo, 1909, S. 213]; aber eine indirekte Beeinflussung, z. B. durch Edrisis Karte, ließe sich immerhin denken.

427 (S. 173) Vgl. K. Kretschmer, 1891, S. 352 fg. Vesconte hielt sich lange in Venedig auf.

428 (S. 173) Saxo herausgegeben von H. Jantzen, 1900, S. 13 fg. und herausgegeben von P. Hermann, 1901, S. 12.

429 (S. 174) Lucanus [I, 100] bedient sich ähnlicher Ausdrücke über den Isthmus von Korinth.

430 (S. 174) Über die Karten des Marino Sanudo und des Pietro Vesconte vgl. Hamy, 1889, S. 349 fg. und Taf. VII.; Nordenskiöld, 1889, S. 51; 1897, S. 17, 56 fg.; Kretschmer, 1909, S. 113 fg.; Björnbo, 1909, S. 210 fg.; Björnbo, 1910, S. 120, 122 fg.; K. Miller, III, 1895, S. 132 fg.

431 (S. 177) K. Miller [III, 1895, S. 134] liest alcuorum anstatt aletiorum, und dies hieße dann „die größte Menge Fliegender" [d. h. Vögel], was ja auch auf den Norden passen könnte. Aber Millers Lesart ist nach dem, was Björnbo auf dem Originale gesehen hat, offenbar falsch.

432 (S. 178) Vgl. A. Magnaghi, 1898. Die Jahreszahl ist auf der Karte etwas undeutlich, und es ist unsicher, ob dort MCCCXXV oder MCCCXXX steht.

433 (S. 179) Noch in neuerer Zeit wie in Jefferys Atlas aus dem Jahre 1776 wird hervorgehoben, daß die Existenz der Insel zweifelhaft sei, aber auf englischen Admiralitätskarten soll, nach Kretschmer [1892, S. 221], eine 6° westlich von Irlands Südspitze liegende Klippe noch den Namen „Brazil Rock" führen (?).

434 (S. 179) Vgl. „Lageniensis", 1870, S. 114 fg.; Liebrecht, 1872, S. 201; Moltke Moe in A. Helland, 1908, II, S. 516.

435 (S. 180) Kunstmann [1859, S. 7 fg.] meinte, daß der Name der südlichsten Inseln von dem Namen des roten Farbholzes brasile oder bresil, nach welchem später Brasilien seinen Namen erhalten hat, stammen könne. Er [1859, S. 35 f., 41] und nach ihm G. Storm ließen sich dadurch zu dem Glauben verleiten, daß auch die Insel im Westen Irlands ihren Namen von demselben Farbholze erhalten habe; sie scheinen die irische Sage über diese Insel nicht gekannt zu haben. Beide bringen das Vorkommen der Insel auf der Pizigano-Karte (1367) mit der Ankunft der grönländischen Marklandfahrer in Norwegen im Jahre 1348 in Verbindung, da sie nicht wußten, daß die Insel auf früheren Karten zu finden ist. Storm denkt sich sogar, daß das Wort brazil zur allgemeinen Bezeichnung einer Waldinsel geworden sein könne, also ein Widerhall des altnordischen Namens Markland (Waldland) sei. Noch Jos. Fischer [1902, S. 110] ist in demselben Irrtume befangen, hat aber doch beachtet, daß der Name schon auf Dalortos

Karte aus dem Jahre 1339 zu finden ist. Kretschmer [1892, S. 214 fg.] widmet der Insel Brazil ein Kapitel, muß es jedoch aufgeben, den Ursprung des Namens und der Insel herauszufinden, da ihm die Ableitung des Namens von dem Farbholze zu unwahrscheinlich erscheint. Hamy [1889, S. 361 hat jedoch den Zusammenhang der Insel mit der irischen Sage von O'Brazil beachtet.

436 (S. 180) Die Inschrift auf der nördlichsten Brazilinsel der Pizigano-Karte lautet nach Buaches Lesart: ysola de Mayotas seu de Bracir, während Jomard: ñ cotus sur de Bracir herausliest. Kretschmer [1892, S. 219] hat die Karte untersucht, kann aber weder das eine noch das andere lesen, da die Schrift undeutlich ist. Dagegen macht er darauf aufmerksam, daß auf der Karte des Graciosus Benincasa aus dem Jahre 1482 bei derselben Insel ein deutlich lesbares montorio (auf einer Karte aus dem Jahre 1574 finden wir mons orius) stehe, das er aber auch nicht erklären kann. Es sei noch hinzugefügt, daß man auf einer anonymen Kompaßkarte aus dem Jahre 1384 [Nordenskiöld, 1897, Taf. XV] auf einer jener entsprechenden Insel monte orius, auf der Karte Benincasas aus dem Jahre 1457 montorius und auf der des Calapoda aus dem Jahre 1552 [Nordenskiöld, 1897, Taf. XXXIII, XXVI] montoriu liest. Dies ist offenbar unser montonis der Karte Dalortos aus dem Jahre 1325, das hier wiederkehrt.

437 (S. 180) Vgl. Th. Fischer, 1886, S. 42 fg.; Hamy, 1889, S. 366; Magnaghi, 1899, S. 2. Ich habe diese Legende auf Dalortos Karte aus dem Jahre 1339 (auf der Wiedergabe in Nordenskiölds Periplus, Taf. VIII), wo sie nach Magnaghi zu finden sein soll, nicht finden können.

438 (S. 181) Vgl. Hamy, 1888; 1903; Nordenskiöld, 1897, Taf. VIII; Kretschmer, 1909, S. 188.

439 (S. 181) Es ist dieselbe Form wie auf den späteren Karten II, 182, und Separattafel.

440 (S. 181) Beschreibung und Wiedergabe der Modena-Karte, siehe Kretschmer, 1897; Pullè und Longhena, 1907.

441 (S. 182) Auf der Wiedergabe Separattafel II, 182 steht gronlandia in der Inschrift in der Ostsee, nach Björnbos und Petersens Lesart [1908, S. 16]. Der Stipendiat O. Vangensten hat das Original in Florenz untersucht und gefunden, daß diese Lesart falsch ist, denn es steht dort gotlandia.

442 (S. 183) Auf dieser Karte steht im Nordmeere im Westen Norwegens ein Bild eines Schiffes mit ausgeworfenem Anker, neben einem Walfische und dabei folgende Erklärung [vgl. Björnbo, 1910, S. 121]: „Dieses Meer nennt man „mar bocceano‘, und darin gibt es große Fische, von denen die Seeleute glauben, „daß sie kleine Inseln seien, so daß sie Herberge auf diesen Fischen suchen, und „die Seeleute landen also auf diesen Holmen und zünden dort Feuer an und „legen soviel Holz nach, daß der Fisch die Hitze spürt und sich in Bewegung setzt „und sie können sich dann nicht rechtzeitig an Bord flüchten und kommen um; „und diejenigen, welche dies wissen, landen auf dem erwähnten Fisch, und hier „machen sie dann Riemen aus seinem Rücken und befestigen darin den Schiffs„anker, und auf diese Weise ziehen sie ihm die Haut ab, woraus sie saraianes „(Taue?) für ihre Schiffe anfertigen, und aus dieser Haut macht man gute Per„senningen für Heuschober.“

Wir haben hier eine Verschmelzung zweier sagenhafter Züge. Der eine ist der große Fisch der Navigatio Brandani, auf welchem die Reisenden landen, ein Feuer anzünden, um Lammfleisch zu kochen, und dann sehen, wie der Fisch sich zu bewegen anfängt, worauf die Brüder nach dem Schiffe eilen, von Brandan aufgenommen werden, während die Insel verschwindet und sie nachher das Feuer, das sie angezündet hatten, noch zwei Meilen weit sehen konnten. Brandan sagte ihnen dann, daß dies der größte aller Fische im Meere sei, daß er stets versuchte, mit dem Kopfe seinen Schwanz zu erreichen [wie die Midgardschlange, vgl. I, 392], und daß er Jasconicus heiße. Dieselbe Sage erzählt ein angelsächsisches Gedicht [Codex Exoniensis, herausgegeben von Benj. Thorpe, London, 1842, S. 360 fg.] von dem großen Walfische Fastitocalon, an welchem das Schiff Anker wirft und auf welchem die Leute an Land gehen und ein Feuer anzünden, worauf der Walfisch mit dem Schiffe und seiner Besatzung untertaucht. Die Vorstellung von einem solchen inselähnlichen Fisch finden wir auch in der Sage vom Hafgufa [vgl. den Königsspiegel] oder Kraken im Norden; sie stammt wohl aus dem Orient. Erzählungen von Landungen auf einer scheinbaren Insel, die sich plötzlich als ein Fisch herausstellt, finden wir auch in Sindbads erster Reise, außerdem noch bei Qazwini (wo der Fisch eine riesengroße Schildkröte ist) und bereits bei Pseudo-Kallisthenes im 2. Jahrhundert [III, 17, vgl. E. Rohde, 1900, S. 192].

Der andere Zug, das Abziehen der Haut, ist offenbar derselbe, den wir schon bei Albertus Magnus († 1280) finden und der auf fabelhafte Vorstellungen vom Fange des Walrosses, das ja auch Walfisch genannt wird (siehe II, 108), zurückzuführen ist. Der Umstand, daß die Walroßhaut zu Schiffstauen benutzt wird, ist bekannt genug, daß man sie aber auch zu Persenningen über Heuschober benutzt haben sollte, ist nicht wahrscheinlich, weil sie dazu sicherlich viel zu wertvoll war.

443 (S. 183) Vgl. auch die anonyme katalanische Karte in der Biblioteca Nazionale in Neapel, die Björnbo und Petersen, 1908, Taf. I, wiedergegeben haben.

444 (S. 183) Vgl. Nordenskiöld, 1897, S. 21, 58, Taf. X; Hamy, 1889, S. 414 fg.; Fischer-Ongania, Taf. V.

445 (S. 184) Vgl. Mon. Hist. Norv., herausgegeben von Storm, 1880, S. 77. Mit einer solchen Einteilung Norwegens kann es auch zusammenhängen, daß das Land auf der einen Sanudo-Karte (Abb. II, 174) in vier Halbinseln geteilt ist.

446 (S. 186) Vgl. Finnur Jónsson [1901, II, S. 948], welcher meint, daß der Bericht über die nördlichen Regionen nicht von Nikolas stamme. Die Annahme in den Grønl. hist. Mind., III, 219, zu welcher Storm rät, daß der Verfasser Abt Nikolas auf Thingeyre gewesen sei, erscheint weniger wahrscheinlich.

447 (S. 186) Falls die alten Eismeerfänger auf einem dieser Länder (Nowaja Semlja, Spitzbergen) an Land gegangen sind, haben sie dort Renntiere gefunden, was den Glauben an die Landverbindung verstärkt hat.

448 (S. 188) Der Grund hierzu könnte, wie sich dann denken ließe, der Name Vinland selber sein, der anstatt des Namens Vin-ey wie die Namen Grönland und Island gebildet worden ist. Ein „Land" konnte man, wenn man es nicht besser wußte, leicht mit dem Gedanken an das Festland verbinden, während man, wenn man es „ey" genannt hätte, darunter eine Insel verstanden hätte, die es in der Historia Norwegiae auch ist (I, 416).

[449] (S. 189) Storm [1890; 1892, S. 78 fg.] und Björnbo [1909, S. 229 fg.; 1910, S. 82 fg.] haben Anschauungen über diese Vorstellungen der Bewohner des Nordens ausgesprochen, die von dem hier Gesagten (I, 416 fg.) ein wenig abweichen; aber in der Hauptsache stimmen wir mit unseren Ansichten überein. Ich glaube nicht, daß Dr. Björnbo ganz recht haben kann, wenn er meint, daß, weil die gelehrten Anschauungen des Mittelalters es notwendig machten, Isländer und Norweger Grönland mit Bjarmeland und Vinland mit Afrika verbunden sein ließen; denn jene Weltanschauung erkannte auch Inseln im Ozean an (vgl. Adam von Bremen), ja, vielleicht noch lieber, als sie Halbinseln zuließ (vgl. die Radkarten). Nachdem man sich aber aus andern Gründen Grönland und Vinland mit den Festländern verbunden gedacht hatte, verlangte die allgemeine gelehrte Weltanschauung möglicherweise, daß das Außenmeer an die äußere Seite dieser Länder verlegt wurde, so daß sie also zu Halbinseln wurden. Wie wir indessen gesehen haben, gab es neben dieser auch noch andere Anschauungen, vgl. unter andern die Rymbegla und die Mediceische Weltkarte (II, 184, 188).

[450] (S. 191) Es sind verschiedene Vermutungen ausgesprochen worden, wer der Verfasser gewesen sein kann und wann das Werk geschrieben worden ist. Es scheint mir, als ob die von Pfarrer A. B. Heffermehl [1904] verteidigte Anschauung, nach welcher es der Pflegevater Håkon Håkonssons, der Priester Ivar Bodde, gewesen sein kann, vieles für sich habe. Das Werk müßte dann etwas früher geschrieben sein, als man allgemein angenommen hat [Storm verlegte es in die Zeit zwischen 1250 und 1260], und es scheint mir, als ob Heffermehl gute Gründe für die Behauptung gegeben habe, daß es sehr wohl schon einige Jahre vor 1250 geschrieben sein könne. Viel Gewicht muß hinsichtlich der Zeitbestimmung auch darauf gelegt werden, daß ein in Kopenhagen (in der neuen Königl. Sammlung als Nr. 235 g) aufbewahrtes Pergamentblatt nach Professor Marius Hägstads Ansicht Sprachformen hat, die es mit Sicherheit in die Zeit vor 1250 versetzen, und das Membranblatt muß zu einer Abschrift einer älteren Handschrift gehört haben. Andererseits hat Professor Moltke Moe in seinen Vorlesungen hervorgehoben, daß, was der Königsspiegel aus dem Buch über die Wunder Indiens nach dem Brief des Priesters Johannes anführt, aus einer Lesart dieses Briefes stammt, die, wie Zarncke nachgewiesen hat, erst aus der Zeit gegen 1300 bekannt ist. Moltke Möe denkt sich infolgedessen, daß der Königsspiegel in der Form, in der wir ihn kennen, eine spätere, unvollendete Umarbeitung des ursprünglichen Werkes sein könne. Diese selbst kann Ivar Bodde als alter Mann in der Zeit zwischen 1230 und 1240 geschrieben haben.

[451] (S. 193) Falls Professor Moltke Moes Ansicht, daß der Königsspiegel in der Form, in der wir ihn kennen, eine spätere Umarbeitung sei (vgl. Anm. 450), richtig ist, ist es auch denkbar, daß der Bearbeiter den Abschnitt über Irland eingefügt hat. Ob dies wahrscheinlich ist, wird vermutlich eine eingehende Untersuchung der Sprachformen feststellen können.

[452] (S. 198) Schon der bekannte Roger Bacon soll, vor dem Bekanntwerden der Geographie des Ptolemaios, den Versuch gemacht haben, eine Karte nach mathematischen Ortsbestimmungen zu zeichnen; aber diese Karte ist verloren gegangen [Roger Bacon, Opus majus, fol. 136—189]. Das Buch des Nicholas

of Lynn soll den Titel gehabt haben: „Inventio fortunata qui liber incipet a gradu 54, usque ad polum“ (d. h. welches Buch [in seiner Beschreibung] mit dem 54. Grade beginnt [und] bis nach dem Pole hin [geht]). [Vgl. Hakluyt, Princ. Nav. 1903, S. 303.] Dies könnte darauf hindeuten, daß schon damals (1360) Grade zu geographischer Beschreibung benutzt wurden.

453 (S. 198) Über Claudius siehe besonders die grundlegende Arbeit von Gustav Storm [1880—1891] und die wertvolle Monographie von Björnbo und Petersen [1904, 1909]; ferner A. A. Björnbo [1910]. Vgl. auch Nordenskiöld [1897, S. 86 fg.], v. Wieser [Peterm. Mitteilungen, XLV, 1899, S. 119 fg.], Jos. Fischer [1902, Kap. 5] und andere.

454 (S. 202) Vgl. Axel Olrik, Danske Studier, 1904, S. 215.

455 (S. 202) Dieses secundum in der Handschrift wird jedenfalls durch einen Abschreiber eingefügt worden sein. Björnbo und Petersen meinen, daß dort ein ij [= in] gestanden habe, welches der Abschreiber für die römische Zahl Zwei gehalten haben könne und durch secundum ersetzt habe. Da es sonderbar erscheinen kann, daß der Mann „in einem Flusse Grönlands“ wohnte, hat Axel Olrik gemeint, daß dort wit (bei oder draußen an) gestanden haben könne; dann ist aber noch schwerer zu verstehen, wie und warum das Wort durch secundum ersetzt worden ist, es sei denn, daß der Abschreiber dänisch gekonnt habe.

456 (S. 203) Danske Studier, 1907, S. 228.

457 (S. 206) Vgl. die beiden Karten II, 173, 174. Da wir sicherlich nicht entfernt alle Karten kennen, die damals in Benutzung gewesen sind, sehe ich es als wahrscheinlich an, daß Clavus, oder sein Kartenzeichner, ältere, jetzt unbekannte Karten dieses oder eines ähnlichen Typus besessen hat, die noch mehr Ähnlichkeiten mit der Nancy-Karte gehabt haben als jene beiden bekannten Karten. Am richtigsten ist es selbstverständlich, sich soweit wie möglich an diejenigen zu halten, die wir kennen.

458 (S. 206) Schon Storm [1891, S. 16] betonte nachdrücklich, daß Clavus beim Zeichnen der Südküste Skandinaviens italienische Kompaßkarten als Vorbild benutzt und daß er ihnen auch die Namen entnommen habe. Björnbo und Petersen haben diese Ansicht verworfen, da die Namen in dem Texte des Clavus wesentlich andern Quellen entlehnt seien und die Ostsee eine ganz andere Form habe. Aber sie haben kaum genau darauf geachtet, daß sie eine solche erhalten mußte, weil Clavus die Küstenlinie des Ptolemaios als ihre Südküste beibehielt.

459 (S. 207) Gehen wir davon aus, daß die Namen Wildhlappelandi, Pigmei usw. im Norden auf der Nancy-Karte von Clavus selber stammen, so kann er eine Quelle benutzt haben wie die Quelle des anonymen Briefes an den Papst Nicolaus V., die auch Michel Beheim (II, 220) benutzt haben kann. Diese Quelle kann ihm Auskunft über eine Landverbindung zwischen dem Lande im Nordosten Norwegens und Grönland gegeben haben. Wie II, 221 angeführt wird, ist es möglich, daß die Quelle hier Nicholas of Lynn ist.

460 (S. 208) Storm [1891, S. 15] behauptet auch, daß Thule auf der Nancy-Karte in Norwegen einverleibt worden sei, aber Björnbo und Petersen meinen [1904, S. 194; 1909, S. 158], daß dies als „eine der unglücklichen Äußerungen

„seines Dranges [d. h. Storms], alle Überlieferungen des Clavus unter einen Hut „zu bringen" aufzufassen sei; weshalb, wird nicht gesagt. Meiner Ansicht nach unterliegt es keinem Zweifel, daß Storm recht hat. Clavus hat die Südküste Thules zur südlichsten Küste Norwegens, mit der südöstlichsten Spitze gerade im Norden der Insel Okitis und dem südwestlichsten Vorsprung im Norden der Westseite Orcadias gemacht, also genau ebenso wie auf der Karte des Ptolemaios. Ferner hat diese Küste dieselben Breiten- und Längengrade wie das Land Thule des Ptolemaios.

[461] (S. 208) Auf dieser Karte ist diese Landzunge unbenannt, während sie auf der Europakarte im Mediceischen Atlas den Namen alogia trägt, was zeigt, daß sie als ein Teil Norwegens gedacht worden ist (siehe die Abbildung II, 210).

[462] (S. 209) Da zwischen den Küstenlinien Europas auf den Karten des Ptolemaios und denen der Medici-Karten viele Verschiedenheiten sind, so wird die Breiteneinteilung, die man erhält, mit den Punkten wechseln, die man wählt, um sie zu bestimmen. Die hier genannten Punkte waren die ersten, die ich ausprobierte, und weil die dadurch erhaltene Skala merkwürdig gut mit der jüngeren Karte des Clavus übereinzustimmen schien, bin ich bei ihnen stehen geblieben, obwohl Clavus selbstverständlich bei der Bestimmung der Einteilung seiner Karte auf andere Weise vorgegangen sein kann; besonders hat er es wohl auf der älteren Karte so eingerichtet, daß die Gradlinie des 63. Grades durch den dem Thule des Ptolemaios entsprechenden südlichsten Teil Norwegens ging. Um besser hiermit übereinzustimmen (vgl. die linke Breiteneinteilung der Nancy-Karte), müßten also die Breitengrade auf der Karte II, 210 um einen halben und auf der Karte II, 184 ungefähr um einen ganzen Grad vergrößert werden.

[463] (S. 210) Auf der Nancy-Karte liegt die Südspitze Grönlands auf 63° 30′; da wir aber nicht wissen, mit welcher Genauigkeit diese Kopie die Originalkarte des Clavus wiedergibt, ist es das sicherste, sich an den Text des Clavus zu halten.

[464] (S. 211) Gerard Mercator schreibt, daß nach einer Überlieferung ein englischer Mönch und Mathematiker aus Oxford [nämlich Nicholas of Lynn] in Norwegen und auf den Inseln im Norden gewesen sei und alle diese Gegenden beschrieben und ihre Breiten mit dem Astrolabium bestimmt habe [vgl. Hakluyt, Principal Navigations, 1903, S. 301]. Es ist infolgedessen die Möglichkeit vorhanden, daß Clavus die Breiten einiger Punkte wie Stavanger und Bergen aus diesem Werke entlehnt haben mag; aber die Breite der Südspitze Grönlands kann jedenfalls nicht daraus entnommen sein. Überdies wäre es, falls er so genaue Kunde, an die er sich halten konnte, gehabt hätte, schwerverständlich, weshalb er dann die verkehrten Breiten, die er durch das Eintragen der Breiten des Ptolemaios in die Medici-Karte bekommen hat, beibehielt; auf seiner jüngeren Karte hat er sich ihrer sogar ausschließlich bedient.

[465] (S. 211) Vgl. das Sturlubuch und auch Ivar Bårdssons Beschreibung Grönlands. In Hauks Landnáma heißt es, daß man von Hernum (also nördlicher als von Bergen aus) westwärts nach Hvarf fahre. Danach würde also die Südspitze Grönlands noch nördlicher als Bergen liegen.

[466] (S. 211) Obgleich Dr. Björnbo einräumt, daß die Medici-Karte bei der Herstellung der jüngeren Clavus-Karte benutzt sein muß, ist er noch immer in

Zweifel darüber, ob dies auch bei der älteren Karte (dem Original der Nancy-Karte) der Fall gewesen sein wird; er ist zunächst der Ansicht, daß diese letztere wesentlich auf nordische Quellen, Kursvorschriften usw. aufgebaut sein könne. Mir scheinen aber zwischen Medici- und Nancy-Karte zu viele auffallende Übereinstimmungen zu sein, als daß eine solche Annahme wahrscheinlich ist; als Beispiele lassen sich anführen: Die Zahl der Buchten zwischen Schonen und der Südküste Norwegens mit der tiefsten Bucht am weitesten im Westen, — die Ähnlichkeit zwischen der Südküste Norwegens mit ihren drei Buchten auf der Nancy-Karte und der Südküste der entsprechenden Halbinsel im Norden Schottlands auf der Medici-Karte, — der hohe Breitengrad dieser Südküste auf beiden Karten, — die Breitengradgleichheit zwischen Grönlands Südspitze und der Südspitze von alogia auf der Medici-Karte, — die auffallende Ähnlichkeit in dem Verhältnis zwischen dem Längengrade dieser Südspitzen und der Westküste Irlands auf beiden Karten, — das Breitenverhältnis zwischen Grönlands Südspitze und Norwegens Südspitze (mit Stavanger), — die viel zu nördliche Breite aller dieser Punkte, — der Umstand, daß Grönlands Ostküste dieselbe Hauptrichtung hat wie die entsprechende Halbinsel auf der Medici-Karte usw. Dazu kommt die Ähnlichkeit der Art und Weise, in der die Küstenlinien mit den runden Buchten gezeichnet sind. Jede einzelne dieser Übereinstimmungen läßt sich freilich, wie Björnbo betont, als zufällig oder auf andere Weise entstanden erklären; aber wenn ihrer so viele werden, muß man wohl zugeben, daß das Bestehen eines Zusammenhangs eine natürlichere Erklärung ist.

467 (S. 219) Der Stipendiat O. Vangensten hat mich darauf aufmerksam gemacht, und mir erscheint es ebenfalls möglich, daß der Name hier auf eine Vermengung der Namen Vermeland und Bjarmeland zurückzuführen sein könnte. Peder Claussön Friis [Storm, 1881, S. 219] sagt, daß sich Grönland auf der Nordseite des „norwegischen Meeres" „gen Osten nach Biarmeland oder Vermeland" hinziehe.

468 (S. 222) Vgl. Mandeville, 1883, S. 180, 182, 183 fg. Mandeville sagt auch, daß nach Ansicht der alten weisen Astronomen der Umfang der Erde 20425 [englische] Meilen betrage; er selber aber behauptet, daß es 31500 Meilen seien.

469 (S. 224) Daß die Darstellung dieser Küste sich nicht auf eigene Anschauung, weder auf die des Clavus noch auf die eines möglichen mündlichen Gewährsmannes, stützt, wird auch dadurch bewiesen, daß die Küste keinen einzigen wirklichen Namen aufweist. Selbst dann, wenn wir uns dächten, daß Clavus oder sein möglicher Gewährsmann auf seiner Reise längs dieser Küste das Pech gehabt hätte, mit keinem einzigen der skandinavischen Ansiedler zusammenzutreffen, der ihm Namen hätte mitteilen können, kann man doch wohl nicht gut annehmen, daß die Leute auf dem Schiffe, mit welchem die Reise gemacht wurde, in Grönland vollständig unbekannt gewesen wären; sie hätten doch gewiß eine Menge Namen und Seemarken kennen müssen.

470 (S. 225) Man muß daran denken, daß die Breiten des Clavus durchgehends zu hoch sind; seine Südspitze Grönlands liegt gegen 3° zu weit nach Norden, auf 62° 40′ anstatt auf 59° 46′. Nimmt man an seinem nördlichsten beschriebenen Punkte der Ostküste diese Reduktion vor, so wird er auf ungefähr 62° 40′ statt

65° 35′ liegen, und die Ähnlichkeit fällt dann ganz fort. Seine Beschreibung der Ostküste Grönlands ist in der Nancy-Karte ganz anders.

[471] (S. 226) Eine Inschrift wie diese ist ganz in dem Stile des großen Vorbildes des Clavus, des Ptolemaios, bei dem es öfter heißt: „dies ist das Ende der Küste des bekannten Landes".

[472] (S. 226) Es ist beachtenswert, daß Clavus seinen äußersten sichtbaren Punkt nicht weniger als 1° 50′ (also 110 Seemeilen) im Norden der Grenze des bekannten Landes liegen läßt. Falls eine Angabe wie diese darauf berechnet war, die Ansicht zu erwecken, daß sie auf Ortskenntnis zurückzuführen sei, so würde sie jedenfalls nicht auf viel seemännische Erfahrung schließen lassen.

[473] (S. 228) Über den Einfluß dieser beiden auf die Darstellung des Nordens auf den Kartentypen siehe besonders Jos. Fischer, 1902.

[474] (S. 229) Wie Björnbo und Petersen nachgewiesen haben, ist dies entschieden „Eyn Gronelandz aa", ein Name, den Clavus einem Flusse der Ostküste Grönlands beigelegt hat und der mißverstanden und zum Namen des Landes gemacht worden ist, wobei die Lautähnlichkeit mit dem Namen Engromelandi [Ångermannland], den Clavus auf der Nordseite Skandinaviens (II, 199) hatte, mit im Spiele gewesen sein kann. Diese Lautähnlichkeit mag auch zur Verlegung Grönlands nach dem Norden Norwegens das ihrige beigetragen haben.

[475] (S. 229) Vgl. Grønl. hist. Mind., III, S. 168. Björnbo [1910, S. 79] hat durch einen Schreibfehler den Brief an den Papst Nicolaus V. aus ungefähr derselben Zeit angeführt, anstatt des obenerwähnten Briefes.

[476] (S. 229) Nach Lelewel (Épilogue, Taf. VI) hätte diese Halbinsel den Namen „Grinland" getragen, aber dies kann man auf dem ein wenig undeutlichen Original nicht sehen (vgl. Björnbo, 1910, S. 80; Ongania, Taf. X).

[477] (S. 230) Storm [1893] und nach ihm Jos. Fischer [1902, S. 99 fg.] sehen in dieser Insel Brazil irrtümlicherweise Markland (siehe Anm. 435).

[478] (S. 232) Siehe Jos. Fischer, 1902, S. 99. Vgl. auch Björnbo, 1910, S. 125 fg., der eine Abbildung der Karte gibt.

[479] (S. 234) Zwei dieser Ausgaben sind von Nordenskiöld [1897, S. 61] und Ongania [Taf. XIV] wiedergegeben.

[480] (S. 234) Wiedergegeben von Nordenskiöld [1897, S. 5], Lelewel [1851, Taf. XXXIII] und Miller [1895, III, S. 138].

[481] (S. 234) Björnbo spricht übrigens nur von zwei Inseln, während auf der Wiedergabe Lelewels vier Inseln stehen, was wohl auch richtig ist. Es scheint, als ob man auf Björnbos photographischer Wiedergabe [1910, S. 74] auch alle vier sehen könne.

[482] (S. 240) Über Behaim vgl. besonders Ravenstein, 1908.

[483] (S. 241) Vgl. Storm, 1899, S. 5.

[484] (S. 246) Vgl. Harrisse, 1892, S. 655 fg.

[485] (S. 247) Bekanntlich ist die Möglichkeit betont worden, daß Kolumbus bei seinem Besuche auf Island im Jahre 1477 von den Reisen der Normänner nach Grönland, Markland und Vinland gehört haben könne und daß ihm dies die Idee zu seinem Plane gegeben habe. Storm hat, wie mir scheint, in überzeugender Weise auf das Unhaltbare dieser Annahme hingewiesen. Es kommt mir jedoch vor,

als ob er die Möglichkeit nicht berücksichtigt habe, daß Kolumbus Sagen von diesen Reisen in Bristol oder, noch wahrscheinlicher, an Bord eines Bristoler Schiffes gehört haben kann. Da er sich selbstverständlich mit den andern Seeleuten an Bord hat müssen verständigen können, wäre es unwahrscheinlich, wenn ihm solche Sagen, falls sie den Seeleuten bekannt waren, nicht erzählt worden wären.

486 (S. 248) Willelmus Botoner genannt de Worcester (1415—1484). Handschrift im College of Corpus Christi, Cambridge, Nr. 210; gedruckt in den Itineraria Symonis Simeonis et Willelmi de Worcestre, edit. J. Nasmyth, Cambridge, 1778, S. 223, 267. Vgl. H. Harrisse, 1892, S. 659; Kretschmer, 1892, S. 219.

487 (S. 249) Über John Cabot und seine Reisen siehe besonders Henry Harrisse [1882, 1892, 1896, 1900], F. Tarducci [1892, 1894], Sir Clements R. Markham [1893, 1897], Samuel Edward Dawson [1894, 1896, 1897], C. R. Beazley [1898], G. Parker Winship [1899, 1900]. Harrisse hat unter den späteren Autoren das besondere Verdienst, alle Quellen über John und Sebastian Cabot gesammelt und geordnet zu haben. Leider habe ich ihm in den Schlüssen, die er aus diesen Quellen über Johns und Sebastians Reisen zieht, nicht folgen können. Es kommt mir vor, als ob er, gleich den meisten andern Autoren, die späteren, direkt oder indirekt von Sebastian Cabot stammenden Mitteilungen zu sehr berücksichtigt habe, während man sich zu wenig auf das gestützt hat, was sich, meiner Ansicht nach, mit einiger Sicherheit aus den zeitgenössischen Quellen schließen läßt. Es zeigt sich, daß Sebastian Cabots Angaben bei verschiedenen Gelegenheiten, soweit wir sie kennen, einander widersprechen, und es hat den Anschein, als ob dieser geschmeidige Mensch sich selten ohne irgendeinen Hintergedanken, der ihm selbst mehr Vorteil brachte als der Wahrheit, ausgesprochen habe. Meine Ansichten über die Reise John Cabots im Jahre 1497 decken sich in mehreren Punkten beinahe ganz mit denen S. E. Dawsons und hinsichtlich der späteren Reisen teilweise mit G. Parker Winships Auffassung.

488 (S. 249) Vgl. Harrisse, 1896, S. 1 fg.

489 (S. 250) Vgl. Harrisse, 1882, S. 325.

490 (S. 252) Der Gesandte Raimondo di Soncino sagt in seinem Briefe vom 18. Dezember 1497 an den Herzog von Mailand, daß Cabot „nachdem er die „Könige von Spanien und Portugal unbekannte Inseln habe erwerben gesehen, „sich vorgenommen habe, eine ähnliche Erwerbung für den englischen König zu „erreichen". Hieraus läßt sich nicht schließen, daß Cabot erst damals seine Pläne faßte, wenn auch dadurch wahrscheinlich wird, daß er erst in jener Zeit mit dem englischen König in Verbindung getreten ist. Denn in demselben Briefe erzählt Soncino von Cabots Spekulationen, als er in Mekka Karawanen mit Gewürzen aus dem fernen Osten habe anlangen sehen usw. Der Sohn, Sebastian Cabot, der sich offenbar bei mehreren Gelegenheiten den Anschein gegeben hat, als ob er selbst, nicht sein Vater, das amerikanische Festland entdeckt habe, soll (nach Aussage des anonymen Gastes bei Ramusio, siehe später) gesagt haben, daß er [Sebastian] auf den Gedanken seiner Expedition verfallen sei, als er von der Entdeckung des Kolumbus gehört habe, die am Hofe Heinrichs VII. allgemeiner Gesprächsstoff gewesen. Selbst dann, wenn Sebastians Worte richtig wiedergegeben

worden sind, was zweifelhaft ist, hat er nachweislich gelogen, und der Aussage ist daher kein Gewicht beizulegen; konnte er seinem eigenen Vorteil den Vater opfern, so konnte er wohl auch, falls er Vorteil davon hatte, das Prioritätsrecht des Planes zugunsten Spaniens, in dessen Diensten er damals war, opfern. Ayalas oben erwähnter Brief deutet übrigens darauf hin, daß John Cabot es bereits 1491 durchgesetzt hatte, daß von Bristol Expeditionen ausgesandt wurden um Land im Westen zu suchen, und überdies wissen wir auch von einer solchen Expedition im Jahre 1480.

491 (S. 254) Vgl. Harrisse, 1882, S. 315.

492 (S. 254) Es ist die Vermutung ausgesprochen worden, daß Cabot im Jahre 1496 abgereist und erst im August 1497 zurückgekehrt sei [vgl. Church, 1897], aber dies ist unvereinbar mit den Mitteilungen in den Briefen des Soncino und des Pasqualigo, daß die Expedition nur einige Monate gedauert habe.

493 (S. 254) Nach Soncinos Brief vom 18. Dezember 1497 war Cabot arm. Dazu kam, daß er Ausländer und als solcher schwerlich sehr gern gesehen war; aber andererseits waren die italienischen Seeleute sehr berühmt, und er kann sich daher großen Ansehens erfreut haben wegen seiner Kenntnisse in Navigation und Kartographie, welche die Bristoler Seeleute nicht besaßen.

494 (S. 255) Zwischen 1493 und 1500 sind mindestens 30 Expeditionen auf die Suche nach der Küste Amerikas gegangen. Alle diese sind sicherlich mit Karten versehen gewesen und haben auch teilweise selbst Karten über ihre Entdeckungen gezeichnet, aber nicht eine davon ist erhalten geblieben. [Vgl. Harrisse, 1904, S. 14.

495 (S. 256) Alle Nachrichten, die aus zweiter oder dritter Hand von Sebastian Cabot stammen und von Contarini, Pietro Martyr, Ramusio und andern mitgeteilt werden, sind in diesem Zusammenhang wertlos. Soweit sie zuverlässig sind, müssen sie sich auf eine oder mehrere spätere Reisen beziehen. Die Mitteilung in der sogenannten Cottonian Chronicle und in der Fabian Chronicle gilt der Reise im Jahre 1498.

496 (S. 257) In Harrisses Wiedergabe des Briefes [1882, S. 322] steht: „Vene in nave per dubito . . . . . .", während Tarducci [1892, S. 350] diesen Satz mit „Vene in mare per dubito . . . . . ." wiedergibt, wobei mare vielleicht ein Druckfehler ist und eigentlich nave heißen müßte (?). Jedenfalls muß wohl damit gemeint sein, daß Cabot umkehrte und nicht weiter ins Land eindringen wollte, weil er fürchtete, von den Eingeborenen überfallen zu werden, die ihm mit seiner kleinen Mannschaft leicht hätten gefährlich werden können.

497 (S. 261) Vgl. Encyclopaedia Britannica, 9. Ausgabe, Edinburgh, 1875, IV, S. 350 und G. P. Winship, 1900, S. 99.

498 (S. 265) Harrisse [1896, S. 63 fg.] scheint nicht beachtet zu haben, daß Cabot zu der Reise nach Westen, auf der er die vorherrschenden Winde gegen sich hatte, notwendigerweise längere Zeit gebraucht haben muß als zur Heimreise, während welcher die Windverhältnisse günstig waren.

499 (S. 265) Die Karte aus dem Jahre 1544, die Sebastian Cabot zugeschrieben wird oder auf welche er jedenfalls Einfluß gehabt hat, ist nicht als besonders wertvoll anzusehen, da man auf die Aussagen dieses Mannes nie bauen kann. Indessen stimmen die Angaben auf dieser Karte, wonach Cabot am Kap

Breton zuerst Land erblickt habe, auffallend mit der Karte des La Cosa überein, wie wir gleich sehen werden.

500 (S. 269) Genau genommen, betragen die Entfernungen auf der Karte des La Cosa zwischen Irland und Cauo de Ynglaterra 1290 Seemeilen, zwischen Bristol und derselben Landspitze 1620 Seemeilen, während Cauo de Ynglaterra und das Cauo descubierto 1080 Seemeilen voneinander entfernt liegen. Rechnen wir $17\frac{1}{2}$ leguas auf den Grad, so entsprechen diese Abstände 376, 472, 315 leguas; während 20 leguas auf den Grad 430, 540 und 360 leguas geben. Da der Name Cauo descubierto draußen in der See steht, im Westen der Landspitze, zu der er gehört, wird der letzte Abstand geringer und nähert sich sehr den angegebenen 300 leguas. Längs des oberen Randes der Karte ist ein Maßstab eingeteilt, von welchem jeder Teilstrich der üblichen Sitte nach 50 miglia Länge entspricht. Nach diesem Maßstab betragen die Entfernungen von Irland nach dem Cauo de Ynglaterra 1425 miglia und von diesem Vorgebirge nach dem Namen Cauo descubierto 1200 miglia. Rechnen wir 4 miglia auf jede legua, so belaufen sich diese Abstände auf 356 und 300 leguas.

501 (S. 270) Ich sehe hier ganz von der verbreiteten Behauptung ab, daß Cabot an die Ostküste von Newfoundland (am Kap Bonavista oder nördlich davon) oder sogar an die von Labrador gekommen sei. Dies läßt sich durchaus nicht mit La Cosas Karte vereinigen und stimmt ebensowenig mit Pasqualigos und Soncinos Berichten überein, wie es sich mit der Mitteilung auf der Karte aus dem Jahre 1544 (von Sebastian Cabot) decken würde, wenn wir ihr irgendwelche Wichtigkeit beilegen wollten. Andere zuverlässige Dokumente kennen wir nicht. Dem Beweise, daß Cabot im Jahre 1497 nach Labrador gelangt sei, den Harrisse [1896, S. 78 fg.] in dem Umstand sehen will, daß auf den offiziellen spanischen Karten aus der ersten Hälfte des 16. Jahrhunderts die Entdeckungen der Engländer auf den nördlichsten Teil der nordamerikanischen Ostküste (zwischen 56° und 60°) verlegt werden, kann keine Bedeutung beigelegt werden, und er wiegt keineswegs die Karte La Cosas auf, die deutlich genug spricht. Selbst dann, wenn Sebastian Cabot bei diesen späteren Karten die Oberaufsicht gehabt hat, beweist dies wenig oder nichts. Wenn es in seinem Interesse gelegen hat, die Spanier nicht durch Hervorhebung der Entdeckungen seines Vaters zu verletzen, so wird er wohl schwerlich Bedenken getragen haben, sie wegzulassen oder sie nordwärts verlegen zu lassen. Gerade auf diesen selben Karten (z. B. auf der des Ribera aus dem Jahre 1529) wird nämlich Anspruch darauf erhoben, daß die ganze Küste im Südwesten von Newfoundland (Tiera nova de Cortereal) von Spaniern (Gomez und Ayllon) entdeckt worden sei. Dazu kommt, daß die Inschriften der spanischen Karten auf „Labrador“, soweit man ihnen Bedeutung beilegen kann, sich, gleich den meisten der Sebastian Cabot zugeschriebenen Äußerungen, augenscheinlich nicht auf die Entdeckungen Cabots im Jahre 1497, die wir auf La Cosas Karte finden, beziehen, sondern Entdeckungen gelten, die auf späteren englischen Reisen von Bristol aus gemacht worden sind, auf denen man mit dem Eise zusammentraf. Falls bei der Karte aus dem Jahre 1544 die Beteiligung Sebastian Cabots an ihrer Herstellung nachgewiesen werden kann, so zeigt dies übrigens klar und deutlich genug, daß er den nördlichen Teil der

Ostküste Amerikas gar nicht gekannt hat, weil er sie sich ostwärts und nordostwärts erstrecken läßt, was daher kommt, daß ihr Grönland (Labrador) einverleibt worden ist. Die Karte ist ein Plagiat der früheren französischen Karten. Durch seine Auffassung gerät Harrisse [vgl. 1900, S. 21] hinsichtlich der Auffassung der Karte des La Cosa in große Verlegenheit, und er muß es ganz aufgeben, etwas aus ihr herauszufinden, weil sie ja allem widerspricht, was er aus den viel späteren spanischen Karten schließen zu können meint. Überdies muß man, wenn Harrisse die Bedeutung der nördlichen Breitengrade für die englischen Entdeckungen auf den Karten (auch auf der La Cosas) als Beweis, daß die Engländer an der Küste von Labrador gewesen sind, so nachdrücklich betont, darauf aufmerksam machen, wie sehr die Breitengrade z. B. von Newfoundland und auch von Grönland, geschweige denn der Westindischen Inseln, auf den Karten wechseln und oft viel zu nördlich sind; dies zeigt, daß derartigen Beweisen kein Gewicht beizulegen ist.

502 (S. 270) Es ist hervorgehoben worden, daß der Name Cauo descubierto das Land, das er zuerst erblickt hatte, bezeichnen müsse. Der Name bedeutet ja nur „entdecktes Kap", und es ist weder gesagt, daß es zuerst, noch, daß es zuletzt entdeckt worden sei. Auf der Originalkarte Cabots mag mehr darüber gestanden haben, und auf der Karte des La Cosa hat das Pergament unmittelbar hinter diesem Namen ein Loch. Daß es dasselbe Vorgebirge wäre, das auf der Karte des Sebastian Cabot von 1544 Prima tierra vista heißt, ist nicht wahrscheinlich, da dieses am östlichsten und auf der Landspitze beim Kap Breton liegt.

503 (S. 270) Bei dieser Bestimmung habe ich mich zum Teil auf andere Karten gestützt, hauptsächlich auf die Cantino-Karte, auf der die Richtung der nordöstlichen Küste von Newfoundland eine Mißweisung gibt, die zwischen 31° und 38° beträgt; die Richtung von Kap Farvel bis Kap Race gibt 28° Mißweisung, was entschieden ein wenig zu hoch ist.

504 (S. 271) Dagegen ließe sich einwenden, daß er sagt „Ebbe und Flut sind matt und laufen nicht wie hier [in England]" (le aque e stanche e non han corso come qui). Ebbe und Flut sind im Innern der Fundybai sehr bedeutend, aber an der Küste von Maine und an der Außenseite von Nova Scotia gering, wenn man sie mit der Ebbe und Flut vergleicht, die Cabot vom Bristolkanal her kannte.

505 (S. 272) La Cosas Karte könnte andeuten, daß er vom Cauo descubierto aus vor dem Umkehren noch eine Strecke westwärts auf offener See gefahren sei und dabei gesehen habe, daß die Küste sich weiter erstreckte, bis sie ganz hinten im Westen eine Biegung nach Süden nach einer Landspitze, vielleicht Kap Cod, machte, wo La Cosa die westlichste Flagge angebracht hat. Dies erscheint mir aber zweifelhaft und bleibt bloße Vermutung.

506 (S. 273) Daß der Abstand zwischen diesen Inseln und dem Cauo de Ynglaterra auf der Karte La Cosas um die Hälfte kürzer ist, als er sein sollte, falls sie die genannten Teile von Newfoundland sind, kann nicht von entscheidender Bedeutung sein, da die Entfernungen im ganzen, wie wir gesehen haben, auf dieser Karte wenig zuverlässig angegeben sind. Der Name S. Grigor muß entschieden von den Engländern herrühren, während Y. verde von Cabot oder von La Cosa stammen kann und derselbe Name sein mag, den wir auf den Kom-

paßkarten des 15. Jahrhunderts finden (vgl. II, 230). La Cosa oder Cabot mag der Meinung gewesen sein, daß diese beiden Inseln mit der Illa verde und der Illa brazil jener älteren Karten identisch seien, und während die eine Insel einen neuen Namen erhalten hat (vielleicht, weil es schon andere Inseln namens Brazil [?] gab oder weil diese Insel auf einigen Kompaßkarten namenlos war, s. II, 232), hat die andere ihren alten Namen, der ursprünglich eine Übersetzung des Namens Grönland ist, behalten dürfen. Dieses alte Land der Nordmänner wird hier also weit nach Süden verlegt und ist zu sehr bescheidener Größe verkleinert, indem es mit Halbinseln von Newfoundland vermengt worden ist.

507 (S. 273) Als Beweis, daß eine Rückfahrt in 23 Tagen in jener Zeit keine außergewöhnlich schnelle Segelreise gewesen wäre, sei zur Vergleichung erwähnt, daß Cartier im Juni und Juli 1536 zu der Reise von Kap Race nach Saint-Malo 19 Tage gebraucht hat. Champlain machte im Jahre 1603 dieselbe Reise in 18 Tagen, und im Jahre 1607 brauchte er zu der Fahrt von Canso bei Kap Breton nach Saint-Malo 27 Tage.

508 (S. 273) Vgl. Dawson, 1897, S. 209 fg.

509 (S. 274) Hakluyt teilt [in Principal Navigations, London, 1589] eine entsprechende Inschrift nach der Kopie dieser Karte mit, die zu seiner Zeit in der Privatgalerie der Königin in Westminster aufbewahrt wurde und im Jahre 1549 in London von dem bekannten Clement Adams gestochen worden war. Da Sebastian Cabot 1549 eine hohe Stellung als Ratgeber des Königs in allen maritimen Dingen und besonders als Kartograph einnahm, müssen wir glauben, daß er bei der Herausgabe einer so wichtigen Karte zu Rate gezogen worden ist, um so mehr, als sie ihm selbst zugeschrieben wurde. Man muß demnach annehmen, daß Sebastian Cabot die Inschrift revidiert hat. Hakluyt spricht von dieser Inschrift auf der Karte des Clement Adams zum erstenmal im Jahre 1584 [vgl. Winship, 1900, S. 56] und sagt bei dieser Gelegenheit, wie auch in der ersten Ausgabe der Principal Navigations, daß die Jahreszahl der Entdeckung 1494 sei; aber in der im Jahre 1600 erschienenen Ausgabe der Principal Navigations hat er diese Zahl in 1497 umgeändert, ohne den Grund dieser Berichtigung anzugeben [vgl. Tarducci, 1892, S. 47; Harrisse, 1892, 1896; Winship, 1900, S. 20 fg.]. Auf welche Weise die entschieden verkehrte Jahreszahl 1494 in die Karte von 1544 hineingekommen ist, wissen wir nicht; es ist denkbar, daß MCCCCXCIIII ein Lese- oder Schreibfehler gewesen ist, indem bei der ursprünglichen Zahl MCCCCXCVII die beiden Striche der V als getrennt stehend aufgefaßt worden sind, so daß man eine II herausgelesen hat [vgl. Harrisse, 1896, S. 61].

510 (S. 276) Ebenfalls möglich ist die Erklärung, daß Cauo de Ynglaterra, Cabots östlichster Punkt des Landes, Kap Race auf Newfoundland gewesen ist, obgleich Sebastian Cabot die Entdeckung auf Kap Breton angebracht hat. Es ist, wie gesagt, sehr zweifelhaft, ob Sebastian Cabot seinen Vater im Jahre 1497 begleitet hat, dagegen hat er aller Wahrscheinlichkeit nach die Karte seines Vaters gekannt und im Jahre 1544 eine Kopie davon oder wenigstens eine der Karte La Cosas gehabt. Dann hat er auch die französische, Cartiers Entdeckungen darstellenden Karten, z. B. die des Deslien aus dem Jahre 1541, gesehen; es galt jetzt,

die Entdeckungen seines Vaters mit dieser Karte zu identifizieren. Da mußte er ganz natürlich auf die Annahme verfallen, daß das C. de Ynglaterra identisch sei mit dem Kap Breton, welches als die östlichste Spitze des Festlandes in dieser Gegend erschien, während es weiter ostwärts nur eine Inselgruppe gab, welche den Inseln Y. Verde und S. Grigor auf La Cosas Karte gut entsprechen konnte. Er hat vielleicht auch eine Aufzeichnung darüber besessen, daß das erste Land am St.-Johannistage entdeckt worden ist. Auf der Karte seines Vaters kann er bei diesem Vorgebirge eine Insel St. Johann gefunden haben, oder er hat dieses Vorgebirge durch die Tradition auf der Karte Reinels und späteren Karten gekannt und deshalb seine „Prima tierra vista" auf Kap Breton angebracht. Sollte die Auffassung, daß C. de Ynglaterra Kap Race ist, als richtig angesehen werden, so ließe sich annehmen, daß das Cauo descubierto wirklich die Stelle war, an der John Cabot zuerst, vielleicht in der Nähe des Kap Breton, unter Land kam, und daß er von hier aus die vermutlichen 300 Leguas längs der Südküste Newfoundlands nach Osten segelte. Die beiden Inseln, die er nach rechts hin entdeckte, könnten, obgleich dies wenig wahrscheinlich ist, Grand Miquelon und St. Pierre sein; er ist dann zwischen diesen und dem Festland hindurchgesegelt. In solchem Fall aber geraten wir hinsichtlich der beiden Inseln S. Grigor und Y. Verde in Verlegenheit, da diese dann im Osten des Kap Race liegen müssen, wo es keine Inseln gibt. Daß man Eisberge für Inseln gehalten hätte, ist nicht anzunehmen. Wahrscheinlicher ist es, daß, wie bereits erwähnt, noch von früheren Kompaßkarten die Illa Verde und Illa de Brazil (aus dem 15. Jahrh., siehe II, 230 und Anm. 506) her spuken. Diese ganze Erklärung erscheint mir aber ein wenig erkünstelt, und die gleichmäßige Küste der Karte des La Cosa läßt sich schwer vereinigen mit der außerordentlich ungleichmäßigen Küstenlinie, die wir zwischen der Kap Breton-Insel und Kap Race erhalten müßten. Ferner bietet sich noch die Schwierigkeit, daß wir, falls die Küste La Cosas die Südküste Newfoundlands sein sollte, voraussetzen müßten, daß John Cabot die Mißweisung gekannt und beim Zeichnen seiner Karte berücksichtigt habe.

511 (S. 278) Das Manuskript ist im Britischen Museum aufbewahrt [vgl. Winship, 1900, S. 47].

512 (S. 279) Dort steht vicinidades, aber Desimoni [1881, Vorwort S. 15] ist der Ansicht, daß das Wort falsch gelesen sei für septe citades, „die Sieben Städte".

513 (S. 280) Harrisses Behauptung [1896, S. 129 fg.], daß dieser Ausdruck „surmysed to be grete commodities" [vermutete, daß es viele Waren geben sollte], darauf hindeute, daß der Chronikschreiber hier Mitteilungen über die erste Reise aus dem Jahre 1497 eingeflickt habe, wird schwerlich begründet sein. Cabot entdeckte ja, den Mitteilungen zufolge, keine Waren (außer Fischen) im Jahre 1497, dagegen vermutete er, daß er durch weiteres Vordringen nach Westen längs der Küste Kostbarkeiten finden werde.

514 (S. 281) Vgl. G. P. Winship [1900, S. 47]. Dieser Bericht steht in der Cottonian Chronicle aus dem 13. Regierungsjahr Heinrichs VII., das vom 22. August 1497 bis zum 21. August 1498 währte. Dies hat dahin geführt, daß einige ihn als einen der Reise von 1497 geltenden Bericht haben ansehen wollen,

aber dies ist schon deshalb ausgeschlossen, weil Cabot bereits vor Anfang des 13. Regierungsjahres von dieser Reise zurückgekehrt war.

[515] (S. 281) In der Überschrift dieser dem „Fabyan" entnommenen Mitteilung hat Hakluyt Sebastian Cabot zum Führer der Expedition gemacht; dies steht aber nirgends im Text.

[516] (S. 286) Es ist schon gesagt worden, daß der Burgunder, der Cabots Reise im Jahre 1497 mitgemacht hat, von den Azoren gewesen sein kann. Es ließe sich denken, daß er auch den João Fernandez oder Corte-Real im Jahre 1500 begleitet hat und nun mit Fernandez zusammen einer der an dem englischen Unternehmen Beteiligten war; auf diese Weise würden wir einen Zusammenhang erhalten; aber alles dies ist nur Vermutung.

[517] (S. 286) Vielleicht war der erstgenannte Portugiese der Urheber des Namens Labrador. Auf einer in Wolfenbüttel aufbewahrten portugiesischen Karte aus dem 16. Jahrhundert steht, daß das Land Labrador „von Engländern „aus der Stadt Bristol entdeckt ist und daß sie, weil der erste, der davon be„richtete, ein ‚labrador' [d. h. Arbeiter] von den Azoren gewesen, dem Lande diesen Namen gegeben haben" [vgl. Harrisse, 1892, S. 580; 1900, S. 40]. Ernesto do Canto [Archivo dos Açores, XII, 1894] macht darauf aufmerksam, daß schon in Dokumenten aus dem Jahre 1492 von einem João Fernandez die Rede ist, der als „llavorador" bezeichnet wird und der zusammen mit einem andern (Pero de Barcellos) Entdeckungsreisen zur See machte. Labrador bedeutet nicht nur einen gewöhnlichen Arbeiter, sondern einen, der den Boden bebaut, einen Landwirt, Gutsbesitzer. Es liegt also nahe, zu glauben, daß, wie Do Canto annimmt, dieser João Fernandez llavorador der John Fernandus ist, der in dem Patentbriefe von 1501 mit Namen angeführt wird. Der Name Labrador muß zuerst auf portugiesischen Karten vorgekommen sein (vgl. die King-Karte, schon um 1502), und wird da von Grönland gebraucht. Dies mag auf diesen João Fernandez (llavorador) zurückzuführen sein, der vielleicht 1502 nach Portugal zurückgekehrt ist, da seiner in dem Patentbriefe vom Dezember 1502 nicht mehr erwähnt wird. [Vgl. Harrisse, 1900, S. 40 fg.; Björnbo, 1910, S. 174.] Vielleicht kann er selber im Jahre 1500 (siehe Kapitel XV) eine Reise gemacht haben oder mit Corte-Real gefahren sein, ehe er nach Bristol kam; darüber wissen wir nichts; aber der Name weist auf jene portugiesische Reise zurück, auf der, wie wir wissen, Grönland im Jahre 1500 erblickt wurde, ohne daß die Reisenden an die Küste gelangen konnten (siehe II, 314 fg.). Es ist demnach denkbar, daß die englische Bristolexpedition des Jahres 1501, die João Fernandez mitmachte, die Küste Grönlands erreicht hat; daher ist den Engländern, welche die Küste nicht nur sahen, sondern auch dort landeten, auf späteren Karten die Entdeckung dieses Landes zugeschrieben worden. Der spanische Kosmograph Alonso de Santa Cruz (geboren 1506) sagt: „Das Land erhielt den Namen Labrador, weil ein „‚labrador' von den Azoren dem Könige von England, als er den Antonio „[sic!] Cabot, einen englischen Lotsen und Vater des Sebastian Cabot, der jetzt „Großlotse (piloto mayor) Eurer Majestät ist, auf Entdeckungen aussandte, da„von erzählt und ihn darauf aufmerksam gemacht hat" [vgl. Harrisse, 1896, S. 80]. Da dies so viel später und in Spanien geschrieben wurde, ist es kein

Wunder, daß Cabots Reise im Jahre 1497 mit der Fahrt im Jahre 1501 durcheinander gebracht ist, um so mehr, als Sebastian, der damals noch immer in Spanien war, kein Interesse daran gehabt hat, diese Behauptung zu berichtigen. Überdies stimmt die Aussage mit der Inschrift auf der portugiesischen Karte in Wolfenbüttel überein.

518 (S. 287) Vgl. Harrisse, 1896, S. 147.

519 (S. 287) In der Wiedergabe derselben Mitteilung (aus Fabyan) in Stows Chronicle steht das 18. Regierungsjahr, also vom 22. August 1502 bis zum 21. August 1503. Es ist zweifelhaft, was das richtige ist; der Text scheint mir bei Hakluyt ursprünglicher zu sein, aber die Jahreszahl kommt in der von ihm selbst hinzugefügten Überschrift vor.

520 (S. 287) Hier scheint mir die natürlichste Erklärung zu sein, daß Fabyan, den Hakluyt zitiert, gemeint hat, daß diese Wilden auf derselben Insel (d. h. Nordamerika) aufgegriffen worden seien, welche John Cabot entdeckt hatte (1497), von dessen Expedition im Jahre 1498 er gesagt hatte, daß sie noch nicht zurückgekehrt sei, während William Purchas Mayor war (II, 281). Daß Hakluyt Fabyans Worte auch so aufgefaßt hat, scheint man daraus schließen zu können, daß er in seiner späteren Wiedergabe der Mitteilung in den Principal Navigations, in den Jahren 1589 und 1599—1600, die Überschrift dahin verbessert hat, daß es das 14. (anstatt des 17.) Regierungsjahr Heinrichs VII. (also vom 22. August 1498 bis zum 21. August 1499) gewesen ist, als die drei Wilden vor den König gebracht wurden. Haklyut muß dies in der Art mißverstanden haben, daß er geglaubt hat, sie seien auf der Reise im Jahre 1498 aufgegriffen worden.

521 (S. 287) In Hakluyts Überschrift über dieser Mitteilung steht, daß Sebastian Cabot diese Wilden mitgebracht habe; aber sein Name wird in dem Text selbst, der echter zu sein scheint als die Überschrift, nicht genannt, und es ist kein Grund zu der Annahme vorhanden, daß Sebastian an einer dieser Reisen in den Jahren 1501 oder 1502 beteiligt gewesen sei; Leiter der Expedition ist er jedenfalls nicht gewesen. In Stows Wiedergabe [Winship, 1900, S. 95] steht Sebastian Caboto als derjenige, welcher die drei Männer aufgegriffen hat, im Text; aber Stows Text scheint, wie bereits erwähnt worden ist, weniger zuverlässig zu sein als der Hakluyts. Es ist wahrscheinlich, daß Stow und Hakluyt von der Voraussetzung ausgegangen sind, daß Sebastian Cabot die Reise gemacht habe, und daß sie deshalb seinen Namen ohne weiteres Nachdenken in ihren Text aufgenommen haben [vgl. Harrisse, 1896, S. 142 fg.]; daß sein Name schon bei Fabyan in dieser Verbindung vorgekommen sein sollte, erscheint mir dagegen zweifelhaft.

522 (S. 289) Grönland ist überdies auf der Karte im Norden Europas dargestellt worden, in Übereinstimmung mit dem Typus, der nach der Clavus-Karte teilweise in die Weltkarten hineingekommen ist (vgl. Anm. 474).

523 (S. 291) Hinsichtlich der Schriften dieser Autoren siehe Winship [1900]. Markham [1893] gibt sie (mit Ausnahme des Schreibens Contarinis aus dem Jahre 1536) in Übersetzung wieder, die jedoch mit einiger Vorsicht benutzt werden muß.

524 (S. 296) Vgl. Winship, 1900, S. 89. Sir Humphrey Gilbert gibt im Jahre 1576 beinahe wortgetreu dieselbe Mitteilung wieder, die er seiner Angabe

nach Karten entnommen hat, auf denen Sebastian Cabot die Nordwestpassage nach China „aus seiner persönlichen Erfahrung" beschrieben hatte [vgl. Winship, 1900, S. 17, 52; Kohl, 1869, S. 217].

525 (S. 296) Vgl. Harrisse, 1896, S. 159 fg.; Winship, 1900, S. 44.

526 (S. 302) Vgl. Harrisse, 1883, S. 44. Der Bureauvorsteher Th. B. Chalmer hat die große Freundlichkeit gehabt, mir dieses Dokument aus dem Portugiesischen zu übersetzen.

527 (S. 303) Vgl. Harrisse, 1883, Supplement post scriptum, S. 6 fg.

528 (S. 311) In der Wiedergabe des Dokumentes steht 1502. Da das bürgerliche Jahr damals mit dem 25. März anfing, würde das angegebene Datum nach unserem heutigen Kalender dem 24. Januar 1503 entsprechen. Doch der in späteren Berichten wiedergegebenen Tradition zufolge wäre Miguel Corte-Real im Jahre 1502, ein Jahr nach seinem Bruder, ausgereist (vgl. die Inschrift auf der portugiesischen Karte aus der Zeit um 1520 [II, 312]). Wir müssen demnach entweder glauben, daß die Jahreszahl oder der Monatsname im Dokument ein Schreibfehler sei, oder die Tradition ist falsch.

529 (S. 312) Diese fünf Monate sind etwas schwer verständlich. Entweder muß damit gemeint sein: von seiner Abreise an gerechnet; setzen wir diese in den Mai des Jahres 1501, so bringen fünf Monate zum Oktober 1501, aber dies war ja die Zeit, in welcher das andere Schiff heimkehrte (II, 304 fg.); — oder damit soll die Zeit nach der Heimkehr der „zwei Schiffe" (im Oktober) bezeichnet werden, was aber zum März 1502 führt. Rechten Sinn hat also keines von beiden. Es ist dies wohl ebenso wie die drei Schiffe anstatt zweier ein Schreibfehler im Dokumente.

530 (S. 312) Vgl. Harrisse, 1883, S. 214. Bureauvorsteher Th. B. Chalmer hat die große Freundlichkeit gehabt, mir dieses Dokument aus dem Portugiesischen zu übersetzen.

531 (S. 312) Vgl. Kohl, 1869, S. 179, Taf. X; Kretschmer, 1892, Taf. XII; Björnbo, 1910, S. 212.

532 (S. 314) Es ließe sich einwenden, daß der Name des Gaspar Corte-Real in dem ganzen Briefe nicht genannt werde und er deshalb auch der Führer jener „andern Karavellen" hätte sein können; aber in dem Briefe Pasqualigos an seine Brüder ist Gaspar namhaft gemacht, und auch dort scheint nicht gemeint zu sein, daß er mit der Entdeckung des Landes, welches man des Eises wegen im vorigen Jahre nicht betreten konnte, irgendwie in Verbindung gestanden habe; auf etwas Sicheres hierüber kann man aber aus diesen beiden Briefen nicht schließen.

533 (S. 318) Es hängt dies offenbar so zusammen, daß die Südküste des inselförmigen Grönlands (Terra Laboratoris), der wir zuerst auf der King-Karte (II, 334) begegnen, und die eine breite, der Grönlandküste auf der Oliveriana-Karte (II, 336) etwas ähnliche Form, aber noch breiter, erhielt, westwärts nach Amerika auf die Nordseite der Corte-Real-Küste oder von Newfoundland verlegt worden ist, wie wir auf der anonymen portugiesischen Karte aus der Zeit um 1520 (II, 313) und auf Reinels Karte (II, 275) finden. Einen Übergangstypus zwischen diesen Karten und der Oliveriana-Karte zeigt die Karte Maggiolos aus dem Jahre 1527 (II, 317). Später wird Grönland (Labrador) fest mit New-

foundland verbunden (vgl. Riberos Karte aus dem Jahre 1529, II, 316) und hielt sich in dieser Gestalt lange auf den Karten (vgl. die Karte aus dem Jahre 1544 [II, 274]).

534 (S. 318) Die Expedition, die dem João Vaz Corte-Real zugeschrieben wird, der auf ihr schon im Jahre 1464 oder 1474 Newfoundland entdeckt haben soll, ist ungeschichtlich und eine verhältnismäßig neuere Erdichtung, die wir zuerst in den ungefähr 1580 geschriebenen Saudades da Terra [VI, Kap. 9] des portugiesischen Schriftstellers Dr. Gaspar Fructuoso finden [vgl. Harrisse, 1883, S. 26 fg.]. Pater Antonio Cordeyro (Historia Insulana, Lissabon, 1717) erzählt, daß die Entdeckung mit Alvaro Martins Homen zusammen gemacht worden sei.

535 (S. 322) Es läßt sich auch denken, daß Corte-Real von dem Eise vor Südwestgrönland aus nach Nordwesten und Westen gesteuert sei und auf das Eis im Labradorstrom gestoßen sei, ein Umstand, der ihn gezwungen hätte, sich südwärts zu wenden und am Eisrande entlangzufahren, bis er Land in Sicht hatte.

536 (S. 323) Diese Segelzeiten Cantinos sind selbstverständlich unwahrscheinlich; wenn wir annehmen könnten, daß er Monate gesagt und Wochen gemeint hat, so würde sich das mit der natürlichen Zeit einer solchen Reise decken. Legt man seinen einen Monat zur Heimreise zu den obenerwähnten sieben Monaten und rechnet man den Aufenthalt im Lande auch noch einen Monat, so kommen seine neun Monate für die ganze Reise heraus.

537 (S. 330) Nachdem ich in einem vorläufigen Entwurfe dieses Kapitels, den Dr. A. A. Björnbo las, betont hatte, daß die Darstellung Grönlands auf der Cantino-Karte sich wohl auch auf eine Fahrt längs der Westküste stützen müsse, hat Björnbo [1910a S. 313 fg.; 1910, S. 176 fg.] die Darstellung Grönlands auf der Oliveriana-Karte untersucht und gefunden, daß sie nicht nur Entdeckungen während einer Segelreise längs der Ostküste, sondern auch solche während einer Fahrt an einem Teile der Südwestküste entlang angibt; er sieht darin eine partielle Bestätigung, daß ich recht habe. Er meint, daß diese Segelfahrt während der Expedition Corte-Reals im Jahre 1500 unternommen worden sei, und er denkt sich sogar, daß der Urtypus des Grönlands der Oliveriana-Karte Corte-Reals Admiralkarte selbst gewesen sein werde; aber dies sehe ich als sehr zweifelhaft an, wie aus dem, was ich schon früher über die Entdeckungen im Jahre 1500 gesagt habe, hervorgeht. Björnbo ist der Ansicht, daß eine Originalkarte wie die Oliveriana-Karte zureichend sei, um die Gestalt der Westküste Grönlands auf der Cantino-Karte zu erklären, da dieser Küste weiter nach Norden eine Richtung gegeben ist, die sich mit der Vorstellung der Clavus-Karte deckt. Ich habe gegen Björnbo die Möglichkeit einer solchen Erklärung eingeräumt. Aber je mehr ich die Sache betrachte, desto zweifelhafter erscheint sie mir; die Form der Westküste hat nämlich auf der Cantino-Karte gar keine Ähnlichkeit mit ihrer Form auf den Clavus-Karten, ja, selbst die Richtung ist anders, nördlicher und, wenn man die wahrscheinliche Mißweisung hinzunimmt, der wirklichen Richtung ähnlicher. Meines Erachtens kann man daher nicht ohne weiteres davon ausgehen, daß die Clavus-Karten zu einer Darstellung wie der auf der Cantino-Karte führen konnten.

538 (S. 333) Hier ist nicht der Ort zu untersuchen, was die Festlandsküste der Cantino-Karte im Westen der Insel Cuba vorstellt, ob sie die der Weltkarte Tos-

canellis (oder einer Quelle wie Behaims Globus) entnommene Ostküste Asiens sein soll oder wirkliche Entdeckungen an der Küste Nordamerikas, die unbekannte Expeditionen (?) gemacht haben, wiedergibt. Jedenfalls hat diese Küste nichts mit Gaspar Corte-Real zu tun, und Sir Clements Markham [1893, S. XLIX fg.) ist augenscheinlich auf falscher Spur, wenn er meint, daß jener auf seiner letzten Reise (im Jahre 1501) an dieser Küste entlang gesegelt sei.

539 (S. 335) Man kann sagen, daß es noch einen dritten Typus einer Darstellung Grönlands in der sogenannten Pilestrina-Karte (II, 338) gebe, die vielleicht aus dem Jahre 1511 stammt [Björnbo, 1910, S. 210] und auf welcher Grönland eine Halbinsel (von einer Landmasse im Norden ausgehend) bildet, ebenso wie auf der Cantino-Karte, aber noch viel breiter. Auf dem südöstlichsten Vorgebirge Grönlands steht hier C[auo] de mirame et lexame (d. h. Kap „Sieh mich an, aber rühr mich nicht an"), was mit der portugiesischen Reise im Jahre 1500 in Verbindung stehen kann, auf welcher die Reisenden die Küste sahen, aber des Eises wegen dort nicht landen konnten. Schließlich läßt sich auch der Typus der Reinel-Karte anführen (II, 275), auf welcher Grönland in Gestalt eines breiten Landes nach der Küste Amerikas verlegt ist. Auf allen diesen Karten mit wechselnder Darstellung Grönlands hat Newfoundland ungefähr dieselbe Form und Lage.

540 (S 335) Vgl. Harrisse, 1900, S. 54 fg.

541 (S. 337) Daß Miguel Corte-Real wirklich nach Newfoundland gelangte, scheint auch aus der obenerwähnten Inschrift auf der Seekarte aus den Jahren um 1520 hervorzugehen, indem er wohl nicht auf dieser Küste namhaft gemacht wäre, wenn kein Grund zu der Annahme, daß er dorthin gelangt sei, vorgelegen hätte; aber dies muß wieder darauf schließen lassen, daß einige der an der Expedition Beteiligten zurückgekehrt sind.

Übersicht der wichtigsten benutzten Werke.

Adam von Bremen. Adami Gesta Hamburgensis Ecclesiae Pontificum 1876
ex recensione Lappenbergii. Editio altera. Scriptores Rerum Germanicarum. Hannoverae, 1876.

Adam af Bremen, Om Menigheden i Norden o. s. v. Overs. af P. W. 1862
Christensen. Kbh., 1862.

Adams von Bremen Hamburgische Kirchengeschichte. Übers. von J. C. M. 1893
Laurent. 2. Aufl. Leipzig, 1893.

Aelianus (Claudius), Varia. „Vermischte Nachrichten", Werke, Bd. I, 1839
übers. von Ephorus Dr. Wunderlich. Griech. Prosaiker in neuen Übers., hgb. v. Tafel, Osiander und Schwab, Bd. 182. Stuttgart, 1839.

Ahlenius (Karl), Pytheas' Thuleresa, Språkvetenskapliga Sällsk. i 1894
Upsala Förhandl., I, 1882—94, S. 101—124, in Upsala Universitets Årsskrift, 1894.

Ahlenius (K.), Die älteste geographische Kenntnis von Skandinavien. 1900
Eranos, III, 1898—1899. Upsala, 1900.

Alfred, King, Anglo-Saxon Version of Orosius.. Ed. by Joseph Bos- 1859
worth, London, 1859. Über Ottars Reise s. auch: Henry Sweet, An Anglo-Saxon Reader, Oxford, 1884; R. Rask in Skandinaviske Litteraturselskabs Skrifter, XI, Kbk., 1815, mit dänischer Übersetzung und Kommentar; G. Porthan, Kgl. Vitterh. Hist. o. Antique Acad. Handl. VI, Stkh. 1800, mit schwedischer Übersetzung und Kommentar.

d'Avezac, Les Iles fantastiques de l'océan occidental au moyen-âge. 1845
Paris, 1845.

Avienus (Rufus Festus), Rufi Festi Avieni Carmina. Ed. Alfred 1887
Holder, Innsbruck, 1887.

Batûta (Ibn), Voyages d'Ibn Batoutah, Texte arabe et traduction par Defrémery et Sanguinetti.

Baumgartner (A.), Island und die Färöer. 3. Aufl. Freiburg, 1902. 1902

Baumstark (Anton), s. Tacitus. 1876

Baumstark (A.), Ausführliche Erläuterung des besonderen völkerschaftlichen 1880
Teiles der Germania des Tacitus. Lpz., 1880.

Beauvois (Eug.), Journ. d. l. Soc. d. Américanistes d. Paris, 1904, 1904
No. 2; 1905, No. 2. 1905

Beazley (C. Raymond), The Dawn of Modern Geography, I, 1897; II, 1897
1901; III, 1906, London. 1906

Beazley (C. R.), John and Sebastian Cabot. London, 1898. 1898

Berard (Victor), Les Phéniciens et l'Odyssée. I, 1902; II, 1903. Paris. 1902

Berger (Hugo), Die geographischen Fragmente des Eratosthenes. Lpz., 1880. 1880

Berger (H.), Geschichte der wissenschaftlichen Erdkunde der Griechen. I, 1887
1887; II, 1889; III, 1891; IV, 1893. Lpz. —1893

Berger (H.), Mythische Kosmographie der Griechen. Beilage zu Roschers 1904
Mythol. Lexikon. Lpz., 1904.

Bethmann (L.) und Waitz (G.) s. Paulus Warnefridi. 1878

Bjørnbo (Axel Anthon), Adam af Bremens Nordensopfattelse. Aarb. 1909
f. nord. Oldk. o. Hist. Kbh., 1909.

Bjørnbo (A. A.), Cartographia Groenlandica. Indledning og Perioden 1911
til Aar 1576. Medd. om Grønland, XLVIII, 1. Kbh., 1911.

Bjørnbo (A. A.), Die echte Corte-Real-Karte. Peterm. Geogr. Mitt. 1910a
1910, II.

Bjørnbo (A. A.) og Petersen (Carl S.), Fyenboen Claudius Claussøn 1904
Swart o. s. v. Kgl. Danske Vid. Selsk. Skr. 6. R., hist. filos. Afd.
VI. 2. Kbh., 1904.

Bjørnbo (A. A.) und Petersen (C. S.), Anecdota Cartographica Septen- 1908
trionalia. Havnia, 1908.

Bjørnbo (A. A.) und Petersen (C. S.), Der Däne Claudius Claussön 1909
Swart. Innsbruck, 1909.

Blom (O.), Om Kongespeilets Affattelsestid. Aarb. f. nord. Oldk. o. 1867
Hist. Kbh., 1867.

Boas (Franz), Eskimo of Baffin Land and Hudson Bay. Bull. Amer. 1901
Mus. Nat. Hist. XV, 1901.

Bobé (Louis), Aktstykker til Oplysning om Grønlands Besejling. Danske 1909
Magazin, 5. R., VI. Kbh., 1909.

Bosworth (J.) s. König Alfred. 1859

Breda (O. J.), Rundt Kensington-stenen. Symra, VI. Decorah, 1910. 1910

Brenner (Oskar), Nord- und Mitteleuropa in den Schriften der Alten. 1877
Inaug. Diss. München, 1877.

Brøgger (A. W.), Den Arktiske Stenalder i Norge. Vid. Selsk. Skr. 1909
II Hist. filos. Kl., 1909. No. 1. Kr.ania.

Bruun (Daniel), Arkæologiske Undersøgelser i Julianehaabs Distrikt, 1896
1895. Medd. om Grønland, XVI. Kbk., 1896.

Bruun (D.), Det høie Nord. Kbh., 1902. 1902

Bugge (Alexander), Vore forfædres opdagelsesreiser i Polaregnene. 1899
Kringsjå, XI. Kr.ania, 1899.

Bugge (A.), Contributions to the History of the Norsemen in Ireland 1900
III. Vid.-Selsk. Skr., II Hist. filos. Kl. 1900. Kr.ania, 1901.

Bugge (A.), Vikingerne. Billeder fra vore forfædres liv. I, 1904; II 1904
1906. Kr.ania. —1906

Bugge (A.), Vesterlandenes Indflydelse på Nordboernes og særlig Nordmændenes ydre Kultur o. s. v. i Vikingetiden. Vid.-Selsk. Skr. II Hist. filos. Kl. 1904, No. 1. Kr.ania, 1905. 1905

Bugge (A.), Nordlands skiftende Skjæbne. Hist. Tidsskrift. 4. R. V. Kr.ania, 1908. 1908

Bugge (Sophus), Bidrag til nordiske Navnes Historie. Arkiv för Nordisk Filologi, VI. Lund, 1890. 1890

Bugge (S.), Germanische Etymologien, Beiträge 3. Gesch. d. Deutschen Sprache in Literatur, XXI. Halle, 1896. 1896

Bugge (S.), Norges Indskrifter med de yngre Runer. Hønen-Runerne fra Ringerike. Kr.ania, 1902. 1902

Bugge (S.), Foranskudt *s*, især i Navne. Arkiv för Nordisk Filologi, XXI. Lund, 1904. 1904

Bugge (S.), Om nordiske folkenavne hos Jordanes. Fornvännen. Stkh., 1907. 1907

Bugge (S.), Der Runenstein von Rök in Östergötland, Schweden. Hgb. durch Magnus Olsen. Stkh., 1910. 1910

Bunbury (E. H.), A History of Ancient Geography. London, 1883. 1883

Callegari (G. V.), Pitea di Massilia. Rivista di Storia Antica, VII, 4; VIII, 2; IX, 2. Padova, 1904. 1904

Christ (Wilhelm), Avien und die ältesten Nachrichten über Iberien und die Westküste Europas. Abhandl. d. Philos.-Philol. Klasse d. K. Bayerischen Akad. d. Wiss., XI. München, 1866. 1866

Collinson (Richard), The three Voyages of Martin Frobisher, 1576—8. London, 1867. 1867

Costa (B. F. de), Arctic Exploration. Journ. of the American Geogr. Soc. of New York, XII. 1880. 1880

Crooker, (P. Crofton), Fairy Legends and Traditions of the South of Ireland. London, 1828. 1828

Crusius (O.), Hyperboreer in Roscher's Mythol. Lexikon, I, 2. Lpz., 1890. 1890

Cuno, Forschungen im Gebiete der alten Völkerkunde. Berlin, 1871. 1871

Daae (Ludvig), Didrik Pining. Hist. Tidsskrift 2. R. III. Kr.ania, 1882. 1882

Daae (L), Italieneren Francesco Negris Reise i Norge 1664—1665. Hist. Tidsskrift 2. R. VI. Kr.ania, 1888. 1888

Dawson (Samuel Edward), The Voyages of the Cabots in 1497 and 1498; with an attempt to determine their landfall and to identify their island of St. John. Proc. and Trans. of the R. Soc. of Canada 1894, XII. Ottawa, 1895. 1894

Dawson (S. E.), The Voyages of the Cabots in 1497 and 1498. A sequel etc. Proc. and Trans. of the R. Soc. of Canada. 2 Ser. II, 1896. 1896

Dawson (S. E.), The Voyages of the Cabots. Latest Phases of the Controversy. Proc. and Trans. of the R. Soc. of Canada. 2 Ser. III, 1897. 1897

Debes (Lucas Jacobsøn), Færoe et Færoa Reserata. Det er: Færøernis oc Færøeske Indbyggeris Beskrivelse o. s. v. Kbh., 1673. 1673

Delisle (L.), Les Revenus Publics en Normandie au Douzième Siècle. Bibliothèque de l'École des Chartes. IIIe Série, I. Paris, 1849. 1849

Desimoni (Cornelio), Intorno a Giovanni Caboto Genovese etc. Atti della Società Ligure di Storia Patria. Genova, 1881. 1881

Detlefsen (D.), Zur Kenntnis der Alten von der Nordsee. Hermes, XXXII. Berlin, 1897. 1897

Detlefsen (D.), Die Entdeckung des germanischen Nordens im Altertum. Quellen u. Forsch. z. alten Gesch. u. Geographie. Hgb. v. W. Sieglin. H. 8. Berlin, 1904. 1904

Dicuil s. Letronne.

Dicuil, De mensura orbis terræ, ed Parthey. Berlin, 1870. 1870

Diodorus Siculus, Bibliotheca Historica. Ed. F. Vogel. Lpz., 1890. 1890

Dozy (R.), Recherches sur l'Histoire et Littérature de l'Espagne. 3. éd. Paris, Leyde, 1881. 1881

Edrisi, Géographie d'Édrisi. Trad. par P. A. Jaubert. Recueil de Voyages et de Mémoires publ. p. l. Soc. de Géographie. V. Paris, 1836. 1836

Edrisi, Description de l'Afrique et de l'Espagne par Edrisi. Publ. avec trad. par R. Dozy et M. J. de Goeje. Leyden, 1866. 1866

Egede (Hans), De gamle Grønlands nye Perlustration eller Naturel-Historie. Kiøbenhavn, 1741. 1741

Eggers (H. P.), Om Grønlands Østerbygds sande Beliggenhed. Det kgl. danske Landhusholdnings Selskabs Skrifter. IV. Kjøbenhavn, 1794. 1794

Einhardi, Vita Caroli magni, ed. B. H. Pertz. Hannover, 1845. 1845

Eiriks Saga Rauda, og Flatøbogens Groenlendingaþáttr o. s. v. ved Gustav Storm. Samfund til Utg. af gammel nordisk Literatur, XXI. Kbh., 1891. 1891

Eratosthenes s. Berger.

Fabricius (A.), Nordmannertogene til den Spanske Halvø. Aarb. f. Nord. Oldk. og Hist. 2. R. XII. Kbh., 1897. 1897

Faqîh (Ibn al-), Kitâb al-buldân. Ed. M. J. de Goeje. Lugduni Batavorum, 1885. 1865

Fernald (M. L.), Notes on the Plants of Wineland the Good. Rhodora, Journal of the New England Botanical Club. XII. Boston, 1910. 1910

Fischer (M. P.), Documents pour servir a l'Histoire de la Baleine des Basques. Ann. d. Sciences Nat. Zoologie. XV. Paris, 1872. 1872

Fischer (Theobald), Beiträge zur Geschichte der Erdkunde und der Kartographie in Italien im Mittelalter. Samml. mittelalterl. Welt- und Seekarten italienischen Ursprungs. F. Ongania. Venedig, 1886. 1886

Forbiger (Alb.), Handbuch der alten Geographie. I 1842; II 1844; III 1848. Leipzig. 1842–1848

Frähn (C. M.), Ibn-Foszlans und anderer Araber Berichte über die Russen älterer Zeit. St. Petersburg, 1823. 1823

Friis (Peder Claussøn), Samlede Skrifter, utg. av Gustav Storm. Kr.ania, 1881. 1881

Geelmuyden (H.), De gamle Kalendere, særlig Islændernes. Naturen, VII Kr.ania, 1883. 1883

Geelmuyden (H.), Den første Polarexpedition. Naturen, VII. Kr.ania, 1883. 1883a

Geijer (E. G.), Svea Rikes Häfder. I. Upsala, 1825. 1825

Genuni Elementa Astronomiae. Ed. C. Manitius. Lpz., 1898 (griechisch mit deutscher Übersetzung). 1898

Gerland (G.), Zu Pytheas Nordlandsfahrt. Beiträge zur Geophysik, II, Stuttgart, 1895. 1895

Gjessing (Helge), Runestenen fra Kensington. Symra, V. Decorah, 1909. 1909

Goeje (M. J. de), La légende de Saint Brandan. Actes du Huitième Congrès internat. des Orientalistes 1889. Leiden, 1891. 1891

Guðmundsson (Valtýr), Privatboligen paa Island i Sagatiden; samt delvis det øvrige Norden. Kbh., 1889. 1889

Guichot y Sierra (Alejandro), Supersticiones populares, recojidas en Andalucia y comparados con las Portuguesas. Biblioteca de las tradiciones populares Españolas. Madrid, 1884. 1884

Guldberg (Gustav A.), En kort historisk Udsigt over Hvalfangsten i ældre Tider. Folkevennen. N. R. XIII. Kr.ania, 1889. 1889

Guldberg (G. A.), Om Skandinavernes hvalfangst. Nord. Tidsskrift. Stkh., 1890. 1890

v. Grienberger, Die nordischen Völker bei Jordanes. Zeitschrift für Deutsches Altertum. XLV, 1901; XLVII, 1904. Berlin. 1901—1904

Grimm (Jacob), Deutsche Rechtsalterthümer. 2. Ausg. Göttingen, 1854. 1854

Grimm (J.), Deutsche Mythologie. 4. Ausg. I, 1875; II, 1876; III, 1878. Berlin. 1875 1878

Grimm (J.), Geschichte der Deutschen Sprache. I. 4. Ausg. Lpz., 1880. 1880

Grøndal (B.), Folketro i Norden, Ann. f. Nord. Oldk. o. Hist. Kbh., 1863. 1863

Grønlands Historiske Mindesmærker. Utg. af d. Kgl. Nordiske Oldskrift-Selskab. Kbh., 1838—1845. 1838—1845

Günther (S.), Adam von Bremen, der erste deutsche Geograph. Sitzungsberichte der Königlich böhmischen Gesellschaft der Wissenschaften Phil. histor. Kl. 1894. 1894

Hakluyt (Richard), Divers Voyages touching the Discovery of America and its Islands Adjacent. Hakluyt Society. London, 1850. 1850

Hakluyt (R.), The Principal Navigations etc. Hakluyt Society. Glasgow, 1903. 1903

Hamberg (Axel), Om eskimåernes härkomst och Amerikas befolkande. Ymer, XXVII. Stkh., 1907. 1907

Hammershaimb (V. U.), Færøiske Kvæder. 2. Hefte. Kbh., 1855. 1855

Hammershaimb (V. U.), Færøisk Anthologi, I. Kbh., 1891. 1891

Hansen (Andr. M.), Oldtidens Nordmænd Ophav og Besætning. Gammel Norsk Kultur i Tekst og Billeder, Norsk Folkemuseum. Kr.ania, 1901. 1907

Hansen (A. M.), Om Helleristningerne. Foren. t. norske Fortidsmindesmærkers Bevaring, Aarsb. 1908. 1908

Hansen (A. M.), Peder Claussøn om Sjøfinnernes Sprog. Maal og Minne. Kr.ania, 1909. 1909

Harrisse (Henry), Jean et Sebastian Cabot, leur origine et leurs voyages etc. Recueil de voyage et de documents, etc. I. Paris, 1882. 1882

Harrisse (H.), Les Corte-Real et leurs voyages au Nouveau-Monde. Rec. d. voy. e. d. doc., etc. III. Paris, 1883. 1883

Harrisse (H.), The Discovery of North America. London, 1892. 1892

Harrisse (H.), John Cabot the Discoverer of North-America and Sebastian his Son. London, 1896. 1896

Harrisse (H.), Decouverte et évolution cartographique de Terre-Neuve et des Pays Circonvoisins, 1497—1501—1769. London, Paris, 1900. 1900

Hauks bók. utg. av det kgl. Nordiske Oldskrift-Selskab (ved Finnur Jónsson). Kbb., 1892—96. 1892—1896

Heffermehl (A. V.), Presten Ivar Bodde o. s. v. Hist. Skrifter tilegn. Prof. Ludvig Daae o. s. v. af Venner og Disciple. Chr.ania, 1904. 1904

Heiberg (Jacob), Lappische Gräberschädel. Archiv for Math. og Naturvid., III. Kr.ania, 1878. 1878

Helland (Amund), Finmarkens Amt. Norges Land og Folk, XX. Kr.ania, 1905. 1905

Helland (A.), Nordlands Amt. Norges Land og Folk, XVIII. Kr.ania, 1908. 1908

Hergt (Gustav), Die Nordlandfahrt des Pytheas. Inaug.-Diss. Halle, 1893. 1893

Herrmann (Paul), Erläuterungen zu den ersten neun Büchern der Dänischen Geschichte des Saxo Grammaticus, I. Lpz., 1901. 1901

Hertzberg (Ebbe), Nordboernes gamle Boldspil. Hist. Skrifter tilegn. Prof. Ludvig Daae o. s. v., af Venner og Disciple. Kr.ania, 1904. 1904

Historia Norwegiæ s. Storm, 1880. 1880

Hoegh (Knut), Om Kensington og Elbow Lake-stenene. Symra, V. Decorah, 1909. 1909

Hofmann (Conrad), Ueber das Lebermeer. Sitzungsber. d. königl. bayer. Akad. d. Wissenschaften, II, 1. München, 1865. 1865

Holand (A. Hjalmar), Kensington-stenens sprog og runer. Symra, V. Decorah, 1909. 1909

Holm (G. F.), Beskrivelse af Ruiner i Julianehaabs Distrikt, der er undersøgte i Aaret 1880. Medd. om Grønland, VI. Kbh., 1883. 1883

Holz (Georg), Beiträge zur deutschen Altertumskunde. H. 1. Über die Germanische Völkertafel des Ptolemäus. Halle, 1894. 1894

Homeyer (C. G.), Die Haus- und Hofmarken. Berlin, 1870. 1870

Irgens (O.), Et Spørsmaal, vedkommende de gamle Nordmænds oversøiske fart. Skrifter utg. av Bergens hist. Forening, Nr. 10. Bergen, 1904. 1904

Islandske Annaler indtil 1578. Udg. f. d. Norske hist Kildeskriftfond ved Gustav Storm. Kr.ania, 1888. 1888

Jacob (Georg), Welche Handelsartikel bezogen die Araber des Mittelalters 1891
aus den nordisch-baltischen Ländern? 2. Ausg. Berlin, 1891.

Jacob (G.), Die Waaren beim arabisch-nordischen Verkehr im Mittelalter. 1891a
Berlin, 1891.

Jacob (G.), Studien in arabischen Geographen. IV. Berlin, 1892. 1892

Jacob (G.), Ein arabischer Berichterstatter aus dem 10. Jahrhundert usw. 1896
Artikel aus Qazwînîs Athâr al-bilâd. 3. verm. u. verb. Aufl. Berlin,
1896.

Jacuts Geographisches Wörterbuch. Hgb. v. F. Wüstenfeld. Lpz., 1866. 1866

Jakobsen (Jakob), Færøiske Folkesagn og Æventyr. Kbh., 1898 1898
—1902. —1902

Jakobsen (J.), Shetlandsøernes stednavne. Aarb. f. nord. Oldk. o. s. v. 1901
1901.

Jantzen (Hermann), Saxo Grammaticus. Die ersten neun Bücher der 1900
dänischen Geschichte, übersetzt und erläutert. Berlin, 1900.

Jónsson (Finnur), s. Hauks bók. 1892
—1896

Jónsson (F.), En kort Udsigt over den Islandsk-Grønlandske Kolonis 1893
Historie. Nord. Tidsskrift. Stkh., 1893.

Jónsson (F.), Den oldnorske og oldislandske Litteraturs Historie. I, 1894
1894; II 1, 1898; II 2, 1901. Kbh. —1901

Jónsson (F.), Sigurdarkvida en Skamma. Aarb. f. Nord. Oldk. o. s. v. 1897
2 R., XII. Kbh., 1897.

Jónsson (F.), Grønlands gamle Topografi efter Kilderne. Medd. om 1899
Grønland, XX. Kbh., 1899.

Jónsson (F.), Landnámabok. Kbh., 1900. 1900

Jordanes Gothengeschichte. Übers. v. Wilhelm Martens. F. W. Watten- 1884
bach, Die Geschichtschreiber der deutschen Vorzeit. 6. Jahr. I. Leipzig,
1884.

Jordanis Romana et Getica, rec. Th. Mommsen. Monumenta Ger- 1882
maniae Historica. Berolini, 1882.

Joyce (P. W.), Old Celtic Romances. London, 1879. 1879

Kähler (Friedrich), Forschungen zu Pytheas' Nordlandsreisen. Stadtgym- 1903
nasium zu Halle a. S. Festschrift z. Begrüß. d. 47. Vers. Deutscher Philo-
logen u. Schulmänner in Halle. 1903.

Keyser (R.), Om Nordmændenes Herkomst og Folkeslægtskab, Sam- 1839
linger til det norske Folks Sprog og Historie, VI, 1839. Optrykt i 1869
Samlede Afhandlinger. Kr.ania, 1868.

Khordâdhbeh (Ibn), Le Livre des Routes et des Provinces. Trad. 1865
par C. Barbier de Meynard. Paris, 1865.

Khordâdhbeh (Ibn), Kitâb al-Masâlik wa'l-mamâlik, auctore Abu- 1889
'l-Kâsim . . . . Ibn Khordâdhbeh, etc. Bibliotheca Geographorum
Arabicorum, ed. M. J. de Goeje, VI. Lugduni-Batavorum, 1889.

Koch (Joh.), Die Siebenschläferlegende, ihr Ursprung und ihre Verbrei- 1883
tung. Lpz., 1883.

Kohl (J. G.), Die erste Deutsche Entdeckungsfahrt zum Nordpol. Peterm. geogr. Mitt., 1869. 1869

Kohl (J. G.), Documentary History of the Discovery of the State of Maine. Maine Historical Soc. Collections. Portland, 1869. 1880

Kohlmann (Philipp Wilhelm), Adam von Bremen. Leipzigs Historische Abhandlungen. X. Lpz., 1908. 1908

Koht (Halvdan), Om Haalogaland og Haaløyg-Ætten. Hist. Tidsskrift, 4. R. VI. Kr.ania, 1908. 1908

Koht (H.), Sagnet om Hvítramannaland. Hist. Tidsskrift, 4. R. VI. Kr.ania, 1909. 1909

Krabbo (Hermann), Nordeuropa in der Vorstellung Adams von Bremen. Hansische Geschichtsblätter. Heft 1. Lpz., 1909. 1909

Kretschmer (Konrad), Marino Sanudo der Ältere und die Karten des Petrus Vesconte. Zeitschr. d. Gesellsch. f. Erdkunde z. Berlin. XXVI. 1891. 1891

Kretschmer (K.), Eine neue mittelalterliche Weltkarte der vatikanischen Bibliothek. Zeitschr. d. Gesellsch. f. Erdkunde z. Berlin, XXVI. 1891. 1891a

Kretschmer (K.), Die Entdeckung Amerikas in ihrer Bedeutung für die Geschichte des Weltbildes. Festschr. d. Gesellsch. f. Erdkunde z. Berlin. 1892. 1892

Kretschmer (K.), Die Katalanische Weltkarte der Biblioteca Estense zu Modena. Zeitschr. d. Gesellsch. f. Erdkunde z. Berlin, XXXII. 1897. 1897

Kretschmer (K.), Die italienischen Portolane des Mittelalters. Veröff. d. Instituts f. Meereskunde u. d. geogr. Instituts a. d. Universität Berlin, XIII. 1909. 1909

Kunstmann (Fr.), Die Entdeckung Amerikas nach den ältesten Quellen geschichtlich dargestellt. Monum. saec. der Kgl. Bayerischen Akad. d. Wissensch. München, 1859. 1859

Läffler (L. Fr.), Om de Östskandinaviska Folknamnen hos Jordanes. Bidrag till Kännedom om de Svenska Landsmålen ock Svensk Folkliv, XIII, No. 9. Stkh., 1894. 1894

Läffler (L. Fr.), Anmärkningar till professor Sophus Bugges uppsats "Om nordiske Folkenavne hos Jordanes". Fornvännen, 1907. Stkh. 1907

"Lageniensis", Irish Folk Lore. Glasgow, 1870. 1870

Lampros (S. P.), Kananos Laskaris und Basileios Batatzes, zwei hellenische Reisende aus dem 14. und 15. Jahrh., Parnassos, V. Athen, 1881, (in griechischer Sprache). 1881

Lancarbanensi (Caradoco), Vita Gildae, in Monumenta Germaniae Historica 4°. Auctores antiguissimi, XIII, III: Chronica Minora, Sæc. IV, V, VI, VII, ed. Th. Mommsen. Berolini, 1888. 1888

Landnámabok utg. av de kgl. nordiske Oldskrift-Selskab, ved Finnur Jónsson. Kbh., 1900. 1900

Lappenberg (J. M.), Von den Quellen, Handschriften und Bearbeitungen des Adam von Bremen. Archiv der Gesellsch. f. ältere deutsche Geschichtskunde. VI. Hannover, 1838. 1838

Lappenberg, s. Adam von Bremen. 1876

Leem (Knud), Beskrivelse over Finmarkens Lapper. Kbh., 1767. 1767

Lelewel (Joachim), Géographie du Moyen Age. Breslau, 1852. Atlas 1851. 1852

Letronne (A.), Recherches Géographiques et Critiques sur le livre de Mensura Orbis Terræ, etc. par Dicuil. Paris, 1814. 1814

Liebrecht (Felix), Sanct Brandan. Ein lateinischer und drei deutsche Texte. Herausg. von Schroeder. The Academy, III, 1872. 1872

Lillienskiold (Hans Hansen), Speculum boreale. 1698. Håndskrift (No. 948—949) Thottske Saml. i Kgl. Bibliotek Kbh. Abschrift in der Sammlung der norwegischen Kommission für historische Manuskripte. 1698

Lønborg (Sven Erik), Adam af Bremen och hans skildrig av Nordeuropas Länder og Folk. Akad. Afh. Upsala, 1897. 1897

Maçoudi, Les Prairies d'or. Par C. Barbier de Meynard et Pavet de Courteille. Coll. d'ouvr. orient. Soc. Asiatique. Paris, 1861. 1861

Maçoudi, Le livre de l'avertissement et de la revision. Par Carra de Vaux. Coll. d'ouvr. orient. Soc. Asiatique. Paris, 1896. 1896

Mandeville (John), The Voiage and Travaile of Sir John Maundevile. By J. O. Halliwell. London, 1883. 1883

Markham (Clements R.), Pytheas, the Discoverer of Britain. Geogr. Journal, I. London, 1893. 1893

Markham (C. R.), The Journal of Christopher Columbus and Documents relating to the Voyages of John Cabot and Gaspar Corte Real. The Hakluyt Society, LXXXVI. London, 1893. 1893

Markham (C. R.), Fourth Centenary of the Voyage of John Cabot 1497. Geogr. Journal, IX. London, 1897. 1897

Marx (Friedrich), Avienus Ora Maritima. Rheinisches Museum für Philologie, N. F. L. Frankfurt, 1895. 1895

Matthias (Franz), Über Pytheas von Massilia und die ältesten Nachrichten von den Germanen. Wissensch. Beilage z. Jahresbericht des Königl. Luisengymnasiums zu Berlin. Programm Nr. 62, 1901; Programm Nr. 64, 1902. Berlin. 1901 1902

Maurer (Konrad), Die Bekehrung des Norwegischen Stammes zum Christenthume. München, 1855. 1855

Maurer (K.), I. Grönland im Mittelalter. II. Grönlands Wiederentdeckung. Die zweite Deutsche Nordpolarfahrt, 1869—1870. I. Leipzig, 1874. 1874

Maurer (K.), Island von seiner ersten Entdeckung usw. München, 1874. 1874a

Mehren (A. F.), Fremstilling af de Islamitiske Folks almindelige geographiske Kundskaber, o. s. v. Ann. f. nord. Oldk. o. Hist. Kbh., 1857. 1857

Mehren (A. F.), Manuel de la Cosmographie du Moyen Age. Copenhague, 1874. 1874

Meißner (R.), Die Strengleikar. Halle a. S., 1902. 1902

Melas (Pomponius), Jordbeskrivelse. Ovs. a. J. H. Bredsdorff. Kbh., 1822. 1822

Metelka (J.), O neznámêm dosud vydáni mapy Islandu Olafa Magna zr. 1548. Sitzungsber. d. kgl. böhmischen Gesellsch. d. Wissensch. Kl. f. Philos., Gesch. u. Philol. Jahrg. 1895. Prag, 1896. 1895

Meyer (Kuno) and Nutt (Alfred), The Voyage of Bran son of Febal to the Land of the Living. I, 1895; II, 1897. London. 1895—1897

Michelsen (A. L. J.), Die Hausmarke. Jena, 1853. 1853

Miller (Konrad), Mappe mundi. Die ältesten Weltkarten, I—III. 1895; IV—V, 1896; VI, 1898. Stuttgart. 1895—1898

Mogk (E.), Die Entdeckung Amerikas durch die Nordgermanen. Mitt. d. Vereins f. Erdkunde z. Leipzig. 1892. 1892

Mommsen (Th.) s. Jordanes. 1882

Mommsen (Th.) s. Solinus. 1895

Much (Rudolf), Goten und Ingvaeonen. Beitr. z. Gesch. d. Deutschen Spr. u. Lit. XVII. Halle, 1893. 1893

Much (R.), Germanische Völkernamen. Zeitschr. f. Deutsches Altertum, XXXIX. Berlin, 1895. 1895

Much (R.), Alokiai. Beitr. z. Gesch. d. Deutschen Spr. u. Lit., XX. Halle, 1895. 1895a

Much (R.), Deutsche Stammeskunde. Sammlung Göschen. Leipzig, 1905. 1905

Müllenhoff (Karl), Deutsche Altertumskunde. I, 1870; II, 1887; III, 1892; IV, 1900. Berlin. 1870—1900

Müllenhoff (K.), Beovulf. Berlin, 1889. 1889

Müllenhoff (K.) und Scherer (W.), Denkmäler deutscher Poesie und Prosa. 3. Ausg. Berlin, 1892. 1892

Müller (Sophus), De forhistoriske Tider i Europa. „Verdens Kulturen" ved Aage Friis, II. Kbh., 1909. 1909

Munch (P. A.), Det norske Folks Historie. Kr.ania, 1851. 1851

Munch (P. A.), Geographiske Oplysninger om de i Sagaerne forekommende skotske og irske Stedsnavne. Ann. f. Nord. Oldk. o. Hist. Kbh., 1852. 1852

Munch (P. A.), Chronica Regum Manniæ, ed. Kr.ania, 1860. 1860

Murray (John), A Summary of the Scientific Results etc. Historical Introduction. Challengers Report, Summary, I. London, 1895. 1895

Nansen (Fridtjof), Auf Schneeschuhen durch Grönland, 2 Bde., Hamburg 1891. 1891

Nansen (F.), Eskimoliv. Kr.ania, 1891. 1891

Nielsen (Yngvar), Nordmænd og Skrælinger i Vinland. Hist. Tidsskrift, 4. R. III: und in Norsk geogr. Selsk. Årbog. 1905. 1905

Nilsson (Sven), Några Commentarier till Pytheas' fragmenter om Thule. Physiographiska Sällskapets Tidsskrift, I, 1837. Lund, 1837—1838. 1837

Nilsson (S.), Einige Bemerkungen zu Pytheas Nachrichten über Thule (aus Schwed.). Zeitschr. f. Alterthumswiss. 1838. 1838

Nilsson (S.), Skandinaviske Nordens Ur-Invånare. Bronsålderen. 2. utg. Stkh., 1862. Tillägg, 1865. Deutsche Ausgabe: „Die Ureinwohner des scandinavischen Nordens. Das Bronzealter." 2. Ausg. Hamburg, 1866. 1862 1865

Niese, Entwickelung der Homerischen Poesie. Berlin, 1882. 1882

Noël (S. B. J.), Histoire Générale des Pêches Anciennes et Modernes. Paris, 1815. 1815

Nordenskiöld (A. E.), Facsimile Atlas. Stkh., 1889. 1889

Nordenskiöld (A. E.), Bidrag til Nordens äldsta Kartografi. Utg. af 1892
Svenska Sällsk. f. Antr. o. Geogr. Stkh., 1892.

Nordenskiöld (A. E.), Periplus. Stkh., 1897. 1897

Nyström (J. F.), Geografiens och de Geografiska Upptäckternas Historia, 1899
till Början af 1800-Talet. Stkh., 1899.

Olsen (Magnus), Det gamle norske ønavn Njarðarlog. Forh. i Vid.- 1905
Selsk. Chr.ania, 1905.

Olsen (M.), Peder Claussøn om Sjøfinnernes Sprog. Maal og Minne. 1909
Kr.ania, 1909.

Ongania s. Th. Fischer.

Paulus Warnefridi Historia Langobardorum. Ed. L. Bethmann et 1878
G. Waitz. Script. Rer. Langob. et Italic. Saec. VI—IX. Monumenta
Germaniae Historica. Hannover, 1878.

Peschel (Johannes), Das Märchen vom Schlaraffenlande. Beitr. z. Gesch. 1878
d. Deutschen Spr. u. Lit., V. Halle 1878.

Plinii (C.) Secundi Naturalis Historia. Rec. D. Detlefsen. Berolini, 1866
1866.

Plinius, Die Naturgeschichte des Cajus Plinius Secundus. Übers. v. G. 1881
C. Wittstein. Lpz., 1881.

Plutarch, Moralia, ed. Bernardabis. V. Lpz., 1893. 1893

Pontoppidan (Erich), Det første Forsøg paa Norges Naturlige Historie. 1753
Kbh., 1753.

Porthan (H. G.) s. König Alfred. 1800

Prokopios. Des Prokopius von Cäsarea Geschichte seiner Zeit; III und IV, 1829
Gothische Denkwürdigkeiten. Übers. von P. F. Kanngießer. Greifswald,
1829 und 1831.

Prokopios. Procopii Caesariensis opera omnia. Recognovit Jacobus 1905
Haury. Lpz., 1905.

Ptolemaios (Klaudios). Claudii Ptolemæi Geographiæ libri octo. Ed. 1838
F. G. Wilberg. Essendiæ, 1838.

Pullé (F. L.) e Longhena (M.), Illustrazione del Mappamondo Cata- 1907
lano della Biblioteca Estense di Modena. VI° Congresso Geografico
Italiano, Venezia, 1907. Venezia, 1908.

Qazwini. Zakarija b. Muhammed b. Mahmud el-Caswini's Kosmographie. 1848
Hgb. von F. Wüstenfeld. Göttingen, 1848.

Qvigstad (J. K.), Nordische Lehnwörter im Lappischen. Forhandl. i Vid. 1893
Selsk. Kr.ania 1893.

Qvigstad (J. K.), Peder Claussøn om Sjøfinnernes Sprog. Maal og 1909
Minne. Kr.ania, 1909.

Rafn (C. Chr.), Antiquitates Americanae. Kbh., 1837. 1837

Ranisch (Wilhelm), Die Gautrekssaga. Palaestra, XI. Berlin 1900. 1900

Rask (R.) s. König Alfred. 1815

Ravenna-Geograph, Ravennatis Anonymi Cosmographia et Guidonis 1860
Geographica. Ed. M. Pinder et G. Parthey. Berolini, 1860.

Ravenstein (E. G.), Martin Behaim, his Life and his Globe. London, 1908. 1908

Reeves (Arthur Middleton), The Finding of Wineland the Good. London, 1895. 1895

Reinach (Salomon), L'étain celtique. L'Anthropologie, III. Paris, 1892. 1892

Rink (H.), Grønland, geografisk og statistisk beskrevet. Kbh., 1852—57. 1852—1857

Rink (H.), Eskimoiske Eventyr og Sagn. Kbh., 1866. 1866

Rink (H.), Om Eskimoernes Herkomst. Aarb. f. nord. Oldk. o. Hist. Kbh., 1871. 1871

Rink (H.), Om de eskimoiske Dialekter som Bidrag til Bedømmelsen af Spørgsmaalet om Eskimoernes Herkomst og Vandringer. Aarb. f. nord. Oldk. o. Hist. Kbh., 1885. 1885

Rink (H.), The Eskimo Dialects as serving to determine the Relationship between the Eskimo Tribes. Anthrop. Inst. of Great Britain and Ireland, XV.

Rink (H.), The Eskimo Tribes. Medd. om Grønland, XI. Kbh., 1887; und Supplement zu XI. 1891. 1887 1891

Rohde (Erwin), Der Griechische Roman und seine Vorläufer. 2. Aufl. Lpz., 1900. 1900

Ruge (Sophus), Die Entdeckungsgeschichte der Neuen Welt. Festschrift der Hamburgischen Amerikafeier, I. Hamburg, 1892. 1892

Ruge (S.), Die Entwickelung der Kartographie von Amerika bis 1570. Peterm. geogr. Mitt. Ergänzungsheft Nr. 106. Gotha, 1892. 1892

Rydberg (Viktor), Undersökningar i Germanisk Mythologi. Stkh., 1886. 1886

Rymbegla sive rudimentum computi ecclesiatici veterum islandorum. Ed. Stephanus Biørnonis. Havniæ, 1780. 1790

San-Marthe, Die Sagen von Merlin. Halle, 1853. 1853

Sars (J. Ernst), Udsigt over den norske Historie. Kr.ania, I—IV, 1877 (2. utg.) — 1891. 1877

Saxo Grammaticus s. Herrmann und Jantzen.

Schiern (Frederik), Om Oprindelsen til Sagnet om de guldgravende Myrer. Overs. over d. Kgl. Danske Vid.-Selsk. Ferhandt. Kbh., 1873. 1873

Schirmer (Gustav), Zur Brendanus-Legende. Habilitationsschrift. Lpz., 1888. 1888

Schliemann (H.), Ilios. Lpz., 1881. 1881

Schoolcraft (Henry R.), Historical and Statistical Information respecting the History, Condition and Prospects of the Indian Tribes of the United States. Philadelphia, 1851. 1851

Schrader (O.), Reallexikon der Indogermanischen Altertumskunde. Straßburg, 1901. 1901

Schröder (Carl), Sanct Brandan. Erlangen, 1871. 1871

Schuchhardt, Schliemanns Ausgrabungen im Lichte der heutigen Wissenschaft. Lpz., 1890. 1890

Schultz-Lorentzen, Eskimoernes Indvandring i Grønland. Medd. om Grønland, XXVI. Kbh., 1904. 1904

Schweiger-Lerchenfeld (A. v.), Der Bernstein als Handelsartikel bei 1898
den Alten. Österr. Monatsschrift für den Orient. Wien, 1898, Nr. 12,
Anhang.

Schwerin (H. H. von), Herodots framställning af Europas Geografi. 1884
Lund, 1884.

Schwerin (H. H. von), De Geografiska Upptäckternas Historia. Forn- 1905
tiden och Medeltiden. Stkh., 1905.

Scisco (L. D.), The Tradition of Hvittramanna-land. American Histo- 1908
rical Magazine, III. 1908.

Seippel (Alexander), Rerum Normannicarum fontes Arabici. Fasc. I. 1896
Kr.ania, 1896. (In arabischer Sprache.)

Serbiot (Paul), Légendes, croyances et superstitions de la Mer. 1886
Paris, 1886.

Siret (Louis), Les Cassitérides et l'empire colonial des Phéniciens. 1908
L'Anthropologie, XIX, 1908; XX, no. 2—4. Paris, 1909. —1909

Snorre Sturlason, Kongesagaer oversat av G. Storm. Kr.ania, 1899. 1899

Solberg (O.), Die Wohnplätze auf der Kjelminsel in Süd-Waranger. 1909
Vid. Selsk. Skr., II, 1909, Nr. 7. Kr.ania, 1910. 1910

Solberg (O.), Beiträge zur Vorgeschichte der Ost-Eskimo. Vid. Selsk. 1907
Skr., II, Nr. 2. Kr.ania, 1907.

Solini (C. Julii), Collectanea rerum memorabilium, ed. Th. Mommsen. 1895
Berolini, 1895.

Steensby (H. P.), Om Eskimokulturens Oprindelse. Kbh., 1905. 1905

Steenstrup (Japetus), Nogle Bemerkninger om Ottar's Beretning til 1889
Kong Alfred om Hvalros- og Hvalfangst i Nordhavet på hans Tid.
Hist. Tidsskr., 6. R. II. Kbh., 1889.

Steenstrup (Johannes C. H. R.), Normannerne, I. Kbh., 1876. 1876

Steenstrup (K. I. V.), Om Østerbygden. Medd. om. Grønland, IX. 1899
Kbh., 1899.

Storm (Gustav), Monumenta Historica Norvegiæ. Latinske Kilde- 1880
skrifter til Norges Historie i Middelalderen, udgivne ved G. Storm.
Kr.ania, 1880.

Storm (G.) s. Peder Claussøn Friis. 1881

Storm (G.), Om Betydningen av "Eyktarstadr" i Flatøbogens Beret- 1886
ning om Vinlandsreiserne. Arkiv f. Nord. Filologi, III. Kr.ania, 1886.

Storm (G.), Studier over Vinlandsreiserne, Vinlands Geografi og Ethno- 1887
grafi. Separatabdruck aus Aarb. for Nord. Oldk. o. Hist. 1887.
Kbh., 1888.

Storm (G.), Studies on the Vineland Voyages. Extraits of Mém. d. l. 1888
Soc. Royale d. Antiquaires du Nord. 1888. Copenhague, 1889. 1889

Storm (G.) s. Islandske Annaler. 1888

Storm (G.), Om Kilderne til Lyschanders "Grønlandske Cronica". 1888
Årb. for Nord. Oldk. o. Hist. Kbh., 1888.

Storm (G.), Om det i 1285 fra Island fundne "Nye Land". Hist. 1888a
Tidsskr. 2. R. VI. Kr.ania, 1888.

Storm (G.), Den danske Geograf Claudius Clavus eller Nicolaus Niger. Ymer. Stkh., 1889, 1891. 1889 1891

Storm (G.), Ginnungagap. Arkiv f. Nord. Filologi, VI. (N. F. II). Lund, 1890. 1890

Storm (G.), Om Biskop Gisle Oddsøns Annaler. Arkiv f. Nord. Filologi, VI. (N. F. II). Lund, 1890. 1890a

Storm (G.) s. Eiriks Saga Rauða. 1891

Storm (G.), Nye Efterretninger om det gamle Grønland. Hist. Tidsskr. 3. R. II. Kr.ania, 1892. 1892

Storm (G.), Columbus på Island og vore Forfædres Opdagelser i det nordvestlige Atlanterhav. Norske geogr. Selsk. Aarbog, IV. Kr.ania, 1893. 1893

Storm (G.), Om opdagelsen av "Nordkap" og veien til "det Hvide Hav". Norske geogr. Selsk. Aarbog. V. Kr.ania. 1893—94. 1894

Storm (G.), Utg. av Historisk-topografiske Skrifter om Norge og norske Landsdele forfattede i Norge i det 16de Aarhundrede. Kr.ania, 1895. 1895

Storm (G.), Et brev til pave Nicolaus den 5te om Norges beliggenhet og undre. Norske geogr. Selsk. Aarbog, X. Kr.ania 1899. 1899

Storm (G.), Erik den Rødes Saga eller Sagaen om Vinland, oversat. Kr.ania, 1899. 1899a

Storm (G.) s. Snorre Sturlason. 1899

Strabo's Erdbeschreibung, übers. v. A. Forbiger. Stuttgart, 1856–58. 1856

Strabonis Geographica. Recogn. Aug. Meineke. Lpz., 1877. 1877

Strøm (G.), Beskrivelse over Søndmør. Sorøe, 1766. 1766

Sydow (C. W. von), Tors Färd till Utgård. Danske Studier, 1910. 1910

Taciti (C. Cornelii) Agricola. Ovs. a. H. W. Ottesen. Kr.ania, 1870. 1870

Taciti (Cornelii), Germania. Übers. v. A. Baumstark. Lpz., 1881. 1881

Tacitus (Cornelius), Germania Antiqva, etc. Ed. Karolus Muellenhoffivs. Berolini, 1873. 1873

Tacitus (C.), Die Germania des Tacitus. Übers. v. Anton Baumstark. Freiburg i. Br., 1876. 1876

Tarducci (Francesco), Di Giovanni e Sebastiano Caboto. R. Deputazione Veneta di Storia Patria. Venezia, 1892. 1892

Tarducci (F.), H. Harrisse e la Fama di Sebastiano Caboto. Rivista Storica Italiana, XI, fasc. IV. Torino, 1894. 1894

Thalbitzer (William), A phonetical study of the Eskimo Language. Medd. om Grønland, XXXI. Kbh., 1904. 1904

Thalbitzer (W.), Skrælingerne i Markland og Grønland, deres Sprog og Nationalitet. Overs. over Kgl. Danske Vid. Selsk. Forh., No. 2. Kbh., 1905. 1905

Thalbitzer (W.), Bidrag til Eskimoernes Fortidshistorie. Geogr. Tidsskrift, XIX, 1908; XX, 1909—1910. Kbh. 1908—1910

Theophrast, Historia Plantarum. Deutsche Übersetzung. „Naturgeschichte der Gewächse", herausgegeben von K. Sprengel. Altona, 1822. 1822

Thomsen (Vilhelm), Ryska Rikets Grundläggning genom Skandinaverna. Öfvers. ved Sven Söderberg. Ur Vår Tids Forskning, XXX. Stkh., 1882. 1882

Thoroddsen (Th.), Geschichte der Isländischen Geographie, I, 1897; II, 1898. Lpz. 1897

Thue (H. J.), Om Pytheas fra Marseille og hans Reiser til det nordlige Europa. Nor, II. Kr.ania, 1843. 1843

Tomaschek (Wilhelm), Kritik der ältesten Nachrichten über den skythischen Norden. Sitzungsber. d. Philos.-Hist. Cl. d. K. Akad. d. Wiss. Wien, CLXX, 1889. 1889

Vangensten (Ove C. L.), Michel Beheims Reise til Danmark og Norge i 1450. Vid. Selsk. Skr., 1908, II, No. 2. Kr.ania. 1908

Vangensten (Ove C. L.), Middelalderens Norges-Karter. Norske Geogr. Selsk. Aarb., 1910. Kr.ania. 1910

Vaux (Carra de), L'Abrégé des Merveilles, traduit de l'Arabe. Paris, 1898. 1898

Vigfússon (Gudbrand), Safn til sogn Islands og Islenzkra Bókmenta að fornu og nýju. Kbh., 1856. 1856

Vigfússon (G.), Sturlunga saga. Oxford, 1878. 1878

Wackernagel (Wilh.), Geographie des Mittelalters. Zeitschr. f. Deutsches Alterthum, IV. Lpz., 1844. 1844

Walkendorf (Erik), Finmarkens Beskrivelse. Utg. av K. H. Karlsson og Gustav Storm. Norske Geogr. Selsk. Aarb., XII, 1900—1901. Kr.ania, 1902. 1902

Welcher (F. G.), Die Homerischen Phäaken und die Inseln der Seligen. Rheinisches Museum für Philologie, I. Bonn, 1833. 1833

Wieland (C. M.), Lucians von Samosata Sämtliche Werke, IV, Wahre Geschichte. Lpz., 1789. 1789

Wiklund (K. B.), Om kvänerna och deras nationalitet. Arkiv f. nord. Filologi, XII. Lund, 1895. 1895

Wuttke, Cosmographia Aethici Istrici. Lpz., 1854. 1854

Zeuß (Kaspar), Die Deutschen und die Nachbarstämme. München, 1837. 1837

Zimmer (Heinrich), Keltische Beiträge. Zeitschr. f. Deutsches Alterthum, XXXIII. Berlin, 1885. 1889

Zimmer (H.), Über die früheste Berührung der Iren mit den Nordgermanen. Sitzungsber. der Berliner Akademie, 1891. 1891

Zimmer (H.), Nennius Vindicatus. Uber Entstehung, Geschichte und Quellen der Historia Brittonum. Berlin, 1893. 1893

Zimmer (H.), Über direkte Handelsverbindungen Westgalliens mit Irland im Altertum und frühen Mittelalter. Sitzungsber. d. Kgl. Preußischen Akad. d. Wissenschaften. Berlin, 1909. 1909

Register.

* gibt die Seite an, auf der sich eine Abbildung oder Karte befindet.

Druck von F. A. Brockhaus in Leipzig.

Printed in Dunstable, United Kingdom

91218505R00268